Elastische Kupplungen, Gelenkscheiben, Laschengelenke.

Bitte beachten Sie den Bericht auf Seite 19

Auf Grund eines besonderen Konstruktionsprinzips übertragen JURID-Gelenkscheiben und -Laschengelenke bei kleinen Abmessungen und geringem Gewicht sehr hohe Drehmomente. Daher werden heute in Kraftfahrzeugen und stationären Anlagen solche elastischen Teile auch dort eingesetzt, wo dies bisher aus Platz-, Gewichts- oder Preisgründen nicht möglich war.

Bitte fordern Sie Informationsmaterial an.

Unser Produktions- und Lieferprogramm

Bremsbeläge für Trommel- und Scheiben-bremsen·Kupplungsbeläge·Bremsband·Bremsscheiben·Reibwerkstoffe aus Sinter-metall und Kera-Sinter·Elastische Kupplungen·Niete und Nietpressen·Schlauchabbinder und -verbindungen·Schläuche aus Polyamid 11

JURID

JURID WERKE GMBH
2057 Reinbek, Postfach 1249

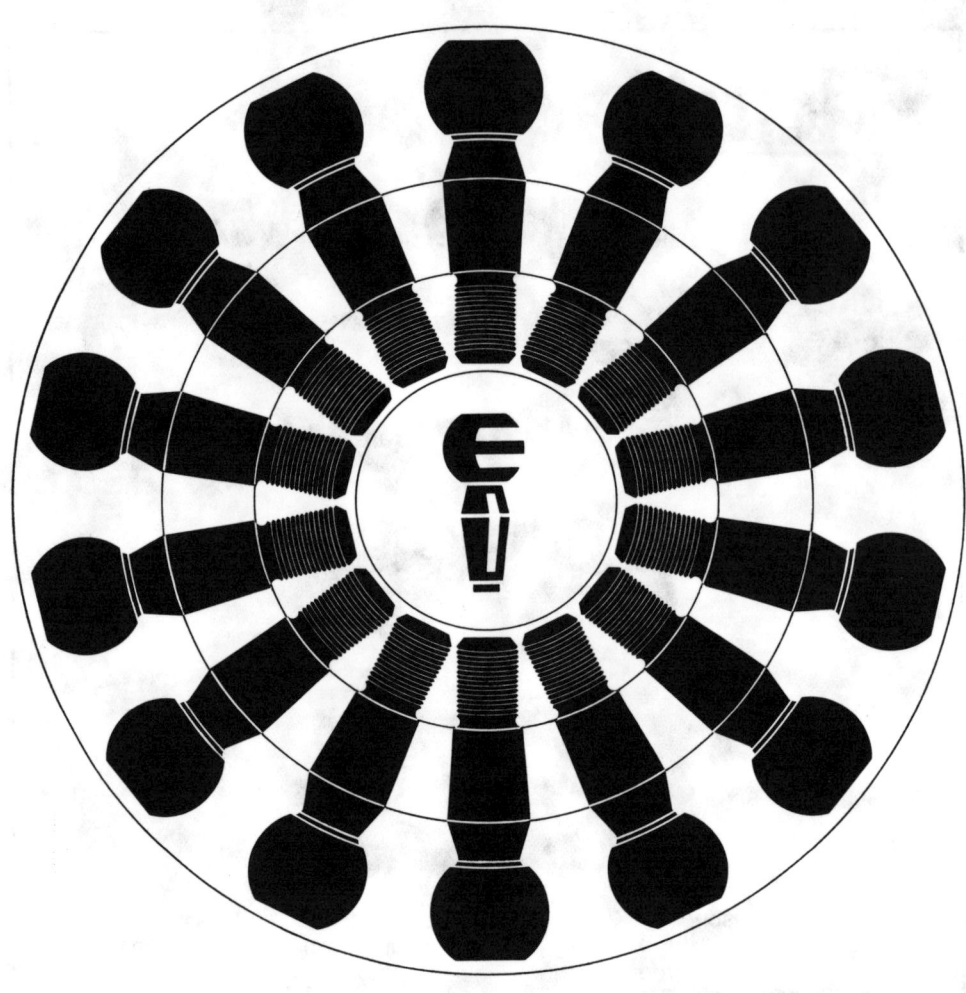

Reimpell · Fahrwerktechnik 2

Dipl.-Ing. Jörnsen Reimpell

Fahrwerktechnik 2

Federung und Dämpfung
Beanspruchung von Fahrwerksbauteilen,
Lastannahmen, Festigkeitsberechnungen,
Konstruktionshinweise und Kostenvergleiche

 **VOGEL-VERLAG**

ISBN 3-8023-0513-2

Printed in Germany

Copyright 1973 by Vogel-Verlag, Würzburg

Herstellung: Vogel-Verlag, Graphischer Betrieb, Würzburg
Bindearbeit: Großbuchbinderei G. Gebhardt, Schalkhausen

Vorwort

Jedes Bauteil eines Fahrzeuges hat Toleranzen, genau wie diese bei den Achseinstellwerten und den Festigkeitseigenschaften eines Werkstoffes zu finden sind. Je größer die Abweichungen vom Sollwert sein können, desto kostengünstiger läßt sich ein Teil herstellen, um so wirtschaftlicher wird dessen Fertigung. Das Wissen um diese Tatsachen gibt dem Konstrukteur die Möglichkeit, den Endpreis eines Erzeugnisses zu beeinflussen; bei den großen Stückzahlen der Massenfertigung spielen bereits Pfennigbeträge eine Rolle. Schon die Ausbildung sollte deshalb dem angehenden Ingenieur das Kosten- und Toleranzdenken nahebringen.

Aber auch eine Berechnung muß wirtschaftlich durchführbar sein, richtig aufgebaut kann sie durch überschaubare Formeln schnell zum Ergebnis führen bei Vernachlässigung jener Größen, die nur einen geringen Einfluß haben. Es wurde versucht, die der Vordimensionierung von Fahrwerk-Bauteilen dienenden Formeln und Rechengänge so zu durchdenken; sie sollen das Ziel mit wenig Aufwand erreichen lassen.

Anfangs war geplant, den Stoff über „Lenkung" und „Bremse" mit in den zweiten Band zu nehmen. Die Abschnitte „Fahrwerkmechanik" (6.), „Federung" (7.) und ganz besonders das Unterkapitel „Stoßdämpfer" (7.6.) sind jedoch so ausführlich geworden, daß jeder weitere Text das Buch zu umfangreich, unhandlich und teuer hätte werden lassen. Der fehlende Stoff soll in einem später erscheinenden Folgeband behandelt werden.

Danken möchte ich den Firmen Daimler-Benz, Deutsche Renault und Simca-Chrysler, die Fahrzeuge zur Verfügung stellten und damit das Erarbeiten der in diesem Buch niedergelegten Ergebnisse ermöglichten.

Jörnsen Reimpell

Inhaltsverzeichnis

6

Inhalts-Übersicht zum selbständigen Band

Fahrwerktechnik 1

1. Grundlagen
2. Reifen und Räder
3. Radaufhängungen
4. Kinematik und Statik des Fahrwerks
5. Fahrzeugmechanik

Einheiten

Im Februar 1966 erschien die Neuauflage des **Normblattes** DIN 1301, das die Kurzzeichen des internationalen Einheitensystems verbindlich festlegt, und in den Jahren 1966 bis 1968 folgten die Blätter DIN 1304, 1305, 1338 und 5497 mit Formelzeichen und diesen zugeordneten SI-Einheiten. Am 2. 7. 1969 wurde vom Bundestag das **Gesetz** verabschiedet, das die Verwendung der SI-Einheiten mit einer Übergangsfrist bis zum 31. 12. 1977 für die Bundesrepublik Deutschland vorschreibt.

Mehr als in andere Bereiche greift das SI-System in die **Kraftfahrzeugtechnik** ein. Das Gesetz verlangt, daß

> die Motorleistung jetzt in kW anzugeben ist, d. h. die Versicherungsstufen hiernach ausgerichtet werden müssen,
> das Drehmoment in daN m oder N m (Newton mal Meter),
> der Reifenluftdruck in bar,
> die Reifenbezeichnungen in mm statt bisher in Zoll
> und noch vieles andere mehr.

Kraftfahrzeugschein und -brief werden in Zukunft andere Zahlenwerte enthalten. Eine derartige Umstellung kann nur langsam vonstatten gehen. Diese setzt abgewandelte DIN-Normen voraus, eine angeglichene StVZO und dazu Zeichnungsänderungen in der Industrie, Newton anzeigende Prüfmaschinen, in bar geeichte Luftdruckprüfer, überarbeitete Reifenhandbücher und einschneidende Umstellungen im Bereich der Kraftfahrzeug-Vorschriften.

Hinzu kommen muß die Neufassung aller Normblätter, die sich mit Werkstoffen befassen, in diesen sind die Spannungen von kp/mm^2 in N/mm^2, MN/m^2 oder bar abzuändern. Hierbei ist noch nicht abzusehen, für welche der in Frage kommenden Einheiten die einzelnen Fachnormausschüsse und EWG-Mitgliedsstaaten sich entscheiden. Weiterhin sind alle DIN-Normen, die sich mit Kräften, Berechnungen und der Leistungsmessung befassen, zu überarbeiten, und der Begriff Nm^3 = Normalkubikmeter müßte wegen möglicher Verwechslung mit N = Newton aus den Normen (z. B. DIN 1940) verschwinden.

Bevor nicht ausreichend Vorleistungen durch die DIN-Normen erbracht sind und ehe nicht das SI-System in die Unterlagen der Industrie Eingang gefunden hat, ist es nicht ratsam, ausschließlich das neue System in Fachbüchern zu verwenden. Dem Gesetzgeber waren die Umstellungsschwierigkeiten bewußt, und er hat einen **Übergangszeitraum** von 7½ Jahren zugestanden. Die Einführung dieses vieles Bisherige umwerfenden Systems kann nicht von heute auf morgen, sondern nur langsam unter Ausnutzung des gesetzlich zugestandenen Umstellungszeitraumes vonstatten gehen.

Aus diesem Grund werden in der Ende 1972 fertiggestellten „Fahrwerktechnik 2" sowohl die fünf Jahre noch gültigen, bisherigen Einheiten als auch die neuen SI-Einheiten verwendet. Es gelten für

> die **Länge**   das m,
> die **Kraft**   das kp bzw. N,
> das **Gewicht**   das kg und
> als **Zeiteinheit** die s

Als Basis für die Länge erscheint in Zeichnungen das mm, bei Geschwindigkeiten das m (und auch km) und auf Linealen ist das cm markiert. Letzteres eignet sich in Verbindung mit den bisherigen Einheiten besonders für Berechnungen; mit dem mm als Grundlage entstehen unnötig lange Zahlenwerte in Momentengleichungen, für Trägheitsmomente usw. und das Meter scheidet bei Festigkeitsangaben aus. Erfolgt dagegen eine Berechnung mit **SI-Einheiten,** und es erscheinen sowohl Gewichte in kg als auch Kräfte in N in zusammenhängenden Gleichungen, darf nur das **Meter** als **Längeneinheit** verwendet werden; denn

$$1\,N = 1\,\frac{kg \cdot m}{s^2}$$

Formelzeichen

Außer den in **Abschnitt 4.1** des Bandes 1 aufgeführten Formelzeichen kommen in Band 2 noch folgende zur Verwendung:

für **Kräfte** am Radaufstandspunkt und **Gewichte:**

F	Federkraft
L_A	Antriebskraft
L_B	Bremskraft
$N_{v,h}$	Radlast (Normalkraft, gleich halbe **zulässige** Achslast vorn bzw. hinten
$N'_{v,h}$	Hochkraft am Aufbau

$$N'_{v,h} = N_{v,h} - \frac{U}{2}$$

$\pm\Delta N$	Radlastschwankung
$\pm S_1$	**dauernd** auftretende Seitenkraft
$\pm S_2$	**zeitlich** begrenzt vorhandene Seitenkraft
U	Gewicht der ungefederten Massen, bezogen auf die ganze **Achse**

Hinzu können folgende **Indizes** kommen für:

h	hinten
o	oberer Grenzwert
u	unterer Grenzwert
v	vorn
max	größte Kraft
min	kleinste Kraft
1	dauernd auftretende Kräfte
2 bis 6	kurzzeitig vorhandene Kräfte, und zwar beim
2	Überfahren eines Bahnüberganges
3 u. 4	Befahren einer Schlaglochstrecke
5	Bremsen und
6	Anfahren

Momente erhalten folgende Bezeichnungen:

M_{bo}	oberes **dauernd** auftretendes Biegemoment
M_{bu}	unteres **dauernd** auftretendes Biegemoment
$M_{b\,2\,bis\,6}$	**zeitlich** begrenztes Biegemoment
M_{bw}	rein wechselnd wirkendes Biegemoment
M_{t1}	**dauernd** vorhandenes Torsionsmoment
$M_{t\,2\,bis\,6}$	**zeitlich** begrenzt auftretendes Torsionsmoment

In der **Festigkeitsberechnung** erscheinen entsprechend den Normblättern DIN 1350 und DIN 50100:

α_A	Anstrengungsverhältnis
α_k	Kerbformbeiwert
β_k	Kerbbeiwert für Oberflächenform
β_N	Kerbbeiwert für Nabenpressung
γ	Streckgrenzenverhältnis
δ	Dehnung
ν	Sicherheit
b_1	Minderungsfaktor, der den Größeneinfluß berücksichtigt
b_2	Minderungsfaktor für die Oberflächenbeschaffenheit
σ	Normalspannung
τ	Schub- bzw. Torsionsspannung
f_w	Werkstoffaktor

Hinzu kommen folgende **Indizes** für:

a	vorhandene Ausschlagsspannung
b	Beanspruchung auf Biegung
m	Mittelspannung
o	obere Grenzspannung
t	Beanspruchung auf Torsion
u	untere Grenzspannung
vorh	vorhandene Spannung
z	Beanspruchung auf Zug
zul	zulässige Spannung
A	zulässige Ausschlagsspannung (am Probestab)
B	Bruchfestigkeit
D	Dauerfestigkeit
F	Fließgrenze
S	Streckgrenze
Sch	Schwellfestigkeit
V	Vergleichsspannung
W	Wechselfestigkeit
Z	Zeitfestigkeit

Bevorzugt im Abschnitt 7 „Federung und Dämpfung" finden Verwendung:
für **Federraten** mit den Indizes v für vorn und h für hinten

c_1	**Reifen**federrate bei dem am Fahrzeug vorhandenen Luftdruck
c_2	Rate der **Aufbaufeder,** bezogen auf ein **Rad** bei gleichseitiger Federung
c_{2A}	Rate der **Aufbaufeder,** bezogen auf die **Achse** bei gleichseitiger Federung
c_3	**Stabilisatorrate,** bezogen auf ein Rad bei wechselseitiger Federung
c_F	Rate der **Feder** selbst, bezogen auf deren Angriffspunkt
c_R	**Reifen**federrate bei Nennluftdruck und wirtschaftlicher Tragfähigkeit
c_S	Federrate des **Stabilisators,** ausgeübt von den Enden der Hebelarme bei wechselseitiger Federung

für **Schwingungszahlen,** in diesem Ausnahmefall mit der Dimension **min^{-1}**:

n_I	der ungedämpften **Achse** in Hochrichtung
n_{ID}	der gedämpften **Achse** in Hochrichtung
n_{II}	des **Aufbaus** ungedämpft in Hochrichtung
n_{IID}	des **Aufbaus** gedämpft in Hochrichtung
n_n	des **Aufbaus** um die Querachse (Nickschwingungen)

für **Massen** gelten in $\dfrac{kp \cdot s^2}{cm}$ bzw. in kg

m_1	**einer** Achsseite
m_2	Massenanteil des Aufbaus über einem Rad
m_g	Gesamtmasse des Aufbaus

für **Übersetzungen** und für **Windungszahlen** bei Schraubenfedern:

i_f	Anzahl der federnden Windungen
i_g	Gesamtwindungszahl
i_w	Übersetzung bei wechselseitiger Federung einer **Starrachse**
i_x	Wegübersetzung (X-Richtung im Federdiagramm)
i_y	Kraftübersetzung (Y-Richtung)

in der **Dämpfung** erscheinen:

D_1	Achsdämpfung
D_2	Aufbaudämpfung
k_{II}	Dämpfungsfaktor, bezogen auf den Radaufstandspunkt in $\dfrac{kp \cdot s}{m}$ bzw. $\dfrac{kg}{s}$
k_D	Dämpfungsfaktor, bezogen auf den Dämpfer

6. Fahrwerkmechanik

Die **Berechnung** von Fahrwerksbauteilen muß schnell, einfach und sicher durchführbar sein, zur Kontrolle vorhandener Teile oder **Vordimensionierung** am Anfang eines Entwurfs. Der Durchmesser des Achszapfens bzw. der äußeren Antriebswelle bestimmt beispielsweise die zu verwendende Wälzlagergröße, deren Lager-Außendurchmesser die Abmessungen des Schwenklagers und teilweise auch die Lage der Achsführungsgelenke.

An fertigen Bauteilen später durchgeführte Dehnungsmessungen und Dauerfestigkeitsuntersuchungen stellen die Haltbarkeit im Fahrbetrieb sicher.

6.1. Kräfte am Radaufstandspunkt

Zur Festigkeitsberechnung von Fahrwerks-Bauteilen dienen die Kräfte, die bei ungestörter **Geradeausfahrt** am Radaufstandspunkt auftreten. Zur Bestimmung der **Dauerhaltbarkeit** wird eine mittelgute Straßendecke angenommen und zur **Zeitfestigkeitsberechnung** eine Schlaglochstrecke, das Überfahren eines Hindernisses bzw. die Abbremsung bei größtmöglichem Kraftschluß.

Die Radaufhängungen eines Fahrzeuges sind gegenüber dem Aufbau ein schwingungsfähiges System, deren Eigenfrequenz von der Reifenfederrate c_1, der Rate c_2 der Aufbaufederung und der Achsmasse m_1 bestimmt wird (siehe Abschnitt 7.1.4). Der Stoßdämpfer ist auch auf fast ebener Fahrbahn nicht in der Lage, dauernd vorhandene **Radlastschwankungen** $\pm \Delta N$ (Bild 6.1./1) zu unterbinden. Unter Berücksichtigung der Indize v für das Vorderrad und h für das hintere entsteht durch diese die **obere Normalkraft** am Radaufstandspunkt

$$N_{vo} = N_v + \Delta N_v \quad \text{bzw.} \quad N_{ho} = N_h + \Delta N_h$$

N_v und N_h sind die halben **zulässigen Achslasten,** also $\frac{G_{v,h}}{2}$ (siehe Abschnitt 1.6). Bezieht sich

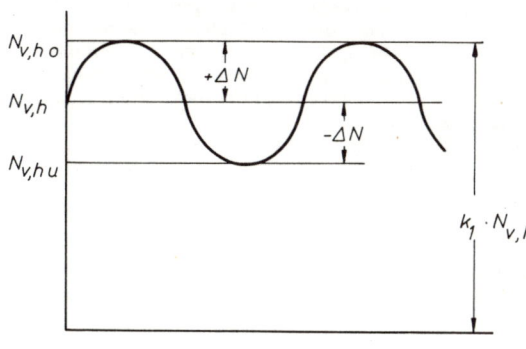

Bild 6.1./1 Bei ungestörter Geradeausfahrt treten am Radaufstandspunkt die Lastschwankungen $\pm \Delta N$ auf.

die Berechnung auf den **Achszapfen** oder die **Antriebswelle,** so muß das Gewicht von Rad und Nabe $U_R = 10$ bis 15 kg von $N_{v,ho}$ **abgezogen** werden; bei der Betrachtung der übrigen Radaufhängungsteile wäre das halbe Gewicht der **ungefederten Massen** $U_{v,h}$ zu berücksichtigen (siehe Abschnitt 7.1.3), und zwar

$$N'_{vo} = N_v + \Delta N_v - \frac{U_v}{2} \quad \text{und} \tag{1}$$

$$N'_{ho} = N_h + \Delta N_h - \frac{U_h}{2} \tag{2}$$

Eine Vielzahl von Messungen haben ergeben, daß die Größe der dauernd auftretenden Radlastschwankungen sowohl von der Radlast $N_{v,h}$ als auch der Reifenfederkonstante c_1 abhängt. Zur Bestimmung von c_1 ist der für das Fahrzeug vorgeschriebene Luftdruck anzusetzen. Das Bild 6.1./2 enthält den **Radlaststoßfaktor** k_1, der mit $N_{v,h}$ multipliziert die obere Normalkraft ergibt, also

vorn $N_{vo} = k_1 \cdot N_v = N_v + \Delta N_v$ und
hinten $N_{ho} = k_1 \cdot N_h = N_h + \Delta N_h$ (siehe Bild 6.1./1).

Die eigentliche Radlastschwankung $\Delta N_{v,h}$ wäre somit

vorn $\Delta N_v = N_{vo} - N_v$ und hinten $\Delta N_h = N_{ho} - N_h$

Als **Ablesebeispiel** soll der in Abschnitt 2.5 zur Ermittlung der Reifenfederkonstante herangezogene Reifen 6.45/165-14/4 PR dienen, der bei dem Luftdruck $p_1 = 1,9$ kp/cm² ein $c_1 = 192$ kp/cm hat. Bei einem für das Fahrzeug zugelassenen Hinterachsdruck $G_h = 800$ kg ist:

$$N_h = 400 \text{ kg und } \frac{c_1}{N_h} = \frac{192}{400} = 0,48$$

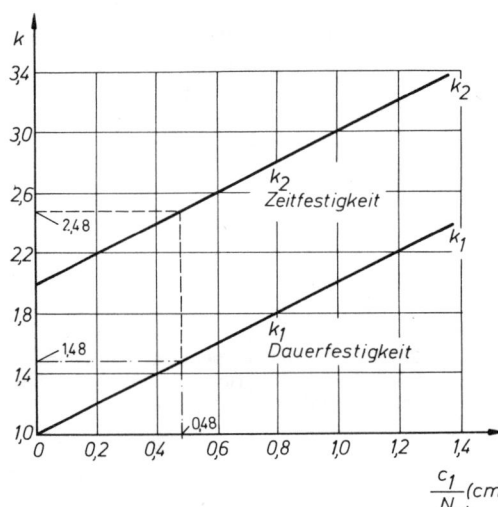

Bild 6.1./2 Radlaststoßfaktoren k_1 und k_2. Beide hängen in ihrer Größe von der Radlast $N_{v,h}$ und der Reifenfederkonstante c_1 ab; bei c_1 bleibt der Faktor k_F, also die Erhöhung der Federrate bei steigenden Geschwindigkeiten, unberücksichtigt (k_F siehe Bild 2.5./3).

In Bild 6.1./2 abgelesen beträgt der Stoßfaktor $k_1 = 1,48$, damit die obere Hochkraft $N_{ho} = k_1 \cdot N_h = 592$ kg, die Radlaständerung $\Delta N_h = N_{ho} - N_h = 192$ kg und die untere Hochkraft $N_{hu} = N_h - \Delta N_h = 208$ kg.

Durch den **harten** Reifen liegt $\frac{c_1}{N_h}$ verhältnismäßig hoch; bei geringerem Luftdruck ist die Reifenfederkonstante kleiner, gleichbedeutend mit einem niedrigeren k_1. Je mehr der Reifenluftdruck abgesenkt werden kann, um so weniger sind die **Fahrwerksbauteile** beansprucht, je weiter dieser aber aus Gründen der besseren Kurvenseitenführung heraufgesetzt wird, desto höher ist die Belastung.

Im Gegensatz zur schwellend auftretenden Hochkraft $N_{v,h}$ greift (bedingt durch Bodenunebenheiten) die **Seitenkraft** $\pm S_1$ (Index 1 bedeutet Dauerfestigkeit) **wechselnd** am Radaufstandspunkt an (Bild 6.1./3).

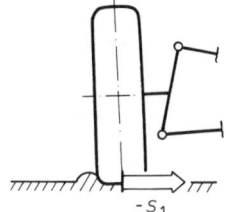
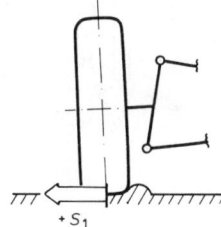

Bild 6.1./3 Bei ungestörter Geradeausfahrt entstehen durch Bodenunebenheiten wechselnde Seitenkräfte am Radaufstandspunkt.

$-S_1$ $+S_1$

Bei ungestörter Geradeausfahrt ist von der **statischen** Radlast $N_{v,h}$ auszugehen und diese mit dem **Seiten-Formschlußbeiwert** μ_{F1} zu multiplizieren, also

$$\text{vorn} \quad \pm S_{v1} = \mu_{F1} \cdot N_v \quad (3) \qquad \text{bzw. hinten} \quad \pm S_{h1} = \mu_{F1} \cdot N_h \quad (4)$$

Eine Vielzahl von Messungen hat gezeigt, daß μ_{F1} in seiner Größe lediglich von der Radlast abhängt; das Bild 6.1./4 zeigt die eine **mittelgute Straße** betreffenden Werte.

Um das **obere Biegemoment** M_{bo} in den Achsteilen zu bekommen, muß die Seitenkraft **momentenverstärkend** angesetzt werden, also wie in Bild 6.1./5 gezeigt $+S_1$ zusammen mit N'_o. Hinzu kommt das **untere Moment** M_{bu}, um bei den (nicht umlaufenden) Teilen der Radaufhängung die Belastungsart — schwellend oder wechselnd — zu wissen. M_{bu} wird mit Hilfe von

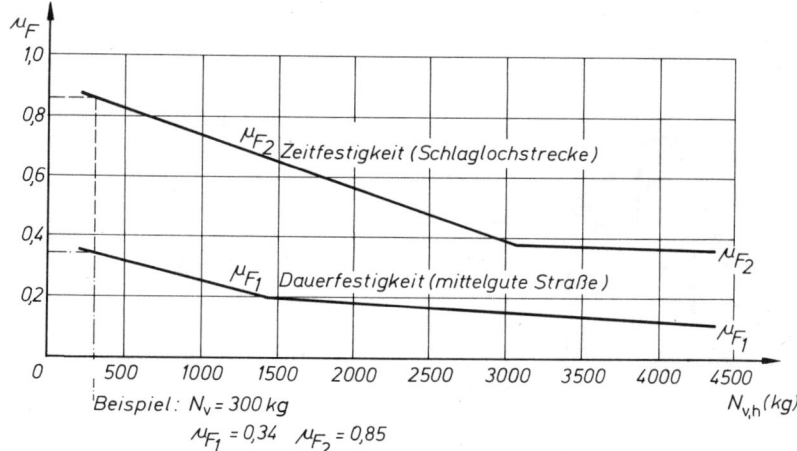

Bild 6.1./4
Seiten-Formschluß-beiwerte, μ_{F1} und μ_{F2}; die Größe beider hängt nur von der Radlast $N_{v,h}$ ab.

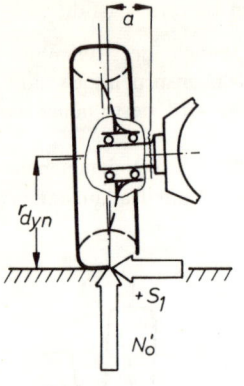

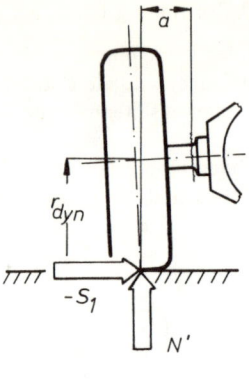

Bild 6.1./5 Um einen Achszapfen am gefährdeten Querschnitt auf Dauerfestigkeit berechnen zu können, sind oberes und unteres Moment zu bilden und mit Hilfe beider die mittlere und die Ausschlagspannung zu bestimmen.

$$M_{b_o} = N_o' \cdot a + S_1 \cdot r_{dyn}$$

$$M_{b_u} = N' \cdot a - S_1 \cdot r_{dyn}$$

$$N_{v,h}' = N_{v,h} - \frac{U_{v,h}}{2} \tag{5}$$

und $-S_1$ bestimmt; die beiden Momente ergeben sich dann aus den Gleichungen (1) bis (5):

$$M_{bo} = N_o' \cdot a + S_1 \cdot r_{dyn} \tag{6}$$

$$M_{bu} = N' \cdot a - S_1 \cdot r_{dyn} \tag{7}$$

Bei allen sich drehenden Teilen (Antriebswelle, Nabe usw.) liegt **Umlaufbiegung** vor, d. h., es geht ausschließlich M_{bo} in die Rechnung ein (siehe Bild 6.3./19). Als Hebelarm für S_1 dient der **dynamische** Reifenhalbmesser r_{dyn} (und nicht der statische r_{stat}), da eine Betrachtung des **fahrenden** Wagens stattfindet.

Im Gegensatz zur Berechnung der Dauerhaltbarkeit sind für die **Zeitfestigkeitsbetrachtung** die größtmöglichen Kräfte anzusetzen. Hierbei wird vorausgesetzt, daß nie die höchste Seitenkraft auftritt, wenn ein maximaler Stoß von unten erfolgt (z. B. beim Überfahren eines stark welligen Bahnüberganges), und daß auf einer Schlaglochstrecke bei stärkster Seitenbeanspruchung ein zusätzlicher Stoß von unten nur in normaler Stärke möglich ist. Aus diesem Grund sind zur Bauteilberechnung zwei verschiedene Momentengleichungen zu bilden, die unterschiedliche Hoch- und Seitenkräfte beinhalten (Bild 6.1./6).

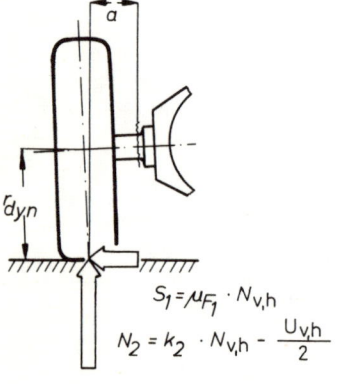

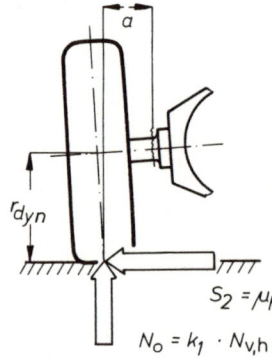

Bild 6.1./6 Zur Zeitfestigkeitsüberprüfung eines Achszapfens sind zwei Momentengleichungen anzusetzen; mit dem größeren Moment wird die Berechnung durchgeführt.

$$S_1 = \mu_{F_1} \cdot N_{v,h}$$

$$N_2 = k_2 \cdot N_{v,h} - \frac{U_{v,h}}{2}$$

$$S_2 = \mu_{F_2} \cdot N_{v,h}$$

$$N_o = k_1 \cdot N_{v,h} - \frac{U_{v,h}}{2}$$

Bild 6.1./7 Bei Kurvenfahrt verringert das Seitenkraft-moment $S_a \cdot r_{dyn}$ das Hochkraftmoment $(N + \Delta N) \cdot a$. Der gefährdete Querschnitt wird dabei entlastet.

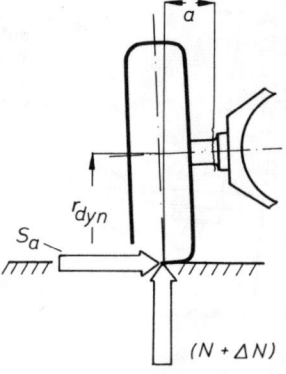

$$M_4 = (N + \Delta N) \cdot a - S_a \cdot r_{dyn}$$

$$M_{b\,2} = \left(k_2 \cdot N_{v,h} - \frac{U_{v,h}}{2} \right) \cdot a + \mu_{F\,1} \cdot N_{v,h} \cdot r_{dyn} \quad \text{(Bahnübergang)} \tag{8}$$

und

$$M_{b\,3} = \left(k_1 \cdot N_{v,h} - \frac{U_{v,h}}{2} \right) \cdot a + \mu_{F\,2} \cdot N_{v,h} \cdot r_{dyn} \quad \text{(Schlaglochstrecke)} \tag{9}$$

Die gemessenen größten **Radlast-Stoßfaktoren** k_2 enthält das Bild 6.1./2 [Ablesung wieder als $f\left(\frac{c_1}{N_{v,h}} \right)$] und die max. Seiten-Formschlußbeiwerte $\mu_{F\,2}$ [Bild 6.1./4 als $f(N_{v,h})$].
Die Zeitfestigkeitsbetrachtung erfolgt wieder bei Geradeausfahrt und nicht bei extremer Kurvenfahrt; erstens ist bei letzterer die Seitenkraft S_a am (höher belasteten) kurvenäußeren Rad von **außen** nach innen gerichtet (sie verringert also das Moment $N_o \cdot a$, Bild 6.1./7), und zweitens haben Straßenmessungen gezeigt, daß durch seitlichen **Formschluß** bei einem normalen Pkw höhere Kräfte als in der Kurve auftreten können. In dieser ist **Kraftschluß** vorhanden, dem durch Straßendecke und Reifen Grenzen gesetzt sind (siehe Abschnitt 5.4.1).
Anders kann es in Längsrichtung aussehen, z. B. beim schlagartigen **Bremsen** aus Geschwindigkeiten unter $V = 10$ km/h. An den Vorderrädern tritt ein Verzahnen zwischen der bei langsamer Fahrt breit aufliegenden Reifen-Aufstandsfläche und der Fahrbahn auf, wodurch sich **Längsreibwerte** bis $\mu_L = 1{,}25$ ergeben können (siehe Bild 2.7./2).
Die **Zeitfestigkeit** aller Bauteile der **Vorderachse** sollte deshalb zusätzlich unter der Voraussetzung überprüft werden, daß eine Längskraft

$$L_{B\,v} = \mu_L \cdot N_v = 1{,}25 \cdot N_v \tag{10}$$

auftritt, und zwar gemeinsam mit der oberen Hochkraft

$$N'_{v\,o} = k_1 \cdot N_v - \frac{U_v}{2} \tag{1}$$

Auszunehmen hiervon sind die **Achszapfen,** die beim Bremsen nicht in dem Maße beansprucht werden wie die übrigen Bauteile; Bremsscheibe und Bremsjoch bzw. Bremstrommel und Bremsschild nehmen einen Teil der sonst auf den Zapfen kommenden Kräfte mit auf. Bei **Vorderradantrieb** und **außen** im Rad sich befindender Bremse trifft das gleiche für die äußere Antriebs-

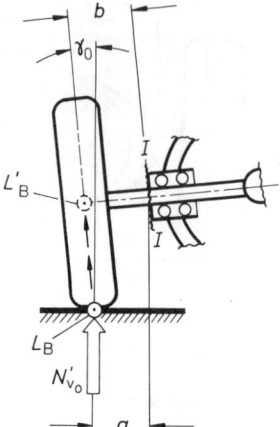

Bild 6.1./8 Beim Bremsen belasten zwei später zusammenzu-
setzende Biegemomente die äußere Antriebswelle, wenn die
Bremsanlage sich innen am Differential befindet. Das eine entsteht durch die im Abstand a wirkende Hochkraft und das andere durch die in Radmitte zu verschiebende Bremskraft L_B, die
dann um die Strecke b vom gefährdeten Querschnitt entfernt
angreift.

welle zu; bei **innen** an das **Differential** verlegter dagegen werden durch den schlagartigen Bremsvorgang Antriebswelle und -gelenk auf Torsion beansprucht und die äußere Welle verstärkt
auf Biegung durch das Moment

$$M_{b\,4} = \sqrt{(L_{B\,v} \cdot b)^2 + (N'_{v\,o} \cdot a)^2} \quad \text{(Bild 6.1./8)} \tag{11}$$

An den Aufstandspunkten der **Hinterräder** kann wegen der Entlastung beim Bremsen (siehe Abschnitt 5.5) ein Verzahnen Reifen—Fahrbahn praktisch nicht auftreten; hier reicht — sofern
diese nicht angetrieben sind — eine Kontrolle der Aufhängungsteile mit $\mu_K = 0,8$ aus, in Hochrichtung ist $N'_h = N_h - \dfrac{U_h}{2}$ anzusetzen. Wegen der sich im Rad befindenden Bremse braucht
der Achszapfen nicht überprüft zu werden. Bei **Antrieb** dagegen erfolgt eine Radlasterhöhung,
die ein Vergrößern des Kraftschlusses bewirken kann. Zusammen mit der oberen Hochkraft

$$N'_{h\,o} = k_1 \cdot N_h - \frac{U_h}{2} \tag{2}$$

wäre die Antriebskraft $L_{A\,h} = \mu_L \cdot N_h$ $\qquad$ (12)

in der Rechnung zu verwenden, und zwar mit

$$\mu_L = 1,1$$

Das Anfahren erfolgt aus dem Stand und die Blockierbremsung bei Geschwindigkeiten gegen
Null. Zur Bestimmung der dabei auftretenden Momente ist deshalb der statische **Reifenhalbmesser** r_{stat} zu verwenden (und nicht r_{dyn}, siehe Bild 2.3./2b). In den Rechenbeispielen (siehe
Abschnitte 6.3.6 bis 6.3.8) folgen die näheren Erläuterungen; eine Zusammenfassung aller gemeinsam auftretenden Kräfte und Momente enthalten die Bilder 6.3./19 bis 6.3./22.

Bild 6.2./1 Einteilige Jurid-Gelenkscheibe, nur kleine Beugungswinkel und geringe Axialwege hergebend. Wie links gezeigt, sind die Befestigungshülsen durch Schlingen aus Nylon verbunden; diese können bei kleinen Scheibenabmessungen hohe Drehmomente übertragen.

Bild 6.2./2 Jurid-Laschengelenkscheibe, in Verdreh-, Beugungs- und Axialrichtung besonders weich.

6.2. Kräfte durch den Antrieb

Fahrzeuge in **Standardbauweise** haben zur Drehmomentenübertragung zwischen Getriebe und Differential eine **Kardanwelle** (siehe Abschnitt 3.1.4). Bei eingebautem Viergang-**Schaltgetriebe** ist für die **Dauerfestigkeitsberechnung** der Welle das max. Motormoment M_d und die Übersetzung i_3 des dritten Ganges anzusetzen; das Torsionsmoment $M_{t\,1}$ betrüge dann unter Einbeziehung des üblichen Getriebe-Wirkungsgrades $\eta_G = 0{,}92$

$$M_{t\,1} = M_{d\,max} \cdot i_3 \cdot \eta_G \tag{1}$$

In der **Zeitfestigkeitsüberprüfung** wäre zu berücksichtigen, ob eine **starre** Verbindung zwischen Getriebe und Rad vorliegt oder ob als Kardanwellen- bzw. Antriebswellengelenk eine der in den Bildern 6.2./1, 6.2./2 und 3.1./32 gezeigten **elastischen** Kupplungen eingebaut ist. Bei starrer Drehmomentübertragung muß zusätzlich der **Einkuppel-Stoßfaktor** k_K Berücksichtigung finden, für den folgende Maximalwerte gelten:

Pkw: $k_K = 2{,}0$ Lkw: $k_K = 1{,}6$

Das größte in der Kardanwelle auftretende Torsionsmoment $M_{t\,3}$ wäre unter Berücksichtigung des ersten Ganges und $\eta_G = 0{,}92$ dann:

$$M_{t\,3} = M_{d\,max} \cdot i_1 \cdot \eta_G \cdot k_K \tag{2}$$

Bei **automatischen** Dreigang-Getrieben ist in die Dauerfestigkeitsbetrachtung der Wandlerwirkungsgrad $\eta_W \approx 0{,}95$ mit einzubeziehen, und zwar zusammen mit dem 2. Gang, also

$$M_{t\,1} = M_{d\,max} \cdot i_2 \cdot \eta_G \cdot \eta_W \tag{3}$$

Beim **Anfahren** erfolgt durch den Wandler eine 2- bis 2,3fache Verstärkung des Motormomentes, zu berücksichtigen in der Zeitfestigkeitsüberprüfung als Wandlerübersetzung

$i_W = 2{,}0$ bis $2{,}3$

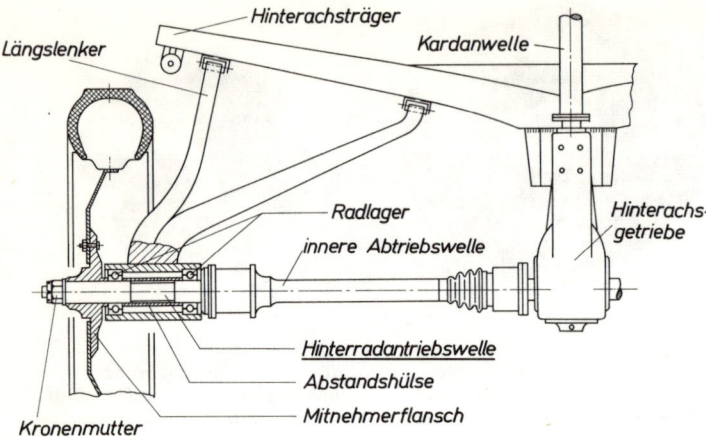

Labels in figure: Hinterachsträger, Längslenker, Kardanwelle, Radlager, innere Abtriebswelle, Hinterachsgetriebe, Hinterradantriebswelle, Abstandshülse, Mitnehmerflansch, Kronenmutter

Die Gleichung (in der k_K entfällt) würde dann lauten:

$$M_{t\,3} = M_{d\,max} \cdot i_1 \cdot i_W \cdot \eta_G \cdot \eta_W \tag{4}$$

Die Übersetzungen bekannter Automatikgetriebe enthält die Tabelle 5.2./16 und die verschiedener Schaltgetriebe Tabelle 5.2./14.

Bei allen Fahrzeugen — gleichgültig ob es sich um solche in Standardbauweise, mit Heckmotor oder Frontantrieb handelt — sind die **Antriebswellen** zwischen Differential und Rädern wegen der hinzukommenden **Differentialübersetzung** i_D wesentlich höher beansprucht als die Kardanwelle. Ist keine **Sperre** im Differential vorhanden, so kann auf jede der beiden Antriebswellen nur das **halbe** Moment kommen, und die Gleichungen zur Berechnung der **inneren** ausschließlich auf **Torsion** beanspruchten Wellen (Bild 6.2./3) lauten bei Schaltgetrieben:

Dauerfestigkeit:
$$M_{t\,1} = \frac{M_{d\,max} \cdot i_3 \cdot i_D \cdot \eta}{2} \tag{5}$$

Zeitfestigkeit:
$$M_{t\,3} = \frac{M_{d\,max} \cdot i_1 \cdot i_D \cdot \eta \cdot k_K}{2} \tag{6}$$

und bei Automatik-Getrieben bzw. Wandler:

Dauerfestigkeit:
$$M_{t\,1} = \frac{M_{d\,max} \cdot i_2 \cdot i_D \cdot \eta \cdot \eta_W}{2} \tag{7}$$

Zeitfestigkeit:
$$M_{t\,3} = \frac{M_{d\,max} \cdot i_1 \cdot i_D \cdot i_W \cdot \eta \cdot \eta_W}{2} \tag{8}$$

Bei elastischen Gliedern im Antrieb wird $k_K = 1$, und im Falle einer Sperre im Differential entfällt die 2 unter dem Bruchstrich. Es kann in diesem Fall vorkommen, daß das gesamte Antriebsmoment auf eine der beiden Wellen kommt.

In Gleichungen 5 bis 8 erscheint der sowohl die Verluste im Getriebe als auch im Differential berücksichtigende **Gesamtwirkungsgrad** η. Dieser wurde in Abschnitt 5.2 bereits näher behandelt und ist als Funktion der Antriebsart in den Bildern 5.2./8 und 5.2./9 dargestellt.

6.3. Festigkeitsberechnung

In der eigentlichen Festigkeitsberechnung erfolgt eine Gegenüberstellung der vorhandenen Spannung zur zulässigen, um sowohl die Dauerhaltbarkeit des Bauteiles zu gewährleisten als auch sicherzustellen, daß dieses sich bei extremer Belastung nicht plastisch verformt. Dies kann eintreten, wenn die Streck- bzw. Fließgrenze des Werkstoffes überschritten wird. Der Rechenansatz ist in jedem Fall:

$$\sigma_{\text{vorh.}} \leqq \sigma_{\text{zul.}} \quad \text{bzw.} \quad \tau_{\text{vorh.}} \leqq \tau_{\text{zul.}}$$

Die **vorhandene Spannung** wird von den auftretenden Kräften und Momenten hervorgerufen; sie hängt in ihrer Größe von den Abmessungen des Bauteiles ab, also den **äußeren** Einflüssen. Die **zulässige** dagegen hängt davon ab, welche Spannungen der **Werkstoff** ertragen kann, wenn er dem Bauteil entsprechend geformt ist; es handelt sich also um **innere** Spannungen. Es kann somit keine Festigkeitsrechnung ohne Kenntnis der Werkstoffeigenschaften durchgeführt werden. Zu finden sind diese in einer Reihe von Büchern; Bezug genommen wird in den folgenden Abhandlungen auf das vom Autor mitverfaßte Werk **„Die normgerechte technische Zeichnung für Konstruktion und Fertigung"**, VDI-Verlag, Düsseldorf, Band 1 [3] und Band 2 [4]. Der Abschnitt 7 des Bandes 2, „Werkstoff in Zeichnung und Berechnung" enthält alle benötigten Werte und dazu Kostenvergleiche sowie Hinweise über die Eintragung in das Schriftfeld der Zeichnung. Werden bei einem der folgenden Beispiele Festigkeitswerte einer Tabelle dieser Bücher entnommen, so steht die Tabellennummer neben dem Buchhinweis, der in [eckige Klammern] gesetzt ist; das gleiche gilt für Seiten, die wichtige Angaben enthalten. Die Seitenzahlen 1 bis 199 und die Bildnummern 1.1./1 bis 6./12 beziehen sich auf [3] und Seite 200 bis 344 sowie Bild 7./1 bis 11./32 auf [4]. Steht dagegen eine Bildnummer zwischen 1.1./1 und 5.6./19 in (runden Klammern), so ist das Bild bzw. die Tabelle in der **Fahrwerktechnik 1** zu finden.

6.3.1. Bestimmung der zulässigen Spannung

Die vom Werkstoff **dauernd** ertragbare Spannung hängt nicht nur von dessen Festigkeitseigenschaften ab, sondern auch von den Abmessungen des Bauteiles am gefährdeten Querschnitt, der Oberflächenbeschaffenheit und vorhandenen Kerbeinflüssen. Liegt reine Torsionsbeanspruchung vor, so lautet die Gleichung

$$\tau_{\text{zul D}} = \frac{\tau_{t0} \cdot b_1 \cdot b_2}{\beta_{\text{Nt}} \cdot \beta_{\text{kt}} \cdot \nu} \tag{1}$$

und bei Zug-, Druck-, Biege- bzw. zusammengesetzter Beanspruchung

$$\sigma_{\text{zul D}} = \frac{\sigma_0 \cdot b_1 \cdot b_2}{\beta_{\text{Nb}} \cdot \beta_{\text{kb}} \cdot \nu} \tag{2}$$

Die **Kerbeinflüsse** sind bei Torsion und Biegung unterschiedlich, deshalb die Indizes t und b bei β_N sowie β_k.

An erster Stelle über dem Bruchstrich erscheint die **Oberspannung** τ_{t0} bzw. σ_0, also die Spannung, die ein polierter Rundstab von 10 mm Durchmesser bei der jeweiligen Beanspruchungs- und Belastungsart ertragen würde. Dauerfestigkeitsuntersuchungen haben ergeben, daß bei wechselnder Belastung ein Zusammenhang mit der Bruchfestigkeit σ_B vorliegt und bei schwellender bevorzugt ein solcher zur Streckgrenze σ_S. Die letzte Bedingung trifft nur zu, wenn das

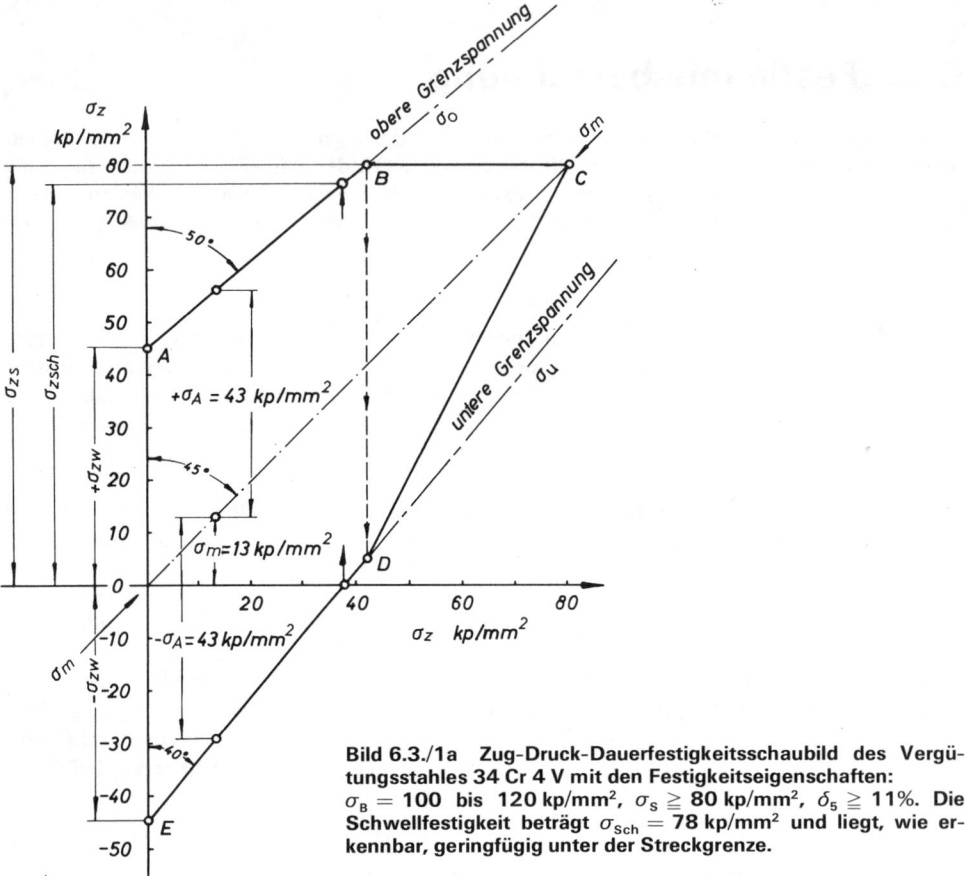

Bild 6.3./1a Zug-Druck-Dauerfestigkeitsschaubild des Vergütungsstahles 34 Cr 4 V mit den Festigkeitseigenschaften: $\sigma_B = 100$ bis 120 kp/mm², $\sigma_S \geqq 80$ kp/mm², $\delta_5 \geqq 11\%$. Die Schwellfestigkeit beträgt $\sigma_{Sch} = 78$ kp/mm² und liegt, wie erkennbar, geringfügig unter der Streckgrenze.

Streckgrenzenverhältnis $$\gamma = \frac{\sigma_S}{\sigma_B} \qquad\qquad (3)$$

einen bestimmten Wert nicht überschreitet; bei größer werdendem γ ist wieder eine Abhängigkeit von σ_B vorhanden. Erkennbar ist diese Tatsache in dem Zug-Druck-**Dauerfestigkeitsschaubild** 6.3./1a für den Stahl 34 Cr 4 V mit $\sigma_B = 100$ bis 120 kp/mm², $\sigma_{z\,sch}$ beträgt nur 78 kp/mm² und liegt damit unter σ_s (siehe auch Bilder 7./29a und b in [4]). Dieser Zusammenhang gibt die Möglichkeit, die zur Ermittlung der Dauerhaltbarkeit erforderlichen Festigkeitswerte mit Hilfe der den DIN-Normen zu entnehmenden Werkstoff-Kenndaten berechnen zu können (Tabelle 6.3./1b). Bei **Oberflächenhärte** — gleichgültig ob durch Einsetzen, induktiv oder durch Flammenhärtung erreicht — steigen in der Randzone die vom Werkstoff auf **Biegung** und **Torsion dauernd** ertragbaren Spannungen um etwa 20%, d. h., die in der Tabelle 6.3./1b enthaltenen Dauerfestigkeitswerte sind mit dem Faktor 1,2 zu multiplizieren. Die für **Zeitfestigkeits**-Beanspruchung maßgebliche Biegestreck- und Torsionsfließgrenze geht ebenfalls herauf, und zwar um so weiter, je tiefer die Einhärtung vorgenommen wird. Bei Zahnrädern ist eine **Einhärtetiefe** *Eht* $\approx$ 1 mm üblich (siehe Abschnitt 7.3.4 in [4]) mit der Folge einer nur etwa 20%igen Festigkeitssteigerung.

Beanspruchung \\ Belastung	ruhend	schwellend $\frac{\sigma_S}{\sigma_B}$ ≤	schwellend $\frac{\sigma_S}{\sigma_B}$ >	wechselnd
σ_o — Zug bzw. Druck σ_z	σ_S	$\leq 0{,}78$ $\sigma_{z_{sch}} \sim \sigma_S$	$> 0{,}78$ $\sigma_{z_{sch}} \sim 0{,}78\,\sigma_B$	$\sigma_{z_w} \sim 0{,}45 \cdot \sigma_B$
Biegung^x σ_b	$\sigma_{b_S} \sim 1{,}2 \cdot \sigma_S$	$\leq 0{,}72$ $\sigma_{b_{sch}} \sim 1{,}2 \cdot \sigma_S$	$> 0{,}72$ $\sigma_{b_{sch}} \sim 0{,}86\,\sigma_B$	$\sigma_{b_w} \sim 0{,}5 \cdot \sigma_B$
τ_o — Torsion^x τ_t	$\tau_{t_F} \sim 0{,}58 \cdot \sigma_S$	$\leq 0{,}86$ $\tau_{t_{sch}} \sim 0{,}58 \cdot \sigma_S$	$> 0{,}86$ $\tau_{t_{sch}} \sim 0{,}5 \cdot \sigma_B$	$\tau_{t_w} \sim 0{,}29 \cdot \sigma_B$
Flächenpressung p	$p \sim \sigma_S$			

Oberflächenhärtung ermöglicht dauernd um 20 % höhere, ertragbare Biege- und Torsionsspannungen und zeitlich begrenzt bis zu 50 % höhere, d.h. die Werte in diesen Spalten können mit 1,2 bzw. 1,5 multipliziert werden.

Weitere Angaben sind in [4] Bild 7 - 30 zu finden.

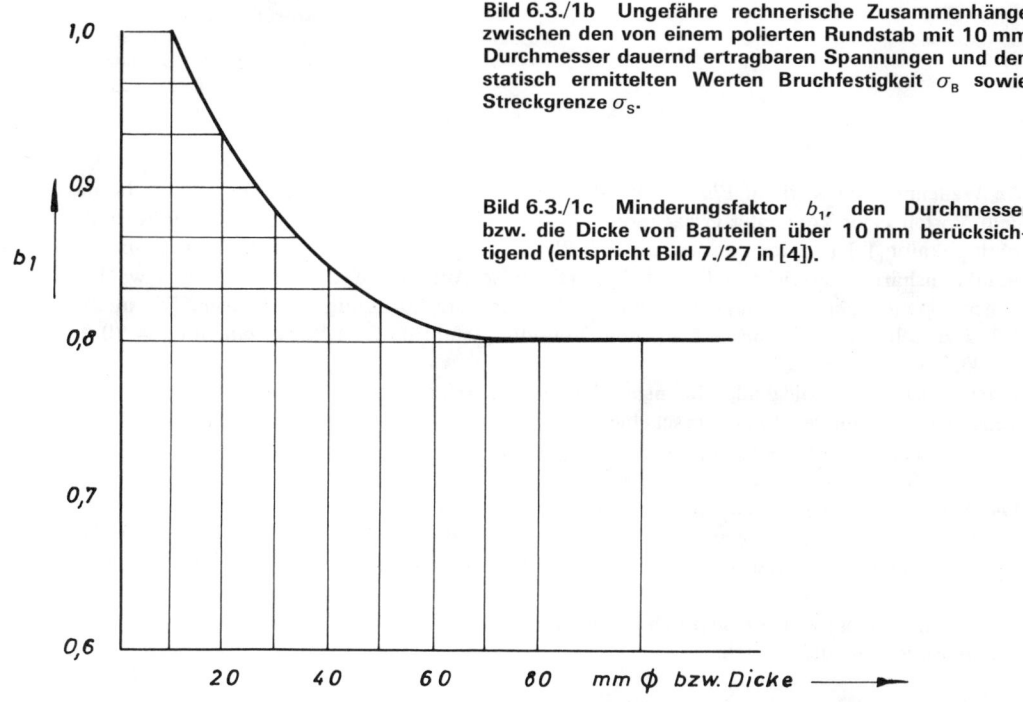

Bild 6.3./1b Ungefähre rechnerische Zusammenhänge zwischen den von einem polierten Rundstab mit 10 mm Durchmesser dauernd ertragbaren Spannungen und den statisch ermittelten Werten Bruchfestigkeit σ_B sowie Streckgrenze σ_S.

Bild 6.3./1c Minderungsfaktor b_1, den Durchmesser bzw. die Dicke von Bauteilen über 10 mm berücksichtigend (entspricht Bild 7./27 in [4]).

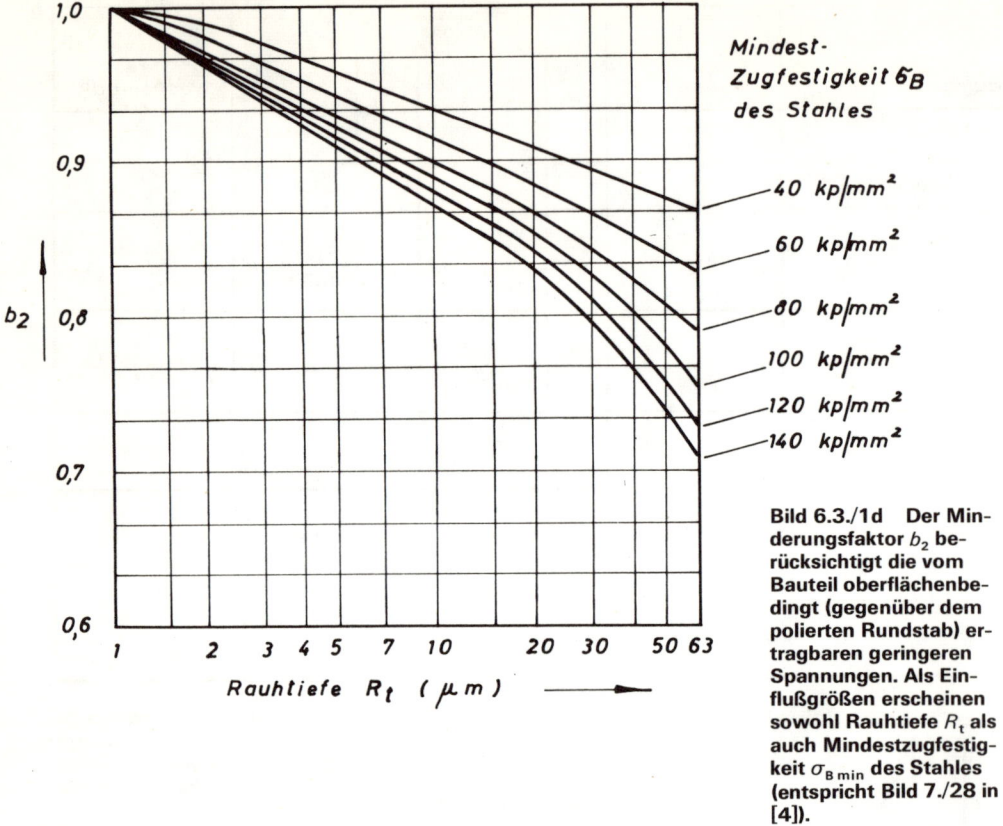

Bild 6.3./1d Der Minderungsfaktor b_2 berücksichtigt die vom Bauteil oberflächenbedingt (gegenüber dem polierten Rundstab) ertragbaren geringeren Spannungen. Als Einflußgrößen erscheinen sowohl Rauhtiefe R_t als auch Mindestzugfestigkeit $\sigma_{B\,min}$ des Stahles (entspricht Bild 7./28 in [4]).

An Wellenprofilen wird ein *Eht* = 3 bis 4,5 mm aus Gründen der Haltbarkeit angestrebt, mit dem Vorteil einer kurzzeitig ertragbaren **50%igen Überlastbarkeit.** Im ersten Falle wäre der Multiplikator 1,2 und im zweiten 1,5. **BMW** hat beispielsweise durch eine 3 bis 4 mm tiefe Induktionshärtung erreicht, daß die äußere Hinterrad-Antriebswelle in der Lage ist, etwa 15% höhere Spannungen dauernd und 60% bis 70% größere kurzzeitig zu ertragen. Die in Bild 6.2./3 zu sehende Welle besteht aus dem Vergütungsstahl 41 Cr 4 V, mit einem σ_B = 90 bis 105 kp/mm².

Entsprechend der vorliegenden **Beanspruchungs**- und **Belastungsarten** müssen somit in den vorstehenden Gleichungen 1 und 2 erscheinen:

bei Biegung wechselnd $\sigma_0 = \sigma_{bw} \approx 0,5\,\sigma_B$,

bei Torsion schwellend $\tau_0 = \tau_{t\,sch} \approx 0,58\,\sigma_S$ bzw. $\approx 0,5\,\sigma_B$ usw.

Die Abhängigkeitswerte zu σ_B und σ_S sind für die einzelnen Stahlarten (Bau-, Vergütungs- bzw. Einsatzstahl) nicht immer gleich und von Fall zu Fall der Tabelle 6.3./1b zu entnehmen. Für σ_B muß grundsätzlich der **untere** Wert $\sigma_{B\,min}$ der angegebenen Festigkeitsspanne eingesetzt werden.

Bei **zusammengesetzter Beanspruchung** ist für die zulässige immer die jeweils auftretende **Normalspannung** maßgeblich.

Über dem Bruchstrich erscheint der **Minderungsfaktor** b_1, der die bei größeren Durchmessern geringere Dauerfestigkeit berücksichtigt, sowie b_2 als Einflußgröße für fertigungsbedingt rauhere **Oberflächen** (siehe Tabelle 2.8./22 in [3]). b_1 kann in Tabelle 6.3./1c als Funktion des am gefährdeten Querschnitt vorhandenen Durchmessers abgelesen werden; b_2 in Tabelle 6.3./1d, und zwar sowohl in Abhängigkeit der **Rauhtiefe** R_t (siehe Bilder 2.8./16 und 2.8./22 in [3]) als auch der Mindest-Bruchfestigkeit $\sigma_{B\,min}$ des Stahles. $\sigma_{B\,min}$ ist vorab anzunehmen, um b_2 entnehmen zu können.

Unter dem Bruchstrich erscheint als erstes der **Kerbbeiwert** β_N für Nabenpressung, nur zu berücksichtigen, wenn eine Nabe mit einer **Preßpassung** fest auf der Welle sitzt (siehe Tabelle 6./9 in [3]). Als Richtwerte können dann gelten:

$$\text{Torsion } \beta_{N\,t} \approx 1,4 \qquad \text{Biegung } \beta_{N\,b} \approx 1,8$$

Wälzlagerinnenringe werden durch die Welle gedehnt, sie können in dieser (bedingt durch die geringe Wanddicke) keine zusätzlichen Spannungen hervorrufen, in solchen Fällen ist $\beta_N = 1$ zu setzen.

Der als nächstes erscheinende **Kerbbeiwert** β_k berücksichtigt alle (nicht durch die Oberflächenbeschaffenheit bedingten) Kerbeinflüsse, wie Wellenabsätze, Hohlkehlen, Eindrehungen, Wellenprofile usw. Für die an den Wellenenden zur Drehmomentübertragung erforderlichen **Profile** kann angenommen werden:

Keilwellen mit geraden Flanken DIN 5462 bis 5464	$\beta_{k\,t} \approx 2,3$
(siehe Bild 2.5./50 in [3])	$\beta_{k\,b} \approx 2,5$
Zahnwellen mit Evolventenflanken DIN 5480	$\beta_{k\,t} \approx 1,6$
(siehe Bild 2.5./28 in [3])	$\beta_{k\,b} \approx 1,7$
Kerbverzahnung DIN 5481	$\beta_{k\,t} \approx 1,5$
(siehe Bild 2.5./78 in [3])	$\beta_{k\,b} \approx 1,8$

Bedingt durch den gerundeten Auslauf an den Zahnfüßen ist beim Evolventen- und Kerbzahnprofil $\beta_{k\,t,b}$ kleiner; **Paßfedern** sollten wegen der nur geringen Übertragbarkeit von Drehmomenten nicht verwendet werden.

Bei **Absätzen** an Achsen und Wellen und an **Eindrehungen** läßt sich die Größe von $\beta_{k\,t,b}$ rechnerisch bestimmen, und zwar als Produkt aus dem **Werkstoffaktor** f_w und dem Kerbformbeiwert $\alpha_{k\,t,b}$:

$$\beta_{k\,t} = f_w \cdot \alpha_{k\,t} \quad \text{und} \tag{3}$$

$$\beta_{k\,b} = f_w \cdot \alpha_{k\,b} \tag{4}$$

Der Faktor f_w ist sowohl eine Funktion der Festigkeitswerte des Werkstoffes als auch des bezogenen Spannungsgefälles $\varkappa$ (Bild 6.3./2). Je höher die **Mindestbruchfestigkeit** $\sigma_{B\,min}$ des Bauteiles sein muß, um so stärker die Kerbempfindlichkeit des Werkstoffes und um so größer f_w und damit auch β_k. Um f_w ablesen zu können, ist $\sigma_{B\,min}$ vorab anzunehmen. Mit $\sigma_{B\,min}$ wird der untere Grenzwert des später auf der Zeichnung vorzuschreibenden Toleranzbereiches bezeichnet (in Bild 6.3./1a wäre $\sigma_{B\,min} = 100\ \text{kp/mm}^2$). Das als Parameter erscheinende bezogene **Spannungsgefälle** $\varkappa$ kann den Bildern 6.3./3 bis 6.3./6 als Funktion der Beanspruchungsart entnommen werden; die Maße d, h_0 und r sind hierbei in mm einzusetzen.

Der hinzukommende **Kerbformbeiwert** α_k berücksichtigt den Spannungsanstieg im Bauteil, hervorgerufen durch Form und Tiefe der Kerbe. Er ist in seiner Größe ebenfalls von der Beanspruchungsart abhängig. Die Bilder 6.3./7 und 6.3./8 enthalten die α_k-Werte bei **Torsion,**

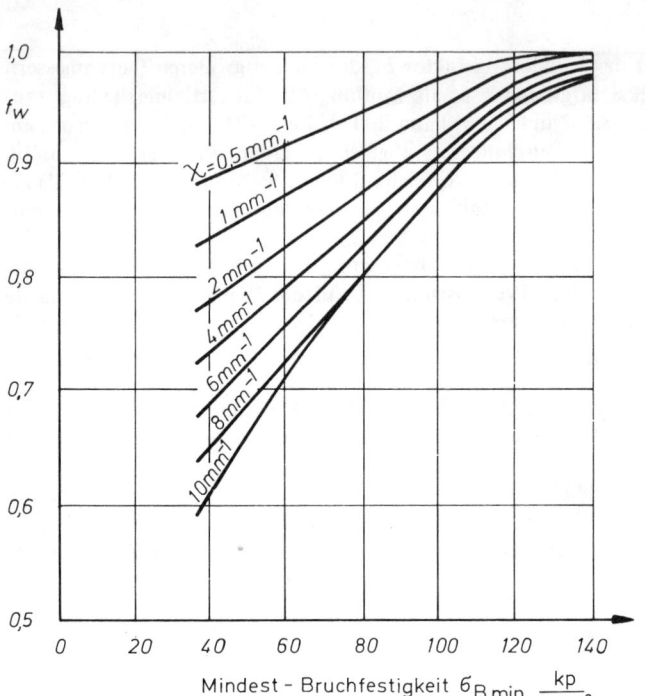

Bild 6.3./2 Werkstofffaktor f_w, abhängig vom bezogenen Spannungsgefälle χ und der Mindestbruchfestigkeit $\sigma_{B\,min}$ des Stahles.

Mindest – Bruchfestigkeit $\sigma_{B\,min}$ $\frac{kp}{mm^2}$

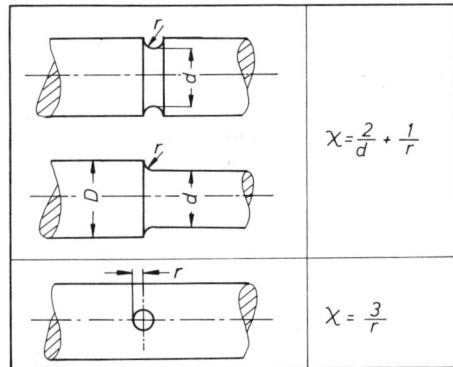

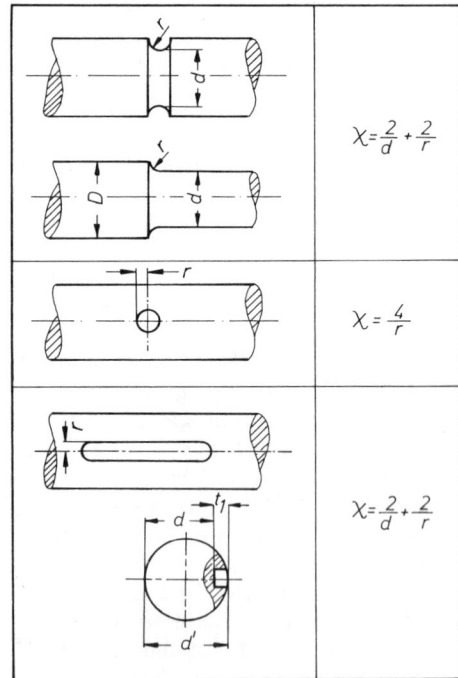

Bild 6.3./3 Bezogenes Spannungsgefälle χ bei Verdrehbeanspruchung von Wellen.

Bild 6.3./4 Bezogenes Spannungsgefälle χ bei Biegebeanspruchung von Wellen.

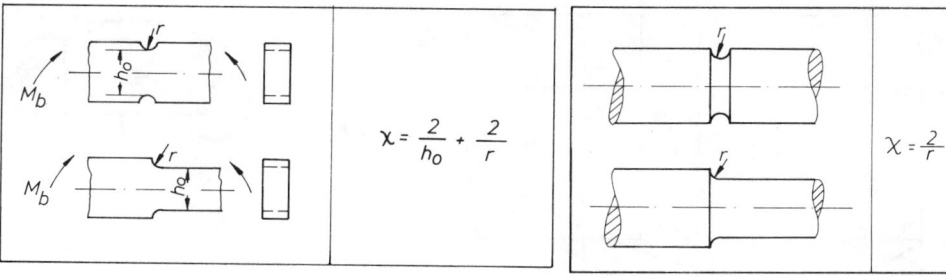

$$\chi = \frac{2}{h_0} + \frac{2}{r}$$

$$\chi = \frac{2}{r}$$

Bild 6.3./5 Bezogenes Spannungsgefälle χ bei Biegebeanspruchung von Flachstäben.

Bild 6.3./6 Bezogenes Spannungsgefälle χ bei Zug-Druck-Beanspruchung von Wellen.

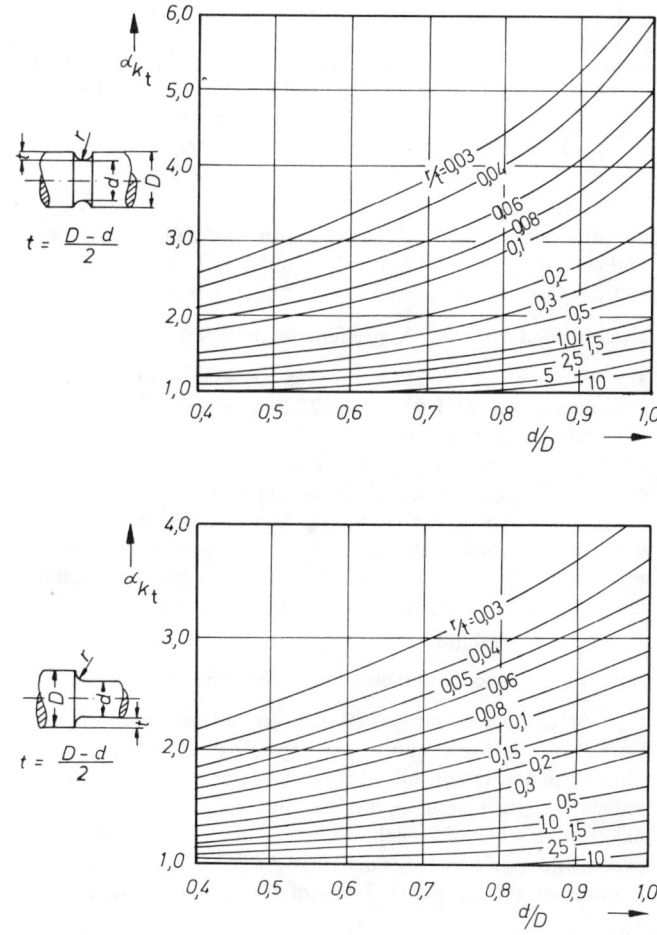

$$t = \frac{D - d}{2}$$

$$t = \frac{D - d}{2}$$

Bild 6.3./7 Kerbformbeiwerte α_{kt} gültig bei Torsionsbeanspruchung von Wellen.

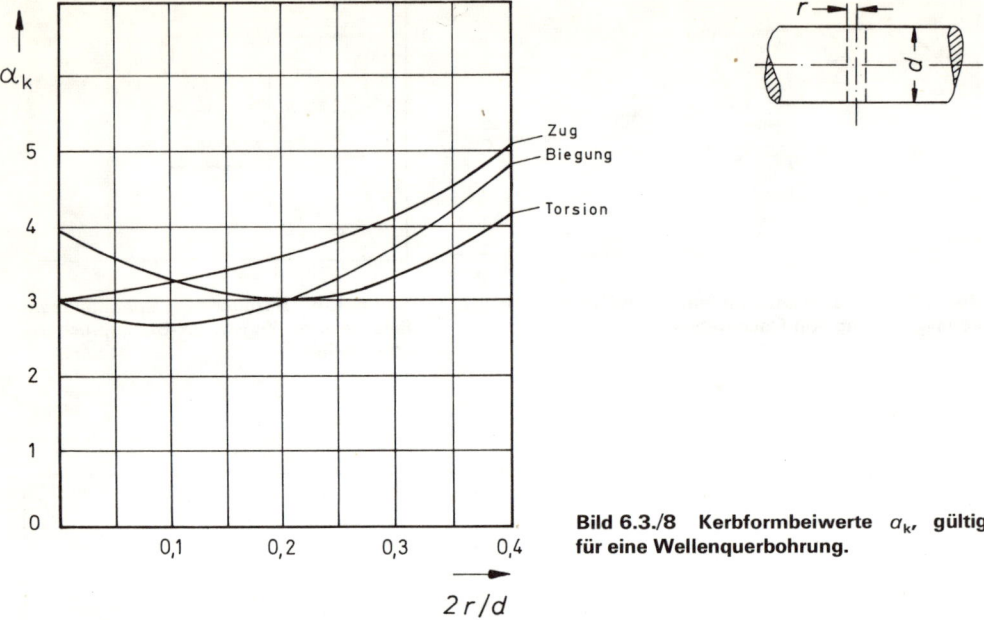

Bild 6.3./8 Kerbformbeiwerte α_k, gültig für eine Wellenquerbohrung.

die Bilder 6.3./8 bis 6.3./10 bei **Biegung** und falls ausnahmsweise eine reine **Zugbeanspruchung** vorliegt, ist α_{kz} den Bildern 6.3./8 und 6.3./11 zu entnehmen. Zur Bestimmung von α_k wird zuerst der Quotient d/D bzw. h/h_0 gebildet, um diesen auf der X-Achse abtragen zu können und anschließend r/t zum Abgreifen des α_k-Wertes an der entsprechenden Kurve; $t = \dfrac{D - d}{2}$ gibt die Tiefe des Absatzes an. Das Verfahren zur Bestimmung von β_k stellt eine vereinfachte Form der in der VDI-Richtlinie 2226 ausgesprochenen „Empfehlung für die Festigkeitsberechnung metallischer Bauteile" dar.

Je kleiner β_k wird, um so besser ist die Ausnutzung des Werkstoffes und um so **wirtschaftlicher** die Herstellung des Teiles. β_k hängt bei Wellenabsätzen weitgehendst von dem Halbmesser r ab, d. h., je größer r um so kleiner β_k. Besteht konstruktiv die Möglichkeit, $r = d$ auszuführen, so würden bei üblichen Bauteilen β_{kt} und $\beta_{kb} = 1$; bei den auf sehr hohe Festigkeitswerte vergüteten runden Torsionsstabfedern dagegen (siehe Abschnitt 7.4.6) darf der Halbmesser am Übergang vom Schaft zum Kopf nicht kleiner als

$$r = 90 \text{ mm}$$

sein. Eingehende Untersuchungen der Federnhersteller haben zu diesem Ergebnis geführt.

Sitzt neben dem Absatz ein **Wälzlager,** so bestimmt die Abrundung des Wälzlagerinnenringes (zwischen $r = 1$ mm und 3 mm liegend) die Größe des Halbmessers. β_k kann dadurch Werte über zwei annehmen, und die Werkstoffausnutzung verschlechtert sich. Konstruktiv bestehen jedoch Möglichkeiten, α_k und somit auch β_k bis auf die Hälfte zu **verkleinern.** Wie in Bild 6.3./12a zu sehen, läßt sich durch Vorsehen eines Korbbogens, Freistriches C oder D DIN 509 (siehe Bild 5.2./1 in [3]) oder aber Zwischenlegen eines Distanzringes eine Vergrößerung von r erreichen mit der Folge eines um 10 bis 40% niedrigeren β_k-Wertes. Das Bild 2.8./24 in [3]

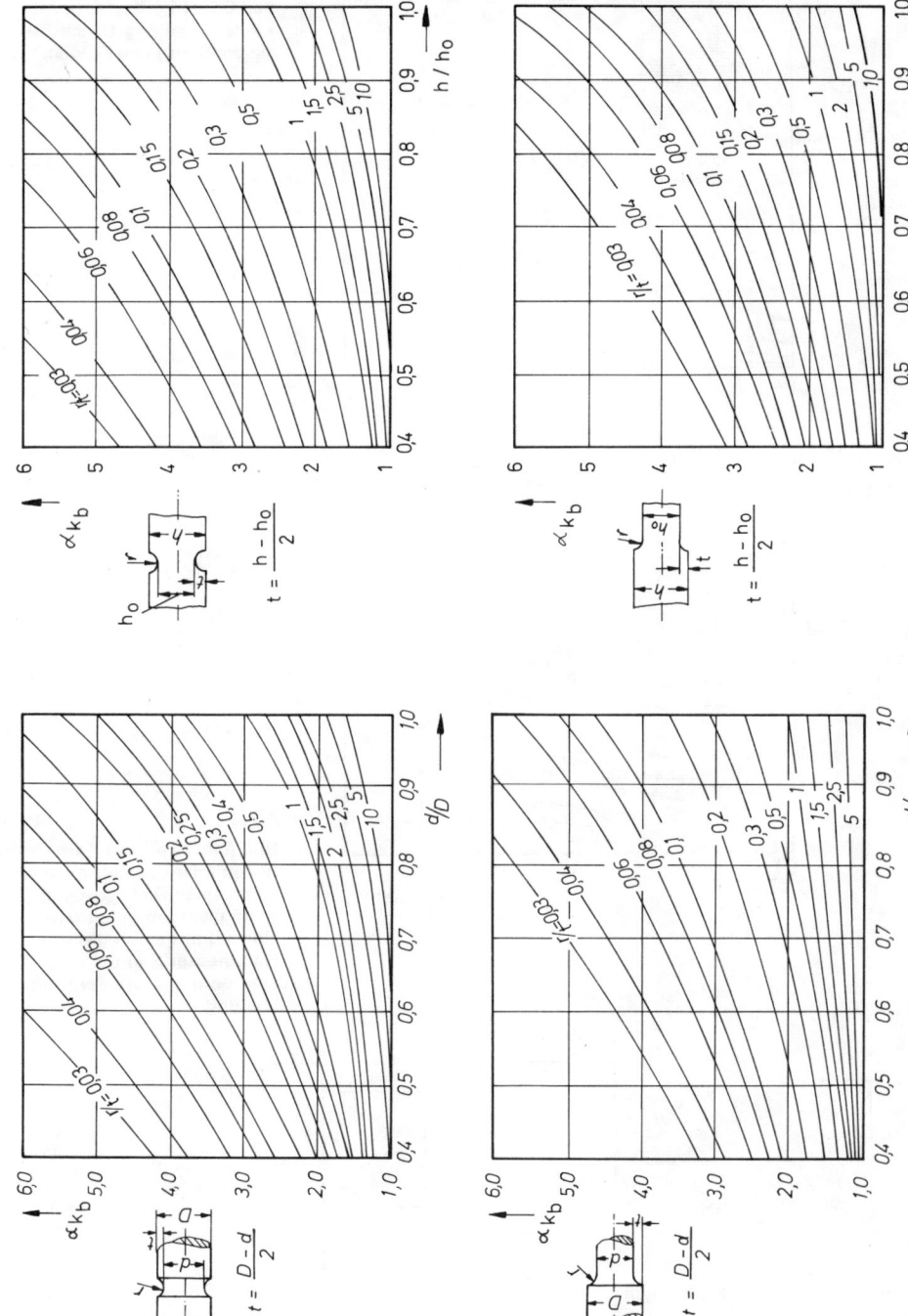

Bild 6.3./10 Kerbformbeiwerte α_{kb} bei Biegebeanspruchung von Flachstäben.

Bild 6.3/9 Kerbformbeiwerte α_{kb}, gültig bei Biegebeanspruchung von Wellen.

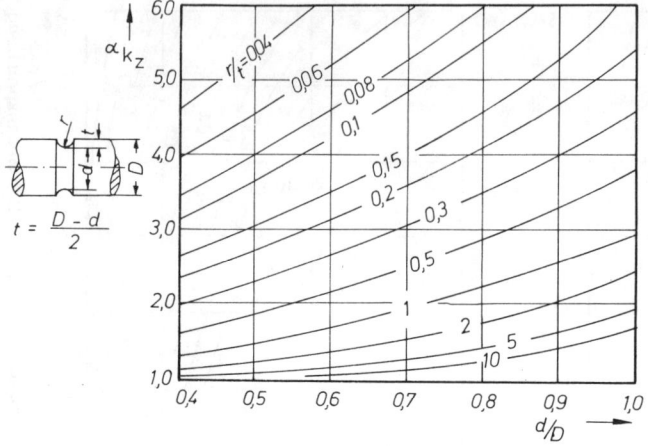

**Bild 6.3./11   Kerbformbei-
werte α_k bei Zug-Druck-Beanspruchung von Wellen.**

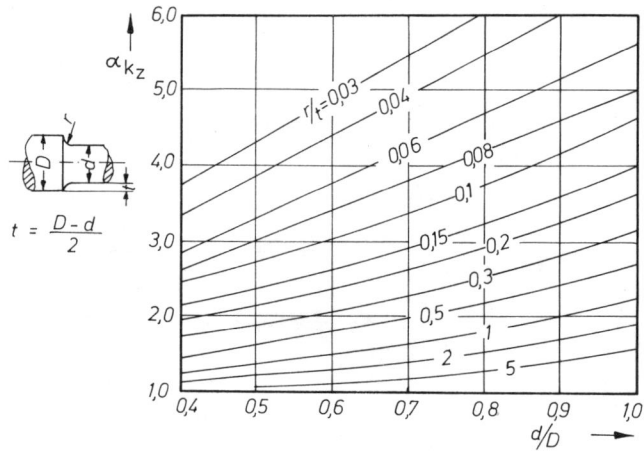

**Bild 6.3./12a   Ein Korb-
bogen oder das Zwischen-
legen eines Distanzringes
ermöglicht am gefährdeten
Querschnitt einen größeren
Halbmesser R und damit
eine Verringerung der Kerbwirkung.**

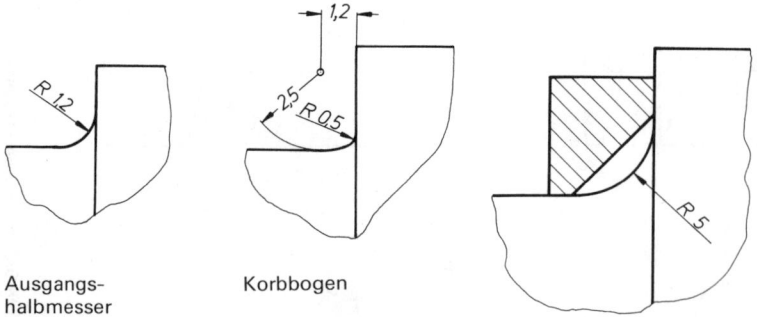

Ausgangs-
halbmesser

Korbbogen

zeigt die Bemaßung eines Distanzringes sowie die erforderlichen Oberflächen- und Festigkeits-angaben, die wichtig sind, um sowohl eine sichere Abdichtung als auch minimalen Verschleiß der an der Außenfläche laufenden Abdichtlippen des Wellendichtringes zu erreichen.

Weiterhin kann bei vorwiegend auf Biegung beanspruchten Teilen die Dauerfestigkeit durch nachträglich aufgebrachte **Druckvorspannungen** heraufgesetzt werden; diese überlagern sich den zum Bruch führenden Zugspannungen. Es erfolgt entweder ein Oberflächenverdichten des Überganges durch **Kaltrollen** mit etwa 500 kp Andrückkraft, ein **Strahlen** mit Stahlkies (auch bei Federn üblich) oder aber eine chemische Behandlung, z. B. **Weichnitrieren.** Angenähert kann in allen Fällen mit einem etwa um 50% kleineren β_{kb} gerechnet werden, und zwar bezogen auf den unteren Grenzwert eins. Wäre das Ergebnis aus f_w mal α_{kb} ein $\beta_{kb} = 1,8$, so ginge in die Bestimmung der zulässigen Biegespannung der Wert $\beta_{kb} = 1,4$ ein. Beim Kaltrollen ist außerdem $b_2 = 1$ zu setzen.

Als letztes unter dem Bruchstrich erscheint die **Sicherheit** ν, bei Dauerhaltbarkeit mit mindes-tens 1,2 anzusetzen und in der **Zeitfestigkeitskontrolle** mit $\nu \geq 1,5$. Bei Letzterer entfallen in der zulässigen Spannung sämtliche Kerbeinflüsse; rechnerisch ist lediglich sicherzustellen, daß bei maximal auftretenden Kräften mit Sicherheit keine Beanspruchung über die Streck- bzw. Fließgrenze erfolgt. Die Gleichung lautet bei reiner **Torsionsbeanspruchung**

$$\tau_{zul\,2} = \frac{\tau_0}{\nu} \tag{5}$$

und bei **Biege-** bzw. **zusammengesetzter** Beanspruchung:

$$\sigma_{zul\,2} = \frac{\sigma_0}{\nu} \tag{6}$$

Für die **Oberspannung** τ_0 bzw. σ_0 ist einzusetzen:

> bei Zug — Druck $\quad \sigma_s$
> bei Biegung $\quad \sigma_{bs} = 1,2 \cdot \sigma_s \quad$ und
> bei Torsion $\quad \tau_{ts} = 0,58 \cdot \sigma_s$

6.3.2. Werkstoffwahl

Bei der Auswahl einer in Frage kommenden Stahlsorte müssen außer den reinen Festigkeits-werten meist noch andere Werkstoffeigenschaften Beachtung finden. Wichtig ist eine ausrei-chende **Dehnung,** damit bei Überbeanspruchung des Bauteils nicht schlagartig ein Bruch ein-tritt, sondern ein Verbiegen. Die Dehnung sollte mindestens betragen bei:

> Teilen, deren Bruch einen Unfall
> zur Folge haben kann $\quad\quad\quad\quad \delta_5 \geq 12\%$
> Blattfedern $\quad\quad\quad\quad\quad\quad\quad\quad\quad \delta_5 \geq \;\;6\%$
> Torsions- und Schraubenfedern $\quad \delta_5 \geq \;\;4\%$

Weiterhin können durch die **Herstellung** des Teiles oder auch dessen **Funktion** technologische Anforderungen an den Werkstoff gestellt werden, wie

> Schweißbarkeit,
> Oberflächenhärtbarkeit,
> spanlose Verformbarkeit,
> gute Spanbarkeit usw.

Alle Eigenschaften sind unter Einbeziehung der **Kostenfrage** gemeinsam zu betrachten, also immer auch im Hinblick auf den **Werkstoffpreis.** Sämtliche für die **Auswahl** eines Vergütungs-

Schmiedestücke und nachträglich vergütete Teile

Werkstoff Kurzzeichen	Festigkeitsstufe	σ_B kp/mm²	σ_s kp/mm²	δ_5 %	mögl. Festigkeitsstufen	Preis %	Spanbarkeit ▽ %	Spanbarkeit ▽▽ %	Schw.*	Ih.**	Anwendung
C 22 V	I	50 bis 65	30	22	I bis III	122	100	140	3	—	Schweißbarer Vergütungsstahl, sonst wenig verwendet, kann meist durch den wirtschaftlicheren St 60-2 ersetzt werden.
	II	60 bis 75	41	18							
	III	70 bis 85	52	14							
Ck 22 V						144				—	
C 35 V	I	60 bis 75	37	19	I bis III	124	70	100	4	4	Stahl für Schmiedestücke mittlerer Festigkeit und Halbzeug, gut bearbeitbar.
	II	70 bis 85	45	15							
	III	80 bis 95	51	14							
Ck 35 V						147			4	3	
35 S 20 V ▼						150	60	80	—	4	Vorzugsstahl für Schmiedestücke, höher vergütbar als C 35 V. Bei Oberflächenhärtung Ck 45 V günstiger als C 45 V.
C 45 V	I	60 bis 75	36	18	I bis IV	125	80	110	5	2	
	II	70 bis 85	48	14							
	III	80 bis 95	51	12							
	IV	90 bis 105	58	10							
Ck 45 V						149			5	1	Wegen schlechter Spanbarkeit weniger verwendet, besser C 45 V vorsehen und diesen auf höhere Festigkeitswerte vergüten.
45 S 20 V ▼						152	60	80	—	3	
C 60 V	I	70 bis 85	41	15	I bis IV	127	115	160	—	3	Schweißbarer Vergütungsstahl höherer Festigkeit, aber teuer.
	II	80 bis 95	50	13							
	III	90 bis 105	57	11							
	IV	100 bis 120	62	10							
Ck 60 V						150			—	2	Vorzugsstahl für Schmiedestücke hoher Festigkeit und Halbzeug.
25 CrMo 4 V	I	70 bis 85	47	15	I bis IV	230	110	155	3	—	Oberflächenhärtbarer Stahl mit hoher Festigkeit.
	II	80 bis 95	60	14							
	III	90 bis 105	70	12							
	IV	100 bis 120	80	11							
	V	110 bis 130	90	10							
	VI	120 bis 140	100	9							
34 Cr 4 V					II bis V	200	110	155	—	3	Schmiedestahl sehr hoher Festigkeit und günstiger Streckgrenze, teuer. Nur anwenden, wenn 34 Cr 4 V nicht auf die erforderlichen Festigkeitswerte vergütet werden kann, bzw. 50 Cr V 4 Bearbeitungsschwierigkeiten bereitet.
41 Cr 4 V					II bis IV	205	115	160	—	1	
42 CrMo 4 V					II bis VI	260	120	170	—	1	
50 Cr V 4 V	I	110 bis 130	90	9	I bis III	230	135	190	—	2	Federstahl, auch für Konstruktionsteile höchster Festigkeit, günstige Streckgrenze bei ausreichender Dehnung, jedoch schlecht bearbeitbar, billiger als 42 CrMo 4 V.
	II	130 bis 150	112	7							
	III	150 bis 175	135	5							

□ = zu bevorzugen (C 45 V, 34 Cr 4 V)

$\gamma = 7{,}85$ kp/dm³
$E = 21\,500$ kp/mm²
$G = 8\,300$ kp/mm²

USt 37-1 ist in Preis und Spanbarkeit mit 100% eingesetzt

Alle Stähle zum Abbrenn-Stumpfschweißen geeignet

▼ Die nur für Halbzeug vorgesehenen Automatenstähle 35 S 20 V; 45 S 20 V haben gleiche Festigkeitswerte wie die entsprechenden Vergütungsstähle jedoch eine geringere Dehnung

technolog. Eigenschaften:
1 sehr gut geeignet   4 bedingt geeignet
2 gut geeignet   5 schwierig
3 geeignet   — nicht gegeben

Zeichenerklärung für technologische Eigenschaften:
* Schw. = Schmelzschweißeignung
** Ih. = Induktionshärtbarkeit

Vergütungsstähle DIN 17200 und vergütbare Automatenstähle DIN 1651; Festigkeiten, technologische Eigenschaften, Kostenvergleiche und Anwendungsgebiete, Auszug aus den Normen und aus Bild 7./9 in [4]. Basis für alle Vergleiche ist der Baustahl USt 37-1. Die Festigkeitsstufen dienen nur als Sortierungsmerkmal und um einen Zusammenhang zwischen Bruchfestigkeit σ_B, Streckgrenze σ_S und Dehnung δ_5 — vorhanden am vergüteten Fertigteil — zu schaffen. Geeignet zum Abbrennstumpfschweißen sind alle Stähle; zum Schmelzschweißen dagegen nur solche mit einem C-Gehalt bis 0,22% (siehe Spalte „technolog. Eigenschaften"). Ck 20 V bis Ck 60 V sind reinere, aber auch teuere Edelstähle und 35 S 20 V sowie 45 S 20 V gut spanbare Automatenstähle.

---

stahles benötigten Angaben einschließlich eines prozentualen Kostenvergleiches (zu dem Baustahl St 37) enthält die Tabelle 6.3./12b und Hinweise über verwendbare **Federstähle** die Tabelle 7.4./1. Die sonstigen Stähle sind in [4] im Abschnitt 7 zu finden, und zwar

Baustähle	in Tabelle 7./8 und 7./24,
Einsatzstähle	in Tabelle 7./10 und 7./12 bis 7./19,
Automatenstähle	in Tabelle 7./9, 7./10 und 7./24,
Feinbleche	in Tabelle 7./25 und
Kaltbänder	in Tabelle 7./25.

6.3.3. Vorhandene Spannung bei Torsion

Ausschließlich auf Torsion beansprucht sind Kardanwellen, innere Antriebswellen (zwischen Differential und Radträger siehe Bild 6.2./3) und Drehstabfedern (siehe Abschnitt 7.4.6). Wellen bestehen aus einem Schaft gleichbleibenden Durchmessers und angestauchten oder angeschweißten Enden, die zur Drehmomentübertragung ein Wellenprofil, einen Vier- bzw. Sechskant oder Flansch tragen (siehe Musterzeichnung 8.4.2 in [4]). Häufig bleibt der Schaft unbearbeitet, dann verursacht lediglich die Walz- oder Schmiedehaut eine Spannungsverringerung. Die Übergänge vom Schaft zu den Enden können den Halbmesser $r \geqq d$ bekommen, wodurch jeder Kerbeinfluß entfällt. Der Faktor b_2 dürfte 0,7 betragen; β_{kt} ist in solchen Fällen eins. Die zulässige Dauerfestigkeit $\tau_{t\,zul\,D}$ liegt dadurch nur etwa 30% unter dem für kurzzeitige Beanspruchung zugelassenen $\tau_{t\,zul\,2}$. Das maximal auftretende Torsionsmoment $M_{t\,3}$ dagegen hat etwa die fünffache Größe des für die Dauerfestigkeitsberechnung anzusetzenden $M_{t\,1}$; der Grund, warum abweichend von den sonstigen Rechenvorgängen der **Schaftdurchmesser** d_3 mit dem **höchsten Moment** $M_{t\,3}$ bestimmt werden muß.

Handelt es sich um eine **Kardanwelle,** ist die Gleichung (2) bzw. (4) aus Abschnitt 6.2 zu verwenden und bei **inneren Antriebswellen** (6) bzw. (8); die jeweils letztere gilt für Fahrzeuge mit Automatikgetriebe oder Wandler. Hat das zu untersuchende Fahrzeug **Vorderradantrieb** und eine **innenliegende Bremse,** können durch den beim Abbremsen möglichen Kraftschluß höhere Momente auftreten als beim Anfahren. Mit $\mu_K = 1,25$ muß deshalb zusätzlich das Moment

$$M_{t\,5} = \mu_K \cdot N_v \cdot r_{stat}$$

aufgestellt werden, und zwar unter Verwendung des dabei vorhandenen **statischen** Reifenhalbmessers r_{stat}. Bei solchen Fahrzeugen ist mit dem **größeren** der beiden Momente $M_{t\,3}$ oder $M_{t\,5}$ dann der Mindest-Schaftdurchmesser $d_{3\,min}$ zu berechnen. Aus den gegenübergestellten Gleichungen

$$\tau_{t\,vorh} \leqq \tau_{t\,zul} \qquad \frac{M_{t\,3,5} \cdot 16}{\pi \cdot d^3} \leqq \frac{\tau_{t\,F}}{\nu}$$

läßt sich der **Mindestdurchmesser** $d_{3\,min}$ ausklammern

$$d_{3\,min} = \sqrt[3]{\frac{M_{t\,3,5} \cdot 5{,}1 \cdot \nu}{\tau_{t\,F}}} \text{ [cm]} \qquad 5{,}1 = \frac{16}{\pi}$$

Wegen des in $M_{t\,3}$ enthaltenen Einkuppel-Stoßfaktors $k_K = 2$ kann die **Sicherheit** an der unteren Grenze bleiben; also $\nu = 1{,}2$. $\tau_{t\,F}$ ist Tabelle 6.3./1b zu entnehmen und beträgt $\tau_{t\,F} = 0{,}58 \cdot \sigma_s$; bei Oberflächenhärtung kann der Wert je nach Einhärtetiefe noch mit 1,2 bis 1,5 multipliziert werden.

Das so errechnete $d_{3\,min}$ dient zur Festlegung des Halbzeuges und der erforderlichen **Toleranzen.** In der **Zeichnung** darf der Mindestdurchmesser nicht erscheinen; die spanende Fertigung verlangt bei Wellen die Angabe einer Minusabweichung, d. h., ein entsprechend größerer Durchmesser ist vorzuschreiben. Ständt beispielsweise der in Abschnitt 6.3.8 errechnete Wert $d_{min} = 26{,}3$ mm ohne Toleranz am Schaft, würden bei der Bearbeitung die Freimaßtoleranzen DIN 7168 in Anspruch genommen (siehe Tabelle 6./26 in [3]). Diese betragen bei dem üblichen Genauigkeitsgrad „mittel" $\pm 0{,}2$ mm; als Mindestdurchmesser sind dann 26,1 mm möglich, mit der Folge einer zu hohen Torsionsbeanspruchung. Vorzuschreiben ist deshalb entweder $\varnothing\ 26{,}4 - 0{,}1$ oder eine ISO-Toleranz: $\varnothing\ 26{,}4\ h\ 11$. Im allgemeinen entfällt jedoch die Bearbeitung; warmgewalzter Rundstahl DIN 1013 kann in einer brauchbaren Wellenabmessung direkt zur Verwendung kommen (siehe Tabelle 7./23 in [4]). Bei dem Beispiel wäre es $\varnothing\ 27$; die Norm läßt $\pm 0{,}6$ mm als Durchmessertoleranz zu.

Liegen Schaftabmessung und Halbzeug des Rohlings fest, so ist zu überprüfen, ob die inneren Durchmesser d_1 der **Wellenprofile** an den Enden bei Dauerbeanspruchung größer werden müssen als der unter Berücksichtigung kurzzeitiger Maximalbelastung dimensionierte Schaft:

$$d_1 \geq \sqrt[3]{\frac{M_{t\,1} \cdot 5{,}1}{\tau_{t\,zul\,D}}}$$

Für $M_{t\,1}$ ist eine der Gleichungen (1), (3), (5) oder (7) des Abschnittes 6.2 einzusetzen und für $\tau_{t\,zul\,D}$ die Gleichung (1) aus Abschnitt 6.3.1. Ergibt sich ein $d_1 < d_{3\,min}$, so darf auch als Profil-Innendurchmesser kein kleinerer Wert als $d_{3\,min}$ vorgesehen werden; dies war das Mindestmaß, dessen Unterschreitung eine bleibende Verformung oder Bruch zur Folge hätte. Weitere Einzelheiten enthält das Rechenbeispiel in Abschnitt 6.3.8.

6.3.4. Vorhandene Spannung bei Biegung

Der **Achszapfen** ist das Teil der Radaufhängung, das besonders stark auf Biegung beansprucht wird. Zur Festigkeitsberechnung und zum Erkennen der Belastungsart muß der Abstand a — Radaufstandspunkt zu gefährdetem Querschnitt — bekannt sein, wie in Bild 6.1./5 gezeigt, befindet sich dieser am Beginn des Übergangshalbmessers r. Mit Hilfe der Momentengleichungen (6) und (7) aus 6.1 sind obere und untere Biegespannung zu bestimmen:

$$\sigma_{b\,o} = \frac{M_{b\,o}}{W_b} \quad \text{und} \quad \sigma_{b\,u} = \frac{M_{b\,u}}{W_b}$$

Bei **positivem** $\sigma_{b\,u}$ (also auch $M_{b\,u}$) liegt **schwellende** Belastung vor und bei negativem wechselnde. Im ersten Fall ist die Berechnung ausschließlich mit $\sigma_{b\,o}$ durchzuführen und $\sigma_{b\,sch} \approx 1{,}2 \cdot \sigma_s$ bzw. $0{,}86 \cdot \sigma_B$ für σ_o (siehe Gleichung 2, Abschnitt 6.3.1) einzusetzen; bei **wechselnder** Belastung dagegen müssen unter Berücksichtigung des Vorzeichens aus $\sigma_{b\,o}$ und $\sigma_{b\,u}$ die **Mittel-** und **Ausschlagspannung** bestimmt werden:

$$\sigma_{bm} = \frac{\sigma_{bo} + \sigma_{bu}}{2} \quad (1) \qquad \sigma_{ba} = \sigma_{bo} - \sigma_{bm} \quad (2)$$

Beide Spannungen sind erforderlich, um anschließend auf die werkstoffseitig ertragbaren **Wechsel-Biegespannungen** zurückschließen zu können; bei der Bildung von σ_{bm} ist lediglich auf das negative Vorzeichen vor σ_{bu} zu achten.

Über die Winkel 50°, 45° und 40° des zur Ermittlung der Ausschlagspannung konstruierten **Dauerfestigkeitsschaubildes** (siehe Bild 6.3./1a) läßt sich ein mathematischer Zusammenhang finden, der es gestattet, mit Hilfe der vorhandenen Ausschlagspannungen die Wechselspannung **rechnerisch** zu bekommen:

$$\sigma_{ba} + 0{,}159 \cdot \sigma_{bm} \triangleq \sigma_{bW} \tag{3}$$

Der Zahlenwert 0,159 erscheint als Ergebnis der Gleichung aus den drei Winkelfunktionen $\dfrac{\sin 5°}{\sin 50° \cdot \sin 45°}$. Zu kontrollieren wäre lediglich, ob die Summe von Ausschlag- und Mittelspannung nicht größer geworden ist als die Biege-Streckgrenze σ_{bs}, also die Linie $B-C$ in Bild 6.3./1a.

$$\sigma_{ba} + \sigma_{bm} \leqq \sigma_{bS} \tag{4}$$

Bei Einsetzen der Gleichungen (1) und (2) in (3) kann sowohl σ_{bW} als Funktion von σ_{bo} und σ_{bu} direkt ermittelt werden

$$\sigma_{bW\,vorh} = 0{,}58 \cdot \sigma_{bo} - 0{,}42 \cdot \sigma_{bu} \tag{5}$$

als auch das wechselnd auftretende Biegemoment

$$M_{bw} = \pm [a \cdot (0{,}58 \cdot N_0' - 0{,}42 \cdot N') + S_1 \cdot r_{dyn}] \tag{6}$$

Bei $a = 0$ erreicht M_{bw} den kleinsten Wert: $\pm S_1 \cdot r_{dyn}$.

In dem Bild 6.3./1a, einer Darstellung des Stahles 34 Cr 4 V bei Zugbeanspruchung, beträgt bei der Mittelspannung

$$\sigma_{zm} = 13 \text{ kp/mm}^2$$

die vom Werkstoff **ertragbare** Zug-Druck-Ausschlagspannung (Index großes A)

$$\sigma_{zA} = 43 \text{ kp/mm}^2 \quad \text{also}$$
$$\sigma_{zm} \pm \sigma_{zA} = 13 \pm 43 \text{ kp/mm}^2 \quad \text{und somit:}$$
$$\sigma_{zo} = 56 \text{ kp/mm}^2 \qquad \sigma_{zu} = -30 \text{ kp/mm}^2$$

Die hieraus berechnetete Zug-Druck-Wechselspannung

$$\sigma_{zW} = 0{,}58 \cdot 56 - 0{,}42 (-30) = 32{,}5 + 12{,}6$$
$$\sigma_{zW} = 45{,}1 \text{ kp/mm}^2$$

entspricht dem im Dauerfestigkeitsschaubild ablesbaren Wert

$$\sigma_{zW} \approx 0{,}45 \cdot \sigma_{B\,min} = 0{,}45 \cdot 100 \text{ kp/mm}^2$$
$$\sigma_{zW} = 45 \text{ kp/mm}^2$$

Auf die gleiche Weise kann bei allen anderen auf Biegung beanspruchten **Bauteilen des Fahrwerks** von der zuerst berechneten Ober- und Unterspannung auf die Wechselspannung zurückgeschlossen werden.

Nach Ermittlung von $\sigma_{b\,W\,vorh}$ gilt wieder die Bedingung

$$\sigma_{vorh} \leqq \sigma_{zul\,D}, \text{ wobei in diesem Fall ist:}$$

$$\sigma_{zul\,D} = \frac{\sigma_{b\,w} \cdot b_1 \cdot b_2}{\beta_{Nb} \cdot \beta_{kb} \cdot \nu}$$

$\sigma_{b\,w}$, aus der Tabelle 6.3./1b entnommen, wäre

$$\sigma_{b\,w} \approx 0,5 \cdot \sigma_B$$

bzw. bei **Oberflächenhärtung**

$$\sigma_{b\,w} \approx 0,6 \cdot \sigma_B.$$

Liegt der **Durchmesser** des **Achszapfens** fest, muß die Bruchfestigkeit berechnet werden

$$\sigma_{B\,min} \geqq \frac{\sigma_{b\,W\,vorh} \cdot \beta_{Nb} \cdot \beta_{kb} \cdot \nu}{0,5 \,(bzw.\ 0,6) \cdot b_1 \cdot b_2}$$

um anhand des so bestimmten **Mindestwertes** eine in Frage kommende **Stahlsorte** aus der Tabelle 6.3./12b bzw. den Bildern 7./8 bis 7./10 in [4] heraussuchen zu können. Die andere Möglichkeit wäre (bei nicht festliegendem Durchmesser des Wälzlagerringes) unter Zugrundelegung von Werkstoff und Vergütungsfestigkeit den am gefährdeten Querschnitt erforderlichen **Mindestdurchmesser** d_{min} zu berechnen. Hierbei ist nach Bestimmung von $M_{b\,w}$ aus $M_{b\,o}$ und $M_{b\,u}$ wieder von dem Ansatz

$$\sigma_{vorh} \leqq \sigma_{zul} \quad \text{auszugehen:}$$

$$\frac{M_{b\,w}}{W_b} \leqq \frac{0,5 \,(bzw.\ 0,6)\, \sigma_B \cdot b_1 \cdot b_2}{\beta_{Nb} \cdot \beta_{kb} \cdot \nu}$$

$$d_{min} = \sqrt[3]{\frac{M_{b\,w} \cdot \beta_{Nb} \cdot \beta_{kb} \cdot \nu}{0,049 \,(bzw.\ 0,0588)\, \sigma_B \cdot b_1 \cdot b_2}} \tag{7}$$

Für W_b wird $0,098 \cdot d_{min}^3$ eingesetzt (und nicht $\approx 0,1\, d_{min}^3$); die in Klammern stehenden Werte 0,6 und 0,0588 gelten bei Oberflächenhärte. Liegt keine Wechsel-, sondern **Schwellbelastung** vor, so lautet die Gleichung

$$d_{min} = \sqrt[3]{\frac{M_{b\,o} \cdot \beta_{Nb} \cdot \beta_{kb} \cdot \nu}{0,098 \cdot \sigma_{b\,sch} \cdot b_1 \cdot b_2}} \tag{8}$$

Entsprechend Tabelle 6.3./1b ist $\sigma_{b\,sch} \approx 1,2 \cdot \sigma_s$ bzw. $0,86 \cdot \sigma_B$; bei gehärteter Oberfläche erfolgt eine Multiplikation des maßgeblichen Wertes mit 1,2. Die Beiwerte b_1 und b_2 sind in den Bildern 6.3./1c und 6.3./1d zu finden; um b_1 ablesen zu können, muß d_{min} vorab geschätzt werden.

Bei der anschließenden **Zeitfestigkeitskontrolle** ist die vorhandene **Sicherheit** ν zur Biegestreckgrenze σ_{bs} zu bestimmen, die Rechnung braucht nur mit dem größeren der beiden Momente — Gleichungen (8) und (9) in Abschnitt 6.1 — durchgeführt zu werden:

$$\frac{M_{b\,2}\ bzw.\ M_{b\,3}}{W_b} \leqq \frac{\sigma_{bs}}{\nu} \tag{9}$$

Mit $\sigma_{bs} \approx 1,2 \cdot \sigma_s$ (bzw. bei Oberflächenhärtung noch mal 1,2 bis 1,5 je nach Einhärtetiefe) ergibt sich

$$\nu \geqq \frac{1,2 \text{ (bzw. } 1,44 \text{ bis } 1,8) \cdot \sigma_s \cdot 0,098 \cdot d_{min}^3}{M_{b2} \text{ bzw. } M_{b3}} \tag{10}$$

ν sollte möglichst 1,5 betragen; nie jedoch kleiner als 1,2 sein.

Zu beachten sind bei den Festigkeitsberechnungen die **Dimensionen.** Entweder wird die Spannung in **kp/cm²,** das Moment in **cm kp** und der Durchmesser in **cm** eingesetzt oder aber in

N/cm², N cm und cm

wenn die Berechnung mit **SI-Einheiten** erfolgt.

6.3.5. Vorhandene Spannung bei zusammengesetzter Beanspruchung

Viele Bauteile des Fahrwerks sind — bedingt durch außermittigen Kraftangriff (siehe Bild 3.1./17) — sowohl auf Biegung als auch Torsion beansprucht; für beide Beanspruchungsarten trifft dann die gleiche Belastungsart zu: wechselnd oder schwellend. Grundsätzlich andere Bedingungen sind an den **äußeren Zapfen** von Antriebswellen vorhanden (siehe Bilder 3.2./24, 3.4./8, 3.4./9, 3.4./15 und 3.10./11); die Kräfte am Radaufstandspunkt bewirken eine **wechselnde Biegebeanspruchung,** das Antriebsmoment des Motors eine **schwellende** auf **Torsion,** und das Anziehen der Mutter verursacht zusätzlich eine **ruhende** Zugvorspannung. Diese ist erforderlich, um einen festen Sitz der Nabe auf dem zur Mitnahme dienenden Keilwellen- bzw. Evolventenprofil (siehe Bilder 2.5./50 und 2.5./58 in [3]) zu erreichen. Die erforderliche Vorspannkraft kann aber auch von einer normalen Sechskantschraube aufgebracht werden. Das Bild 6.3./13 zeigt die nur auf Biegung und Torsion beanspruchte äußere Antriebswelle des **VW 412.**

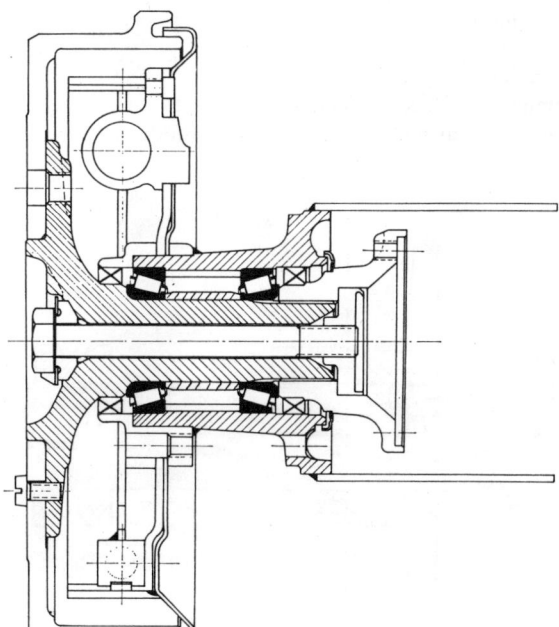

Bild 6.3./13 Verbindung Welle – Nabe an der Schräglenker-Hinterachse des VW 412. Die zum Verspannen erforderliche Zugkraft wird durch eine genormte Sechskantschraube aufgebracht, was den Vorteil hat, daß die Antriebshohlwelle nur auf Biegung und Torsion beansprucht ist.

Die drei unterschiedlichen Beanspruchungsarten ergeben dann die **Vergleichsspannung**

$$\sigma_{\mathrm{v}} = \sqrt{(\sigma_{\mathrm{b}} + \sigma_{\mathrm{z}})^2 + (\alpha_{\mathrm{A}} \cdot \tau_{\mathrm{t}})^2} \qquad (1)$$

Um σ_{v} berechnen zu können, müssen vier Einflußgrößen bekannt sein, ist dies nicht der Fall, sind diese vorab anzunehmen:

6.3.5.1.   die Stelle, an der das größte Biegemoment auftritt, also die genaue Lage des gefährdeten Querschnittes,

6.3.5.2.   die durch das Anziehen der Mutter aufgebrachte Zugkraft,

6.3.5.3.   der Werkstoff sowie dessen Festigkeitswerte und

6.3.5.4.   die genauen Abmessungen (mit Toleranzen) aller Teile (siehe Musterzeichnung 8.4.2 in [4])

Zu 6.3.5.1.
Die auf der Welle sitzenden, auf **Druck** belasteten Teile wie Radnabe, Wälzlagerinnenringe, Distanzstück usw. bewirken, daß in der Welle selbst nur geringere Biegespannungen auftreten als bei nicht verspannten Teilen. Durch das Biegemoment erfolgt ein einseitiges Erhöhen und anderseitiges Abbauen der Druckspannungen σ_{D} in den Außenteilen (Bild 6.3./14, obere und untere Hälfte). Um einen Rechenansatz zu bekommen, wird für das **Widerstandsmoment** W_{b} sowohl die Fläche 1 der Welle als auch die Fläche 2 des im gefährdeten Querschnitt $X-X$ mitverspannten Wälzlagerinnenringes angesetzt (Bild 6.3./15), d. h., W_{b} ist mit Hilfe des Durchmessers d_{A} zu bestimmen. Der hierbei gemachte Fehler dürfte sich in vertretbaren Grenzen halten.

Zu 6.3.5.2
Je größer die **Schraubenkraft** F_{s}, um so weitgehender die Gewähr, daß die Verbindung sich im Fahrbetrieb nicht lockert, ganz besonders beim Wechsel von Vorwärts- zu Rückwärtsfahrt.

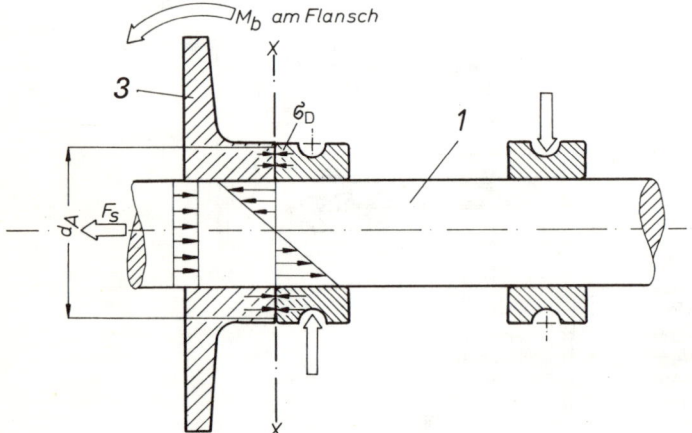

Bild 6.3./14   Um ein Lockern
der auf dem Wellenprofil der
äußeren Antriebswelle 1 sitzenden Nabe 3 zu verhindern, ist
eine Zugbelastung erforderlich.
Diese erzeugt Druckkräfte in
den verspannten Außenteilen,
die Biegemomente mit auf-
nehmen können und dadurch
die Welle 1 entlasten.

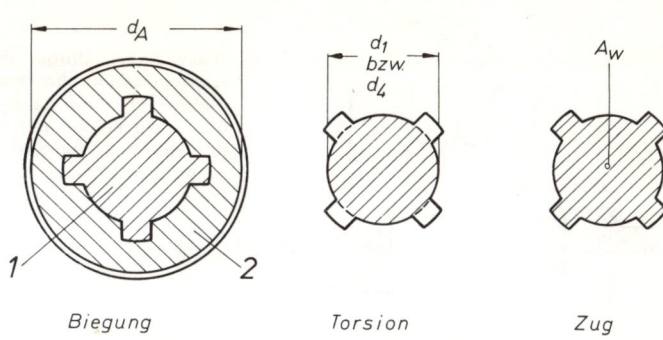

Bild 6.3./15   Bei einer Verbindung Welle—Nabe geht für Biegung in die Vergleichsspannung das Widerstandsmoment sowohl der Welle 1 als auch des vorgespannten Außenteiles 2 ein, für Torsion nur der Kreisquerschnitt der Welle und in die Zugspannung die gesamte Fläche A_w.

Biegung   *Torsion*   *Zug*

Der Kraft F_s sind jedoch Grenzen durch die vom Werkstoff ertragbaren Spannungen gesetzt, d. h., je höher F_s, um so dicker muß der Wellenzapfen sein und um so schwerer als auch teurer werden Lagerung und Gehäuse. Die Schraubenkraft ist deshalb in Grenzen zu halten; 6000 kp dürften bei mittleren Pkw ausreichen. Die Tabelle 6.3./16 enthält als Anhaltswerte eine Zusammenfassung werksseitig vorgeschriebener Anzugsmomente M_s für Achsmuttern unter Hinzufügung der Gewindeausführung, geordnet nach Antriebsart und Herstellern.
Über M_s kann die Vorspannkraft F_s ungefähr abgeschätzt werden, wobei jedoch zu berücksichtigen ist, daß die häufig zur Verwendung kommende vergrößerte Sechskant- oder **Bundmutter** eine größere Auflage als eine genormte Mutter hat (Bild 6.3./17), dadurch einen erhöhten Reibhalbmesser besitzt, der wiederum ein stärkeres Anzugsmoment erforderlich macht. Die folgende Tabelle 6.3./18 enthält als Auszug aus dem Schrauben-Ratgeber der Firma Bauer und Schauerte, Neuß, die Schrauben-Vorspannkräfte F_s und Anzugsmomente M_s metrischer Feingewinde in Abhängigkeit der Werkstoff-Festigkeitswerte. Letztere werden, wie im Text bei Tabelle 2.4./7 erläutert, durch Kurzzeichen angegeben (siehe 7.1.1 in [4]).

Fahrzeug	Gewinde	Techn.-Einheiten		Si.-Einheiten		Achse	
		M_S (kpm)	F_S (kp)	M_S (Nm)	F_S (kN) [1]	v	h
BMW 1602 bis 2002	24 × 1,5	30	6 840	294	67		×
Fiat 127/128	18 × 1,5	14	4 360	137	42,7	×	
Renault 4,5,6	16 × 1,5	12	4 400	118	43,2	×	
Renault 12,15,16,17	16 × 1,5	16	5 860	157	57,5	×	
Simca 1100	20 × 1,5	11	3 150	108	30,9	×	
VW 1303	24 × 1,5	30	6 650	294	65,2		×
VW 1600	24 × 1,5	30	7 140	294	70,1		×
VW K 70	27 × 1,5	40	8 520	392	83,5	×	

1) Kilo-Newton

Bild 6.3./16   Für Muttern an Antriebswellen vorgeschriebene Anzugsmomente M_s, vorhandene Gewinde und hieraus berechnete Schrauben-Vorspannkräfte F_s. Bei selbstsichernden Muttern braucht beim Anzugsmoment keine Toleranz angegeben werden; Kronenmuttern dagegen benötigen eine solche, da es selten vorkommen dürfte, daß beim Anziehen mit einem bestimmten Moment der Mutterschlitz mit der Splintbohrung übereinstimmt.

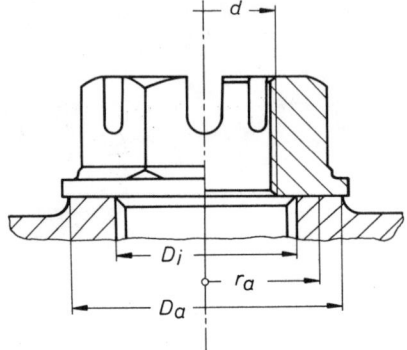

Bild 6.3./17 Wegen des Ringspaltes zwischen Gewindeaußendurchmesser d und Nabeninnendurchmesser D_i wird häufig entweder eine Bundmutter oder eine solche mit stärkerem Sechskant verwendet. Hierdurch vergrößert sich der Reibhalbmesser r_a, zu berücksichtigen bei der Berechnung des Schraubenanzugmomentes M_s.

Um bei geringen Abmessungen hohe Kräfte durch das Anziehen der Mutter aufbringen zu können und außerdem eine verstärkte Sicherheit gegen Lockern zu haben, sollten über M 10 sowohl an Wellenenden als auch an allen anderen Bauteilen des Kraftfahrzeuges **metrische Feingewinde** zur Verwendung kommen (siehe Tabelle 4.2./8 in [3]).
Liegt die Vorspannkraft F_s fest, so ist unter Berücksichtigung von Ausführung und Höhe der Mutter das Anzugsmoment M_s gesondert zu berechnen; dieses muß mit **Toleranz** auf der **Zeichnung** erscheinen.

Zu 6.3.5.3
Unter der Wurzel steht vor der Torsionsspannung das **Anstrengungsverhältnis** α_A, das den Unterschied der **zulässigen** Spannungen bei den beiden Beanspruchungsarten — Biegung und Torsion — berücksichtigt, also

$$\alpha_A = \frac{\sigma_{zul}}{\tau_{zul}}$$

Unter der Annahme, daß b_1, b_2, β_N und ν in beiden Fällen etwa die gleiche Größe haben, kann gesetzt werden

$$\alpha_A = \frac{\sigma_0 \cdot \beta_{kt}}{\beta_{kb} \cdot \tau_0} \tag{2}$$

Für σ_0 und τ_0 sind die der Beanspruchungs- und Belastungsart entsprechenden Oberspannungen einzusetzen, und zwar der Tabelle 6.3./1b entnommen oder bei Bau- und Einsatzstählen den Tabellen 7./8 und 7./10 in [4]. Liegt bei **Vergütungsstählen** (Tabelle 6.3./12b) wohl die Stahlsorte, nicht aber die Festigkeitsstufe fest, so kann bei dem üblichen Fall — Biegung wechselnd und Torsion schwellend — über dem Bruchstrich die Bruchfestigkeit σ_B und darunter die Streckgrenze σ_S erscheinen

$$\alpha_A = \frac{\sigma_0 \cdot \beta_{kt}}{\beta_{kb} \cdot \tau_0} = \frac{\sigma_{bw} \cdot \beta_{kt}}{\beta_{kb} \cdot \tau_{t\,sch}} = \frac{0,5 \cdot \sigma_B \cdot \beta_{kt}}{0,58 \cdot \sigma_S \cdot \beta_{kb}}$$

In solchen Fällen ist das (ungefähr abschätzbare) Streckgrenzenverhältnis

$$\gamma = \frac{\sigma_S}{\sigma_B} \tag{3}$$

zu Hilfe zu nehmen, um — nach Bestimmung der beiden Kerbwirkungsbeiwerte β_{kb} und β_{kt} — die Größe von α_A berechnen zu können:

Gewinde		Festigkeitseigenschaften								
Abmessung	Span-nungs-quer-schnitt (mm²)	6.8		8.8		10.9		12.9		
		F_v (kp)	M_s (mkp)	F_v (kp)	M_s (mkp)	F_v (kp)	M_s (mkp)	F_v (kp)	M_s (mkp)	
M 8 × 1	39,2	1 530	2,3	1 810	2,7	2 550	3,8	3 000	4,5	
M 10 × 1	64,5	2 550	4,7	3 200	5,87	4 250	7,8	5 150	9,5	
M 10 × 1,25	61,5	2 390	4,4	2 830	5,2	3 980	7,3	4 770	8,8	
M 12 × 1,25	92,1	3 650	8,0	4 330	9,5	6 100	13,5	7 300	16	
M 12 × 1,5	88,1	3 430	7,6	4 070	9,0	5 700	12,5	6 850	15	
M 14 × 1,5	125	4 950	12,5	5 850	15,0	8 250	21	9 900	25	
M 16 × 1,5	167	6 650	19	7 900	22,5	11 100	31,5	13 300	38	
M 18 × 1,5	210	8 700	27,5	10 300	32,5	14 500	46	17 400	55	
M 18 × 2	204	8 100	25	9 600	31,1	13 500	42,8	16 100	51	
M 20 × 1,5	272	11 000	38,5	13 000	46	18 300	64	22 000	77	
M 20 × 2	258	10 080	36,8	12 100	42,8	17 000	59,5	20 400	71,5	
M 22 × 1,5	333	13 600	52	16 100	61	22 600	86	27 100	105	
M 22 × 2	310	12 100	47	14 600	55,5	20 400	78	24 600	95	
M 24 × 2	384	15 400	65	18 300	78	25 700	110	30 900	130	
M 27 × 2	496	20 100	97	23 800	115	33 500	160	40 200	195	
M 30 × 2	621	25 300	135	30 000	160	42 200	225	50 600	270	

Bild 6.3./18 Bei metrischen Feingewinden zulässige maximale Anzugsmomente als Funktion der Festigkeitseigenschaften der Schraube und bei Verwendung einer normalhohen Sechskantmutter DIN 934. In den Festigkeitswerten gibt die erste Zahl geteilt durch 10 die Mindestbruchfestigkeit des Stahles an und die zweite das Streckgrenzenverhältnis γ, also 10.9:
$\sigma_{B\,min} = 100$ kp/mm² und $\sigma_s \geqq 90$ kp/mm².
Mit der Vorspannkraft F_v werden 70% der Streckgrenze im Spannungsquerschnitt der Schraube erreicht.

$$\alpha_A = \frac{0.5 \cdot \beta_{kt}}{0.58 \cdot \gamma \cdot \beta_{kb}}$$

Liegt dagegen bei beiden Beanspruchungsarten die gleiche Belastung vor (z. B. wechselnd) oder aber es wird ein Stahl mit günstigem Streckgrenzenverhältnis verwendet ($\gamma \geq 0,86$), so erscheint σ_B sowohl über als auch unter dem Bruchstrich und läßt sich herauskürzen

$$\alpha_A = \frac{\sigma_{bw} \cdot \beta_{kt}}{\beta_{kb} \cdot \tau_{tw}} = \frac{0,5 \cdot \sigma_B \cdot \beta_{kt}}{0,29 \cdot \sigma_B \cdot \beta_{kb}}$$

0,5 geteilt durch 0,29 ergibt ungefähr den Wert 1,73, der in der bekannten Gleichung für die größte Gestaltänderungsarbeit in Zusammenhang mit dem **Anstrengungsverhältnis** α_0 steht:

$$\alpha_0 = \frac{\sigma_{zul}}{1,73 \cdot \tau_{zul}}$$

$$\sigma_v = \sqrt{\sigma_b^2 + 3(\alpha_0 \cdot \tau_t)^2}$$

$1,73^2$ ergibt aber 3, also den Zahlenwert, der vor α_0 steht, beide Werte heben sich auf, und die Gleichung für σ_v bekommt dieselbe Form wie die anfänglich im Text aufgeführte (1):

$$3\,\alpha_0^2 = 3 \left(\frac{\sigma_{zul}}{1,73 \cdot \tau_{zul}} \right)^2 = \alpha_A^2$$

Zu 6.3.5.4

Die **Abmessungen** aller Teile — mit **Toleranzen** — sind erforderlich, um sowohl die Widerstandsmomente W_b und W_t als auch die Querschnittsfläche A_w des Wellenzapfens bestimmen zu können, und zwar mit Hilfe der **Mindestmaße** (also unter Berücksichtigung der zulässigen Minusabweichung). Bei W_b und W_t erscheint der Durchmesser in der dritten Potenz; Toleranzen wirken sich hier besonders stark aus.

Bei der Berechnung des Widerstandsmomentes gegen **Biegung** ist — wie zuvor gesagt — vom Außenteildurchmesser d_A (Bilder 6.3./14 und 6.3./15) auszugehen, also

$$W_b = 0,098 \cdot d_A^3$$

Gegen **Torsion** kann bei **Wellenprofilen** nur der Innendurchmesser d_1 in Anspruch genommen werden (Bild 6.3./15), falls es sich um eine Keilwelle DIN 5462 bis DIN 5464 handelt (siehe Tabelle 2.5./56 in [3]) bzw. d_4 bei Zahnwellen mit Evolventenflanken DIN 5480 (siehe Tabelle 2.5./28 in [3]); die Torsionsspannungen in den Zähnen bzw. Keilen sind praktisch Null (genau wie in den Ecken gebündelter Torsionsstäbe, siehe Bild 7.3./35). Genaue Durchmessermaße und Toleranzen für d_1 bzw. d_4 sind den Normen zu entnehmen, wobei die gröbste Passung a11 sein kann mit der möglichen Abweichung $-0,48$ mm (siehe Tabelle 2.5./56 und Passungstabellen S. 137 in [3]). Die Gleichung für das Widerstandsmoment lautet somit:

$$W_t = 0,196 \cdot d_{1\,min}^3 \text{ bzw. } d_{4\,min}^3$$

Als Fläche gegen die **Zugkraft** muß dagegen der gesamte Querschnitt A_w (einschließlich der Keile bzw. Zähne, Bild 6.3./15) angesetzt werden, d. h., unter Berücksichtigung der zulässigen Minusabweichung wäre

$$\sigma_z = \frac{F_s}{A_w}$$

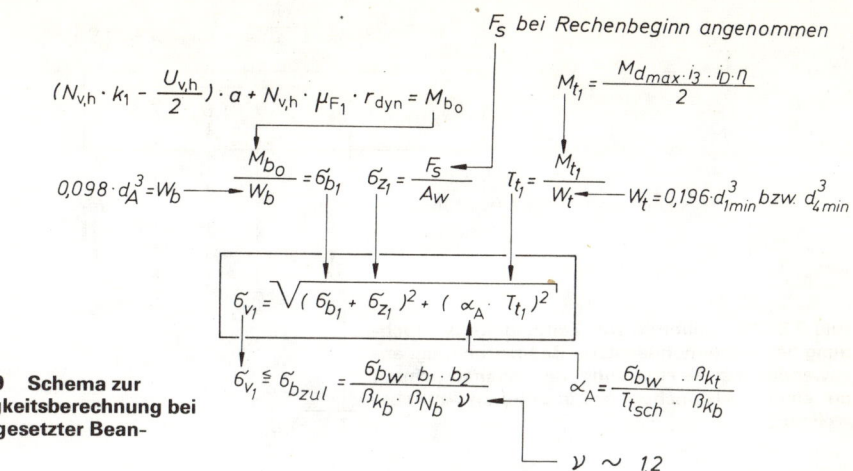

Bild 6.3./19 Schema zur Dauerfestigkeitsberechnung bei zusammengesetzter Beanspruchung.

Weiterhin sind die genauen **Abmessungen** der Welle sowohl zum Bestimmen der Werte β_{kb} und β_{kt} erforderlich, als auch zur Festlegung der zulässigen Spannung $\sigma_{b\,zul\,D}$ — siehe Gleichung (2) in 6.3.1.

Zur Berechnung des Wellenzapfens auf **Dauerfestigkeit** sind die beim Fahren von der Straße kommenden sowie durch den Motor hervorgerufenen Momente anzusetzen, also $M_{b\,0}$ auf Biegung — Gleichung (6) in 6.1 —, und $M_{t\,1}$ auf Torsion — Gleichung (5) in 6.2 —; das Bild 6.3./19 enthält ein zusammenfassendes Rechenschema mit Angabe der einzusetzenden Werte, gültig für Fahrzeuge mit Vierganggetriebe und Fußkupplung. Bei Vollautomatik oder wenn das Fahrzeug einen Wandler als Anfahrkupplung hat, wäre die Gleichung (7) aus Abschnitt 6.2 zu verwenden.

Nach Berechnung der Vergleichsspannung $\sigma_{v\,1}$ bei **Dauerbeanspruchung** ist sicherzustellen, daß der ermittelte Wert unter dem zulässigen bleibt, also

$$\sigma_{v\,1} \leqq \sigma_{b\,zul\,D}$$

In die $\sigma_{b\,zul\,D}$ betreffende Gleichung müssen die Werte für σ_{bw} und β_{kb} eingesetzt werden, die bereits zur Bestimmung von α_A dienten.

Bei der abschließend erforderlichen **Zeitfestigkeitsüberprüfung** sind mehrere Bedingungen anzusetzen und in allen Fällen sicherzustellen, daß die errechnete Vergleichsspannung $\sigma_{v\,2,3}$ kleiner bleibt als die Biege-Streck-Grenze, also

$$\sigma_{v\,2,3} \leqq \sigma_{b\,zul\,2} = \frac{\sigma_{b\,s}}{\nu}$$

Die größte Beanspruchung dürfte die Welle auf einer **Schlaglochstrecke** beim Beschleunigen des voll beladenen Wagens im **zweiten** Gang erfahren (Fall 3). Die Berechnung enthält Bild 6.3./20; es erscheint für das Biegemoment $M_{b\,3}$ die Gleichung (9) aus 6.1 und als Torsionsmoment ist bei Schaltgetrieben anzusetzen:

$$M_{t\,4} = \frac{M_{d\,max} \cdot i_2 \cdot i_D \cdot \eta}{2} \tag{4}$$

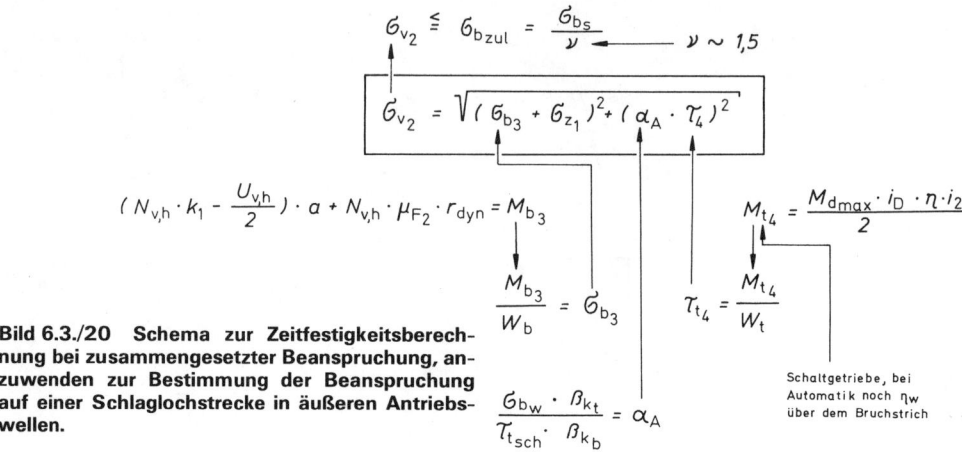

$$\sigma_{v2} \leqq \sigma_{bzul} = \frac{\sigma_{bs}}{\nu} \longleftarrow \nu \sim 1.5$$

$$\sigma_{v2} = \sqrt{(\sigma_{b3} + \sigma_{z1})^2 + (\alpha_A \cdot \tau_{t4})^2}$$

$$\left(N_{v,h} \cdot k_1 - \frac{U_{v,h}}{2} \right) \cdot a + N_{v,h} \cdot \mu_{F2} \cdot r_{dyn} = M_{b3} \qquad M_{t4} = \frac{M_{dmax} \cdot i_D \cdot \eta \cdot i_2}{2}$$

$$\frac{M_{b3}}{W_b} = \sigma_{b3} \qquad \tau_{t4} = \frac{M_{t4}}{W_t}$$

Bild 6.3./20 Schema zur Zeitfestigkeitsberechnung bei zusammengesetzter Beanspruchung, anzuwenden zur Bestimmung der Beanspruchung auf einer Schlaglochstrecke in äußeren Antriebswellen.

$$\frac{\sigma_{bw} \cdot \beta_{kt}}{\tau_{tsch} \cdot \beta_{kb}} = \alpha_A$$

Schaltgetriebe, bei Automatik noch η_w über dem Bruchstrich

Hat das Fahrzeug eine Automatik, so wäre M_{t1} anstelle von M_{t4} zu verwenden — Gleichung (7) aus Abschnitt 6.2. Die Vergleichsspannung beim **Überfahren** eines **Bahnüberganges** (Fall 2) liegt im allgemeinen niedriger; es wird im 3. oder 4. Gang gefahren, wodurch die Torsionsspannungen geringer bleiben.

Die zweite Überprüfung bezieht sich auf das **Anfahren** aus dem Stand bei angekuppeltem Anhänger; hier muß bei **Fronttrieblern** das aus statischer Radlast N_v', Antriebskraft L_{A6} und den unterschiedlichen Wirkabständen zusammengesetzte **Biegemoment** M_{b6} berücksichtigt werden (Bilder 6.3./21 und 6.1./8):

$$M_{b6} = \sqrt{(N_v' \cdot a)^2 + (L_{A6} \cdot b)^2} \qquad (5)$$

Die Antriebskraft beträgt $L_{A6} = \mu_L \cdot N_v$; beim Anfahren aus dem Stand ist kaum ein höherer Reibwert als $\mu_L = 0.8$ möglich. Für das **Torsionsmoment** kann die Gleichung (6) bzw. (8) (bei Automatic) aus Abschnitt 6.2 verwendet werden, jedoch ergibt sich unter Berücksichtigung des statischen Reifenhalbmessers r_{stat} mit diesem rechnerisch meist eine so hohe Längskraft L_M, daß keine Bodenhaftung mehr vorhanden wäre; die Räder drehten durch. Es sind deshalb die zwei Bedingungen aufzustellen

$$M_{t6} = L_{A6} \cdot r_{stat} = 0.8 \cdot N_v \cdot r_{stat} \qquad (6)$$

sowie

$$M_{t3} = \frac{M_{dmax} \cdot i_1 \cdot i_D \cdot \eta \cdot k_K}{2}$$

das **kleinere** Moment ist dann für die Rechnung zu verwenden. Bei Automatik gilt wieder die Gleichung (8) aus 6.2.

Befindet sich die **Bremse** innen am Differential, so tritt beim **Abbremsen** sowohl durch die Raddruckerhöhung, als auch den größeren Kraftschluß $\mu_K = 1.25$ am **rollenden** Rad eine stärkere Biegebeanspruchung in der äußeren Antriebswelle auf. Es ist mit folgender Gleichung zu rechnen:

$$M_{b5} = \sqrt{(N_{v0}' \cdot a)^2 + (\mu_K \cdot N_v \cdot b)^2} \qquad (7) \qquad N_{v0}' = k_1 \cdot N_v - U_v/2.$$

Die Überprüfung der beim Anfahren auftretenden Spannungen erübrigt sich in diesem Fall.

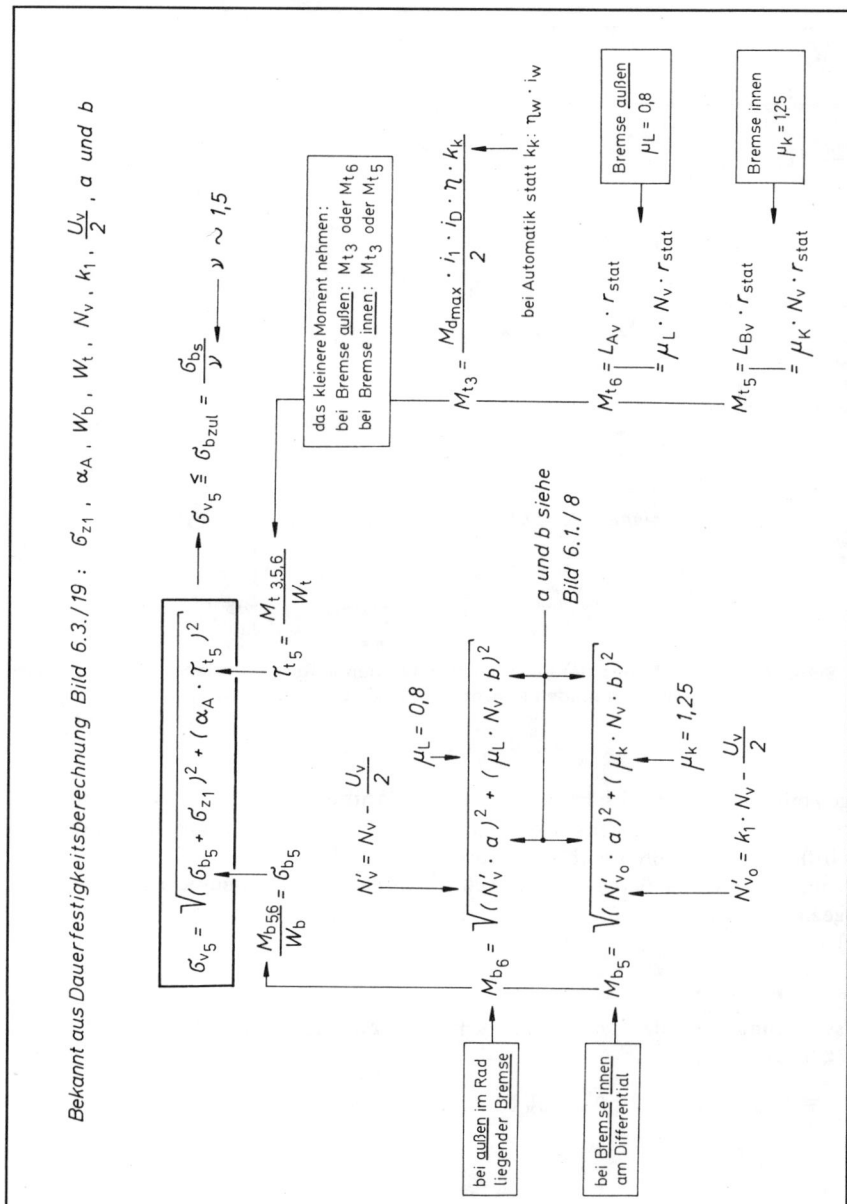

Bekannt aus Dauerfestigkeitsberechnung Bild 6.3./19 : σ_{z1}, α_A, W_b, W_t, N_v, k_1, $\dfrac{U_v}{2}$, a und b

$$\sigma_{v5} = \sqrt{(\sigma_{b5} + \sigma_{z1})^2 + (\alpha_A \cdot \tau_{t5})^2}$$

$$\sigma_{v5} \leqq \sigma_{bzul} = \dfrac{\sigma_{bs}}{\nu} \longrightarrow \nu \sim 1,5$$

$$\dfrac{M_{b56}}{W_b} = \sigma_{b5}$$

$$\tau_{t5} = \dfrac{M_{t\,3.5.6}}{W_t}$$

das kleinere Moment nehmen:
bei Bremse <u>außen</u>: M_{t3} oder M_{t6}
bei Bremse <u>innen</u>: M_{t3} oder M_{t5}

$$M_{t3} = \dfrac{M_{dmax} \cdot i_1 \cdot i_D \cdot \eta \cdot k_k}{2}$$

bei Automatik statt k_k: $\tau_w \cdot i_w$

| Bremse <u>außen</u> |
| $\mu_L = 0,8$ |

$$M_{t6} = L_{Av} \cdot r_{stat}$$
$$= \mu_L \cdot N_v \cdot r_{stat}$$

| Bremse innen |
| $\mu_k = 1,25$ |

$$M_{t5} = L_{Bv} \cdot r_{stat}$$
$$= \mu_K \cdot N_v \cdot r_{stat}$$

bei <u>außen</u> im Rad liegender <u>Bremse</u>

$$M_{b6} = \sqrt{(N_v' \cdot a)^2 + (\mu_L \cdot N_v \cdot b)^2}$$

$\mu_L = 0,8$

$$N_v' = N_v - \dfrac{U_v}{2}$$

bei <u>Bremse innen</u> am Differential

$$M_{b5} = \sqrt{(N_{vo}' \cdot a)^2 + (\mu_k \cdot N_v \cdot b)^2}$$

$\mu_k = 1,25$

$$N_{vo}' = k_1 \cdot N_v - \dfrac{U_v}{2}$$

a und b siehe
Bild 6.1./8

Bild 6.3./21 **Schema zur Berechnung der beim Anfahren und Bremsen in den äußeren Antriebswellen eines Fronttrieblers auftretenden maximalen Vergleichsspannung. Zu beachten ist, ob die Bremse außen im Rad liegt oder sich innen am Differential befindet.**

Bekannt aus Dauerfestigkeitsberechnung Bild 6.3./19:

$$\sigma_{z_1}, \ \alpha_A, \ W_b, \ W_t, \ N_h, \ k_1, \ \frac{U_h}{2}, \ a \ und \ b$$

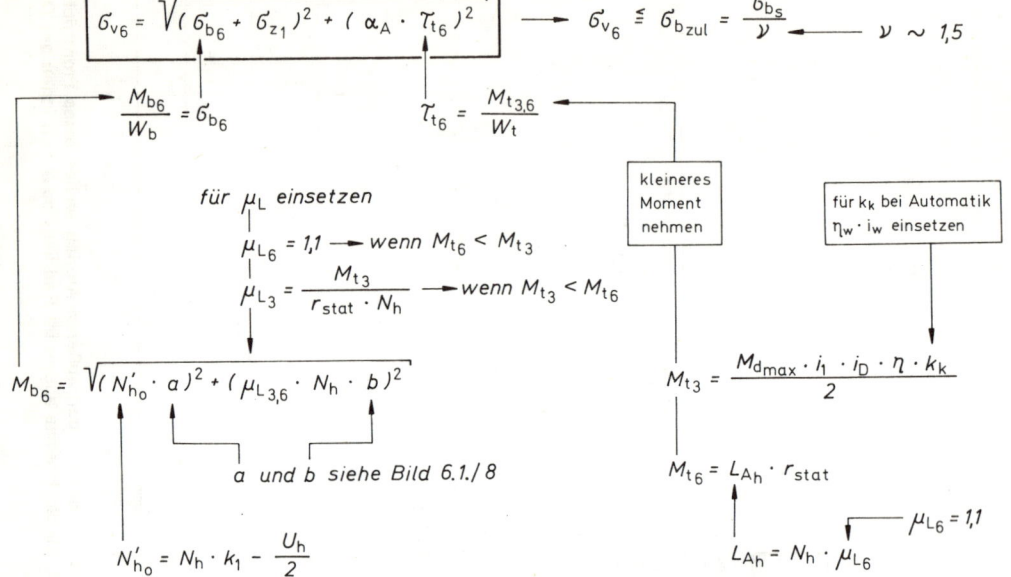

Bild 6.3./22 Schema zur Berechnung der beim Anfahren in den äußeren Antriebswellen eines hinterradangetriebenen Fahrzeuges auftretenden maximalen Vergleichsspannung.

Bei Fahrzeugen mit **Hinterradantrieb** braucht nur mit der Antriebskraft $L_{Ah} = \mu_L \cdot N_h$ die Zeitfestigkeit berechnet zu werden; erstens erfolgt eine Entlastung der Hinterräder beim Bremsen, und zweitens befindet sich die Bremse (bis auf Ausnahmen) im Rad.
Zur Bestimmung des an den äußeren Antriebswellen auftretenden **Biegemomentes** wäre die geringfügig abgeänderte Gleichung (7) zu verwenden, und zwar in diesem Fall mit $\mu_L = 1,1$ (Bild 6.3./22):

$$M_{b\,6} = \sqrt{(N'_{h0} \cdot a)^2 + (\mu_L \cdot N_h \cdot b)^2} \qquad (8)$$

Die **Torsionsspannungen** werden wieder mit dem **kleineren** der beiden Momente $M_{t\,3}$ bzw. $M_{t\,6}$ berechnet, letzteres ist:

$$M_{t\,6} = L_{Ah} \cdot r_{stat} = 1,1 \cdot N_h \cdot r_{stat}$$

46 Festigkeitsberechnung

6.3.6. Berechnung eines Achszapfens

Als Beispiel soll der vordere Achszapfen des **VW 1600** dienen. Gegeben sind:

zulässige Vorderachslast $G_v = 580$ kg
Achsgewicht $U_v = 60$ kg
Radgewicht $U_R \approx 18$ kg
Reifen 6.00-15 L/6 PR
Luftdruck $p_1 = 1,3$ kp/cm²
dyn. Halbmesser $r_{dyn} = 309$ mm

Die Maße des Achszapfens enthält Bild 6.3./23.

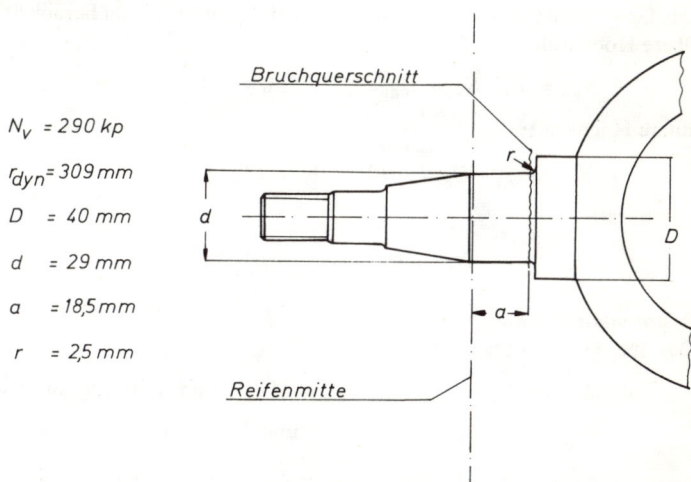

$N_v = 290\ kp$

$r_{dyn} = 309\ mm$

$D\ \ = 40\ mm$

$d\ \ = 29\ mm$

$a\ \ = 18,5\ mm$

$r\ \ = 2,5\ mm$

Bild 6.3./23 Schemadarstellung des vorderen Achszapfens des VW 1600.

6.3.6.1. Bestimmung der Beiwerte

Es liegen keine Meßwerte vor, deshalb muß die Reifenfederrate (wie in Abschnitt 2.5 beschrieben) berechnet werden; hierfür sind die Reifenwerte einem Handbuch zu entnehmen. Diese sind:

$D\ \ = 650$ mm $r_{stat} = 304$ mm
$N_R = 390$ kp $p_R\ \ = 1,7$ kp/cm²

Vorderrad:

$$N_v = \frac{G_v}{2} = 290\ kp \qquad\qquad p_{1v} = 1,3\ kp/cm^2$$

$$f_3 = D/2 - r_{stat} \qquad c_R = N_R/f_3 \qquad c_{1v} = \frac{p_{1v}}{p_R} \cdot c_R$$

$$= 650/2 - 304\ (mm) \qquad = 390\ kp/2,1\ cm \qquad = \frac{1,3}{1,7} \cdot 186\ (kp/cm)$$

$$f_3 = 21\ mm \qquad c_R = 186\ kp/cm \qquad c_{1v} = 142\ kp/cm$$

Die Stoßfaktoren werden als Funktion von $\dfrac{c_1}{N_v}$ aus der Kurve des Bildes 6.1./2 abgelesen:

$$\frac{c_{1v}}{N_v} = \frac{142}{290}\ (cm^{-1}) = 0,49\ cm^{-1}$$

und somit
$$k_1 = 1,5 \quad \text{und} \quad k_2 = 2,5$$

Die Seiten-Formschlußbeiwerte enthält Bild 6.1./4; die Ablesung erfolgt als Funktion der Radlast N_v:

Dauerfestigkeit $\mu_{F1} = 0,35$
Zeitfestigkeit $\mu_{F2} = 0,86$

6.3.6.2. Dauerfestigkeitsberechnung

Ermittlung der Kräfte am Radaufstandspunkt
Das Gewicht des Rades $U_R \approx 18$ kg ist bei N'_{vo} und N'_{vu} zu berücksichtigen.
Obere Hochkraft:
$$N'_{vo} = k_1 \cdot N_v - U_R = 1,5 \cdot 290 - 18 = 417 \text{ kp}$$

untere Hochkraft:
$$N'_v = N_v - U_R = 290 - 18 = 272 \text{ kp}$$

Seitenkraft:
$$S_{1v} = \mu_{F1} \cdot N_v = 0,35 \cdot 290 = 101,5 \text{ kp}$$

Bestimmung der Biegemomente
Das obere Moment ist:
$$M_{bo} = N'_{vo} \cdot a + S_{1v} \cdot r_{dyn} = 417 \cdot 1,85 + 101,5 \cdot 30,9$$
$$M_{bo} = 3912 \text{ cm kp} \qquad \text{und das untere}$$
$$M_{bu} = N' \cdot a - S_{1v} \cdot r_{dyn} = 272 \cdot 1,85 - 101,5 \cdot 30,9$$
$$M_{bu} = -2637 \text{ cm kp}$$

Das untere Moment wird negativ, also liegt **wechselnde** Biegebeanspruchung vor.

Berechnung der vorhandenen Biegespannungen
Mit dem Zapfendurchmesser $d = 2,9$ cm ergibt sich als Widerstandsmoment $W_b = 2,39$ cm³, als obere Spannung:
$$\sigma_{bo} = \frac{M_{bo}}{W_b} = \frac{3912}{2,39} = 1635 \text{ kp/cm}^2 \qquad \text{und als untere}$$
$$\sigma_{bu} = \frac{M_{bu}}{W_b} = -\frac{2637}{2,39} = -1102 \text{ kp/cm}^2$$

Mit diesen beiden wird die vorhandene Wechselspannung:
$$\sigma_{bw\,vorh} = 0,58 \cdot \sigma_{bo} - 0,42 \cdot \sigma_{bu} = 0,58 \cdot 1635 - 0,42 \cdot (-1102)$$
$$\sigma_{bw\,vorh} = 1413 \text{ kp/cm}^2$$

Ermittlung der zulässigen Spannung:
$$\sigma_{b\,zul} = \frac{\sigma_{bw} \cdot b_1 \cdot b_2}{\beta_{Nb} \cdot \beta_K \cdot \nu}$$

Es ist:

$$\sigma_{b\,w} \approx 0,5 \cdot \sigma_B \quad \text{(aus Tabelle 6.3./1b)}$$

$$b_1 = 0,87 \quad \text{(aus Bild 6.3./1c)}$$

$$b_2 = 0,9 \quad \text{(aus Bild 6.3./1d), abgelesen bei der Rauhtiefe}$$
$$R_t = 8\ \mu\text{m und } \sigma_{B\,min} = 100\ \text{kp/mm}^2$$

$$\beta_{N\,b} = 1 \quad \text{(der Wälzlager-Innenring bewirkt keine Nabenpressung)}$$

Der Kerbbeiwert $\beta_{K\,b} = \alpha_{K\,b} \cdot f_w$ wird als Funktion der in Bild 6.3./23 eingetragenen Maße und einer angenommenen Mindestbruchfestigkeit $\sigma_{B\,min} = 100\ \text{kp/mm}^2$ ermittelt. Mit

$$t = \frac{D - d}{2} = \frac{40 - 29}{2} = 5,5\ \text{mm}$$

und den Ablesegrößen

$$\frac{d}{D} = \frac{29}{40} = 0,725 \quad \text{und} \quad \frac{r}{t} = \frac{2,5}{5,5} = 0,455$$

ergibt sich nach Bild 6.3./9: $\alpha_{K\,b} = 2$.
Der Werkstofffaktor f_w ist Bild 6.3./2 zu entnehmen, und zwar als Funktion des in Bild 6.3./4 bezogenen Spannungsgefälles und bei Einsetzen der Maße in mm:

$$\varkappa = \frac{2}{d} + \frac{2}{r} = \frac{2}{29} + \frac{2}{2,5} \qquad \varkappa = 0,869$$

$$\text{somit} \quad f_w = 0,96 \quad \text{und} \qquad \beta_{K\,b} = 2 \cdot 0,96$$
$$\beta_{K\,b} = 1,92$$

Mit der Sicherheit $\nu = 1,2$ ergibt sich als zulässige Spannung:

$$\sigma_{b\,zul} = \frac{0,5 \cdot \sigma_B \cdot 0,87 \cdot 0,9}{1 \cdot 1,92 \cdot 1,2} = 0,17 \cdot \sigma_B$$

Bei Ansatz der Bedingung $\sigma_{b\,w\,vorh} \leqq \sigma_{b\,zul}$ läßt sich die vom Werkstoff ertragbare Mindest-Bruchfestigkeit $\sigma_{B\,min}$ berechnen und damit ein in Frage kommender Vergütungsstahl bestimmen:

$$\sigma_{B\,min} = \frac{\sigma_{b\,w\,vorh}}{0,17} = \frac{1413}{0,17} \qquad \sigma_{B\,min} = 8325\ \text{kp/cm}^2 = 83,25\ \text{kp/mm}^2$$

Nach Tabelle 6.3./12b haben in der Festigkeitsstufe III sowohl die preislich günstige Sorte C 45 V als auch der teurere, chromlegierte Stahl 34 Cr 4 V ein

$$\sigma_B = 90 \text{ bis } 105\ \text{kp/mm}^2$$

Wie Werkstoffuntersuchungen ergaben, verwendet VW den letzteren mit folgenden Festigkeitseigenschaften:

$$34\ \text{Cr } 4\ \text{V}, \sigma_B = 95 \text{ bis } 110\ \text{kp/mm}^2,$$

$$\sigma_S \geqq 70\ \text{kp/mm}^2 \text{ und } \delta_5 \geqq 11\%.$$

Durch die höhere Vergütungsfestigkeit ist eine weitgehendere Sicherheit vorhanden. Mit dem in die Gleichung für $\sigma_{b\,zul}$ eingesetzten $\nu = 1,2$ ergab sich ein $\sigma_{b\,min} = 83,25$ kp/mm²; bei dem vorhandenen $\sigma_{b\,min} = 95$ kp/mm² ergibt sich ein

$$\nu_1 = 1,2 \cdot \frac{95}{83,25} = 1,37.$$

6.3.6.3. Zeitfestigkeit

Größtes Biegemoment beim Überfahren eines Bahnüberganges:

$$M_{b\,2} = (k_2 \cdot N_v - U_R) \cdot a + \mu_{F\,1} \cdot N_v \cdot r_{dyn}$$

$$M_{b\,2} = (2,5 \cdot 290 - 18) \cdot 1,85 + 0,35 \cdot 290 \cdot 30,9$$

$$M_{b\,2} = 4448 \text{ cmkp}$$

Größtes Moment beim Befahren einer Schlaglochstrecke:

$$M_{b\,3} = (k_1 \cdot N_v - U_R) \cdot a + \mu_{F\,2} \cdot N_v \cdot r_{dyn}$$

$$M_{b\,3} = (1,5 \cdot 290 - 18) \cdot 1,85 + 0,86 \cdot 290 \cdot 30,9$$

$$M_{b\,3} = 8402 \text{ cmkp}$$

$$M_{b\,3} > M_{b\,2}, \text{ d. h., die Weiterrechnung erfolgt mit } M_{b\,3}.$$

Bestimmung der Sicherheit ν.

$$\sigma_{b\,vorh} \leqq \sigma_{zul} \qquad \frac{M_{b\,3}}{W_b} \leqq \frac{\sigma_{b\,s}}{\nu} = \frac{1,2 \cdot \sigma_s}{\nu}$$

$$\nu \quad = \frac{1,2 \cdot 7000 \cdot 2,39}{8402} \qquad \nu = 2,4$$

Die Sicherheit liegt weit über dem bei Zeitfestigkeit geforderten Wert $\nu = 1,5$ und wäre auch bei C 45 V noch ausreichend. Dieser hat auf $\sigma_B \geqq 90$ kp/mm² vergütet nur eine Streckgrenze $\sigma_S \geqq 58$ kp/mm² womit $\nu = 2$ würde.

6.3.7. Berechnung einer äußeren Antriebswelle

Als Beispiel soll die äußere Antriebswelle der Schräglenkerachse des **VW 1600** dienen (siehe Bild 3.10./11), und zwar unter Berücksichtigung der beim **Variant II** zugelassenen **Nutzlast** von 540 kg. Gegeben sind fahrzeugseitig folgende Daten:

zulässige Hinterachslast $G_h = 1030$ kg
Achsgewicht $U_h \approx 65$ kg
Gewicht eines Rades $U_R \approx 18$ kg
Reifendaten wie Abschnitt 6.3.6,
jedoch Luftdruck $p_{1h} = 2,5$ kp/cm²
max. Motordrehmoment $M_{d\,max} = 11,2$ kpm (siehe Bild 5.2./5)
Übersetzungen entsprechend Tabelle 5.2./14
Getriebe 3,8   2,06   1,26   0,89
Differential $i_D = 4,125$
Wirkungsgrad $\eta = 0,88$
Die Maße der Verbindung Welle—Nabe enthält Bild 6.3./24.

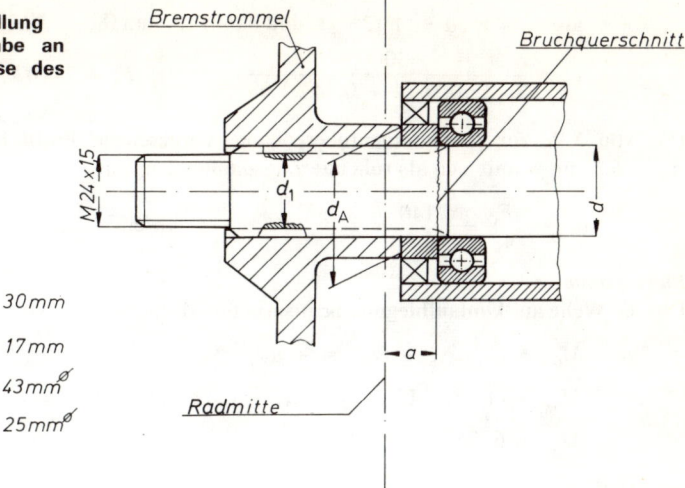

Bild 6.3./24   Schemadarstellung der Verbindung Welle–Nabe an der Schräglenker-Hinterachse des VW 1600.

d $= 30\,mm$

a $= 17\,mm$

d_A $= 43\,mm\,\emptyset$

d_1 $= 25\,mm\,\emptyset$

6.3.7.1.   Bestimmung der Beiwerte

Als Reifenfederrate c_{1h} ergibt sich mit dem im vorigen Abschnitt berechneten $c_R = 186\ \text{kp/cm}$

$$c_{1h} = \frac{p_{1h}}{p_R} \cdot c_R = \frac{2,5}{1,7} \cdot 186 \qquad c_{1h} = 274\ \text{kp/cm}$$

und mit

$$N_h = \frac{G_h}{2} = 515\ \text{kg ist}\ \frac{c_{1h}}{N_h} = 0,532\ \text{cm}^{-1}$$

Aus Bild 6.1./2 abgelesen sind die Radlast-Stoßfaktoren

$$k_1 = 1,52\ \text{und}\ k_2 = 2,54$$

Die Seiten-Formschlußbeiwerte betragen, Bild 6.1./4 als $f(N_h)$ entnommen:

$$\mu_{F1} = 0,32\ \text{und}\ \mu_{F2} = 0,82$$

6.3.7.2.   Dauerfestigkeitsberechnung

Zugspannung

VW schreibt als Anzugsmoment $M_a = 30$ kpm für die Sechskantmutter der Antriebswelle vor. Mit den Daten (siehe Bild 6.3./17):

Gewinde M 24 × 1,5, Flankenhalbmesser $r_2 = 11,5$ mm, Reibhalbmesser am Bund der Mutter

$$r_a = 16,8\ \text{mm}\ \text{und}\ \mu = 0,14,$$

läßt sich die in der Welle vorhandene Vorspannkraft F_s berechnen:

$$F_s = \frac{M_a}{r_2 \cdot \tan(\rho + \alpha) + \mu \cdot r_a}$$

$$\tan\rho = \mu = 0,14\ \text{und}\ \tan\alpha = \frac{\text{Steigung}}{2 \cdot \pi \cdot r_2} = 0,0208$$

Festigkeitsberechnung   51

also $\rho = 8°, \alpha = 1°12'$ und damit $\tan(8° + 1°12') = 0,1614$

$$F_s = \frac{3000}{1,15 \cdot 0,1614 + 0,14 \cdot 1,68} \qquad F_s = 7140 \text{ kp}$$

Das von VW zur Drehmomentübertragung vorgesehene Profil hat die Querschnittsfläche $A_w = 6,3 \text{ cm}^2$ womit sich als **ruhende Zugspannung** ergibt:

$$\sigma_{z1} = \frac{F_s}{A_w} = \frac{7140}{6,3} \qquad \sigma_{z1} = 1135 \text{ kp/cm}^2$$

Biegespannung
Das die Welle auf **Umlaufbiegung** beanspruchte Momente M_{bo} wird:

$$M_{bo} = (k_1 \cdot N_h - U_R) \cdot a + \mu_{F1} \cdot N_h \cdot r_{dyn}$$

$$M_{bo} = (1,52 \cdot 515 - 18) \cdot 1,7 + 0,32 \cdot 515 \cdot 30,9$$

$$M_{bo} = 6375 \text{ kpcm}$$

das Widerstandsmoment:

$$W_b = 0,098 \cdot d_A^3 = 0,098 \cdot 4,3^3 = 7,8 \text{ cm}^3$$

und damit

$$\sigma_{b1} = \frac{M_{bo}}{W_b} = \frac{6375}{7,8} \qquad \sigma_{b1} = 817 \text{ kp/cm}^2$$

Die Biegespannung ist geringer als die dauernd vorhandene Zugspannung.

Torsionsspannung
Das Torsionsmoment M_{t1} im 3. Gang beträgt:

$$M_{t1} = \frac{M_{dmax} \cdot i_3 \cdot i_D \cdot \eta}{2}$$

$$M_{t1} = \frac{1120 \text{ cmkp} \cdot 1,26 \cdot 4,125 \cdot 0,88}{2}$$

$$M_{t1} = 2560 \text{ cmkp}$$

und mit $\quad W_t = 0,196 \cdot d_1^3 = 0,196 \cdot 2,5^3 = 3,06 \text{ cm}^3$

die Torsionsspannung

$$\tau_{t1} = \frac{M_{t1}}{W_t} = \frac{2560}{3,06}, \qquad \tau_{t1} = 837 \text{ kp/cm}^2$$

Anstrengungsverhältnis
Die verwendete Stahlsorte und deren Festigkeitseigenschaften sind nicht bekannt. Das zur Bestimmung von α_A benötigte Streckgrenzenverhältnis wird mit $\sigma_S \approx 0,8 \cdot \sigma_B$ angenommen. Die Kerbbeiwerte enthält Abschnitt 6.3.1:

$$\beta_{Kb} = 1,7 \text{ und } \beta_{Kt} = 1,6$$

$$\alpha_A = \frac{\sigma_{bw} \cdot \beta_{Kt}}{\tau_{tsch} \cdot \beta_{Kb}} = \frac{0,5 \cdot \sigma_B \cdot \beta_{Kt}}{0,58 \cdot \sigma_S \cdot \beta_{Kb}} = \frac{0,5 \cdot \sigma_B \cdot 1,6}{0,58 \cdot 0,8 \cdot \sigma_B \cdot 1,7}$$

$$\alpha_A \approx 1$$

Vergleichsspannung (Festigkeitswerte jetzt in kp/mm²)

$$\sigma_{v\,1} = \sqrt{(\sigma_{b\,1} + \sigma_{z\,1})^2 + (\alpha_A \cdot \tau_{t\,1})^2}$$
$$\sigma_{v\,1} = \sqrt{(8,17 + 11,35 + (1 \cdot 8,37)^2}$$
$$\sigma_{v\,1} = 21,2 \; \text{kp/mm}^2$$

Zulässige Spannung und Bestimmung der Mindestbruchfestigkeit

$$\sigma_{b\,zul} = \frac{\sigma_{b\,w} \cdot b_1 \cdot b_2}{\beta_{Nb} \cdot \beta_{Kb} \cdot \nu} \geq \sigma_{v\,1}$$

Um b_2 dem Bild 6.3./1c entnehmen zu können, wird $\sigma_{B\,min} = 100 \; \text{kp/mm}^2$ vorangenommen; die Rauhtiefe R_t beträgt etwa 10 μm:

$$b_2 = 0,88 \quad \text{und} \quad b_1 = 0,9 \quad \text{(aus Bild 6.3./1d)}$$

Mit dem bekannten Wert $\beta_{Kb} = 1,7$, unter Ansatz von $\sigma_{b\,w} \approx 0,5 \cdot \sigma_B$ und mit $\nu = 1,2$ wäre die erforderliche Mindest-Bruchfestigkeit:

$$\sigma_B \geq \frac{\sigma_{v\,1} \cdot \beta_{Kb} \cdot \nu}{0,5 \cdot b_1 \cdot b_2} = \frac{21,2 \cdot 1,7 \cdot 1,2}{0,5 \cdot 0,9 \cdot 0,88}$$
$$\sigma_B \geq 109 \; \text{kp/mm}^2$$

6.3.7.3. Werkstoffbestimmung

Nach Tabelle 6.3./12b käme als Werkstoff der Vergütungsstahl 34 Cr 4 V in der höchst zulässigen Festigkeitsstufe V mit $\sigma_B = 110$ bis $130 \; \text{kp/mm}^2$ gerade noch in Frage. Besser ist jedoch, durch **Oberflächenhärtung** die von der Randzone ertragbaren Spannungen heraussetzen und die Kernfestigkeit niedriger zu halten. Unter Ansatz der bei dieser Voraussetzung gültigen Bedingung $\sigma_{b\,w} \approx 0,6 \cdot \sigma_B$ käme als Mindest-Bruchfestigkeit $\sigma_{B\,min} = 91 \; \text{kp/mm}^2$ heraus. Zur Verwendung kommen kann der **induktionshärtbare** Stahl 41 Cr 4 V; die **Zeichnungsangabe** würde für diesen lauten (siehe Abschnitt 7.3.5 und Musterzeichnung 8.3.2, beides in [4]):

41 Cr 4 V $\qquad \sigma_B = 95$ bis $110 \; \text{kp/mm}^2$

$Eht = 3$ bis 4
$HRC\ 50^{+5}$

Als Einhärtetiefe *Eht* sind 3 bis 4 mm vorgeschrieben und als Oberflächenhärte 50 bis 55 Rockwell C. Die für die Zeitfestigkeitskontrolle benötigte Zug-Streck-Grenze beträgt:

$$\sigma_S \geq 70 \; \text{kp/mm}^2 \quad \text{und die Mindestdehnung } \delta_5 = 11\%$$

6.3.7.4. Zeitfestigkeitskontrolle

Befahren einer Schlaglochstrecke
Nach Bild 6.3./20 ist als Seitenkraft $S_2 = \mu_{F\,2} \cdot N_h$ anzusetzen und bei $M_{t\,4}$ die Getriebeübersetzung i_2 des 2. Ganges:

$$M_{b\,3} = (N_h \cdot k_1 - U_R) \cdot a + \mu_{F\,2} \cdot N_h \cdot r_{dyn}$$
$$= (1,52 \cdot 515 - 18) \cdot 1,7 + 0,82 \cdot 515 \cdot 30,9$$
$$M_{b\,3} = 14\,350 \; \text{cmkp}$$

$$M_{t\,4} = \frac{M_{d\,max} \cdot i_2 \cdot i_D \cdot \eta}{2} = \frac{1120 \cdot 2{,}06 \cdot 4{,}125 \cdot 0{,}88}{2}$$

$$M_{t\,4} = 4180 \text{ cmkp}$$

Die Biegespannung $\sigma_{b\,3}$ wird dann

$$\sigma_{b\,3} = \frac{M_{b\,3}}{W_b} = \frac{14\,350}{7{,}8} \qquad \sigma_{b\,3} = 1840 \text{ kp/cm}^2$$

und die Torsionsspannung

$$\tau_{t\,4} = \frac{M_{t\,4}}{W_t} = \frac{4180}{3{,}06} \qquad \tau_{t\,4} = 1365 \text{ kp/cm}^2$$

Mit den Werten $\sigma_{z\,1} = 1135$ kp/cm² und $\alpha_A = 1$ aus der Dauerfestigkeitsberechnung ergibt sich als Vergleichsspannung in kp/mm²:

$$\sigma_{v\,3} = \sqrt{(\sigma_{b\,3} + \sigma_{z\,1})^2 + (\alpha_A \cdot \tau_{t\,4})^2}$$

$$= \sqrt{(18 + 11{,}35)^2 + (1 \cdot 13{,}7)^2}$$

$$\sigma_{v\,3} = 32{,}8 \text{ kp/mm}^2$$

Die zur Bestimmung der zulässigen Spannung anzusetzende Biegestreckgrenze wäre ohne Oberflächenhärtung $\sigma_{bs} \approx 1{,}2 \cdot \sigma_s$ und ist mit dieser $\sigma_{bs} \approx 1{,}5 \cdot 1{,}2 \cdot \sigma_s$; die kurzzeitig ertragbaren Spannungen dürften bei der tiefen Einhärtung etwa 50% höher sein. Über den Ansatz

$$\sigma_{v\,3} \leqq \sigma_{zul\,2} \quad \text{und mit } \sigma_{zul\,2} = \frac{\sigma_{bs}}{v}$$

läßt sich die Sicherheit v berechnen:

$$v = \frac{\sigma_{bs}}{\sigma_{v\,3}} = \frac{1{,}5 \cdot 1{,}2 \cdot 70}{32{,}8} \qquad v \approx 3{,}8$$

Der Wert liegt weit über dem geforderten Mindestwert $v = 1{,}5$.

Anfahren aus dem Stand

Im Antrieb befinden sich keinerlei elastische Elemente, d. h., der Einkuppelstoßfaktor $k_K = 2$ muß berücksichtigt werden. Nach dem Rechengang Bild 6.3./22 erfolgt eine Gegenüberstellung der Momente $M_{t\,3}$ (durch den Antrieb) und $M_{t\,6}$ (durch Kraftschluß nur maximal möglich), um mit dem kleineren weiterzurechnen:

$$M_{t\,3} = \frac{M_{d\,max} \cdot i_1 \cdot i_D \cdot \eta \cdot k_K}{2}$$

$$= \frac{1120 \cdot 3{,}8 \cdot 4{,}125 \cdot 0{,}88 \cdot 2}{2}$$

$$M_{t\,3} = 15\,450 \text{ cmkp}$$

$$M_{t\,6} = \mu_L \cdot N_h \cdot r_{stat} = 1{,}1 \cdot 515 \cdot 30{,}4$$

$$M_{t\,6} = 17\,250 \text{ cmkp}$$

Da aus dem Stand angefahren wird, muß der 5 mm kleinere statische Reifenhalbmesser r_{stat} in die Gleichung eingehen, der dynamische betrug 309 mm.

Die Torsionsspannung ist mit M_{t3}:

$$\tau_{t6} = \frac{M_{t3}}{W_t} = \frac{15\,450}{3,06} \qquad \tau_{t6} = 5050 \text{ kp/cm}^2$$

Das Biegemoment ergibt sich aus der oberen Hochkraft in diesem Fall zusammen mit dem bei dem kleineren Moment nur in Anspruch genommenen Längsreibwert μ_{L3}:

$$\mu_{L3} = \frac{M_{t3}}{r_{stat} \cdot N_h} = \frac{15\,450}{30,4 \cdot 515} \qquad \mu_{L3} = 0,99$$

$$M_{b6} = \sqrt{(N'_{ho} \cdot a)^2 + (\mu_{L3} \cdot N_h \cdot b)^2}$$

Der Sturz beträgt $\gamma_0 = 0°$, deshalb sind die Strecken a und b gleich groß (siehe Bild 6.1./8), wodurch sich die Gleichung vereinfacht:

$$M_{b6} = a \cdot \sqrt{(k_1 \cdot N_h - U_R)^2 + (\mu_{L3} \cdot N_h)^2} = 1,7 \sqrt{756^2 + 510^2}$$

$$M_{b6} = 1550 \text{ cmkp};$$

und hiermit ist die Biegespannung:

$$\sigma_{b6} = \frac{M_{b6}}{W_b} = \frac{1550}{7,8} \qquad \sigma_{b6} = 199 \text{ kp/cm}^2$$

Bei der Ermittlung der Vergleichsspannung σ_{v6} (in kp/mm²) wird wieder σ_{z1} und α_A aus der Erstrechnung berücksichtigt:

$$\sigma_{v6} = \sqrt{(\sigma_{b6} + \sigma_{z1})^2 + (\alpha_A \cdot \tau_{t6})^2}$$

$$\sqrt{(1,99 + 11,35)^2 + (1 \cdot 50,50)^2}$$

$$\sigma_{v6} = 52,2 \text{ kp/mm}^2 \qquad \text{und hiermit}$$

$$\nu = \frac{1,5 \cdot 1,2 \cdot 70}{52,2} \qquad \nu = 2,4$$

Auch diese Sicherheit liegt weit über dem geforderten Mindestwert $\nu = 1,5$.

6.3.8. Berechnung einer inneren Antriebswelle

Im vorhergehenden Abschnitt wurde die Berechnung der **äußeren** Antriebswelle des VW 1600 beschrieben, in diesem soll die Dimensionierung der **inneren** gezeigt werden. Bekannt sind die Größen der hierfür benötigten Torsionsmomente:

dauernd auftretend	$M_{t1} =$	2560 cmkp
maximal vorhanden	$M_{t3} =$	15 450 cmkp

6.3.8.1. Werkstoffwahl

Zweckmäßig bei Wellenberechnungen ist es, zuerst den Werkstoff festzulegen. Die Streckgrenze bestimmt den Durchmesser, weshalb nur ein Vergütungsstahl mit möglichst günstigem Streckgrenzenverhältnis γ in Frage kommt. Ein Bruch der Antriebswelle dürfte kaum zum Unfall führen; es besteht somit die Möglichkeit unter Verzicht auf Dehnung eine hohe Festigkeit vorzusehen. Gewählt aus Tabelle 6.3./12b wird

41 Cr 4 V in der Festigkeitsstufe V mit

$\sigma_B = 110$ bis 130 kp/mm², $\sigma_s \geqq 90$ kp/mm² und $\delta_5 \geqq 10\%$

$\gamma = \sigma_s/\sigma_B = 90/110 \qquad \gamma = 0,82$

6.3.8.2. Berechnung des Schaftdurchmessers

Nach Abschnitt 6.3.3 lautet die Gleichung mit

$$\tau_{t\,F} = 0,58 \cdot \sigma_S:$$

$$d_{min} = \sqrt[3]{\frac{M_{t\,3} \cdot 5,1 \cdot v}{\tau_{t\,F}}} = \sqrt[3]{\frac{15\,450 \cdot 5,1 \cdot 1,2}{0,58 \cdot 9000}}$$

$$d_{min} = \sqrt[3]{18,11} = 2,63 \text{ cm}$$

Da der Mindestdurchmesser gesucht ist, kann für v der untere Grenzwert 1,2 eingesetzt werden. Als Halbzeug kommt warmgewalzter Rundstahl $\varnothing$ 27 DIN 1013 in Frage (siehe Tabelle 7./23 in [4]). Die zugelassenen Abweichungen betragen $\pm 0,6$, so daß das Mindestmaß $\varnothing$ 26,3 mm nicht unterschritten wird. Der in der **Zeichnung** anzugebende Durchmesser wäre dann:

$$\varnothing\ 27 \pm 0,6$$

6.3.8.3. Dimensionierung der Enden

Zur Drehmomentübertragung soll die Welle beidseitig ein Zahnwellenprofil DIN 5480 mit Evolventenflanken erhalten (siehe Abschnitt 2.5.3 in [3]). Der Kerbbeiwert auf Torsion beträgt nach Abschnitt 6.3.1: $\beta_{k\,t} = 1,6$. Um b_1 und b_2 aus den Bildern 6.3./1c und 6.3./1d ablesen zu können, wird zu der innere Durchmesser d_4 des Profils mit 30 mm vorangenommen, und die Rauhtiefe auf $R_t = 10\ \mu m$ begrenzt. Es ist dann:

$b_1 = 0,88$, $b_2 = 0,88$, $\beta_{N\,t} = 1$, $v = 1,2$ und mit $\gamma < 0,86$ nach Tabelle 6.3./1b:

$$\tau_{t\,sch} \approx 0,58 \cdot \sigma_S.$$

$$\tau_{t\,zul\,D} = \frac{\tau_{t\,sch} \cdot b_1 \cdot b_2}{\beta_{N\,t} \cdot \beta_{K\,t} \cdot v} = \frac{0,58 \cdot 9000 \cdot 0,88 \cdot 0,88}{1 \cdot 1,6 \cdot 1,2}$$

$$\tau_{t\,zul\,D} = 2110 \text{ kp/cm}^2$$

Mit der zulässigen Spannung läßt sich der Profil-Mindestdurchmesser $d_{4\,min}$ errechnen:

$$d_{4\,min} = \sqrt[3]{\frac{M_{t\,1} \cdot 5,1}{\tau_{t\,zul\,D}}} = \sqrt[3]{\frac{2560 \cdot 5,1}{2110}}$$

$$d_{4\,min} = 1,84 \text{ cm} = 18,4 \text{ mm}$$

Das bei Dauerbeanspruchung erforderliche Profilinnenmaß d_4 könnte somit kleiner als der Schaftdurchmesser $d_{3\,min} = 26,3$ mm sein. Das Maß 26,3 darf jedoch nicht unterschritten werden; bei kurzzeitiger Maximalbeanspruchung würde sich sonst die Welle im Profil verdrehen, mit der Folge des Bruches oder einer Deformierung. Das aus DIN 5480 zu entnehmende Profil muß hiernach ausgerichtet sein; in Frage käme 30 × 27,5 × 22 mit einem $d_4 = 27,25$ mm (siehe Tabelle 2.5./28 in [3]).

6.3.8.4. Gewichtsersparnis

Bei **Verringerung** des **Durchmessers** würde die Welle leichter werden und auch wirtschaftlicher herstellbar; möglich mit Stählen, die zumindest in den Randzonen höhere Spannungen zulassen. Das Vorsehen einer 3 mm tiefen **Induktionshärtung** würde den Vorteil einer um 50% höher liegenden Torsionsfließgrenze mit sich bringen. Der Mindestdurchmesser ginge von 26,3 mm auf 22,9 mm zurück, und zur Verwendung kommen könnte der Rundstahl 23,5 DIN 1013, der über 13% leichter ist als der anfänglich vorgesehene von $\oslash$ 27 mm. Auch die Verwendung des Federstahles 50 Cr V 4 V in der Festigkeitsstufe III (Tabelle 6.3./12b) bringt Vorteile. Bei der Vergütungsfestigkeit $\sigma_B = 150$ bis 170 kp/mm² ergibt sich die gleiche Torsionsfließgrenze $\tau_{tF} \approx 78$ kp/mm² wie bei dem induktionsgehärteten 41 Cr 4 V. Die Bearbeitung von Federstählen bereitet jedoch größere Schwierigkeiten, wodurch die Fertigungskosten heraufgingen.

6.4. Kräfte in Fahrwerkbauteilen

Die Statik geht der Festigkeitsberechnung voraus, mit ihrer Hilfe werden die Kräfte in den Gelenken bzw. Lagerungen bestimmt. Richtung und Größe der Kräfte weisen auf die in den einzelnen Bauteilen vorhandene Beanspruchungs- und Belastungsart hin. Ausgangspunkt sind die Kräfte am Radaufstandpunkt (siehe Bild 4.1./1), und zwar

       die Hochkraft $N_{v,h}$ (Y-Richtung),

       die Seitenkraft S (X-Richtung) und

       die Längskraft L (Z-Richtung);

$N_{v,h}$ und S sind als **äußere** Kräfte bei ungestörter Geradeausfahrt in ihrer Größe von der Fahrbahnbeschaffenheit abhängig; die Längskraft L dagegen entweder von den **inneren** Kräften, also dem Drehmoment des Motors oder auch von äußeren, nämlich dem Bremsmoment an dem jeweils betrachteten Rad. Die Kräfte am Radaufstandspunkt rufen an der Vorderachse Reaktionskräfte in den Lagerpunkten A und B des Schwenklagers (Bild 6.4./1), den Gleitstellen C und K des Mc-Pherson-Federbeines (Bild 6.4./2) hervor bzw. in den vielfältigen Aufhängungspunkten der starren Hinterachsen oder den Lenkerlagerungen hinterer Einzelradaufhängungen. Wie in den folgenden Abschnitten beschrieben, sind die zuerst in der X-, Y- und Z-

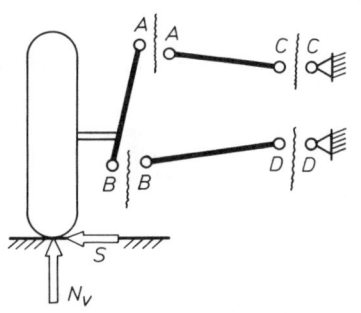

Bild 6.4./2 Beim Mc-Pherson-Federbein sind sowohl der Lenker B—D als auch später die Kolbenstange A—K statisch gesondert zu betrachten.

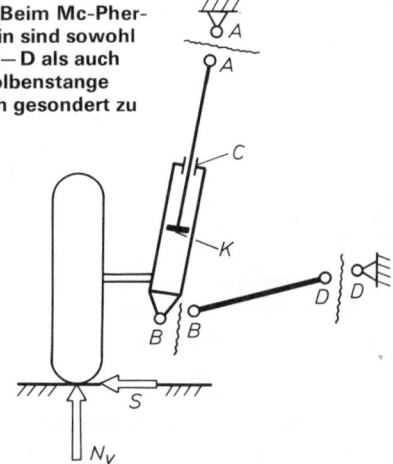

Bild 6.4./1 Bei jeder statischen Betrachtung sind gelenkig miteinander verbundene Teile zu trennen, gezeigt an dem Beispiel einer Doppel-Querlenker-Radaufhängung.

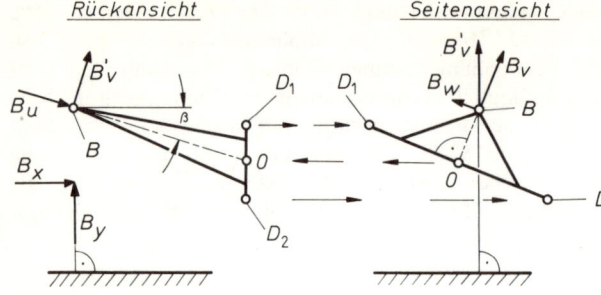

Bild 6.4./3 Es ist häufig einfacher, zwei senkrecht aufeinander stehende Kraftkomponenten von der ursprünglichen *X-Y*-Richtung in die neue *U-*, *V-* und *W*-Richtung eines Lenkers zu zerlegen, als von einem räumlichen Kraftvektor auszugehen. Die Richtung der Kraft B_u ergibt sich durch den Punkt 0. Dieser ist in der Seitenansicht zu ermitteln, und zwar durch Errichten einer Senkrechten auf der Lenkerachse $D_1 - D_2$.

Richtung bestimmten Kräfte weiter zu zerlegen, und zwar senkrecht zur Querschnittsfläche des jeweiligen Bauteils und in Richtung auf diese, also in die **Bauteilebene,** die *U-*, *V-* und *W*-Richtung (Bild 6.4./3). Erst mit Hilfe dieser Kräfte kann die Festigkeitsberechnung durchgeführt werden sowie die Bestimmung der weiteren Lagerkräfte. Voraussetzung für die Statik ist das **Trennen aller gelenkig miteinander verbundenen Bauteile und die kräftemäßige Einzelbetrachtung jedes Teils** (Bilder 6.4./1 und 6.4./2).

Die bekannten Gesetze der Statik — Anfertigen eines getrennten **Lage-** und **Kräfteplanes** — sind zu beachten. **Schräge Kräfte** haben zum betrachteten Drehpunkt häufig einen schwierig zu berechnenden **Wirkabstand,** auch bereitet das genaue Erkennen der Beanspruchungsart Schwierigkeiten; es ist deshalb zweckmäßig, derartige Kräfte in zwei bzw. drei der gewählten Richtungen zu zerlegen (Bild 6.4./4), um dann mit den einzelnen Komponenten die Reaktionskräfte zu bestimmen.

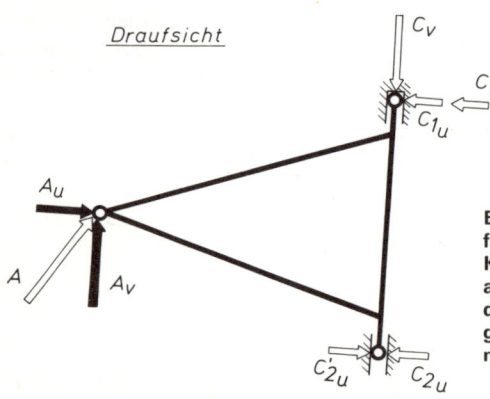

Draufsicht

Bild 6.4./4 Ergibt sich bei einem grafischen Verfahren die schräge Kraft *A*, so ist diese in ihre Komponenten A_v in Richtung der Lenkerdrehachse und A_u senkrecht dazu zu zerlegen, um mit den Komponenten die Reaktionskräfte in den Lagerpunkten C_1 und C_2 in einfacher Weise bestimmen zu können.

Bei der **Dauerfestigkeitsbetrachtung** — Fall 1 — ist das Fahrzeug (bzw. die Radaufhängung) in der **Normallage** darzustellen, d. h. in **vollbeladenem** Zustand. Die Radaufhängung ist soweit eingefedert zu zeichnen, wie es der **zulässigen Achslast** entspricht.

Die gleiche Voraussetzung trifft bei der **Zeitfestigkeitsbetrachtung** — Fall 3, Befahren einer Schlaglochstrecke — zu; nicht dagegen beim Fall 2: Überfahren eines Bahnüberganges. Hier ist die Radaufhängung **voll eingefedert** darzustellen (Bild 6.4./5), wozu meist noch eine Trennung der auf die **Feder** und den **Anschlag** kommenden **Kräfte** erfolgen muß. Das Zeichnen der

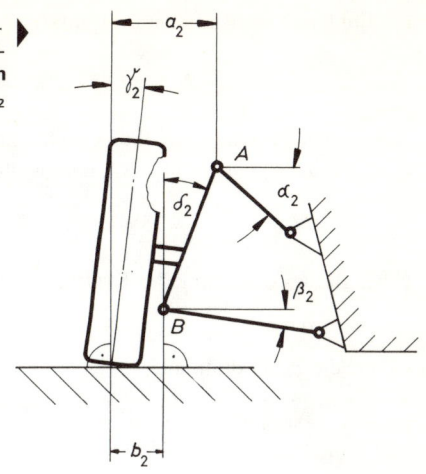

Bild 6.4./5 Bei der Zeitfestigkeitsbetrachtung Fall 2 — Überfahren eines Bahnüberganges — ist die Radaufhängung voll eingefedert darzustellen, um die geänderten Winkel γ_2 für den Sturz, δ_2 für die Spreizung sowie α_2 und β_2 für die Stellung der Lenker zu bekommen.

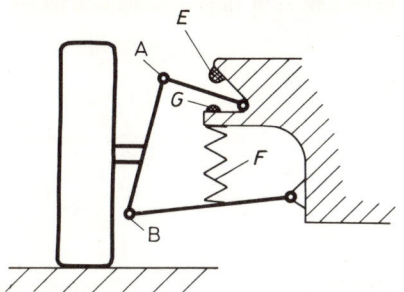

Bild 6.4./6 Befindet sich der Druckanschlag E nicht innerhalb der Feder F, so ist die maximal auftretende Hochkraft bereits am Radaufstandspunkt zu zerlegen.

Radaufhängung unter Berücksichtigung des vorgesehenen Einfederweges f_1 ist erforderlich, um nicht nur die geänderten Winkel α_2 und β_2 an den Lenkern bzw. dem Dämpferbein abnehmen zu können, sondern auch zur Ermittlung des tatsächlichen **Radsturzes** γ_2 und der sich einstellenden **Spreizung** δ_2. Die Winkel werden benötigt, um die Wirkabstände a und b von den Lagerpunkten zu bekommen (Bild 6.4./5).

Bei den heute üblichen weichen Federungen sind zur Begrenzung des Federweges Zug- und Druckanschläge erforderlich, in Bild 6.4./6 mit G und E bezeichnet (siehe auch Abschnitt 7.2.3 und Federungskurven in Abschnitt 7.2). Ganz besonders der Druckanschlag muß zum Teil erhebliche Kräfte aufnehmen; befindet sich dieser innerhalb der Schraubenfeder oder über der Blattfeder — zwei häufig zu findende, technisch einwandfreie Lösungen —, so stützen sich die Kräfte an der gleichen Stelle ab. Sitzt der Anschlag dagegen außerhalb der Feder, z. B. im Stoßdämpfer oder aber, wie in Bild 6.4./6 gezeigt, über dem oberen Lenker, so sind die von der **Feder** bei voll ausgenutztem Federweg f_1 aufzunehmenden Kräfte und die auf den **Anschlag** kommenden unter Berücksichtigung des **Stoßfaktors** k_2 bereits am **Radaufstandspunkt** zu trennen. Bei dem Beispiel in Bild 6.4./6 wird der untere Lenker lediglich durch die Federkraft belastet; der obere dagegen durch die (häufig höhere) des Anschlags. Unter Berücksichtigung des (abzuziehenden) Gewichtes $U_{v,h}$ der ungefederten Massen erfolgt die Beschreibung der Kräftetrennung an dem Beispiel einer vorderen Doppel-Querlenker-Radaufhängung. Es bedeuten:

N_F auf den Radaufstandspunkt bezogene, von der Feder aufzunehmende Kraft und
N_E auf den Anschlag kommende Kraft
zul. Achslast $G_v = 600\ \text{kg}$
Achsgewicht $U_v = 60\ \text{kg}$
Federrate $c_{2v} = 10\ \text{kp/cm}$
Einfederweg $f_{1v} = 80\ \text{mm} = 8\ \text{cm}$
Stoßfaktor (angenommen) $k_2 = 2{,}45$
Radlast $N_v = \dfrac{G_v}{2} = 300\ \text{kg}$

Größte Kraft am Radaufstandspunkt:

$$N_{v\,2} = k_2 \cdot N_v = 2{,}45 \cdot 300 = 735 \text{ kp} = N_F + N_E + \frac{U_v}{2}$$

Auf die beiden Kugelgelenke A und B kommt folgende senkrecht zum Boden gerichtete Kraft, die gleichbedeutend ist mit der Summe aus Feder- und Anschlagkraft:

$$N_{v\,2} - \frac{U_v}{2} = 735 - 30 = 705 \text{ kp} = N_F + N_E$$

Unter Berücksichtigung der Krafterhöhung

$$\Delta N_v = f_{1v} \cdot c_{2v} = 8 \cdot 10 = 80 \text{ kp}$$

nähme die Feder dann auf

$$N_F = N_v - \frac{U_v}{2} + \Delta N_v = 300 - 30 + 80 = 350 \text{ kp}$$

Angenommen wurde ein völlig linearer Verlauf der Federkennlinie (siehe Bild 7.2./2); bedingt durch die Winkeländerung des Lenkers beim Einfedern wird die Federung geringfügig härter, d. h., N_F könnte bis zu 5% höher sein. Die anschließend zu berechnende Anschlagkraft ist:

$$N_E = N_{v\,2} - (N_v + \Delta N_v) = 735 - (300 + 80) = 355 \text{ kp}$$

Das Beispiel zeigt, daß das obere Kugelgelenk A in der Lage sein muß, etwa gleich große Kräfte aufzunehmen, wie das untere B; der Unterschied wäre lediglich, daß B **dauernd** belastet wird, A dagegen nur **zeitlich** begrenzt. Ähnlich sind die Zusammenhänge bei den anderen Radaufhängungen; die folgenden Abschnitte 6.6.5, 6.6.6 und 6.9 enthalten weitere Hinweise über Kräftetrennung.
Die **Lenkerstellungen** in den Bildern der Abschnitte 6.5 bis 6.10 wurden entsprechend den häufigst vorkommenden **Radaufhängungen** gewählt. In der Praxis kommen auch **entgegengesetzte Neigungen** vor, die **andersherum gerichtete Kraftkomponenten** zur Folge haben. **Hierauf ist beim Aufstellen der jeweiligen Statik zu achten.**

6.5. Starrachsen: Kräfte, Momente und Festigkeitsberechnung

6.5.1. Beanspruchung des Achskörpers

Bei der **Dauerfestigkeitsberechnung** von Starrachsen wird angenommen, daß an **beiden** Rädern von innen nach außen gerichtete Seitenkräfte $S_{h\,1} = \mu_{F\,1} \cdot N_h$ vorhanden sind, die das Moment aus der Hochkraft $N_{h\,o}$ verstärken. Die **schwellend** auftretende **Biegespannung** im gefährdeten Querschnitt $I-I$ neben dem Bock zur Aufnahme der Längsblattfedern (Bild 6.5./1a) bzw. zur Befestigung der unteren, die Schraubenfedern tragenden Lenker (Bild 6.5./1b) wäre dann:

$$\sigma_{\text{b vorh}} = \frac{N_{h\,o} \cdot c + S_1 \cdot r_{\text{dyn}}}{W_b} \tag{1}$$

Die Höhe der Spannung hängt sowohl vom dynamischen Halbmesser r_{dyn} des Reifens, als

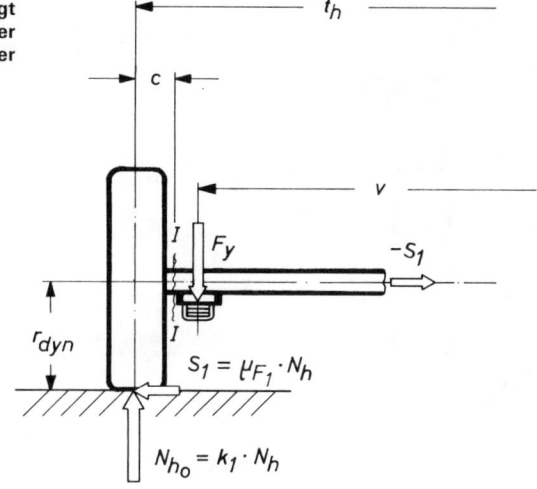

Bild 6.5./1a Im Querrohr einer Starrachse liegt der gefährdete Querschnitt $I-I$ meist neben der Schweißnaht des Bockes, der die Längsblattfeder aufnimmt.

$$S_1 = \mu_{F_1} \cdot N_h$$

$$N_{h_0} = k_1 \cdot N_h$$

auch von der Länge der Strecke c ab, die wegen der Forderung, daß **Schneeketten** die Längsblattfedern nicht berühren dürfen, einen bestimmten Wert nicht unterschreiten kann. Dies hat zur Folge, daß bei **Kurvenfahrt** sich die Biegespannung im Achskörper verringert; sie kann sogar Null werden, wenn die Momente aus Hoch- und Seitenkraft gleich groß sind (Bild 6.5./2a, siehe auch Abschnitt 5.4).

Theoretisch wäre das **Gewicht** des Rades einschließlich Bremse sowie das des äußeren Achsrohres bis zum Querschnitt $I-I$ von der oberen Normalkraft $N_{h\,o} = k_1 \cdot N_h$ abzuziehen; wegen des geringen Einflusses gegenüber dem schweren Achsmittelteil wird jedoch hiervon abgesehen (k_1 und $\mu_{F\,1}$ siehe Bilder 6.1./2 und 6.1./4). Rechnerisch sicherzustellen ist, daß sowohl die vom

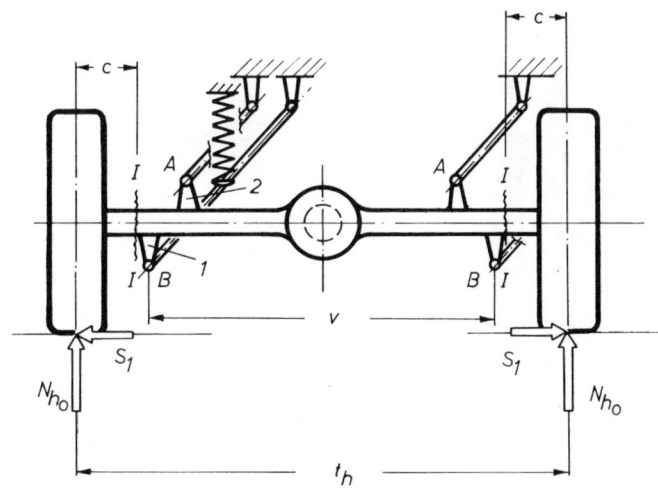

Bild 6.5./1b Dient zur Abfederung eine auf dem unteren Lenker sitzende Schraubenfeder, so befindet sich der gefährdete Querschnitt $I-I$ neben der Schweißnaht des unteren Bockes.

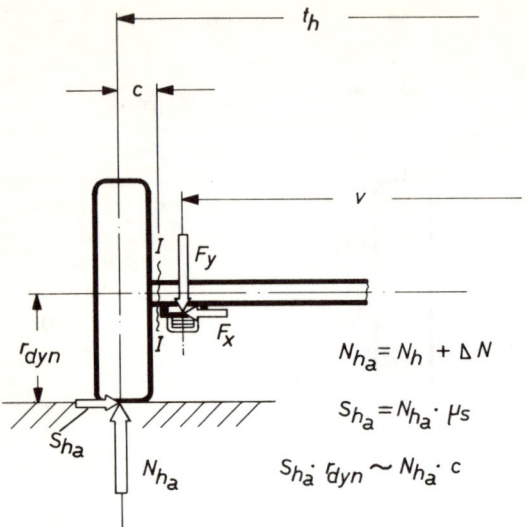

Bild 6.5./2a Bei Kurvenfahrt ergeben Hoch-
und Seitenkraft entgegengesetzt gerichtete
Momente (die sich aufheben können) mit der
Folge einer verringerten Biegebeanspruchung
im Querschnitt $I-I$.

$$N_{h_a} = N_h + \Delta N$$

$$S_{h_a} = N_{h_a} \cdot \mu_s$$

$$S_{h_a} \cdot r_{dyn} \sim N_{h_a} \cdot c$$

Werkstoff ertragbare, zulässige Biegespannung $\sigma_{b\,zul\,D}$ nicht überschritten wird als auch, daß die Durchbiegung des Achsrohres unter einem bestimmten Betrag bleibt. Das in angetriebenen Starrachsen zur äußeren Lagerung der Antriebswelle dienende **Rillen-Kugellager** (Bild 6.5./2b) erträgt im Fahrbetrieb nur äußerst geringe Winkelabweichungen; andernfalls muß mit verkürzten Laufzeiten gerechnet werden.

Die zulässige Biegespannung im Achsrohr

$$\sigma_{b\,zul\,D} = \frac{\sigma_{b\,sch}}{\beta_{kb} \cdot \nu} \tag{2a}$$

neben dem angeschweißten Federbock (bzw. dem zur Befestigung des unteren Lenkers) hängt in

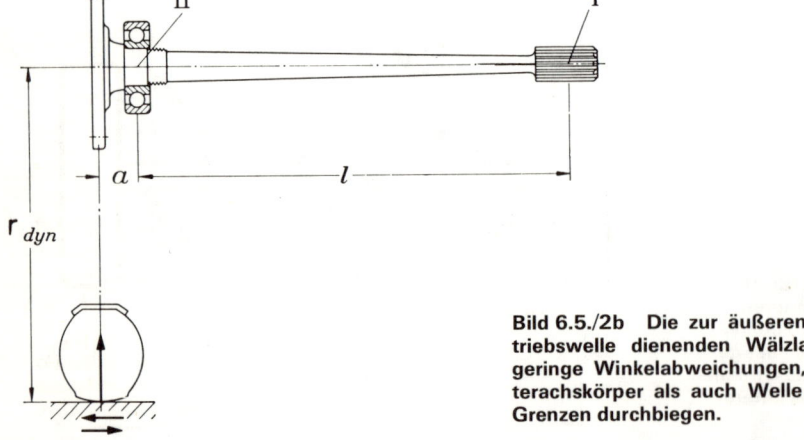

Bild 6.5./2b Die zur äußeren Lagerung der Antriebswelle dienenden Wälzlager vertragen nur
geringe Winkelabweichungen, d. h., sowohl Hinterachskörper als auch Welle dürfen sich nur in
Grenzen durchbiegen.

erster Linie von den beim **Schweißen** entstehenden Kerbeinflüssen ab. Üblicherweise beträgt der **Kerbbeiwert**

$$\beta_{kb} \approx 2{,}5, \qquad \text{wobei } v = 1{,}5$$

als **Sicherheit** anzunehmen wäre. $\sigma_{b\,sch}$ kann bei Bau- und Vergütungsstählen mit Hilfe der Tabellen 6.3./1b und 6.3./12b bestimmt werden. Spezielle Rohrwerkstoffe erfordern das Zur-Hand-Nehmen des entsprechenden Normblattes (siehe Tabelle 7./26 in [4]). Ebenfalls einfach und wegen vorliegender Erfahrungswerte ausreichend genau ist die Berechnung der **Schweißnähte**. Die vorhandene Spannung hängt von Nahtdicke und -länge ab und die zulässige von der Nahtform, berücksichtigt durch den Minderungsfaktor b_4

$$\sigma_{b\,zul\,D} = \frac{\sigma_0 \cdot b_4}{v} \tag{2b}$$

Die Beanspruchung der Schweißnaht kann wechselnd oder schwellend sein; für σ_0 ist der entsprechende Wert $\sigma_{b\,w}$ bzw. $\sigma_{b\,sch}$ des Grundwerkstoffes (nicht des Schweißmaterials) nach der Tabelle 6.3./1b zu bestimmen. Der Abschnitt 5.5 in [3] enthält eine nähere Beschreibung und die Tabelle 5.5./4 ebenfalls in [3] die Einzelwerte für b_4; als Sicherheit sollte hier $v = 2$ eingesetzt werden.

Das **Biegemoment** $M_{b\,1}$ — hervorgerufen durch Kräfte in X- und Y-Richtung — verteilt sich über den ganzen Achskörper (Bild 6.5./3) und macht eine Kontrolle kritischer Querschnitte in dessen Mittelteil erforderlich:

$$M_{b\,1} = N_{ho} \cdot \frac{t_h - v}{2} + S_1 \cdot r_{dyn} \tag{3}$$

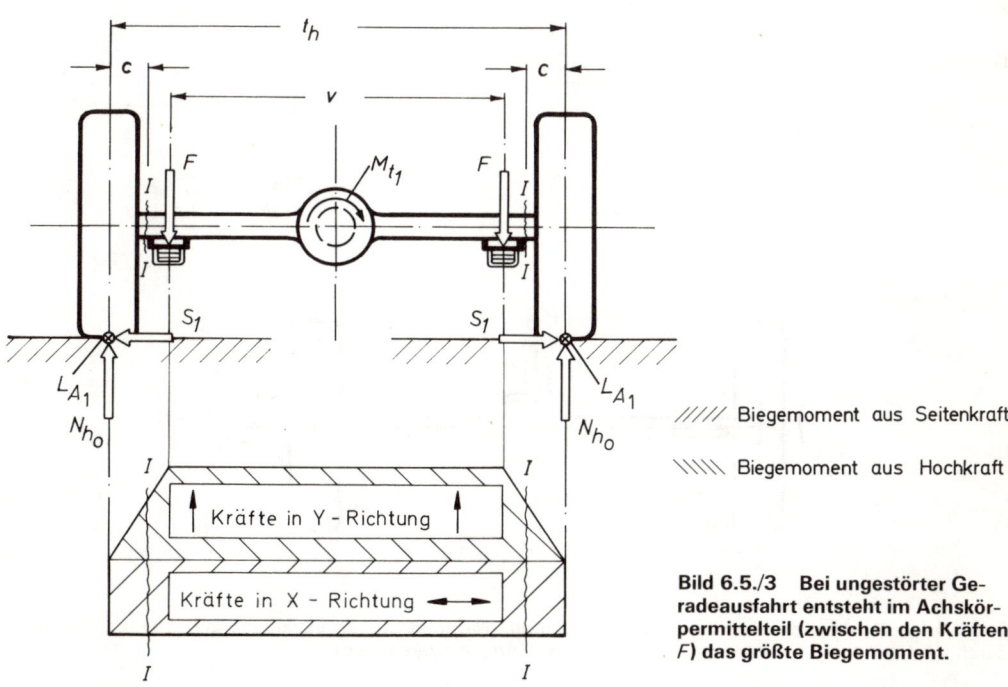

///// Biegemoment aus Seitenkraft

\\\\\ Biegemoment aus Hochkraft

Bild 6.5./3 Bei ungestörter Geradeausfahrt entsteht im Achskörpermittelteil (zwischen den Kräften F) das größte Biegemoment.

Bei **angetriebenen** Achsen muß das **Biegemoment** in Z-**Richtung,** bewirkt durch die Längskraft L_A, in die Rechnung mit einbezogen werden:

$$M_{bz} = L_{A1} \cdot \frac{t_h - v}{2} \quad \text{wobei} \quad L_{A1} = \frac{M_{t1}}{r_{dyn}} \tag{4}$$

Das Antriebsmoment M_{t1} verursacht im mittleren Bereich des Achskörpers **Torsionsspannungen,** die in der Berechnung berücksichtigt werden müssen. Diese entstehen durch die senkrechte Stellung zueinander von Kardanwellen**antriebs**- und -**Abtriebs**-Moment zu den Rädern (Bild 6.5./4, siehe auch Bild 5.2./8 und Abschnitt 5.6). Die Höhe der Spannungen bestimmt der Abtrieb, besser gesagt eingelegter Gang und Differentialübersetzung. Das in der Dauerfestigkeitsberechnung je **Achsseite** zu berücksichtigende Moment ist nach Gleichung (5) aus Abschnitt 6.2:

$$M_{t1} = \frac{M_{dmax} \cdot i_3 \cdot i_D \cdot \eta}{2}$$

[i_2 statt i_3 bei Automatikgetrieben siehe Gleichung (7)]. Mit dem resultierenden Biegemoment M_{bR1} aus der X-, Y- und Z-Richtung:

$$M_{bR1} = \sqrt{M_{b1}^2 + M_{bz}^2} \tag{5}$$

ergibt sich als vorhandene **Vergleichsspannung:**

$$\sigma_{v1} = \sqrt{\left(\frac{M_{bR1}}{W_b}\right)^2 + \alpha_A^2 \cdot \left(\frac{M_{t1}}{W_t}\right)^2}$$

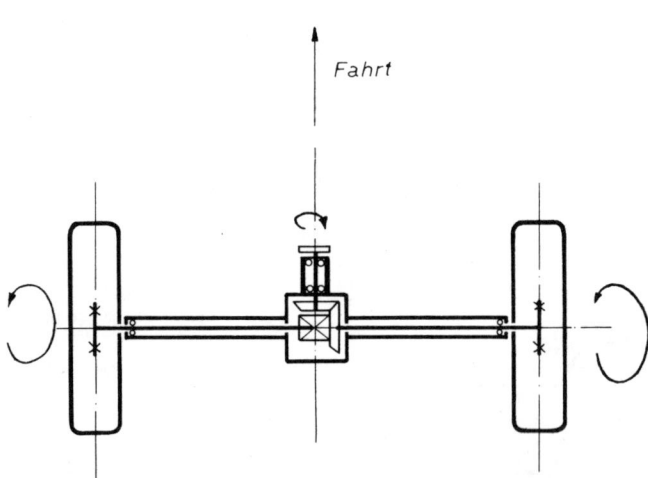

Bild 6.5./4 Kardanwellenantriebs- und Radabtriebs-Moment stehen senkrecht aufeinander; hierdurch wird das Achskörpermittelteil zusätzlich auf Torsion beansprucht.

Torsion und Biegung treten **schwellend** auf, so daß unter Bedingung $\beta_{kt} \approx \beta_{kb}$ bei den für Achskörper im allgemeinen zur Verwendung kommenden Baustählen sich als Anstrengungsverhältnis α_A ergibt:

$$\alpha_A = \frac{\sigma_{b\,sch}}{\tau_{t\,sch}} = \frac{1,2 \cdot \sigma_s}{0,58 \cdot \sigma_s}$$

$$\alpha_A = 2,07 \quad \text{und} \quad \alpha_A^2 = 4,28$$

Bei **Rundkörpern** ist

$$W_t = 2 \cdot W_b$$

und die Gleichung läßt sich vereinfachen:

$$\sigma_{v\,1} = \frac{1}{W_b} \cdot \sqrt{M_{b\,R\,1}^2 + 1,07 \cdot M_{t\,1}^2} \tag{6}$$

$$\underset{\uparrow}{1,07 = \frac{4,28}{4}}$$

Die abschließende Bedingung wäre wieder:

$$\sigma_{v\,1} \leqq \sigma_{b\,zul\,D} \quad \text{(siehe Bild 6.3./19)}$$

Die größten Spannungen können im Hinterachskörper sowohl beim Überfahren eines Bahnüberganges als auch auf einer Schlaglochstrecke bzw. beim Anfahren oder Bremsen am Berg auftreten. Zur Ermittlung der **Zeitfestigkeit** wird im Fall 2 **Bahnübergang** lediglich $N_{h\,2} = k_2 \cdot N_h$ statt N_{ho} in die Gleichung für $M_{b\,1}$ eingesetzt, bei ebenfalls von innen nach außen gerichteter Seitenkraft S_1 und unter Einbeziehung des Torsionsmomentes $M_{t\,1}$ in die Berechnung. Der Druckanschlag befindet sich meist über der Federeinspannung, so daß ein Trennen von Feder- und Anschlagkraft (N_F und N_E) nicht erforderlich ist. Für die Berechnung des Falles 3 **Schlaglochstrecke** gilt ebenfalls die Gleichung (6), nur daß statt S_1 die größte Seitenkraft S_2 eingesetzt werden muß und in die Gleichung für $M_{t\,1}$ anstelle des 3. Ganges der 2. Die Einzelheiten enthält das Rechenbeispiel in Abschnitt 6.5.4.

Bei der nächsten Kontrolle — dem Fall 5 **Abbremsen** — erfolgt nur eine erhöhte Beanspruchung der beiden außerhalb der Federeinspannung liegenden **Achskörperenden,** und zwar auf **Torsion** durch das Bremsmoment

$$M_{t\,5} = L_B \cdot r_{dyn} = \mu_K \cdot N_h \cdot r_{dyn} \tag{7}$$

und auf **Biegung** durch die Resultierende R_B aus Hoch- und Längskraft: die Seitenkraft kann vernachlässigt werden (Bild 6.5./5). Zur Bestimmung von R_B sind die am Radaufstandspunkt angreifenden Kräfte in Radmitte zusammenzusetzen und mit $\mu_K = 0,8$, also $L_B = 0,8 \cdot N_h$, ist:

$$R_B = \sqrt{N_h^2 + L_B^2} = N_h \sqrt{1 + 0,8^2} = 1,28 \cdot N_h$$

Mit dem Biegemoment:

$$M_{b\,5} = 1,28 \cdot N_h \cdot c \tag{8}$$

ergibt sich als Vergleichsspannung bei runden Querschnitten:

$$\sigma_{v\,5} = \frac{1}{W_b} \cdot \sqrt{M_{b\,5}^2 + 1,07 \cdot M_{t\,5}^2} \tag{9}$$

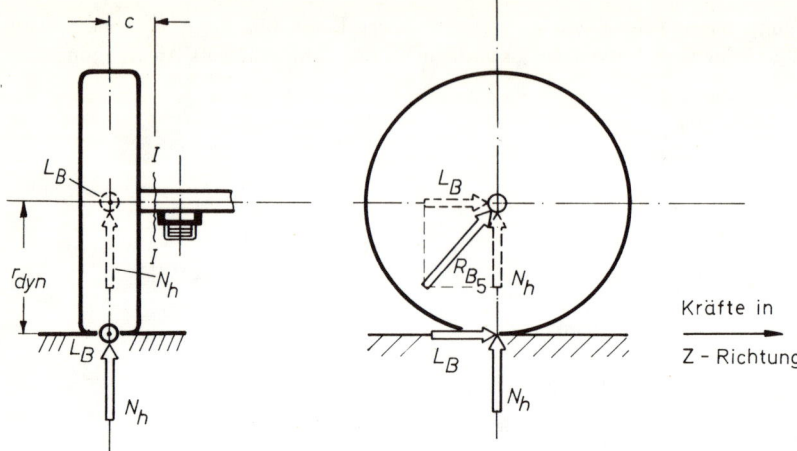

Kräfte in

Z - Richtung

Bild 6.5./5 Zur Berechnung des im Querschnitt *I — I* beim Bremsen entstehenden Biegemomentes ist aus den Kräften L_B und N_h in der Radmitte die Resultierende zu bilden.

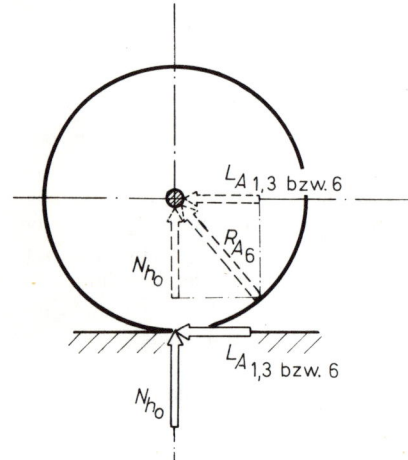

Bild 6.5./6 Beim Anfahren wird das Achskörpermittelteil durch das Moment $R_A \cdot c$ auf Biegung beansprucht. Die Resultierende R_A ergibt sich aus den in Achsmitte zusammengesetzten Kräften N_{h0} und $L_{A\,1,3\,bzw.\,6}$.

Befindet sich das Differential im Achskörper, so wird dessen Mittelteil beim **Anfahren** besonders hoch beansprucht (Bild 6.5./6). Wie bei Bild 6.3./22 erläutert, sind zwei Momente zur Bestimmung der Torsionsspannungen anzusetzen, und zwar aus Abschnitt 6.2 für das vom Motor gegebene

Gleichung (6) $\qquad M_{t\,3} = \dfrac{M_{d\,max} \cdot i_1 \cdot i_D \cdot \eta \cdot k_K}{2}$

und für das straßenseitig bei $\mu_L = 1,1$ mögliche

Gleichung (8) $\qquad M_{t\,6} = L_{A\,6} \cdot r_{stat} = \mu_L \cdot N_h \cdot r_{stat}$

Mit dem kleineren Moment ist die Rechnung dann durchzuführen. Auf Biegung wird die Achsmitte durch das Moment $M_{b\,6}$ beansprucht, hervorgerufen von der resultierenden Kraft R_A (Bild 6.5./6):

66 Starrachsen

$$M_{b\,6} = R_A \cdot \frac{t_h - v}{2} \qquad\qquad (10)$$

R_A ergibt sich wieder aus dem geringeren der beiden Momente $M_{t\,3}$ bzw. $M_{t\,6}$ (in diesem Fall geteilt durch den **statischen** Reifenhalbmesser r_{stat}) und der oberen Hochkraft $N_{h\,o} = k_1 \cdot N_h$, wieder unter Vernachlässigung der Seitenkraft:

$$R_A = \sqrt{N_{h\,o}^2 + \left(\frac{M_{t\,3} \text{ bzw. } M_{t\,6}}{r_{\text{stat}}}\right)^2} \qquad\qquad (11)$$

Mit $M_{b\,6}$ sowie $M_{t\,3}$ bzw. $M_{t\,6}$ ist dann die Vergleichsspannung zu bestimmen

$$\sigma_{v\,6} = \frac{1}{W_b} \cdot \sqrt{M_{b\,6}^2 + 1{,}07 \cdot M_{t\,3{,}6}^2} \qquad\qquad (12)$$

und dafür zu sorgen, daß diese unter der zulässigen für **Zeitfestigkeit** bleibt:

$$\sigma_{v\,5} \text{ bzw. } \sigma_{v\,6} \leqq \sigma_{b\,\text{zul}\,2} \qquad \sigma_{b\,\text{zul}\,2} = \frac{\sigma_{b\,s}}{v} \approx \frac{1{,}2 \cdot \sigma_s}{v}$$

Nähere Einzelheiten enthalten die Abschnitte 6.5.4.3 und 6.5.4.4.

6.5.2. Beanspruchung in Längsblattfedern

Dienen zur Führung einer angetriebenen Starrachse lediglich zwei Längsblattfedern (siehe Bild 3.2./3), so treten bei gleichmäßiger Fahrt dauernd erhöhte Biegespannungen im Querschnitt. 3 − 3 der Federn auf (Bild 6.5./7a). Beim Anfahren im 1. Gang bewirkt die Längskraft L_A kurzzeitig die entgegengesetzt gerichteten Kräfte:

$$A_{y\,1} = B_{y\,1} = L_{A\,6} \cdot \frac{d}{a + b} \qquad \text{und dazu} \qquad A_z = L_{A\,6};$$

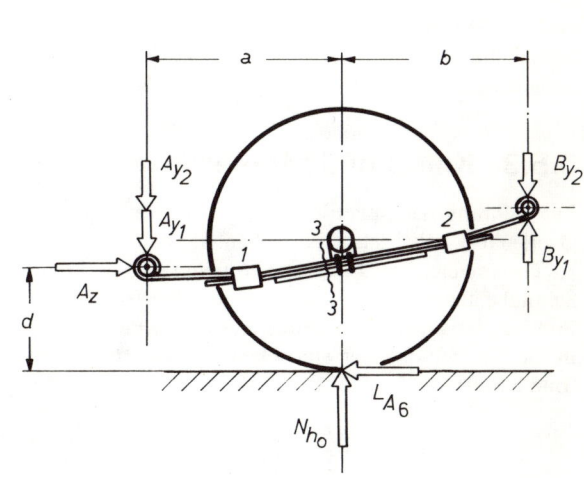

Bild 6.5./7a Dienen ausschließlich Längsblattfedern zur Führung der Starrachse, so sind diese beim Anfahren und Bremsen neben den Befestigungsteilen besonders hoch auf Biegung beansprucht. Um die Hauptlage zu entlasten und ein Verdrehen des Achskörpermittelteiles in Grenzen zu halten, werden über Federklammern 1 und 2 die übrigen Lagen zur Mitaufnahme des Momentes herangezogen.

5*

Bild 6.5./7b De-Dion-Achse des 1972 auf den Markt gekommenen DAF 66. Hoch-, Seiten- und Längskräfte übernehmen Einblattfedern und außerdem das Bremsmoment. Zusätzlich stützt sich dieses noch an einem rechts über der Achse angeordnetem Längsstab ab; das Anfahrmoment dagegen muß von den Lagerungen des Differentialgehäuses aufgenommen werden.

die Hochkraft N_{ho} die Komponenten:

$$A_{y2} = N_{ho} \cdot \frac{b}{a + b} \quad \text{und} \quad B_{y2} = N_{ho} - A_{y2}$$

Die addierten Reaktionskräfte A_{y1} und A_{y2} riefen in der Hauptlage der Feder unzulässig hohe Biegespannungen hervor, wenn nicht durch die Federklammer 2 die übrigen Lagen mit zur Aufnahme des Biegemomentes herangezogen würden.

Die erhöhte Beanspruchung in den Federblättern entfällt jedoch, wenn die Achse sich an einer oder zwei oben liegenden Längstreben abstützen kann (Bild 6.5./7b, siehe auch Bilder 3.2./8a und 3.2./8b). Nicht verringert dagegen wird durch diese Maßnahme die im vorigen Abschnitt behandelte Beanspruchung des Achskörpermittelteils, wenn das Differential sich in diesem befindet.

6.5.3. Kräfte und Momente in Führungslenkern

Zur Führung der **angetriebenen** Starrachse dienen bei den meisten Pkw vier Längs- und ein Querlenker, wobei letzterer — Panhardstab genannt — lediglich die Aufgabe hat, Seitenkräfte zu übertragen. Die Längslenker nehmen das Bremsmoment und Längskräfte auf. Stützen Schraubenfedern sich auf den unteren Lenkern ab, übertragen diese auch die Hochkräfte; das Bild 3.2./10 zeigt eine derartige Achse und Bild 6.5./1b die gleiche ohne Panhardstab.

In die Bestimmung der **statischen Federkraft** F ist nur das untere Lenkerpaar einzubeziehen (Bild 6.5./8):

$$F = \left(N_h - \frac{U_h}{2} \right) \cdot i_y \quad \text{wobei} \quad i_y = \frac{b}{a}$$

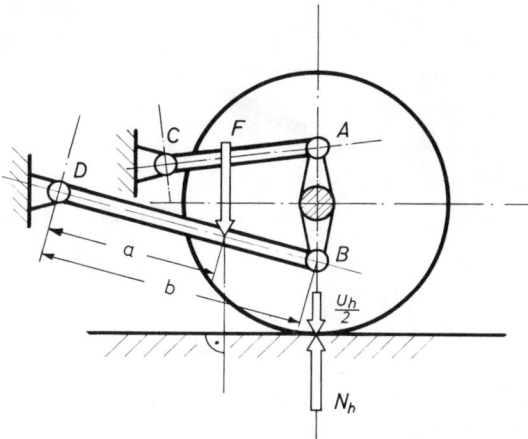

Bild 6.5./8 Steht die Schraubenfeder F auf dem unteren Lenker senkrecht zum Boden, so ist die statische Federkraft nur von der Länge der Strecken a und b abhängig.

Bild 6.5./9 Steht die Schraubenfeder räumlich schräg, so gehen die Winkel o und ξ zu einer auf dem Boden errichteten Senkrechten in die Federkraftbestimmung mit ein.

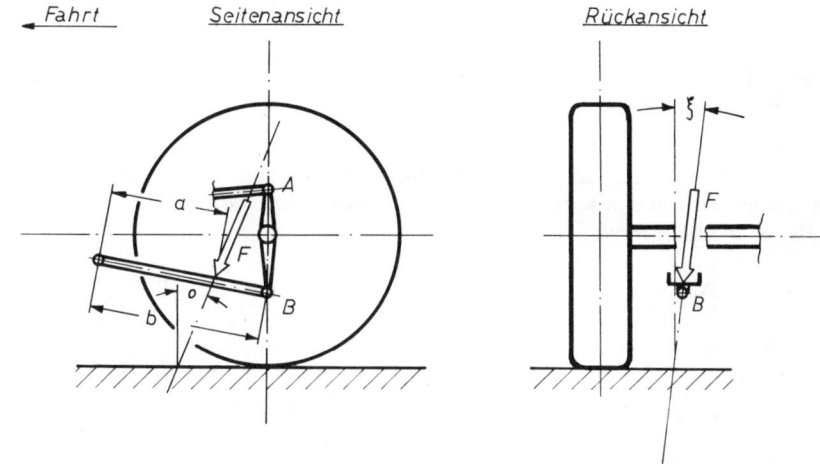

Wie das Bild zeigt, muß bei der Berechnung von F das halbe **Achsgewicht** von der Radlast abgezogen werden, $(N_\text{h} - U_\text{h}/2$, siehe Formel (5) in Abschnitt 6.1). Die Gleichung für F hat nur bei **senkrecht** stehender Feder Gültigkeit; ist diese in der Rückansicht um den Winkel ξ (Bild 6.5./9) und in der Seitenansicht evtl. noch um den Winkel o (Omikron) **zum Boden** geneigt, so geht der Raumwinkel ν zusätzlich in die Übersetzung i_y ein (siehe auch Bild 7.1./27):

$$i_\text{y} = \frac{b}{a \cdot \cos \nu} \quad \text{wobei} \quad \tan \nu = \sqrt{\tan^2 \xi + \tan^2 o}$$

Bei kleinen Winkeln (bis $\approx 15°$) kann vereinfacht gesetzt werden:

$$i_\text{y} = \frac{b}{a \cdot \cos \xi \cdot \cos o}$$

der gemachte Fehler dürfte unter 1% liegen.

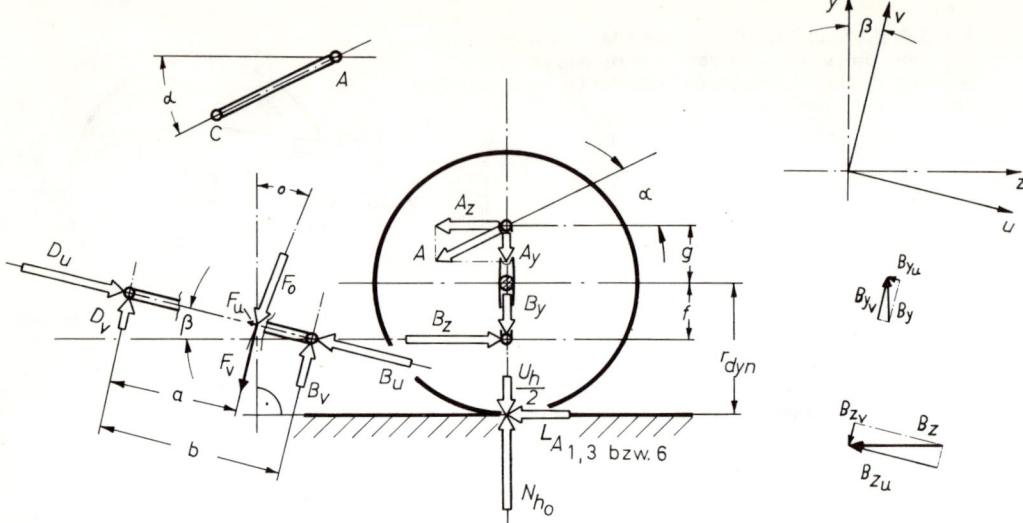

Bild 6.5./10 Zur Bestimmung der Kräfte in den Lagerpunkten sind die Lenker vom Achskörper zu trennen. Hoch- und Längskraft werden gemeinsam betrachtet.

Für die Bestimmung der in den **Lagerungen** der Längslenker **dauernd** auftretenden **Kräfte** ist (abweichend von den sonstigen Berechnungsmethoden) die am Radaufstandspunkt vorhandene **Hoch**- und **Längskraft** anzusetzen:

$$N'_{\mathrm{ho}} = k_1 \cdot N_{\mathrm{h}} - \frac{U_{\mathrm{h}}}{2} \quad \text{und} \quad L_{\mathrm{A}1} = \frac{M_{\mathrm{d\,max}} \cdot i_3 \cdot i_{\mathrm{D}} \cdot \eta}{2 \cdot r_{\mathrm{dyn}}}$$

Die Lösung erfordert, bedingt durch den Winkel α am oberen Lenker, vier Gleichungen (Bild 6.5./10):

$$\Sigma M \text{ um } B = 0; \; A_{\mathrm{zo}} = L_{\mathrm{A}1} \cdot \frac{r_{\mathrm{dyn}} - f}{g + f} \quad \text{und hieraus} \quad A_{\mathrm{yo}} = A_{\mathrm{zo}} \cdot \tan\alpha$$

$$\Sigma F_{\mathrm{y}} = 0; \; B_{\mathrm{yo}} = N'_{\mathrm{ho}} - A_{\mathrm{yo}} \qquad \Sigma F_{\mathrm{z}} = 0; \; B_{\mathrm{zo}} = L_{\mathrm{A}1} + A_{\mathrm{zo}}$$

Hoch- und Längskraft treten **schwellend** auf; es reicht deshalb die Bestimmung der oberen Kräfte aus.

Der **untere Lenker** liegt um den Winkel β schräg; um diesen auf Festigkeit berechnen zu können und außerdem die Kräfte D_{u} und D_{v} in den vorn liegenden Lagerpunkten zu bekommen, sind die im ersten Rechengang ermittelten Komponenten B_{y} und B_{z} in die U- und V-Richtung des Lenkers zu zerlegen, rechts in Bild 6.5./10 zu sehen:

$$B_{\mathrm{yv}} = B_{\mathrm{y}} \cdot \cos\beta, \quad B_{\mathrm{yu}} = B_{\mathrm{y}} \cdot \sin\beta$$
$$B_{\mathrm{zv}} = B_{\mathrm{z}} \cdot \sin\beta, \quad B_{\mathrm{zu}} = B_{\mathrm{z}} \cdot \cos\beta$$

Hiermit werden: $B_{\mathrm{u}} = B_{\mathrm{yu}} + B_{\mathrm{zu}}$ und $B_{\mathrm{v}} = B_{\mathrm{yv}} - B_{\mathrm{zv}}$.

Die für die Festigkeitsberechnung zu verwendenden, dauernd auftretenden Federkräfte ergeben sich aus B_{v}:

$$F_{\mathrm{v}} = B_{\mathrm{v}} \cdot \frac{b}{a} \quad \text{sowie} \quad F_{\mathrm{u}} = F_{\mathrm{v}} \cdot \tan(o - \beta)$$

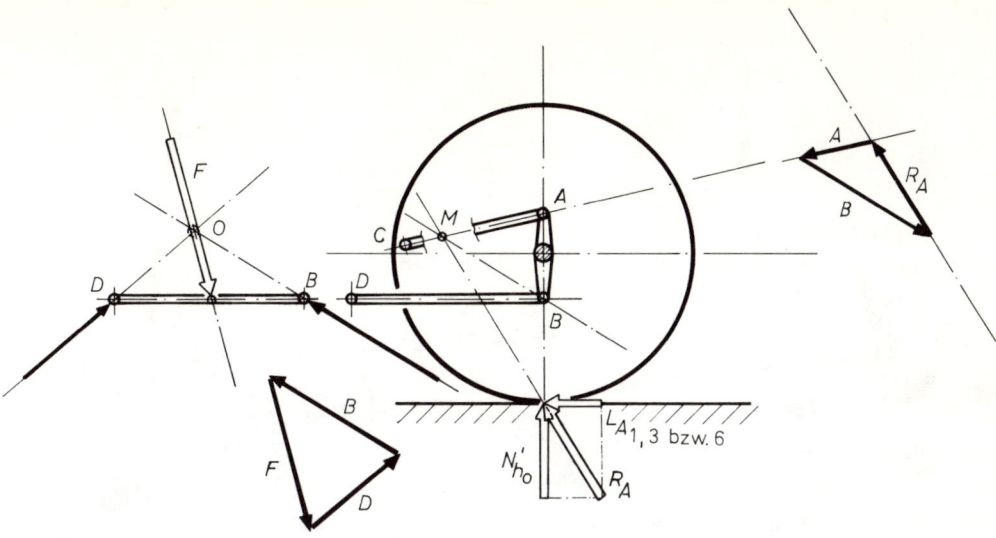

Bild 6.5./11   Grafische Bestimmung der Kräfte in den Lagerpunkten und der Federkraft *F*.

und, falls die Feder zusätzlich noch in der Rückansicht schräg steht (siehe rechte Seite des Bildes 6.5./9), $F_x = F_v \cdot \tan \xi$.

Weiterhin ist:

$$D_v = F_v - B_v, \quad D_u = F_u + B_u$$

und somit $\quad\quad D = \sqrt{D_v^2 + D_u^2}$

Die eventuell noch vorhandene Kraft F_x belastet die Lenkerlagerungen in Axialrichtung und darf deshalb nicht gemeinsam mit den beiden radial wirkenden Komponenten F_u und F_v betrachtet werden. Auf die gleiche Art und Weise lassen sich die beim **Anfahren** entstehenden und für die **Zeitfestigkeitskontrolle** benötigten Maximalkräfte ermitteln; statt L_{A1} braucht lediglich $L_{A6} = \mu_L \cdot N_h$ bzw. M_{t3}/r_{dyn} im Rechenansatz berücksichtigt zu werden. Die Einzelheiten wurden im Abschnitt 6.5.1 beschrieben.

Außer der rechnerischen Lösung ist gleichfalls eine **grafische** möglich (Bild 6.5./11). Hierbei sind Achse und Räder als eine Einheit zu betrachten, die durch äußere Kräfte beaufschlagt sich an den Lenkern abstützt. Aus diesem Grund muß im **Lageplan** die Resultierende R_A aus Hochkraft $N'_{h0} = k_1 \cdot N_h - U_h/2$ und Längskraft L_{A1} bzw. L_{A6} am Radaufstandspunkt gebildet werden und nicht (wie bei der Berechnung des Achskörpers) in Radmitte. Die Verlängerung der Resultierenden ist mit der Wirkungslinie A bis C des oberen Lenkers zum Schnitt zu bringen und der so gefundene Punkt M mit B zu verbinden, wodurch sich die Richtung der Kraft B ergibt. Im rechts nebenstehenden **Kräfteplan** sind die zusammengesetzten Kräfte in ihrer wahren Größe zu erkennen. Die Voraussetzung für eine derartige Lösung stellt die **maßstäbliche** Zeichnung dar und ein ausreichend großer Kräftemaßstab, z. B. 1 cm $\triangleq$ 20 kp. Links im Bild 6.5./11 ist mit Hilfe der bekannten Kraft B die jetzt mögliche Bestimmung der **Federkraft** F und der Lagerkraft D gezeigt, ebenfalls grafisch nach Bildung des Punktes 0 aus den bekannten Wirkungslinien von F und B. Am Lenker anzutragen ist die **entgegengesetzt gerichtete** Reaktionskraft von B; nach den Gesetzen der Statik muß die Summe der an einem **Punkt** angreifenden Kräfte gleich Null sein. Die oberen Lenker liegen — wie in Bild 3.2./10 zu sehen

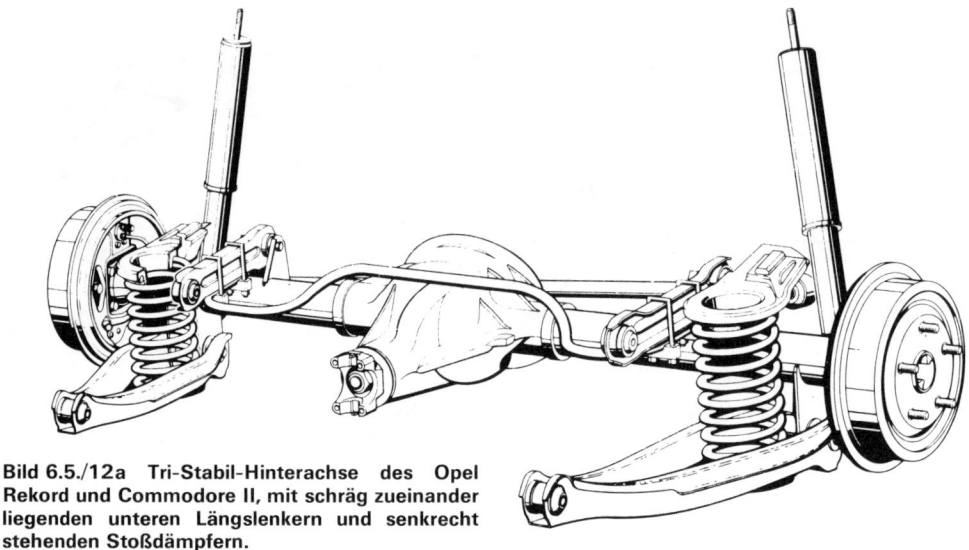

Bild 6.5./12a Tri-Stabil-Hinterachse des Opel Rekord und Commodore II, mit schräg zueinander liegenden unteren Längslenkern und senkrecht stehenden Stoßdämpfern.

— in der Draufsicht parallel zueinander; die Kräfte in diesen ergeben sich mit Hilfe der zuerst ermittelten Kraft A_{zo}

$$A_0 = \frac{A_{zo}}{\cos \alpha}$$

Die an **beiden** Rädern auftretenden **Seitenkräfte** werden vom **Panhardstab** aufgenommen und belasten diesen auf Zug und Druck bzw. Knickung (siehe Bild 3.2./1b). Die dauernd vorhandene Stabkraft T_1 ist einfach zu bestimmen:

$$\pm T_1 = \mu_{F1} \cdot G_h \quad \text{bzw.} \quad \pm T_1 = \frac{\mu_{F1} \cdot G_h}{\cos \nu}$$

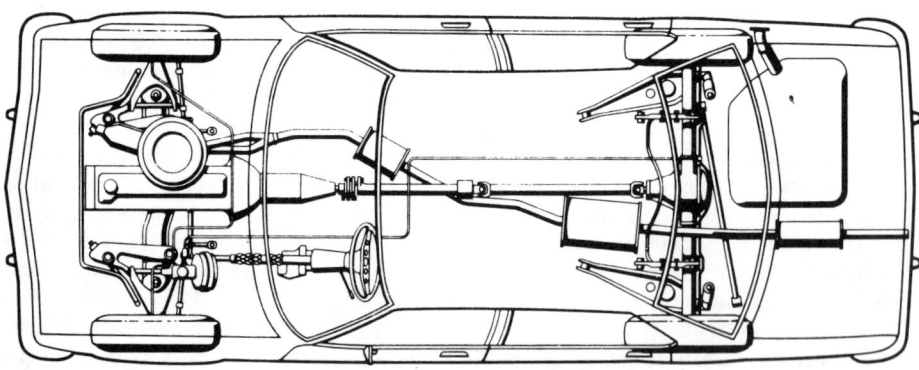

Bild 6.5./12b Anordnung der Tri-Stabil-Hinterachse im Opel Commodore II. Gut erkennbar ist die Schräglage der unteren Lenker und der in etwa rechte Winkel zwischen Panhardstab und rechtem Lenker.

72 Starrachsen

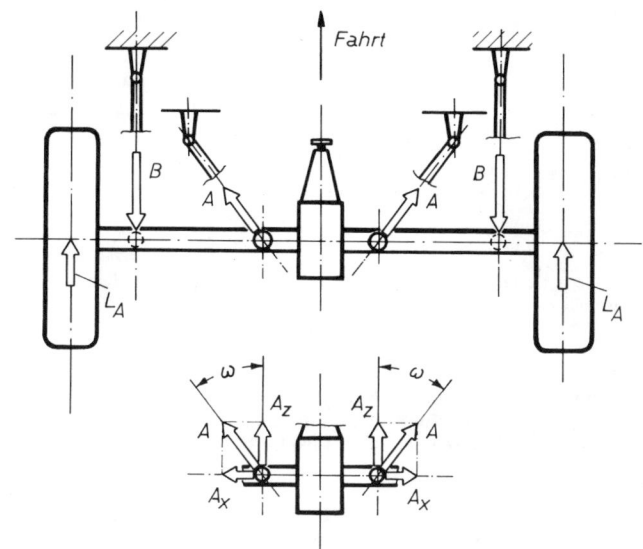

Bild 6.5./12c In der Draufsicht schräg zueinander angeordnete Lenker (hier die oberen) bewirken bei Längskräften L_A am Radaufstandspunkt quer gerichtete Komponenten sowohl am achsseitigen Befestigungspunkt A als auch am Aufbau.

(bei räumlicher Schräglage siehe Bild 4.4./30). Zur Ermittlung der auf einer Schlaglochstrecke (Fall 3) auftretenden Maximalkraft wird lediglich μ_{F2} statt μ_{F1} in die Gleichung eingesetzt.

Bei dem vorhergehenden Beispiel lagen alle Lenker wohl in der Seitenansicht schräg, in der Draufsicht dagegen war in etwa eine Parallelität zur Fahrzeuglängsachse zu erkennen. **Opel** hat beim **Rekord** und **Commodore II** die unteren Lenker an der Vorderseite zusammengezogen (Bild 6.5./12a), um einen zusätzlichen „Abstützeffekt" bei Kurvenseitenkräften zu bekommen und außerdem diese dadurch weiter außen an der Achse anlenken zu können.

Die Draufsicht auf die sogenannte „Tri-Stabil-Hinterachse" und die Lage im Fahrzeug zeigt Bild 6.5./12b. Im Gegensatz hierzu hat Ford beim **Taunus** (und Vauxhall beim Viva) die **oberen Lenker** so weitgehend schräg zueinander gelegt (siehe Bilder 3.2./13 und 4.4./32 oben), daß diese die Seitenkräfte mit aufnehmen, und der Panhardstab entfallen kann. Das Bild 6.5./12c läßt die bei **Geradeausfahrt** vorhandenen Kräfte erkennen. Um die den Lenker auf Zug beanspruchte Kraft A zu bekommen, ist die in der Seitenansicht ermittelte Komponente A_z (siehe Bild 6.5./10) nicht nur in $A_y = A_z \cdot \tan \alpha$ zu zerlegen, sondern noch in $A_x = A_z \cdot \tan \omega$. Wie in Bild 6.5./12d zu sehen, belastet die Kraft A_y den Fuß des Lagerbockes auf Druck, während A_x eine seitliche Biegebeanspruchung hervorruft. Die Lenkerkraft A hat dann die Größe:

$$A = \sqrt{A_x^2 + A_y^2 + A_z^2} \approx \frac{A_z}{\cos \alpha \cdot \cos \omega}$$

Entstehen bei Kurvenfahrt oder auf schlechten Straßendecken gleichgerichtete **Seitenkräfte** an den Radaufstandspunkten (Bild 6.5./13), so werden diese von den oberen Lenkern aufgenommen und rufen an den achsseitigen Befestigungsstellen 1 und 2 die Raktionskräfte A_x hervor und diese wiederum die etwa gleich großen, jedoch **entgegengesetzt** gerichteten Kräfte $\pm A_z$. Über den Wirkabstand u — der möglichst klein sein sollte — wird ein Moment erzeugt, das von den unteren Lenkern aufgenommen werden muß (Kräfte $\pm B_z$). Die oberen und unteren Lenker können festigkeitsmäßig ohne weiteres so ausgebildet werden, daß sie Seitenkräfte mit

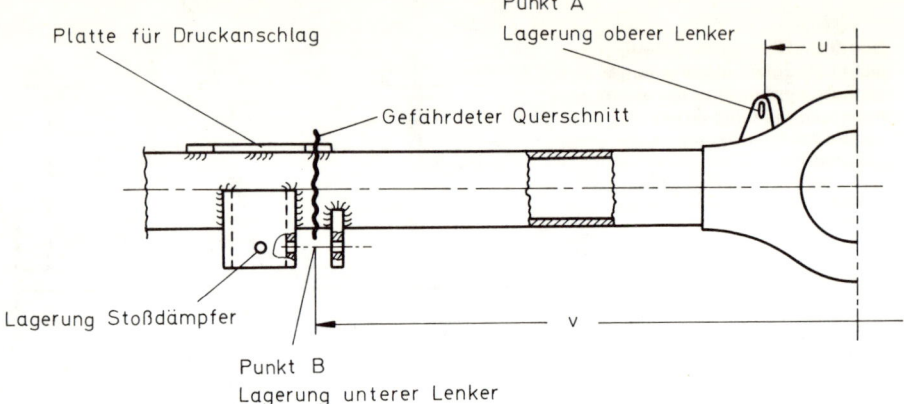

Platte für Druckanschlag

Punkt A
Lagerung oberer Lenker

u

Gefährdeter Querschnitt

Lagerung Stoßdämpfer

v

Punkt B
Lagerung unterer Lenker

Bild 6.5./12d   Teildarstellung des Hinterachskörpers Ford Taunus. Der schrägliegende, obere Lenker stützt sich am Punkt _A_ ab und der die Feder tragende, untere in _B_. Über diesen Punkt befindet sich der gefährdete Querschnitt (siehe Berechnung Abschnitt 6.5.4).

abstützen; mit in die Betrachtung einzubeziehen ist jedoch die Nachgiebigkeit der **Lenkerlagerungen.** Die erforderliche Elastizität bringt wohl auf ebener Fahrbahn den Vorteil eines von der Seitenkraft abhängigen „Aus-der-Kurve-Herauslenkens" mit sich (Bild 6.5./14, siehe auch Bilder 3.2./2 und 4.6./16), hat aber den Nachteil ungewollter Lenkeigenschaften der Hinterachse auf schlechten Straßendecken.

Günstiger dürfte es deshalb sein, die Achse durch einen oben liegenden **Dreieckslenker** zu führen (Bild 6.5./15, siehe auch Bilder 3.2./12a und b sowie 4.4./31). In diesem Fall stützen sich die Seitenkräfte in dem zentral liegenden Punkt _A_ ab, wodurch, wie untenstehend gezeigt, in den Lenkerlagerungen C_1 und C_2 das Kräftepaar:

$$\pm C_u = A_x \cdot \frac{i}{k} = 2 \cdot \mu_{F2} \cdot N_h \cdot \frac{i}{k} = \mu_{F2} \cdot G_h \cdot \frac{i}{k}$$

entsteht. Die Größe von C_u läßt sich durch kurzen Lenker (kleine Strecke i) und lange Basis (Strecke k) in Grenzen halten.

Bild 6.5./13   Durch gleichgerichtete Seitenkräfte S_2 entsteht an den Anlenkpunkten der oberen Lenker ein Kräftepaar $\pm A_z$, das von den unteren Lenkern aufgenommen werden muß (Kräfte $\pm B_z$).

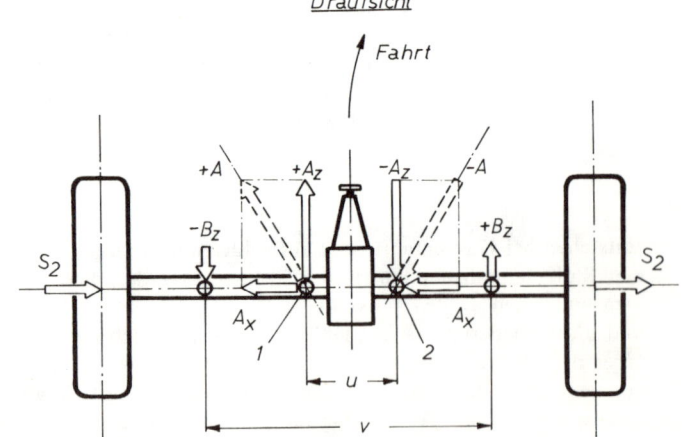

Draufsicht

Fahrt

+A   +A_z   −A_z   −A

−B_z   +B_z

S_2 S_2

A_x 1   2 A_x

u

v

Bild 6.5./14 Durch schräg zuein-
anderliegende Lenker wird die Achse bei Kurvenfahrt in die Kurve
hineingelenkt und damit die Über-
steuertendenz des Fahrzeuges verringert.

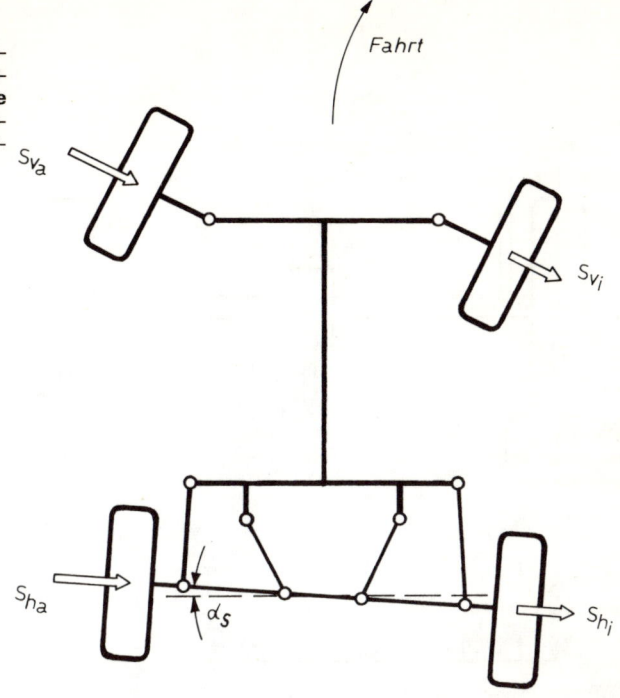

Bild 6.5./15 Kräfte in einem oberen Dreieckslenker, der die Seitenkraftabstützung der Starrachse mit
übernimmt.

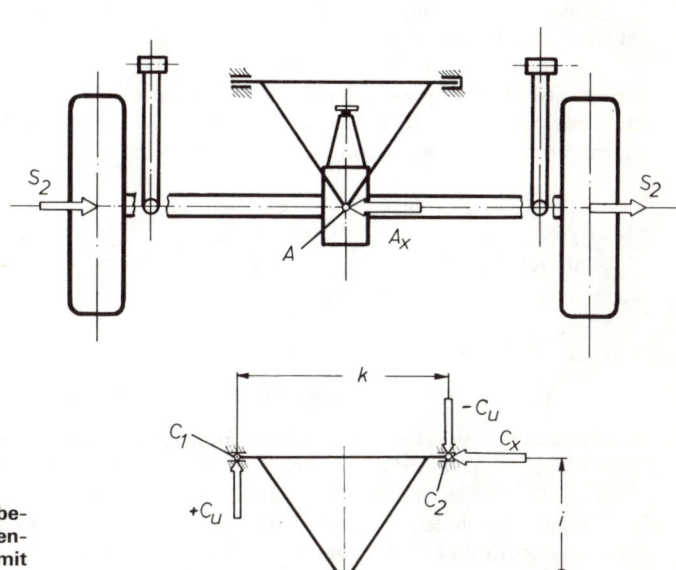

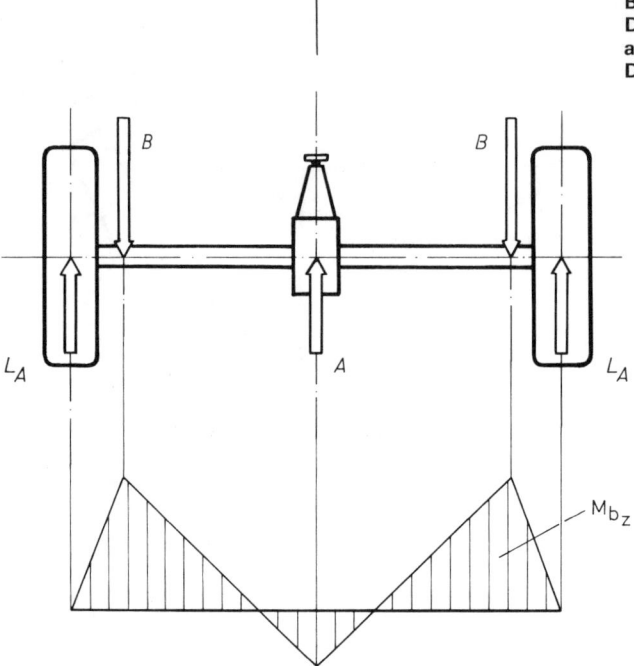

Fahrt

B B

L_A A L_A

M_{bz}

Anfahr- und **Bremskräfte,** die sich bei diesem Konstruktionsprinzip unten an den Lenkern weit außen und oben in Achsmitte abstützen (Bild 6.5./16), beanspruchen den Achskörper in Fahrzeuglängsrichtung weniger auf Biegung als zur Führung dienende Längsblattfedern. Das Biegemoment M_{bz} ist an den Anlenkpunkten B am größten und fällt zur Mitte ab, gut erkennbar in der unter dem Bild gezeigten Momentenfläche. Die entstehenden Biegespannungen sind bei der Festigkeitsberechnung zusammen mit den durch die Hochkraft hervorgerufen (Bild 6.5./17) zu betrachten. Durch die Schräglage des oberen Lenkers entsteht eine mehr oder weniger große Hochkraftkomponente A_y, die nach Bild 6.5./10 ist:

$$A_y = A_z \cdot \tan \alpha \quad \text{und} \quad A_z = 2 \cdot L_A \cdot \frac{r_{dyn} - f}{f + g}$$

A_y greift zwar ungünstig in Achsmitte an, entlastet jedoch die unteren Lenker; bei Ansatz der Bedingung $\Sigma F_y = 0$, ergibt sich

$$B_y = N'_{ho} - \frac{A_y}{2};$$

$N'_{ho} = k_1 \cdot N_h - U_h/2$ war die gegebene Ausgangskraft.

In ähnlicher Weise erfolgt eine Verringerung des **Biegemomentes** M_{bz} in der Draufsicht, wenn statt des mittig angelenkten Dreieckslenkers zwei obere Längslenker zur Führung der Achse dienen (Bild 6.5./18). Liegen diese zum Boden und zueinander parallel, läßt sich die Momentenfläche leicht darstellen; jede Schräglage hat zusätzliche Komponenten A_y (siehe Bild 6.5./10) bzw. A_x (siehe Bild 6.5./12c) zur Folge. Diese würden das Biegemoment M_{b1} bzw. $M_{b5,6}$ in der X-Y-Richtung jedoch verringern (siehe Abschnitt 6.5.1).

76 Starrachsen

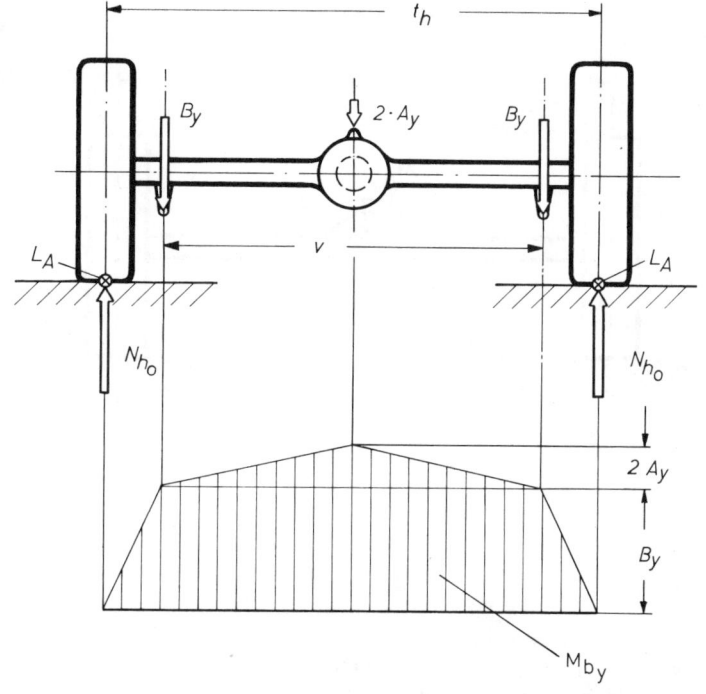

Bild 6.5./17 Biegemomente in der Rückansicht bei Führung der Starrachse durch einen obenliegenden Dreieckslenker.

Bild 6.5./18 Biegemomente bei Abstützung der Starrachse an vier parallel zueinander liegenden Lenkern (und einem Panhardstab), dargestellt in der Draufsicht bei Einwirkung von Längskräften.

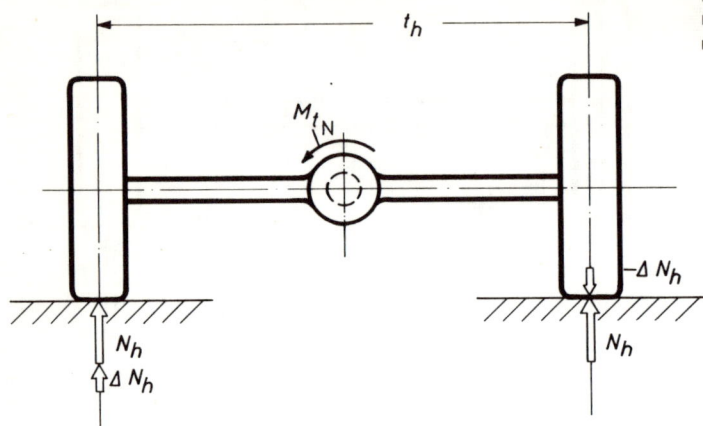

Rückansicht

Bild 6.5./19 Das von der Kardanwelle auf die Achse übertragene Antriebsmoment M_{tN} bewirkt eine geringe Raddruckverlagerung.

Alle **angetriebenen Starrachsen** (außer der De-Dion-Achse) haben die nachteilige Eigenschaft eines Raddruckunterschiedes ΔN zwischen dem linken und rechten Rad, hervorgerufen durch das rechtwinklig zum Abtriebsmoment stehende Motor-Antriebsmoment (siehe Bild 6.5./4). Das Bild 6.5./19 zeigt in der Rückansicht das Kardanwellenmoment des in diesem Fall **rechtsdrehenden** Motors; die Größe von M_{tN} wird bestimmt von der Übersetzung i_G des eingeschalteten Ganges und dem Getriebewirkungsgrad η_G (siehe Abschnitt 6.2):

$$M_{tN} = M_{d\,max} \cdot i_G \cdot \eta_G$$

$$(\eta_{G\,1\,bis\,3} \approx 0{,}92; \quad \eta_{G\,4} \approx 0{,}98)$$

Das Moment bewirkt am linken Hinterrad die Raddruckerhöhung

$$+\Delta N_h = \frac{M_{tN}}{t_h}$$

und am rechten die entsprechende Verringerung. In einer **Rechtskurve** wird das kurveninnere (rechte Rad) durch die Fliehkraft C_w entlastet (siehe Abschnitt 5.4.2); hinzu kommt bei der Starrachse die Raddruckminderung durch das Antriebsmoment. Das Zusammenwirken der beiden Entlastungskräfte kann ein vorzeitiges Durchdrehen des kurveninneren Rades in einer Rechtskurve zur Folge haben bei besserer Haftung in einer Linkskurve.

Die Raddruckverlagerung durch den Antrieb bewegt sich jedoch in vertretbaren Grenzen. Bei Einsetzen der Werte des Opel Commodore

$$M_{d\,max} = 17{,}7 \text{ kpm}, \ i_1 = 3{,}428 \text{ und } t_h = 1{,}41 \text{ m}$$

in die Gleichung ergibt sich nur ein

$$\pm\Delta N_h \approx 40 \text{ kp},$$

das etwa 10% des Raddrucks beträgt.

Bild 6.5./20 Lenkerlängen und -lagen an der berechneten Achse des Ford Taunus in der Seitenansicht.

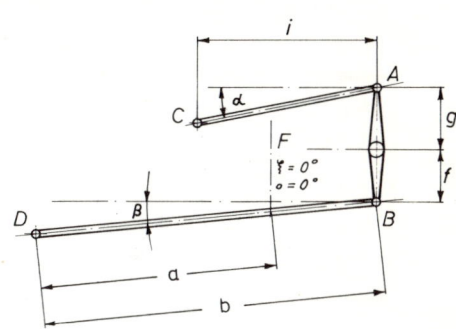

6.5.4. Berechnung einer Starrachse

Als Beispiel soll die in Bild 3.2./13 gezeigte Hinterachse des **Ford Taunus** dienen, bei der die beiden oberen Lenker die Seitenkraftabstützung mit übernehmen. Berechnet werden die Momente im Achskörper und Kräfte in den Lenkern beim Befahren einer Schlaglochstrecke (Fall 3) und beim Anfahren (Fall 6).

6.5.4.1. Gegebene Werte in Normalstellung:

Hinterachslast $G_h = 790$ kg, Achsgewicht $U_h \approx 110$ kg, Spurweite $t_h = 1422$ mm, **Reifen:** 175 SR 13, entsprechend Tabelle 2.3./5 sind:

$$D = 608 \text{ mm}, r_{stat} = 276 \text{ mm}, r_{dyn} = 296 \text{ mm}$$
$$N_R = 450 \text{ kg bei } p_R = 2{,}0 \text{ kp/cm}^2 \text{ und}$$
$$p_1 = 2{,}0 \text{ kp/cm}^2 \text{ als vorgeschriebener Luftdruck}$$

Hinweise auf die Bedeutung der **Strecken** und **Winkel** sind den Bildern 6.5./20 und 6.5./21 zu entnehmen:

Länge oberer Lenker in der Seitenansicht	$l = 241$ mm	Strecken:
Abstand Lagerbock A zu Achsmitte	$g = 83$ mm	$k = 666$ mm
		$u = 111$ mm
Abstand Lagerbock B zu Achsmitte	$f = 71$ mm	$v = 890$ mm
Länge unterer Lenker	$b = 450$ mm	$i = 236$ mm
Abstand Feder (Strecke $D-F$)	$a = 310$ mm	
Winkel am oberen Lenker	$\alpha = 11°30'$	
	$\omega = 49°40'$	
Winkel am unteren Lenker	$\beta = 5°36'$	

Die Schraubenfeder steht senkrecht zum Boden auf dem unteren Lenker, also o und ξ gleich null. Die Daten des eingebauten **2,3-l-Motors,** Getriebes und Differentiales sind:

$$M_{d\,max} = 18 \text{ kpm}, i_1 = 3{,}65, i_2 = 1{,}97.$$
$$i_3 = 1{,}37, i_D = 3{,}44 \text{ und } \eta = 0{,}85$$

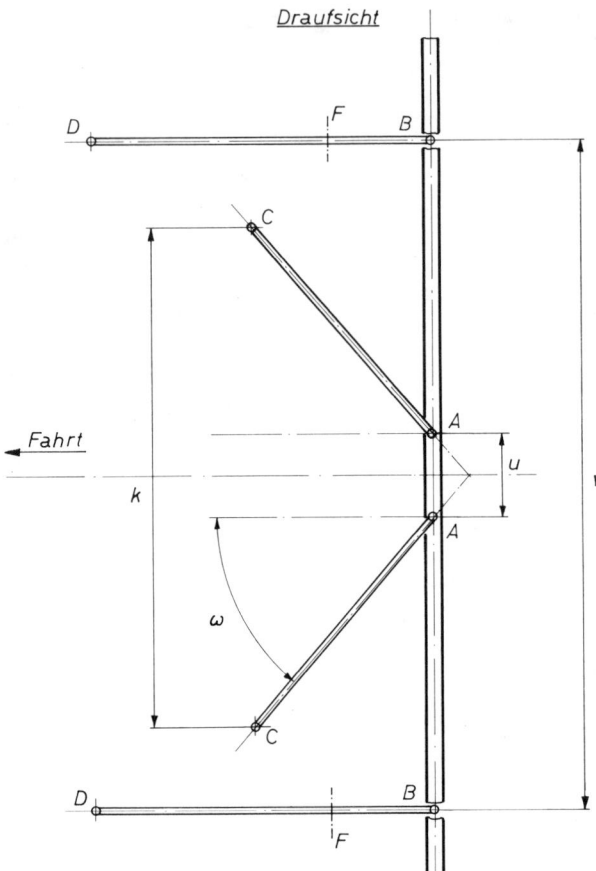

Draufsicht

Das **Achsrohr** hat die Abmessung (Außendurchmesser mal Wanddicke in mm)

$$58,1 \times 4 \qquad \text{und somit} \qquad W_b = 8,52 \text{ cm}^3$$

als Widerstandsmoment. Als Werkstoff wurde **schweißbarer** Vergütungsstahl C 22 V in der Festigkeitsstufe III mit folgenden Werten ermittelt (siehe Tabelle 6.3./12b):

$$\sigma_B = 70 \text{ bis } 85 \text{ kp/mm}^2 \quad \sigma_S \geqq 52 \text{ kp/cm}^2 \quad \text{und} \quad \delta_5 \geqq 14\%$$

6.5.4.2. Kräfte am Radaufstandspunkt

Der Reifen trägt die Last $N_R = 450$ kp bei $p_R = 2,0$ kp/cm². Der vorgeschriebene Luftdruck und der bei wirtschaftlicher Tragfähigkeit sind gleich, so daß sich ergibt:

$$f_3 = \frac{D}{2} - r_{stat} \qquad\qquad c_R = \frac{N_R}{f_3} = c_1$$

$$f_3 = 304 - 276 \qquad\qquad c_1 = \frac{450}{2,8}$$

$$f_3 = 28 \text{ mm} \qquad\qquad c_1 = 161 \text{ kp/cm}$$

$$\frac{c_1}{N_h} = \frac{161}{395} = 0,407$$

Aus dem Bild 6.1./2 lassen sich als Funktion von $\frac{c_1}{N}$ die **Radlast-Stoßfaktoren** ablesen:

$$k_1 = 1,41 \quad \text{und} \quad k_2 = 2,41$$

Mit $N_h = G_h/2 = 395$ kg ergibt sich als **obere Hochkraft:**

$$N_{ho} = N_h \cdot k_1 \qquad\qquad N'_{ho} = N_{ho} - \frac{U_h}{2}$$

$$N_{ho} = 395 \cdot 1,41 \qquad\qquad N'_{ho} = 557 - 55$$

$$N_{ho} = 557 \text{ kp} \qquad\qquad N'_{ho} = 502 \text{ kp}$$

und als **Maximalkraft:** $N_{h2} = N_h \cdot k_2 = 395 \cdot 2,41 \qquad N_{h2} = 951 \text{ kp}$

Die **Seiten-Formschlußbeiwerte,** Bild 6.1./4 als Funktion der Radlast entnommen, sind:

$$\mu_{F1} = 0,34 \quad \text{sowie} \quad \mu_{F2} = 0,85$$

und somit die auftretenden **Seitenkräfte** dauernd

$$S_1 = \mu_{F1} \cdot N_h = 0,34 \cdot 395 \qquad S_1 = 134 \text{ kp};$$

zeitlich begrenzt $S_2 = \mu_{F2} \cdot N_h = 0,85 \cdot 395 \qquad S_2 = 336 \text{ kp.}$

Beim Befahren einer Schlaglochstrecke im 2. Gang kann als **Längskraft** L_{A4} auftreten:

$$L_{A4} = \frac{M_{t4}}{r_{dyn}} = \frac{M_{d\,max} \cdot i_2 \cdot i_D \cdot \eta}{2 \cdot r_{dyn}} = \frac{18 \cdot 1,97 \cdot 3,44 \cdot 0,85}{2 \cdot 0,296}$$

$$L_{A4} = 175 \text{ kp}$$

und bei eingelegtem 1. Gang unter Berücksichtigung des Einkuppel-Stoßfaktors $k_K = 2$:

$$L_{A6} = \frac{M_{d\,max} \cdot i_1 \cdot i_D \cdot \eta \cdot k_K}{2 \cdot r_{stat}} = \frac{18 \cdot 3,65 \cdot 3,44 \cdot 0,85 \cdot 2}{2 \cdot 0,276}$$

$$L_{A6} = 696 \text{ kp}$$

Der auf Beton maximal mögliche Kraftschluß $\mu_K = 1,1$ läßt folgende Längskraft L_{A3} zu:

$$L_{A3} = \mu_K \cdot N_h = 1,1 \cdot 395 \qquad L_{A3} = 435 \text{ kp}$$

Mit dem kleineren Wert L_{A3} wird die Berechnung durchgeführt.

6.5.4.3. Dauerbeanspruchung des Achskörpers

Bild 6.5./1a zeigt den Ansatz der Hoch- und Seitenkräfte und Bild 6.5./6 die Berücksichtigung der Längskraft L_{A1}. Die Vergleichsspannung σ_{v1} bei Dauerbeanspruchung ergibt sich mit folgendem Rechengang (Gleichungen (3) bis (6) aus Abschnitt 6.5.1):

$$M_{b1} = N_{ho} \cdot \frac{t_h - v}{2} + S_1 \cdot r_{dyn} = 557 \cdot 0{,}266 + 134 \cdot 0{,}296$$

$$M_{b1} = 187{,}7 \text{ kpm}$$

$$L_{A1} = \frac{M_{t1}}{r_{dyn}} = \frac{M_{d\,max} \cdot i_3 \cdot i_D \cdot \eta}{2 \cdot r_{dyn}} = \frac{18 \cdot 1{,}37 \cdot 3{,}44 \cdot 0{,}85}{2 \cdot 0{,}296}$$

$$L_{A1} = 121{,}5 \quad \text{und damit}$$

$$M_{bz} = L_{A1} \cdot \frac{t_h - v}{2} = 121{,}5 \cdot 0{,}266$$

$$M_{bz} = 32{,}3 \text{ kpm}$$

Mit M_{b1} und M_{bz} wird:

$$M_{bR1} = \sqrt{M_{b1}^2 + M_{bz}^2} = \sqrt{187{,}7^2 + 32{,}3^2}$$
$$M_{bR1} = 191 \text{ kpm}$$

Die vorhandene Vergleichsspannung ist:

$$\sigma_{v1} = \frac{1}{W_b} \cdot \sqrt{M_{bR1}^2 + 1{,}07 \cdot M_{t1}^2} \quad \text{, hierin}$$

$$M_{t1} = L_{A1} \cdot r_{dyn} = 121{,}5 \cdot 0{,}296$$

$$M_{t1} = 36 \text{ kpm} \quad \text{und somit}$$

$$\sigma_{v1} = \frac{1}{8{,}52} \cdot \sqrt{19\,100^2 + 1{,}07 \cdot 3600^2}$$

$$\sigma_{v1} = 2270 \text{ kp/cm}^2$$

Die Vergleichsspannung bei Dauerbeanspruchung muß unter der zulässigen Spannung bleiben:

$$\sigma_{v1} \leqq \sigma_{zul\,D}, \qquad \sigma_{zul\,D} = \frac{\sigma_{b\,sch}}{\beta_{kb} \cdot v} \quad \text{(Gleichung 2a)}$$

Mit den gegebenen Werten $\sigma_S \geqq 52$ kp/mm², $\sigma_{b\,sch} = 1{,}2 \cdot \sigma_S$ (siehe Tabellen 6.3./1b und 6.3./12b) sowie $\beta_{kb} = 2{,}5$ ergibt sich als **Sicherheit:**

$$v \geqq \frac{1{,}2 \cdot \sigma_S}{\beta_{kb} \cdot \sigma_{v1}} = \frac{1{,}2 \cdot 5200}{2{,}5 \cdot 2270} \quad v \geqq 1{,}1$$

Durch **Vergüten** der Baugruppe nach dem Schweißen kann die Kerbwirkung der Nähte verringert und damit die Sicherheit erhöht werden (siehe Abschnitt 5.5.13 in [3]).

6.5.4.4. Kurzzeitige Beanspruchung des Achskörpers beim Anfahren

Wie Bild 6.5./18 zu entnehmen, ist der Achskörper durch längsgerichtete Kräfte am höchsten neben den Befestigungspunkten B der unteren Lenker beansprucht. Mit den Gleichungen 10 und 11 ergibt sich als resultierendes Biegemoment:

$$M_{b\,6} = \frac{t_h - v}{2} \cdot \sqrt{N_{ho}^2 + L_{A\,3}^2} = \frac{1{,}422 - 0{,}89}{2} \cdot \sqrt{557^2 + 435^2}$$

$$M_{b\,6} = 188 \text{ kpm}$$

und zusammen mit

$$M_{t\,3} = L_{A\,3} \cdot r_{stat} = 435 \cdot 0{,}276$$

$$M_{t\,3} = 120 \text{ kpm}$$

läßt sich die Vergleichsspannung nach Gleichung 12 bestimmen:

$$\sigma_{v\,6} = \frac{1}{W_b} \cdot \sqrt{M_{b\,6}^2 + 1{,}07 \cdot M_{t\,3}^2}$$

$$\sigma_{v\,6} = \frac{1}{8{,}52} \cdot \sqrt{18\,800^2 + 1{,}07 \cdot 12\,000^2}$$

$$\sigma_{v\,6} = 2640 \text{ kp/cm}^2$$

6.5.4.5. Beanspruchung des Achskörpers beim Befahren einer Schlaglochstrecke

Die Rechnung entspricht der vorhergehenden, nur daß statt des 1. Ganges der 2. (ohne k_K) berücksichtigt wird und zusätzlich die von innen nach außen wirkende Seitenkraft S_2 (siehe Bild 6.5./1a). Nach der abgewandelten Gleichung 3 entsteht als Biegemoment:

$$M_{b\,3} = N_{ho} \cdot \frac{t_h - v}{2} + S_2 \cdot r_{dyn} = 557 \cdot 0{,}266 + 336 \cdot 0{,}296 \qquad M_{b\,3} = 247{,}5 \text{ kpm}$$

Das Torsionsmoment unter Berücksichtigung des zweiten Ganges ist:

$$M_{t\,4} = \frac{M_{d\,max} \cdot i_2 \cdot i_D \cdot \eta}{2} = \frac{18 \cdot 1{,}97 \cdot 3{,}44 \cdot 0{,}85}{2}$$

$$M_{t\,4} = 51{,}8 \text{ kpm}$$

Das resultierende Biegemoment $M_{b\,R\,3}$ ergibt sich aus $M_{b\,3}$ und der durch das Torsionsmoment $M_{t\,4}$ hervorgerufenen Längskraft $L_{A\,4} = \dfrac{M_{t\,4}}{r_{dyn}}$:

$$M_{b\,R\,3} = \sqrt{M_{b\,3}^2 + \left(\frac{t_h - v}{2} \cdot \frac{M_{t\,4}}{r_{dyn}}\right)^2} = \sqrt{247{,}5^2 + \left(0{,}266 \cdot \frac{51{,}8}{0{,}296}\right)^2}$$

$$M_{b\,R\,3} = 252 \text{ kpm}$$

Die Vergleichsspannung $\sigma_{v\,3}$ wird mit der abgerundeten Formel (12) berechnet

$$\sigma_{v\,3} = \frac{1}{W_b} \cdot \sqrt{M_{b\,R\,3}^2 + 1{,}07 \cdot M_{t\,4}^2} = \frac{1}{8{,}52} \cdot \sqrt{25\,200^2 + 1{,}07 \cdot 5\,175^2}$$

$$\sigma_{v\,3} = 3030 \text{ kp/cm}^2$$

6.5.4.6. Beanspruchung des Achskörpers beim Überfahren eines Bahnüberganges (Fall 2)

Es wird angenommen, daß beim Fahren im 3. Gang ein maximaler Stoß von unten auftritt. In das resultierende Biegemoment gehen hierbei drei Kräfte ein:

$$N_{h\,2} = 951\,\text{kp}, \qquad S_1 = 134\,\text{kp} \qquad \text{sowie} \qquad L_{A\,1} = \frac{M_{t\,1}}{r_{dyn}}$$

und als auftretendes Torsionsmoment erscheint $M_{t\,1} = 36\,\text{kpm}$ aus der Dauerfestigkeitsberechnung.

Das Biegemoment $M_{b\,2}$ aus Hoch- und Seitenkraft ist nach Bild 6.5./3:

$$M_{b\,2} = N_{h\,2} \cdot \frac{t_h - v}{2} + S_1 \cdot r_{dyn} = 951 \cdot 0{,}266 + 134 \cdot 0{,}296$$

$$M_{b\,2} = 292{,}7\,\text{kpm}$$

und damit das resultierende:

$$M_{b\,R\,2} = \sqrt{M_{b\,2}^2 + \left(\frac{t_h - v}{2} \cdot \frac{M_{t\,1}}{r_{dyn}} \right)^2} = \sqrt{292{,}7^2 + \left(0{,}266 \cdot \frac{36}{0{,}296} \right)^2}$$

$$M_{b\,R\,2} = 295\,\text{kpm}$$

Zur Berechnung der Vergleichsspannung dient bei Verwendung anderer Indizes die Formel (12):

$$\sigma_{v\,2} = \frac{1}{W_b} \cdot \sqrt{M_{b\,R\,2}^2 + 1{,}07 \cdot M_{t\,2}^2} = \frac{1}{8{,}52} \cdot \sqrt{29\,500^2 + 1{,}07 \cdot 3600^2}$$

$$\sigma_{v\,2} = 3490\,\text{kp/cm}^2$$

6.5.4.7. Ermittlung der Sicherheit gegen Bruch bzw. Verbiegen des Achsrohres

Mit der größten der drei berechneten Vergleichsspannungen, also $\sigma_{v\,2}$, muß unter der Voraussetzung, daß

$$\sigma_{v\,2} \leqq \sigma_{b\,\text{zul}\,2} \qquad \text{und mit} \qquad \sigma_{b\,\text{zul}\,2} = \frac{\sigma_{bS}}{v} = \frac{1{,}2 \cdot \sigma_S}{v}$$

die **Sicherheit** v bestimmt werden, die über 1,5 liegen sollte:

$$v = \frac{1{,}2 \cdot \sigma_S}{\sigma_{v\,2}} = \frac{1{,}2 \cdot 5200}{3490} \qquad v \approx 1{,}8$$

Mit $v \approx 1{,}8$ ist die Sicherheit ausreichend.

6.5.4.8. Kräfte in den Lenkern beim Anfahren (Fall 6)

Nach Bild 6.5./10 tritt im Anlenkpunkt A der oberen Lenker bei Ansatz der kleineren Kraft $L_{A\,3}$ bzw. $L_{A\,6}$ am Radaufstandspunkt die Komponente $A_{z\,6}$ auf. Mit $L_{A\,3} = 435\,\text{kp}$ wird:

$$A_{z\,6} = L_{A\,3} \cdot \frac{(r_{stat} - f)}{g + f}$$

$$A_{z\,6} = 435 \cdot \frac{276 - 71}{83 + 71}$$

$$A_{z\,6} = 579\,\text{kp}$$

84 Starrachsen

Hieraus ergeben sich die beiden anderen Komponenten:

$$A_{y\,6} = A_{z\,6} \cdot \tan \alpha \qquad A_{x\,6} = A_{z\,6} \cdot \tan \omega$$

$$A_{y\,6} = 579 \cdot 0{,}2035 \qquad A_{x\,6} = 579 \cdot 1{,}178$$

$$A_{y\,6} = 118 \text{ kp} \qquad A_{x\,6} = 681 \text{ kp}$$

$$A_6 = \sqrt{A_{x\,6}^2 + A_{y\,6}^2 + A_{z\,6}^2} = \sqrt{463761 + 13924 + 335241} \qquad A_6 = 902 \text{ kp}$$

Die Kraft $A_{y\,6} = 118$ kp überträgt sich durch den Lenker auf den Punkt C am Aufbau und wirkt als Druckkraft dem Anfahr-Absinken entgegen. 902 kp Zugkraft hat der obere Diagonallenker aufzunehmen.

Auf die Lagerung B des unteren die **Federn** tragenden Lenkers kommt in Hochrichtung die Komponente:

$$B_{y\,6} = N'_{h\,o} - A_{y\,6} = 502 - 118 \qquad B_{y\,6} = 384 \text{ kp}$$

und in Längsrichtung:

$$B_{z\,6} = L_{A\,3} + A_{z\,6} = 435 + 579 \qquad B_{z\,6} = 1014 \text{ kp}$$

also als Gesamtkraft:

$$B_6 = \sqrt{B_{y\,6}^2 + B_{z\,6}^2} = \sqrt{384^2 + 1014^2} \qquad B_6 = 1080 \text{ kp}$$

Wie in Bild 6.5./20 angedeutet, steht die Feder senkrecht zum Boden, wodurch sich nach Abschnitt 6.5.3 die Kraft F aus dem Streckenverhältnis b/a ergibt:

$$F = B_{y\,6} \cdot \frac{b}{a} = 384 \cdot \frac{450}{310} \qquad F = 557 \text{ kp}$$

6.5.4.9. Lenkerkräfte auf der Schlaglochstrecke

Wie in Bild 6.5./13 gezeigt, wird bei der Berechnung einer Starrachse angenommen, daß die größten Seitenkräfte S_2 gleichgerichtet sind. In der X-Richtung treten außer S_2 keine weiteren Kräfte auf als $A_x = S_2 = 336$ kp. Mit Hilfe der in den Bildern 6.5./20 und 6.5./21 eingetragenen Winkel ergeben sich die anderen Komponenten A_y und A_z.

$$A_z = A_x \cdot \cot \omega = 336 \cdot 0{,}8485 \qquad A_z = 285 \text{ kp}$$

$$A_y = A_z \cdot \tan \alpha = 285 \cdot 0{,}2035 \qquad A_y = 58 \text{ kp}$$

Die Längskraft $L_{A\,4} = 175$ kp verstärkt in dem linken Lenker die Kraft A_z um die Differenz ΔA_z und schwächt diese rechtsseitig ab.

$$\Delta A_z = L_{A\,4} \cdot \frac{r_{\text{dyn}} - f}{g + f} = 175 \cdot \frac{296 - 71}{83 + 71}$$

$$\Delta A_z = 256 \text{ kp}$$

Mit ΔA_z werden ΔA_x und ΔA_y berechnet:

$$\Delta A_x = \Delta A_z \cdot \tan \omega = 256 \cdot 1{,}178 \qquad \Delta A_x = 301 \text{ kp}$$

$$\Delta A_y = \Delta A_z \cdot \tan \alpha = 256 \cdot 0{,}2035 \qquad \Delta A_y = 52 \text{ kp}$$

Aus den zu Anfang ermittelten Komponenten und den Krafterhöhungen durch die Längskraft $L_{A\,4}$ ergibt sich die auf einen der beiden Lenker kommende Kraft A:

$$A = \sqrt{(A_x + \Delta A_x)^2 + (A_y + \Delta A_y)^2 + (A_z + \Delta A_z)^2}$$

$$A = \sqrt{(336 + 301)^2 + (58 + 52)^2 + (285 + 256)^2}$$

$$A = 843 \text{ kp}$$

Beim Befahren einer Schlaglochstrecke liegen die Kräfte in den oberen Lenkern niedriger als beim Anfahren, gleichfalls zutreffend für die unteren.

6.6. Kräfte in der Doppel-Querlenker-Radaufhängung

6.6.1. Statische Feder- und Lagerkräfte

Bei festliegenden Abmessungen einer Doppel-Querlenker-Radaufhängung und gegebenen Werten für

Achslast, Reifengröße, Federrate und Achsgewicht,

muß vom Konstrukteur zuerst die in der Normalstellung des Fahrzeugs auf die Feder kommende Kraft F berechnet werden, um anhand dieser sowie der Übersetzung i_y — Rad zu Feder — und den gegebenen Federwegen f_1 und f_2 die Feder selbst dimensionieren zu können. Wegen der beim Ein- und Ausfedern des Rades sich ändernden Lenkerstellung ist i_y kein konstanter Wert, genau wie die Wege f_{1F} und f_{2F} an der Feder selbst im Vergleich zu den Wegen f_1 und f_2 am Radaufstandspunkt: die näheren Zusammenhänge enthält der Abschnitt 7.1.7. Die Federkraft F bezieht sich auf den **stehenden** Wagen, muß also nach den Gesetzen der **Statik** ermittelt werden. Dazu bieten sich zwei Wege an, wobei der **grafische** schneller zum Ergebnis führt und bei entsprechend großem Kräftemaßstab (z. B. 1 cm ≙ 20 kp) ausreichend genau sein dürfte. Voraussetzung bei dieser Lösungsart sind getrennter **Lage-** und **Kräfteplan**. Ersterer entspricht der Zusammenstellungszeichnung und wird mit den in dieser enthaltenen Maßen und Winkeln möglichst im Maßstab 1 : 1 aufgestellt; beachtet werden muß, daß (wie in Bild 4.10./2 gezeigt) die Spreizachse durch die Mitten der Kugelgelenke geht. Bei dem zur Erläuterung dienenden Beispiel soll eine **Schraubenfeder** (wie in den Bildern 6.4./6, 3.4./4 und 3.4./6 gezeigt) auf dem unteren Lenker sitzen und sich gegen den Fahrschemel abstützen. Bekannt hierbei ist die Wirkungslinie der Normalkraft N' sowie die des oberen Lenkers durch Verbinden der Punkte A und C (Bild 6.6./1). Es besteht die Bedingung, daß die Wirkungslinien aller Kräfte sich in einem Punkt schneiden müssen, hierdurch ergibt sich die Wirkungsrichtung der auf dem unteren Kugelgelenk lastenden Kraft B. In dem getrennten Kräfteplan läßt sich mit Hilfe von N' anschließend zeichnerisch die Größe von B bestimmen.

Die in diesem Fall zu berücksichtigende **Kraft** N'_v setzt sich aus der halben zulässigen Vorderachslast G_v abzüglich des Achsgewichtes einer Seite zusammen, also

$$N'_v = N_v - \frac{U_v}{2} \quad \text{und} \quad N_v = \frac{G_v}{2}$$

Die Kugelgelenkkraft B ist am Schwenklager von oben nach unten gerichtet, hätte also der Richtung entsprechend ein negatives Vorzeichen. An den **Lenker** dagegen, der als mit dem Schwenklager gelenkig verbundenes Teil **getrennt** betrachtet werden muß, wird nach der Bedingung $\Sigma F = 0$ an einem Punkt die Kraft B bei gleicher Winkelstellung von unten nach oben

Bild 6.6./1 Grafische Ermittlung der Lagerkräfte A und B am freigemachten Schwenklager.

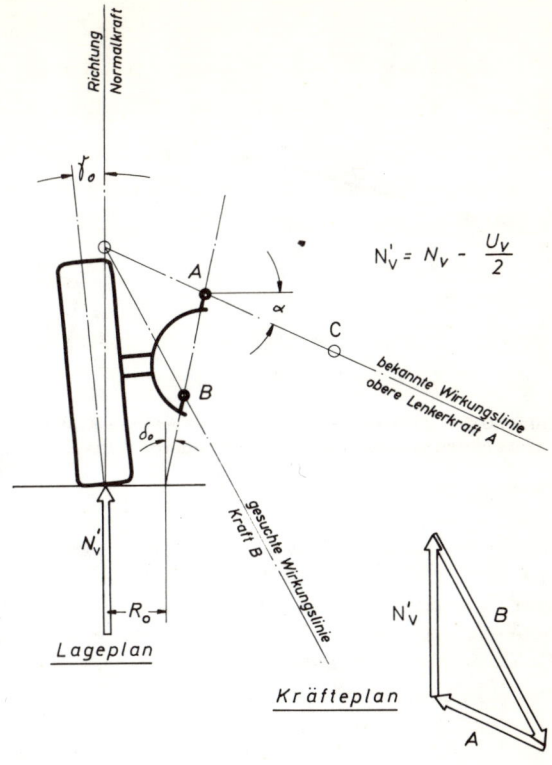

$$N'_V = N_V - \frac{U_V}{2}$$

Richtung Normalkraft

γ_o

A

α

C

bekannte Wirkungslinie obere Lenkerkraft A

B

δ_o

N'_V

R_o

gesuchte Wirkungslinie Kraft B

Lageplan

Kräfteplan

N'_V

B

A

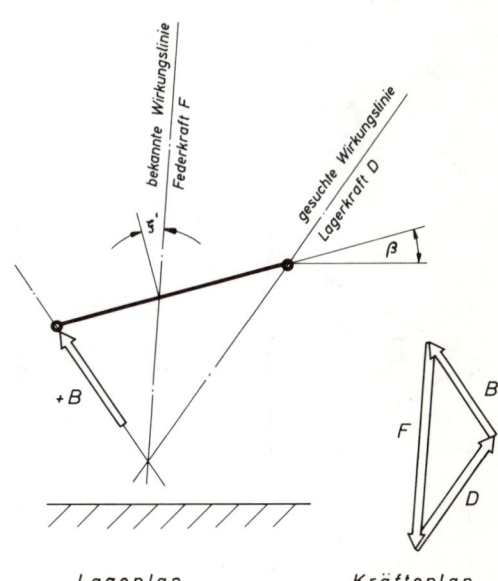

bekannte Wirkungslinie Federkraft F

gesuchte Wirkungslinie Lagerkraft D

β

$+B$

B

F

D

Bild 6.6./2 Grafische Ermittlung der Federkraft F und der Lagerkraft D am unteren Lenker mit verkleinertem Kräftemaßstab.

Lageplan

Kräfteplan

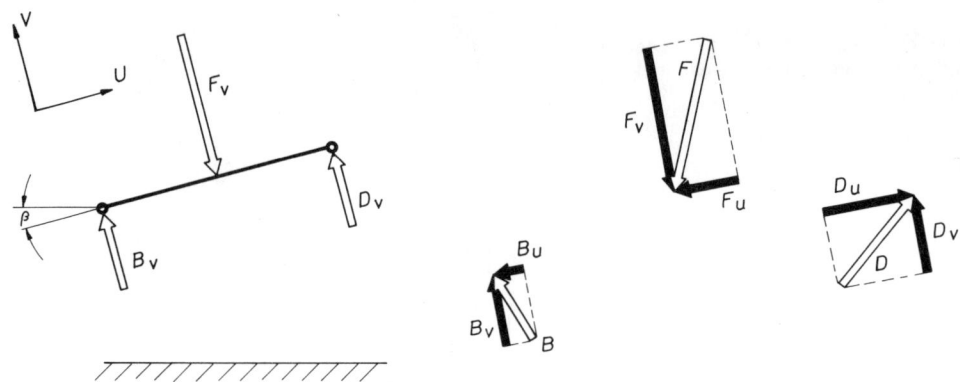

Bild 6.6./3 Zerlegung der grafisch ermittelten Kräfte in die *U*- und *V*-Richtung, um die räumlichen Kräfte in den auseinanderliegenden Lagerpunkten D_1 und D_2 ermitteln zu können.

(entgegengesetzt) gerichtet angetragen und wäre dadurch positiv (Bild 6.6./2). Mit Hilfe von $+B$ lassen sich Federkraft F sowie die Kraft D, die auf beide inneren Lenkerlagerungen D_1 und D_2 gemeinsam wirkt (siehe Bilder 6.6./4 und 6.6./5), leicht bestimmen; wieder grafisch mit Hilfe eines Lage- und Kräfteplanes. Wie in den Bildern 6.6./1 und 6.6./2 erkennbar, ist die Größe der Federkraft abhängig von:

Lenkrollhalbmesser R_0,
Spreizwinkel δ_0,
Schrägstellung des oberen und unteren Lenkers (also den $\sphericalangle\, \alpha$ und β) sowie Lage und Stellung der Feder, dem $\sphericalangle\, \xi$

(siehe auch Gleichung (3) und (4) in Abschnitt 7.1.7: $F = i_y \cdot N'_v$).

Wird eine dieser Komponenten am Fahrzeug **geändert,** so bekommt F eine andere Größenordnung.

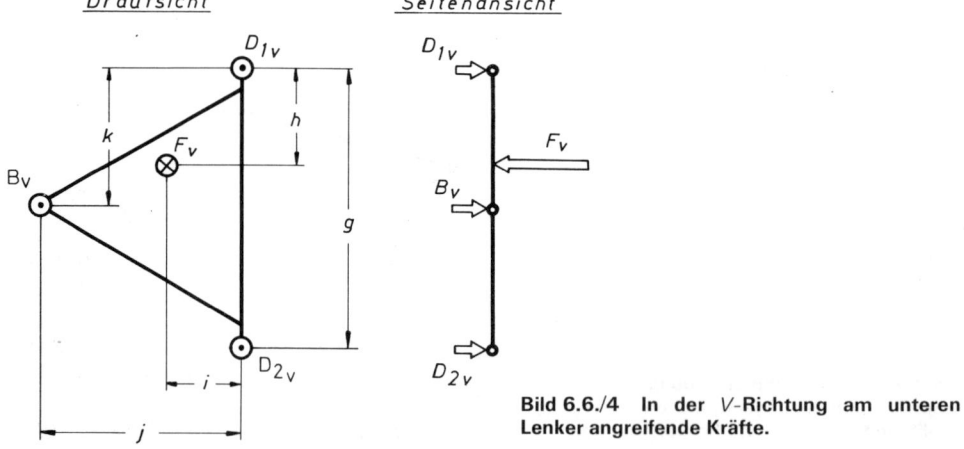

Bild 6.6./4 In der *V*-Richtung am unteren Lenker angreifende Kräfte.

88   Kräfte in der Doppel-Querlenker-Radaufhängung

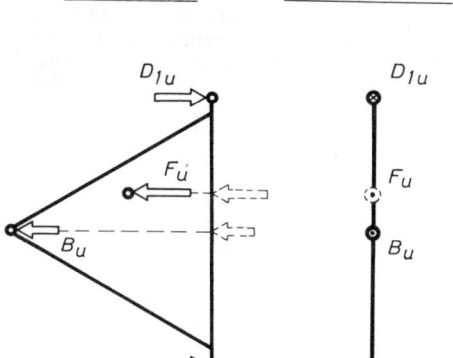

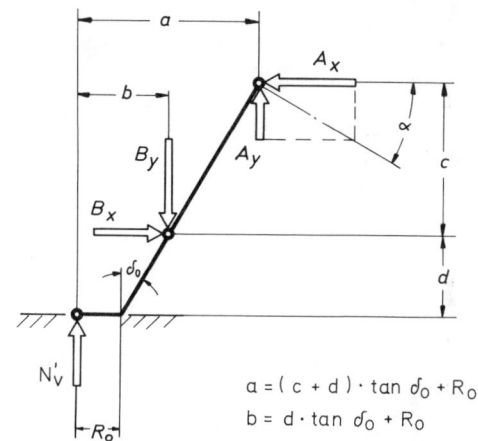

$$a = (c + d) \cdot \tan \delta_0 + R_0$$
$$b = d \cdot \tan \delta_0 + R_0$$

Bild 6.6./5 In der U-Richtung am unteren Lenker angreifende Kräfte.

Bild 6.6./6 Schemadarstellung des freigemachten Schwenklagers mit eingetragenen Strecken sowie gleich in die X- und Y-Richtung zerlegten bekannten und unbekannten Kräften.

Zur anschließenden Bestimmung der beiden Lagerkräfte D_1 und D_2 sind, wie in Bild 6.6./3 gezeigt, die drei am Lenker angreifenden Kräfte B, F und D in Richtung der Verbindungslinie − Kugelgelenk B zu Lagermitte D − und senkrecht dazu (V-Richtung) grafisch weiter zu zerlegen. Erforderlich ist diese Maßnahme, weil D_1 und D_2 **räumliche** Kräfte sind, die **rechnerisch** nur bei getrennter Betrachtung der U- und V-Komponenten ermittelt werden können.

Das Bild 6.6./4 zeigt links die Draufsicht auf den in die Zeichenebene gedrehten unteren Lenker mit eingetragenen V-Kräften, die als Punkte und Kreuze erscheinen; rechts in der Seitenansicht erscheinen die Kräfte in ihrer wirklichen Größe. B_v und F_v sind bekannt, so daß die Lösung nur zwei Gleichungen erfordert:

$$\Sigma M_{umD1} = 0; \quad D_{2v} = \frac{F_v \cdot h - B_v \cdot k}{g} \qquad \text{und}$$

$$\Sigma F_v \qquad = 0; \quad D_{1v} = F_v - B_v - D_{2v} = D_v - D_{2v}$$

Auf ähnliche Weise erfolgt die Bestimmung der U-Kräfte aus der Drauf- und Seitenansicht (Bild 6.6./5):

$$\Sigma M_{umD1} = 0; \quad D_{2u} = \frac{F_u \cdot h + B_u \cdot k}{g}$$

$$\Sigma F_u = 0; \quad D_{1u} = F_u + B_u - D_{2u} = D_u - D_{2u}$$

Die Kräfte in den **Kugelgelenken** A und B und die Federkraft F können auch **rechnerisch** bestimmt werden. Das Bild 6.6./6 zeigt das **freigemachte** Schwenklager mit den erforderlichen Strecken (die entweder der Zeichnung entnommen oder berechnet sein können) sowie den bekannten und unbekannten **Kräften.** Letztere werden gleich in der vorgesehenen X- und Y-Richtung eingetragen, um den Rechenansatz zu bekommen:

$$\Sigma F_x = 0; \quad B_x = A_x \qquad \Sigma F_y = 0; \quad B_y = A_y + N$$

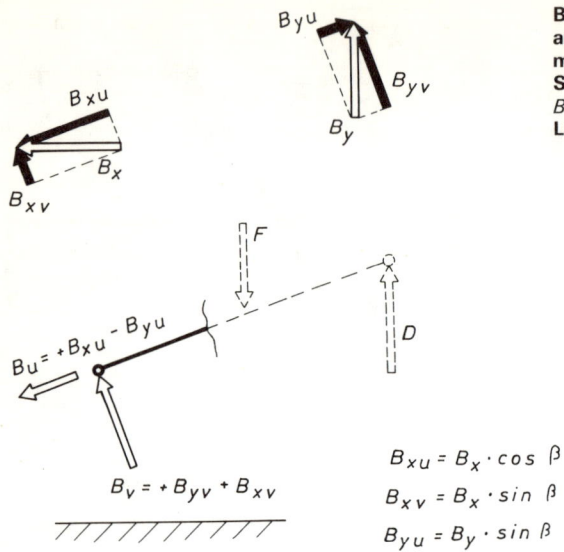

Bild 6.6./7a Um alle am unteren Lenker angreifenden Kräfte berechnen zu können, müssen die Reaktionskräfte zu den am Schwenklager ermittelten Komponenten B_x und B_y in die U- und V-Richtung des Lenkers zerlegt werden.

$$B_{xu} = B_x \cdot \cos \beta$$
$$B_{xv} = B_x \cdot \sin \beta$$
$$B_{yu} = B_y \cdot \sin \beta$$
$$B_{yv} = B_y \cdot \cos \beta$$

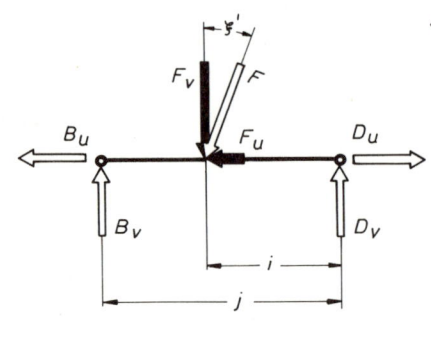

Bild 6.6./7b Bestimmung der am Lenker angreifenden Feder- und Lagerkräfte mit Hilfe der Komponenten B_u und B_v.

Bild 6.6./7c Freigemachtes Schwenklager mit in Y-Richtung andersherum wirkenden Kräften, wenn die Feder sich auf dem oberen Lenker abstützt. Zur Bestimmung der Federkraft F sind die Komponenten A_x und A_y in die U- und V-Richtung des Lenkers zu zerlegen.

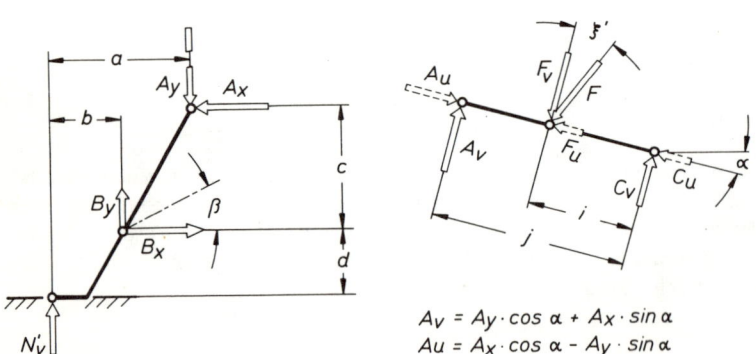

$$A_v = A_y \cdot \cos \alpha + A_x \cdot \sin \alpha$$
$$A_u = A_x \cdot \cos \alpha - A_y \cdot \sin \alpha$$

Die Momentengleichung mit den Hilfsgleichungen $A_x = A \cdot \cos \alpha$ und $A_y = A \cdot \sin \alpha$ um den Punkt B lautet

$$\Sigma M_B = 0; \ N \cdot b = A_x \cdot c + A_y (a - b) = A \cdot [\cos \alpha \cdot c + \sin \alpha \, (a - b)],$$

wobei $a - b = c \cdot \tan \delta_0$. Die das Kugelgelenk belastende Kraft B wäre dann:

$$B = \sqrt{B_x^2 + B_y^2}$$

Um Rechenfehler und Ungenauigkeiten zu vermeiden, ist es jedoch zweckmäßiger, die im **Lenker** auftretenden Kräfte nicht mit B, sondern den Komponenten B_x und B_y zu bestimmen. Wie in Bild 6.6./7a gezeigt, müssen hierzu die **Reaktionskräfte** von B_x und B_y in die U- und V-Richtung des Lenkers zerlegt werden, und zwar getrennt, um die Kräfte B_u und B_v zu bekommen. Als Hinweis kann dienen, daß bei der Addition der zerlegten X- und Y-Kräfte vor den U- bzw. V-Komponenten erscheinen müssen:

3 positive Vorzeichen und 1 negatives.

Anschließend erfolgt die Berechnung von F mit Hilfe einer Momenten- und einer Hilfsgleichung (Bild 6.6./7b):

$$\Sigma M \text{ um } D = 0; \quad F_v = \frac{B_v \cdot j}{i} \text{ und } F = \frac{F_v}{\cos \xi'}$$

Mit Hilfe der somit bekannten Kräfte

$$B_u, B_v, F_v \text{ und } F_u = F_v \cdot \tan \xi'$$

werden die Lagerkräfte D_1 und D_2, wie in den Bildern 6.6./4 und 6.6./5 gezeigt, bestimmt. Im Gegensatz zu Abschnitt 7.1.7, in dem der Schrägstellungswinkel ξ der Feder zu einer auf dem **Boden** errichteten **Senkrechten** festgelegt ist, bezieht ξ' sich hier auf die Lenkerebene.

Dient der **obere Lenker** zur Übertragung der **Federungskräfte** (Bild 6.6./7c), so hängen die am unteren Gelenk B angreifenden Komponenten B_x und B_y über den Winkel β zusammen:

$$B_x = B \cdot \cos \beta \qquad \text{und} \qquad B_y = B \cdot \sin \beta$$

Die Momentengleichung um den Punkt A lautet mit $a - b = c \cdot \tan \delta_0$:

$$N_v' \cdot a = B_x \cdot c - B_y (a - b) = B (\cos \beta \cdot c - \sin \beta \cdot c \cdot \tan \delta_0)$$

Ein — wie in Bild 4.4./6 gezeigt — **andersherum geneigter** unterer Lenker bedingt ein positives Vorzeichen vor B_y. Zur Bestimmung der Federvorlast F_w sind A_x und A_y in die U- und V-Richtung des oberen Lenkers zu zerlegen. Liegt dieser in der anderen Richtung schräg (siehe Bild 4.4./7), so sind:

$$A_v = A_y \cdot \cos \alpha - A_x \cdot \sin \alpha \qquad \text{und} \qquad A_u = A_x \cdot \cos \alpha + A_y \cdot \sin \alpha$$

Um ein **Nickzentrum** zu bekommen, können, wie in Bild 6.4./3 zu sehen, die Lenker zusätzlich in der Seitenansicht geneigt sein (siehe Abschnitt 4.12). In solchen Fällen sind die in der X- und Y-Richtung ermittelten Kräfte räumlich zu zerlegen, und zwar mit Hilfe des Raumwinkels η:

$$\tan \eta = \sqrt{\tan^2 \beta + \tan^2 \Theta}$$

Stützt die Feder sich auf dem unteren Lenker ab, wird zuerst die in Bild 6.6./6 zu sehende und auf den Lenker zeigende Kraft B_x zerlegt:

$$B_{xu} = B_x \cdot \cos \eta \quad \text{und} \quad B_{xv} = B_x \cdot \sin \eta$$

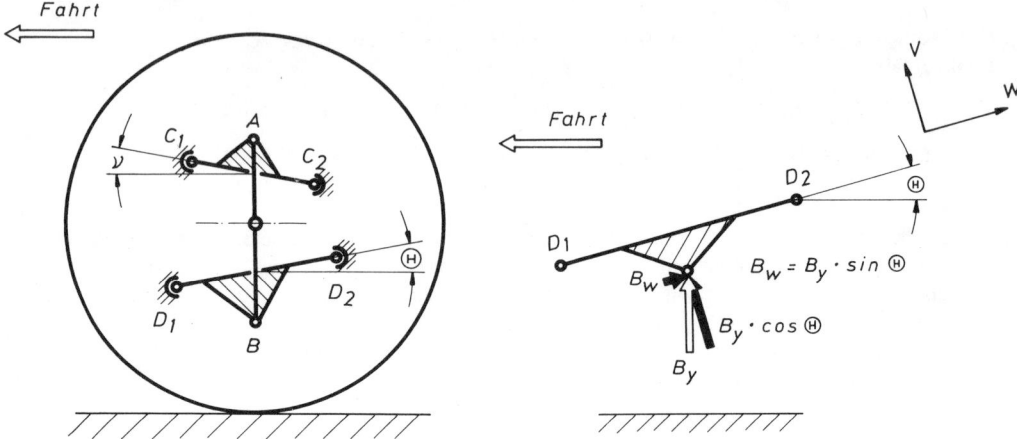

Bild 6.6./8 Um ein Nickzentrum zu bekommen, können die Lenker zusätzlich in der Seitenansicht schräg liegend angeordnet sein. Dies erfordert ein räumliches Zerlegen der Kräfte $B_{x,y}$.

Bild 6.6./9 Zerlegung der Kraft B_y um den Seitenwinkel Θ am unteren Lenker.

Die Aufteilung von B_y enthält Bild 6.6./9; das nebenstehende Achsenkreuz weist auf die dritte, schräg zum Boden liegende W-Richtung hin. Die zusätzlich angedeutete V-Richtung steht senkrecht auf dem Lenker, also um den Winkel β zur Zeichenebene geneigt. Die in Richtung der Lenkerdrehachse wirkende Komponente B_w läßt sich direkt aus B_y bestimmen

$$B_w = B_y \cdot \sin \Theta$$

Mit Hilfe der zweiten $B_y \cdot \cos \Theta$ wird die noch um den Winkel β gedrehte, senkrecht auf dem Lenker stehende Kraft B_{yv} errechnet sowie die seitlich auf diesen zeigende B_{yu} (siehe Bild 6.4./3):

$$B_y \cdot \cos \Theta \cdot \cos \beta = B_{yv} \qquad \text{und} \qquad B_y \cdot \cos \Theta \cdot \sin \beta = B_{yu}$$

Die **Lagerkräfte** D_1 und D_2 hängen in ihrer Größe von den drei Komponenten der Kraft B ab:

$$B_u = B_{yu} - B_{xu}, \qquad B_v = B_{yv} + B_{xv} \qquad \text{und} \qquad B_w$$

Hierbei sind, wie in Bild 6.6./10 zu sehen, B_u und B_w gemeinsam zu betrachten, um D_{1u} und D_{2u} zu erhalten. Unter Berücksichtigung der Streckenbezeichnungen aus Bild 6.6./4 läßt sich folgende Momentengleichung (wieder um D_1) aufstellen:

$$D_{2u} = \frac{B_w \cdot j - B_u \cdot k - F_u \cdot h}{g} \qquad \text{Die weiteren Bedingungen sind:}$$

$$\Sigma F_u = 0; \quad D_{1u} = +B_u + F_u - D_{2u} \qquad \text{und} \qquad \Sigma F_w = 0; \quad D_{1w} = B_w$$

Die zur Lenkerlagerung meist verwendeten Flansch- bzw. Fluidblocs (siehe Bilder 3.1./21a, 3.1./21b und 3.1./23) verlangen eine getrennte Angabe von Axial- und Radialkräften, also eine Trennung der W-Richtung von der zusammenfassenden U- und V-Richtung:

$$D_{1u,v} = \sqrt{D_{1u}^2 + D_{1v}^2} \quad \text{sowie} \quad D_{2u,v} = \sqrt{D_{2u}^2 + D_{2v}^2}$$

(Bestimmung der V-Kräfte, siehe Bild 6.6./4)

92 Kräfte in der Doppel-Querlenker-Radaufhängung

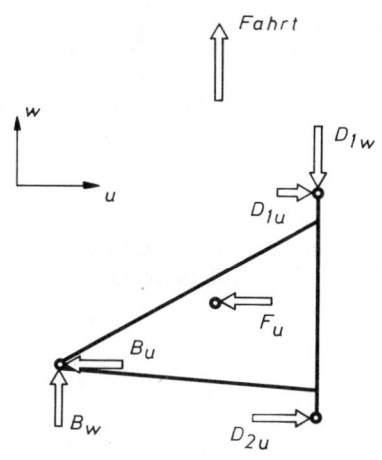

Bild 6.6./10 Greifen am Punkt B zwei nicht gleich gerichtete, jedoch in einer Ebene liegende Kräfte B_u und B_w an, so sind diese in der Weiterrechnung gemeinsam zu betrachten.

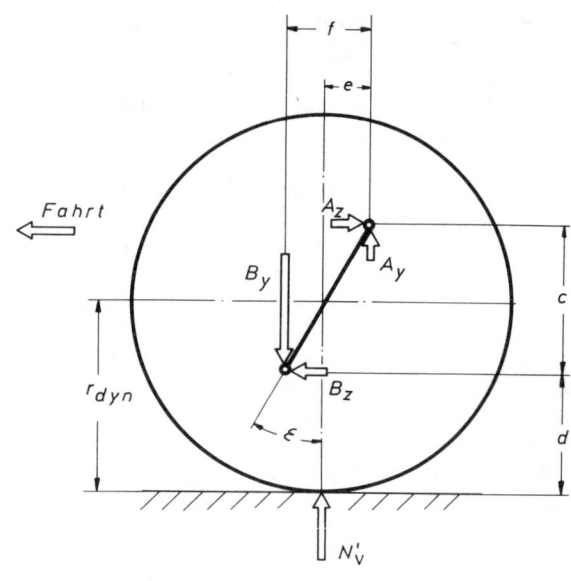

Bild 6.6./11 Bei Nachlauf entsteht durch die Schrägstellung des Schwenklagers um den Winkel ϵ das Kräftepaar $A_z - B_z$.

Bild 6.6./12 Eine räumliche Lenkerlage verlangt die Zerlegung der Y- und Z-Kräfte in Richtung der Lenkerdrehachsen bzw. deren Ebenen.

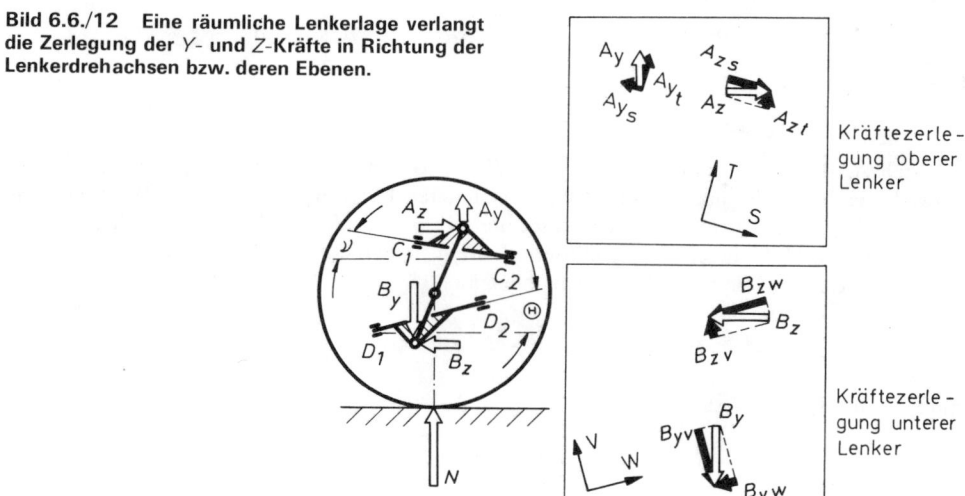

Kräfte in der Doppel-Querlenker-Radaufhängung **93**

Steht die **Schraubenfeder** auf dem unteren (bzw. oberen) Lenker auch in der Seitenansicht schräg, so muß die Kraft F räumlich zerlegt werden, zu finden in Abschnitt 6.10 bei „Schräglenkerachse".

Alle bisherigen Betrachtungen setzen voraus, daß das Kugelgelenk A sich in der **Seitenansicht** senkrecht über der Radmitte befindet und B direkt darunter, d. h., es war kein **Nachlauf** vorhanden. Ist ein solcher aus fahrtechnischen Gründen erforderlich, so entsteht — unabhängig davon, ob der Nachlauf durch Schrägstellen der Spreizachse um den Winkel ε (Fall 1, Bild 4.8./3) oder durch Rückverlegen der Radmitte (Fall 2, Bild 4.11./1) erzeugt wird — ein Kräftepaar in der Z-Richtung (Bild 6.6./11). Mit den bekannten Strecken und den vorher zu bestimmenden Kräften A_y und B_y lassen sich die gleich großen Komponenten A_z und B_z berechnen:

$$B_z = \frac{B_y \cdot f - N \cdot e}{c} = A_z$$

Bei verschränkten Lenkerdrehachsen (Bild 6.6./12) sind ebenfalls zuerst die parallel zum Boden verlaufenden Kräfte A_z und B_z zu bestimmen, um diese anschließend in die S- und T- bzw. V- und W-Richtung zerlegen zu können; also senkrecht zu dem in der Seitenansicht ebenfalls schrägliegenden Lenkern (siehe Bilder 6.6./7a bis 6.6./9). Die genaue Beschreibung einer räumlichen Kräftezerlegung enthält der Abschnitt 6.7.2 (siehe Bilder 6.7./12b bis 6.7./12e).

6.6.2. Dauerfestigkeitsberechnung

Zur Bestimmung der bei Geradeausfahrt dauernd vorhandenen Lagerkräfte in den Punkten A, B, C_1, C_2, D_1 und D_2 ist, wie in Abschnitt 6.1 beschrieben, sowohl die **obere** Normalkraft N'_{vo} zusammen mit der momentverstärkenden Seitenkraft S_1 ansetzen (Bild 6.6./13) als auch die **untere** N'_v in Verbindung mit dem abschwächend wirkenden S_1 (Bild 6.6./14). In beiden Fällen erfolgt die Vernachlässigung des Rollwiderstandes W_R, also der vorhandenen (kleinen) Längskraft. Zuerst wird die obere Kraft in dem **nicht** die **Federabstützung** übernehmenden Kugelgelenk ermittelt, bei dem Beispiel der Punkt A. Die Lösung kann grafisch erfolgen (Bild 6.6./15) als auch rechnerisch mit dem Ansatz:

$$\Sigma M \text{ um } B = 0; \quad A_{xo} \cdot c + A_{yo} \cdot (a - b) = N'_{vo} \cdot b + S_1 \cdot d$$

Durch Einsetzen von

$$A_{xo} = A_o \cdot \cos\alpha \quad \text{und} \quad A_{yo} = A_o \cdot \sin\alpha$$

läßt sich A_o direkt bestimmen. Ist $S_1 \cdot d \leq N'_v \cdot b$, so erfährt das **obere** Kugelgelenk A_o eine **schwellende** Belastung, und die Ermittlung der unteren Kraft A_u erübrigt sich. Wird dagegen $S_1 \cdot d > N'_v \cdot b$, sind die Kräfte **wechselnd,** und A_u muß grafisch oder rechnerisch bestimmt werden, um mit Hilfe dieser auf die mittlere Kraft A_m und die Ausschlagskräfte A_a rückschließen zu können. Aus Bild 6.6./14 läßt sich ableiten:

$$A_{xu} \cdot c + A_{yu} \cdot (a - b) = S_1 \cdot d - N'_v \cdot b \quad A_u = \frac{S_1 \cdot d - N'_v \cdot b}{\cos\alpha \cdot c + \sin\alpha \, (a - b)}$$

und zusammen mit A_o ist:

$$A_m = \frac{A_o - A_u}{2} \quad \text{und} \quad A_a = A_o - A_m$$

Beachtet werden muß lediglich das richtige Vorzeichen bei A_u.

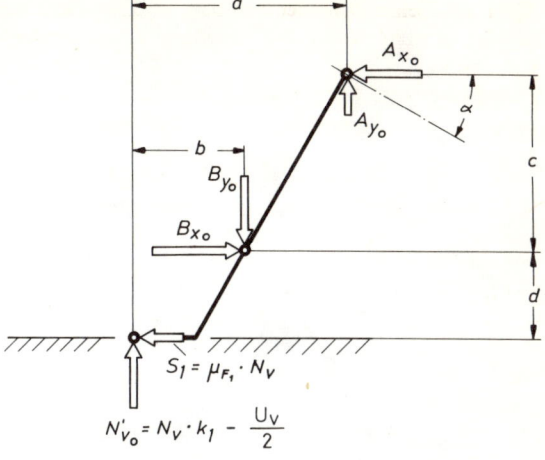

Bild 6.6./13 Freigemachtes Schwenklager zur rechnerischen Bestimmung der in den Kugelgelenken A und B dauernd auftretenden oberen Kräfte.

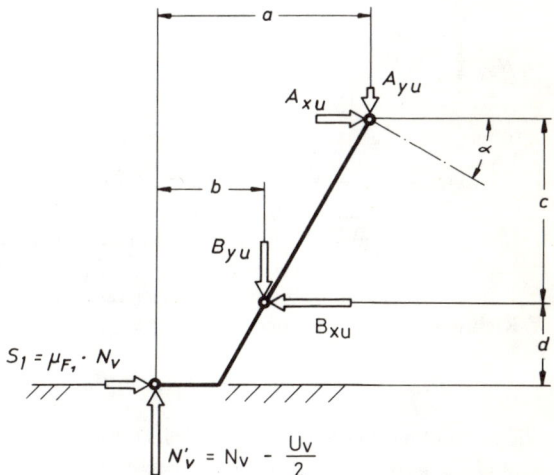

Bild 6.6./14 Freigemachtes Schwenklager zur rechnerischen Bestimmung der in den Kugelgelenken A und B dauernd auftretenden unteren Kräfte.

Nach Ermitteln der Kräfte in **einem** Kugelgelenk lassen sich die (oberen und unteren) in dem **anderen** leicht berechnen:

$$\Sigma F_{xo} = 0; \qquad B_{xo} = S_1 + A_{xo}$$
$$\Sigma F_{yo} = 0; \qquad B_{yo} = N'_{vo} + A_{yo}$$
$$\Sigma F_{xu} = 0; \qquad B_{xu} = S_1 + A_{xu}$$
$$\Sigma F_{yu} = 0; \qquad B_{yu} = N'_v - A_{yu}$$

Das am unteren Lenker sitzende Gelenk B muß Hoch- und Seitenkräfte übertragen; die ersteren wirken in Y-Richtung senkrecht zum Boden und die letzteren in X-Richtung parallel dazu. Die die Kraftübertragung übernehmenden **Traggelenke** (siehe Bilder 3.1./25a und b) benötigen zur Dimensionierung eine getrennte Angabe der Kräfte in Richtung der Zapfenachse (Y-Richtung)

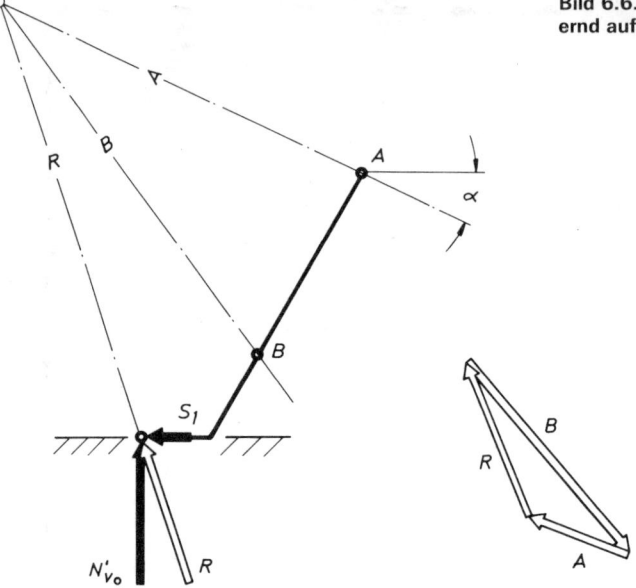

und senkrecht dazu. Außerdem ist wegen der Federlast die Kraft B_y immer von oben nach unten gerichtet, unabhängig davon, ob es sich um B_{yo} (Bild 6.6./13) oder B_{yu} (Bild 6.6./14) handelt; B_y wirkt also in jedem Fall **schwellend.** Quer zur Achse dagegen tritt bedingt durch die entgegengesetzt gerichteten Kräfte B_{xo} und B_{xu} eine **wechselnde** Belastung auf, die den Kugelzapfen auf Biegung beansprucht. Mittlere und Ausschlagkraft dürfen deshalb nur in der X-**Richtung** bestimmt werden:

$$B_{xm} = \frac{B_{xo} - B_{xu}}{2} \quad \text{und} \quad B_{xa} = B_{xo} - B_{xm}$$

Wie bei Bild 6.6./11 beschrieben, bewirkt **Nachlauf** beim stehenden Wagen die Reaktionskräfte A_z und B_z im oberen und unteren Kugelgelenk, die sich verständlicherweise beim Fahren vergrößern. Handelt es sich bei der untersuchten Radaufhängung um die Vorderachse eines **Fronttrieblers,** so geht außer diesen beiden noch die ebenfalls in Z-Richtung wirkende **Antriebskraft** mit in die Rechnung ein. Wie bereits in Abschnitt 4.9 beschrieben, muß die am rollenden Rad angreifende Kraft L_{A1} zuerst als L'_{A1} in die Radmitte und dann als L''_{A1} senkrecht auf die Spreizachse verschoben werden (Bild 6.6./16a). L''_{A1} befindet sich dadurch um den Betrag

$$a_L = R_2 \cdot \sin \delta_0 = R_0 \cdot \sin \delta_0 \cdot \sqrt{\frac{1 + \tan^2 \varepsilon}{1 + \tan^2 \varepsilon + \tan^2 \delta_0}} + r_{dyn} \cdot \sin (\delta_0 + \gamma_0) \cdot \sin \delta_0$$

unter der Achsmitte. Für die Berechnung von B_{zo} wird B_{yo} benötigt. Bei der Bestimmung dieser Komponente ist die in der Seitenansicht des folgenden Bildes 6.6./18 gezeigte **Verschiebung** der **Seitenkraft** S_1 zu beachten, erforderlich wegen deren Lage neben der Lenkungsdrehachse. S_1 kommt auf diese Weise um die Strecke

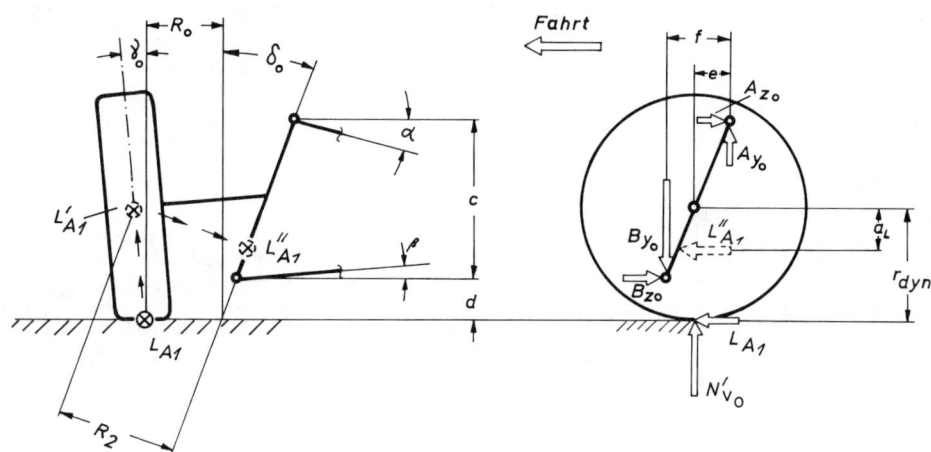

Bild 6.6./16a Bei Vorderradantrieb bewirken sowohl Antriebskraft L_A als auch Nachlauf in den Achsführungsgelenken die Reaktionskräfte A_{zo} und B_{zo}; gezeigt für das Beispiel einer am unteren Lenker sitzenden Feder. Die Richtung der Komponente B_{zo} wird durch die Größe der Kraft L_A bestimmt.

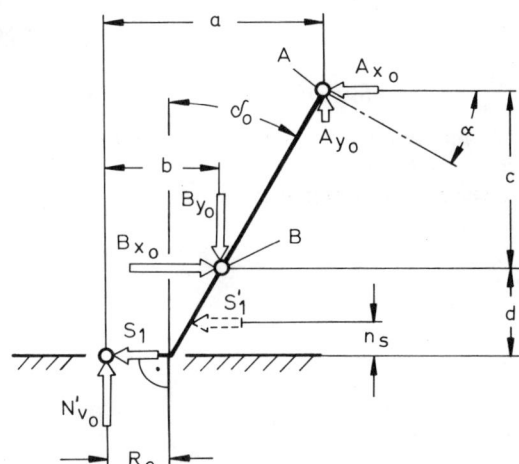

Bild 6.6./16b Bei Nachlauf ist die am Radaufstandspunkt angreifende Seitenkraft S_1 senkrecht auf die Lenkungsdrehachse zu verschieben. S_1 kommt dadurch um den Betrag $n_s = r_{dyn} \cdot \sin^2 \varepsilon$ über dem Boden zu liegen.

$$n_s = n_a' \cdot \sin \varepsilon = r_{dyn} \cdot \sin^2 \varepsilon$$

über dem Boden zu liegen (n_a' siehe Bild 4.8./3). Die in Bild 6.6./16b abgeleitete Momentgleichung mit Drehpunkt B lautet:

$$A_o = \frac{N_{vo}' \cdot b + S_1 \cdot (d - n_s)}{c \cdot \cos \alpha + (a - b) \cdot \sin \alpha} \quad \text{und damit}$$

$$A_{yo} = A_o \cdot \sin \alpha \qquad \text{sowie} \qquad B_{yo} = N_{vo}' + A_{yo}$$

Mit B_{yo}, N_{vo}' und $L_{A1} = M_{t1}/r_{dyn}$ werden anschließend die Komponenten B_{zo} und A_{zo}

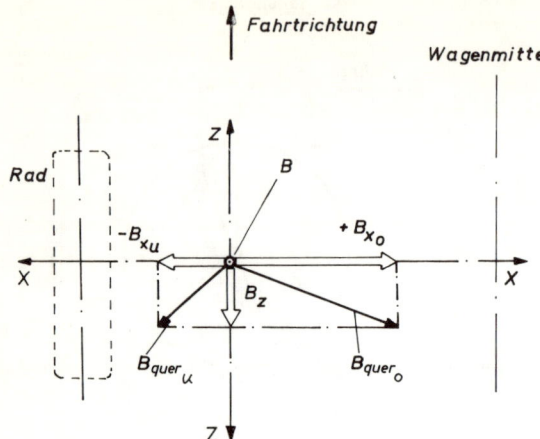

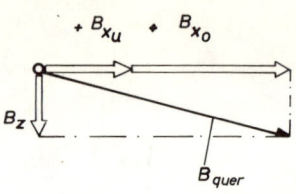

Bild 6.6./17 Tritt eine Kraft schwellend auf (z. B. B_z) und eine andere senkrecht dazu stehende wechselnd (B_{xu} und B_{xo}), so können bei ausreichender Genauigkeit die Kräfte zusammengefaßt und gemeinsam als schwellend wirkend betrachtet werden.

bestimmt (M_{t1} siehe Gleichung (5) bzw. (7) in Abschnitt 6.2). Mit Drehpunkt A ergibt sich aus Bild 6.6./16a:

$$B_{zo} = \frac{N'_{vo} \cdot e + L_{A1}[c + d - (r_{dyn} - a_L)] - B_{yo} \cdot f}{c}$$

und hiermit $\quad A_{zo} = L_{A1} - B_{zo}$

Die mit verringerter Antriebskraft und der Radlast N'_v berechneten **unteren Kräfte** A_{zu} und B_{zu} sind kleiner als die oberen und außerdem mit diesen gleichgerichtet; die Ermittlung derselben erübrigt sich deshalb.

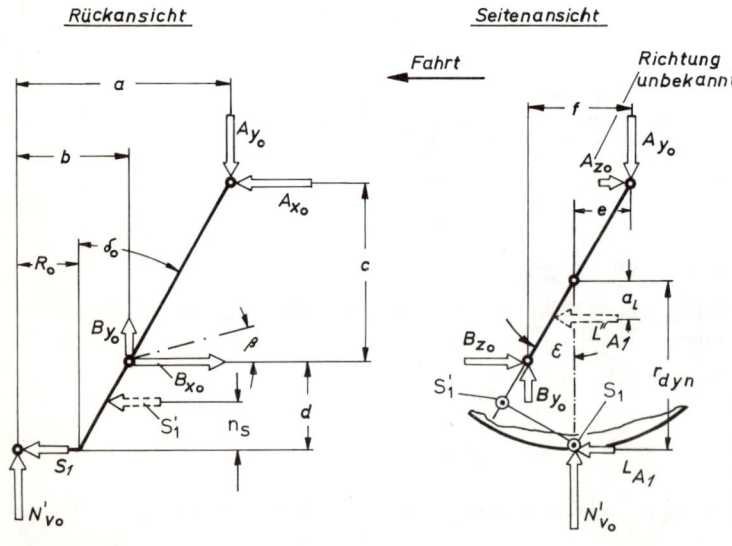

Bild 6.6./18 Kräfte, bei sich auf dem oberen Lenker abstützender Feder, dargestellt für einen Fronttriebler mit Nachlauf.

98   Kräfte in der Doppel-Querlenker-Radaufhängung

Am Gelenk B greifen jetzt **quer** zum Zapfen **drei** Kräfte an, und zwar B_{xo} und B_{xu} **wechselnd** und B_{zo} **schwellend** (Bild 6.6./17 links). Zur vordimensionierenden Festigkeitsberechnung können (wie danebenstehend gezeigt) die drei Kräfte zusammengefaßt werden unter der Annahme ausschließlich **schwellender** Belastung; der gemachte Fehler ist unerheblich:

$$B_{quer} = \sqrt{(B_{xo} + B_{xu})^2 + B_{zo}^2}$$

Wegen der Gelenkwelle, die das Rad mit dem Differential verbindet, ergeben sich beim **Vorderradantrieb** Schwierigkeiten, eine Schraubenfeder zwischen **unterem Lenker** und Aufbau vorzusehen (siehe Bild 3.4./15); zur Abfederung dient deshalb entweder ein Torsionsfederstab (siehe Bilder 3.4./10 und 3.4./11) oder eine auf dem oberen Lenker sitzende Schraubenfeder. Im ersten Fall entspricht die Statik der bisher beschriebenen. Diese ist erforderlich, um mit Hilfe der Kraft B_y und der Lenkerlänge j bzw. r das die Feder belastende Torsionsmoment zu bekommen; in Abschnitt 7.4.6 sind nähere Einzelheiten zu finden. Eine Doppel-Querlenker-Radaufhängung mit **obensitzender Feder** zeigt das Bild 3.4./7a (Renault 12) und die etwas anders aussehende Statik Bild 6.6./18. In der **Rückansicht** ist die Kraft A_{yo} jetzt als Federkraft von oben nach unten gerichtet und die in ihrer Größe von B_{xo} und dem Winkel β abhängige Kraft $B_{yo} = B_{xo} \cdot \tan \beta$ von unten nach oben. Die Seitenkraft S_1' liegt um den Betrag n_s über dem Boden. Die Richtung der Kraft A_{zo} kann vorher nur abgeschätzt werden sie hängt von der Länge der in die Momentengleichung eingehenden Strecken ab. Zweckmäßig ist es deshalb, die Momente um den Punkt A zu bilden; die Richtung von B_{zo} liegt eindeutig fest:

$$B_{zo} = \frac{N_{vo}' \cdot e + L_{A1}[c + d - (r_{dyn} - a_L)] + B_{yo} \cdot f}{c}$$

Hieraus ergibt sich $A_{zo} = L_{A1} - B_{zo}$; bei positivem Vorzeichen entspricht die Richtung der im Bild eingezeichneten; bei negativem ist A_{zo} entgegengesetzt. Die Bestimmung der ebenfalls erforderlichen **unteren** Kräfte gleicht der in Bild 6.6./14 gezeigten; zu beachten ist lediglich der Zusammenhang $B_{yu} = B_{xu} \cdot \tan \beta$, und daß $A_{yu} = N_v' - B_{yu}$. Nähere Einzelheiten sind in dem folgenden Rechenbeispiel zu finden.

6.6.3. Rechenbeispiel: in Achsführungsgelenken dauernd auftretende Kräfte

Als Beispiel soll die in Bild 3.4./7a gezeigte **angetriebene Vorderachse** dienen, ausgerüstet mit einer sich auf dem oberen Lenker abstützenden Schraubenfeder. Bei der Berechnung der Dauerhaltbarkeit ist von der **zulässigen Achslast** auszugehen; diese und die benötigten Strecken und Winkel sollen sein:

Vorderachslast	G_v	$= 600$ kg	Höhe des Punktes B		
somit Radlast	N_v	$= 300$ kg	über dem Boden	d	$= 179$ mm
			Lage oberer Lenker	α	$= 5°$
halbes Achsgewicht	$\frac{U_v}{2}$	$= 28$ kg	Lage unterer Lenker	β	$= 8°$
Antriebskraft im 3. Gang	L_{A1}	$= 80$ kp	Reifen	145 SR 13 (siehe Bild 2.3./5)	
Lenkrollhalbmesser	R_0	$= 28$ mm	Außendurchmesser	D	$= 570$ mm
Spreizung	δ_0	$= 7°$	stat. Halbmesser	r_{stat}	$= 258$ mm
Nachlauf	ε	$= 3°40'$	dyn. Halbmesser	r_{dyn}	$= 275$ mm
Sturz	γ_0	$= +1°30'$	Luftdruck	p_1	$= 1{,}5$ kp/cm^2
Abstand der Punkte					
A und B in Y-Richtung	c	$= 215$ mm			

6.6.3.1. Kräfte am Radaufstandspunkt

Zur Ermittlung des Radlast-Stoßfaktors k_1 wird die **Reifenfederrate** c_1 benötigt (siehe Abschnitt 2.5). Der Reifen 145 SR 13 trägt die Last $N_R = 335$ kg bei $p_R = 1,8$ kp/cm². Mit beiden Werten ergibt sich bei dem für das Fahrzeug vorgeschriebenen Druck $p_1 = 1,5$ kp/cm²:

$$f_3 = \frac{D}{2} - r_{stat} \qquad\qquad c_R = \frac{N_R}{f_3}$$

$$f_3 = 28,5 - 25,8$$

$$c_R = \frac{335}{2,7}$$

$$f_3 = 2,7 \text{ cm}$$

$$c_1 = c_R \cdot \frac{p_1}{p_R} \qquad\qquad c_R = 124 \text{ kp/cm}$$

$$c_1 = 124 \cdot \frac{1,5}{1,8} \qquad\qquad \frac{c_1}{N_v} = \frac{103}{300} = 0,343$$

$$c_1 = 103 \text{ kp/cm}$$

Mit dem Wert $k_1 = 1,36$ (aus Bild 6.1./2 abgelesen) ist die in die Rechnung eingehende **obere Hochkraft**

$$N'_{vo} = N_v \cdot k_1 - \frac{U_v}{2}$$

$$= 300 \cdot 1,36 - 28$$

$$N'_{vo} = 380 \text{ kp}$$

Der **Formschlußbeiwert** μ_{F1} zur Bestimmung der wechselnd wirkenden **Seitenkraft** S_1 wird Bild 6.1./4 als Funktion der Radlast $N_v = 300$ kg entnommen:

$$\mu_{F1} = 0,35$$

$$S_1 = N_v \cdot \mu_{F1} = 300 \cdot 0,35 \qquad S_1 = 105 \text{ kp}$$

6.6.3.2. Obere Kräfte in den Radgelenken

Zuerst erfolgt die Berechnung der **oberen Kraft** B_o, die das **unten** im Schwenklager sitzende Kugelgelenk B belastet. Der die Kraftrichtung bestimmende Lenker liegt um $\beta = 8°$ schräg:

$$B_{xo} = B_o \cdot \cos\beta \quad \text{und} \quad B_{yo} = B_o \cdot \sin\beta_0$$

Nach Bild 6.6./18 lautet die Momentengleichung mit Drehpunkt oberes Gelenk A:

$$B_o = \frac{N'_{vo} \cdot a + S_1 \cdot (d - n_s + c)}{c \cdot \cos\beta - (a - b) \cdot \sin\beta}$$

Mit den Strecken:

$$n_s = r_{dyn} \cdot \sin^2\varepsilon = 275 \cdot 0,064^2 \qquad\qquad n_s = 1,1 \text{ mm}$$
$$a = (c + d) \cdot \tan\delta_0 + R_0 = 394 \cdot 0,123 + 28 \qquad\qquad a = 76,5 \text{ mm}$$
$$a - b = c \cdot \tan\delta_0 = 215 \cdot 0,123 \qquad\qquad a - b = 26,4 \text{ mm}$$

ergibt sich:

$$B_o = \frac{380 \cdot 76,5 + 105 \cdot 393}{209} \qquad\qquad B_o = 336 \text{ kp}$$

und hiermit:

$$B_{xo} = 333 \text{ kp}, \qquad B_{yo} = 47 \text{ kp}, \qquad A_{xo} = B_{xo} - S_1 = 228 \text{ kp}$$

sowie $\quad A_{yo} = N'_{vo} + B_{yo} = 427 \text{ kp}$

6.6.3.3. Untere Kräfte in den Radgelenken

Anschließend werden die unteren Kräfte berechnet, um feststellen zu können, wie weitgehend **wechselnde** Beanspruchung vorliegt. Mit Drehpunkt A ist nach Bild 6.6./14:

$$B_u = \frac{S_1 (d + c) - N'_v \cdot a}{c \cdot \cos \beta - (a - b) \cdot \sin \beta} \qquad N'_v = N_v - \frac{U_v}{2}$$

$$B_u = \frac{105 (179 + 215) - 272 \cdot 76,5}{209} \qquad N'_v = 300 - 28$$

$$N'_v = 272 \text{ kp}$$

$$B_u = 99 \text{ kp}, \qquad B_{xu} = B_u \cdot \cos \beta = 98 \text{ kp} \qquad \text{und} \qquad B_{yu} = B_u \cdot \sin \beta = 14 \text{ kp}$$

Hiermit ergibt sich:

$$A_{xu} = B_{xu} - S_1 = 98 - 105 \qquad A_{xu} = -7 \text{ kp}$$

Das negative Vorzeichen bei A_{xu} weist darauf hin, daß die Komponente andersherum als in Bild 6.6./14 eingezeichnet gerichtet ist, es liegt somit keine wechselnde, sondern schwellende Belastung vor. Das gleiche trifft für A_{yu} zu; wegen der Abstützung der Federkraft an diesem Gelenk braucht nur die obere Komponente A_{yo} bestimmt zu werden.

6.6.3.4. Kräfte durch den Antrieb

Um die den Gelenkzapfen auf Biegung beanspruchende Querkraft B_{quer} zu bekommen, sind zusätzlich die in der Z-Richtung wirkenden Komponenten erforderlich. Hierbei handelt es sich um die Antriebskraft L_{A1} und die durch den Nachlauf hervorgerufenen Abstützkräfte. Zuerst erfolgt die Berechnung der Strecke a_L, um die die Kraft L''_{A1} unter der Radmitte an der Spreizachse angreift (siehe Bild 6.6./18), sowie der Strecken e und f:

$$a_L = R_0 \cdot \sin \delta_0 \sqrt{\frac{1 + \tan^2 \varepsilon}{1 + \tan^2 \varepsilon + \tan^2 \delta_0}} + r_{dyn} \cdot \sin \delta_0 \cdot \sin (\delta_0 + \gamma_0)$$

$$a_L = 28 \cdot 0,1219 \sqrt{\frac{1 + 0,004}{1 + 0,004 + 0,015}} + 275 \cdot 0,1219 \cdot 0,1478$$

$$a_L = 8,4 \text{ mm} \qquad e = (c + d - r_{dyn}) \tan \varepsilon = 7,6 \text{ mm} \qquad f = c \cdot \tan \varepsilon = 13,8 \text{ mm}$$

Aus der Momentengleichung um A ergibt sich B_{zo}:

$$B_{zo} = \frac{N'_{vo} \cdot e + L_{A1} (d + c + a_L - r_{dyn}) - B_{yo} \cdot f}{c}$$

$$B_{zo} = \frac{380 \cdot 7,6 + 80 (179 + 215 + 8,4 - 275) - 38 \cdot 13,8}{215}$$

$$B_{zo} = 59 \text{ kp}$$

und hiermit

$$A_{zo} = L_{A1} - B_{zo} = 80 - 59 \qquad A_{zo} = 21 \text{ kp}$$

6.6.3.5. Kräfte am oberen Gelenk A

Die das obere Gelenk auf **Druck** belastende, **schwellend** wirkende Kraft beträgt

$$A_{yo} = 427 \text{ kp}$$

Biegung verursachen die Querkräfte A_{xo} und A_{zo}, diese sind entsprechend Abschnitt 6.6.2 zusammenzufassen:

$$A_{\text{quer}} = \sqrt{A_{xo}^2 + A_{zo}^2} = \sqrt{228^2 + 21^2}$$

$$A_{\text{quer}} = 229 \text{ kp}$$

6.6.3.6. Kräfte im unteren Gelenk B

Auch an dem unteren Führungsgelenk B sind die drei in Querrichtung wirkenden Kräfte B_{xo}, B_{xu} und B_{zo} zusammenzufassen und von den in diesem Fall auf **Zug** und **Druck** wirkenden Komponenten B_{yo} und B_{yu} zu trennen. Die Bilder 3.1./26a und b lassen erkennen, warum diese Maßnahme notwendig ist: die Quer- und Zugkräfte werden von der Kunststoffschale aufgenommen; die Druckkraft dagegen belastet die zum Spielausgleich vorgesehene Schraubenfeder. Es sind:

$$B_{\text{quer}} = \sqrt{(B_{xo} + B_{xu})^2 + B_{zo}^2} = \sqrt{(333 + 98)^2 + 59^2}$$

$$B_{\text{quer}} = 435 \text{ kp} \qquad \text{Hinzu kommen:}$$

$$B_{yo} = 47 \text{ kp} \qquad \text{als Zug- und} \qquad B_{yu} = 14 \text{ kp} \qquad \text{als Druckkraft.}$$

Eine Zusammenfassung aller Kräfte enthält die Tabelle 6.6./26 am Ende des Abschnittes 6.6.8.

6.6.4. Kräfte beim Befahren einer Schlaglochstrecke (Fall 3)

Im Gegensatz zum **Achszapfen,** bei welchem die Zeitfestigkeit mit dem größeren der beiden Biegemomente M_{b2} bzw. M_{b3} ermittelt wurde — siehe Gleichungen (8) und (9) in Abschnitt 6.1 —, müssen bei der Berechnung einer Radaufhängung beide Momente getrennt angesetzt werden. Der Grund hierfür liegt in dem unterschiedlichen Einfederungszustand, der seinerseits verschiedene Lenkerstellungen zur Folge hat. Beim Fall 2 — Überfahren eines Bahnüberganges — ist die Achse voll eingefedert darzustellen und im hier behandelten **Fall 3 — Schlaglochstrecke** — wieder in Normalstellung. Unter Weiterverwendung der oberen Hochkraft $N_{vo}' = k_1 \cdot N_v - U_v/2$ braucht lediglich anstelle von S_1

die größte **Seitenkraft** $S_2 = \mu_{F2} \cdot N_v$ und für L_{A1} die **Längskraft**

$$L_{A4} = \frac{M_{t4}}{r_{\text{dyn}}} = \frac{M_{d\,max} \cdot i_2 \cdot i_D \cdot \eta}{2 \cdot r_{\text{dyn}}}$$

eingesetzt zu werden; ansonsten ist die Rechnung wie anhand der Bilder 6.6./13, 6.6./16a und 6.6./18 erläutert durchzuführen. Der Formschlußbeiwert μ_{F2} ist in Bild 6.1./4 zu finden.

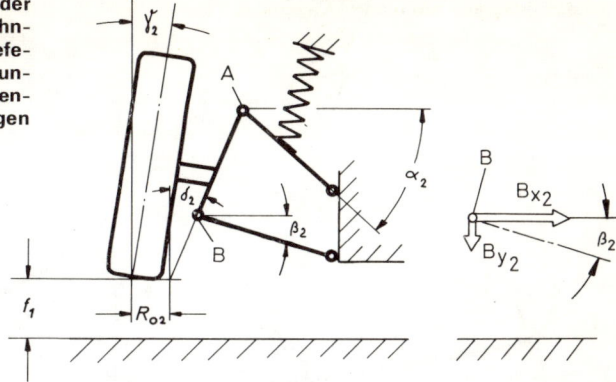

Bild 6.6./19 Zur Bestimmung der Kräfte beim Überfahren eines Bahnüberganges ist die Achse voll eingefedert darzustellen. Die Richtung des unteren Lenkers ändert sich dabei gegenüber den bisherigen Betrachtungen (siehe Bilder 6.6./7a und 6.6./16a).

6.6.5. Kräfte beim Überfahren eines Bahnüberganges (Fall 2)

Wie bereits in Abschnitt 6.4 beschrieben und in Bild 6.4./5 gezeigt, ist zur Betrachtung der maximalen **Hochkräfte** die Radaufhängung um den Weg f_1 voll **eingefedert** darzustellen, um die geänderten Winkel (mit Index 2) $\alpha_2, \beta_2, \gamma_2$ und δ_2 sowie den ebenfalls anders gewordenen Lenkrollhalbmesser R_{02} entnehmen zu können (Bild 6.6./19). Kommt aus baulichen Gründen der **Anschlag** nicht an dem die **Feder** tragenden Lenker zur Anlage, so sind, wie ebenfalls in Abschnitt 6.4 beschrieben, die bei dem Zustand „voll eingefedert" vorhandenen Feder- und Anschlagkräfte bereits am Radaufstandspunkt zu trennen.

Stützen sich dagegen beide Elemente an **demselben Lenker** ab, vereinfacht sich die Kräftetrennung. Der Zeichnung müssen hierfür folgende Differenzwerte zwischen „Normalstellung" und Zustand „voll eingefedert" entnommen werden:

der Weg Δf des Federauges bei Blattfedern,
der Verdrehwinkel $\Delta \varphi$ des Federstabes bzw.
der Verkürzungsweg Δf_{F} der Schraubenfeder.

Die **Normalstellung** bezieht sich bei kinematischen Betrachtungen auf die Besetzung des Fahrzeugs mit zwei Personen zu 65 kg; bei Festigkeitsberechnungen ist möglichst von der **zulässigen Achslast** auszugehen.

Dient zur Abfederung des Fahrzeugs eine **Schraubenfeder,** so ergibt die Differenz zwischen Vorlastlänge L_{w} und Nutzlänge L_{n} den Verkürzungsweg Δf_{F} (Bild 6.6./20):

$$\Delta f_{\mathrm{F}} = L_{\mathrm{w}} - L_{\mathrm{n}}$$

und dieser die Krafterhöhung

$$\Delta F = c_{\mathrm{F}} \cdot \Delta f_{\mathrm{F}}$$

Die Differenzkraft ΔF zu der bei Normalstellung vorhandenen Federkraft F hinzugezählt, ergibt die von der Feder in dieser Stellung aufgenommene größte Kraft $F_{\max} = F + \Delta F$. Der Abschnitt 7.4.7 enthält die Beschreibung der Längen L_{w} und L_{n} sowie die Ermittlung der Rate c_{F} der Feder als Funktion der **Übersetzungen** i_x und i_y. Letztere sind in Abschnitt 7.1.7 zu finden und berücksichtigen ξ als Abweichungswinkel zu einer auf dem **Boden** errichteten **Senkrechten.** Bei statischen Betrachtungen dagegen muß das Achsenkreuz zur Bauteilebene ausgerichtet sein, der Grund für den Winkel ξ' in Bild 6.6./20, der nichts weiter ist als: $\xi' = \xi - \alpha$.

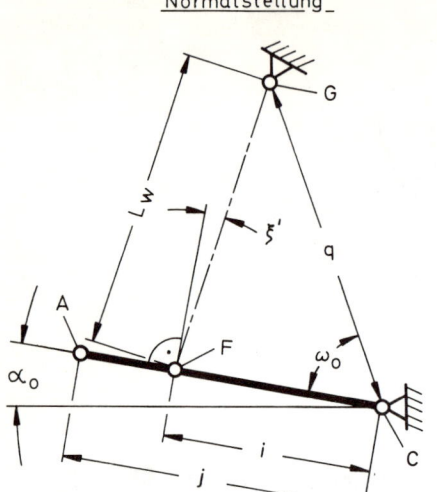

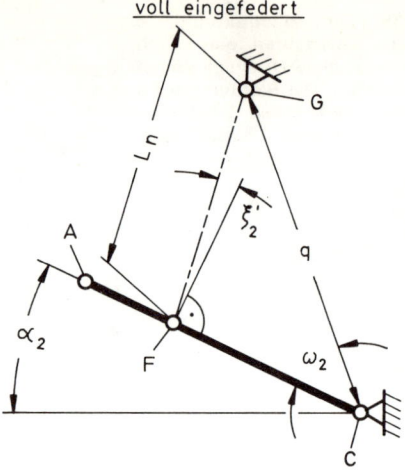

Bild 6.6./20 Zur Berechnung der Nutzlänge L_n der Schraubenfeder erforderliche Strecken und Winkel.

Seitenansicht

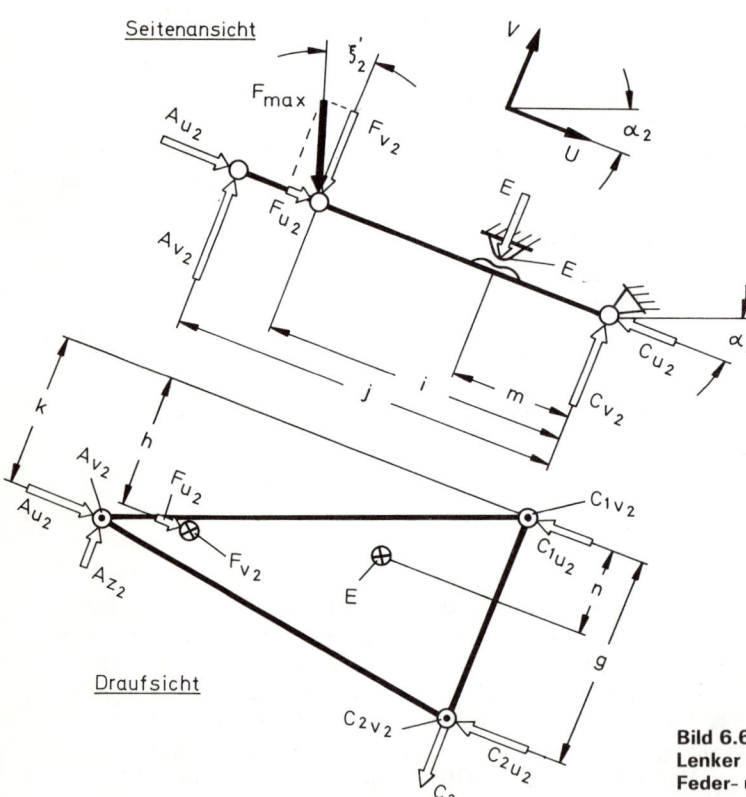

Draufsicht

Bild 6.6./21 Kräfte am oberen Lenker unter Berücksichtigung von Feder- und Anschlagkraft.

Die **Wegübersetzung** i_x mit der die Rate c_F angenähert bestimmt werden kann, ergibt sich zusammen mit den Strecken i und j

$$i_x = \frac{j}{i \cdot \cos(\xi' + \alpha)}$$

und entspricht dem

$$i_x = \frac{b}{a \cdot \cos \xi}$$

nach Gleichung (2) in Abschnitt 7.1.7.

Nähere Einzelheiten und die Berechnung von i_y enthält das folgende Beispiel.

Steht keine Zeichnung zur Verfügung, kann die Verkürzungsstrecke Δf_F mit Hilfe der in Bild 6.6./20 eingezeichneten Strecken und Winkel **berechnet** werden. Zuerst sind der Abstand q — oberer Federabstützpunkt G zu Mitte Lenkerlagerung C — und der vom Lenker und der Strecke q in Normalstellung eingeschlossene Winkel ω_0 zu bestimmen. Bekannt sein müssen die Strecken i und j, die Vorlastlänge L_w der Feder und der Winkel ξ' zu einer auf dem Lenker errichteten Senkrechten (also die Abweichung von 90°):

$$q = \sqrt{L_w^2 + i^2 - 2 \cdot L_w \cdot i \cdot \sin \xi'} \qquad \text{und}$$

$$\sin \omega_0 = \frac{L_w}{q} \cdot \cos \xi'$$

Aus dem Verdrehwinkel des Lenkers beim Einfedern $\Delta\alpha = \alpha_2 - \alpha_0$ läßt sich die Nutzlänge L_n der Feder berechnen und daraus anschließend Δf_F sowie F_{max}:

$$L_n = \sqrt{q^2 + i^2 - 2 \cdot q \cdot i \cdot \cos \omega_2} \qquad \text{wobei}$$

$$\omega_2 = \omega_0 - \Delta\alpha$$

Die **senkrecht** auf den Lenker wirkende Federkraftkomponente $F_{v\,2}$ ist dann (Bild 6.6./21):

$$F_{v\,2} = F_{max} \cdot \cos \xi'_2 \quad \text{mit} \quad \cos \xi'_2 = \frac{q}{L_n} \cdot \sin \omega_2$$

Stützt diese sich beispielsweise auf dem oberen Lenker ab, sind zur Berechnung der Anschlagkraft E zuerst mit Hilfe der in Bild 6.6./18 gezeigten Statik und der Kräftezerlegung nach Bild 6.6./7a aus $A_{x\,2}$ und $A_{y\,2}$ die Kräfte $A_{u\,2}$ und $A_{v\,2}$ in Lenkerebene zu bestimmen. Der Rechenansatz erfolgt mit:

der max. Hochkraft $\quad N'_{v\,2} = k_2 \cdot N_v - \dfrac{U_v}{2} \qquad$ und

der Seitenkraft $\quad\quad S_1 \;\; = \mu_{F\,1} \cdot N_v$

am Radaufstandspunkt.

Handelt es sich um eine **hintere** Radaufhängung, erscheinen lediglich N_h und U_h anstelle von N_v und U_v, und bei einer **angetriebenen** Achse ist die **Längskraft** $L_{A\,1} = M_{t\,1}/r_{dyn}$ nach den Gleichungen (5) bzw. (7) aus Abschnitt 6.2 in die Rechnung mit einzubeziehen.

Mit der Komponente $A_{v\,2}$ und der bekannten $F_{v\,2}$ der Federkraft wird die Anschlagkraft E anhand der in Bild 6.6./21 zu sehenden Seitenansicht berechnet (siehe auch Bild 6.6./4):

$$E = \frac{A_{v\,2} \cdot j - F_{v\,2} \cdot i}{m}$$

und anschließend die Lagerkräfte $C_{1,2v2}$ aus der Draufsicht:

$$C_{2v2} = \frac{F_{v2} \cdot h + E \cdot n - A_{v2} \cdot k}{g} \quad \text{und}$$

$$C_{1v2} = F_{v2} + E - A_{v2} - C_{2v2}$$

In letzterer erscheinen auch die an den Lagerpunkten vorhandenen U-Komponenten. Diese werden sowohl hervorgerufen durch die Kräfte A_{u2} und $F_{u2} = F_{max} \cdot \sin \xi_2'$ als auch die Komponente A_{z2}, vorhanden bei Antrieb bzw. Nachlauf (siehe Bild 6.6./11). Die Richtung von C_{2u2} liegt nicht eindeutig fest, die der anderen Lagerkraft C_{1u2} dagegen ist klar erkennbar, deshalb die Momentengleichung um den Punkt C_2:

$$C_{1u2} = \frac{A_{u2}(g - k) + A_{z2} \cdot j + F_{u2}(g - h)}{g}$$

und daraus

$$C_{2u2} = A_{u2} + F_{u2} - C_{1u2}$$

Das als Ergebnis bei C_{2u2} erscheinende Vorzeichen zeigt, ob die angenommene Richtung stimmt.

Die zusammengesetzten U- und V-Kräfte ergeben die die beiden Lagerblocks **radial** (also in Querrichtung) belastenden Kräfte:

$$C_{1quer} = \sqrt{C_{1u2}^2 + C_{1v2}^2} \quad \text{und} \quad C_{2quer} = \sqrt{C_{2u2}^2 + C_{2v2}^2}$$

Weitere Einzelheiten und die rechnerische Zerlegung der Kräfte enthält das Beispiel im folgenden Abschnitt. Befinden sich Feder und Anschlag über dem **unteren Lenker,** so entspricht der Kräfteansatz den Bildern 6.6./13 und 6.6./16a, und der vorkommende Fall der Belastung des **unteren** Lenkers durch die Feder und des **oberen** durch den Anschlag ist in Bild 6.6./22 dargestellt. Hierbei muß die Kräftetrennung am Radaufstandspunkt erfolgen, um die für die Weiterrechnung benötigten senkrechten Komponenten $A_y = N_E$ und $B_y = N_F$ zu bekommen. Die fehlenden X-Kräfte ergeben sich mit den Gleichungen:

$$B_x = \frac{N_{v2}' \cdot a_2 + S_1(c_2 + d_2) - B_y(a_2 - b_2)}{c_2} \quad \text{und} \quad A_x = B_x - S_1.$$

Die beim Zustand „voll eingefedert" gegenüber „normal" sich geänderten Strecken tragen wieder den Index 2. Zwischen den beiden Kraftkomponenten im oberen Kugelgelenk — A_x und A_y — und im unteren — B_x und B_y — besteht in diesem Fall **kein** Winkelzusammenhang mehr; die Komponenten sind um den Winkel α_2 bzw. β_2 (also in Richtung des Lenkers und senkrecht dazu) zu zerlegen, um die auf den Anschlag kommende Kraft E zu erhalten und die Lagerkräfte in den Punkten C_1, C_2, D_1 und D_2 berechnen zu können.

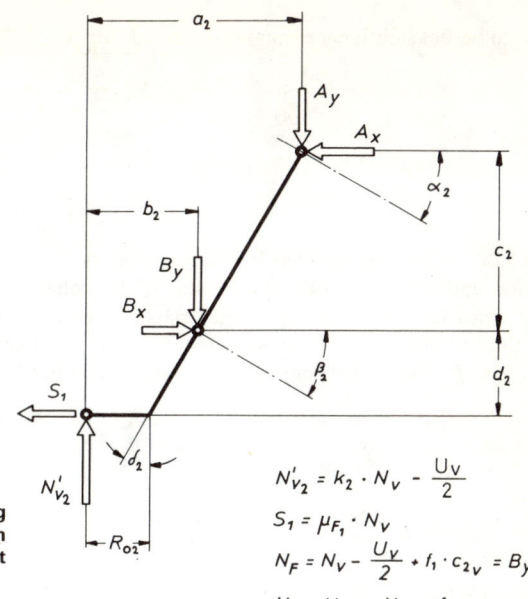

$$N'_{v_2} = k_2 \cdot N_v - \frac{U_v}{2}$$

$$S_1 = \mu_{F_1} \cdot N_v$$

$$N_F = N_v - \frac{U_v}{2} + f_1 \cdot c_{2v} = B_y$$

$$N_E = N_{v_2} - N_v - f_1 \cdot c_{2v} = A_y$$

Bild 6.6./22   Befindet sich der Anschlag über dem oberen und die Feder auf dem unteren Lenker, so ist die größte Hochkraft N'_{v_2} am Radaufstandspunkt zu zerlegen.

6.6.6. Rechenbeispiel (Fall 2)

Nach Bild 6.6./19 sollen für den Zustand **voll eingefedert** in Fortführung des in Abschnitt 6.6.3 begonnenen Rechenbeispiels folgende Werte mit dem „Index 2" gültig sein:

Lage oberer Lenker	α_2	$= 15°30'$
Lage unterer Lenker	β_2	$= 14°$
Veränderter Spreizwinkel	δ_2	$= 7°10'$
Veränderter Lenkrollhalbmesser	R_{02}	$= 27,8$ mm
Einfederweg des Rades	f_1	$= 43$ mm
Federrate	c_{2v}	$= 11$ kp/cm

Die am Fahrzeug gemessene Spreizungsänderung $\Delta\delta = \delta_2 - \delta_0 = 7°10' - 7° = 10'$ ist äußerst gering, so daß die Strecken a bis d unverändert übernommen werden können. Für den **oberen Lenker** gelten nach den Bildern 6.6./20 und 6.6./21 folgende Maße:

$g = 210$ mm	$j = 230$ mm	$n\ \ = 90$ mm
$h = 100$ mm	$k = 130$ mm	$L_w = 250$ mm
$i = 170$ mm	$m = 120$ mm	$\xi'\ \ = 3°$

und aus Bild 6.1./2 entnommen als Stoßfaktor: $k_2 = 2,34$

6.6.6.1.   Kräfte am Radaufstandspunkt
Aus Abschnitt 6.6.3 sind bekannt:

$$N'_v = 272 \text{ kp}, \qquad S_1 = 105 \text{ kp} \qquad \text{und} \qquad L_{A1} = 80 \text{ kp}$$

Die zu berücksichtigende maximale Hochkraft N'_{v2} wäre:

$$N_{v2} = k_2 \cdot N_v \qquad\qquad N'_{v2} = N_{v2} - \frac{U_v}{2}$$
$$N_{v2} = 2{,}34 \cdot 300$$
$$N_{v2} = 702 \text{ kp} \qquad\qquad N'_{v2} = 702 - \frac{56}{2}$$
$$N'_{v2} = 674 \text{ kp}$$

6.6.6.2. Kräfte im unteren Führungsgelenk B

Feder- und **Anschlagkraft** stützen sich an dem **oberen Lenker** ab. Der untere, der nur die Funktion eines Gelenkstabes hat, wird deshalb zuerst betrachtet. Durch die Richtung des Lenkers bestimmt, hängen die Komponenten B_{x2} und B_{y2} über den Winkel β_2 voneinander ab: $B_{y2} = B_{x2} \cdot \tan\beta_2$. Bei Ansatz der Momentengleichung mit Drehpunkt A ergibt sich nach Bild 6.6./18:

$$N'_{v2} \cdot a + S_1(c + d - n_s) - B_{x2} \cdot c - B_{y2}(a - b) = 0$$
$$B_{x2} = \frac{N'_{v2} \cdot a + S_1(c + d - n_s)}{c + (a - b) \cdot \tan\beta_2}$$
$$= \frac{674 \cdot 76{,}5 + 105 \cdot 393}{215 + 26{,}4 \cdot 0{,}2493}$$
$$B_{x2} = 402 \text{ kp} \quad \text{und} \quad B_{y2} = 402 \cdot \tan 14° \qquad B_{y2} = 101 \text{ kp}$$

Wegen der größer gewordenen Hochkraft N_{v2} muß die Z-Komponente als B_{z2} neu bestimmt werden:

$$B_{z2} = \frac{N'_{v2} \cdot e - B_{y2} \cdot f + L_A[c + d - (r_{dyn} - a_L)]}{c}$$
$$B_{z2} = \frac{674 \cdot 7{,}6 - 101 \cdot 13{,}8 + 80[215 + 179 - (275 - 8{,}4)]}{215}$$
$$B_{z2} = 65 \text{ kp}$$

Die X- und Z-Komponenten sind, wie in Bild 6.6./17 gezeigt, zusammenzufassen, um die max. Querkraft zu bekommen:

$$B_{2\,quer} = \sqrt{B_{x2}^2 + B_{z2}^2} = \sqrt{402^2 + 65^2}$$
$$B_{2\,quer} = 407 \text{ kp}$$

Die Kraft $B_{y2} = 101$ kp belastet das untere Führungsgelenk auf **Druck.**

6.6.6.3. Kräfte im oberen Traggelenk A

Wie in Bild 6.6./19 zu erkennen, entspricht die Neigung des unteren Lenkers nicht der sonst betrachteten Normalstellung, sie ist entgegengesetzt, mit der Folge einer von oben nach unten gerichteten Kraft B_{y2} (siehe rechts im Bild). Die einzelnen Komponenten von A sind:

$$A_{x2} = B_{x2} - S_1 = 402 - 105 \qquad A_{x2} = 297 \text{ kp}$$
$$A_{y2} = N'_{v2} - B_{y2} = 674 - 101 \qquad A_{y2} = 573 \text{ kp}$$
$$A_{z2} = L_{A1} - B_{z2} = 80 - 65 \qquad A_{z2} = 15 \text{ kp}$$

Die Kraft $A_{y2} = 573$ kp ist die **größte** auf das obere Gelenk kommende **Druckkraft,** und als Querkraft ergibt sich:

$$A_{2\,\text{quer}} = \sqrt{A_{x2}^2 + A_{z2}^2} = \sqrt{297^2 + 15^2}$$
$$A_{2\,\text{quer}} = 298 \text{ kp}$$

6.6.6.4. Zerlegung der Kräfte in die U- und V-Richtung des Lenkers

Um die Feder- und Anschlagkraft zu bekommen, müssen die Komponenten A_{x2} und A_{y2} zerlegt werden (Bild 6.6./23):

$$A_{xu} = A_{x2} \cdot \cos\alpha_2 = 297 \cdot 0{,}9636 \qquad A_{xu} = 286 \text{ kp}$$
$$A_{xv} = A_{x2} \cdot \sin\alpha_2 = 297 \cdot 0{,}2672 \qquad A_{xv} = 79 \text{ kp}$$
$$A_{yu} = A_{y2} \cdot \sin\alpha_2 = 571 \cdot 0{,}2672 \qquad A_{yu} = 153 \text{ kp}$$
$$A_{yv} = A_{y2} \cdot \cos\alpha_2 = 571 \cdot 0{,}9636 \qquad A_{yv} = 550 \text{ kp}$$
$$A_{u2} = A_{xu} - A_{yu} = 286 - 153 \qquad A_{u2} = 133 \text{ kp}$$
$$A_{v2} = A_{xv} + A_{yv} = 79 + 550 \qquad A_{v2} = 629 \text{ kp}$$

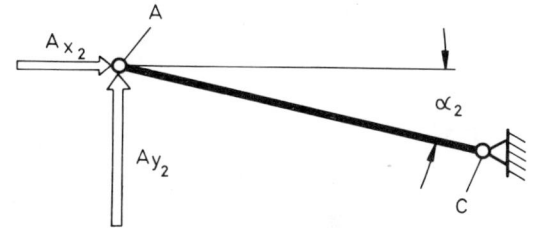

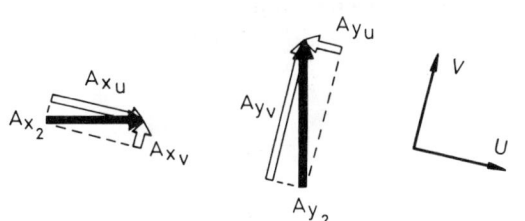

$$A_{xu} = A_{x2} \cdot \cos\alpha_2$$
$$A_{xv} = A_{x2} \cdot \sin\alpha_2$$
$$A_{yu} = A_{y2} \cdot \sin\alpha_2$$
$$A_{yv} = A_{y2} \cdot \cos\alpha_2$$

$$A_{u2} = A_{xu} - A_{yu}$$
$$A_{v2} = A_{xv} + A_{yv}$$

Bild 6.6./23 Zerlegung der im Punkt A am oberen Lenker angreifenden Kräfte von der $X-Y$- in die $U-V$-Richtung.

6.6.6.5. Bestimmung der Feder- und Anschlagkraft

Wie in dem später folgenden Abschnitt 7.1.7 beschrieben, kann die **statische Federkraft** F_w in **Normalstellung** aus Radlast N_v' und Kraftübersetzung i_y bestimmt werden:

$$F_w = N_v' \cdot i_y \qquad \text{wobei} \qquad N_v' = N_v - \frac{U_v}{2}$$

Nach Gleichung (4) dieses Abschnittes und Bild 7.1./14a ist mit den Formelzeichen des Rechenbeispiels sowie $\xi - \alpha = \xi'$:

$$i_y = \frac{j \cdot \cos\alpha \cdot [R_0 + \tan\delta_0 (c + d)]}{i \cdot \cos\xi' \cdot c} \cdot \left[\frac{c}{R_0 + \tan\delta_0 \cdot (c + d)} + \right.$$
$$\left. + \frac{1}{\cot\beta - \tan\delta_0} + \frac{\tan\alpha}{1 - \tan\delta_0 \cdot \tan\beta} \right]$$

$$i_y = \frac{230 \cdot 0{,}9962 \cdot (28 + 0{,}1228 \cdot 394)}{170 \cdot 0{,}9986 \cdot 215} \cdot \left[\frac{215}{28 + 0{,}1228 \cdot 394} + \right.$$

$$\left. + \frac{1}{7{,}115 - 0{,}1228} + \frac{0{,}0875}{1 - 0{,}1228 \cdot 0{,}1405}\right]$$

$$i_y = 1{,}44 \qquad \text{und damit} \qquad F_w = 272 \cdot 1{,}44 = 391 \text{ kp}$$

Mit den bekannten Lenkermaßen i und j, der Federlänge L_w und dem Abweichungswinkel ξ' erfolgt nach den Gleichungen des Abschnittes 6.6.5 die Bestimmung der Nutzlänge L_n und des Verkürzungsweges Δf_F der Feder. Die als Rechengröße benötigte Strecke q ist

$$q = \sqrt{L_w^2 + i^2 - 2 \cdot L_w \cdot i \cdot \sin \xi'}$$
$$= \sqrt{250^2 + 170^2 - 2 \cdot 250 \cdot 170 \cdot 0{,}0523}$$

$$q = 295 \text{ mm} \qquad \text{und hiermit} \qquad \sin \omega_0 = \frac{L_w}{q} \cdot \cos \xi' = 0{,}845$$

Der Winkel zwischen dem Lenker und der Strecke q beträgt somit in Normalstellung $\omega_0 = 57° 40'$ und eingefedert

$$\omega_2 = \omega_0 - \Delta a = \omega_0 - a_2 + a_0 = 57° 40' - 15° 30' + 5°$$
$$\omega_2 = 47° 10'$$

Mit ω_2 wird die Nutzlänge L_n

$$L_n = \sqrt{q^2 + i^2 - 2 \cdot q \cdot i \cdot \cos \omega_2}$$
$$= \sqrt{295^2 + 170^2 - 2 \cdot 295 \cdot 170 \cdot 0{,}68}$$
$$L_n = 218 \text{ mm}$$

und der Differenzweg $\Delta f_F = L_w - L_n = 32 \text{ mm}$.

Die auf das **Rad** bezogene **Federrate** beträgt $c_{2v} = 11$ kp/cm und hiermit die an der **Feder** vorhandene nach Gleichung (1a) aus Abschnitt 7.1.7: $c_F = c_{2v} \cdot i_x \cdot i_y$. Die Wegübersetzung i_x ist nach Gleichung (2):

$$i_x = \frac{b}{a \cdot \cos \xi} \qquad \text{und} \qquad i_x = \frac{j}{i \cdot \cos (\xi' + a_0)}$$

mit den Formelzeichen dieses Beispiels.
Die Zahlenwerte eingesetzt sind:

$$i_x = \frac{230}{170 \cdot \cos (3° + 5°)} \qquad i_x = 1{,}36$$

$$\text{und} \qquad c_F = 11 \cdot 1{,}36 \cdot 1{,}44 \qquad c_F = 21{,}5 \text{ kp/cm}$$

Die Federkraft wird damit:

$$F_{max} = F_w + \Delta F = F_w + \Delta f_F \cdot c_F = 391 + 3{,}2 \cdot 21{,}5$$
$$F_{max} = 460 \text{ kp}$$

Für die Weiterrechnung erforderlich ist die Federkraftkomponente $F_{v2} = F_{max} \cdot \cos \xi_2'$ unter Berücksichtigung des Winkels ξ_2' „voll eingefedert":

$$\cos \xi_2' = \frac{q}{L_n} \cdot \sin \omega_2 = \frac{295}{218} \cdot 0{,}733 \qquad \xi_2' = 7° 15'$$

$$F_{v2} = 460 \cdot 0{,}992 = 456 \text{ kp}$$

Nach Bild 6.6./21 ergibt sich die Anschlagkraft E mit folgender Gleichung:

$$E = \frac{A_{v2} \cdot j - F_{v2} \cdot i}{m} = \frac{629 \cdot 230 - 456 \cdot 170}{120}$$

$$E = 557 \text{ kp}$$

Durch die Anordnung weiter ihnen ist die vom Anschlag mit $E = 557$ kp aufzunehmende Kraft größer als die max. Federkraft, die $F_{max} = 460$ kp beträgt.

6.6.7. Beim Abbremsen entstehende Kräfte (Fall 5)

Befindet sich die Vorderrad**bremse außen** im Rad, so können bei Kraftschlußbeiwerten bis $\mu_K = 1,25$ größere Beanspruchungen in der Radaufhängung auftreten als beim Fahren auf sehr schlechter Straßendecke. Zur Berechnung der Kräfte in den Radgelenken A und B wird bei sich in **Normalstellung** befindendem Fahrzeug angesetzt:

die Längskraft $\qquad L_B = \mu_K \cdot N_v \qquad$ und

die obere Hochkraft $\qquad N'_{vo} = k_1 \cdot N_v - \dfrac{U_v}{2}$;

Seitenkräfte sind nur in geringem Maße vorhanden und können vernachlässigt werden.

Die Bestimmung der (zum Unterschied zu den vorherigen Berechnungen mit „Index 5" bezeichneten) Reaktionskräfte muß wieder in den beiden senkrecht zueinander stehenden Ansichten erfolgen. Zuerst erfolgt in der **Rückansicht** die Berechnung von A_{x5}, A_{y5}, B_{x5} und B_{y5} als Funktion von N'_{vo}. Stützt sich die Feder auf dem unteren Lenker ab, entspricht die Statik Bild 6.6./6 und befindet sich diese auf dem oberen, der in Bild 6.6./18 gezeigten, jedoch ohne S_1. Alle vorhergehenden Berechnungen betrafen den fahrenden Wagen, d. h., der dynamische Halbmesser r_{dyn} des Reifens ging in die Länge der Strecke d ein, die, wie in den Bildern zu sehen, die Lage des unteren Kugelgelenkes B über dem Boden angibt. Die Berechnung der beim Bremsen auftretenden Kräfte setzt Geschwindigkeiten gegen Null voraus; hinzu kommt noch ein Eindrücken des Reifens durch die Lasterhöhung. Es muß somit der **statische Reifenhalbmesser** r_{stat} bei der senkrechten Strecke d_5 Berücksichtigung finden. Die Verringerung der Höhe hat eine geringfügige Verlängerung des Lenkrollhalbmessers zur Folge, und dies wiederum, daß die beiden waagerechten Strecken a und b sich (trotz Verkürzung von d auf d_5) nicht verändern. Als zweiter Schritt erfolgt in der **Seitenansicht** die Ermittlung der Kräfte A_{z5} und B_{z5}, und zwar als Funktion der Bremskraft L_B und der jetzt bekannten Y-Kräfte. Zu beachten hierbei wäre lediglich, daß, wie in Bild 4.9./1 zu sehen, die Bremskraft L_B um die Strecke

$$a_B = R_0 \cdot \cos \delta_0 \cdot \sin \delta_0$$

unter dem Boden zu liegen kommt, wenn der Lenkrollhalbmesser $R_0 > 0$. Die anhand des Bildes 6.6./24 aufgestellte Momentengleichung mit Drehpunkt A hat die Kraft B_{z5} als Ergebnis:

$$B_{z5} = \frac{L_B(c + d_5 + a_B) - N'_{vo} \cdot e + B_{y5} \cdot f}{c}$$

und damit wird: $\qquad A_{z5} = B_{z5} - L_B$

Bild 6.6./24 Bei außenliegender Bremse in der Radaufhängung entstehende Kräfte. Ist der Lenkrollhalbmesser R_0 größer als Null, so muß die Bremskraft L_B als um den Betrag $a_B = R_0 \cdot \cos \delta_0 \cdot \sin \delta_0$ unter dem Boden liegend betrachtet werden. Langsame Geschwindigkeiten haben eine Verringerung des dynamischen Reifenhalbmessers zur Folge, wodurch die Punkte A und B etwas nach unten gehen, berücksichtigt in der Strecke d_5.

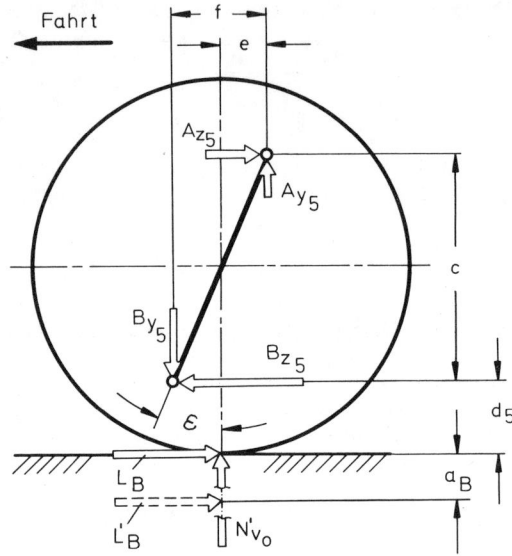

Besitzt das Fahrzeug keinen **Nachlauf,** entfallen in der Gleichung für B_{z5} die beiden letzten Glieder über dem Bruchstrich. Die die Biegebeanspruchung der Kugelzapfen hervorrufende Querkraft ergibt sich wieder aus den X- und Z-Komponenten:

$$A_{5\,quer} = \sqrt{A_{x5}^2 + A_{z5}^2} \quad \text{und} \quad B_{5\,quer} = \sqrt{B_{x5}^2 + B_{z5}^2}$$

Nähere Einzelheiten enthält das Rechenbeispiel im folgenden Abschnitt.

Bei **innen** am Differential sich befindender **Bremse** wird die Kraft B_{z5} wesentlich kleiner. Wie in Abschnitt 4.9 beschrieben und in den Bildern 6.6./16 und 6.6./18 für L_A gezeigt, ist in diesem Fall die Längskraft als um den Betrag $a_L = R_2 \cdot \sin \delta_0$ **unter** der **Radmitte** liegend zu betrachten. Die Statik entspricht dadurch der in diesen Bildern gezeigten; mit den einzigen Unterschieden, daß L_B andersherum wirkt als die dort eingezeichnete Antriebskraft L_A und die Strecken a_5, b_5 und d_5 anstelle von a, b und d einzusetzen sind. Genau wie bei außenliegender Bremse müssen auch hier zuerst die X- und Y-Komponenten in den Punkten A und B bestimmt werden. Ausgehend von den bekannten Kräften in den Radgelenken ist eine Überprüfung der **Lenkerlagerungen** (also der Punkte C_1, C_2, D_1 und D_2) erforderlich, um sowohl die Haltbarkeit als auch Nachgiebigkeit derselben beurteilen zu können. Eine zu große Elastizität kann unerwünschte Vorspuränderungen und Lenkbeeinflussung beim Bremsvorgang zur Folge haben.

Bei **außen** im Rad liegender **Bremse** wird der untere Lenker ganz besonders hoch durch die Kraft B_{z5} beansprucht, die gemeinsam mit der Komponente B_{x5} betrachtet werden muß (Bild 6.6./25). Wie in den Bildern 6.6./7a und 6.6./23 gezeigt, sind die zu Beginn ermittelten X- und Y-Kräfte zur Weiterrechnung in die U- und V-Richtung des Lenkers zu zerlegen. Die Bestimmung der Lagerkräfte D_1 und D_2 für den unteren, zusätzlich in der Seitenansicht schräg angeordneten Lenker zeigen die Bilder 6.6./9 und 6.6./10 und für den oberen, Bild 6.6./21.
Hier liegt der Lenker jedoch seitlich waagerecht.

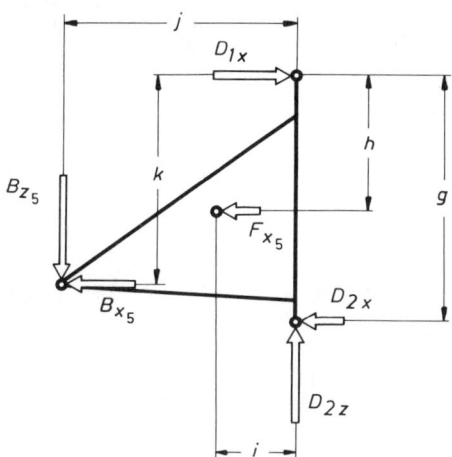

6.6.8. Rechenbeispiel (Fall 5)

Das Rechenbeispiel stellt eine Fortsetzung der Abschnitte 6.6.3 und 6.6.6 dar. Da das Fahrzeug wieder in Normalstellung betrachtet wird, sind die Zahlenwerte und außerdem folgende bereits berechnete Größen 6.6.3 zu entnehmen:

die obere Hochkraft $N'_{vo} = 380$ kp und
die Strecken $a = 76,5$ mm, $a - b = 26,4$ mm,
$e = 7,4$ mm sowie $f = 13,8$ mm

Der am Fahrzeug verwendete **Gürtelreifen** 145 SR 13 hat die Halbmesser

$$r_{dyn} = 275 \text{ mm} \quad \text{und} \quad r_{stat} = 258 \text{ mm}$$

Zwischen beiden besteht eine Differenz von $\Delta r = 17$ mm, die von dem bisher in die Rechnung eingehenden Höhenmaß $d = 179$ mm abgezogen werden muß, um d_5 zu bekommen, also

$$d_5 = d - \Delta r = 162 \text{ mm}$$

Die nach Bild 6.6./18 (ohne S_1) um den Punkt A aufgestellte Momentengleichung ergibt mit $B_{y5} = B_{x5} \cdot \tan\beta$ die Kraft B_{x5}; diese ist wegen nicht berücksichtigter Seitenkraft gleich groß wie A_{x5}:

$$B_{x5} = \frac{N'_{vo} \cdot a}{c - (a - b) \cdot \tan\beta} = \frac{380 \cdot 76,5}{215 - 26,4 \cdot 0,14}$$

$$B_{x5} = A_{x5} = 138 \text{ kp}$$

$$B_{y5} = 138 \cdot 0,14 = 19 \text{ kp} \quad \text{und}$$

$$A_{y5} = N'_{vo} + B_{y5} = 399 \text{ kp}$$

Mit B_{y5} und $L_B = 1,25 \cdot N_v = 375$ kp werden die Z-Kräfte berechnet (siehe Bild 6.6./24). Die fehlende Strecke a_B, um die die Bremskraft unter dem Boden angreift, beträgt

$$a_B = R_0 \cdot \cos \delta_0 \cdot \sin \delta_0 = 3,4 \text{ mm}.$$

$$B_{z5} = \frac{L_B (c + d_5 + a_B) - N'_{vo} \cdot e + B_{y5} \cdot f}{c}$$

$$= \frac{375 (215 + 162 + 3,4) - 380 \cdot 7,6 + 19 \cdot 13,8}{215}$$

$$B_{z5} = 650 \text{ kp} \quad \text{und}$$

$$A_{z5} = B_{z5} - L_B = 650 - 375$$

$$A_{z5} = 275 \text{ kp}$$

Das obere, die Federkräfte mit aufnehmende Traggelenk A ist beim Bremsen folgendermaßen belastet:

Querkraft $\quad A_{5\,quer} = \sqrt{A_{x5}^2 + A_{z5}^2} = \sqrt{138^2 + 275^2} = 308$ kp

Druckkraft $\quad A_{y5} \quad = 399$ kp

und das untere Führungsgelenk B:

Querkraft $\quad B_{5\,quer} = \sqrt{B_{x5}^2 + B_{z5}^2} = \sqrt{138^2 + 650^2} = 665$ kp

Zugkraft $\quad B_{y5} \quad = 19$ kp

Als abschließende Zusammenfassung enthält die Tabelle 6.6./26 die bei den einzelnen Fahrzuständen in den Radgelenken A und B auftretenden Kräfte.

Kraft in kp / Lastfall	oberes Gelenk A		unteres Gelenk B	
	Druckkraft	Querkraft	Zug- bzw. Druckkraft	Querkraft
Dauernd auftretend	427 kp	229 kp	+ 47 kp Zug - 14 kp Druck	425 kp
Fall 2 Bahnübergan.	573 kp	298 kp	101 kp Druck	407 kp
Fall 5 Abbremsung	399 kp	308 kp	19 kp Zug	665 kp

Bild 6.6./26 Bei den verschiedenen Belastungsarten in den Kugelgelenken A und B auftretende Kräfte. Beim Fall 5 „Abbremsung" wird angenommen, daß keine Seitenkraft entsteht, deshalb die geringe Druckkraft in A und Zugkraft in B. Der untere Lenker hat beim Fall 2 „Bahnübergang" eine andere Winkelstellung, der Grund für die kleinere Querkraft in B.

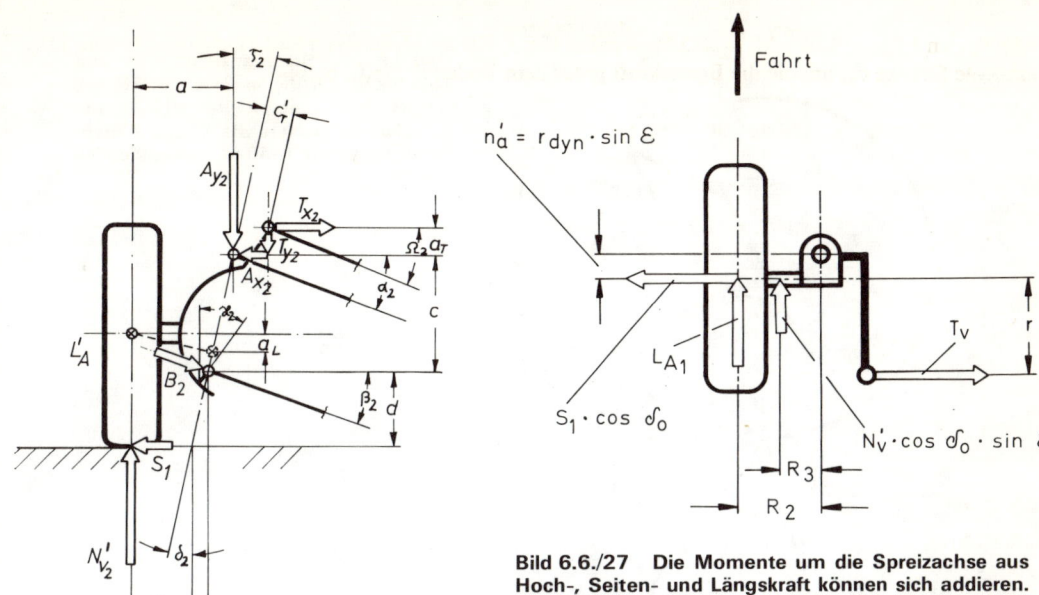

Bild 6.6./27 Die Momente um die Spreizachse aus Hoch-, Seiten- und Längskraft können sich addieren. Alle Momente stützen sich an der Spurstange ab und rufen dort die Komponente T_v hervor, die ihrerseits Reaktionskräfte in den Lenkern bewirkt.

Bild 6.6./28 Rückansicht der voll eingefederten Achse mit eingetragenen Spurstangenkräften; die Feder befindet sich auf dem oberen Lenker.

6.6.9. Einfluß von Spurstangenkräften

Hat ein Fahrzeug **Nachlauf,** so bewirken bei **ungestörter Geradeausfahrt** Hoch- und Seitenkräfte Reaktionen in den Spurstangen beider Räder, erkennbar in den Bildern 4.8./2, 4.8./3 sowie 4.11./17 bis 4.11./20 und näher erläutert im Abschnitt 8.2.1. Längskräfte, unabhängig davon, ob diese durch den Rollwiderstand W_R hervorgerufen sind oder die Antriebskraft L_A, stützen sich über den Hebelarm R_2 (siehe Bild 6.6./16a) ebenfalls an den Spurstangen ab. Das Bild 6.6./27 enthält eine Zusammenfassung der Momente, die bei **Vorderradantrieb** auftreten können und an der Spurstange die senkrecht zur Spreizachse verlaufende Kraftkomponente T_v hervorrufen würden:

$$T_v = \frac{N_v \cdot \cos \delta_0 \cdot \sin \varepsilon \cdot R_3 + L_{A1} \cdot R_2 + S_1 \cdot \cos \delta_0 \cdot r_{dyn} \cdot \tan \varepsilon}{r}$$

T_v wird um so geringer, je länger der Spurhebel r ist (siehe Abschnitt 8.3) und je kleiner der Nachlaufwinkel ε sowie der in R_2 und R_3 eingehende Lenkrollhalbmesser R_0 sind.

Das Bild 6.6./27 zeigt den seltenen Fall, daß alle am Radaufstandspunkt angreifenden Kräfte gleichdrehende Momente erzeugen; die Seitenkraft S_1 wirkt wechselnd und kann genau so gut eine entgegengesetzte Richtung haben. Bei **Hinterradantrieb** ist die Rollwiderstandskraft $W_R = f_R \cdot N_v$ von vorn nach hinten gerichtet, es entsteht hierdurch ebenfalls ein Gegenmoment.

Diese kurze Betrachtung zeigt bereits, daß die Summe der Momente um die Lenkungsdrehachse sich laufend ändert und häufig Null wird. Messungen haben außerdem ergeben, daß die Spur-

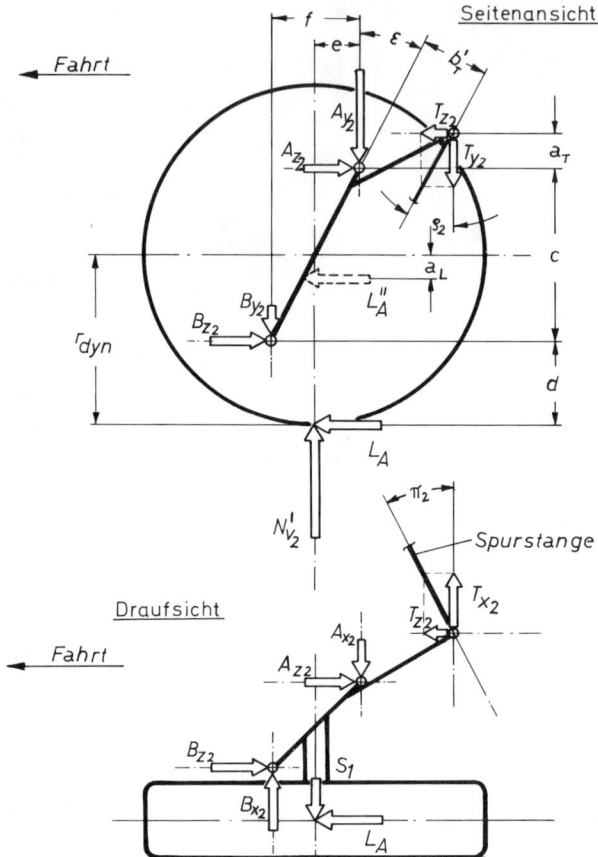

Bild 6.6./29 Seitenansicht und Draufsicht auf die in Bild 6.6./28 voll eingefedert dargestellte Achse mit sämtlichen gleich in die X- und Z-Richtung zerlegten Kräften (einschließlich der Spurstangenkraft T).

stangenkräfte bei ungestörter Geradeausfahrt auf einer den Dauerfestigkeitsberechnungen zugrunde gelegten Straßendecke verhältnismäßig klein sind. Zwei Gründe sprechen somit dafür, diese zu **vernachlässigen,** um einfachere Gleichungen zu bekommen. Anders sieht es bei **Zeitfestigkeitsbetrachtungen** aus. Extreme Fahrweise hat weit größere Kräfte am Radaufstandspunkt zur Folge, und wenn diesen ein verhältnismäßig großer Hebelarm R_2, R_3 bzw. n_a' zur Verfügung steht, können erhebliche Momente und Spurstangenkräfte über 300 kp entstehen. Die Größenordnung hängt wieder von der Länge r des Spurhebels ab und außerdem von der Schräglage der Spurstange bei dem jeweiligen Fahrzustand. Das Bild 6.6./28 zeigt die in den vorhergehenden Abschnitten berechnete Radaufhängung in dem Zustand **voll eingefedert** mit allen an den einzelnen Punkten angreifenden Kräften. Diese sind teilweise gleich in die X- und Y-Richtung zerlegt. Das folgende Bild 6.6./29 enthält die Drauf- und Seitenansicht. Beide Bilder lassen den zusätzlichen Aufwand erkennen, den die Berücksichtigung einer **räumlich** schräg liegenden Spurstange auslösen würde. Eine mit den Werten des vorhergehenden Rechenbeispiels durchgeführte Kontrolle hat Kraftschwankungen um 2% in A bzw. B ergeben, verbunden mit der großen Gefahr sich einschleichender Fehler. Abhängig ist die Größe der Änderung von der Höhenlage der Spurstange; liegt diese verhältnismäßig tief, beeinflußt sie vorwiegend die Kräfte im unteren Gelenk B, befindet sie sich weiter oben (wie in Bild 6.6./28 zu sehen), die in A.

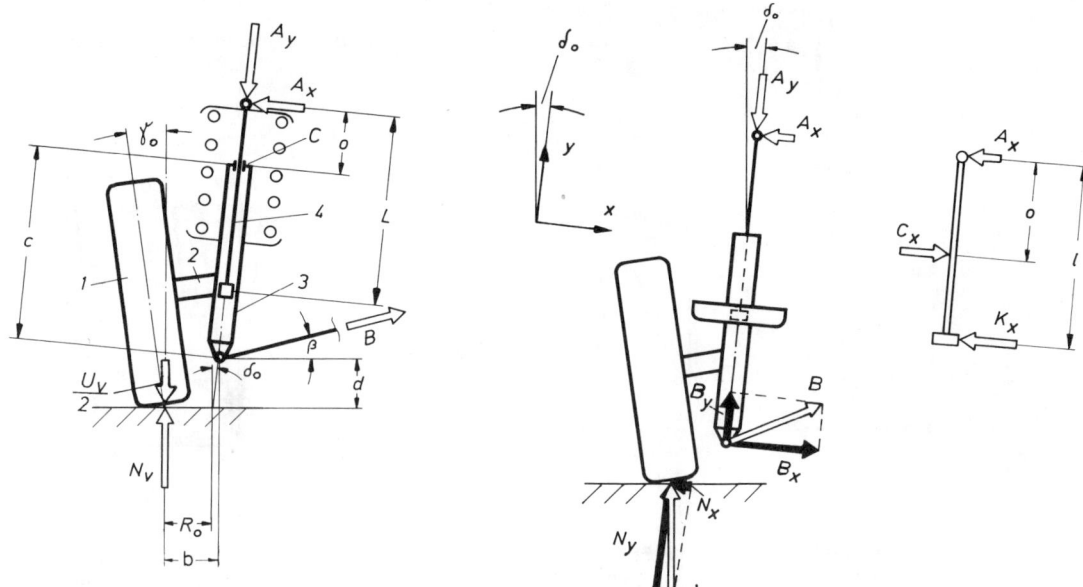

Bild 6.7./1 Bei stehendem Fahrzeug am Mc-Pherson-Federbein vorhandene Kräfte sowie zur Berechnung erforderliche Strecken und Winkel.

Bild 6.7./2 Die am Mc-Pherson-Federbein angreifenden Kräfte sind in die um den Spreizwinkel δ_0 gedrehte X- und Y-Richtung zu zerlegen.

6.7. Kräfte am Mc-Pherson-Federbein

6.7.1. Bestimmung der statischen Feder- und Lagerkräfte

Rad 1, Achszapfen 2, äußeres Dämpferrohr 3 und Kolbenstange 4 (Bild 6.7./1) bilden bei der statischen Betrachtung eine Einheit gegenüber dem Kotflügel-Lagerungspunkt A und dem im Punkt B befestigten unteren Lenker. Das Bild 6.7./2 zeigt das freigemachte System mit den eingetragenen und gleich in die gewählte X- und Y-Richtung zerlegten Kräften. Das Achsenkreuz wurde in Richtung Dämpferrohr-Mittellinie und senkrecht dazu gelegt, es erscheint also um den **Spreizwinkel** δ_0 gedreht (siehe Abschnitt 4.1). Die Momentengleichung um den Punkt B lautet mit der in diesem Fall nicht zerlegten Radlast N_v' und den in Bild 6.7./1 eingetragenen Streckenbezeichnungen:

$$A_x \cdot (c + o) = N_v' \cdot b \qquad \text{also} \qquad A_x = N_v' \cdot \frac{b}{c + o}$$

$$\text{wobei} \qquad b = R_0 + d \cdot \tan \delta_0 \qquad \text{und} \qquad N_v' = N_v - \frac{U_v}{2}$$

(also statische Vorderradlast abzüglich des halben Achsgewichtes).

Die Gleichung zeigt, daß je kleiner der Lenkrollhalbmesser ist bzw. je weiter oben im Kotflügel der Punkt A angebracht sein kann (Maß $c + o$), um so geringer wird die die Kolbenstange auf Biegung beanspruchende Kraft A_x. Aus der weiteren Bedingung, Summe aller Kräfte in Y-Richtung gleich Null, ergibt sich die statische **Federkraft** F die A_y entspricht:

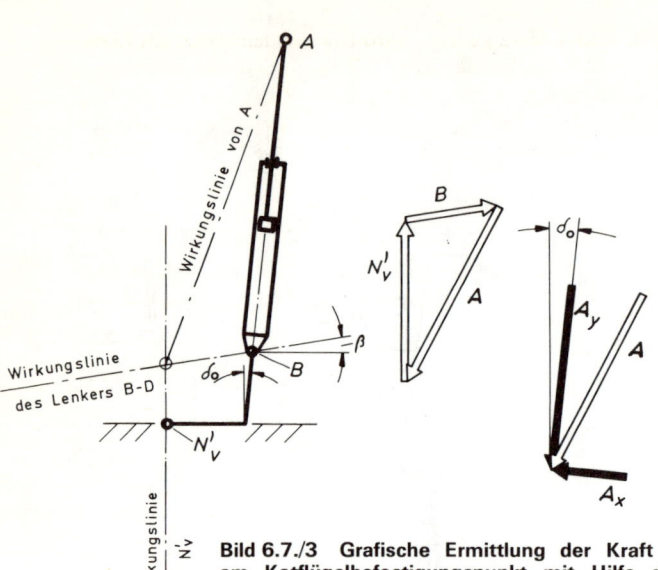

Bild 6.7./3 Grafische Ermittlung der Kraft *A* am Kotflügelbefestigungspunkt mit Hilfe der Wirkungslinien der Hochkraft N_v' und des Lenkers. Letztere ist eine Verlängerung der verbundenen Mitten der Drehpunkt *B* und *D*.

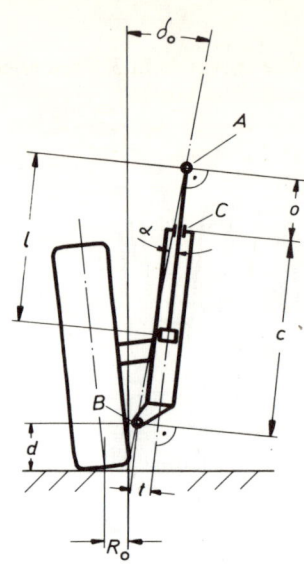

Bild 6.7./4 Zur Verkleinerung des Lenkrollhalbmessers R_0 kann das untere Gelenk *B* um den Betrag *t* aus der Dämpfermitte heraus zum Rad verschoben werden; hierdurch entsteht der Winkel *a* zwischen Spreizachse *AB* und Dämpfermittellinie *AC*.

$$A_y = N_y + B_y = F \quad \text{mit} \quad N_y = N_v' \cdot \cos \delta_0 \quad \text{sowie}$$
$$B_y = B_x \cdot \tan (\beta + \delta_0)$$

(siehe auch Gleichung 6 in Abschnitt 7.1.7: $F = i_y \cdot N_v'$).

Mit $\Sigma F_x = 0$ wird die noch fehlende Kraft B_x:

$$B_x = A_x + N_x \quad \text{wobei} \quad N_x = N_v' \cdot \sin \delta_0$$

Das statische **Biegemoment** in der **Kolbenstange** ist

$$M_k = A_x \cdot o$$

die Kraft C_x in der Kolbenstangenführung:

$$C_x = A_x \cdot \frac{l}{l - o} \quad \text{und am Kolben:} \quad K_x = C_x - A_x$$

Je kürzer die Strecke *o* gehalten werden kann, um so kleiner bleiben C_x und K_x und damit die **Reibung** in der Kolbenstangenführung und am Kolben. Wie in Abschnitt 7.2 anhand der gemessenen Federungs-Hysteresiskurven 7.2./6 und 7.2./8 beschrieben, geht die Reibungskraft — hier $C_x \cdot \mu_1 + K_x \cdot \mu_2$ — mit in die **Dämpfung** ein und wirkt federungsverhärtend.

Noch einfacher als rechnerisch lassen sich häufig Kräfte **grafisch** bestimmen. Wie rechts stehend in Bild 6.7./3 zu sehen, ist die mit Hilfe der bekannten Wirkungslinien von N_v' und des Lenkers $B - D$ ermittelte Kraft *A* lediglich noch in Richtung der Dämpfermittellinie und senkrecht dazu zu zerlegen, um A_x und A_y — also Lager- und Federkraft — zu bekommen.

Wie in Abschnitt 3.5 beschrieben und in Bild 4.4./12 gezeigt, wird zur Verkleinerung des **Lenk-rollhalbmessers** R_0 bei Fronttrieblern das Kugelgelenk B gern aus der Dämpfermittellinie heraus zum Rad verschoben, und zwar um die Strecke t (Bild 6.7./4). Zwischen Spreiz- und Dämpferachse ergibt sich dadurch der Winkel α, der sich mit Hilfe der eingetragenen Strecken errechnen läßt:

$$\tan \alpha = \frac{t}{c + o}$$

Das nächste Bild 6.7./5 zeigt die in Richtung der Dämpferachse — also um den Winkel $\delta_0 - \alpha$ — zerlegten Kräfte N'_v, B und A. Die Momentengleichung — in diesem Fall um Punkt A — ist:

$$N'_v \cdot b + B_y \cdot t - B_x \cdot (c + o) = 0$$

Bild 6.7./5   Bei um den Weg t zum Rad verschobenem, unterem Gelenk B sind alle Kräfte um den Winkel $\delta_0 - \alpha$ zu zerlegen.

Bild 6.7./6   Die senkrecht zur Kolbenstange wirkende und diese auf Biegung beanspruchende Kraft A_x läßt sich beseitigen, wenn die Feder — dargestellt durch die in deren Mitte wirkende Kraft A_y — um den Weg s soweit nach außen verschoben wird, daß ihre Wirkungslinie den Schnittpunkt M der Kraftlinien von N'_v und B trifft.

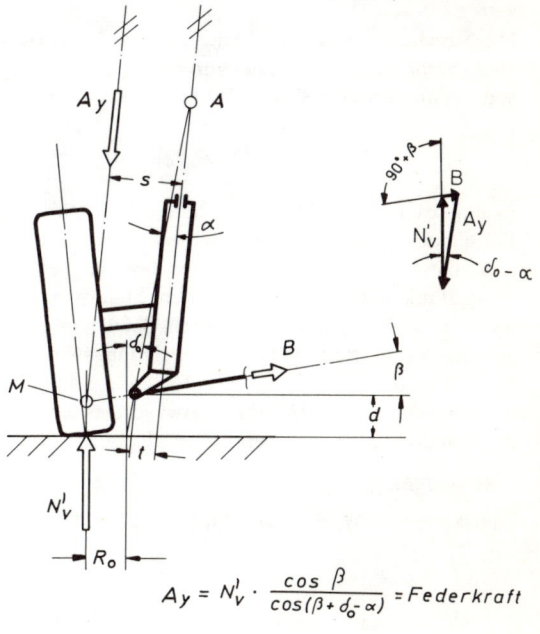

$$A_y = N'_v \cdot \frac{\cos \beta}{\cos (\beta + \delta_0 - \alpha)} = Federkraft$$

$$B = N'_v \cdot \frac{\sin (\delta_0 - \alpha)}{\cos (\beta + \delta_0 - \alpha)} = Lenkerkraft$$

Hierin eingesetzt

$$b = R_0 + d \cdot \tan \delta_0 + t \cdot \cos (\delta_0 - \alpha) + (c + o) \cdot \sin (\delta_0 - \alpha)$$

und mit

$$B_y = B_x \cdot \tan (\beta + \delta_0 - \alpha)$$

läßt sich B_x berechnen. Die Radlast $N_v' = N_v - \dfrac{U_v}{2}$ wird anschließend in

$$N_x = N_v' \cdot \sin (\delta_0 - \alpha) \qquad \text{und} \qquad N_y = N_v' \cdot \cos (\delta_0 - \alpha)$$

zerlegt, um die Federkraft A_y und die Lagerkraft A_x zu bekommen (siehe auch Gleichung (8) in Abschnitt 7.1.7). Wie zuvor angeführt, soll letztere bei der Radlast, die einer Fahrzeugbesetzung mit zwei Personen entspricht, klein, wenn konstruktiv möglich, sogar Null sein. Wie im folgenden Bild 6.7./6 längenmäßig übertrieben zu sehen, wäre die Bedingung A_x und damit auch C_x und $K_x = 0$ erfüllt, wenn die Schraubenfeder soweit nach außen verschoben werden kann, daß deren Mittellinienverlängerung den Schnittpunkt M der Wirkungslinien von N_v' und B trifft. Bei Erfüllung dieser Voraussetzung lassen sich die Kräfte B und F leicht nach dem Sinussatz berechnen; wie rechtsstehender Plan zeigt, sind alle Winkel des zu bildenden Kraftecks bekannt:

$$\text{Federkraft} \qquad F = A_y = N_v' \cdot \frac{\cos \beta}{\cos (\beta + \delta_0 - \alpha)}$$

$$\text{Lenkerkraft} \qquad B = N_v' \cdot \frac{\sin (\delta_0 - \alpha)}{\cos (\beta + \delta_0 - \alpha)}$$

Die **Strecke** s, um die die Feder nach außen **versetzt** werden muß, ist der Zeichnung zu entnehmen. Steht diese nicht zur Verfügung, kann s auch berechnet werden; hierzu dient eine **gesondert** angefertigte Skizze (Bild 6.7./7):

$$s = t + (R_0 + d \cdot \tan \delta_0) \cdot \frac{\cos (\beta + \delta_0 - \alpha)}{\cos \beta}$$

Gelingt es, t und R_0 klein zu halten, so dürfte die Federversetzung sich in Grenzen halten.
Bei einigen Pkw dienen **Torsionsstabfedern** zur Abfederung (siehe Bilder 3.5./9 und 3.5./10), d. h., die Federkräfte müssen vom **unteren** Lenker übertragen werden. In diesem Fall entsprechen Statik und Rechenansatz den Bildern 6.6./1 und 6.6./6, lediglich mit dem Unterschied, daß die Kraft A_x jetzt am oberen Befestigungspunkt A erscheinen muß, und zwar senkrecht zur Dämpfermittellinie. Der Abweichungswinkel von der Waagerechten ist somit nicht mehr α, sondern δ_0 bzw. $\delta_0 - \alpha$. Das folgende Bild 6.7./8 zeigt die Lage der Kraft A_x und außerdem die grafische Kräfteermittlung sowie die anschließende Zerlegung der Kraft B, erforderlich, um das von der Feder aufzunehmende Moment

$$M_F = B_v \cdot g$$

zu bekommen. M_F wird zur Auslegung des Torsionsstabes benötigt (siehe Abschnitt 7.4.6).

Bild 6.7./7 Skizze zur Berechnung des Verschiebeweges s der Feder, um zu erreichen, daß deren Wirkungslinie den Punkt M trifft.

$$r + t = \boxed{s}$$

$$r = (R_0 + d \cdot \tan \delta_0) \times$$
$$\times \frac{\cos(\beta + \delta_0 - \alpha)}{\cos \beta}$$

$$r = \overline{BM} \cdot \cos(\beta + \delta_0 - \alpha)$$

$$\overline{BM} = \overline{BO} \cdot \frac{1}{\cos \beta}$$

$$\overline{BO} = R_0 + d \cdot \tan \delta_0$$

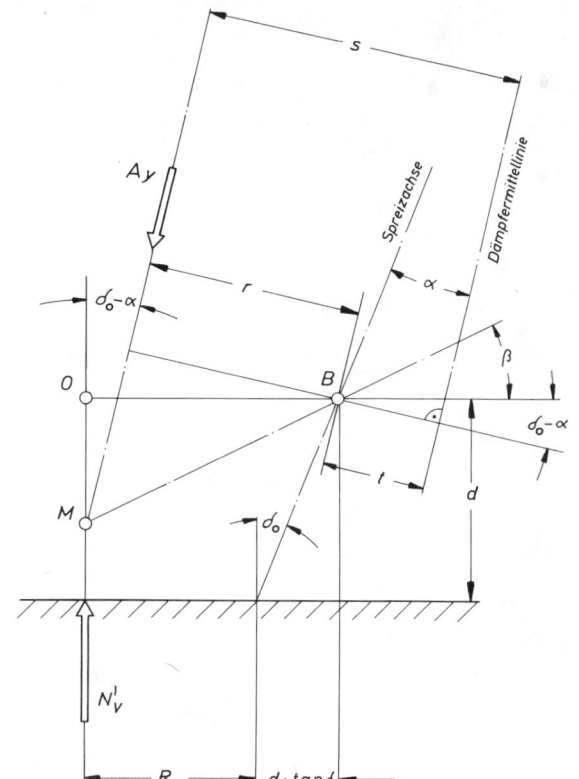

Bild 6.7./8 Grafische Ermittlung der Kräfte A_x und B bei Abfederung des Fahrzeuges durch einen im Punkt D befestigten Torsionsstab.

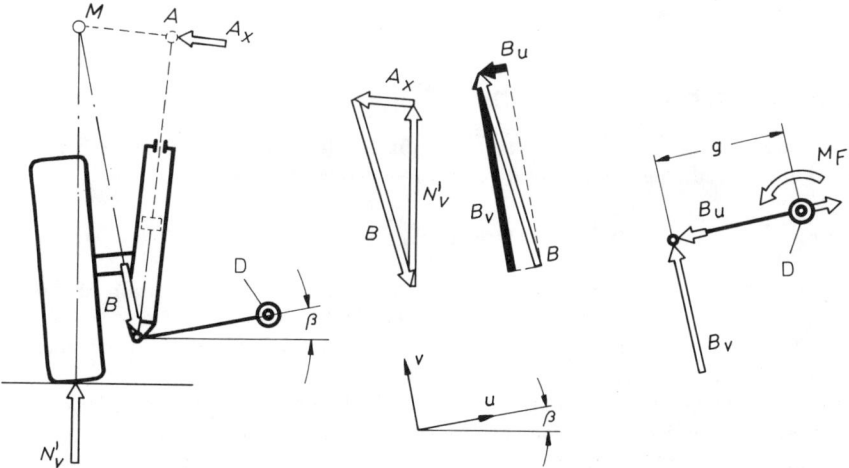

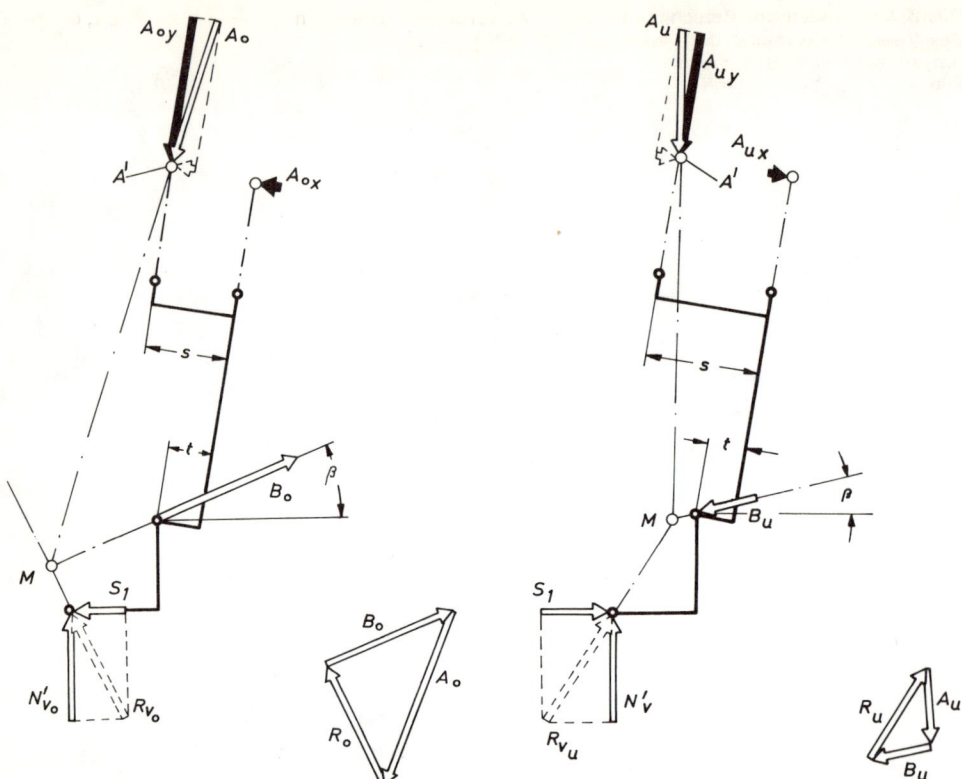

Bild 6.7./9 Grafische Bestimmung der dauernd auftretenden oberen Kräfte. Es ist die Resultierende R_{vo} aus N'_{vo} und S_1 zu bilden, berücksichtigt wurde eine Kugelgelenkversetzung um den Weg t und eine Federverschiebung um s.

Bild 6.7./10 Grafische Bestimmung der unteren, dauernd auftretenden Kräfte mit Hilfe der Resultierenden R_{vu}.

6.7.2. Dauernd vorhandene Kräfte

Das Bild 6.7./9 enthält den Lage- und Kräfteplan zur grafischen Bestimmung der **oberen Kräfte** im Kugelgelenk B und Befestigungspunkt A des Federbeines mit Hilfe einer aus

$$N'_0 = k_1 \cdot N_v - \frac{U_v}{2} \qquad \text{und} \qquad S_1 = \mu_{F1} \cdot N_v$$

gebildeten Resultierenden R_{vo} und Bild 6.7./10 das gleiche die **unteren Kräfte** betreffend. Die Resultierende R_{vu} ist aus $N'_v = N_v - U_v/2$ zu bilden. Für die Kräftepläne empfiehlt sich der Maßstab 1 cm $\hat{=}$ 20 kp und zur Abnahme der Strecken eine Gesamtzeichnung, die die Vorderachse möglichst in 1 : 1 evtl. in 1 : 2,5 verkleinert darstellt.

In beiden Bildern wird der am schwierigsten zu betrachtende Fall gezeigt: **Kugelgelenkversetzung** um den Betrag t bei zusätzlicher **Federverschiebung** (Weg s). Um die Richtung von A_o bzw. A_u zu bekommen, ist die Lagerkraft A_x durch Verschiebung mit der Federkraft A_y zum

Schnitt zu bringen und dieser Punkt mit M zu verbinden. Besteht nicht die Möglichkeit, die zur grafischen Lösung benötigten Strecken und Winkel einer Zeichnung zu entnehmen, so sind die unbekannten Kräfte B_o und A_{ox} **rechnerisch** zu ermitteln; Bild 6.7./11a zeigt den hierfür erforderlichen Plan mit den gleich in die zweckmäßige X- und Y-Richtung (um den Winkel $\delta_0 - \alpha$ gedreht) zerlegten Kräften. Die Bedingungen lauten:

$$\Sigma\, F_x = 0; \quad -N_{ox} - S_{1x} + B_{ox} - A_{ox} = 0 \qquad \text{und}$$
$$\Sigma\, F_y = 0; \quad +N_{oy} - S_{1y} + B_{oy} - A_{oy} = 0.$$

Am einfachsten ist es, die Momentengleichung um den Punkt A' aufzustellen, als Unbekannte erscheinen dann lediglich B_{ox} und B_{oy}; mit der Hilfsgleichung $B_{oy} = B_{ox} \cdot \tan \xi$ ergibt sich die Lösung. Schwierig hierbei wird jedoch das Berechnen der zu den Kräften senkrecht stehenden Strecken; wegen der bekannten Maße c, d, s, t und R_0 ist deshalb das Kugelgelenk B als Drehpunkt günstiger:

$$\Sigma\, M \text{ um } B = 0; \quad +N_o'\,(R_0 + d \cdot \tan \delta_0) + S_1 \cdot d - A_{ox}\,(c + o) - A_{oy} \cdot s = 0$$

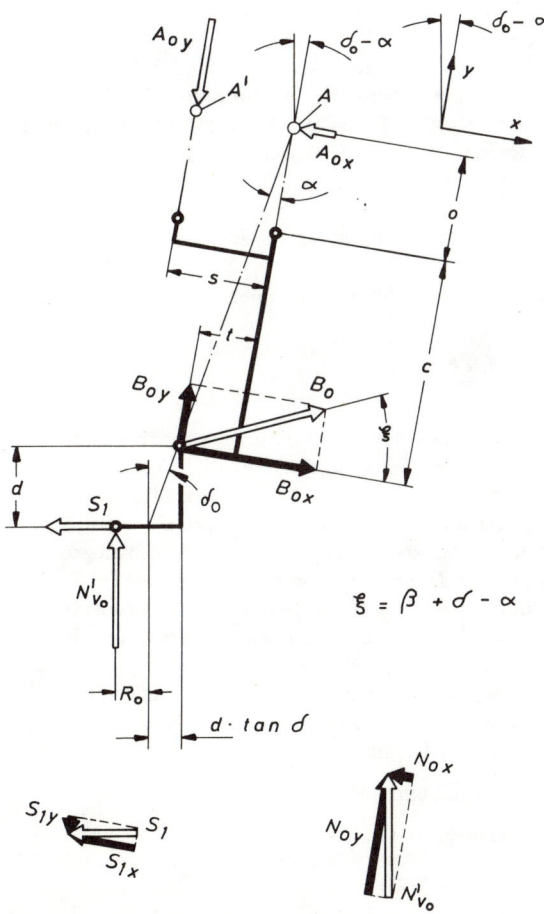

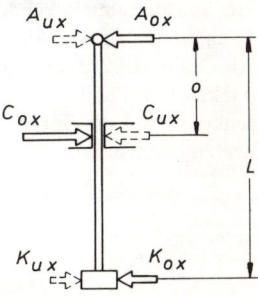

Bild 6.7./11a Zur Berechnung der in den Punkten A und B dauernd auftretenden oberen Kräfte ist eine Zerlegung in die um den Winkel $\delta_0 - \alpha$ gedrehte X- und Y-Richtung erforderlich.

Bild 6.7./11b Sind obere Kraft A_{ox} und untere A_{ux} am Kotflügelbefestigungspunkt A entgegengesetzt gerichtet, so wird die Kolbenstange wechselnd auf Biegung beansprucht.

Durch Division der beiden Summengleichungen läßt sich eine der zwei unbekannten Kräfte (A_{ox} oder A_{oy}) beseitigen:

$$\frac{B_{oy}}{B_{ox}} = \tan \xi = \frac{S_{1y} + A_{oy} - N_{oy}}{S_{1x} - A_{ox} + N_{ox}}$$

$$A_{oy} = A_{ox} \cdot \tan \xi + S_{1x} \cdot \tan \xi - S_{1y} + N_{ox} \cdot \tan \xi + N_{oy} \qquad \text{hierin ist}$$

$$S_{1x} = S_1 \cdot \cos(\delta_0 - \alpha),\ S_{1y} = S_1 \cdot \sin(\delta_0 - \alpha),$$

$$N_{ox} = N_o' \cdot \sin(\delta_0 - \alpha) \quad \text{und} \quad N_{oy} = N_o' \cdot \cos(\delta_0 - \alpha).$$

Auf die gleiche Weise erfolgt die Berechnung von B_u und A_{ux}; zu beachten ist lediglich, daß wegen des Ineinanderschachtelns dreier Gleichungen alle Kräfte in ihrer tatsächlichen **Wirkungsrichtung** eingetragen sein müssen. Mit den nunmehr bekannten Kräften A_{ox} und A_{ux} wird anschließend das in der **Kolbenstange** dauernd auftretende **Biegemoment** berechnet. Haben beide Kräfte die **gleiche** Richtung, so liegt **schwellende** Belastung vor, und die Rechnung ist nur mit A_{ox} durchzuführen, also

$$M_k = A_{ox} \cdot o$$

Bei dem Beispiel sind B_o und B_u sowie A_{ox} und A_{ux} **entgegengesetzt** gerichtet (Bild 6.7./11b), d. h., unteres Kugelgelenk und Kolbenstange werden **wechselnd beansprucht.** Um die Biegespannung zu bekommen, sind obere und untere Kraft auf eine Wechselkraft zurückzuführen, die mit der Strecke o multipliziert das Biegemoment ergibt (siehe Abschnitt 6.3.4):

$$M_{kw} = (0{,}58 \cdot A_{ox} + 0{,}42 \cdot A_{ux}) \cdot o$$

A_{ux} hat als entgegengesetzt zu A_{ox} gerichtete Kraft ein **negatives** Vorzeichen, d. h., vor 0,42 wird dasselbe **positiv.**

Abschließend ist zu kontrollieren, ob die vorhandene Spannung unter der **zulässigen** liegt (siehe Abschnitt 6.3.1):

$$\sigma_{b\,vorh} = \frac{M_{kw}}{W_b} \leq \sigma_{b\,zul} = \frac{0{,}6 \cdot \sigma_B \cdot b_1 \cdot b_2}{\beta_{kb} \cdot v}$$

Die Nabenpressung β_{Nb} entfällt; der Wert 0,6 gilt bei **Oberflächenhärtung,** erforderlich in Verbindung mit Hartverchromung an Stoßdämpfer-Kolbenstangen, um die Dichtigkeit des Dämpfers über einen größeren Zeitraum sicherzustellen (siehe Tabelle 6.3./1b).

Auf die gleiche Art ist die im unteren **Kugelgelenk** dauernd wechselnd bzw. schwellend auftretende Kraft B zu bestimmen, um anhand dieser die Abmessungen des Gelenkes festlegen und den unteren **Lenker** sowie dessen innere Lagerungen D_1 und D_2 berechnen zu können.

Hat das zu untersuchende Fahrzeug **Nachlauf** oder aber handelt es sich um einen **Fronttriebler,** so entstehen an den Aufhängungspunkten zusätzliche Kräfte in Fahrzeuglängsrichtung. Wie in Abschnitt 6.6.2 anhand der Bilder 6.6./16a und 6.6./18 beschrieben, muß die am Aufstandspunkt des rollenden Rades vorhandene Antriebskraft L_{A1} zuerst zur Radmitte und von dieser senkrecht auf die Spreizachse verschoben werden, um die z-Komponenten in A und B berechnen zu können. Die **Antriebskraft** kommt dadurch als L_A'' um den Betrag

$$a_L = R_2 \cdot \sin \delta_0 \quad (R_2,\ \text{siehe Abschnitte 6.6.2 und 4.9})$$

unter der Radmitte zu liegen. Zusätzlich zu verschieben ist die **Seitenkraft** S_1, die in der Höhe

$$n_s = n_a' \cdot \sin \varepsilon = r_{dyn} \cdot \sin^2 \varepsilon$$

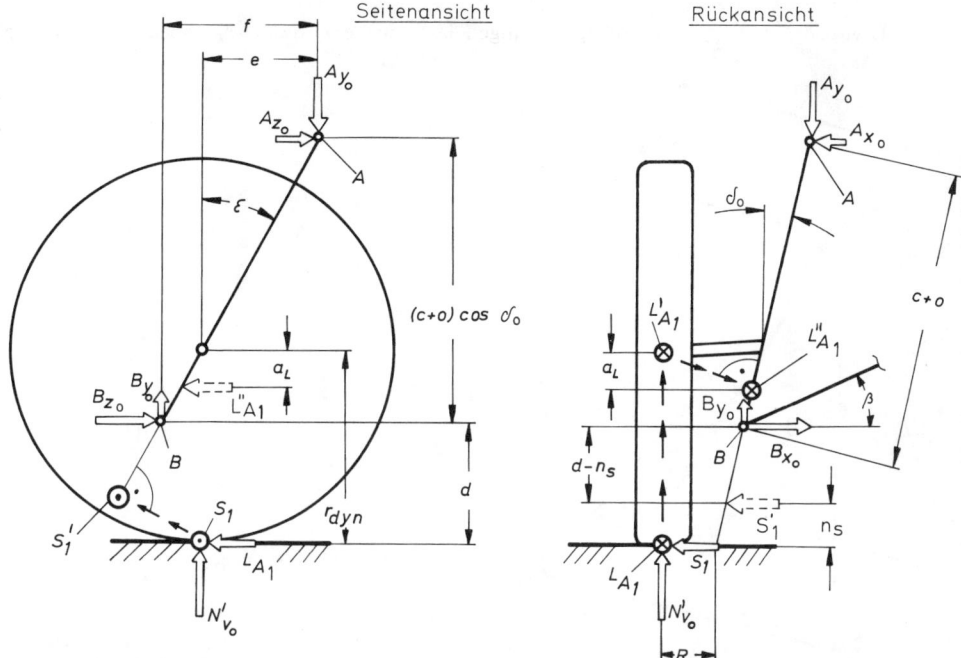

Seitenansicht   Rückansicht

Bild 6.7./12a Seiten- und Rückansicht, erforderlich zur Bestimmung der Kräfte in Z-Richtung. Diese sind vorhanden, wenn das Mc-Pherson-Federbein entweder in der Seitenansicht um den Winkel ϵ schräg steht, um Nachlauf zu erreichen oder die Antriebskraft L_A berücksichtigt werden muß (bzw. wie im Bild dargestellt, beides). Die Seitenkraft S_1 ist als um den Betrag $n_s = r_{dyn} \cdot \sin^2 \epsilon$ über dem Boden angreifend zu betrachten.

über dem Boden als an der Spreizachse angreifend betrachtet werden muß (Bild 6.7./12a, n_a' siehe Bild 4.8./3).

Die zur Bestimmung von B_{zo} erforderliche **Hochkraftkomponente** ergibt sich aus der in dem Bild gezeigten **Rückansicht** über den Zusammenhang $B_{xo} = B_{yo} \cdot \cot \beta$ und mit Hilfe einer Momentengleichung um A:

$$B_{yo} = \frac{N_{vo}' \left[R_0 + d \cdot \tan \delta_0 + (c + o) \cdot \sin \delta_0 \right] + S_1 \cdot \left[(d - n_s) + (c + o) \cdot \cos \delta_0 \right]}{(c + o) \cdot (\cot \beta \cdot \cos \delta_0 - \sin \delta_0)}$$

Die Richtung der in der **Seitenansicht** erkennbaren Längskraft A_{zo} liegt nicht eindeutig fest, deshalb wird mit gleichem Drehpunkt A zuerst B_{zo} bestimmt:

$$B_{zo} = \frac{B_{yo} \cdot f + L_{A1} \cdot \left[(c + o) \cdot \cos \delta_0 + d - (r_{dyn} - a_L) \right] + N_{vo}' \cdot e}{(c + o) \cdot \cos \delta_0}$$

Hierin sind: $e = \left[(c + o) \cdot \cos \delta_0 + d) \right] \cdot \tan \varepsilon$

und $f = (c + o) \cdot \cos \delta_0 \cdot \tan \varepsilon$

Am Punkt A greifen drei zum **Boden** ausgerichtete Kräfte an (Bild 6.7./12b):

$$A_{xo} = B_{xo} - S_1, \qquad A_{yo} = B_{yo} + N_o' \qquad \text{und} \qquad A_{zo} = L_{A1} - B_{zo},$$

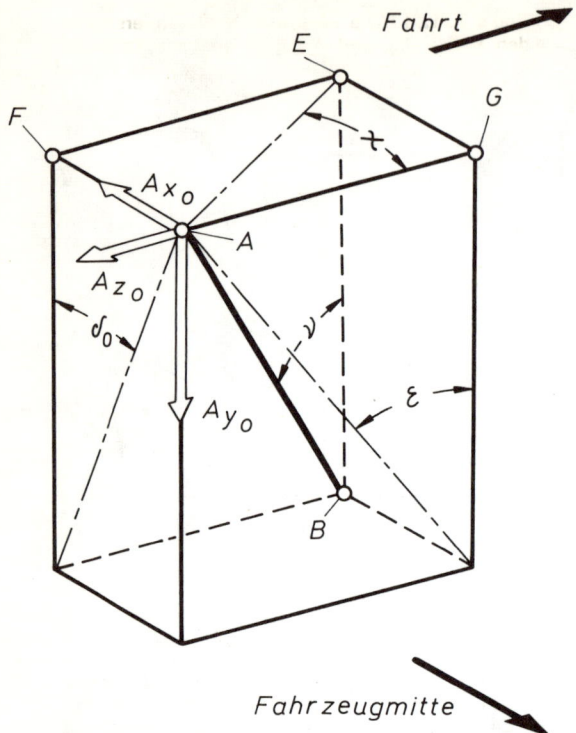

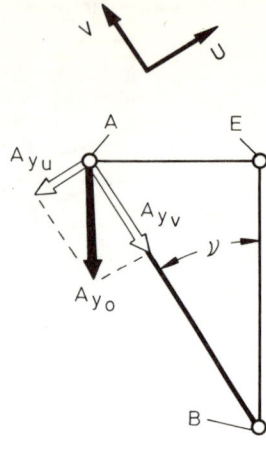

$$A_{yu} = A_{yo} \cdot \sin \nu$$

$$A_{yv} = A_{yo} \cdot \cos \nu$$

$$\tan \nu = \sqrt{\tan^2 \delta_0 + \tan^2 \varepsilon}$$

Bild 6.7./12b Bei Nachlauf bzw. vorhandener Antriebskraft sind am Kotflügelbefestigungspunkt A die drei senkrecht aufeinanderstehenden Kraftkomponenten A_{xo}, A_{yo} und A_{zo} vorhanden.

Bild 6.7./12c Die Komponente A_{yo} ist in Richtung der Spreizachse $A-B$ und senkrecht dazu mit Hilfe des Raumwinkels ν zu zerlegen.

die bezogen auf die Verbindungslinie $A-B$ und senkrecht dazu zerlegt werden müssen bzw. in drei durch die Mittellinie des Dämpfers bestimmte Ebenen, wenn das untere Kugelgelenk in der Rückansicht (siehe Bild 6.7./4) oder in der Seitenansicht (siehe Bild 4.11./28) aus der Mitte verschoben wurde. Die senkrechte Kraft A_{yo} ist hierbei allein zu betrachten und um den Raumwinkel ν in die U- und V-Komponente aufzuteilen (Bild 6.7./12c). Mit

$$\tan \nu = \sqrt{\tan^2 \delta_0 + \tan^2 \varepsilon} \quad \text{werden:} \quad A_{yu} = A_{yo} \cdot \sin \nu \quad \text{und}$$

$$A_{yv} = A_{yo} \cdot \cos \nu.$$

Die Kräfte A_{xo} und A_{yo} sind zusammenzufassen und zuerst um den in der Draufsicht des Bildes 6.7./12b gezeigten Winkel $\varkappa$ in die S- und T-Richtung zu zerlegen. Mit $\tan \varkappa = \tan \delta_0 / \tan \varepsilon$ ergibt sich nach Bild 6.7./12d:

$$A_{xs} = A_{xo} \cdot \sin \varkappa, \qquad A_{xt} = A_{xo} \cdot \cos \varkappa,$$

$$A_{zs} = A_{zo} \cdot \cos \varkappa, \qquad A_{zt} = A_{zo} \cdot \sin \varkappa,$$

und hiermit: $A_s = A_{zs} - A_{xs}$ sowie $A_t = A_{zt} + A_{xt}$

126 Kräfte am Mc-Pherson-Federbein

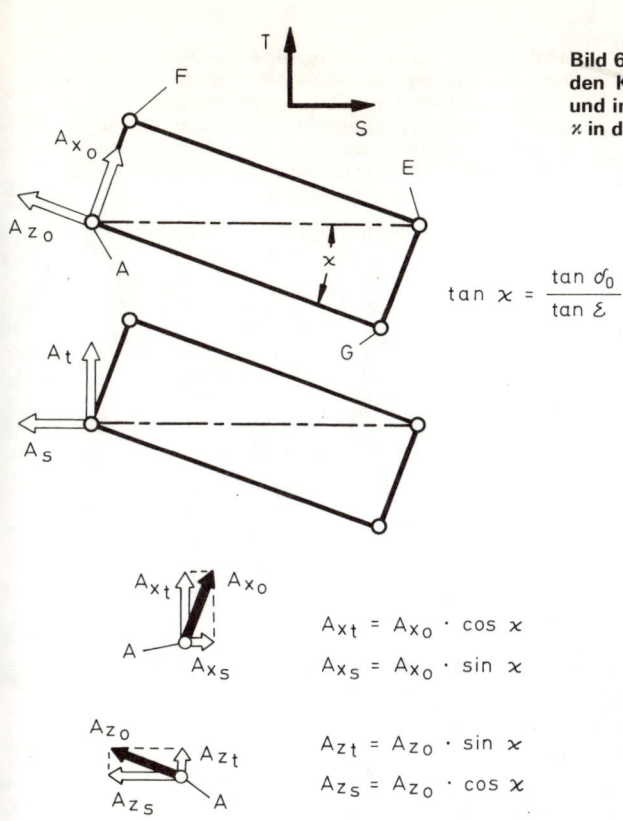

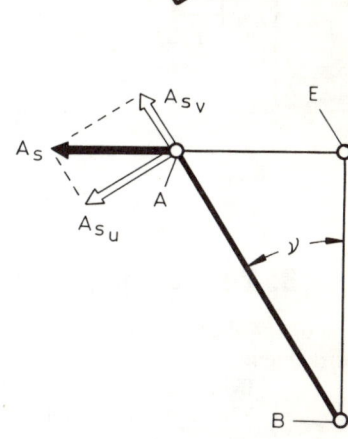

Bild 6.7./12d Die senkrecht aufeinanderstehenden Kräfte A_{xo} und A_{zo} sind zusammenzufassen und in Richtung der Strecke $A-E$ um den Winkel $\varkappa$ in die S- und T-Richtung zu zerlegen.

$$\tan \varkappa = \frac{\tan \sigma_0}{\tan \varepsilon}$$

$$A_{xt} = A_{xo} \cdot \cos \varkappa$$
$$A_{xs} = A_{xo} \cdot \sin \varkappa$$

$$A_{zt} = A_{zo} \cdot \sin \varkappa$$
$$A_{zs} = A_{zo} \cdot \cos \varkappa$$

$$A_s = A_{zs} - A_{xs} \qquad A_t = A_{xt} + A_{zt}$$

Bild 6.7./12e Die Komponente A_s ist nochmals zu zerlegen, und zwar in Richtung der Spreizachse $A-B$ und senkrecht dazu.

Die Kraft A_s ist in die U- und V-Komponenten weiter aufzuteilen (Bild 6.7./12e):

$$A_{su} = A_s \cdot \cos \nu \qquad \text{und} \qquad A_{sv} = A_s \cdot \sin \nu$$

A_{sv} und A_{yv} ergeben dann zusammen die Federkraft

$$F_1 = A_{yv} - A_{sv}$$

Die zweite Komponente A_{su} steht gleichgerichtet mit A_{yu} senkrecht auf der Kolbenstange. Um die auftretende Biegebeanspruchung berechnen zu können, ist A_{quer} aus beiden unter Hinzunahme der um 90° versetzt angreifenden Kraft A_t zu bilden:

$$A_{quer} = \sqrt{(A_{su} + A_{yu})^2 + A_t^2}$$

Die drei unter der Wurzel stehenden Komponenten wurden mit den **oberen Kräften** ermittelt. Wie in Abschnitt 6.6.2 beschrieben, sind zusätzlich die durch die unteren Kräfte bewirkten zu berechnen, um festzustellen, ob wechselnde oder schwellende Belastung vorliegt, bzw. um alle an einem Punkt angreifenden Kräfte zusammenfassen zu können, gezeigt in Bild 6.6./17.

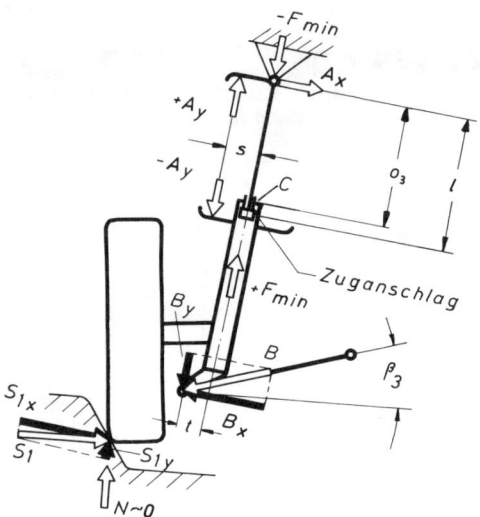

Bild 6.7./13 Bei voll ausgefedertem Rad stützt sich der auf der Kolbenstange sitzende Zuganschlag unterhalb der Kolbenstangenführung C ab. Bei nach außen verschobener Feder kann ein zusätzliches Moment entstehen, das das durch die Seitenkraft S_1 hervorgerufene verstärken würde.

6.7.3. Zeitlich begrenzt auftretende Kräfte

Um die größten Kräfte im Mc-Pherson-Federbein zu bekommen, sind wieder die drei Fälle zu betrachten:

Befahren einer Schlaglochstrecke (Fall 3),
Überfahren eines Bahnüberganges (Fall 2) und
Blockierbremsung aus $V \leqq 10$ km/h (Fall 5).

Wenn alle in der **Kolbenstange** auftretenden Biegebeanspruchungen erfaßt werden sollen, ist noch die Betrachtung eines seitlichen Formschlusses bei ganz **ausgefedertem Rad** erforderlich (Bild 6.7./13). Hierbei stützt der auf der Kolbenstange sitzende **Zuganschlag** sich an der Kolbenstangenführung, also unterhalb des Punktes C, ab (siehe Bild 7.2./20). Bei nach außen versetzter Feder entsteht ein Kräftepaar aus $+A_y$ und $-F_{min}$, das ein zusätzliches Biegemoment erzeugt. A_y und F_{min} sind jedoch nicht gleich groß, leicht erkennbar bei Betrachtung nur des Stoßdämpferzylinders mit Rad (und ohne Kolbenstange) bei Ansatz der Bedingung $\Sigma F_y = 0$:

$$F_{min} = A_y + B_y - S_{1y}$$

Die Restfederkraft F_{min} ergibt sich aus der in der Nullage vorhandenen Federkraft $F_w = i_y \cdot N_v'$ abzüglich der beim Ausfedern entstehenden Kraftdifferenz (siehe Abschnitt 7.2), also

$$F_{min} = F_w - f_{2F} \cdot c_F = F_w - i_y \cdot f_2 \cdot c_{2v}$$

f_2 ist der mögliche Ausfederweg des Rades, c_{2v} die Federrate am Radaufstandspunkt und i_y die in Abschnitt 7.1.7 näher beschriebene Übersetzung — gleichfalls für i_x zutreffend —, siehe Gleichungen (5) bis (9).
Das auftretende Biegemoment M_{k4} wäre mit

$$o_3 = o + f_2 \cdot i_x = o + f_2 \cdot \cos \delta_0$$

und bei Befestigung des oberen Federtellers an der Kolbenstange:

$$M_{k4} = A_x \cdot o_3 + A_y \cdot s$$

Kontrollrechnungen haben jedoch gezeigt, daß trotz Angreifens der Kraft A_x an dem jetzt großen Hebelarm o_3 das Biegemoment $M_{k\,4}$ kleiner bleibt als bei den üblicherweise angesetzten drei Bedingungen.

Zum Berechnen der Kräfte $A_{x\,3}$, $A_{y\,3}$ und B_3 beim **Fall 3** erscheint die Radaufhängung in Normallage; die Lösung entspricht der in den Bildern 6.7./9 und 6.7./11a gezeigten mit der einzigen Ausnahme, daß

$$S_2 = \mu_{F\,2} \cdot N_v \qquad \text{statt} \qquad S_1 = \mu_{F\,1} \cdot N_v$$

einzusetzen ist und bei **Vorderradantrieb** $M_{t\,4}$ statt $M_{t\,1}$; nähere Einzelheiten enthalten die Abschnitte 6.6.3 und 6.6.5.

Beim **Fall 2** muß die Achse um den vorgegebenen Weg f_1 voll eingefedert dargestellt werden, bereits gezeigt in den Bildern 6.4./5 und 6.6./19 an dem Beispiel einer Doppel-Querlenker-Radaufhängung. Mit den am Radaufstandspunkt angreifenden Kräften $N'_{v\,2} = N_{v\,2} - \dfrac{U_v}{2}$ und $S_1 = \mu_{F\,1} \cdot N_v$ sind unter Verwendung der geänderten Winkel β_2 und δ_2 sowie des sich ändernden Lenkrollhalbmessers $R_{0\,2}$ die Kräfte B_2, $A_{x\,2}$ und $A_{y\,2}$ entweder grafisch (Bild 6.7./14) oder rechnerisch zu bestimmen. Wie in den Bildern 7.2./18b, 7.2./19 und 3.5./8 zu sehen, befindet sich der **Druckanschlag** auf der Kolbenstange oder am Außenrohr, so daß eine Zerlegung der Maximalkraft $N'_{v\,2}$ in Federkraft N_F und Anschlagkraft N_E entfällt. Dient zur Abfederung dagegen ein **Torsionsstab** (siehe Bilder 3.5./9 und 3.5./10), so muß der untere Lenker das Federungsmoment und das Dämpferrohr die Anschlagkraft übernehmen; N_F und N_E sind in diesem Fall zu trennen. Beim **Einfedern** geht der normalerweise vorhandene Abstand o — Kolbenstangenführung C zu Punkt A im Kotflügel — auf den verkürzten $o_2 = o - f_1 \cdot \cos \delta_0$ zurück, wodurch trotz der auftretenden höheren Kräfte das Biegemoment $M_{k\,2} = A_{x\,2} \cdot o_2$ kaum größer als bei Dauerbeanspruchung wird.

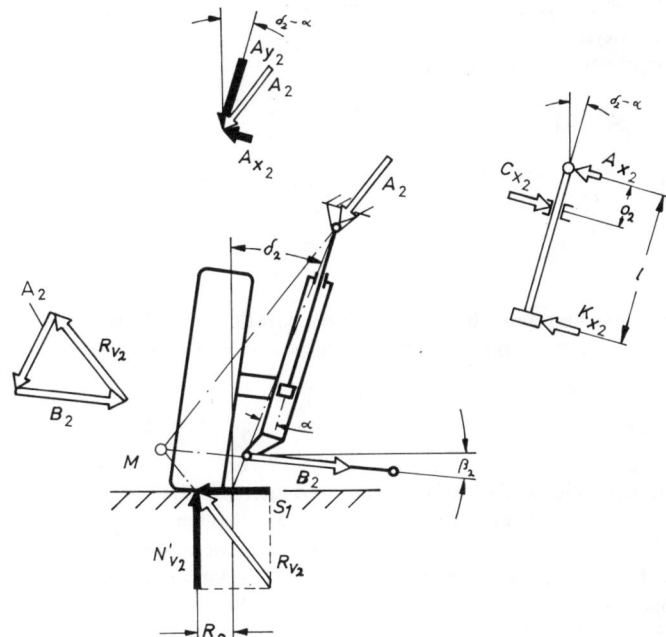

Bild 6.7./14 Grafische Bestimmung der beim Überfahren eines Bahnüberganges auftretenden Kräfte an der voll eingefedert dargestellten Achse. Bei Federversetzung um die Strecke s muß die Kraft A_2 als um diesen Betrag weiter links angreifend betrachtet werden.

Kräfte am Mc-Pherson-Federbein

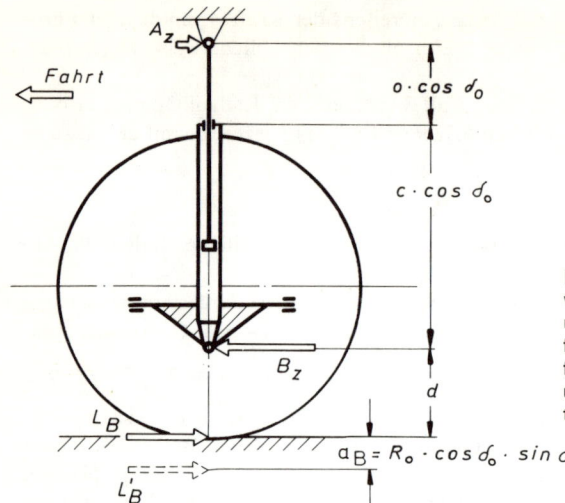

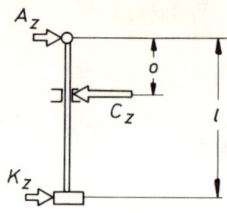

Bild 6.7./15 Die Bremskraft L_B ist bei vorhandenem Lenkrollhalbmesser R_0 als um den Weg a_B unter dem Boden angreifend zu betrachten. Je höher sich der Befestigungspunkt A im Kotflügel befindet, um so kleiner werden die beiden Reaktionskräfte A_z und B_z.

Beim **Abbremsen** aus geringen Geschwindigkeiten — **Fall 5** — dagegen ist die Kolbenstangenbelastung bei **außen** im Rad **liegender Bremse** etwa gleich hoch wie im Fall 3. Wie in den Abschnitten 4.9 und 6.6.7 beschrieben, muß die Bremskraft $L_B = \mu_L \cdot N_v = 1{,}25 \cdot N_v$ als L_B' um den Betrag $a_B = R_0 \cdot \cos\delta \cdot \sin\delta$ unter dem Boden liegend betrachtet werden (Bild 6.7./15). Das in der Kolbenstange im Querschnitt C auftretende Biegemoment M_{k5} entsteht durch die resultierende Kraft aus A_{z5} und A_{x5}; zur Berechnung letzterer ist die obere Hochkraft N_{vo}' anzusetzen. Es sind dann:

$$A_{z5} = L_B \cdot \frac{d + R_0 \cdot \cos\delta_0 \cdot \sin\delta_0}{(c + o) \cdot \cos\delta_0}$$

$$A_{x5} = N_{vo}' \cdot \frac{R_0 + d \cdot \tan\delta_0}{c + o}$$

$$M_{k5} = \sqrt{A_{z5}^2 + A_{x5}^2} \cdot o$$

Bei **innenliegender Bremse** bleibt die Größe von A_{x5} unverändert; A_{z5} dagegen ergibt sich bei nicht vorhandenem **Nachlauf** in Anlehnung an Bild 6.7./12a

$$A_{z5} = L_B \cdot \frac{r_{dyn} - a_L - d}{(c + o) \cdot \cos\delta_0}$$

In dem Bild ist die andersherum gerichtete, in gleicher Weise zu verschiebende Antriebskraft L_{A1} dargestellt und eine zusätzlich in der Seitenansicht schrägstehende Spreizachse, um Nachlauf zu erreichen. Bei Vorhandensein desselben an der Vorderachse entspricht (unter Berücksichtigung der anderen Richtung von L_B) der Lösungsgang dem anhand der Bilder 6.7./12b bis 6.7./12c beschriebenen. Um A_{z5} zu berechnen, müßte jedoch eine neue Momentengleichung aufgestellt werden.

6.8. Kräfte in der Zweigelenk-Pendelachse

Dieser Abschnitt befaßt sich nur mit dem Verhalten der Pendelachse in der Kurve und beim Bremsen. Die Bestimmung der dauernd und zeitlich begrenzt auftretenden Kräfte entspricht der „Schräglenkerachse" (siehe Abschnitt 6.10); die statische Federkraft kann mit den Gleichungen 11 und 12 aus Abschnitt 7.1.7 berechnet werden.

6.8.1. Bei Kurvenfahrt

Beim **VW 1200/1300** (siehe Bilder 3.8./2 und 3.8./4) ist das Pendel — besser gesagt der Querlenker — im Punkt P neben dem Differential gelagert, und die Federkraft wird durch einen Längslenker zum Aufbau übertragen. Der in diesem befestigte Torsionsstab liegt waagerecht und nimmt deshalb **Federkräfte** nur in **senkrechter** Richtung auf, gezeigt mit der Kraft F in Bild 6.8./1. Je weiter gehend das Rad positiven Sturz γ hat, um so dichter kommt die Wirkungslinie von F neben der ebenfalls senkrechten der Hochkraft N_{ha} zu liegen. Die Betrachtung der beiden entgegengesetzt wirkenden Kräftepaare aus S_{ha} und P_x sowie N_{ha} und F zeigt, daß je kleiner das letztgenannte Paar (also der Abstand f) wird, um so größer ist die nach unten gerichtete Komponente $-P_y$, gleichbedeutend mit einem **Hochdrücken** des Aufbaus (durch die Gegenkraft $+P_y$). Bei steigender Seitenkraft vergrößert sich der positive Radsturz; es besteht die Gefahr der Bodenberührung des Felgenhornes bei nicht ausreichendem Luftdruck und Kippen des Wagens. Die in Bild 6.8./1 dargestellten Kräfte lassen sich leicht berechnen:

$$\Sigma F_x = 0; \qquad P_x = S_{ha}$$
$$\Sigma F_y = 0; \qquad P_y = N_{ha} - F$$

Die Federkraft F wird über eine Momentengleichung um den Punkt P bestimmt; die Berechnung der Strecken enthält z. T. Bild 4.4./23:

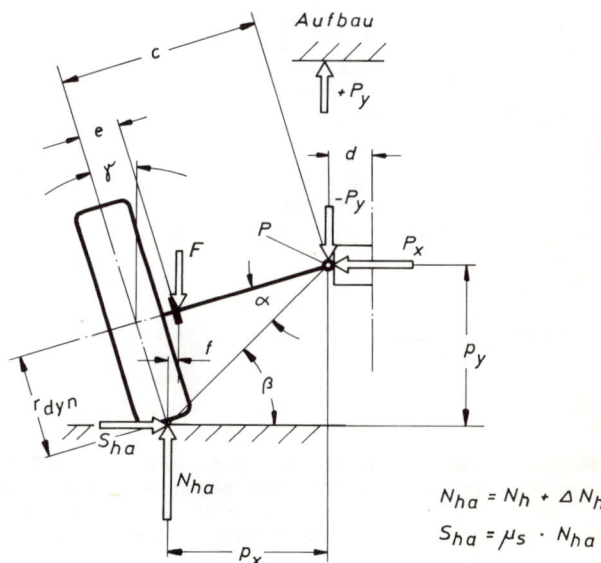

Bild 6.8./1 Bei Kurvenfahrt drückt die Seitenkraft S_{ha} das äußere Rad in positiven Sturz; die Strecke f wird kürzer mit der Folge eines sich verstärkenden Hochdrücken des Aufbaus durch die Kraft $+P_y$.

$$N_{ha} = N_h + \Delta N_h$$
$$S_{ha} = \mu_s \cdot N_{ha}$$

$$F = \frac{N_{ha} \cdot p_x - S_{ha} \cdot p_y}{p_x - f}$$

worin $\quad p_y = \dfrac{c \cdot \sin\beta}{\cos\alpha} \quad$ und $\quad p_x = \dfrac{c \cdot \cos\beta}{\cos\alpha}$

Die beiden Winkel sind:

$$\tan\alpha = \frac{r_{dyn}}{c} \quad \text{und} \quad \beta = \alpha \pm \gamma$$

[Vorzeichen + bei positivem Sturz und − bei negativem]

Die Gleichung für die Strecke f lautet:

$$f = e \cdot \cos\gamma \pm r_{dyn} \cdot \sin\gamma$$

[Vorzeichen + bei negativem Sturz und − bei positivem]

Beim **Absenken** des Fahrzeughecks gehen beide Räder in **negativen Sturz,** wodurch sich wohl die Seitenkraftaufnahme der Reifen erhöht, als Hauptvorteil jedoch eine längere Strecke f entsteht. Hierdurch wird die den Aufbau hochdrückende Komponente $+ P_y$ kleiner, sie kann sogar die Richtung ändern und herunterziehend wirken. Die **grafische** Lösung läßt die Zusammenhänge noch deutlicher erkennen. Das Bild 6.8./2 zeigt den bei positivem Sturz unter der Achse liegenden Schnittpunkt 0 der Wirkungslinien aus den Kräften R_h und F mit der Folge einer schräg von oben nach unten gerichteten Kraft P. Bei negativem Sturz (Bild 6.8./3) kommt 0 oberhalb der Achse zu liegen, die Komponente P_y ist positiv, und das kurvenäußere Rad wird nicht mehr in Richtung „positiver Sturz" gedrückt.

Den gleichen Vorteil bringt eine weiter **innen** angeordnete **Feder;** durchgeführt von **Renault** bei den inzwischen ausgelaufenen Modellen 8 und 10 (siehe Bild 3.8./3). Das Bild 6.8./4 zeigt den trotz positiven Radsturzes über der Achse liegenden Punkt 0 und dadurch eine von unten nach oben gerichtete Kraft $+ P_y$. Die zur Abfederung dienende **Schraubenfeder** übt ihre Kraft

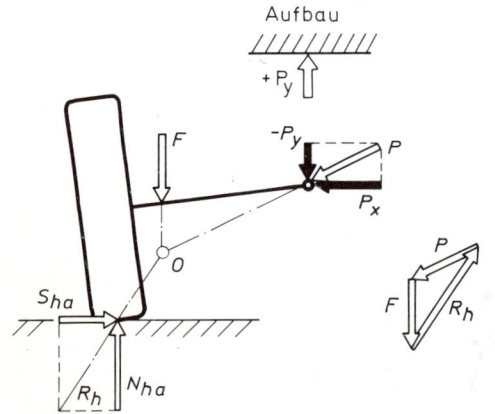

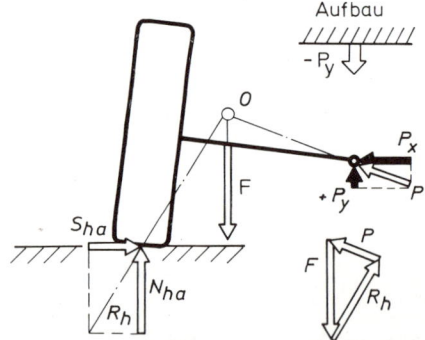

Bild 6.8./2 Liegt der Schnittpunkt 0 der Wirkungslinien von Federkraft F und Resultierender R_h unterhalb des Achsrohres, so erfolgt ein Hochdrücken des Aufbaus durch die Kraft $+ P_y$.

Bild 6.8./3 Bei negativem Radsturz kann der Schnittpunkt 0 aus R_h und F über dem Achsrohr zu liegen kommen. Die Kraft P_y ist dann andersherum gerichtet und zieht den Aufbau bei Kurvenfahrt herunter.

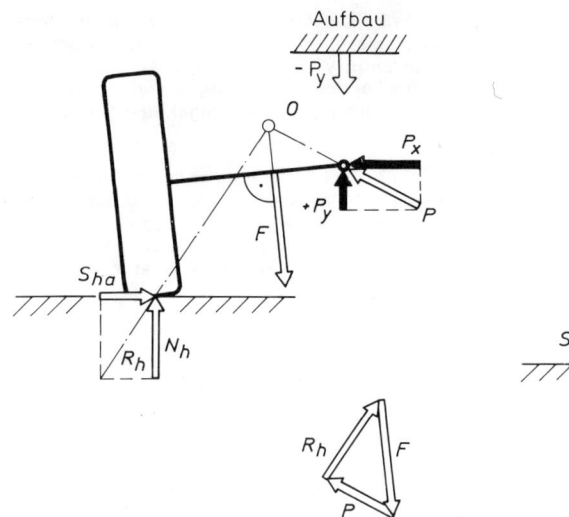

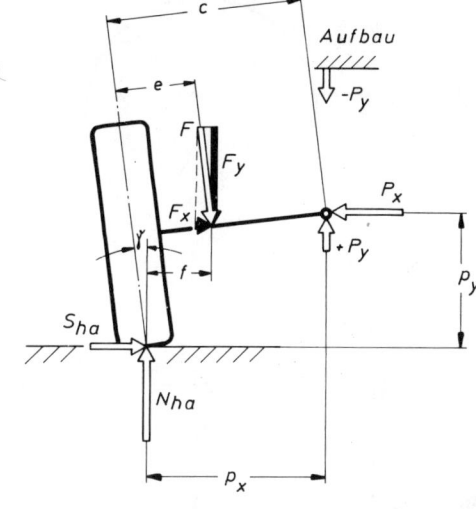

Bild 6.8./4 Wird wie beim Renault 8/10 die Schraubenfeder etwa in Mitte Achsrohr angeordnet, so befindet sich der Punkt 0 ebenfalls über dem Rohr, und der Aufbau wird in der Kurve heruntergezogen.

Bild 6.8./5 Zur Berechnung der Kräfte P_x und P_y erforderliche Strecken und Winkel. Die senkrecht zum Achsrohr wirkende Schraubenfederkraft F ist in die X- und Y-Richtung zu zerlegen.

senkrecht zur Befestigungsstelle (dem Achsrohr) aus; gezeigt durch den rechten Winkel bei der Kraft F in Bild 6.8./4.

Das folgende Bild 6.8./5 enthält die Statik mit den zur Berechnung erforderlichen Strecken sowie die gleich in die X- und Y-Richtung zerlegten Kräfte. Der Lösungsgang ist geringfügig anders als bei der in Bild 6.8./1 beschriebenen VW-Achse:

$$F = \frac{N_{ha} \cdot p_x - S_{ha} \cdot p_y}{c - e}$$

$$P_x = S_{ha} + F_x \qquad \text{und} \qquad P_y = F_y - N_{ha}$$

wobei $F_x = F \cdot \sin \gamma$ sowie $F_y = F \cdot \cos \gamma$

6.8.2. Beim Anfahren und Bremsen

Anders sieht die Statik bei **Längskräften** am Radaufstandspunkt aus. Beim **Anfahren** wird das Moment von der Motoraufhängung aufgenommen, und die auf ein Rad bezogene Anfahrkraft L_A ist (wie bei Bild 4.9./5 erläutert) als L_A' in der Radmitte zu betrachten. Das Bild 6.8./6 zeigt die an der VW-Hinterachse durch L_A hervorgerufenen Reaktionskräfte:

$$A_z = L_A \cdot \frac{c}{c - e} \qquad \text{und} \qquad P_z = A_z - L_A$$

Die Kraft P_z ist verhältnismäßig klein, im Gegensatz zur Renault-Hinterachse (Bild 6.8./7), bei der

$$P_z = L_A$$

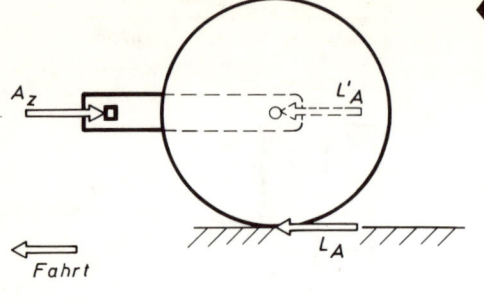

Bild 6.8./6 Die Antriebskraft L_A ist bei der Pendelachse als L_A' in der Radmitte zu betrachten und ruft beim VW 1200 die Reaktionskräfte A_z — in der Lagerung des Längslenkers — und P_z im Drehpunkt am Differentialgehäuse hervor.

Bild 6.8./7 Bei der Hinterachse des Renault 8/10 stützt sich das durch die Antriebskraft L_A hervorgerufene Moment an dem nach vorn zeigenden Ausleger 1 ab, mit der Folge der hier größeren Kräfte P_z und P_x im Gelenkpunkt P. ▼

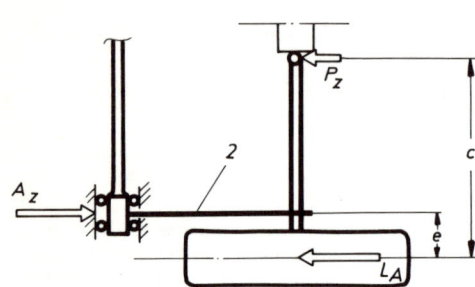

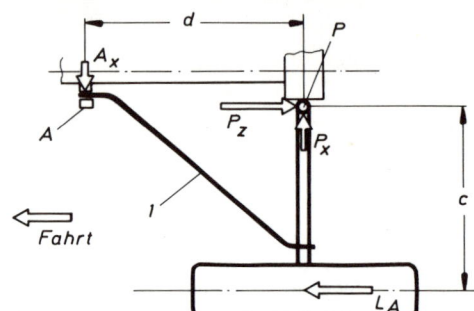

weil nur der Lenkerdrehpunkt P längsgerichtete Kräfte aufnehmen kann. Außen am Querlenker ist der Ausleger 1 befestigt, der sich im Punkt A abstützt und ein Ausweichen des Querlenkers nach vorn oder hinten unter Einwirkung einer Längskraft verhindert. In den Punkten A und P entsteht dadurch das Kräftepaar

$$A_x = P_x = L_A \cdot \frac{c}{d}$$

Im Gegensatz zum Anfahrvorgang ist beim **Bremsen** die Kraft L_B am Radaufstandspunkt zu betrachten. Durch das Bremsmoment $M_B = L_B \cdot r_{dyn}$ tritt beim Renault ein weiteres Kräftepaar auf

$$A_y = P_y = L_B \cdot \frac{r_{dyn}}{d} \qquad \text{(Bild 6.8./8)}$$

Nicht nur der Gelenkpunkt P wird durch die X- und Y-Komponente höher belastet, sondern auch der Ausleger 1. Die beiden Reaktionskräfte

$$A_y = P_y \qquad \text{und} \qquad A_x = L_B \cdot \frac{c}{d}$$

beanspruchen diesen im gefährdeten Querschnitt $I{-}I$ (vor der Befestigungsstelle am Achsrohr) sowohl auf Biegung als auch auf Torsion und rufen folgende Momente hervor:

$$M_b = A_x (d - j) \qquad \text{und} \qquad M_t = A_y (c - k)$$

Bild 6.8./8 Die Bremskraft L_B ist wegen der im Rad liegenden Bremse am Radaufstandspunkt zu betrachten und bewirkt beim Renault 8/10 im Gelenkpunkt P die drei Kräfte P_x, P_z und $-P_y$ und im Lagerpunkt A die Komponenten A_x sowie $+A_y$. Das dadurch am Aufbau entstehende Kräftepaar $-A_y$ und $-P_y$ verstärkt das Bremsstauchen (statt es zu verringern). Zusätzlich zu L_B kann — wie in Bild 6.10./12 gezeigt — noch eine momentenverstärkende Seitenkraft angesetzt werden.

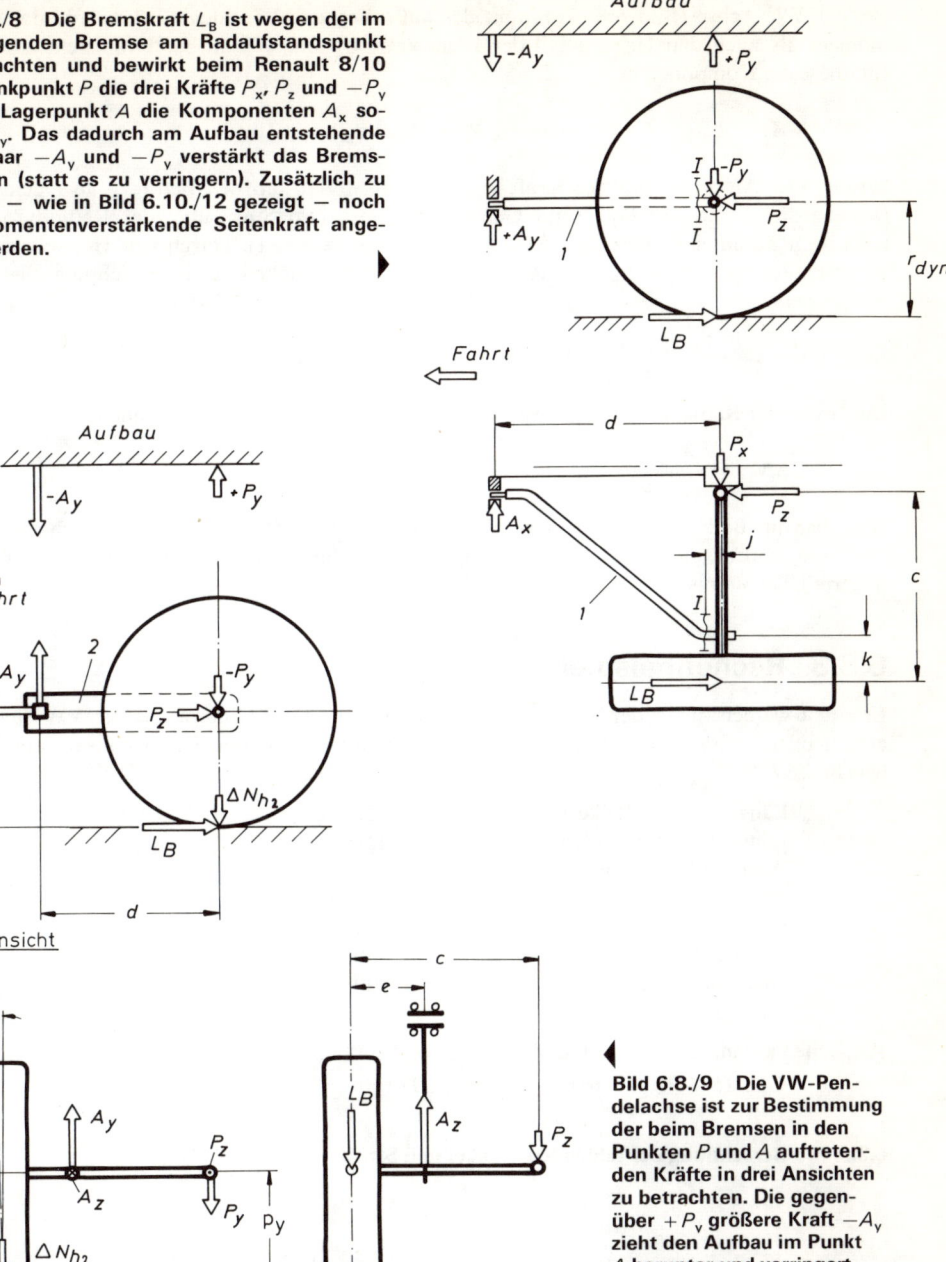

Seitenansicht

Fahrt

Aufbau

Rückansicht

Draufsicht

Bild 6.8./9 Die VW-Pendelachse ist zur Bestimmung der beim Bremsen in den Punkten P und A auftretenden Kräfte in drei Ansichten zu betrachten. Die gegenüber $+P_y$ größere Kraft $-A_y$ zieht den Aufbau im Punkt A herunter und verringert damit das Bremsstauchen. Hinzu kommen kann auch hier eine Seitenkraft S_1 (siehe Bild 6.10./12).

Kräfte in der Zweigelenk-Pendelachse **135**

Bei der VW-Achse (Bild 6.8./9) nimmt der **außenliegende** Längslenker 2 sowohl das Bremsmoment als auch den Hauptanteil der Bremskraft L_B auf. Wie in der Draufsicht erkennbar, ruft diese die Komponenten

$$A_z = L_B \cdot \frac{c}{c - e} \quad \text{und} \quad P_z = A_z - L_B$$

hervor. Der Angriffspunkt der Kraft A_z liegt am Aufbau um den Betrag g über dem Boden (Seitenansicht) und der Pol P am Getriebe bei positivem Sturz über der Radmitte und bei negativem darunter (Strecke p_y, Rückansicht und Bild 6.8./1). Durch den Höhenunterschied zur auslösenden Kraft L_B am Radaufstandspunkt entstehen in Hochrichtung die beiden Komponenten:

$$A_y = \frac{A_z \cdot g - P_z \cdot p_y}{d} \quad \text{und} \quad P_y = A_y - \Delta N_{h\,2}$$

Die Größe der Radlaständerung $\Delta N_{h\,2}$ läßt sich aus der Rückansicht berechnen:

$$\Delta N_{h\,2} = \frac{A_y\,(c - e)}{c}$$

Wie oben im Bild gezeigt, drückt wohl die Komonente $+P_y$ den Aufbau in Achsmitte nach oben; die größere, davor liegende $-A_y$ dagegen zieht ihn herunter und bewirkt damit eine Verringerung des Bremstauchens.

6.8.3. Rechenbeispiel

Ermittelt werden die in der Kurve und beim Bremsen an der Hinterachse des **VW-Sparkäfers** auftretenden Kräfte, und zwar mit folgenden bei Besetzung mit zwei Personen gemessenen Werten (Bild 6.8./9):

Länge des Querlenkers	c	$= 520\ \text{mm}$
Länge des Längslenkers	d	$= 410\ \text{mm}$
Abstand Punkte $N - F$	e	$= 120\ \text{mm}$
Höhe Punkt A	g	$= 304\ \text{mm}$
Sturz	γ_0	$= +30'$
Hinterachslast	G_h	$= 600\ \text{kg}$
und somit Radlast	N_h	$= 300\ \text{kg}$
Achsgewicht	U_h	$= 50\ \text{kg}$

Als Reifen kommt zur Verwendung
  5.60-15/4 PR   mit $r_{dyn} = 309$ mm.

6.8.3.1. Berechnung der fehlenden Winkel und Strecken (Bild 6.8./1)

$$\tan \alpha = \frac{r_{dyn}}{c} \qquad\qquad \beta = \alpha + \gamma_0$$

$$\tan \alpha = \frac{309}{520} \qquad\qquad \beta = 30°40' + 30'$$

$$\tan \alpha = 0{,}594 \qquad\qquad \beta = 31°10'$$

$$\alpha = 30°40'$$

$$p_y = \frac{c \cdot \sin \beta}{\cos \alpha} \qquad\qquad p_x = \frac{c \cdot \cos \beta}{\cos \alpha}$$

$$p_y = \frac{520 \cdot 0{,}5175}{0{,}8601} \qquad\qquad p_x = \frac{520 \cdot 0{,}8557}{0{,}8601}$$

$$p_y = 313 \text{ mm} \qquad\qquad p_x = 517 \text{ mm}$$

Bedingt durch den Sturz $\gamma_0 = +30'$ liegt der Pol geringfügig über der Radmitte, d. h., die Strecke p_y ist länger als r_{dyn};

$$f = e \cdot \cos \gamma_0 - r_{dyn} \cdot \sin \gamma_0$$

$$f = 120 \cdot 1 - 309 \cdot 0{,}0087$$

$$f = 117 \text{ mm}$$

Der Sturz ist **positiv,** deshalb das **negative** Vorzeichen vor $r_{dyn} \cdot \sin \gamma_0$.

6.8.3.2. Berechnung der Kräfte bei Kurvenfahrt

Entsprechend dem Rechenbeispiel in Abschnitt 5.4.4 wird als seitlicher **Kraftschlußbeiwert** $\mu_s = 0{,}5$ angesetzt. Die Raddruckverlagerung beträgt $\Sigma \Delta N_h = \pm 180$ kp, womit sind:

$$N_{ha} = N_h + \Sigma \Delta N_h = 480 \text{ kp} \qquad \text{und}$$
$$S_{ha} = \mu_s \cdot N_{ha} = 240 \text{ kp}$$

Die Federkraft F wird hiermit:

$$F = \frac{N_{ha} \cdot p_x - S_{ha} \cdot p_y}{p_x - f} = \frac{480 \cdot 517 - 240 \cdot 313}{517 - 117}$$

$F = 432$ kp   und die Polkräfte sind:

$$P_x = S_{ha} \qquad\qquad P_y = N_{ha} - F \qquad\qquad P = \sqrt{240^2 + 48^2}$$
$$P_x = 240 \text{ kp} \qquad\qquad P_y = 480 - 432 \qquad\qquad P = 244 \text{ kp}$$
$$P_y = \;\; 48 \text{ kp}$$

Die Komponente P_y ist, wie in Bild 6.8./1 dargestellt, von **oben** nach **unten** gerichtet, d. h., das **Heck** wird bei der betrachteten Kurvenfahrt mit 48 kp **hochgedrückt.**

6.8.3.3. Kräfte beim Bremsen

Mit dem an der Hinterachse erreichbaren Kraftschluß $\mu_K = 0{,}8$ ergibt sich als Bremskraft

$$L_B = \mu_K \cdot N_h = 0{,}8 \cdot 300 \qquad L_B = 240 \text{ kp}$$

Die in der Lagerung A und im Pol P entstehenden Kräfte sind hiermit nach Bild 6.8./9:

$$A_z = \frac{L_B \cdot c}{c - e} \qquad\qquad P_z = A_z - L_B$$

$$A_z = \frac{240 \cdot 520}{520 - 120} \qquad\qquad P_z = 312 - 240$$

$$A_z = 312 \text{ kp} \qquad\qquad P_z = 72 \text{ kp}$$

$$A_y = \frac{A_z \cdot g - P_z \cdot p_y}{d} = \frac{312 \cdot 304\ '\ 72 \cdot 313}{410} \qquad A_y = 176\ \text{kp}$$

$$\Delta N_{h2} = \frac{A_y \cdot (c - e)}{c} = \frac{176 \cdot (520 - 120)}{520} \qquad \Delta N_{h2} = 136\ \text{kp}$$

$$P_y = A_y - \Delta N_{h2} = 176 - 136 \qquad P_y = 40\ \text{kp}$$

Es erfolgt beim Bremsen ein Herunterziehen des Aufbaus im Punkt A durch die Kraft

$$A_y - P_y = 136\ \text{kp} = \Delta N_{h2}$$

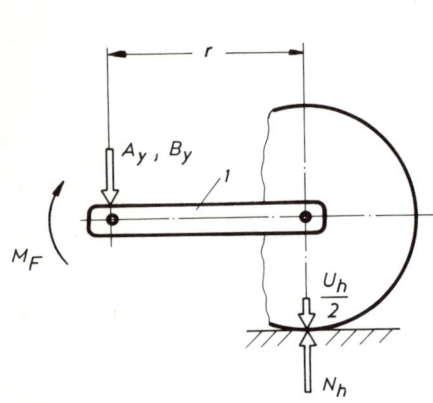

Bild 6.9./1 An einer torsionsstabgefederten Längslenkerachse stützt sich die Hochkraft in den Lenkerlagerungen A und B ab. Die Feder wird durch das Moment $M_F = N'_h \cdot r$ belastet, wobei $N'_h = N_h - U_h/2$.

Bild 6.9./2 Rückansicht mit eingetragenen Strecken zur Bestimmung der Lagerkräfte A_y und B_y.

6.9. Kräfte und Momente in der Längslenkerachse

Dient zur Abfederung der Längslenkerachse ein Torsionsstab (siehe Bild 3.9./1 Renault 16), so ist bei **stehendem Fahrzeug** nach Bild 6.9./1 das die Feder vorspannende Moment:

$$M_F = \left(N_h - \frac{U_h}{2}\right) \cdot r$$

Der Lenker 1 ist in den Punkten A und B im Aufbau drehbar gelagert; die dort entstehenden Hochkräfte lassen sich in der Rückansicht, Bild 6.9./2, bestimmen:

$$A_y = \left(N_h - \frac{U_h}{2}\right) \cdot \frac{f + g}{g} \qquad \text{und}$$

$$B_y = A_y - \left(N_h - \frac{U_h}{2}\right)$$

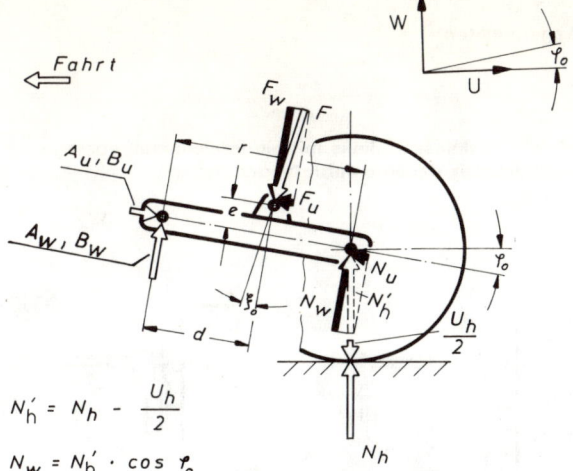

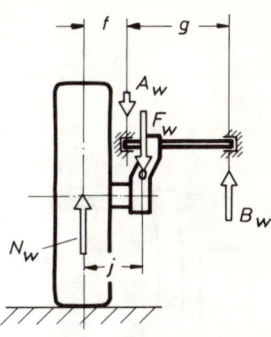

$$N_h' = N_h - \frac{U_h}{2}$$

$$N_w = N_h' \cdot \cos \varphi_0$$

$$N_u = N_h' \cdot \sin \varphi_0$$

Bild 6.9./3 Seitenansicht mit eingetragenen Strecken und Winkeln. Die angreifenden Kräfte sind gleich in die um den Winkel φ_0 gedrehte U- und W-Richtung zerlegt.

Bild 6.9./4 Die in den Lagerpunkten A und B entstehenden Komponenten in W-Richtung sind in der Rückansicht zu bestimmen.

Die lange Basis g sorgt beim Renault 16 für geringe Beanspruchung in den Lagerungen A und B im Gegensatz zum Peugeot 204 (siehe Bilder 3.9./2 und 3.9./3), bei dem die zur Führung des Längslenkers dienenden Flanschblocs dichter beieinander liegen (Basis 5); die Abfederung übernimmt ein hoch im Aufbau gelagertes Federbein. Das Bild 6.9./3 zeigt die Statik unter der Annahme, daß der Lenker in der Normallage um den Winkel φ_0 geringfügig schräg liegt. Alle Kräfte sind in diesem Fall an den Angriffspunkten in die um φ_0 gedrehte U- und W-Richtung zu zerlegen.

Mit $N_w = \left(N_h - \dfrac{U_h}{2}\right) \cdot \cos \varphi_0$ ergibt sich um die Drehachse $A-B$ folgende Momentengleichung

$$N_w \cdot r + F_u \cdot e - F_w \cdot d = 0 \qquad \text{und mit}$$

$$F_u = F_v \cdot \tan \xi_0 \qquad \text{wird}$$

$$F_w = N_w \cdot \frac{r}{d - \tan \xi_D \cdot e} \qquad \text{sowie} \qquad F = \frac{F_w}{\cos \xi_0}$$

Die Kräfte in den räumlich versetzten Lagerpunkten A und B sind in der Rückansicht (Bild 6.9./4) und der Draufsicht (Bild 6.9./5) zu bestimmen:

$$B_w = \frac{F_w \cdot (j - f) + N_w \cdot f}{g}$$

$$A_w = N_w + B_w - F_w$$

Hinzu kommen die Kräfte in U-Richtung:

$$A_u = \frac{N_u \cdot (f + g) + F_u \cdot (f + g - j)}{g} \qquad \text{und}$$

$$B_u = A_u - N_u - F_u$$

Kräfte und Momente in der Längslenkerachse **139**

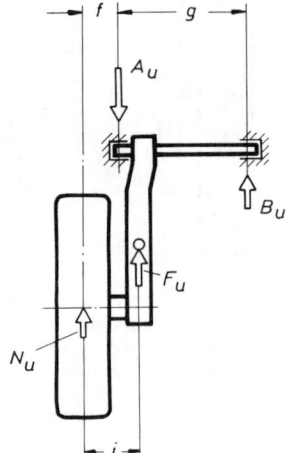

Bild 6.9./6 Rückansicht, links mit eingezeichneten oberen und rechts mit unteren, dauernd auftretenden Kräften.

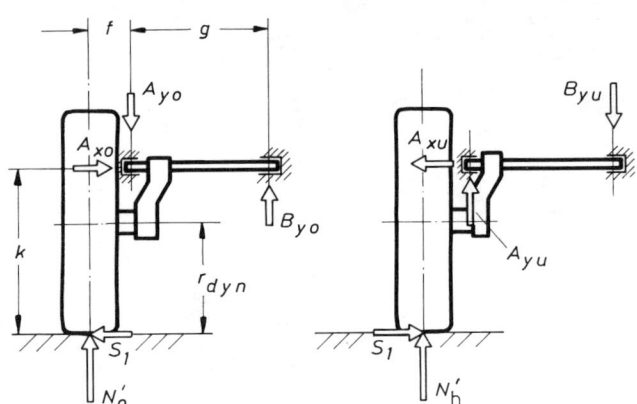

Die Richtungen der Kräfte B_w im Punkt B und A_u in A sind klar erkennbar; der Grund für die unterschiedlich aufgestellten Momentengleichungen: zuerst um A und dann um B. Die in den Lagerungen entstehenden **statischen** Radialkräfte sind dann:

$$A = \sqrt{A_u^2 + A_w^2} \quad \text{und} \quad B = \sqrt{B_u^2 + B_w^2}$$

Zur Bestimmung der in A und B **dauernd** auftretenden Kräfte muß, wie in Abschnitt 6.1 beschrieben, die am Radaufstandspunkt wechselnd auftretende **Seitenkraft** $S_1 = \mu_{F1} \cdot N_h$ mit in die Betrachtung einbezogen werden. Diese ist **momentenverstärkend** zusammen mit

$$N_o' = k_1 \cdot N_h - \frac{U_h}{2}$$

anzusetzen und momentenabschwächend mit

$$N_h' = N_h - \frac{U_h}{2}$$

Das Bild 6.9./6 zeigt links die Bestimmung der **oberen** Kräfte bei **Torsionsstabfederung**

$$B_{yo} = \frac{N_o' \cdot f + S_1 \cdot k}{g}, \quad A_{yo} = N_o' + B_{yo} \quad \text{sowie} \quad A_{xo} = S_1$$

und rechts die der **unteren**

$$B_{yu} = \frac{S_1 \cdot k - N_h' \cdot f}{g}, \quad A_{yu} = B_{yu} - N_h' \quad \text{sowie} \quad A_{xu} = S_1$$

Je nach Schräglage des Lenkers wird die Strecke k größer oder kleiner als r_{dyn}. Die **wechselnd** in den Lagerungen vorhandenen **Radialkräfte** sind dann

$$\pm A_y = \frac{A_{yo} + A_{yu}}{2} \qquad \text{sowie} \qquad \pm B_y = \frac{B_{yo} + B_{yu}}{2}$$

und die **Axialkräfte** $\pm A_x = S_1$. Ist A_{yu} negativ, so liegt **schwellende** Belastung vor, und die Dimensionierung der Lagerelemente erfolgt ausschließlich mit der Komponente A_{yo}.

Für die Berechnung des **Lenkers** braucht ebenfalls unter Annahme **schwellender** Belastung nur die obere Hochkraft N'_o zusammen mit der momentenverstärkenden Seitenkraft S_1 angesetzt zu werden (Bild 6.9./6 links); N'_o bzw. N' würde in jedem Fall schwellend wirken und eine hinzu kommende wechselnde Seitenkraft verkompliziert den sowie schon aufwendigen Rechengang unnötig. Bei **Torsionsstabfederung** sind in der am höchsten beanspruchten Stelle, dem Querschnitt $I{-}I$ kurz vor der Verbindungsstelle mit dem Querrohr 2 (Bild 6.9./7), folgende Momente vorhanden; auf

Biegung $\quad M_{bx1} = N'_o \cdot (r - a)$ (um die X-Achse)

und

$$M_{by1} = S_1 (r - a) \text{ (um die } Y\text{-Achse)}$$

sowie auf

Torsion $\quad M_{t1} \quad = N'_o \cdot b + S_1 \cdot k$ (Bild 6.9./8)

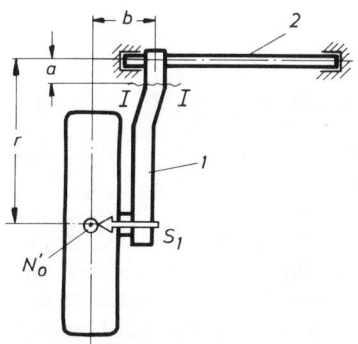

Bild 6.9./7 Besteht der Längslenker aus einem geschweißten Kastenprofil, so befindet sich der gefährdete Querschnitt $I{-}I$ neben der Schweißnaht, also im Abstand a vor dem Querrohr.

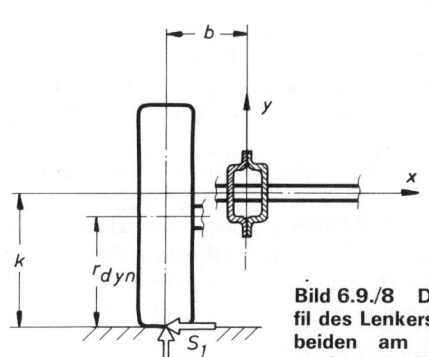

Bild 6.9./8 Das Kastenprofil des Lenkers wird von den beiden am Radaufstandspunkt angreifenden Kräften auf Torsion beansprucht und zusätzlich auf Biegung um die X-Achse durch die Hochkraft N'_o und die Y-Achse, durch S_1.

Zur Bestimmung der Vergleichsspannung σ_{v1} wäre bei scharfkantigem Profil eine Addition der Biegespannungen um die X- und Y-Achse erforderlich; in den abgerundeten Ecken ist jedoch eine etwa 10% niedrigere Biegespannung vorhanden, so daß die Gleichung aussieht:

$$\sigma_{v1} = \sqrt{0{,}9 \cdot (\sigma_{bx} + \sigma_{by})^2 + \alpha_A^2 \cdot \tau_t^2}$$

Die Lösung benötigt das Widerstandsmoment gegen Biegung um die X- und die Y-Achse als auch das gegen Torsion, das am einfachsten nach der „Bredtschen Formel" bestimmt wird:

$$W_t \approx 2 \cdot A_m \cdot s \qquad (A_m \qquad \text{Inhalt der von der Mittellinie des Profils umgrenzten Fläche und } s \text{ Blechdicke.)}$$

Die drei Spannungen sind dann:

$$\sigma_{bx} = \frac{M_{bx}}{W_{bx}}, \qquad \sigma_{by} = \frac{M_{by}}{W_{by}} \qquad \text{und} \qquad \tau_t = \frac{M_t}{W_t}$$

Bei schwellender Belastung kann unter der Voraussetzung, daß ein **Baustahl** oder ein nicht legierter Vergütungsstahl als Werkstoff zur Verwendung kommt, für das Anstrengungsverhältnis α_A gesetzt werden:

$$\alpha_A = \frac{\sigma_{b\,sch}}{\tau_{t\,sch}} = \frac{1,2 \cdot \sigma_s}{0,58 \cdot \sigma_s} = 2,07 \qquad \text{und} \qquad \alpha_A^2 \approx 4,3$$

Abschließend ist wieder sicherzustellen, daß die errechnete Vergleichsspannung unter der **zulässigen,** vom Werkstoff ertragbaren bleibt:

$$\sigma_{v\,1} \leqq \sigma_{b\,zul\,D} \qquad \text{wobei} \qquad \sigma_{b\,zul\,D} = \frac{1,2 \cdot \sigma_s}{\beta_{kb} \cdot v}$$

Die Sicherheit beträgt $v = 1,5$ und der Kerbbeiwert $\beta_{kb} = 2,5$ wegen der Schwächung des Materials durch die neben dem betrachteten Querschnitt sich befindende Schweißnaht — siehe Gleichung (2a) in Abschnitt 6.5.1.

Die **Zeitfestigkeitsberechnung** kann für den **Fall 3** „Befahren einer Schlaglochstrecke" mit den gleichen Formeln durchgeführt werden; anstelle von S_1 ist lediglich zu setzen

$$S_2 = \mu_{F2} \cdot N_h$$

wodurch Torsionsmoment und Biegemoment um die Y-Achse größer werden. Bei der gegenüberzustellenden **zulässigen** Spannung $\sigma_{b\,zul\,2}$ entfällt β_{kb}, also

$$\sigma_{zul\,2} = \frac{1,2 \cdot \sigma_s}{v}$$

Zur Betrachtung des **Falles 2** „Überfahren eines Bahnüberganges" sind die Wirkabstände der einzelnen Kräfte der Stellung **„voll eingefedert"** zu entnehmen (Bild 6.9./9). Feder- und Anschlagkraft sind zu trennen; wie in Bild 3.9./1 zu sehen, befindet sich beim Renault 16 der **Druckanschlag** unten am Stoßdämpferrohr. Zur Ermittlung der von der Feder aufzunehmenden Kraft $N_F = N_h + \Delta N_h - \frac{U_h}{2}$ ist bei der Bestimmung der Radlasterhöhung ΔN der **Einfederungswinkel** φ_1 des Lenkers zu berücksichtigen (siehe Abschnitt 7.4./6):

$$\Delta N = c_{2h} \cdot r \cdot \varphi_1 \qquad \text{und mit} \qquad \sin \varphi = \frac{f_1}{r} \qquad \text{wird}$$

$$\Delta N = c_{2h} \cdot f_1 \cdot \frac{\varphi_1}{\sin \varphi_1}$$

Nach Abschnitt 6.4 hat die vom Anschlag aufzunehmende Kraft (bezogen auf den Radaufstandspunkt) folgende Größe:

$$N_E = N_{h\,2} - (N_h + \Delta N_h) = k_2 \cdot N_h - (N_h + \Delta N_h)$$

Nach Bild 6.9./9 läßt sich die Momentengleichung um die Achse $A - B$ aufstellen, und die auf den Anschlag kommende Kraft E ist

$$E = \frac{E_w}{\cos \xi_2'}, \qquad \text{wobei} \qquad E_w = N_E \cdot \cos \varphi_1 \frac{r}{d - \tan \xi_2' \cdot e}$$

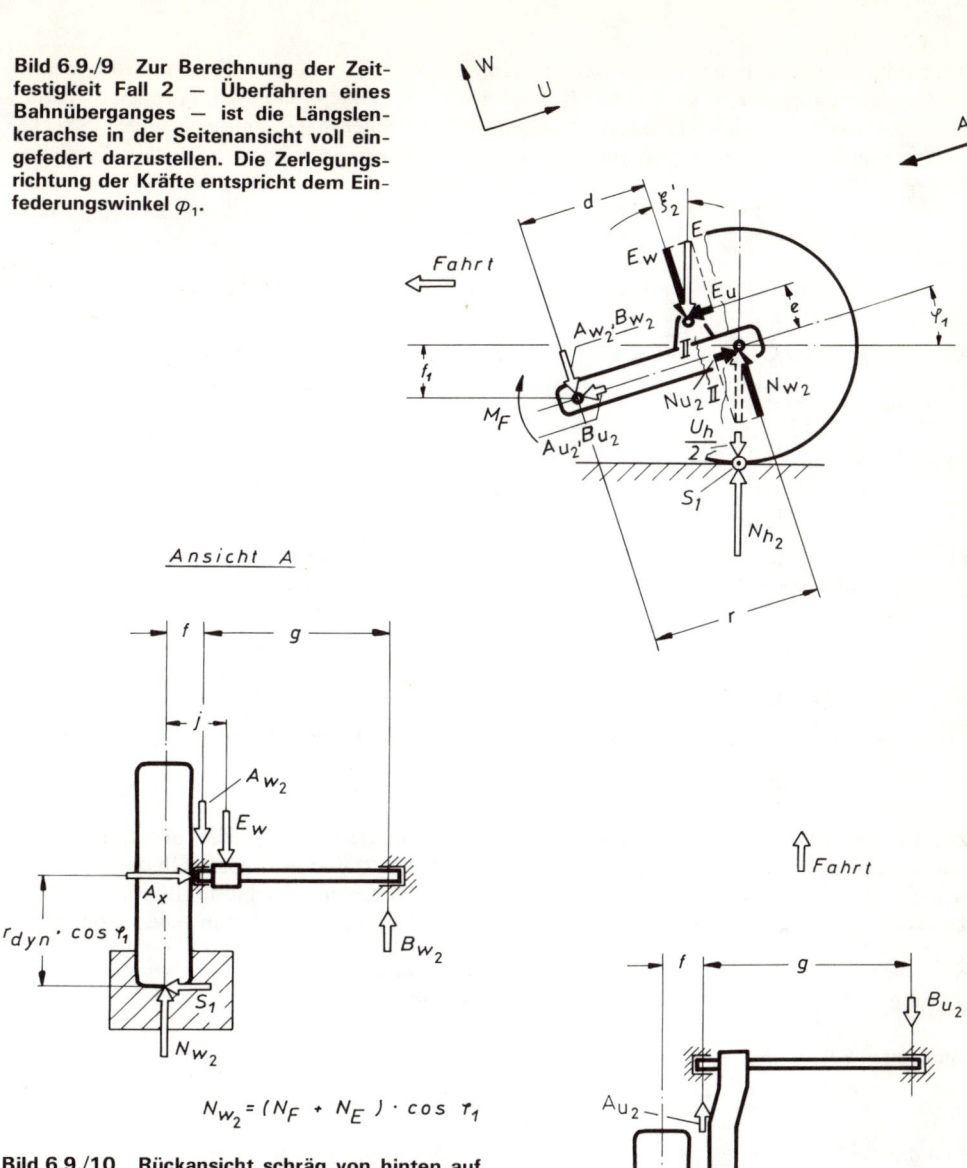

Bild 6.9./9 Zur Berechnung der Zeitfestigkeit Fall 2 — Überfahren eines Bahnüberganges — ist die Längslenkerachse in der Seitenansicht voll eingefedert darzustellen. Die Zerlegungsrichtung der Kräfte entspricht dem Einfederungswinkel φ_1.

Ansicht A

$$N_{w_2} = (N_F + N_E) \cdot \cos \varphi_1$$

Bild 6.9./10 Rückansicht schräg von hinten auf die eingefederte Achse, erforderlich um die *W*-Komponenten in wahrer Größe zu bekommen.

Bild 6.9./11 Schrägdraufsicht zur Bestimmung der *U*-Komponenten.

Das zweite Glied unter dem Bruchstrich, die Komponente $E_u = E_w \cdot \tan \xi_2'$, wird positiv, wenn der Anschlag andersherum geneigt ist (E_u zeigt dann nach hinten) und Null, falls der Angriffspunkt des Anschlags sich auf der Verbindungslinie Drehachse—Radmitte befindet (Strecke $e = 0$). Von dem Querrohr, das die Führung des Lenkers übernimmt, muß das **Torsionsmoment**:

$$M_F = \left[\left(N_h + \Delta N_h - \frac{U_h}{2} \right) \cdot \cos \varphi_1 \right] \cdot r$$

aufgenommen werden und von dessen **Lagerungen** die Kräfte A_{w2} und B_{w2} quer zur Drehrichtung. Diese sind mit

$$N_{w2} = (N_F + N_E) \cdot \cos \varphi_1$$

nach Bild 6.9./10:

$$B_{w2} = \frac{N_{w2} \cdot f + S_1 \cdot r_{dyn} \cdot \cos \varphi_1 - E_w (j - f)}{g}$$

und $\qquad A_{w2} = B_{w2} + N_{w2} - E_w$

Die Richtung der Kraft B_{w2} ist klar erkennbar, deshalb die Momentengleichung um Punkt A. Die noch fehlenden U-Komponenten ergeben sich nach Bild 6.9./11:

$$B_{u2} = \frac{N_{u2} \cdot f + E_u (j - f)}{g} \qquad \text{sowie}$$

$$A_{u2} = B_{u2} + N_{u2} - E_u$$

Damit werden die Kräfte, die die Lagerelemente in **Radialrichtung** belasten:

$$B_2 = \sqrt{B_{w2}^2 + B_{u2}^2} \qquad \text{und} \qquad A_2 = \sqrt{A_{w2}^2 + A_{u2}^2}$$

Der **Lenker** selbst ist auf **Zeitfestigkeit** in zwei Querschnitte zu überprüfen, und zwar in $I-I$ vor der Verbindungsstelle mit dem Lagerrohr 2 (Bild 6.9./7) und in II unterhalb des Anschlagpunktes E (Bild 6.9./9). Mit b als Abstand zwischen Lenker- und Radmitte (Bild 6.9./7) und j als Anschlagsabstand (Bild 6.9./10) sind unter der Bedingung, daß $j < b$ folgende Momente in $I-I$ vorhanden:

Torsion: $\qquad M_{t2} = N_{w2} \cdot b - E_w (b - j) + S_1 \cdot r_{dyn} \cdot \cos \varphi_1$

Biegung um die X-Achse:

$$M_{bx2} = N_{w2} \cdot (r - a) + E_u \cdot e - E_w \cdot (d - a)$$

und um die Y-Achse:

$$M_{by2} = S_1 \left[(r - a) - r_{dyn} \cdot \sin \varphi_1 \right] - N_{u2} \cdot b$$

Bei dem Biegemoment um die Y-Achse ist S_1 als senkrecht auf den Lenker verschoben zu betrachten, der Grund für das Abziehen der Strecke $r_{dyn} \cdot \sin \varphi_1$ von der betroffenen Lenkerlänge $r - a$.

Beim Renault 16 wird die Seitenkraft nur dann ein Biegemoment in dem Lenkerquerschnitt $II-II$ **unterhalb** des Anschlags hervorrufen, wenn die Strecke $r_{dyn} \cdot \sin \varphi_0 < r - d$. Im einzelnen sind dort die Momente (Index 8):

Torsion: $M_{t\,8} = N_{w\,2} \cdot b + S_1 \cdot r_{dyn} \cdot \cos\varphi_1$

Biegung: $M_{b\,x\,8} = N_{w\,2} \cdot (r - d)$

$$M_{b\,y\,8} = S_1 \cdot (r - d - r_{dyn} \cdot \sin\varphi_1) - N_{u\,2} \cdot b$$

In diesem Querschnitt entstehen bei geringeren Biegespannungen größere Torsionsbelastungen; die durch $N_{u\,2}$ und E_u verursachten Zug- bzw. Druckspannungen können sowohl in II als auch in I—I vernachlässigt werden. Die Festigkeitsberechnung der durch Schraubenfedern abgefangenen Achse des Peugeot (siehe Bilder 3.9./2 und 3.9./3) entspricht einer Schräglenkerachse mit $\alpha = 0°$ und ist dem folgenden Abschnitt zu entnehmen; gleichfalls zutreffend für die beim **Bremsen** auftretenden Kräfte.

6.10. Kräfte und Momente in der Schräglenkerachse

6.10.1. Bestimmung der statischen Kräfte

Bei den meisten Fahrzeugen sind die Schräglenker ausschließlich um den in der Draufsicht erscheinenden Winkel α geneigt (siehe Bilder 3.10//3 und 4.4./24); wenige Pkw haben zusätzlich eine geringfügige Schrägstellung um β in der Rückansicht. Aus diesem Grund erfolgt die Betrachtung der Kräfte und Momente nur unter Berücksichtigung von α.
Das Bild 6.10./1 zeigt die linke Achse in der Draufsicht mit eingetragenen **Maßstrecken,** wie sie der Gruppen- bzw. Teilzeichnung entnommen werden können, und die Bestimmung der senkrechten Komponente $F_{y\,o}$ und der Lagerkräfte $A_{y\,o}$, $B_{y\,o}$ enthält Bild 6.10./2. Nach Klappen der Kräfte um die Drehachse $A - B$ und die senkrecht dazu stehende, lassen sich mit zwei Momentengleichungen und der Bedingung Summe aller Kräfte gleich Null die drei Unbekannten ermitteln:

$$F_{y\,o} = N'_h \cdot \frac{r}{d} \quad \text{(aus Ansicht } C\text{)}$$

$$B_{y\,o} = \frac{F_{y\,o} \cdot j - N'_h \cdot o}{g} \quad \text{(aus Ansicht } D\text{) und}$$

$$A_{y\,o} = B_{y\,o} + N'_h - F_{y\,o}, \quad \text{mit} \quad N'_h = N_h - \frac{U_h}{2}.$$

Die Richtung von $B_{y\,o}$ liegt eindeutig fest, der Grund warum diese Kraft zuerst bestimmt wird. Die Strecken r und o können Bild 6.10./1 nicht entnommen werden; sie sind aus der Zeichnung abzugreifen oder mit Hilfe der gegebenen Werte zu berechnen:

$$r = (e + f \cdot \tan\alpha) \cdot \cos\alpha \quad \text{und}$$

$$o = (e + f \cdot \tan\alpha) \cdot \sin\alpha - \frac{f}{\cos\alpha}$$

Das Streckenverhältnis $\frac{r}{d}$ entspricht der **Übersetzung** $i_{x,\,y}$ Federkraft zu Hochkraft am Radaufstandspunkt (siehe Abschnitt 7.1.7). In dem Beispiel ist gut zu erkennen, daß trotz einer sich etwa in Achsmitte befindenden Feder $i_{x,\,y} > 1$; diese müßte **hinter** der Achse sitzen, um $i_{x,\,y} = 1$ zu erreichen.

     Kräfte und Momente in der Schräglenkerachse

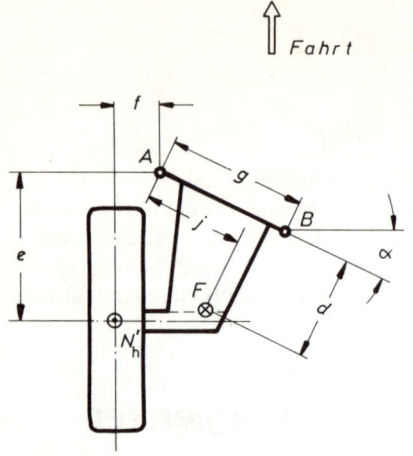

↑ *Fahrt*

Bild 6.10./1 Draufsicht auf die Schräglenkerachse mit eingetragenen Maßstrek-
ken gleich in den Richtungen, in denen sie
aus der Gruppen- bzw. Teilzeichnung entnommen werden müßten.

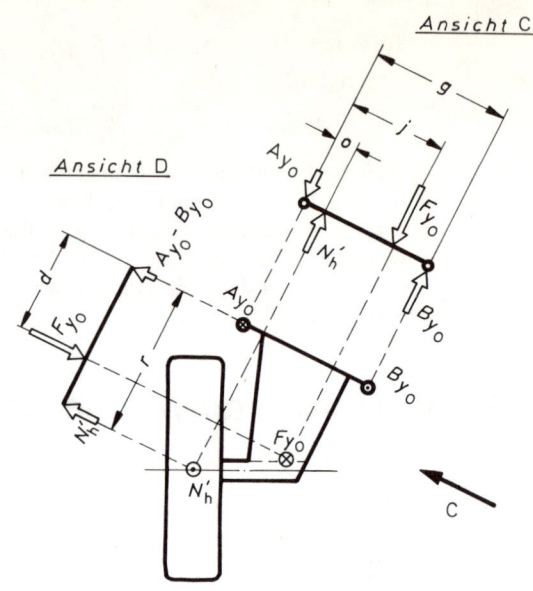

Ansicht C

Ansicht D

C

D

Bild 6.10./2 Die in Hochrichtung wirkenden Kräfte müssen
in zwei senkrecht zueinander
stehenden Ebenen ermittelt
werden.

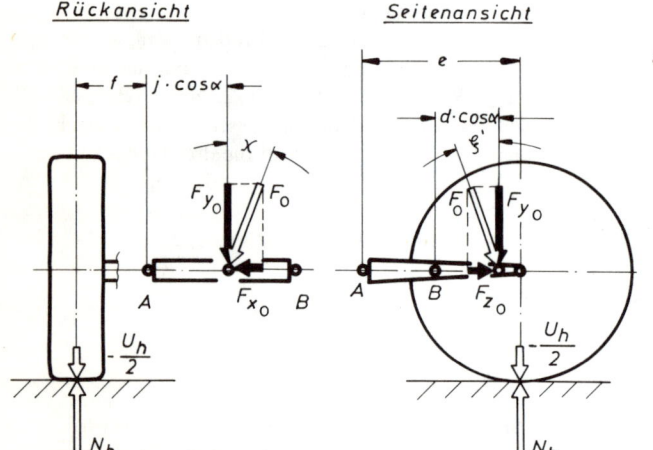

Rückansicht   *Seitenansicht*

Bild 6.10./3 Eine   räumlich
schrägstehende Schraubenfeder bewirkt am Angriffspunkt
die Komponenten F_{xo} und F_{zo}.

Bei den meisten Fahrzeugen steht die zur Abfederung dienende Schraubenfeder nicht **senkrecht,**
sondern **räumlich** schräg. Mit ξ' soll, bezogen auf die Lenkerebene, der Winkel in der Seitenansicht bezeichnet werden (Bild 6.10./3) und mit $\varkappa$ der aus der Rückansicht. Durch die Komponente F_y werden in solchen Fällen zwei weitere, in der Lenkerebene liegende, hervorgerufen:

$$F_{xo} = F_{yo} \cdot \tan \varkappa \quad \text{und} \quad F_{zo} = F_{yo} \cdot \tan \xi'$$

Die Federkraft F ist dann:

$$F_o = \sqrt{F_{xo}^2 + F_{yo}^2 + F_{zo}^2} = F_{yo} \sqrt{1 + \tan^2 \varkappa + \tan^2 \xi'}$$

146   Kräfte und Momente in der Schräglenkerachse

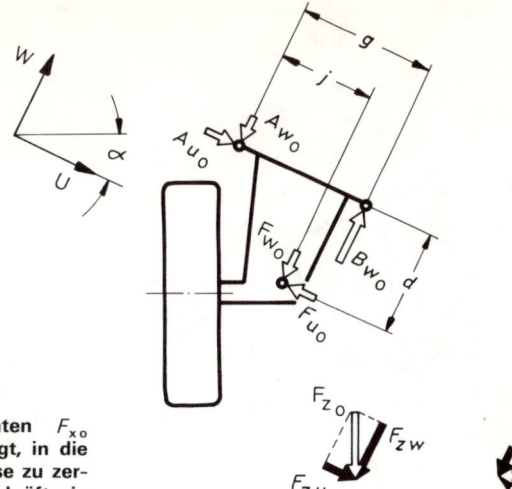

Bild 6.10./4 Die Federkraftkomponenten F_{xo} und F_{zo} sind, wie unten stehend gezeigt, in die U- und W-Richtung der Lenkerdrehachse zu zerlegen. F_{uo} und F_{wo} bewirken Reaktionskräfte in den Lagerpunkten A und B.

Die beiden Komponenten F_{xo} und F_{zo} belasten die Lenkerlagerungen zusätzlich, sie rufen dort die Kräfte A_{uo}, A_{wo} und B_{wo} hervor (Bild 6.10./4). F_{xo} und F_{zo} sind zu deren Bestimmung in die U- und W-Richtung zu zerlegen:

$$F_{xu} = F_{xo} \cdot \cos \alpha, \quad F_{xw} = F_{xo} \cdot \sin \alpha,$$

$$F_{zu} = F_{zo} \cdot \sin \alpha, \quad F_{zw} = F_{zo} \cdot \cos \alpha, \quad \text{und hiermit}$$

$$F_{uo} = F_{xu} - F_{zu} \quad \text{sowie} \quad F_{wo} = F_{xw} + F_{zw}.$$

Die Richtung der Kraft B_{wo} ist eindeutig erkennbar, deshalb wird die Momentengleichung um A aufgestellt:

$$B_{wo} = \frac{F_{uo} \cdot d + F_{wo} \cdot j}{g} \qquad A_w = B_w - F_w \quad \text{und} \quad A_{uo} = F_{uo}$$

Die von den Lenkerlagerungen radial aufzunehmenden Kräfte sind:

$$A_o = \sqrt{A_{yo}^2 + A_{wo}^2} \quad \text{und} \quad B_o = \sqrt{B_{yo}^2 + B_{wo}^2}$$

Die Kraft A_u belastet den Flanschbloc des Lagers A in axialer Richtung.

6.10.2. Dauerfestigkeitsberechnung

Zur Bestimmung der Dauerhaltbarkeit des Lenkers und seiner Lagerungen wird die **obere Hochkraft** $N_o' = N_h \cdot k_1 - \frac{U_h}{2}$ zusammen mit der momentenverstärkenden Seitenkraft $S_1 = \mu_{F1} \cdot N_h$ angesetzt, bei Annahme **schwellender** Belastung. Die von außen nach innen gerichtete (momentenabschwächende) Seitenkraft dürfte kaum — oder nur in geringem Maße — eine Richtungsänderung der Reaktionskräfte — also wechselnde Beanspruchung — hervorgerufen. Wurden die statischen Kräfte (Index 0) vorab mit N_h' bestimmt, so können fünf von diesen durch Multiplikation mit dem Vergrößerungsfaktor

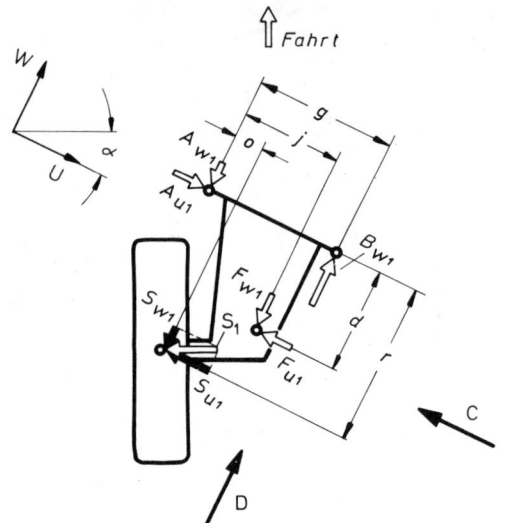

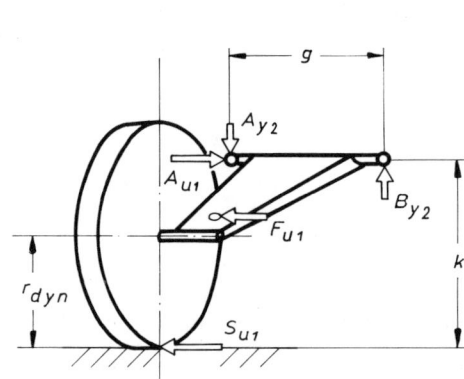

Bild 6.10./5 Eine am Radaufstandspunkt angreifende Seitenkraft S_1 ist in die U- und V-Richtung zu zerlegen. Die Komponenten von S_1 werden bei der Berechnung der Lagerkräfte gemeinsam mit den Federkraftkomponenten betrachtet.

Bild 6.10./6 In der Ansicht schräg von hinten sind die Reaktionskräfte in A und B zu ermitteln, hervorgerufen durch die Seitenkraftkomponente S_{u1}. Ist der Lenker geneigt oder aber befindet sich der Federangriffspunkt nicht in der Lenkerebene, so erhöht (bzw. verringert) die Federkraftkomponente F_{u1} die Belastung der Lagerpunkte.

$$v_1 = \frac{N_o'}{N_h'} = \frac{k_1 \cdot N_h - \dfrac{U_h}{2}}{N_h - \dfrac{U_h}{2}}$$

sehr einfach berechnet werden:

$$A_{y1} = v_1 \cdot A_{yo}, \qquad B_{y1} = v_1 \cdot B_{yo}, \qquad F_{y1} = v_1 \cdot F_{yo}, \qquad F_{u1} = v_1 \cdot F_{uo} \qquad \text{und}$$

$$F_{w1} = v_1 \cdot F_{wo}$$

Die getrennt von N_o' zu betrachtende **Seitenkraft** ruft in den Lagerpunkten A und B des Lenkers Reaktionskräfte sowohl in dessen Ebene (U- und W-Richtung) hervor als — durch den Höhenunterschied bedingt — auch in der Y-Richtung. S_1 ist in $S_{u1} = S_1 \cdot \cos\alpha$ und $S_{w1} = S_1 \cdot \sin\alpha$ zu zerlegen (Bild 6.10./5), um gemeinsam mit den (evtl. vorhandenen) Federkraftkomponenten F_{u1}, F_{w1} die Kräfte A_{u1}, A_{w1} und B_{w1} berechnen zu können. Als Drehpunkt für die Momentengleichung wird wieder A gewählt, weil die Richtung von B_{w1} festliegt:

$$B_{w1} = \frac{F_{u1} \cdot d + F_{w1} \cdot j + S_{u1} \cdot r - S_{w1} \cdot o}{g},$$

$$A_{w1} = B_{w1} - F_{w1} - S_{w1} \quad \text{und} \quad A_{u1} = F_{u1} + S_{u1}$$

S_1 greift am Radaufstandspunkt, also im Abstand k von der Lenkerdrehachse $A - B$ entfernt an. Zur Bestimmung der entstehenden **Hochkraftkomponenten** (Y-Richtung) sind S_{u1} und S_{w1} getrennt in den in Bild 6.10./5 gekennzeichneten Projektionsrichtungen C und D zu betrachten. Die Komponente S_{u1} bewirkt die gleichgroßen Reaktionskräfte A_{y2} und B_{y2}, (Rückansicht D, Bild 6.10./6):

$$A_{y\,2} = B_{y\,2} = S_{u\,1} \cdot \frac{k}{g}$$

Liegt die Lenkerdrehachse über oder unter der Radmitte ($k \gtrless r_{\text{dyn}}$), so bewirkt — wie im Bild erkennbar — die Federkraftkomponente $F_{u\,1}$ eine Erhöhung oder Verringerung der Kräfte $A_{y\,2}$ und $B_{y\,2}$. Das gleiche trifft zu, wenn die Federbefestigung sich nicht in Höhe der Lenkerebene befindet (siehe Bild 3.10./4, BMW 1602). Das folgende Bild 6.10./7 zeigt die Seiten-Schrägansicht C auf die Komponente $S_{w\,1}$. Diese bewirkt die Radlasterhöhung

$$\Delta N_{s} = S_{w\,1} \cdot \frac{k}{r}.$$

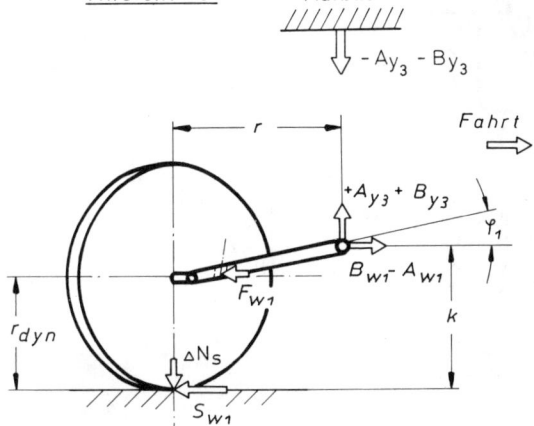

Bild 6.10./7 Die durch die Seitenkraftkomponente $S_{w\,1}$ in A und B hervorgerufenen Reaktionskräfte sind in der seitlichen Schrägansicht zu ermitteln.

Bei um den Winkel φ_1 (wie gezeichnet) schrägliegendem Lenker kann die Größe von ΔN_{s} zusätzlich durch F_{w} beeinflußt werden. Die Y-Reaktionskräfte in den Lagerungen teilen sich nach den Abständen o und g zwischen den betrachteten Punkten A, N und B auf (siehe Bild 6.10./5):

$$B_{y\,3} = \Delta N_{s} \cdot \frac{o}{g} \quad \text{und} \quad A_{y\,3} = \Delta N_{s} - B_{y\,3}$$

Hat das Fahrzeug **Hinterradantrieb,** so geht die **Antriebskraft**

$$L_{A\,1} = \frac{M_{t\,1}}{r_{\text{dyn}}} = \frac{M_{d\,\text{max}} \cdot i_3 \cdot i_D \cdot \eta}{2 \cdot r_{\text{dyn}}}$$

mit in die Dauerfestigkeitsberechnung ein ($M_{t\,1}$ siehe Gleichungen (5) und (7) in Abschnitt 6.2). $L_{A\,1}$ ist in die **Radmitte** zu verschieben und ruft nur Komponenten in W-Richtung in den Lenkerlagerungen hervor. Wie Bild 6.10./8 zeigt, wird $L_{A\,1}$ zweckmäßigerweise zusammen mit S_1 betrachtet. Beide Kräfte um den Winkel α zerlegt, ergibt die Komponenten U_1 und W_1 und mit diesen sich folgende Momentengleichung um B (wegen der klar erkennbaren Richtung von A_{w}):

$$A_{w\,1} = \frac{U_1 \cdot r + W_1\,(g - o) + F_{u\,1} \cdot d - F_{w\,1}\,(g - j)}{g}$$

und hiermit $B_{w\,1} = A_{w\,1} + F_{w\,1} - W_1.$

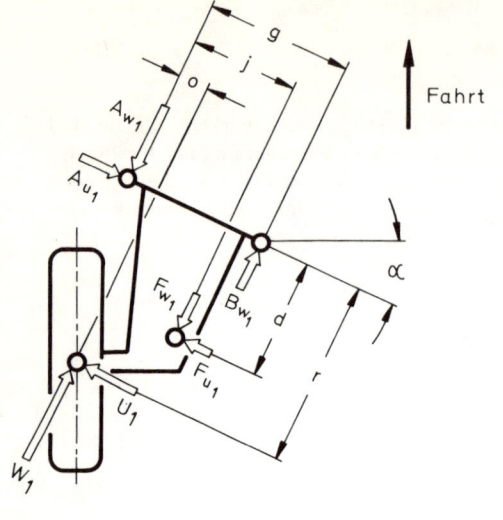

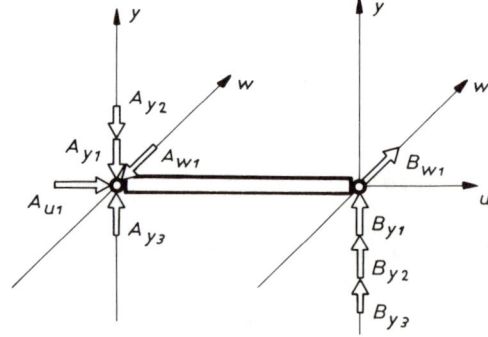

Bild 6.10./8 In der Seitenansicht ist — wie bei der Pendelachse (Bild 6.8./6) — eine vorhandene Antriebskraft L_{A1} in die Radmitte zu verschieben. In der Draufsicht dagegen sind L_{A1} und die Seitenkraft S_1 zusammenzufassen und gemeinsam mit den Federkraftkomponenten F_{u1} und F_{w1} zu betrachten.

Bild 6.10./9 In den Punkten A und B des Lenkers sind die die Lagerelemente radial belastenden Komponenten zusammenzufassen (Y- und W-Richtung).

$$L_{A_u} = L_{A_1} \cdot \sin\alpha$$
$$L_{A_w} = L_{A_1} \cdot \cos\alpha$$
$$S_{1_u} = S_1 \cdot \cos\alpha$$
$$S_{1_w} = S_1 \cdot \sin\alpha$$

$$U_1 = L_{A_u} + S_{1_u}$$
$$W_1 = L_{A_w} - S_{1_w}$$

Abschließend sind die nacheinander mit N_o', $S_{u\,1}$ und $S_{w\,1}$ berechneten Y-Komponenten zusammenzufassen, um die die Lagerelemente dauernd belastenden **Radialkräfte** zu bekommen; Voraussetzung hierfür sind eindeutig festliegende Richtungen der Einzelkomponenten (Bild 6.10./9):

$$\Sigma A_y = A_{y\,1} + A_{y\,2} - A_{y\,3} \quad \text{sowie} \quad \Sigma B_y = B_{y\,1} + B_{y\,2} + B_{y\,3}$$

Gemeinsam mit den als Funktion von $S_{u\,1}$ und $S_{w\,1}$ bzw. U_1 und W_1 ermittelten W-Komponenten ergeben sich dann:

$$A_1 = \sqrt{(\Sigma A_y)^2 + A_{w\,1}^2} \quad \text{sowie} \quad B_1 = \sqrt{(\Sigma B_y)^2 + B_{w\,1}^2}$$

Die **Axialkraft** $A_{u\,1}$ wirkt auf den Flansch des zur Verwendung kommenden Fluid- oder Flanschblocs (siehe Bilder 3.1./23 und 3.1./21a), wobei je nach Kraftrichtung entweder A oder B belastet wird.

Zur Bestimmung der Dauerhaltbarkeit des **Lenkers** sind je nach Lage des zu betrachtenden Querschnitts entweder die am Radaufstandspunkt angreifenden Kräfte N_o', S_1 und $L_{A\,1}$ anzusetzen; oder aber die Reaktionskräfte

$$A_{u\,1} \text{ (bzw. } B_{u\,1}\text{), } A_{w\,1}, \Sigma A_y, B_{w\,1} \quad \text{und} \quad \Sigma B_y.$$

Welche Stellen festigkeitsmäßig überprüft werden müssen, hängt von der Form des Lenkers ab.

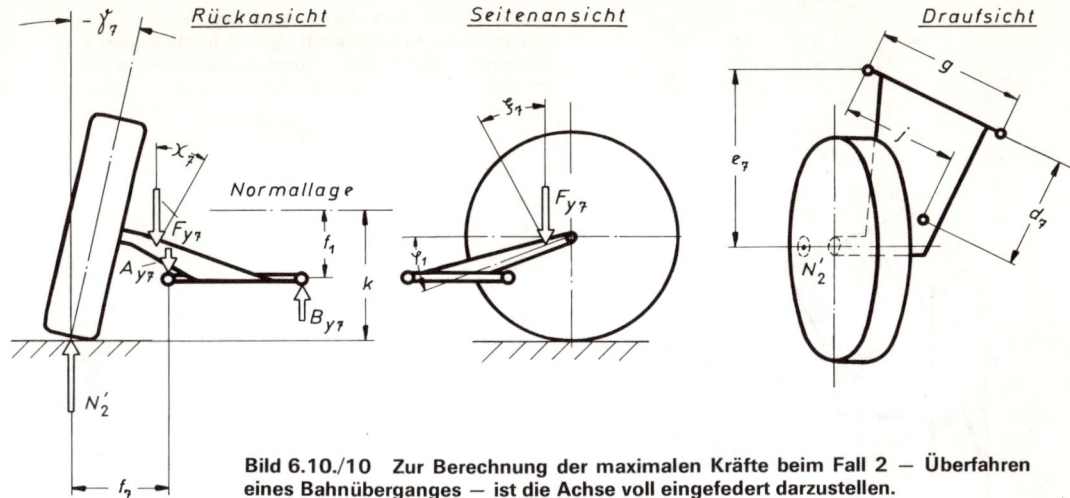

Bild 6.10./10 Zur Berechnung der maximalen Kräfte beim Fall 2 — Überfahren eines Bahnüberganges — ist die Achse voll eingefedert darzustellen.

6.10.3. Zeitlich begrenzt auftretende Kräfte

Die Kontrolle ist unter Berücksichtigung einer evtl. auftretenden Längskraft sowohl mit

$$N_o' \text{ und } S_2 \text{ als auch mit } N_2' \text{ und } S_1$$

durchzuführen. Im **Fall 3 — Schlaglochstrecke** — entspricht der Rechengang dem anhand der Bilder 6.10./5 bis 6.10./8 erläuterten; anstelle von S_1 erscheint lediglich

$$S_2 = \mu_{F2} \cdot N_h \; (\mu_{F2} \text{ siehe Bild 6.1./4})$$

und anstelle des 3. Ganges ist die Übersetzung des zweiten in die Gleichung für L_A einzusetzen (siehe Bild 6.3./20).

Bei der nächsten Bedingung — **Fall 2, Überfahren eines Bahnüberganges** — muß die um den Federweg f_1 voll **eingefederte** Achse betrachtet werden (bei evtl. Trennung von Feder- und Anschlagkraft). Hierbei ist die bei allen Schräglenkerachsen vorhandene **Sturz-** und **Spurweitenänderung** zu beachten (siehe Bilder 4.5./8 und 4.3./12); letztere bewirkt ein Nach-außen-Wandern des Radaufstandspunktes, an dem die Hochkraft angreift (Bild 6.10./10). Hinzu kommt eine andere räumliche Lage der (kürzer gewordenen) Schraubenfeder; als Unterscheidungsmerkmal zur Normallage erhalten alle geänderten Maße und Winkel den Index „sieben". Die verlängerte Strecke f_7 muß konstruktiv oder über die Spurweitenänderung ermittelt werden; bei den verkürzten Maßen d_7 und e_7 dagegen besteht die Möglichkeit der Berechnung mit Hilfe des Einfederungswinkels φ_1:

$$d_7 = d \cdot \cos \varphi_1 \quad \text{und} \quad e_7 = e \cdot \cos \varphi_1$$

wobei $\sin \varphi_1 = \dfrac{f_1}{r}$, wenn der Lenker in der Normallage waagerecht lag. Die Schrägstellungswinkel $\varkappa_7$ und ξ_7 der **Feder** sind der Zeichnung zu entnehmen. Die Berechnung der Kräfte F_7, A_7 und B_7 kann mit den geänderten Strecken in der zuvor beschriebenen Art durchgeführt werden; anstelle von N_o' ist lediglich anzusetzen

⇑ *Fahrt*

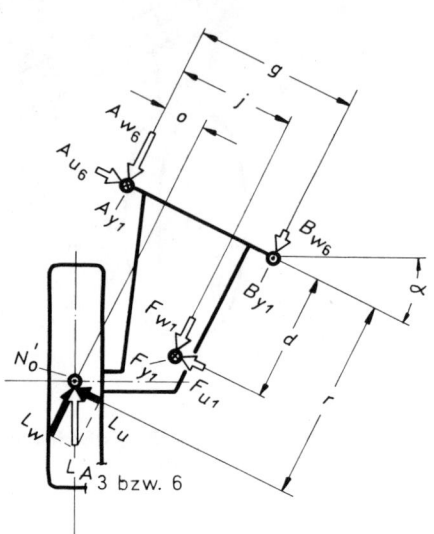

Bild 6.10./11 Die beim Anfahren im 1. Gang entstehende Antriebskraft L_{A6} ist in Radmitte zu betrachten und in die U- und W-Richtung zu zerlegen.

$$N_2' = k_2 \cdot N_h - \frac{U_h}{2} \quad (k_2 \text{ siehe Bild } 6.1./2)$$

Bei vorhandenem **Antrieb** geht wieder L_{A1} mit in die Berechnung ein; die Kräftezerlegung in die U- und W-Richtung entspricht der in Bild 6.10./8 gezeigten. Die Trennung von Anschlag- und Federkraft, erforderlich bei **Torsionsstabfederung** (siehe Bilder 3.10./10 und 3.10/11), enthält der vorhergehende Abschnitt.

Beim **Anfahren** aus dem Stand ist die kleinere der beiden Längskräfte

$$L_{A3} = \frac{M_{t3}}{r_{\text{stat}}} \quad \text{bzw.} \quad L_{A6} = \mu_L \cdot N_h = 1{,}1 \cdot N_h \quad \text{zusammen}$$

mit $N_o' = k_1 \cdot N_h - U_h/2$ für die Berechnung anzusetzen und bei sich in **Normallage** befindlichem Lenker als L_A' in Radmitte zu betrachten (M_{t3} siehe Bild 6.3./22). Im Gegensatz zur Starrachse wird bei Einzelradaufhängungen das Antriebsmoment von der am Aufbau befestigten Differentiallagerung aufgenommen (siehe Abschnitt 5.6).

Die Längskraft $L_{A\,3\,\text{bzw. }6}$ ist um den Winkel α zu zerlegen (Bild 6.10./11) in:

$$L_u = L_{A3,6} \cdot \sin \alpha \quad \text{und} \quad L_w = L_{A3,6} \cdot \cos \alpha.$$

Die Wirkungsrichtung der Kraft A_{w6} liegt eindeutig fest, so daß unter Berücksichtigung der **Federkraft**komponenten F_{u1} und F_{w1} die Momentengleichung lautet:

$$A_{w6} = \frac{L_w(g-o) + L_u \cdot r + F_{u1} \cdot d - F_{w1}(g-j)}{g}$$

und $\quad B_{w6} = L_w - A_{w6} - F_{w1}$

Zusätzlich **radial** aufzunehmen von den Lagerungen sind die durch N_o' hervorgerufenen und mittels Kreuz und Punkt gekennzeichneten Kräfte A_{y1} und B_{y1}, womit werden:

152 Kräfte und Momente in der Schräglenkerachse

$$A_6 = \sqrt{A_{w6}^2 + A_{y1}^2} \qquad \text{und} \qquad B_6 = \sqrt{B_{w6}^2 + B_{y1}^2}$$

Die **Axialkraft** $A_{u6} = L_u + F_{u1}$ ist wieder von den übrigen zu trennen.

Befindet sich die **Bremse** im **Rad,** wird die beim Abbremsen entstehende Längskraft $L_B = \mu_K \cdot N_h$ am Radaufstandspunkt betrachtet, L_B ist andersherum gerichtet wie L_A und außerdem kleiner. Entsprechend Abschnitt 6.1 sind höhere Kraftschlußbeiwerte als $\mu_k = 0{,}8$ kaum möglich. Bei der Berechnung sollte berücksichtigt werden, daß das Fahrzeug mit blockierten Hinterrädern ins Schleudern kommen kann (siehe Bild 5.5./3), also im Gegensatz zur Vorderachse eine Seitenkraft auftritt. Folgende Kräfte gehen dadurch in die Rechnung ein:

die Hochkraft $\quad N' = N_h - \dfrac{U_h}{2}$ (ohne k_1 wegen der Entlastung beim Bremsen)

die Seitenkraft $\quad S_1 = \mu_{F1} \cdot N_h \qquad$ und

die Längskraft $\quad L_B = 0{,}8 \cdot N_h$

Die beiden letzteren wirken in einer Ebene und sind (wie untenstehend in Bild 6.10./12 zu sehen) wieder in die U- und W-Richtung zu zerlegen, um aus den addierten Komponenten die beiden Kräfte U_5 und W_5 zu bekommen. Mit diesen werden die Lagerkräfte berechnet, und zwar zuerst B_{w5}, da die Wirkungsrichtung festliegt. Die Momentengleichung unter Berücksichtigung von F_{uo} und F_{wo} lautet:

$$B_{w5} = \frac{W_5 \cdot o + U_5 \cdot r + F_{wo} \cdot j + F_{uo} \cdot d}{g} \qquad \text{und}$$

$$A_{w5} = W_5 + F_{wo} - B_{w5}$$

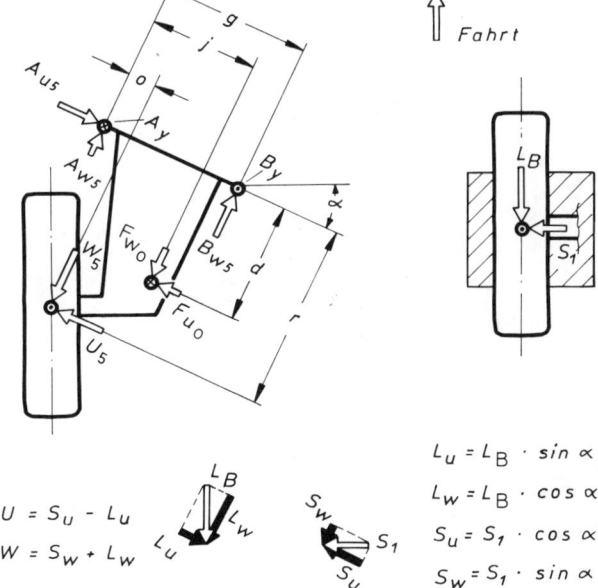

Bild 6.10./12 Beim Betrachten des Bremsvorganges sollte ein Schleudern des Wagenhecks berücksichtigt werden, d. h., es wäre — wie rechts nebenstehend gezeigt — die Seitenkraft S_1 momentenverstärkend mit anzusetzen. Wie unten zu sehen, sind S_1 und die Bremskraft L_B dann zusammenzufassen und am Radaufstandspunkt in die U- und W-Richtung zu zerlegen. Die Bremse befindet sich bei dem Beispiel außen im Rad.

$U = S_u - L_u$

$W = S_w + L_w$

$L_u = L_B \cdot \sin \alpha$

$L_w = L_B \cdot \cos \alpha$

$S_u = S_1 \cdot \cos \alpha$

$S_w = S_1 \cdot \sin \alpha$

Hinzu kommen die durch U_5 hervorgerufenen Komponenten in Hochrichtung, die entsprechend Bild 6.10./6 sind:

$$A_{y5} = U_5 \cdot \frac{k}{g} \qquad \text{sowie} \qquad B_{y5} = A_{y5}$$

und die durch W_5 bewirkten:

$$\Delta N_B = W_5 \cdot \frac{k}{r} \qquad \text{(siehe Bild 6.10./7) sowie mit Index 6:}$$

$$A_{y6} = \Delta N_B \cdot \frac{o}{g} \qquad \text{und} \qquad B_{y6} = \Delta N_B - A_{y6}.$$

A_{y6} und B_{y6} ziehen den Aufbau beim Bremsen herunter (in Bild 6.10./7 mit $-A_{y3}$ und $-B_{y3}$ dargestellt); diese Kräfte wirken also dem **Bremstauchen** entgegen. Abschließend sind alle Hochkraftkomponenten unter Hinzunahme von A_{yo} und B_o (aus der Erstrechnung mit der statischen Radlast N_h', siehe Bild 6.10./2) zusammenzufassen, um die **Radialkräfte** A_5 und B_5 in den Lagerungen zu bekommen. Die Einzelkräfte haben die in Bild 6.10./9 gezeigten Richtungen, so daß wird:

$$\Sigma A_y = A_{yo} + A_{y5} - A_{y6}, \qquad\qquad \Sigma B_y = B_{yo} + B_{y5} + B_{y6},$$

$$A_5 = \sqrt{(\Sigma A_y)^2 + A_{w5}^2} \qquad \text{und} \qquad B_5 = \sqrt{(\Sigma B_y)^2 + B_{w5}^2}$$

Eine am **Differential** sich befindende **Bremse** ergibt keine Reaktionskräfte die das Bremstauchen verhindern; der Grund, warum diese Ausführung in Verbindung mit der Schräglenkerachse an keinem Pkw zu finden ist. Die statische Betrachtung erübrigt sich deshalb.

7. Federung und Dämpfung

7.1. Theoretische Zusammenhänge

Anhand der in diesem Abschnitt 7.1 erscheinenden Schwingungsgleichungen lassen sich die in Verbindung mit den neuen SI-Einheiten auftretenden Probleme besonders gut zeigen. Bei den Gegenüberstellungen erscheinen die bisher verwendeten technischen Einheiten in eckigen Klammern [ ] und die neuen in runden ( ). Den Dimensionsgleichungen ist besondere Beachtung zu schenken und darauf zu achten, daß zusammen mit dem N = Newton nur das **Meter als Längeneinheit** Verwendung finden darf.

7.1.1. Anforderungen an das Federungssystem

Federung und Dämpfung sind bei einem Straßenfahrzeug hauptverantwortlich für

    Fahrkomfort,
    Fahrsicherheit und
    Kurvenverhalten.

Die Federungseigenschaften selbst hängen von den verschiedensten Größen und dem Zusammenwirken einzelner Bauteile ab:

7.1.1.1.   Art und Härte der Federn,
7.1.1.2.   den Stabilisatoren,
7.1.1.3.   den Lenkerlagerungen,
7.1.1.4.   den Stoßdämpfern und deren Lagerungen,
7.1.1.5.   dem Gewicht der Achsen,
7.1.1.6.   der Ausführung der Motoraufhängung,
7.1.1.7.   dem Radstand,
7.1.1.8.   der Spurweite und
7.1.1.9.   in ganz besonderem Maße auch den Reifen.

Zu 7.1.1.1.

Weiche **Federn** und große **Federwege** sind die eigentliche Voraussetzung für hohen Fahrkomfort, ausreichende Nickschwingungsfreiheit und gute **Bodenhaftung** der **Räder,** letzteres entspräche also auch der Forderung nach Fahrsicherheit.
Fällt als Beispiel ein mit $N_{v,h} = 300 \, \text{kp}$ belastetes Rad in ein 8 cm tiefes Schlagloch (Bild 7.1./1), so ist bei einer weichen Federung mit der Rate $c_2 = 10 \, \text{kp/cm}$ im Grund der Unebenheit noch die Restkraft

$$N' = N_{v,h} - c_2 \cdot f_2 = 300 - 10 \cdot 8 = 220 \, \text{kp}$$

vorhanden; bei einer sportlich harten Federung mit $c_2 = 20 \, \text{kp/cm}$ wären es nur $N' = 140 \, \text{kp}$. Die größere Restkraft ist gleichzusetzen mit besserer Haftung. Eine ähnliche Betrachtung kann für das Überfahren einer 4 cm hohen Bodenunebenheit angestellt werden (Bild 7.1./2). Bei har-

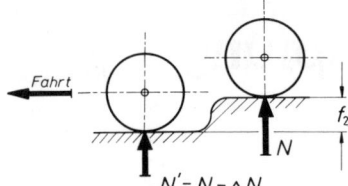

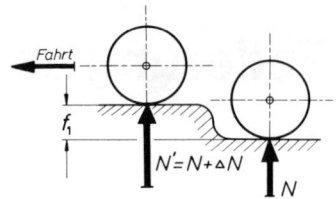

Bild 7.1./1 Beim Ausfedern eines Rades um den Weg f_2 verringert sich der Raddruck um den Betrag ΔN. Die Größe, der die Bodenhaftung sicherstellenden Restkraft $N' = N - \Delta N$, hängt in der Hauptsache von der Federhärte, besser gesagt der Rate c_2, ab.

Bild 7.1./2 Beim Einfedern des Rades um den Weg f_1 steigert sich der Raddruck um den Betrag ΔN. Die in den Aufbau kommende Krafterhöhung hängt in ihrer Größe vorwiegend von der Federhärte, also der Rate c_2, ab.

ter Federung würde die von der Achse an den Aufbau als Stoß weitergegebene Krafterhöhung ohne Berücksichtigung der Dämpfung und des Zeiteinflusses $\Delta N = 80 \, \text{kp}$ betragen; eine weiche gibt nur 40 kp weiter und bewirkt somit eine geringere Radlastschwankung. Nachteilig ist die stärkere Rollneigung des Aufbaus in Kurven und damit verbunden die geringere Möglichkeit der **Reifen,** Seitenkräfte zu übertragen. Wie in Bild 3.3./1 gezeigt, neigen bei Einzelradaufhängungen sich die Räder mit dem Aufbau. Das den Hauptanteil der Seitenkräfte übernehmende kurvenäußere Rad geht in positiven Sturz, mit der Folge eines sich einstellenden größeren Reifen-Schräglaufwinkels.

Zu 7.1.1.2.
Verringert werden kann die Rollneigung durch **Stabilisatoren** an beiden Achsen oder nur an der vorderen. Nachteiligerweise verhärtet sich dadurch die einseitige Federung, also das Schluckvermögen von Kopfsteinpflaster und Bodenunebenheiten (siehe Abschnitt 7.5.1).

Zu 7.1.1.3.
Federungsverhärtend können auch zu fest sitzende **Lenkeranlenkpunkte** sein. Handelt es sich um Gleitlagerungen, so ist an den Schwingungsumkehrpunkten eine Losreißkraft erforderlich, die mit einer Dämpfungserhöhung gleichzusetzen ist (siehe Bilder 7.6./21 und 3.1./23 bis 3.1./26b). Bestehen die Lagerelemente dagegen aus **Gummiteilen,** die zwischen ein Innen- und Außenrohr gepreßt sind (siehe Bilder 3.1./19a bis 3.1./21c), erfolgt beim Drehen des Lenkers eine Beanspruchung des vorgespannten Gummis auf Schub und dadurch eine Vergrößerung der Gesamt-Federrate.

Zu 7.1.1.4.
In ähnlicher Weise beeinflußt die **Dämpfung** die Federungseigenschaften des Fahrzeugs. Hart eingestellte Stoßdämpfer geben die Gewähr für gute Bodenhaftung, verringern aber den Fahrkomfort. In der Einstellung niedrig gehaltene wirken komfortabler, sind aber der Fahrsicherheit nicht dienlich, genau wie zu weiche **Dämpferaufhängungen** wohl für gute Isolation der Fahrbahngeräusche und die geforderte Winkelbeweglichkeit sorgen, aber das Ansprechen des Dämpfers verzögern und damit seine Wirksamkeit verringern.

Zu 7.1.1.5.
Zur Beruhigung einer **leichten Achse** (also zum Unterbinden des Springens der Räder) reicht in den meisten Fällen die zur Dämpfung der Aufbauschwingungen vorgesehene Stoßdämpfereinstellung aus. Eine schwere, angetriebene Starrachse dagegen benötigt höhere Dämpfungskräfte, die ihrerseits den Fahrkomfort verschlechtern (siehe Rechenbeispiel Abschnitt 7.1.6).

Zu 7.1.1.6.
Eine weiche und in ihrer Eigenfrequenz zur Radaufhängung nicht richtig abgestimmte **Motor-aufhängung** kann bewirken, daß das ungedämpft gelagerte Antriebsaggregat bei bestimmten Fahrgeschwindigkeiten in Eigenfrequenz kommt.

Zu 7.1.1.7.
In Abschnitt 4.2 wurde bereits beschrieben, daß ein Fahrzeug mit (im Vergleich zur Gesamt-länge E) großem **Radstand** L weniger zur Nickschwingungen neigt als ein solches mit kleinem (siehe Bilder 7.1./10 und 1.2./2).

Zu 7.1.1.8.
Je breiter die **Spurweite** gehalten werden kann, um so geringer ist die Rollneigung des Aufbaus in Kurven und die Überschlaggefahr beim Schleudern (siehe Abschnitte 4.3 und 5.4.1).

Zu 7.1.1.9.
Ein weicher **Reifen** sorgt für gutes Schlucken kurzwelliger Bodenunebenheiten, hat aber den Nachteil des geringeren seitlichen Kraftschlusses in der Kurve und des schlechteren An-sprechens der Lenkung beim plötzlichen Einschlagen (siehe Bilder 2.8./11 bis 2.8./13).

7.1.2. Federungsverhalten

Relativ zum Aufbau können die beiden Räder einer Achse gleich-, wechsel- oder einseitig federn. Die Rate bei **gleichseitiger** Federung bestimmt den Fahrkomfort; diese wird ausgelegt für parallel zum Boden erfolgende Bewegungen des Aufbaus (Bild 7.1./3). **Wechselseitige** Federung ist vorhanden, wenn bei waagerecht verbleibendem Aufbau ein Rad um den Weg f_1 nach oben geht und das andere um f_2 nach unten (Bild 7.1./4) oder aber sich der Aufbau bei

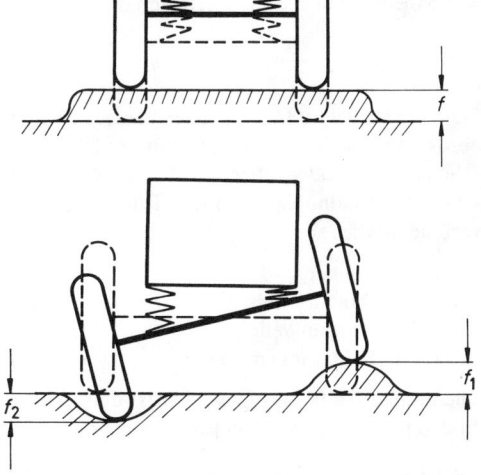

Bild 7.1./3 Gleichseitige Federung: beide Rä-der federn um denselben Weg f ein oder aus.

Bild 7.1./4 Wechselseitige Federung auf einer Schlaglochstrecke: ein Rad federt um den Weg f_1 ein und das andere um f_2 aus.

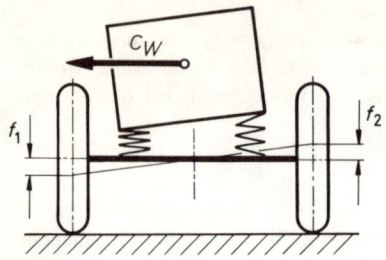

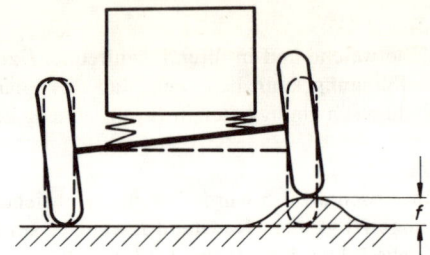

Bild 7.1./5 Wechselseitige Federung bei Kurvenfahrt: das kurvenäußere Rad federt um den Weg f_1 ein und das kurveninnere um f_2 aus.

Bild 7.1./6 Einseitige Federung: nur ein Rad federt um den Weg f ein oder aus.

Kurvenfahrt neigt (Bilder 7.1./5 und 5.4./8a). Maßgeblich für den Rollwinkel ψ unter Einfluß einer Seitenkraft sind sowohl die Raten der Federn an Vorder- und Hinterachse als auch eingebaute Stabilisatoren (siehe Bilder 5.4./14 und 5.4./19). Bei **einseitiger** Federung (Bild 7.1./6) bewegt sich nur ein Rad nach oben oder unten; in die Rate spielt auch bei dieser Federungsart der Stabilisator mit herein (siehe Abschnitt 7.5.1).

7.1.3. Gefederte und ungefederte Massen

Bekannt bzw. gewogen sein müssen Vorderachslast G_v und Hinterachslast G_h, um mit Hilfe dieser sowie den Achsgewichten U_v und U_h die

Massenanteile m_{2v} und m_{2h} des **Aufbaus**

berechnen zu können, die jeweils auf **einem Rad** der Vorder- bzw. Hinterachse lasten. Bei Verwendung des bisherigen **Maßsystems** und mit $g = 9{,}81\ \text{m/s}^2$ ergeben sich folgende Gleichungen mit den Dimensionen:

$$m_{2v} = \frac{G_v - U_v}{2 \cdot g} \quad \text{sowie} \quad m_{2h} = \frac{G_h - U_h}{2 \cdot g} \quad \left[\frac{\text{kp} \cdot \text{s}^2}{\text{m}} \right]$$

Mit **SI-Einheiten** vereinfachen sich diese:

$$m_{2v} = \frac{G_v - U_v}{2} \quad \text{sowie} \quad m_{2h} = \frac{G_h - U_h}{2} \quad (\text{kg})$$

Das Achsgewicht $U_{v,h}$ — oder besser die **ungefederte Masse** — setzt sich aus den Gewichten der Räder und Radträger zusammen. Die letzteren können die beiden Schwenklager bzw. Achsschenkel sein oder aber bei Starrachsen der Achskörper einschließlich Differential. Hinzu kommt das **halbe** Gewicht der Teile, die die eigentliche Achse mit dem Aufbau oder Rahmen verbinden; dies sind

Lenker,   innere Antriebswellen,
Panhardstab,   Blatt- oder Schraubenfedern,
Kardanwelle,   Stoßdämpfer
Spurstangen,   usw.

Die andere Hälfte des Gewichts ist dem Aufbau zuzuschlagen. **Torsionsfederstäbe** liegen in der Bodengruppe, das Gewicht rechnet also zu den gefederten Massen.

Wie in Abschnitt 5.4.2 kurz beschrieben, wiegen **Einzelradaufhängungen** und **nichtangetriebene Starrachsen** je nach Wagengröße

$$U_{v,h} = 50 \text{ bis } 90 \text{ kg}$$

Eine **angetriebene starre Achse** enthält das Differential, wodurch deren Gewicht höher liegt

$$U_h = 80 \text{ bis } 130 \text{ kg}$$

Die in den Bildern 3.2./24 bis 3.2./26 gezeigten **De-Dion-Achsen** dürften trotz Befestigung des Differentials am Aufbau um 100 kg schwer sein. Das Gewicht der ungefederten Massen läßt sich, bezogen auf eine **Achsseite,** mit folgenden Gleichungen nach beiden Systemen berechnen:

$$\text{bisherig} \quad m_{1v} = \frac{U_v}{2 \cdot g} \quad \text{und} \quad m_{1h} = \frac{U_h}{2 \cdot g} \quad \left[\frac{kp \cdot s^2}{m} \right]$$

$$\text{SI} \quad m_{1v} = \frac{U_v}{2} \quad \text{und} \quad m_{1h} = \frac{U_h}{2} \quad (kg)$$

7.1.4. Hubschwingungen

Die in alle Berechnungen eingehenden **Federraten** beziehen sich ebenfalls nur auf **ein Rad.** Die Raten c_{2v} und c_{2h} der Aufbaufedern haben die Dimension:

$$\text{bisherige Einheiten} \quad [kp/cm] \quad \text{bzw.} \quad [kp/m]$$
$$\text{SI-Einheiten} \quad (N/mm) \quad \text{bzw.} \quad (N/m)$$

Als Beispiel für die Umrechnung dient eine vordere Federrate:

$$c_{2v} = 10 \text{ kp/cm} \triangleq 1000 \text{ kp/m} \triangleq 9810 \text{ N/m} \triangleq 9,81 \text{ N/mm}$$

Auf Zeichnungen und als Meßwert sollte die Rate in N/mm erscheinen; in alle Berechnungen dagegen **muß** diese in N/m eingesetzt werden. Bei Nichteinhalten dieser Vorschrift besteht die

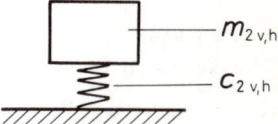

Bild 7.1./7 Beim einfachen Schwingungssystem hängt die Höhe der Aufbauschwingungszahl $n_{IIv,h}$ nur vom Gewichts- bzw. Massenanteil $m_{2v,h}$ des Aufbaus über einem Vorder- oder Hinterrad und der Federrate $c_{2v,h}$ ab.

Gefahr von Stellenfehlern, es sei, diese würden beim Aufstellen der **Dimensionsgleichung** erkannt. Mit den bisherigen Einheiten würde diese Gleichung für die Kreisfrequenz $\omega = \sqrt{c_2/m_2}$ aussehen (Bild 7.1./7):

$$\left[\sqrt{\frac{kp \cdot m}{m \cdot kp \cdot s^2}} = s^{-1} \right] \quad \text{und mit SI-Einheiten} \quad \left(\sqrt{\frac{N}{m \cdot kg}} \right)$$

hierin eingesetzt $1 \text{ N} \triangleq 1 \frac{kg \cdot m}{s^2}$ ergibt: $\left(\sqrt{\frac{kg \cdot m}{s^2 \cdot m \cdot kg}} = s^{-1} \right)$

Um die in Federungsbetrachtungen verwendete Schwingungszahl n_{II} je min zu bekommen, ist die Kreisfrequenz mit

$$\frac{60}{2\pi} = 9,55$$

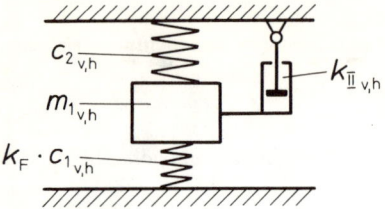

Bild 7.1./8 Die Höhe der Radschwingungszahl $n_{1\,v,h}$ ist eine Funktion der Achsmasse $m_{1\,v,h}$ der Aufbaufederrate $c_{2\,v,h}$, der Reifenfederrate $c_{1\,v,h}$ und der Dämpfung $k_{II\,v,h}$. Einen zusätzlichen Einfluß hat die Fahrgeschwindigkeit, zu berücksichtigen durch den Korrekturfaktor k_F (siehe Bild 2.5./3).

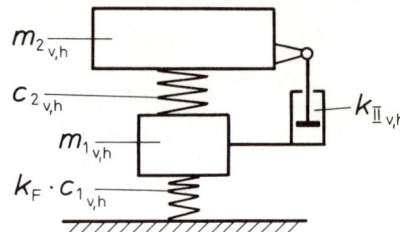

Bild 7.1./9 Die Aufbauschwingungszahl $n_{II\,v,h}$ hängt außer von Aufbaumassenanteil $m_{2\,v,h}$ und Federrate $c_{2\,v,h}$ noch von der Achsmasse $m_{1\,v,h}$, Reifenfederrate $c_{1\,v,h}$, dem Faktor k_F und der Dämpfung $k_{II\,v,h}$ ab.

zu multiplizieren. Auf den **Fahrzeugaufbau** bezogen, würde die Gleichung bei Vernachlässigung der Dämpfung sowie des Einflusses von Achse und Reifen dann lauten:

$$n_{II\,v,h} = 9,55 \cdot \sqrt{\frac{c_{2\,v,h}}{m_{2\,v,h}}} \quad [\text{min}^{-1}] \tag{1}$$

und für ein Rad bzw. eine **Achshälfte** (Bild 7.1./8)

$$n_{I\,v,h} = 9,55 \sqrt{\frac{k_F \cdot c_{1\,v,h} + c_{2\,v,h}}{m_{1\,v,h}}} \quad [\text{min}^{-1}] \tag{2}$$

$c_{1\,v,h}$ ist die in Abschnitt 2.5 näher beschriebene **Reifenfederrate** und k_F ein Vergrößerungsfaktor, der die Erhöhung der Rate bei steigenden Fahrgeschwindigkeiten berücksichtigt (siehe Bild 2.5./3). Die Achsmasse m_1 und die Reifenfederrate c_1 in die Gleichung (1) eingesetzt, ergibt folgende Veränderung (Bild 7.1./9):

$$n_{II} = 9,55 \sqrt{\frac{c_2}{m_2 + \dfrac{c_2}{k_F \cdot c_1}\,(m_1 + m_2)}} \quad [\text{min}^{-1}] \tag{3}$$

Die Gleichung (in der vereinfacht die Indizes v,h für vorn bzw. hinten fortgelassen wurden) läßt erkennen, daß die Schwinungszahl im Vergleich zu der mit (1) berechneten um so geringer wird, je weiter der Wert $\frac{c_2}{c_1}$ ansteigt. Dies wäre bei harter Aufbaufederung (großes c_2) und weichem Reifen (geringeres c_1) der Fall. Wie aus den Bildern in den Abschnitten 7.2.1 und 7.2.2 zu entnehmen, betragen bei stahlgefedertem Pkw die **Schwingungszahlen**

vorn $\quad n_{II\,v} = 55$ bis $80\ \text{min}^{-1}\quad$ und
hinten $\quad n_{II\,h} = 68$ bis $100\ \text{min}^{-1}$.

Angestrebt wird aus Komfortgründen ein $n_{II} \approx 60\ \text{min}^{-1}$, das an der Vorderachse auch bei leichteren Wagen erreichbar sein dürfte (siehe Renault 4 und 6), hinten dagegen nur, wenn das Fahrzeug mit einer Niveauregulierung ausgerüstet ist. Die Lastdifferenz zwischen den Beladungszuständen „eine Person" und „volle Zuladung" (siehe Bild 1.7./3 und Tabelle 7.2./13b) macht es schwierig, die Federung weich auszulegen.

Anhand einer vorgegebenen Schwingungszahl $n_{II\,v,h}$ kann die Federrate $c_{2\,v,h}$ mit Hilfe der umgeformten Gleichung (1) berechnet werden:

$$c_{2\,v,h} = 5,59 \cdot 10^{-6} \cdot n_{II\,v,h}^2\,(G_{v,h} - U_{v,h}) \quad [\text{kp/cm}] \tag{4}$$

Bei Verwendung der bisherigen Einheiten ist n_{II} in min^{-1} und die Gewichte sind als Gewichtskräfte in kp einzusetzen; alle sonstigen Umrechnungsfaktoren enthält der Zahlenwert $5{,}59 \cdot 10^{-6}$. Als Beispiel soll die vordere Federrate des **AUDI 100** unter Verwendung folgender Fahrzeugdaten berechnet werden:

$$G_v = 710\,\text{kp} \qquad U_v = 50\,\text{kp} \qquad n_{IIv} = 57\,\text{min}^{-1}$$

$$c_{2v} = 5{,}59 \cdot 10^{-6} \cdot 57^2 \cdot (710 - 50) \qquad c_{2v} = 11{,}97 \approx 12\,\text{kp/cm}$$

Bei Verwendung der SI-Einheiten ist als Zahlenwert $5{,}48 \cdot 10^{-3}$ zu berücksichtigen. Eingesetzt werden muß n_{II} wieder in min^{-1}; die Gewichte erscheinen jedoch in kg:

$$c_{2v,h} = 5{,}48 \cdot 10^{-3} \cdot n_{IIv,h}^2 \, (G_{v,h} - U_{v,h}) \quad (\text{N/m}) \tag{5}$$

Mit den Zahlenwerten ergibt sich als Federrate:

$$c_{2v} = 5{,}48 \cdot 10^{-3} \cdot 57^2 \cdot (710 - 50) \qquad c_{2v} = 11\,750\,\text{N/m}$$

Die Zeichnungsangabe wäre $c_{2v} = 11{,}75$ N/mm und dies durch 9,81 geteilt, ergäbe den Erstwert $c_{2v} = 1{,}197$ kp/mm $\triangleq 11{,}97$ kp/cm.

7.1.5. Nickschwingungen

Keine Nickschwingungen dürfte theoretisch ein Fahrzeug haben, bei dem diese von den Hubschwingungen entkoppelt sind, der Fall, wenn die **Nickschwingungszahl**

$$n_n = 9{,}55 \cdot \sqrt{\frac{c_{2vA} \cdot a_w^2 + c_{2hA} \cdot b_w^2}{I_q}} \quad [\text{min}^{-1}] \tag{6}$$

niedriger liegt als die aus Vorder- und Hinterradfederung **resultierende Hubschwingungszahl**

$$n_h = 9{,}55 \sqrt{\frac{c_{2vA} + c_{2hA}}{m_g}} \quad [\text{min}^{-1}]. \tag{7}$$

Für das **Trägheitsmoment** I_q der gern verwendete jedoch nur angenähert gültige Zusammenhang

$$I_q \approx m_g \cdot a_w \cdot b_w \quad [\text{kp} \cdot m \cdot s^2] \quad \text{bzw.} \quad (\text{kg} \cdot \text{m}^2) \tag{8}$$

in die Gleichung (6) eingesetzt und die beiden Formeln gegenüber gestellt, ergibt als Bedingung eine Abhängigkeit der hinteren Federrate c_{2h} von der vorderen c_{2v}:

$$c_{2h} < c_{2v} \cdot \frac{1 - \dfrac{W_h}{W_v}}{\dfrac{W_v}{W_h} - 1} \quad [\text{kp/cm}] \quad \text{bzw.} \quad (\text{N/m}) \tag{9}$$

Anstelle der Schwerpunktsabstände a_w und b_w erscheint das Verhältnis der Aufbau-Gewichtsanteile W_v (vorn) und W_h (hinten) (siehe Bild 5.1./1):

$$\frac{W_h}{W_v} = \frac{a_w}{b_w}$$

Ein mit zwei Personen besetzter Pkw in **Standardbauweise** hat etwa 54% des Aufbau-Gewichtsanteiles über der Vorderachse und 46% hinten (siehe Tabelle 1.7./1). Die Werte in die Gleichung eingesetzt wird:

$$c_{2h} < c_{2v} \cdot \frac{1 - 0,85}{1,17 - 1} \qquad c_{2h} < 0,88 \cdot c_{2v}$$

Dies bedeutet, daß zum Unterbinden von Nickschwingungen die Hinterachsfederung **weicher** als die vordere sein müßte. Voll beladen ist die Gewichtsverteilung 43% vorn und 57% hinten, mit dem Ergebnis

$$c_{2h} < 1,34 \cdot c_{2v}$$

Beide Bedingungen dürften sich nur bei Fahrzeugen mit Niveauregulierung verwirklichen lassen. Um voll beladen an der Hinterachse von Standard- und Fronttrieb-Pkw keine zu große Einfederung zu bekommen, ist eine im ganzen Bereich härtere Federung erforderlich. Lediglich **Heckmotorwagen** lassen sich in dieser Weise auslegen, festgestellt bei fast allen Pkw des Volkswagenwerkes und beim Simca 1000. Der **VW 411 LE** hat mit zwei Personen auf den Vordersitzen die Gewichtsanteile

vorn 45% und hinten 55%

und hiermit als Bedingung $c_{2h} < 1,22 \cdot c_{2v}$ (siehe Bilder 7.2./13a und 7.2./13b).
Diese wäre theoretisch mit den am Fahrzeug gemessenen Federraten vorn $c_{2v} = 17,5$ kp/cm und hinten $c_{2h} = 18,0$ kp/cm erfüllt. Trotzdem kann weder der 411 noch der Käfer oder der Simca als **nickschwingungsfrei** bezeichnet werden. Maßgeblich hierfür scheinen bestimmte Konstruktionsmerkmale zu sein, deren Zusammenwirken ein weitgehendes Entkoppeln der Vorder- und Hinterachsschwingungen zur Folge hat; in erster Linie der Zusammenhang zwischen **Massenverteilung** und **Radstand**. In zwei Aufbauten gleicher Länge E soll die Masse m_M des Antriebsaggregates, m_A des Aufbaus und m_K der Kofferraumlast die gleiche Lage haben (Bild 7.1./10); es ergeben sich somit **unabhängig** vom Radstand dieselben Achslasten vorn und hinten. Das linke Beispiel hat relativ zur Fahrzeuglänge einen kurzen Radstand L_1 und dadurch größere Überhänge vorn und hinten (siehe Tabelle 1.2./3); das rechte dagegen einen verhältnismäßig langen Achsabstand L_2. Gesamtmasse $m_g = m_M + m_A + m_K$ und Trägheitsmomente I_q um die Querachse sind in beiden Bildern gleich; nicht jedoch die Abstände a_w und b_w zwischen dem Aufbau-Schwerpunkt W und den Achsmitten. Es gilt also

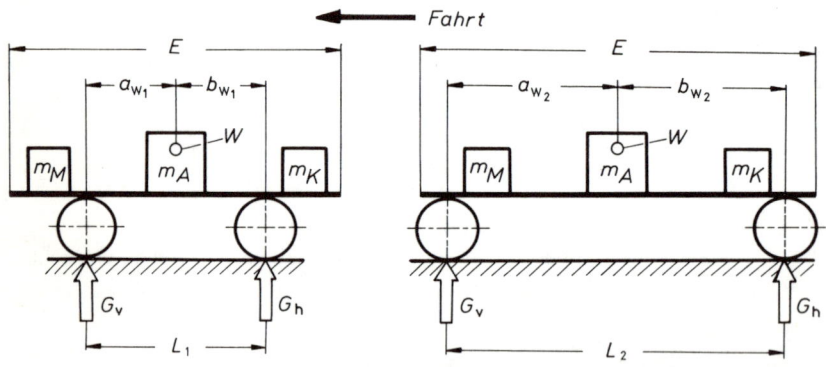

$$m_{g_1} = m_{g_2}$$
$$I_{q_1} = I_{q_2}$$
$$a_{w_1} \cdot b_{w_1} < a_{w_2} \cdot b_{w_2}$$

Bild 7.1./10 Die Länge $L_{1,2}$ des Radstandes beeinflußt wohl das Nickschwingungsverhalten eines Fahrzeuges, hat jedoch keinen Einfluß auf das Trägheitsmoment des Aufbaus um die (durch dessen Schwerpunkt W gehende) Querachse.

$$I_{\mathrm{q}\,1} = I_{\mathrm{q}\,2} \quad \text{und} \quad m_{\mathrm{g}\,1} = m_{\mathrm{g}\,2}$$

nicht dagegen mehr die in Gleichung (8) angesetzte Annäherung

$$I_{\mathrm{q}} \approx m_{\mathrm{g}} \cdot a_{\mathrm{w}} \cdot b_{\mathrm{w}}$$

denn $\quad m_{\mathrm{g}\,2} \cdot a_{\mathrm{w}\,2} \cdot b_{\mathrm{w}\,2} > m_{\mathrm{g}\,1} \cdot a_{\mathrm{w}\,1} \cdot b_{\mathrm{w}\,1}$

In eine genaue Berechnung des Nickschwingungsverhaltens muß deshalb das versuchsmäßig bestimmte Trägheitsmoment eingehen.

Je größer bei gegebener Aufbaulänge E der Radstand L ist, um so nickschwingungsfreier wird das Fahrzeug; eine Erkenntnis, die seit Jahren bei Fronttrieblern Anwendung findet (Renault 4/5/6 und 16, VW K 70, Simca 1100, Fiat 127/128, Citroën usw.) und neuerdings auch bei Pkw in Standardbauweise (Daimler-Benz, Ford-Capri, Chrysler 160/180 usw.). Weiterhin hat es sich in der Praxis als günstig erwiesen, die Federraten vorn und hinten so zu wählen, daß die Schwingungszahlen mindestens 20% auseinander liegen; dies bewirkt ein weitgehendes Entkoppeln der Achsen. Federungs-Reihenuntersuchungen an über 40 neueren Pkw-Modellen haben gezeigt, daß die meisten Hersteller diesen Weg gehen. Als Ansatz für eine **Federauslegung** sollte deshalb bei Fahrzeugen in **Standardbauweise** und **Fronttrieblern** gelten

$$n_{\mathrm{II\,h}} \geqq 1{,}2 \cdot n_{\mathrm{II\,v}} \tag{10}$$

und bedingt bei **Heckmotorwagen** $\quad n_{\mathrm{II\,h}} \leqq 1{,}2 \cdot n_{\mathrm{II\,v}} \tag{11}$

7.1.6. Dämpfungsberechnung

In das Schwingungsverhalten des Fahrzeuges spielt der Stoßdämpfer mit herein. Maßgeblich ist — bezogen auf den Radaufstandspunkt — die von diesem bei einer bestimmten Kolbengeschwindigkeit v_2 ausgeübte Kraft F_2, ausgedrückt durch den Dämpfungsfaktor:

$$k_{\mathrm{II}} = \frac{F_2}{v_2} \quad \left[\frac{\mathrm{kp} \cdot \mathrm{s}}{\mathrm{m}}\right] \quad \text{bzw.} \quad \left(\frac{\mathrm{N} \cdot \mathrm{s}}{\mathrm{m}} = \frac{\mathrm{kg}}{\mathrm{s}}\right) \tag{12}$$

Die eigentliche **Aufbaudämpfung** D_2 errechnet sich aus k_{II}, der Federrate c_2 und dem Massenanteil m_2 des Aufbaus über einem Rad:

$$D_2 = \frac{k_{\mathrm{II}}}{2 \cdot \sqrt{c_2 \cdot m_2}} \quad [-] \tag{13}$$

Die **Raddämpfung** D_1 wird ebenfalls mit Hilfe von k_{II} bestimmt, jedoch unter Hinzuziehung der halben Achsmasse m_1, der beiden Federraten c_1 und c_2 und des Vergrößerungsfaktors k_{F} (siehe Bild 2.5./3):

$$D_1 = \frac{k_{\mathrm{II}}}{2 \cdot \sqrt{(k_{\mathrm{F}} \cdot c_1 + c_2) \cdot m_1}} \quad [-] \tag{14}$$

In die Bestimmung der dimensionslosen Dämpfung muß das Meter als Längeneinheit eingehen; die **Dimensionsgleichung** sieht dann folgendermaßen aus, mit

bisherigen Einheiten $\left[\dfrac{\dfrac{\mathrm{kp} \cdot \mathrm{s}}{\mathrm{m}}}{\sqrt{\dfrac{\mathrm{kp}}{\mathrm{m}} \cdot \dfrac{\mathrm{kp} \cdot \mathrm{s}^2}{\mathrm{m}}}}\right] \quad [-] \quad$ und

SI-Einheiten $\left(\dfrac{\frac{N\cdot s}{m}}{\sqrt{\frac{N}{m}\cdot kg}}\right)=\left(\dfrac{\frac{kg}{s}}{\sqrt{\frac{kg\cdot m}{s^2\cdot m}\cdot kg}}\right)$ [−]

Der **Dämpfungsfaktor** k_{II} bezieht sich auf den Radaufstandspunkt; der Dämpfer selbst sitzt bei Einzelradaufhängungen meist weiter innen und muß demzufolge bei kleineren Geschwindigkeiten v_D größere Kräfte F_D ausüben. In die Berechnung ist deshalb noch die **Weg-Übersetzung** i_x − Radaufstands- zu Dämpferanlenkpunkt − mit einzubeziehen (siehe Abschnitt 7.1.7). Mit den Indizes 2 für das Rad und D für den Dämpfer ergeben sich folgende Zusammenhänge

Kraft $\qquad F_2 = \dfrac{F_D}{i_x}$ [kp] bzw. (N)

Geschwindigkeit $\quad v_2 = v_D \cdot i_x$ [m/s]

und hiermit ein Einzeldiagramm (Bild 7.1./11) betreffend, wird der

Dämpfungsfaktor $\quad k_{II} = \dfrac{F_2}{v_2} = \dfrac{F_D}{i_x \cdot v_D \cdot i_x} = \dfrac{F_D}{v_D \cdot i_x^2}$ (15)

(Die Gleichung gilt nicht zur Umrechnung einer Kurve, siehe hierzu Bild 7.6./17). Bekannt sein muß die **Kolbengeschwindigkeit** v_D, die sich aus der Prüfmaschinen-Drehzahl n_D in min^{-1} und dem Prüfhub s in m zusammensetzt. Hierbei kann es sich um die maximale Geschwindigkeit $v_{D\,max}$ bzw. die mittlere $v_{D\,mittel}$ handeln; der Einfachheit halber wird $v_{D\,max}$ den leicht aus dem Dämpferdiagramm (Bild 7.1./11) herauszumessenden **größten Dämpfungskräften** gegenüber-

mittlere Dämpfungskraft

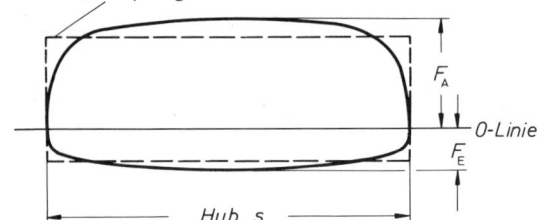

Bild 7.1./11 In die Bestimmung des Dämpfungsfaktors k_{II} gehen max. Zugkraft F_A und Druckkraft F_E ein, die eigentliche Form des Diagramms bleibt unberücksichtigt. Richtig wäre es, die Diagrammfläche zu planimetrieren und in die Berechnung die mittlere Dämpfungskraft einzusetzen. Diese beträgt im Durchschnitt 80% der größten.

gestellt. Die in k_{II} eingehende Kraft F_D ergibt sich dann als Mittelwert aus der Zugkraft F_A, ausgeübt vom Dämpfer beim Ausfedern der Achse, und der beim Einfedern entstehenden Druckkraft F_E. Der Mittelwert aus beiden ist genau genug, um ihn für die Berechnung verwenden zu können. Sowohl das Verhältnis Zug- zu Druckstufe als auch der Einfluß von Kolbendurchmesser und Ölerwärmung bleiben hierbei unberücksichtigt (siehe Abschnitt 7.6.6). Die für die Berechnung zu verwendenden Gleichungen lauten dann:

$$v_{D\,max} = \pi \cdot s \cdot n \ \text{[m/s]}, \quad n = \frac{n_D}{60} \ \left[\frac{\text{min}^{-1}}{60}\right] \ \text{und somit} \tag{16}$$

$$v_{D\,max} = \frac{\pi \cdot s \cdot n_D}{60} \ \text{[m/s]} \quad \text{hinzu kommt} \tag{17}$$

$$F_D \approx \frac{F_A + F_E}{2} \ \text{[kp]} \quad \text{bzw. (N)} \tag{18}$$

Als Beispiel soll die hintere Dämpfung D_2 eines Standardwagens mit angetriebener Starrachse berechnet werden. Gegeben sind in den **bisherigen Einheiten:**

Achslast	G_h	$= 500\,\text{kg}$
Achsgewicht	U_h	$= 100\,\text{kg}$
Federrate	c_{2h}	$= 18\,\text{kp/cm}$
Übersetzung	i_x	$= 1,2$
Reifen		$6.00\text{-}13/4\ \text{PR}$
Luftdruck	p_1	$= 1,8\,\text{kp/cm}^2$
Fahrgeschwindigkeit	V	$= 140\,\text{km/h}$
Dämpfereinstellung bei	s	$= 100\,\text{mm Hub und}$
	n_D	$= 100\,\text{min}^{-1}$ der Prüfmaschine:
	F_A	$= 120\,\text{kp}$
	F_E	$= 40\,\text{kp}$

Mit diesen Werten ergibt sich:

$$v_{D\,max} = \frac{\pi \cdot s \cdot n}{60} = \frac{\pi \cdot 0,1 \cdot 100}{60} = 0,524\ \text{m/s} \tag{17}$$

$$F_D \approx \frac{F_A + F_E}{2} = \frac{120 + 40}{2} = 80\ \text{kp} \tag{18}$$

$$k_{II} = \frac{F_D}{v_D \cdot i_x^2} = \frac{80}{0,524 \cdot 1,2^2} = 106\ \frac{\text{kp} \cdot \text{s}}{\text{m}} \tag{15}$$

$$m_{2h} = \frac{G_h - U_h}{2 \cdot g} = \frac{500 - 100}{2 \cdot 9,81} = 20,4\ \frac{\text{kp} \cdot \text{s}^2}{\text{m}} \quad \text{und}$$

$$c_{2h} = 1800\ \text{kp/m}$$

$$D_2 = \frac{k_{II}}{2 \cdot \sqrt{c_2 \cdot m_2}} = \frac{106}{2 \cdot \sqrt{1800 \cdot 20,4}} \tag{13}$$

$$D_2 = 0,275$$

Das Ergebnis liegt damit in dem für die Dämpfung angestrebten Bereich

$$D = 0,25\ \text{bis}\ 0,3$$

Bei Verwendung der **SI-Einheiten** sind die drei in der Gleichung erscheinenden Zahlenwerte um den Betrag 9,81 größer bei gleichbleibendem Ergebnis:

$$D_2 = \frac{1,04 \cdot 10^3}{2\sqrt{1,766 \cdot 10^4 \cdot 2 \cdot 10^2}} = 0,275$$

Zur Gewährung der Fahrsicherheit muß der Stoßdämpfer für ausreichende **Raddämpfung** D_1 sorgen. Durch Zusammenfassung der Gleichungen (13) und (14) läßt sich ein dimensionsloser Zusammenhang zwischen D_1 und der Aufbaudämpfung D_2 schaffen:

$$D_1 = D_2 \sqrt{\frac{c_2}{k_F \cdot c_1 + c_2}} \cdot \sqrt{\frac{G_{v,h} - U_{v,h}}{U_{v,h}}} \quad [-] \tag{19}$$

Mit der dem Bild 2.5./2 entnommenen Reifenfederkonstanten $c_{1h} = 174\,\text{kp/cm}$ und mit $k_F = 1,27$ aus Bild 2.5./3 für Diagonalreifen bei 140 km/h ergibt sich:

$$D_1 = 0,275 \cdot \sqrt{\frac{18}{1,27 \cdot 174 + 18}} \cdot \sqrt{\frac{500 - 100}{100}} = 0,275 \cdot 0,544 \qquad D_1 = 0,15$$

Die schwere, angetriebene Starrachse wäre zu gering gedämpft und mit einem Springen muß auf Bodenunebenheiten gerechnet werden. Bei einer leichteren Einzelradaufhängung ($U_h =$ 50 kp) würde $D_1 = 0,2$ betragen, ein günstigerer, aber auch noch nicht ausreichender Wert.

Die Berechnung von D_2 und D_1 bezog sich nur auf eine bestimmte Kolbengeschwindigkeit (100 min⁻¹ und 100 mm Hub); abhängig vom Verlauf der Kraftgeschwindigkeitskurve ist die Dämpfung unter- und oberhalb des berechneten Punktes kleiner bzw. größer (siehe Bild 7.6./15). Umgekehrt kann auch die Dämpfung gegeben sein (z. B. $D_2 = 0,3$), um anhand dieser die Stoßdämpfereinstellung festzulegen. Hierbei wäre vorab das Verhältnis d — Zug- zu Druck-dämpfung — zu bestimmen,

$$d = \frac{F_A}{F_E} \quad \text{um} \quad F_A = d \cdot F_E \tag{20}$$

in die Gleichung (18) einsetzen zu können. Bei dem Beispiel war $d = 120 \, kp/40 \, kp = 3$.

D_2 und D_1 verringern die bisher ohne Dämpfungseinfluß betrachteten **Schwingungszahlen** n_{II} und n_I geringfügig, und zwar werden:

Aufbau $n_{II\,D} = n_{II} \cdot \sqrt{1 - D_2^2}$ und   (21)

Rad $n_{I\,D} = n_I \cdot \sqrt{1 - D_1^2}$ (22)

Bei $D_2 = 0,25$ ergibt sich ein $n_{II\,D} = 0,968 \cdot n_{II}$, und wenn $D_2 = 0,3$ beträgt, wird $n_{II\,D} = 0,954 \cdot n_{II}$. Die rund 4%ige Reduzierung dürfte in den meisten Fällen vernachlässigbar sein.

7.1.7. Übersetzung Rad zu Feder und Stoßdämpfer

Die Raten c_2 der Aufbaufederung und c_3 der Stabilisatoren haben die Dimensionen [kp/cm] bzw. (N/mm, also Kraft geteilt durch Weg); beim Dämpfungsfaktor k_{II} kommt noch die Sekunde als Zeiteinheit hinzu $\left[\frac{kp \cdot s}{m}\right]$ bzw. $\left(\frac{N \cdot s}{m}\right)$. In die Übersetzung $i_{x,\,y}$ zwischen Radauf-stands- und Bauteilanlenkpunkt muß deshalb sowohl der Wegunterschied eingehen als auch die

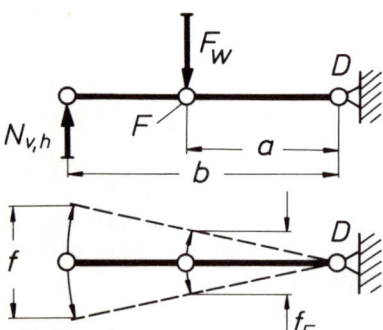

Bild 7.1./12 Bei einem einfachen Hebel ist die Wegübersetzung i_x gleich der Kraftübersetzung i_y.

Differenz der an beiden Stellen auftretenden Kräfte. Das Bild 7.1./12 stellt einen einfachen Hebel dar, bei dem

die Kraftübersetzung $i_y = F_w/N_{v,\,h} = b/a$ und
die Wegübersetzung $i_x = f/f_F = b/a$

gleich groß sind. Bei Einzelradaufhängungen, die zur Führung des Rades nur einen Lenker haben, wird diese Bedingung erfüllt, nicht dagegen, wenn Lenkerpaare vorhanden sind.

Mit der Gleichung für i_y wird die **Feder-Vorlast** F_w berechnet:

$$F_w = N'_{v,h} \cdot i_y \tag{1a}$$

Von den gewogenen Radlasten $N_{v,h}$ ist das halbe Achsgewicht abzuziehen um $N'_{v,h}$ zu bekommen (siehe Abschnitt 6.1):

$$N'_v = N_v - U_v/2 \quad \text{und} \quad N'_h = N_h - U_h/2$$

Zusammen mit i_x ergibt sich die **Rate** c_F der im Punkt F angelenkten Schrauben- oder Blattfeder:

$$c_F = \frac{F_w}{f_F} = \frac{N'_{v,h} \cdot i_y \cdot i_x}{f}$$

Der Quotient $\dfrac{N'_{v,h}}{f}$ betrifft die auf den Radaufstandspunkt bezogene Federrate $c_{2v,h}$ (siehe Abschnitt 7.1.4), wodurch folgender Zusammenhang entsteht:

$$c_F = c_{2v,h} \cdot i_y \cdot i_x \tag{1b}$$

bzw. vereinfacht

$$c_F = c_{2v,h} \cdot i_x^2, \tag{1c}$$

wenn, wie bei dem Hebel, i_y und i_x gleich groß sind.

Die die Feder belastende senkrecht gerichtete Hochkraft $N_{v,h}$ tritt am Radaufstandspunkt auf; der **Stoßdämpfer** dagegen wird in der Hauptarbeitsrichtung — der Zugstufe — durch die in seiner Nähe sitzende Feder belastet. Deshalb ist zur Bestimmung des Dämpfungsfaktors k_{II} nur die Wegübersetzung i_x zu verwenden, und zwar im Quadrat (siehe Abschnitt 7.1.6) genau wie zur Auslegung des **Stabilisators** (siehe Abschnitt 7.5.2).

Die Übersetzungen i_x und i_y bleiben in den seltensten Fällen über den gesamten Federweg konstant, sie hängen sowohl von der sich ändernden Winkelstellung des Bauteils (Schraubenfeder, Stoßdämpfer usw.) ab als auch bei Lenkerpaaren von der beim Durchfedern anders werdenden Stellung beider Lenker, also den Winkeln α und β. Für den Rechenansatz sollte von der **Übersetzung** ausgegangen werden, die sich in der **Normallage** (Fahrzeug mit zwei Personen besetzt) einstellt. Bei **vorderen Einzelradaufhängungen** legen die Punkte A und B (Bild 7.1./13a) bzw. B und C (Bild 7.1./15) bei kleinen Radbewegungen praktisch die gleichen Strecken zurück wie der Radaufstandspunkt N. Lediglich die anders werdende Spreizung δ (ausgedrückt durch die meßbare Sturzänderung $\Delta\gamma$, siehe Bilder 4.5./9 bis 4.5./11) würde i_x beeinflussen. Da $\Delta\gamma$ klein bleibt, und der Cosinus dieses Winkels in die Formel eingeht, erübrigt sich die Berücksichtigung dieser Einflußgröße. Die Wegübersetzung i_x ist somit:

$$i_x = \frac{b}{a \cdot \cos\xi} \tag{2}$$

Der Winkel ξ bezieht sich auf die Abweichung des Bauteils von der Senkrechten, bedingt durch die in dieser Richtung wirkende Hochkraft $N'_{v,h}$. Sitzt bei der **Doppel-Querlenker-Radaufhängung** die Feder auf dem **unteren Lenker**, geht in die Kraftübersetzung i_y noch die Reaktionskraft A_y des oberen ein (Bild 7.1./13a). Anhand des Bildes 6.6./6 läßt sich folgende Momentengleichung mit Drehpunkt B aufstellen:

$$N'_v \cdot b = A_y (a - b) + A_x \cdot c$$

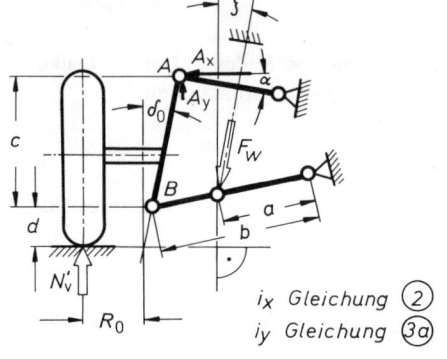

i_x Gleichung ②
i_y Gleichung ③ⓐ

Bild 7.1./13a Sitzt in einer Doppel-Querlenker-Radaufhängung die Feder auf dem unteren Lenker, so ist sowohl in der Wegübersetzung i_x als auch der Kraftübersetzung i_y die Schrägstellung der Feder um den Winkel ξ zu einer auf der Fahrbahnebene errichteten Senkrechten zu berücksichtigen. i_y wird zusätzlich durch die Schräglage des oberen Lenkers beeinflußt.

Bild 7.1./13b Ableitung der Kraftübersetzung i_y für die in Bild 7.1./13a gezeigte Achse mit zueinander geneigten Lenkern. Liegt der obere andersherum, muß vor $\cot \alpha$ und $\tan \alpha \cdot \tan \delta_0$ ein negatives Vorzeichen stehen und bei anderer Stellung des unteren Lenkers ein Minus vor dem letzten Bruch in der Klammer.

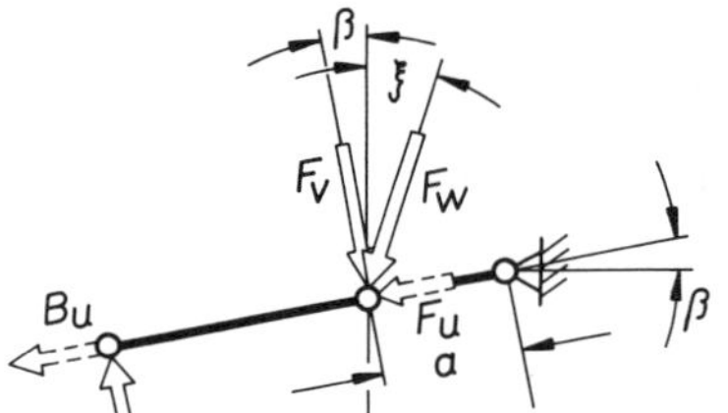

$$B_v = B_y \cdot \cos \beta + B_x \cdot \sin \beta$$

$$\frac{b}{a \cdot \cos (\xi + \beta)} \cdot B_v = F_W \qquad F_W = N_v' \cdot i_y$$

$$B_v = B_y \cdot \cos \beta + \sin \beta \cdot B_x$$

$$B_y = A_y + N_v' \qquad B_x = A_x$$

$$\frac{R_0 + d \cdot \tan \delta_0}{c \cdot (\tan \delta_0 + \cot \alpha)} \cdot N_v' = A_y \qquad A_x = N_v' \cdot \frac{R_0 + d \cdot \tan \delta_0}{c \cdot (1 + \tan \alpha \cdot \tan \delta_0)}$$

$$B_v = \left[\frac{R_0 + d \cdot \tan \delta_0}{c \cdot (\tan \delta_0 + \cot \alpha)} + 1 \right] \cdot N_v' \cdot \cos \beta + \sin \beta \cdot N_v' \cdot \left[\frac{R_0 + d \cdot \tan \delta_0}{c \cdot (1 + \tan \alpha \cdot \tan \delta_0)} \right]$$

$$i_y = \frac{b}{a \cdot \cos (\xi + \beta)} \cdot \left[\left[\frac{R_0 + d \cdot \tan \delta_0}{c \cdot (\tan \delta_0 + \cot \alpha)} + 1 \right] \cdot \cos \beta + \sin \beta \cdot \left[\frac{R_0 + d \cdot \tan \delta_0}{c \cdot (1 + \tan \alpha \cdot \tan \delta_0)} \right] \right]$$

Gleichung 3a

$$i_y = \frac{b \cdot (R_0 + d \cdot \tan \delta_0) \cdot \cos \beta}{a \cdot \cos (\xi + \beta) \cdot c} \cdot \left[\frac{1}{\tan \delta_0 + \cot \alpha} + \frac{c}{R_0 + d \cdot \tan \delta_0} + \frac{\tan \beta}{1 + \tan \alpha \cdot \tan \delta_0} \right]$$

Mit $b = R_0 + d \cdot \tan \delta_0$, $a - b = c \cdot \tan \delta_0$ und $A_x = A_y \cdot \cot \alpha$ werden die in den folgenden Gleichungen benötigten Komponenten der Kraft A:

$$A_x = N_v' \cdot \frac{R_0 + d \cdot \tan \delta_0}{c \, (1 + \tan \alpha \cdot \tan \delta_0)}$$

$$A_y = N_v' \cdot \frac{R_0 + d \cdot \tan \delta_0}{c \, (\tan \delta_0 + \cot \alpha)}$$

Die Bedingung $\Sigma F = 0$ ergibt nach Bild 6.6./6:

$$B_x = A_x \quad \text{und} \quad B_y = N_v' + A_y$$

Am Punkt B des Lenkers greifen entgegengesetzt gerichtete Reaktionskräfte an und es wird, in Richtung der Lenkerebene zerlegt, nach Bild 6.6./7a die Kraft B_v, die die statische Federlast F_w bewirkt:

$$B_v = B_y \cdot \cos \beta + B_x \cdot \sin \beta$$

Das Bild 7.1./13b zeigt die zur Kraftübersetzung i_y — Gleichung (3a) — führende Ableitung über die am dargestellten oberen Lenker ablesbaren Ansätze:

$$F_v = B_v \cdot \frac{b}{a} \quad \text{und} \quad F = \frac{F_v}{\cos (\xi + \beta)}$$

Ein, wie in Bild 4.4./7 zu sehen, **entgegengesetzt geneigter oberer Lenker** bedingt ein **negatives Vorzeichen** vor $\cot \alpha$ und $\tan \alpha \cdot \tan \delta_0$. Liegt dagegen der **untere Lenker** in anderer Richtung schräg (siehe Bild 4.4./6), so erscheint das negative Vorzeichen vor dem letzten Bruch im Klammerausdruck des Bildes 7.1./13b. i_y ist geringfügig größer als die für den Weg maßgebliche Übersetzung i_x.

Befindet sich die Feder auf dem **oberen** Lenker, so gilt für i_x ebenfalls die Gleichung (2), bei i_y dagegen müssen die durch den geneigten unteren Lenker verursachten Kräfte B_x und B_y Berücksichtigung finden (Bild 7.1./14a, siehe auch Bild 6.6./7c):

$$i_y = \frac{b \cdot \cos \alpha \cdot [R_0 + \tan \delta_0 \, (c + d)]}{a \cdot \cos (\xi - \alpha) \cdot c} \cdot \left[\frac{c}{R_0 + \tan \delta_0 \, (c + d)} + \frac{1}{\cot \beta - \tan \delta_0} + \right.$$

$$\left. + \frac{\tan \alpha}{1 - \tan \delta_0 \cdot \tan \beta} \right] \tag{3b}$$

Liegt der **untere Lenker,** wie in Bild 4.4./6 gezeigt, **anders** herum **schräg,** um das Momentanzentrum tief zu halten, so ist die Kraft B_y von oben nach unten gerichtet. Sie unterstützt damit die Federkraft F_w, und vor $\tan \delta_0$ muß unter dem zweiten und dritten Bruchstrich ein **positives** Vorzeichen stehen. Ein entgegengesetzt geneigter **oberer Lenker** dagegen (siehe Bild 4.4./7) bedingt ein **Minuszeichen** vor dem letzten Bruch.

Dient zur Abfederung ein **Torsionsfederstab,** befestigt im unteren Lenker, so hängt die Wegübersetzung von dessen Neigung ab (Bild 7.1./14b):

$$i_x = \cos \beta$$

Wie rechts im Bild zu sehen, beträgt das bei stehendem Wagen die Feder vorspannende Moment

$$M_F = B_v \cdot r \quad \text{bzw.} \quad M_F = N_v' \cdot i_y \cdot r,$$

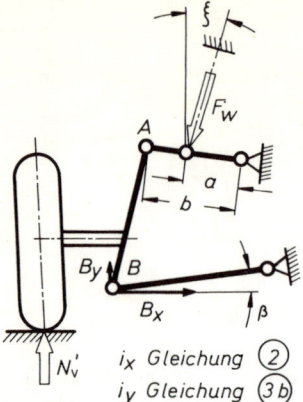

Bild 7.1./14a Bei oben sitzender Feder beeinflußt der untere Lenker die Kraftübersetzung i_y.

i_x Gleichung ②
i_y Gleichung ③b

fehlende Strecken siehe Bild 7.1./13a

Bild 7.1./14b Doppel-Querlenker-Radaufhängung mit im unteren Lenker befestigter Torsionsstabfeder.

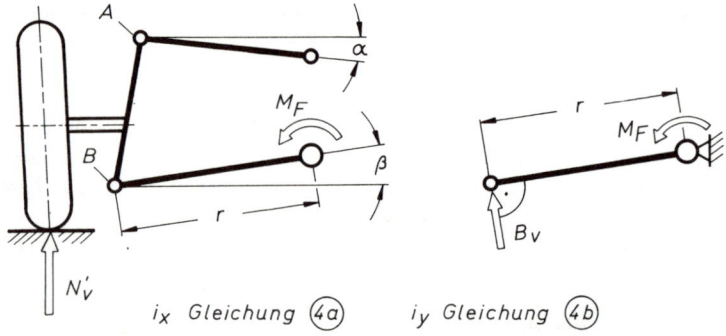

i_x Gleichung ④a i_y Gleichung ④b

ausgedrückt mit der Kraftübersetzung als Funktion der Radlast. Die senkrecht auf dem Lenker stehende Kraft ist $B_v = B_y \cdot \cos\beta + B_x \cdot \sin\beta$ und hiermit nach Bild 7.1./14b die Kraftübersetzung:

$$i_y = (R_0 + d \cdot \tan\delta_0) \cdot \frac{\cos\beta}{c} \cdot \left[\frac{1}{\tan\delta_0 + \cot\alpha} + \frac{c}{R_0 + d \cdot \tan\delta_0} + \frac{\tan\beta}{1 + \tan\alpha \cdot \tan\delta_0} \right]$$

(4b)

Beim **Mc-Pherson-Federbein** besteht die Möglichkeit, eine an den unteren Lenkern befestigte **Querblattfeder** die Hochkräfte übernehmen zu lassen (Bild 7.1./15, siehe auch Bild 3.5./11). In diesem Fall gilt als Weg- und Kraftübersetzung die Gleichung (2); genau wie für einen **Stabilisator,** der dort befestigt ist. Sitzt dagegen (wie üblich) eine **Schraubenfeder** zwischen Dämpferrohr und Befestigungsstelle A am Kotflügel (Bild 7.1./16), so geht der Spreizungswinkel in die Wegübersetzung ein

$$i_x = \frac{1}{\cos\delta_0}$$

(5)

Bei i_y kommt noch der Einfluß des unteren Lenkers hinzu (siehe Bild 6.7./2):

$$i_y = \cos\delta_0 + \left(\frac{R_0 + d \cdot \tan\delta_0}{c + o} + \sin\delta_0 \right) \cdot \tan(\beta + \delta_0)$$

(6)

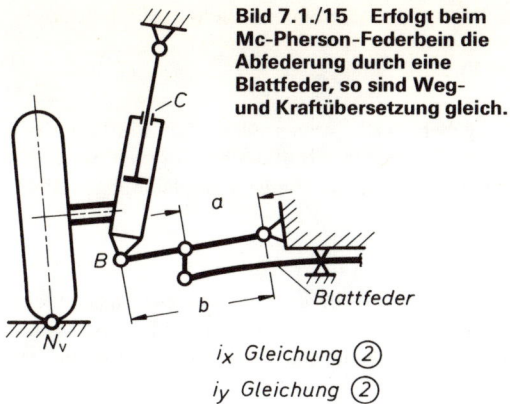

Bild 7.1./15 Erfolgt beim Mc-Pherson-Federbein die Abfederung durch eine Blattfeder, so sind Weg- und Kraftübersetzung gleich.

i_x Gleichung ②
i_y Gleichung ②

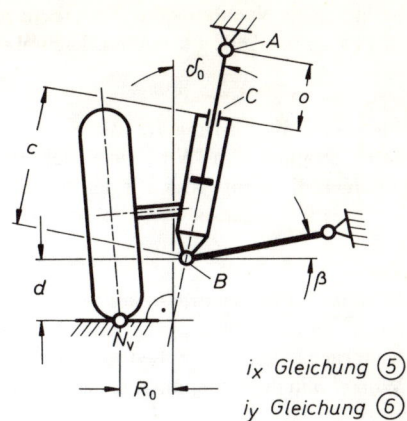

i_x Gleichung ⑤
i_y Gleichung ⑥

Bild 7.1./16 Befindet sich bei einem Mc-Pherson-Federbein eine Schraubenfeder zwischen Abstützpunkt A (im Kotflügel) und Dämpferrohr C, so ergibt sich eine unterschiedliche Weg- und Kraftübersetzung.

i_x Gleichung ⑦ i_y Gleichung ⑧

Bild 7.1./17 Ein zur Verkleinerung des Lenkrollhalbmessers R_0 zum Rad verschobenes, unteres Kugelgelenk B bewirkt den Winkel α zwischen Dämpfermitte und Spreizachse. α geht in die Berechnung von i_x und i_y ein.

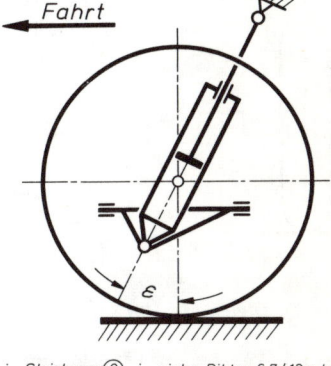

Fahrt

i_x Gleichung ⑨ i_y siehe Bilder 6.7./12a bis e

Bild 7.1./18 Bei einem zur Erzielung von Nachlauf zusätzlich in der Seitenansicht schräg stehenden Mc-Pherson-Federbein geht der Winkel ϵ in die Bestimmung von i_x und i_y mit ein.

Bei **Versetzung** des unteren **Kugelgelenks** B um den Betrag t aus der Dämpfermitte zum Rad (Bild 7.1./17, siehe auch Bilder 4.4./12 und 6.7./4) ist sowohl der Winkel $\delta_0 - \alpha$ als auch die Strecke t zu berücksichtigen:

$$i_x = \frac{1}{\cos(\delta_0 - \alpha)} \quad \text{und} \tag{7}$$

$$i_y = \cos(\delta_0 - \alpha) + \frac{R_0 + d \cdot \tan \delta_0 + t \cdot \cos(\delta_0 - \alpha) + (c + o) \cdot \sin(\delta_0 - \alpha)}{(c + o) \cdot \cot(\beta + \delta_0 - \alpha) - t} \tag{8}$$

Steht wegen **Nachlaufs** das Federbein um den Winkel ε in der Seitenansicht zusätzlich schräg (Bild 7.1./18), ändert sich die Gleichung für i_x:

$$i_x = \sqrt{1 + \tan^2(\delta_0 - a) + \tan^2\varepsilon} \qquad (9)$$

Eine Kraftübersetzung für dieses Beispiel anzugeben dürfte wegen der vielen Einflußgrößen kaum möglich sein. Wird die Federvorlast F_w als Funktion der Radlast benötigt, ist es zweckmäßiger, diese entweder mit den bei den Bildern 6.7./12a bis e zu findenden Gleichungen direkt zu berechnen oder die vereinfachte Formel

$$c_F = c_{2v} \cdot i_x^2 \quad \text{anzuwenden.} \qquad (1c)$$

Hintere Einzelradaufhängungen bestehen meist nur aus einem Lenker oder zwei fest miteinander verschraubten; Weg- und Kraftübersetzung sind in diesem Fall gleich. Für die **Längslenkerachse** gelten die Bedingungen des Bildes 7.1./12, wenn das Federelement nur um den Winkel o in der Seitenansicht geneigt ist:

$$i_x = i_y = \frac{b}{a \cdot \cos o} \qquad \text{bzw.} \qquad (2)$$

$$i_x = i_y = \frac{b}{a} \cdot \sqrt{1 + \tan^2\xi + \tan^2 o} \qquad (10)$$

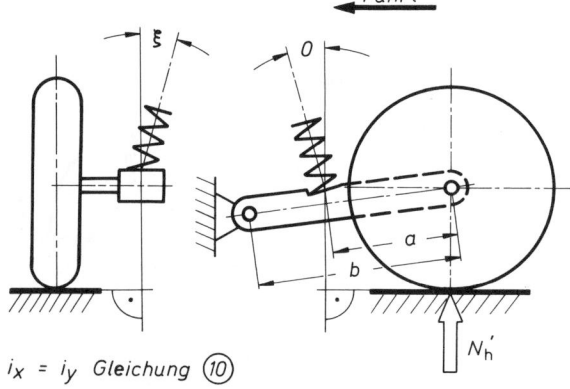

$i_x = i_y$ Gleichung ⑩

Bild 7.1./19 Bei der Längslenkerachse werden i_x und i_y von der räumlichen Schrägstellung der Feder beeinflußt, und zwar durch die Abweichungswinkel ξ und o von einer auf der Fahrbahn errichteten Senkrechten.

Bild 7.1./20 Bei der Pendelachse sind i_x und i_y gleich groß, jedoch geht die durch negativen Sturz $-\gamma_0$ verursachte Spurweitenvergrößerung bzw. die Verringerung durch positiven Sturz $+\gamma_0$ in die Bestimmung der Übersetzung ein. ▶

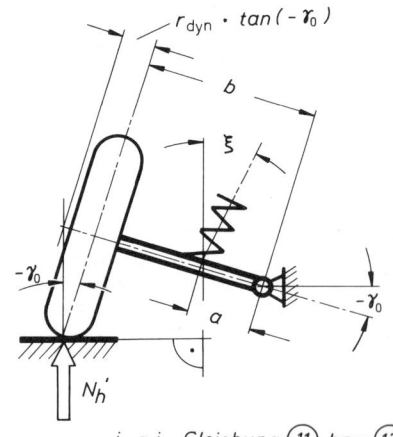

$i_x = i_y$ Gleichung ⑪ bzw. ⑫

wenn die Feder oder der Stoßdämpfer räumlich schräg steht (Bild 7.1./19). Bei der **Pendelachse** kann das Rad in der Normalstellung negativen Sturz haben (Bild 7.1./20) oder positiven; hierdurch ergibt sich eine Hebelarmverlängerung bzw. Verkürzung für die Hochkraft N_h':

$$\text{negativer Sturz} \quad i_x = i_y = \frac{b + r_{dyn} \cdot \tan\gamma_0}{a \cdot \cos\xi} \qquad (11)$$

positiver Sturz $i_x = i_y = \dfrac{b - r_{dyn} \cdot \tan\gamma_0}{a \cdot \cos\xi}$ (12)

Aus konstruktiven Gründen steht das Rad senkrecht zu dem Querlenker, d. h., dieser liegt um den Sturzwinkel $\pm\gamma_0$ schräg zum Boden. Nicht der Fall zu sein braucht dies bei der **Schräglenkerachse**; durch die zwei Gelenke (mit Längenausgleich) in der Antriebswelle kann unab-

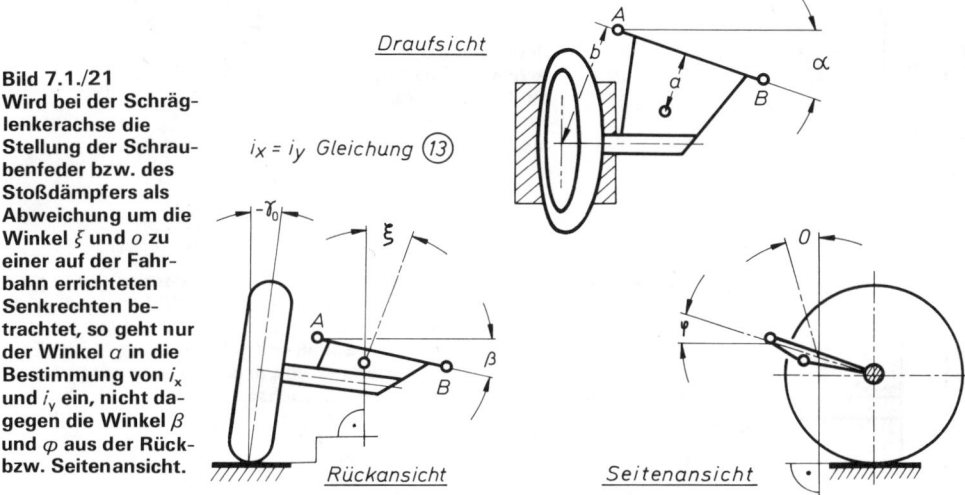

Bild 7.1./21
Wird bei der Schräglenkerachse die Stellung der Schraubenfeder bzw. des Stoßdämpfers als Abweichung um die Winkel ξ und o zu einer auf der Fahrbahn errichteten Senkrechten betrachtet, so geht nur der Winkel α in die Bestimmung von i_x und i_y ein, nicht dagegen die Winkel β und φ aus der Rück- bzw. Seitenansicht.

hängig von der Lenkerstellung das Rad in jeden gewünschten Sturzwinkel gestellt werden. Die Hebelarmverlängerung Δb durch den üblicherweise zwischen $\gamma_0 = -30'$ und $-2°$ liegenden **negativen Sturz** hängt zusätzlich von dem Winkel α in der Draufsicht ab (Bild 7.1./21) und beträgt

$$\Delta b = r_{dyn} \cdot \sin\gamma_0 \cdot \sin\alpha$$

Weg- und Kraftübersetzungen sind auch bei dieser Achse gleich:

negativer Sturz $i_x = i_y = \dfrac{b + \Delta b}{a} \cdot \sqrt{1 + \tan^2\xi + \tan^2 o}$ (13)

Bei **positivem Radsturz** $+\gamma_0$ ist der Wert Δb von b abzuziehen. Unter der Voraussetzung, daß die Winkel ξ und o, um die der Stoßdämpfer oder die Schraubenfeder schräg steht, als Abweichungen von der **Senkrechten** zum **Boden** gelten, können die beiden Schrägungswinkel der Achse, β in der Rück- und φ in der Seitenansicht, vernachlässigt werden. Lediglich der Winkel α in der Draufsicht beeinflußt die Länge der Strecken a und b, die in einem rechten Winkel liegen zu der um α gedrehten Achse AB. Die Übersetzung $i_{x,y}$ bleibt auch dann größer als eins, wenn, wie in Bild 7.1./22 gezeigt, das in Achsmitte sitzende Bauteil lediglich nach innen verschoben wird. Nur ein Versetzen nach hinten kann den Vorteil $i < 1$ bringen (Bild 7.1./23).

Im Gegensatz zu Einzelradaufhängungen muß bei **Starrachsen** zwischen der Übersetzung $i_{x,y}$ bei **gleichseitiger** und i_w bei **wechselseitiger Federung** unterschieden werden (siehe Bilder 7.1./3

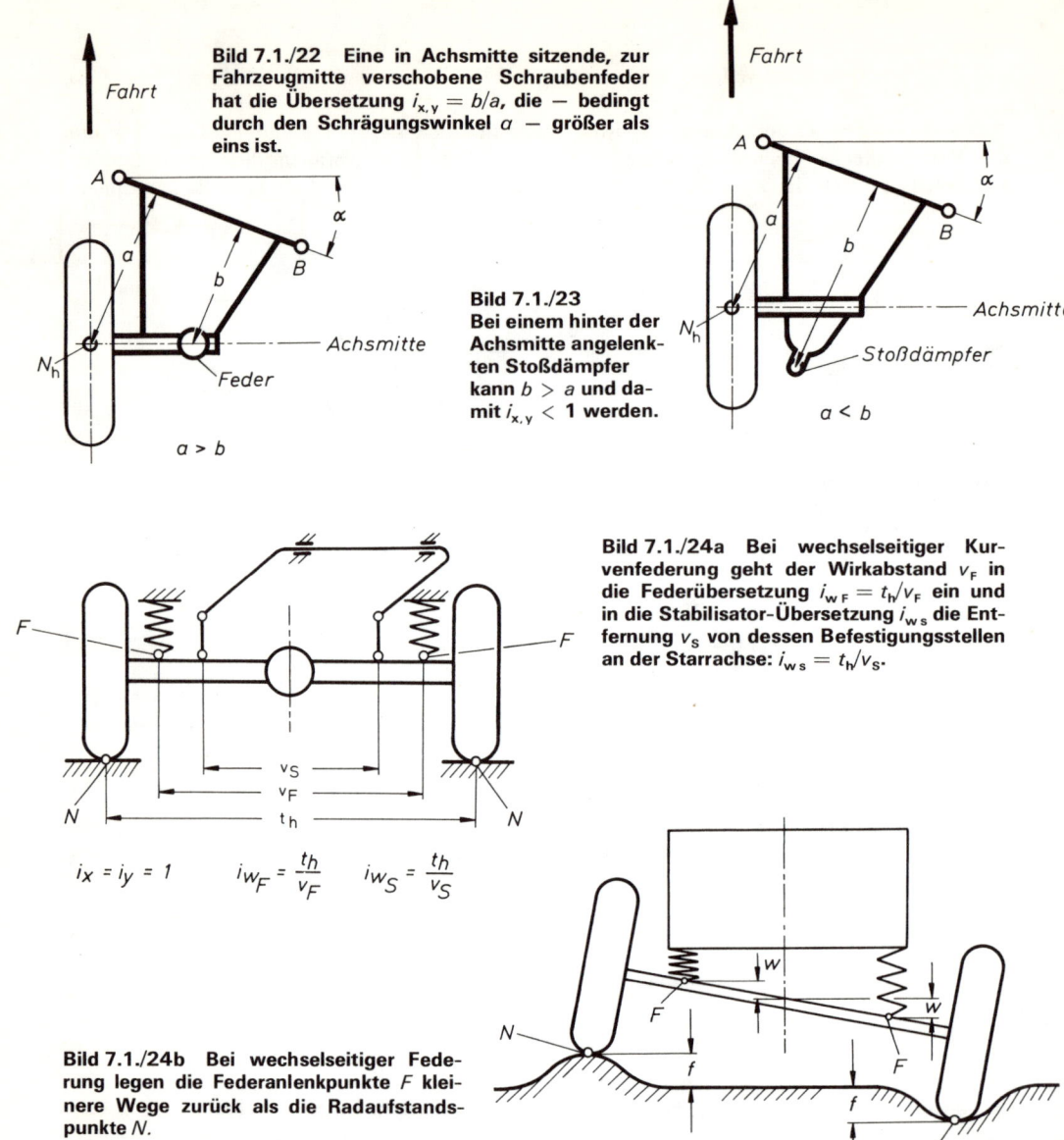

Bild 7.1./22 Eine in Achsmitte sitzende, zur Fahrzeugmitte verschobene Schraubenfeder hat die Übersetzung $i_{x,y} = b/a$, die — bedingt durch den Schrägungswinkel α — größer als eins ist.

Fahrt

$a > b$

Fahrt

Bild 7.1./23 Bei einem hinter der Achsmitte angelenkten Stoßdämpfer kann $b > a$ und damit $i_{x,y} < 1$ werden.

$a < b$

Bild 7.1./24a Bei wechselseitiger Kurvenfederung geht der Wirkabstand v_F in die Federübersetzung $i_{wF} = t_h/v_F$ ein und in die Stabilisator-Übersetzung i_{ws} die Entfernung v_S von dessen Befestigungsstellen an der Starrachse: $i_{ws} = t_h/v_S$.

$$i_x = i_y = 1 \qquad i_{w_F} = \frac{t_h}{v_F} \qquad i_{w_S} = \frac{t_h}{v_S}$$

Bild 7.1./24b Bei wechselseitiger Federung legen die Federanlenkpunkte F kleinere Wege zurück als die Radaufstandspunkte N.

bis 7.1./5). i_w hat mit der eigentlichen Feder- und Dämpferauslegung nichts zu tun, sondern dient lediglich zur Berechnung der Federrate c_{2w}, die sich bei **Kurvenfahrt** bzw. wechselseitiger Federung auf Bodenunebenheiten einstellt. Die Rate c_{2h} ist für gleichseitige Federung ausgelegt, also unter der Voraussetzung, daß die Federanlenkpunkte F beim Aus- und Einfedern parallel zum Boden die gleichen Strecken zurücklegen wie die Radaufstandspunkte N (Bild 7.1./24a). Federt die Achse dagegen „wechselseitig" (Bild 7.1./24b), so bewegen sich die Punkte

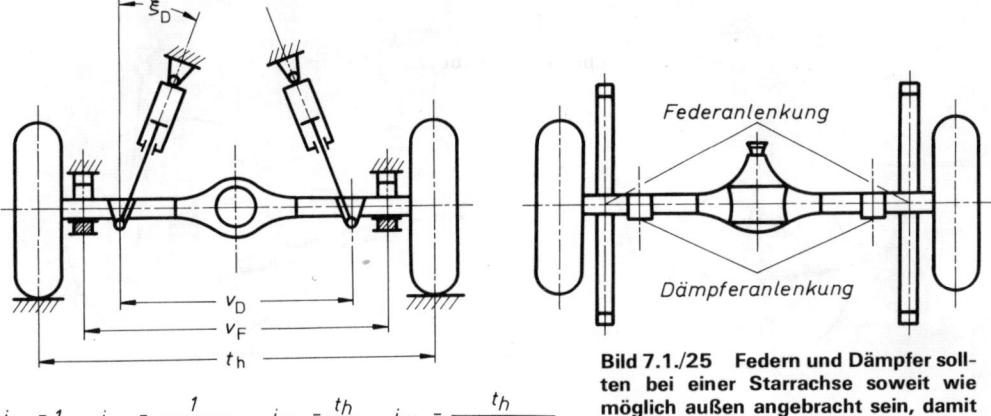

$$i_{x_F} = 1 \qquad i_{x_D} = \frac{1}{\cos \xi_D} \qquad i_{w_F} = \frac{t_h}{v_F} \qquad i_{w_D} = \frac{t_h}{v_D \cdot \cos \xi_D}$$

Bild 7.1./25 Federn und Dämpfer sollten bei einer Starrachse soweit wie
möglich außen angebracht sein, damit
$i_{w\,F}$ und $i_{w\,D}$ nur wenig größer als eins
werden.

F auf kürzeren Kreisbögen w im Vergleich zu den Radaufstandspunkten N, die die Bogen-
längen f zurücklegen. Mit dem achsseitigen Federwirkabstand v_F und der Spurweite t_h ist

$$i_w = \frac{t_h}{v_h} \quad (14) \qquad \text{und ebenfalls:} \quad i_w = \frac{f}{w}.$$

Zusätzlich entsteht am Punkt N eine kleinere Differenzkraft ΔN als an den Federn:

$$\Delta N = \frac{\Delta F}{i_w} \quad \text{wobei} \quad \Delta F = c_{2h} \cdot w$$

$$c_{2w} = \frac{\Delta N}{f} = \frac{\Delta F}{i_w \cdot w \cdot i_w} = \frac{c_{2h} \cdot w}{i_w^2 \cdot w} \quad \text{Hiermit wird} \quad c_{2w} = \frac{c_{2h}}{i_w^2} \qquad (15)$$

Mit Ausnahme der Deichselachse (siehe Bilder 7.1./28 bis 7.1./31) hat die Gleichung (15) bei
allen Starrachsen Gültigkeit, unabhängig davon, ob Federn, Stoßdämpfer oder ein Stabilisator
an dieser befestigt sind (Bild 7.1./24a, siehe auch Bild 7.5./6). Je länger die Strecke v_F sein kann,
um so kleiner wird i_w und um so günstiger die Abstützung des Aufbaus in Kurven, mit dem
Vorteil einer geringeren Rollneigung (siehe Bild 5.4./7). Bei Pkw besteht konstruktiv nur die
Möglichkeit, die Federn zwischen den Rädern unterzubringen, so daß i_w immer größer als eins
ist; Lkw-Achsen dagegen gestatten ein Nachaußensetzen der den Wagenkasten tragenden Luft-
federbälge (siehe Bilder 3.2./17 und 3.2./18).

Durch die starre Verbindung der beiden Räder einer Achse miteinander haben bei **gleichseitiger
Federung Kraft-** und **Wegübersetzung** dieselbe Größe, also $i_x = i_y$.

In den nachfolgenden Gleichungen wird deshalb nur auf i_x eingegangen. Die in den Bildern
7.1./24a und 7.1./25 gezeigten Federanlenkungen haben ein $i_x = 1$.

Bei Abweichung von der Senkrechten um den Winkel ξ vergrößert sich die Übersetzung, gezeigt
am Stoßdämpfer:

$$i_x = \frac{1}{\cos \xi_D} \qquad (16)$$

Eine räumliche Schrägstellung zusätzlich noch um den Winkel o in der Seitenansicht (Bild
7.1./26) bewirkt eine weitere (nachteilige) Erhöhung von i_x:

$$i_x = \sqrt{1 + \tan^2 \xi_D + \tan^2 o_D} \qquad (17)$$

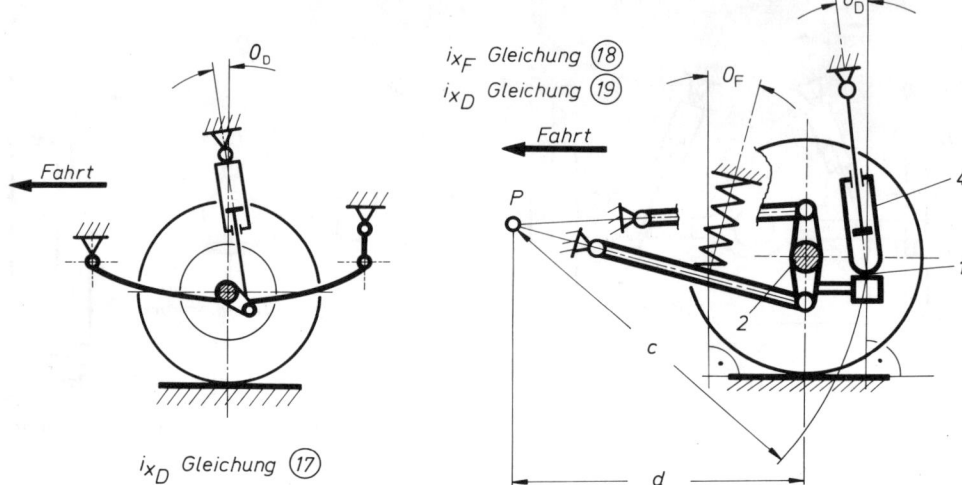

i_{x_F} Gleichung ⑱
i_{x_D} Gleichung ⑲

Fahrt

i_{x_D} Gleichung ⑰

Bild 7.1./26 Der Stoßdämpfer kann zusätzlich in der Seitenansicht um den Winkel o_D schräg stehen.

Bild 7.1./27 Bei einer an vier Längslenkern geführten Starrachse müßte in der Dämpferübersetzung theoretisch noch der Polabstand (also die Strecken c und d) berücksichtigt werden, der bei Vernachlässigung derselben gemachte Fehler ist jedoch klein.

Je weiter die Winkel ξ_D und o_D von der Senkrechten abweichen, um so höher sind die aufzubringenden Dämpfungskräfte (also die Zug- und Druckeinstellung), außerdem vergrößert sich ξ_D (und damit i_x) beim Einfedern der Achse, also dann, wenn die zusammengedrückten Federn die Dämpfung besonders benötigen. In Erkenntnis dieser Tatsache hat Opel die bei den älteren Modellen Commodore I (siehe Bild 3.2./10) und Kadett B (siehe Bild 3.2./15) noch schräg angeordneten Dämpfer bei den neueren Typen Rekord II (siehe Bilder 6.5./12a und b), Manta und Ascona (siehe Bild 7.1./29) senkrecht gestellt, um ein $i_x \leqq 1$ zu erreichen. Fiat und Ford bauen die Dämpfer seit längerer Zeit nur geradestehend ein (siehe Bilder 3.2./3, 3.2./7 und 3.2./8a) genau wie die Auto Union dies bei älteren und neueren Modellen durchführt (siehe Bild 3.2./20).

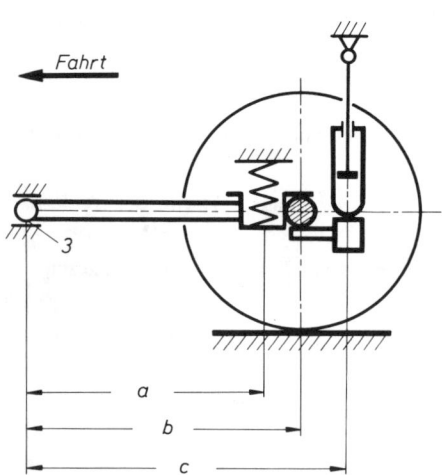

Fahrt

Bild 7.1./28 Bei der Deichselachse in der Berechnung von Weg- und Kraftübersetzung zu berücksichtigende Strecken.

i_{x_D} Gleichung ⑳ i_{x_F} Gleichung ㉑ bzw. ㉒

▶

Bild 7.1./29 Draufsicht auf die Deichselachse des Opel Manta. Zu erkennen sind die vor der Achsmitte sich befindenden Taschen, dienend zur Aufnahme der Schraubenfedern. Der Stabilisator ist mit seinem Rücken auf der Achse befestigt. Maßgeblich für die Übersetzung i_{ws} bei wechselseitiger Federung ist jedoch der Abstand v_s der am Aufbau zu befestigenden Schenkelenden.

Wird eine Starrachse durch vier Längslenker und einen Panhardstab bzw. nur durch vier Lenker geführt, so sitzen die Federn im allgemeinen auf den beiden unteren Lenkern (siehe Bilder 3.2./10 bis 3.2./12a, 3.2./13 und 6.5./8 bis 6.5./12a). Die Übersetzung ist in diesem Fall (Bild 7.1./27):

$$i_{xF} = \frac{b}{a \cdot \cos o_F} \tag{18}$$

Die Feder kann um den Winkel o von der Senkrechten abweichen. Durch die in der Seitenansicht schräg zueinander liegenden oberen und unteren Lenkerpaare wird der Achskörper beim Durchfedern leicht gedreht, d. h., der Dämpferanlenkpunkt 1 vollführt einen geringfügig größeren Weg als die Achsmitte 2. Die genaue, für den **Stoßdämpfer** 4 zutreffende Übersetzung ergibt sich aus dem Unterschied der in das gleiche Bild eingetragenen Polstrecken c und d:

$$i_{xD} = \frac{d}{c} \cdot \sqrt{1 + \tan^2 \xi_D + \tan^2 o_D}$$

Der Längenunterschied zwischen beiden dürfte jedoch so gering sein, daß mit ausreichender Genauigkeit gelten kann:

$$i_{xD} \approx \sqrt{1 + \tan^2 \xi_D + \tan^2 o_D} \tag{19}$$

Bei der **Deichselachse** dagegeben (siehe Bilder 3.2./15 bis 3.2./18) darf der Unterschied zwischen der Strecke c und in diesem Fall b nicht vernachlässigt werden (Bild 7.1./28). Erstens ist der Deichsellagerpunkt 3 in der Zeichnung bemaßt, d. h., die konstruktive Bestimmung der Polstrecken erübrigt sich, und zweitens dürfte b wesentlich kürzer sein als der Polabstand d.

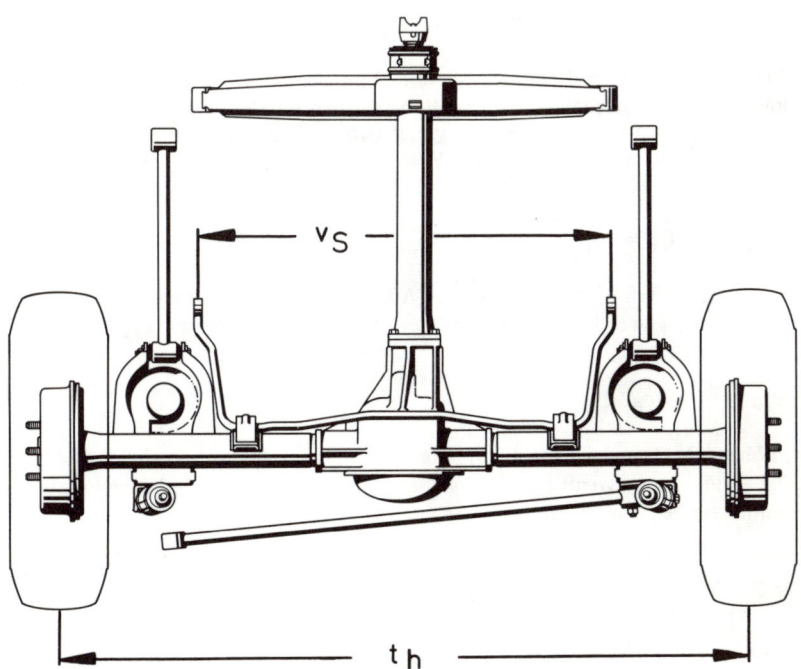

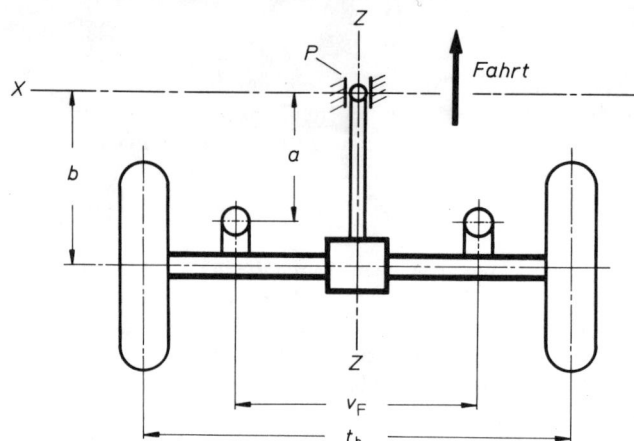

Bild 7.1./30 Bei gleichseitiger Federung schwingt die Deichselachse um die Linie $X-X$ und bei wechselseitiger dreht sie sich um $Z-Z$. Die senkrecht aufeinander stehenden Drehachsen haben einen Kurvenabstützeffekt zur Folge.

Stehen die Dämpfer, wie in Bild 3.2./15 zu sehen, in der Rückansicht verhältnismäßig schräg, so ergibt sich mit

$$i_{\mathrm{x\,D}} = \frac{b}{c \cdot \cos \xi_{\mathrm{D}}} \tag{20}$$

eine knapp über eins liegende Übersetzung. Gerade gesetzte Dämpfer haben den Vorteil eines $i_{\mathrm{x}} < 1$. In der Draufsicht (Bild 7.1./29) sind die mit dem Achskörper verschweißten (aber vor diesem angeordneten) Federteller zu erkennen, zur Aufnahme der Schraubenfedern dienend. Entsprechend Bild 7.1./28 ergibt sich als Übersetzung:

$$i_{\mathrm{x\,F}} = \frac{b}{a} \tag{21} \qquad \text{bzw.} \qquad i_{\mathrm{x\,F}} = \frac{b}{a} \cdot \sqrt{1 + \tan^2 \xi + \tan^2 o} \tag{22}$$

wenn die Federn schrägstehend angeordnet sind. Eine bei der Deichselachse über eins liegende Übersetzung bringt bei senkrechter Federstellung den Vorteil der besseren Aufbauabstützung in Kurven und verringerten Rollneigung. Bei **gleichseitiger Federung** schwenkt die Achse um die in Bild 7.1./30 eingezeichnete Mittellinie $X - X$. Nach Gleichung (1b) ist die Rate c_{F} der Federn:

$$c_{\mathrm{F}} = c_{\mathrm{2h}} \cdot i_{\mathrm{x\,F}}^2 = c_{\mathrm{2h}} \cdot \left(\frac{b}{a}\right)^2$$

In der Kurve dagegen erfolgt ein Drehen des Aufbaus um die Längsachse $Z - Z$, d. h., dieser wird durch die härter gewordenen Federn besser gehalten. Als Federrate c_{2w} bei **wechselseitiger Federung** ergibt sich:

$$c_{\mathrm{2\,w}} = \frac{c_{\mathrm{F}}}{i_{\mathrm{w}}^2} = c_{\mathrm{F}} \cdot \left(\frac{v}{t_{\mathrm{h}}}\right)^2 \tag{23}$$

$c_{\mathrm{2\,w}}$ liegt höher als bei den sonstigen Starrachsaufhängungen — siehe Gleichung (14): $c_{\mathrm{2\,w}} = c_{\mathrm{2h}}/i_{\mathrm{w}}^2$ — und kann, wenn $i_{\mathrm{x\,F}} > i_{\mathrm{w}}$, sogar größer als eins sein und damit günstiger als bei Einzelradaufhängungen. Bei diesen ist

$$c_{\mathrm{2\,w}} = c_{\mathrm{2h}}$$

und bei der Deichselachse

$$c_{\mathrm{2\,w}} = c_{\mathrm{2h}} \cdot \left(\frac{i_{\mathrm{x\,F}}}{i_{\mathrm{w\,/}}}\right)^2 = c_{\mathrm{2h}} \cdot \left(\frac{b \cdot v}{a \cdot t_{\mathrm{h}}}\right)^2$$

7.2. Federungsauslegung

7.2.1. Vorderachse

Federrate: $c_{2v_A} = 17$ kp/cm ; $c_{2v} = 8,5$ kp/cm

Schwingungszahl: $n_{\overline{II}gem.} = 62$ min^{-1} ; $n_{\overline{II}err.} = 57$ min^{-1}

Zuganschlag im Dämpfer

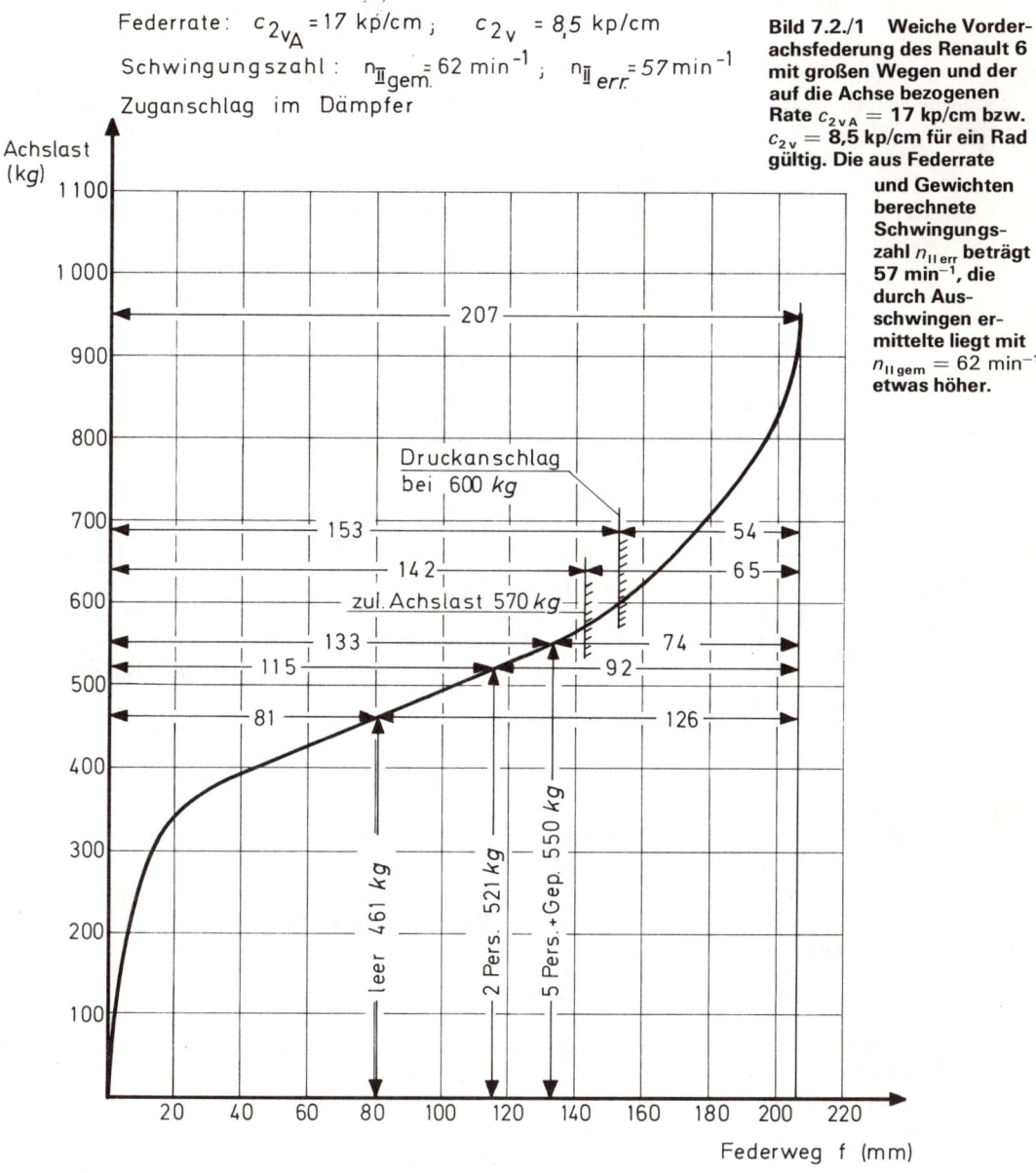

Bild 7.2./1 Weiche Vorder-achsfederung des Renault 6 mit großen Wegen und der auf die Achse bezogenen Rate $c_{2vA} = 17$ kp/cm bzw. $c_{2v} = 8,5$ kp/cm für ein Rad gültig. Die aus Federrate und Gewichten berechnete Schwingungs-zahl $n_{II\,err}$ beträgt 57 min^{-1}, die durch Aus-schwingen er-mittelte liegt mit $n_{II\,gem} = 62$ min^{-1} etwas höher.

Die Federung an der Vorderachse eines Pkw oder Kombiwagen soll so **weich** wie möglich sein, um Komfort für die Insassen zu bekommen, erschütterungsfreien Transport des Ladegutes und gute Bodenhaftung der Räder sicherzustellen. Der Mensch nimmt bei niedrigen Schwingungszahlen ($n_{II} \approx 30$ min^{-1}) die Schwingwege und die Schwingungsgeschwindigkeiten um 80% weniger wahr als bei den früher üblichen harten Federungen mit Schwingungen von 100 min^{-1}. Der Federweichheit sind Grenzen gesetzt durch den zur Verfügung stehenden

$$\text{Ein- und Ausfederweg} \qquad f_1 + f_2$$

und die sich bei weicher Federung einstellende größere Rollneigung des Aufbaus in Kurven; dieser muß mit Stabilisatoren entgegengewirkt werden. Messungen an einer Vielzahl von Pkw-Modellen haben gezeigt, daß bei den als komfortabel anzusehenden (und mit Stahlfedern ausgerüsteten) Fahrzeugen der Firmen Daimler-Benz, Renault, Auto Union und Chrysler (France) die **Schwingungszahlen** an der Vorderachse zwischen $n_{IIv} = $ **55 und 65 min**$^{-1}$ liegen bei Gesamtfederwegen um 200 mm. Das Bild 7.2./1 zeigt die vordere Federungskennlinie des **Renault 6,** eines 47 PS bzw. 35 kW starken 1,1-l-Wagens der unteren Mittelklasse. Folgende Federungsdaten wurden gemessen:

$$\text{Federrate je Rad} \quad c_{2v} = 8{,}5 \text{ kp/cm,}$$
$$\text{Schwingungszahl} \quad n_{IIv} \approx 60 \text{ min}^{-1} \text{ und}$$
$$\text{Gesamtfederweg} \quad f_{gv} = 207 \text{ mm.}$$

Die unter Verwendung der Gleichung aus Abschnitt 7.1.4 berechnete Schwingungszahl liegt mit $n_{IIerr} = 57$ min^{-1} um 8% unter der beim Ausschwingen gemessenen $n_{IIgem} = 62$ min^{-1}. Der Grund hierfür ist, daß in die Rechnung lediglich die statisch gemessene Federrate c_{2v} eingeht, und der dynamische Einfluß der Gummilagerungen unberücksichtigt bleibt.

In der Kraftfahrzeugtechnik hat sich die Darstellung der Wege auf der X- und der Achslasten auf der Y-Achse durchgesetzt (siehe auch Bilder 5.4./17 und 5.4./18). Das einwandfreie Ablesen von Wegdifferenzen und der sich dabei einstellenden Kraftänderungen (oder umgekehrt) erfordert das Auftragen in einem entsprechend großen Maßstab, und zwar mindestens 1 : 1 für die X-Achse und 100 kg $\hat{=}$ 2,5 bzw. 2 cm für die Y-Achse. Die Werte betreffen die ganze **Achse,** so daß anhand des linearen Bereiches der Kurve nur die auf diese bezogene Rate $c_{2vA} = 2 \cdot c_{2v}$ entnommen werden kann. Beim Renault 6 beträgt diese $c_{2vA} = 17$ kp/cm und würde ausgehend von der Nullage mit $G_{v2} = 521$ kg theoretisch einen Ausfederweg f_0 in Anspruch nehmen, wenn, wie in Bild 7.2./2 gestrichelt angedeutet, die Feder sich ganz entspannen könnte:

$$f_{0v} = \frac{G_{v2}}{c_{2vA}} = \frac{521}{17} = 30{,}7 \text{ cm} \qquad f_{0v} = 307 \text{ mm}$$

Fahrtechnisch ist ein derartig großer Weg unnötig und konstruktiv auch nicht zu verwirklichen. Bei dem Fahrzeug begrenzt ein im Stoßdämpfer sitzender **Zuganschlag** den Ausfederweg auf den vollkommen ausreichenden Wert $f_{2v} = 115$ mm. Das Abknicken der Kurve bei etwa $f = 30$ mm läßt den Einsatzpunkt des Anschlages erkennen. Eine weiche Federung erfordert in gleicher Weise eine Wegbegrenzung nach oben. Wäre diese nicht vorhanden, würde bei einer Last

$$G_{v\,max} = G_{v2} + c_{2vA} \cdot f_1 = 521 + 17 \cdot 9{,}2 \qquad G_{v\,max} = 678 \text{ kg}$$

die Achse hart am Aufbau anschlagen, ebenfalls erkennbar in Bild 7.2./2. Wie in Bild 3.4./10, einer Darstellung der Vorderachse des Renault 4/6 zu sehen, sitzt der wie eine Hohlfeder ausgebildete **Druckanschlag** am Zylinderrohr des Stoßdämpfers. Die Federungskurve läßt am Anlagepunkt „600 kg" ein sehr weiches Einsetzen desselben erkennen (siehe Bild 7.2./1). Über

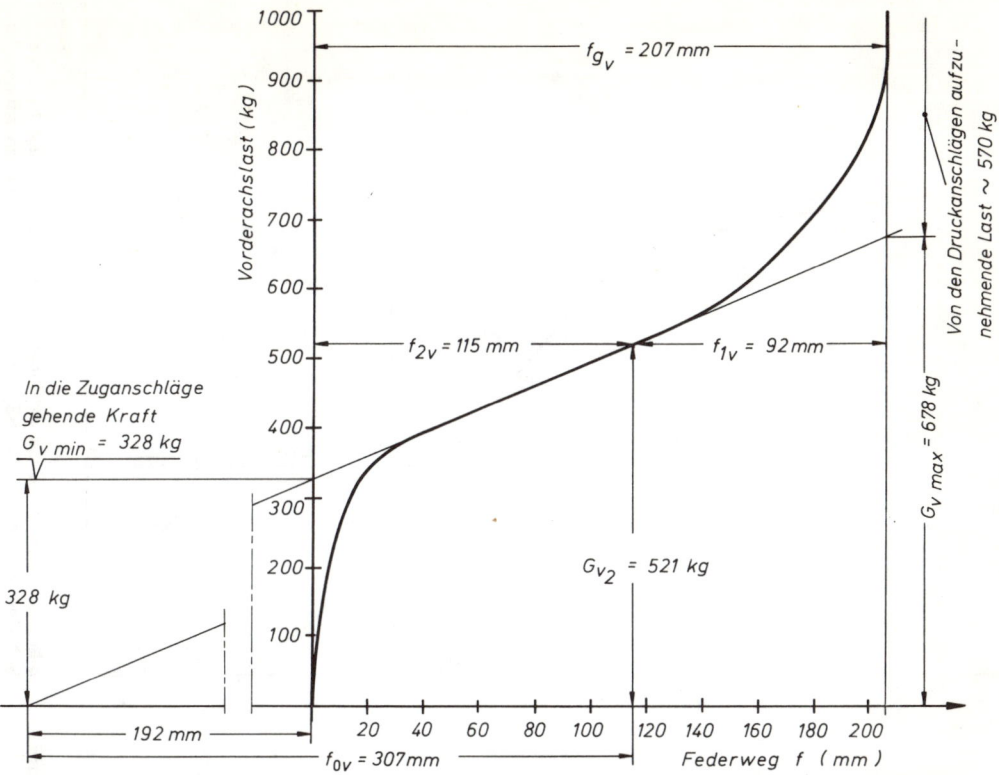

Bild 7.2./2 Eine weiche Federung benötigt Anschläge. Würde der Zuganschlag fehlen, so könnte die Vorderachse des Renault 6 von der Nullage G_{v2} aus um $f_{0v} = 307$ mm ausfedern. Bei nicht vorhandenem Druckanschlag würde bei $G_{v\,max} = 678$ kg die Achse hart zur Anlage kommen. Die von den Federwegbegrenzungen aufzunehmenden Restkräfte sind eingetragen.

einen Weg von 54 mm wird die Kurve dann stetig steiler, um bei voll zusammengedrücktem Anschlag sich als Tangente der Senkrechten zu nähern und damit den Einfederweg auf das gewünschte Maß zu begrenzen. Von der Nullage aus beträgt der freie Federungsweg bis zum Einsetzen des Druckanschlages beim Renault 6 38 mm bzw. 9 mm, wenn der Wagen voll beladen ist (zulässige Achslast $G_{v6} = 570$ kg). Der weiche Übergang bildet mit eine Voraussetzung für hohen Fahrkomfort.

Das nächste Bild 7.2./3 zeigt die Federungskurve des **Opel Manta** (Radaufhängung siehe Bild 7.5./3). Die Schwingungszahl liegt mit $n_{IIv} \approx 67$ min^{-1} etwa 12% höher als beim Renault 6. Die Vorderachslast beträgt bei Besetzung mit zwei Personen $G_{v2} = 576$ kp und die Federrate $c_{2v} = 12$ kp/cm. Trotz des kleineren Gesamtfederweges von $f_{gv} = 161$ mm sind noch ausreichende Wege nach oben ($f_{1v} = 88$ mm) und unten ($f_{2v} = 73$ mm) vorhanden; zutreffend auch bei zulässiger Vorderachslast mit $G_{v6} = 630$ kg ($f_{1v} = 65$ mm). In dem folgenden Bild 7.2./4 ist die verhältnismäßig harte Federung des **Autobianchi A 112** dargestellt und in Bild 7.2./5 die extrem weiche des hydropneumatisch gefederten **Citroën GS**. Beide haben etwa den gleichen Ausfederweg $f_{2v} = 71$ mm, jedoch ersterer bei geringerer Vorderachslast $G_{v2} = 478$ kg die höhere Rate $c_{2v} = 17$ kp/cm und durch diese die sehr hoch liegende Schwingungs-

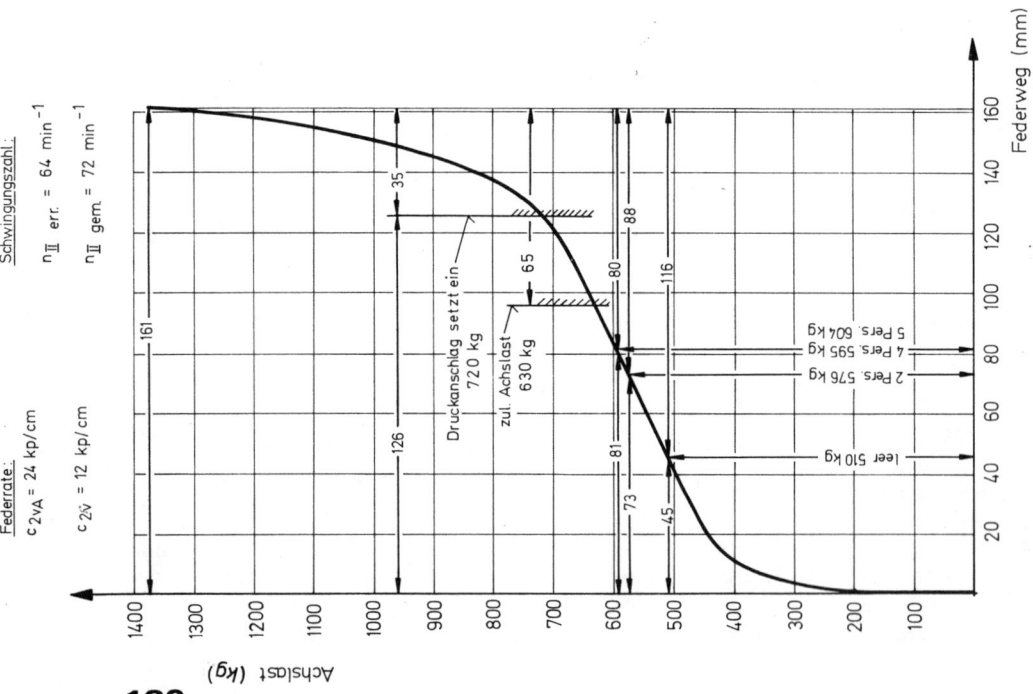

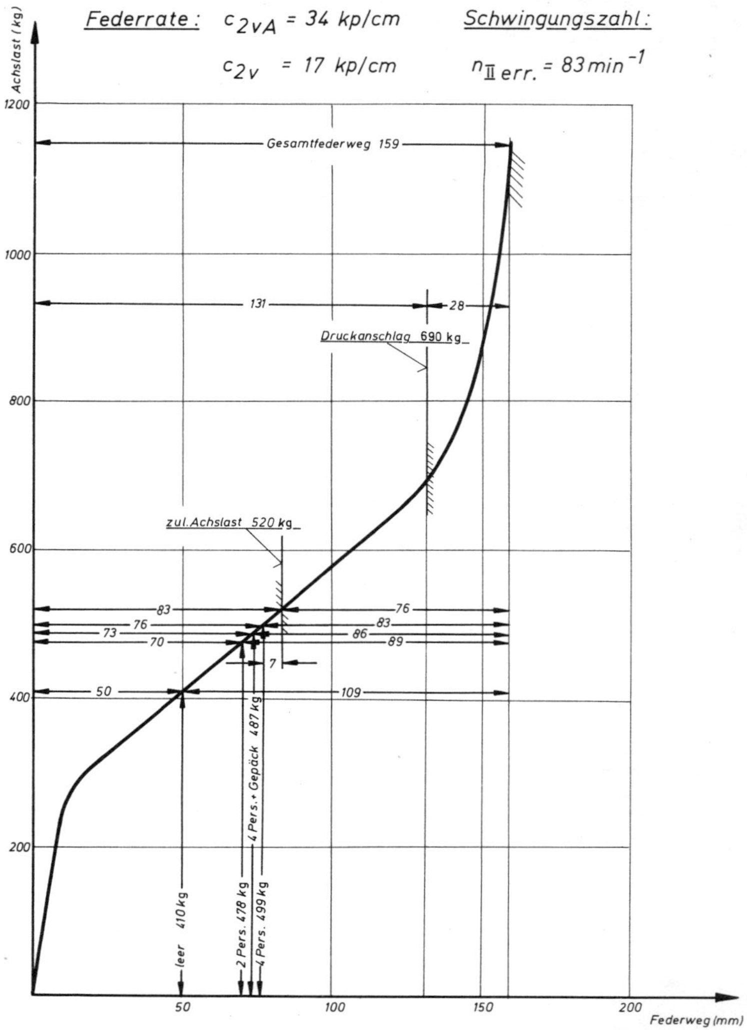

Bild 7.2./4 Harte Vorderachsfederung des Autobianchi A 112; die Schwingungszahl $n_{II\,err.} = 83\ min^{-1}$ dürfte die obere Grenze darstellen.

Bild 7.2./3 Kurve der noch mit weich zu bezeichnenden Vorderachsfederung des Opel Manta.

Bild 7.2./5 Kurve der mit $c_{2v} = 5,7$ kp/cm besonders weichen Vorderachsfederung des Citroën GS. Durch die Niveauregelung sind der Einfederweg $f_{1v} = 104$ mm und der Ausfederweg $f_{2v} = 71$ mm unabhängig vom Beladungszustand immer gleich.

Bild 7.2./6 Hysteresis der Vorderachsfederung des Renault 6. Der Linienabstand gibt die Eigendämpfung an, also die in allen Teilen der Vorderachse vorhandene Reibung.

Achslast (kg)

Gesamtfederweg 207 mm

40 kg Eigendämpfung

Federweg (mm)

Federrate:
$c_{2v} = 5,7$ kp/cm (auf ein Rad bezogen)
$c_{2vA} = 11,4$ kp/cm (auf die Achse bezogen) zw. 630 u. 680 kg

Schwingungszahl: $n_{II\,err.} = 41\ min^{-1}$

Achslast G_v

kg

175 mm

104

71

648 kg 2 Pers.
Niveauregulierung

3

Zuganschlag
im Federelem.

Federweg f

200 mm

zahl $n_{\mathrm{II}\,v} = 83$ min^{-1}. Beim Citroën erlaubt die hydropneumatische Federung ein $c_{2\,v} = 5{,}7$ kp/cm und damit den sonst kaum erreichbaren Wert $n_{\mathrm{II}v} = 41$ min^{-1}. Um die Rollneigung in Grenzen zu halten, wird bei dieser Federweichheit ein sehr harter Stabilisator erforderlich. Die Radaufhängung des GS enthält das Bild 7.3./4 und die des A 112, die gleich aufgebaut ist wie beim Fiat 128, Bild 3.5./8.

Maßgeblich beteiligt an der Weichheit einer Federung ist außer der Feder selbst noch die **Dämpfung.** Je niedriger diese gehalten werden kann, um so komfortabler wirkt das Fahrzeug bei jedoch verschlechterter Bodenhaftung der Räder (siehe Abschnitte 7.1.1 und 7.1.6). Wie in den Abschnitten 7.6.5 und 7.6.6 beschrieben, hängt die Dämpfungskraft hauptsächlich von der Stoßdämpfereinstellung ab, hinzu kommen noch die **Reibungskräfte** in den Radgelenken, Lenkerlagerungen usw. Die Größe dieser „Eigendämpfung" erscheint in der **Federungshysteresis,** die sich bei der statischen Messung ergibt. Das Bild 7.2./6 zeigt die des Renault 6; aus der Mittellinie beider Kurven entsteht dann die in Bild 7.2./1 zu sehende. 40 kg Eigendämpfung an der Doppel-Querlenker-Radaufhängung dieses Wagens können noch als günstig bezeichnet werden, Reihenuntersuchungen haben für beide Achsen zwischen **22 und 90 kg** liegende Werte ergeben (beim Manta und A 112 beträgt die Reibung 50 kp, siehe auch Bild 7.6./21).

Die **Auslegung** einer Vorderfederung setzt die Beachtung folgender Punkte voraus (siehe hierzu Tabellen 7.2./13a und b):

7.2.1.1. Berechnung der **Federrate** $c_{2\,v}$ anhand der angestrebten Schwingungszahl $n_{\mathrm{II}\,v}$ mit Hilfe der Gleichung (4) oder (5) des Abschnittes 7.1.4 bei Annahme einer Besetzung mit zwei Personen (Nullage, $G_{v\,2}$). Eine Kontrolle mit den Formeln (3) und (21) braucht nicht zu erfolgen (Abschnitt 7.1.6); das dynamische Verformen der Gummielemente in den Lagerpunkten läßt die im Fahrbetrieb sich einstellende Schwingungszahl bis zu 10% über der errechneten, liegen.

7.2.1.2. Vorsehen eines **Ausfederweges** $f_{2\,v}$ von mindestens **65 mm** bezogen auf die Nullage des Fahrzeuges, also Besetzung mit zwei Personen zu je 65 kg.

7.2.1.3. Bei zulässiger Vorderachslast $G_{v\,6}$ sollte noch ein **Einfederweg** von mindestens **55 mm** vorhanden sein. In Reihenuntersuchungen wurden bei Pkw zwischen $G_{v\,2}$ und $G_{v\,6}$ Lastdifferenzen von 40 bis 130 kg festgestellt, und — je nach Federhärte — hierdurch Einfederungen von 10 bis 50 mm. Als Mittelwert kann 30 mm gelten, womit sich ein **Gesamtfederweg**

$$f_{g\,v} \geqq \mathbf{150\ mm} \quad \text{ergibt.}$$

7.2.1.4. Vorsehen eines während der letzten 30 bis 50 mm Einfederweg weich einsetzenden, progressiv wirkenden **Druckanschlages.** Dieser muß außerdem in der Lage sein, die maximal auftretenden Kräfte abstützen zu können (siehe Abschnitte 6.1 und 6.4).

7.2.2. Hinterachse

Die Federungsauslegung an der Hinterachse ist wegen der erheblich größeren **Beladungsdifferenz** zwischen $G_{h\,2}$ — Besetzung mit zwei Personen — und $G_{h\,6}$ — zulässige Hinterachslast — schwieriger (siehe Tabelle 1.7./3). Das Gewicht der vorne sitzenden Personen verteilt sich etwa gleichmäßig auf Vorder- und Hinterachse; nehmen dagegen Fahrgäste auf der Rücksitzbank Platz, so belasten als Mittel 75% deren Gewichtes die Hinterfederung. Standardwagen und Fronttriebler haben den Kofferraum im Heck; beim Beladen gehen etwa 110% des Gepäckgewichtes auf die Hinterachse. Bei Heckmotorwagen liegt der Kofferraum vorn, wodurch die Verhältnisse sich umkehren.

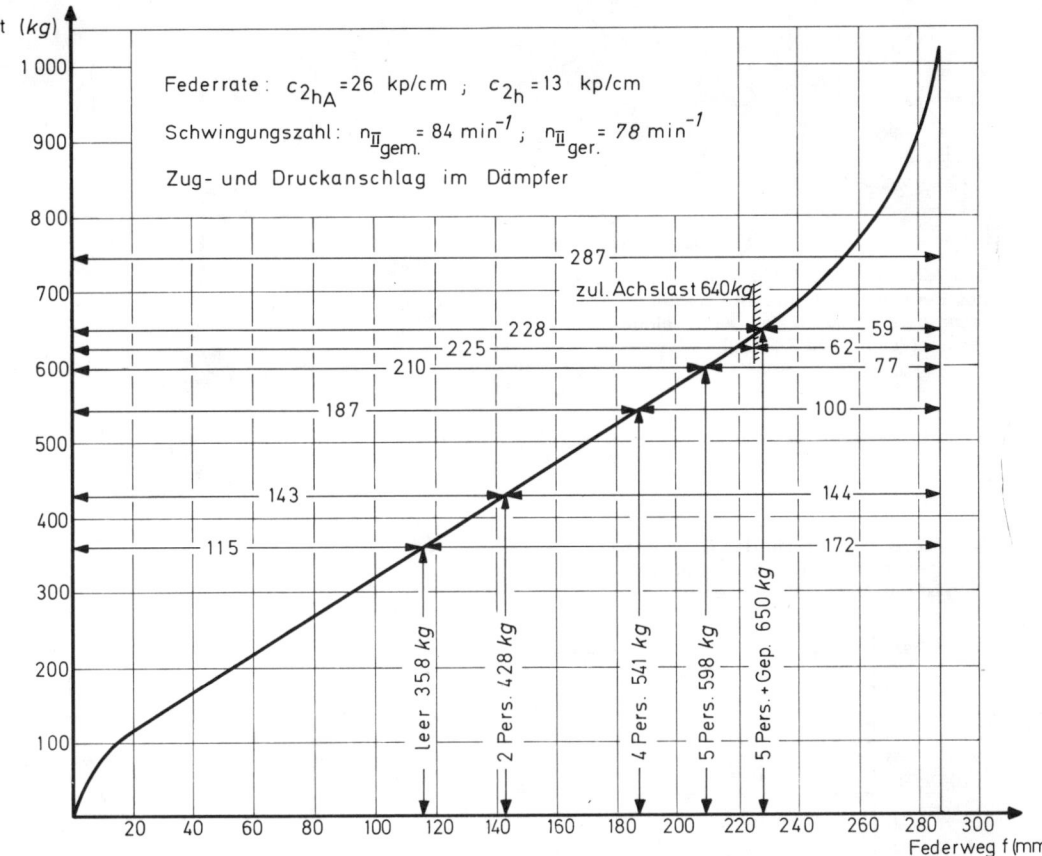

Bild 7.2./7a   Weiche Hinterachsfederung des Renault 6 mit linearer Kennung und dem sehr großen Gesamtweg von 287 mm.

Während an der Vorderachse sich beim vollen Beladen die Achslast nur um etwa 10% erhöht, sind es hinten zwischen 40 bis 100%, entsprechend einem Lastzuwachs von $\Delta G_h \approx 230$ kg. Mit einer auf die Achse bezogenen mittleren Federrate $c_{2hA} = 32$ kp/cm ergäben die 230 kg eine Einfederung von $\Delta f_{1h} = 72$ mm, die im Gesamtfederweg f_{gh} berücksichtigt werden müßte. Fahrkomforts Rate c_{2h} und Schwingungszahl n_{IIh} niedriggehalten werden. Das Bild 7.2./7a zeigt die derartig ausgelegte Federung des **Renault 6** und Bild 7.2./7b die eingebaute Längslenkerachse. Die Federrate liegt bei $c_{2h} = 13$ kp/cm (je Rad), bzw. $c_{2hA} = 26$ kp/cm (bezogen auf die ganze Achse), und als Gesamtfederweg wurden $f_{gh} = 287$ mm vorgesehen. Hierdurch sind in der Nullage (Zweipersonenbesetzung) $f_{2h} = 143$ mm Ausfederweg vorhanden und voll beladen noch $f_{1h} = 62$ mm als Einfederweg. Die der Kurve zu entnehmende Lastdifferenz

$$\Delta G_h = G_{h6} - G_{h2} = 640 - 428 \text{ kg} \qquad \Delta G_h = 212 \text{ kg}$$

ergibt rechnerisch den Einfederungsweg

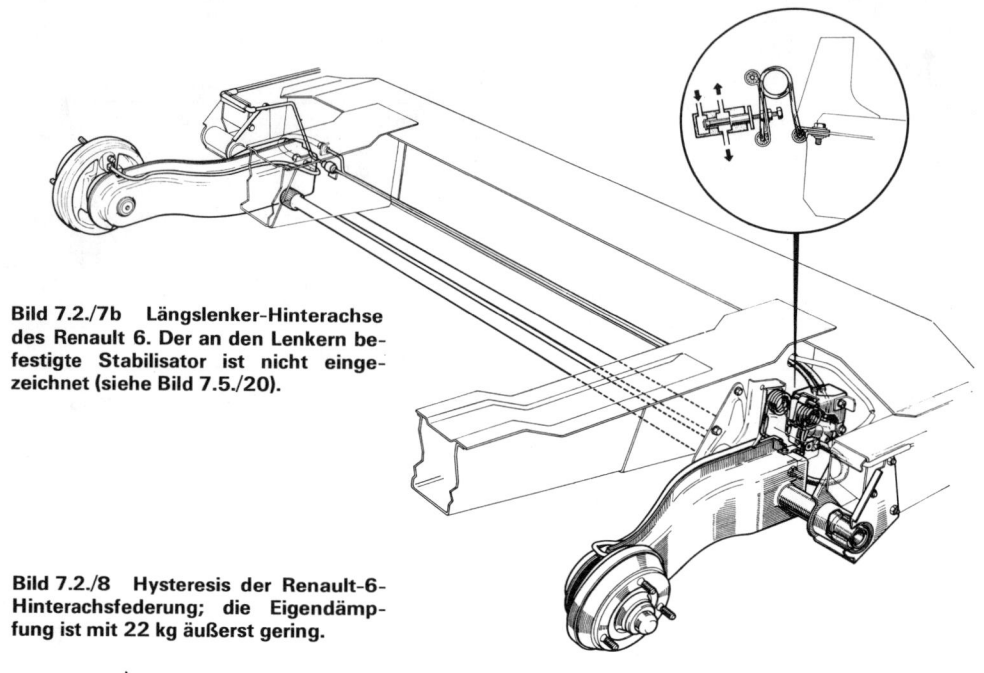

Bild 7.2./7b   Längslenker-Hinterachse des Renault 6. Der an den Lenkern befestigte Stabilisator ist nicht eingezeichnet (siehe Bild 7.5./20).

Bild 7.2./8   Hysteresis der Renault-6-Hinterachsfederung; die Eigendämpfung ist mit 22 kg äußerst gering.

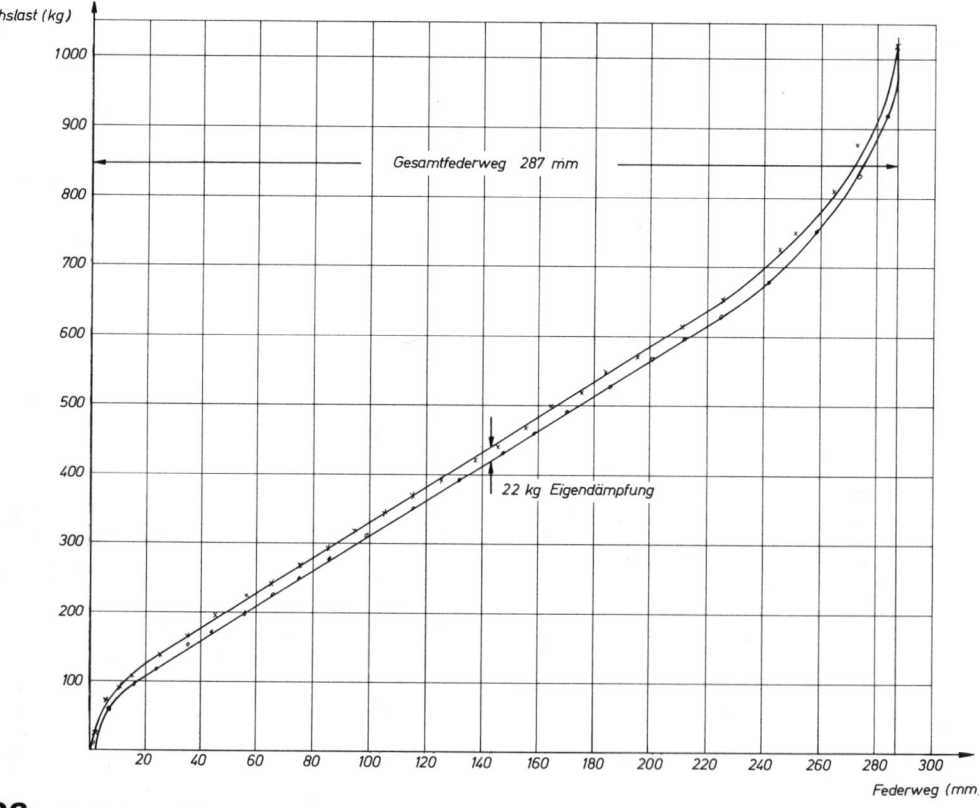

$$\Delta f_{1h} = \frac{\Delta G_h}{c_{2hA}} = \frac{212}{26} = 8,15 \text{ cm} \qquad \Delta f_1 = 81,5 \text{ mm}$$

der dem im Bild ablesbaren von 82 mm entspricht. Das progressive Ansteigen der Kurve gegen Ende des Federweges läßt erkennen, daß der am Stoßdämpfer sitzende **Druckanschlag** erst nach Erreichen der zulässigen Achslast einsetzt und nur während der letzten 60 mm Weg zur Wirkung kommt. Aus Gründen der Vergleichbarkeit mit anderen Pkw wurde beim Bestimmen der Achslastverteilung durch Wägung das Gepäck in die Mitte des Kofferraums gelegt. Es ergab sich ein Überschreiten der zugelassenen Achslast um 10 kg (650 kg statt 640 kg). Durch die beim Renault 6 weit herunterreichende, große Hecktür bestehen jedoch keine Schwierigkeiten, die Gepäckstücke nach vorn zu schieben. Das folgende Bild 7.2./8 zeigt die gemessene, sehr schmale **Hysteresisschleife** dieses Fahrzeugs mit der geringen Eigendämpfung von 22 kp.

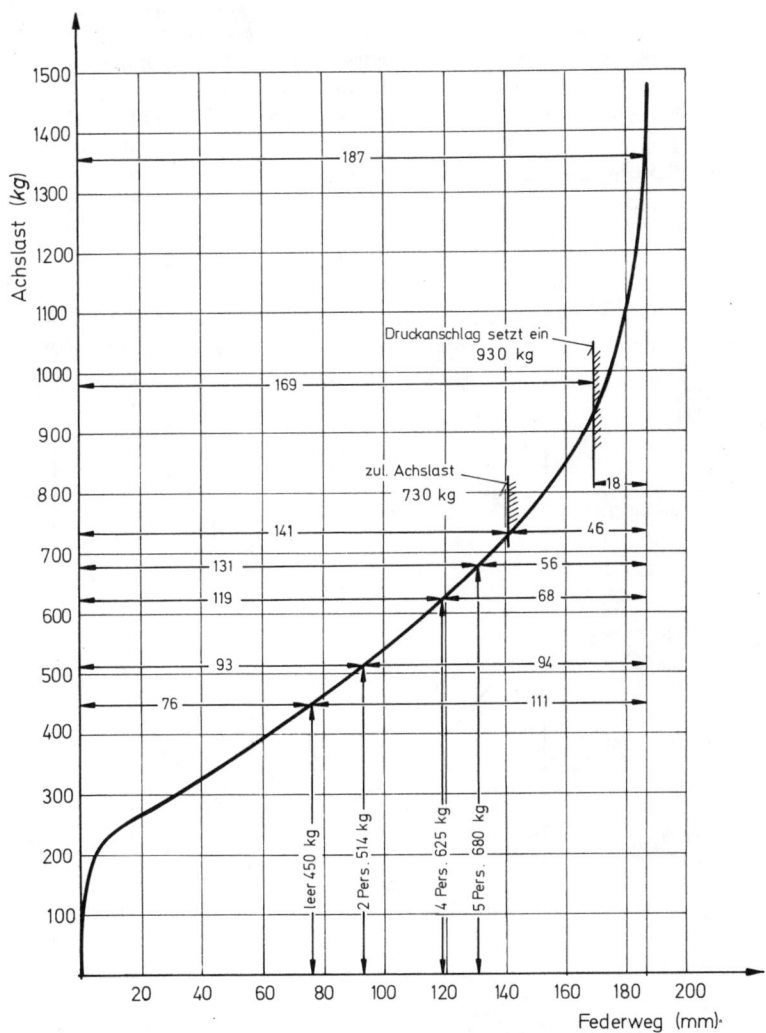

Federrate:

$c_{2hA} = 38,4$ kp/cm

$c_{2h} = 19,2$ kp/cm

Schwingungszahl:

$n_{II \text{ gem.}} = 90 \text{ min}^{-1}$

$n_{II \text{ err.}} = 91 \text{ min}^{-1}$

Bild 7.2./9   Progressive Hinterachsfederung des Opel Manta.

Die Längslenker benötigen zur Lagerung nur je zwei Gummischubelemente, die diesen Vorteil mit sich bringen, aber den Nachteil der Schwingungserhöhung. Wie Bild 7.2./7a zu entnehmen, beträgt die errechnete **Schwingungszahl** $n_{\text{II err}} = 78$ min^{-1}; die durch Ausschwingen gemessene dagegen liegt mit $n_{\text{II gem}} = 84$ min^{-1} etwa 8% höher.

Wegen des Raumbedarfs beim Einfedern läßt sich bei **Starrachsen** ein großer Federweg manchmal nur mit verteuerndem Aufwand verwirklichen, in solchen Fällen bietet sich die Verwendung **progressiver** Federn an. Das Bild 7.2./9 zeigt die gemessene Federungskurve des **Opel Manta** (Deichselachse, siehe Bilder 7.1./29 und 7.1./30); die zur Verwendung kommenden Schraubenfedern aus konisch geschliffenem Draht (siehe Bild 7.3./28) haben den Vorteil, daß der Druckanschlag erst in den letzten 18 mm des Weges einzusetzen braucht und flach gehalten werden kann. Hinzu kommt, daß die Lastdifferenz

$$\Delta G = G_{h\,6} - G_{h\,2} = 730 - 514 \qquad \Delta G = 216 \text{ kp}$$

nur die im Bild ablesbare Einfederung von $\Delta f_{1h} = 48$ mm bewirkt. Durch das geringe Einsinken les Hecks wird die **Scheinwerfereinstellung** nicht in dem Maße beeinflußt. Bei günstigem Ausfederweg $f_{2h} = 93$ mm dürfte der Einfederweg $f_{1h} = 46$ mm — vorhanden bei vollbeladenem Wagen und 730 kg Hinterachslast — etwas klein sein.

Der weitere große Vorteil progressiver Federn ist die sich beim Beladen wenig ändernde **Schwingungszahl** $n_{\text{II h}}$, wodurch das Fahren angenehmer wird. Mit Hilfe der Gleichung (1) aus Abschnitt 7.1.4

$$n_{\text{II h}} = 9{,}55 \cdot \sqrt{\frac{c_{2h}}{m_{2h}}} \quad [\text{min}^{-1}]$$

ist die hierfür gültige Bedingung leicht nachweisbar. Bei Erhöhung der Achslast muß auch die Federrate größer werden, wenn $n_{\text{II h}}$ und damit c_{2h}/m_{2h} konstant bleiben sollen. Das Bild 7.2./10 zeigt die als Funktion der Hinterachslast G_h aus der Federungskurve des Manta Punkt

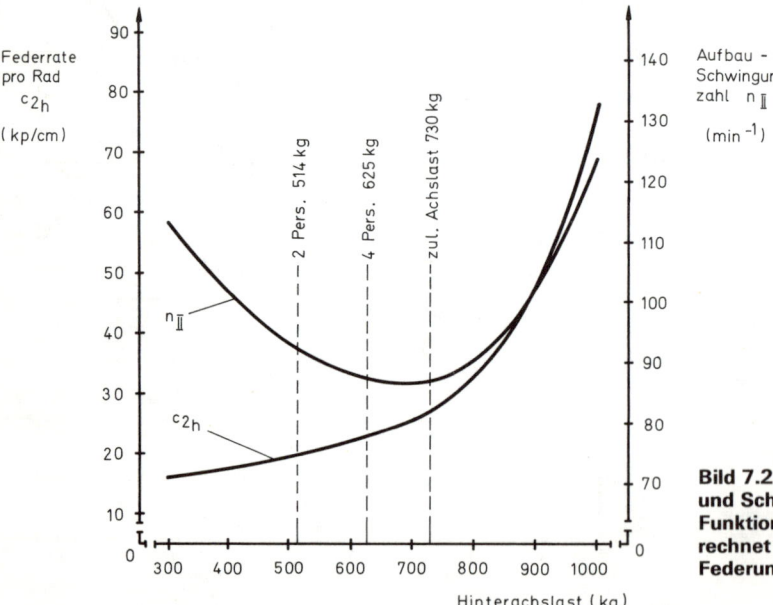

Bild 7.2./10 Federraten und Schwingungszahlen als Funktion der Achslast, berechnet für die progressive Federung des Opel Manta.

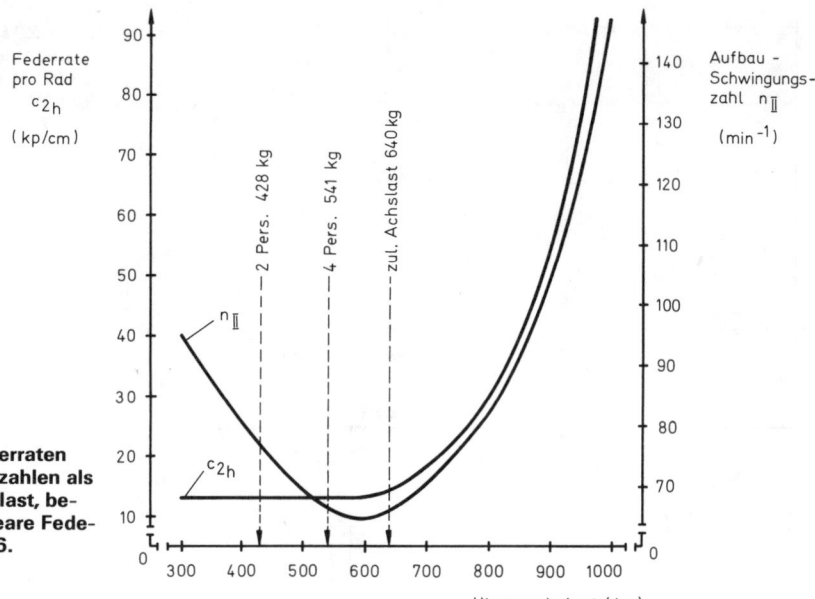

Federrate pro Rad c_{2h} (kp/cm)

Aufbau-Schwingungs-zahl n_{II} (min^{-1})

2 Pers. 428 kg

4 Pers. 541 kg

zul. Achslast 640 kg

n_{II}

c_{2h}

Hinterachslast (kg)

Bild 7.2./11   Federraten und Schwingungszahlen als Funktion der Achslast, berechnet für die lineare Federung des Renault 6.

für Punkt berechnete Federrate c_{2h} (je Rad) und dazu die nach vorstehender Gleichung bestimmte Aufbauschwingungszahl n_{IIh}. Als Vergleich sind in dem folgenden Bild 7.2./11 die gleichen Werte für die lineare Federung des Renault 6 dargestellt.

Ein ähnlich progressiver Verlauf der Federungskurve läßt sich auch mit Zusatzfedern erreichen (siehe Abschnitt 7.2.3) bzw. bei einem Torsionsfederstab durch Verwendung kurzer Lenker (siehe Bild 7.4./17).

Den fast gleichen Gesamtfederweg $f_{gh} = 187$ mm (Bild 7.2./12) wie der Manta hat der wesentlich leichtere **Autobianchi A 112**. Wegen der geringen Hinterachslast $G_{h2} = 321$ kg bei einer Besetzung mit zwei Personen liegt trotz der niedrigen Federrate $c_{2h} = 14$ kp/cm die Schwingungszahl mit $n_{IIh} = 94$ min^{-1} höher. Der Ausfederweg $f_{2h} = 79$ mm bei G_{h2} ist voll ausreichend; zu kurz geraten dagegen dürfte der Einfederweg $f_{1h} = 28$ mm bei zulässiger Achslast $G_{h6} = 620$ kg sein. Der bei 525 kg einsetzende und über einen Weg von 45 mm wirkende Druckanschlag sorgt für die nötige Progressivität. Die Lastdifferenz $\Delta G_h = G_{h6} - G_{h2} = 299$ kg würde zusammen mit der Achsfederrate $c_{2hA} = 28$ kp/cm rechnerisch die Einfederung $\Delta f_{1h} = 107$ mm ergeben; bedingt durch den etwas früher einsetzenden Druckanschlag beträgt die Differenz jedoch nur 85 mm. Das Bild 3.5./11 zeigt die Ausführung des auch beim A 112 als Hinterachse zur Verwendung kommenden Mc-Pherson-Federbeines mit über dem unteren Lenker sitzenden Druckanschlag.

Als Übersicht und um Anhaltspunkte für eine **Federungsauslegung** zu geben, sind in der Tabelle 7.2./13a die Federraten, Schwingungszahlen und Federwege bekannter Pkw zusammengefaßt. Bei der Hinterachsfederung muß der Zustand „Besetzung mit nur einer Person und fast leerer Kraftstoffbehälter" berücksichtigt werden. Deshalb erscheint als Δf_2 zusätzlich der Differenzweg zwischen der als Nullage dienenden „Zweipersonenbesetzung" und diesem unteren Grenzwert. Die folgende Tabelle 7.2./13b enthält die dazu gehörenden Achslasten und Lastdifferenzen.

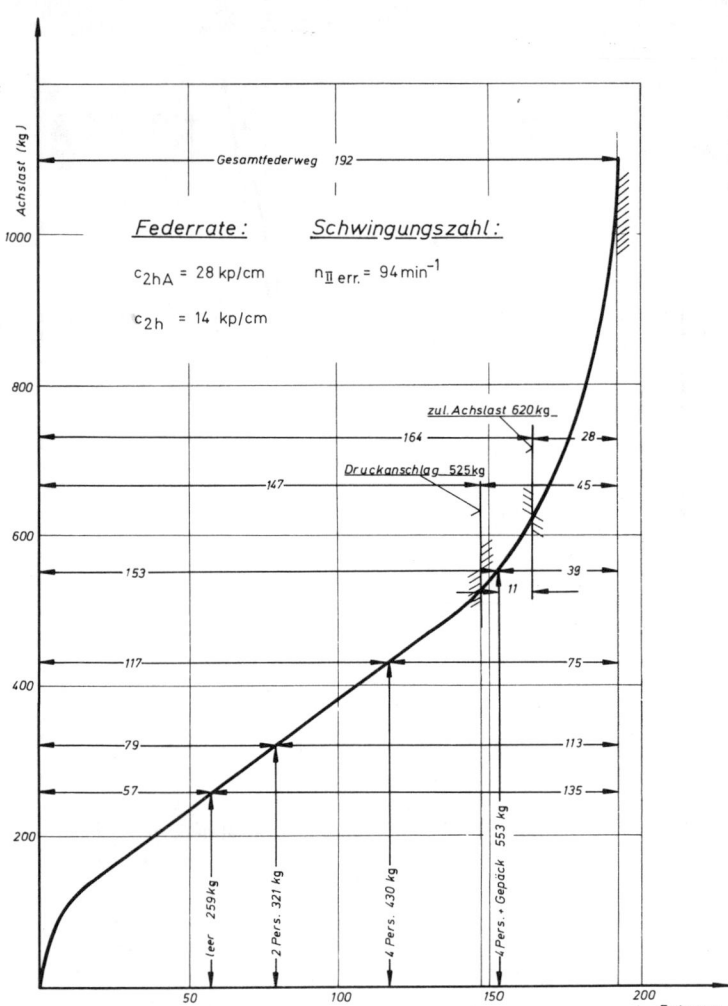

Figure labels:

Achslast (kg)

Gesamtfederweg 192

Federrate:
$c_{2hA} = 28$ kp/cm
$c_{2h} = 14$ kp/cm

Schwingungszahl:
$n_{II\,err.} = 94\,\text{min}^{-1}$

1000

800

600

400

200

zul. Achslast 620 kg
Druckanschlag 525 kg

164 — 28
147 — 45
153 — 39
11
117 — 75
79 — 113
57 — 135

(leer 259 kg)
(2 Pers. 321 kg)
(4 Pers. 430 kg)
(4 Pers. + Gepäck 553 kg)

50   100   150   200
Federweg (mm)

Bei der eigentlichen Auslegung einer **Hinterachsfederung** wäre somit zu beachten:

7.2.2.1. Die auf das Rad bezogene **Federrate** c_{2h} wird unabhängig davon, ob das Fahrzeug eine lineare oder progressive Federung hat, als Funktion der **Schwingungszahl** berechnet. n_{IIh} sollte bei der Achslast G_{h2} (Zweipersonenbesetzung) möglichst zwischen **70 und 80 min^{-1}** liegen, in jedem Fall jedoch unter 90 min^{-1} bleiben. Um ein vorzeitiges Durchschlagen des voll beladenen Fahrzeuges und eine unnötig hohe Beanspruchung der Druckanschläge zu vermeiden, dürfte hier $n_{IIh} = 65$ min^{-1} die untere Grenze sein.

7.2.2.2. Beim **Ausfederweg** f_{2h} ist zu berücksichtigen, daß noch mindestens 50 mm vorhanden sein sollen, wenn der hinter oder über der Achse liegende Kraftstoffbehälter fast leer gefahren wurde, und sich außerdem nur der Fahrer im Wagen befindet. Beide Entlastungen zusammen ergeben (ausgehend von der Nullage G_{h2}) im Mittel eine Ausfederung $\Delta f_2 \approx 20$ mm, also etwa den Differenzbetrag bis zum Zustand „leeres Fahrzeug". Vorzusehen wäre somit $f_{2h} \geqq$ **70 mm** bei Zweipersonenbesetzung.

V o r d e r a c h s e

Bauart	Fahrzeug-Typ	Leistung		Federrate pro Rad		Schwingungszahl $n_{II\,v}$ [2) min^{-1}	Ausfederweg in mm			Gesamt-federweg f_{gv}	Einfederweg in mm			Achse gezeigt in Bild
		PS	kW	kp/cm	N/mm		Differenz zwischen Nulllage u. leer $\Delta f_{2,v} = f_{2,v} - f_{RA}$	Leerzustand bis Ende f_{RA}	Nullage [3) bis Ende $f_{2,v}$		Nullage [3) bis Ende $f_{1,v}$	zul. Achslast bis Ende f_{RE}	Differenz zw. Nullage u. zul. Achslast $\Delta f_{1,v} = f_{1,v} - f_{RE}$	
Standardbauweise	Alfa Sup.1600	103	76	11,7	11,5	60	14	41 [4)	55	149	94	50	44	—
	Ascona 16 S	80	59	12,1	11,9	64	31	38	69	156	87	70	17	7.5./3
	BMW 1602	85	63	19	18,6	77	18	94	112	198	86	75	11	—
	Chrysler 160	80	59	14	13,7	66	28	53	81	180	99	59	40	—
	Daim.-Benz 200	95	70	12,4	12,2	55	25	60	85	220	135	98	37	3.4./5
	Taunus 1600GT	88	65	19	18,6	77	18	60	78	192	114	101	13	—
Heck-motor	VW 1300	44	32	9,3	9,0	70	28	46	74	136	62	36	26	3.7./1
	VW 411 LE	80	59	17,5	17,2	80	22	57	79	180	101	59	35	—
Vorderradantrieb	Renault 6 [1)	47	35	8,5	8,3	57	34	81	115	207	92	65	27	3.4./10
	Renault 12	54	40	11	10,8	58	38	41	79	155	76	38	38	3.4./7a
	Renault 16	65	47	10	9,8	56	37 37 37	73	110	195	85	54	31	ähnlich Renault 6
	Simca 1100GLS	60	44	12,4	12,2	63	27	70	97	168	71	44	27	—
	VW K 70	90	66	16,2	15,9	67	24	87	111	176	65	47	18	3.5./7

1) Federkurve siehe Bild 7.2./1   2) errechnete Schwingungs-zahlen   3) Nullage: Fahrzeug besetzt mit 2 Personen zu je 65 kg

4) geringe Differenz durch degressiven Kurvenverlauf

H i n t e r a c h s e

Bauart	Fahrzeug-Typ	Leistung		Federrate pro Rad		Schwingungszahl $n_{II\,h}$ [2) min^{-1}	Ausfederweg in mm			Gesamt-federweg f_{gh}	Einfederweg in mm			Achse gezeigt in Bild
		PS	kW	kp/cm	N/mm		Differenz zwischen Nulllage u. leer $\Delta f_{2,h} = f_{2,h} - f_{RA}$	Leerzustand bis Ende f_{RA}	Nullage [3) bis Ende $f_{2,h}$		Nullage [3) bis Ende $f_{1,h}$	zul. Achslast bis Ende f_{RE}	Differenz zw. Nullage u. zul. Achslast $\Delta f_{1,h} = f_{1,h} - f_{RE}$	
Standardbauweise	Alfa Sup.1600	103	76	15	14,7	76	22	47	69	154	85	15	70	3.2./12a
	Ascona 16 S	80	59	20	19,6	92	13	73	86	203	117	61	56	7.1./29
	BMW 1602	85	63	17,8	17,4	81	18	79	97	200	103	52	51	3.10./4
	Chrysler 160	80	59	17,2	16,9	81	20	61	81	186	105	26	79	—
	Daim.-Benz 200	95	70	17,5	17,1	68	18	91	109	220	111	44	67	3.10./6
	Taunus 1600GT	88	65	21,8	21,4	94	16	92	108	204	96	49	47	3.2./13
Heck-motor	VW 1300	44	32	16,8	16,5	78	18	100	118	210	92	58	34	3.8./4
	VW 411 LE	80	59	18	17,6	72	20	66	86	165	79	44	35	—
Vorderradantrieb	Renault 6 [1)	47	35	13	12,7	78	27	115	143	287	144	52	82	7.2./7b
	Renault 12	54	40	16,3	16	89	18	68	86	195	109	36	53	3.2./12b
	Renault 16	65	47	12,8	12,5	71	23	76	99	251	152	62	90	3.9./1
	Simca 1100GLS	60	44	15,3	15	82	22	65	87	229	142	62	80	3.9./4
	VW K 70	90	66	18,8	18,3	88	15	98	113	240	127	44	83	3.10./9 [5)

1) Federkurve siehe Bild 7.2./7a   2) errechnete Schwingungs-zahlen   3) Nullage: Fahrzeug besetzt mit 2 Personen zu je 65 kg   5) im anderen Modell verwendete ähnliche Achse

**Bild 7.2./13a   An Einzelfahrzeugen gemessene Federraten, Schwingungszahlen und Federwege.
Der Resteinfederweg f_{RE} von zulässiger Achlast bis voll zusammengedrücktem Anschlag sollte
50 mm nicht unterschreiten, genau wie der Ausfederweg f_{RA} an der Hinterachse von Standardwagen und Fronttrieblern nicht kleiner als dieser Wert sein dürfte. Bei Heckmotorwagen liegt der Kraftstoffbehälter meist vorn; es ist auf ausreichenden Rest-Ausfederweg an dieser Achse zu achten. Die
Motorleistung wird in bisherigen (technischen) und neuen SI-Einheiten angegeben (PS und kW), genau wie die Federrate, die in kp/cm und Newton je mm erscheint.**

Bauart	Fahrzeug-Typ	*V o r d e r a c h s e*					*H i n t e r a c h s e*				
		Differenz zw. Nullage und leer ΔG_{v1} (kg)	Fahrzeug leer G_{v0} (kg)	Nullage [2] G_{v2} (kg)	zulässige Achslast G_{v6} (kg)	Differenz zw. Nullage u. zul. Achsl. ΔG_{v2} (kg)	Differenz zw. Nullage und leer ΔG_{h1} (kg)	Fahrzeug leer G_{h0} (kg)	Nullage [2] G_{h2} (kg)	zulässige Achslast G_{h6} (kg)	Differenz zw. Nullage u. zul. Achsl. ΔG_{h2} (kg)
Standardbauweise	Alfa Sup. 1600	66	584	650	760	110	64	500	564	840	276
	Ascona 16 S	76	513	589	630	41	54	474	528	765	237
	BMW 1602	67	535	602	650	48	63	468	531	720	189
	Chrysler 160	67	578	645	775	130	63	513	576	860	284
	Daim.-Benz 200 [1]	66	751	817	910	93	64	676	740	980	240
	Taunus 1600GT	65	575	640	690	50	65	491	556	790	234
Heck-motor	VW 1300	71	331	402	490	88	59	494	553	710	157
	VW 411 LE	69	480	549	680	131	61	618	679	870	191
Vorderradantrieb	Renault 6	60	461	521	570	49	70	358	428	640	212
	Renault 12	68	515	583	650	67	62	386	448	670	222
	Renault 16	69	563	632	700	68	61	444	505	740	235
	Simca 1100GLS	66	538	604	670	66	64	391	455	700	245
	VW K 70	73	629	702	770	68	57	426	483	800	317

1) Mehrgewicht durch Schiebedach u. sonstige Einbauten ca. 50 kg

2) Nullage: Fahrzeug besetzt mit 2 Personen zu je 65 kg 2)

Bild 7.2./13b   Achslasten bei den einzelnen Belastungszuständen der in Bild 7.2./13a aufgeführten Fahrzeuge.

7.2.2.3.   Vollbeladen, also bei zulässiger Achslast G_{h6}, sollte als **Einfederweg** noch $f_{RE} \geq$ **50 mm** zur Verfügung stehen. Unter Berücksichtigung einer mittleren Einfederung $\Delta f_1 = 60$ bis 80 mm von der Nullage bis zur vollen Zuladung wäre als **Gesamtfederweg** $f_{gh} \geq$ **190 mm** erforderlich. Eine Verkleinerung desselben dürfte nur mit Hilfe folgender Maßnahmen möglich sein:

a) progressive Federung
b) bei linearer Kennlinie eine Erhöhung der Federrate
c) Verringerung des Einfederweges auf einen unter $f_{RE} = 50$ mm liegenden Wert.

Die letzte Maßnahme kann in Richtung **Kurvenverhalten** erhebliche Nachteile mit sich bringen. In Abschnitt 5.4.3 wurde bereits darauf hingewiesen, daß an den Federn der kurveninneren und -äußeren Seite sich die gleiche Kraftänderung ΔF_h einstellt. Ein bei voller Zuladung zu geringer Einfederweg hätte zur Folge, daß der Aufbau kurveninnen weit ausfedert, während er außen kaum einfedern kann (Bild 7.2./13c). Der **Aufbauschwerpunkt** wandert um den Betrag Δh **nach oben,** und zwar um so weiter, je schneller die Kurve befahren wird. Der Rollwinkel vergrößert sich und ebenso die Raddruckverlagerung: das Fahrzeug bricht vorzeitig aus. In Bild 5.4./18 sind an der progressiven Hinterachsfederung des Audi 72 die bei Besetzung mit fünf Personen und mittlerer Kurvengeschwindigkeit ($\mu_s = 0,5$) sich einstellenden Federwege markiert. Kurveninnen erfolgt ein Ausfedern von $\Delta f_{2h} = 60$ mm, kurvenaußen dagegen nur eine Einfederung von $\Delta f_{1h} = 37$ mm. Wie am Ende des Abschnittes 5.4.4 berechnet, hebt sich der Aufbauschwerpunkt bei diesem Fahrzustand um $\Delta h = 10$ mm an. Der Differenzweg Δh würde bei voll beladenem Wagen (entsprechend der zulässigen Achslast $G_{h6} = 700$ kg) erheblich größer, bedingt

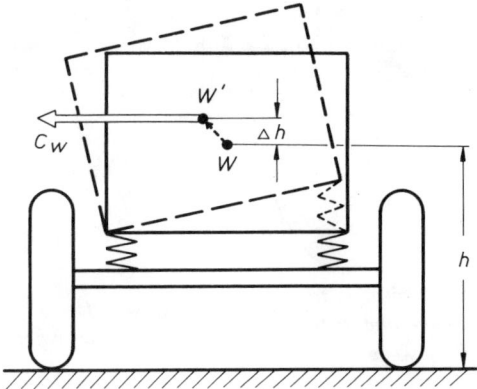

Bild 7.2./13c Hat ein Fahrzeug zu geringe Rest-Einfederwege, so kann der Aufbau kurvenaußen weniger einfedern als er an der inneren Seite ausfedert. Die Folge ist ein Nach-oben-Wandern des Aufbauschwerpunktes von *W* nach *W'* um den Weg Δ*h*.

durch den stark progressiven Verlauf der Federungskurve und den zu kleinen Restweg $f_{RE} = 26$ mm.

Der **Einfederweg** muß manchmal vorzeitig begrenzt werden, um zu vermeiden, daß beim Durchschwingen des Aufbaus Teile desselben oder aber der Auspufftopf den Boden berühren. Einen ausreichend großen **Ausfederweg** vorzusehen, bereitet weniger Schwierigkeiten. Die Grenzen sind hier gesetzt durch die bei Kardan- und Antriebswellengelenken zugelassenen Beugungswinkel und die möglichen Ausschlagwinkel der Lagerelemente in den Lenkerdrehpunkten (siehe Abschnitte 3.1.3 und 3.1.4).

7.2.3. Druckanschläge und Zusatzfedern

Unterschieden werden sollte zwischen **Druckanschlägen** und Zusatzfedern. Erstere setzen erst gegen Ende des Federweges ein und haben lediglich zur Aufgabe, den Federweg ohne Geräuschbelästigung zu begrenzen. **Zusatzfedern** dagegen kommen weit früher zur Anlage und nehmen über einen größeren Weg die Federungsarbeit mit auf; voll zusammengedrückt dienen

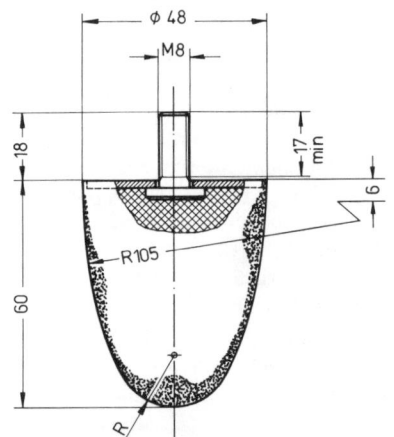

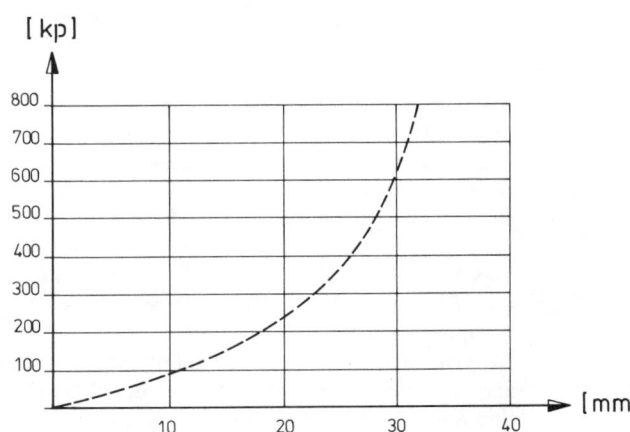

Bild 7.2./14 Vollgummi-Druckanschlag mit anvulkanisierter Befestigungsplatte, hergestellt von der Firma Boge.

Bild 7.2./15 Von dem in Bild 7.2./14 gezeigten Puffer aufnehmbaren Kräfte als Funktion der Zusammendrückung.

13 Fahrwerktechnik

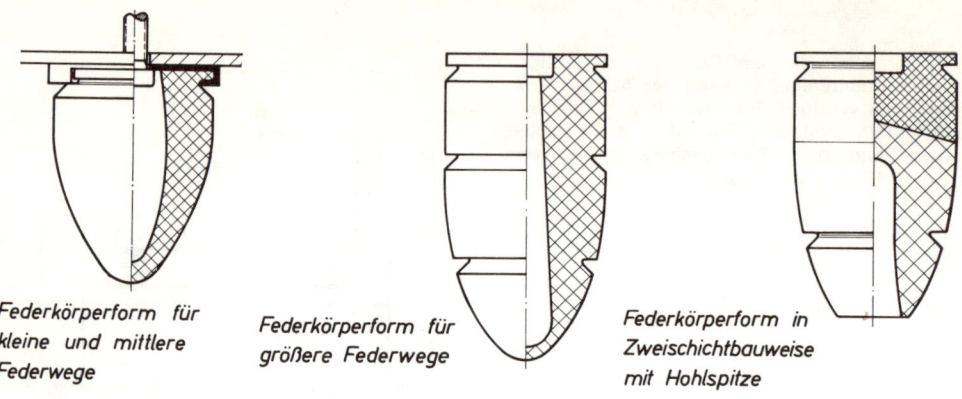

Federkörperform für
kleine und mittlere
Federwege

Federkörperform für
größere Federwege

Federkörperform in
Zweischichtbauweise
mit Hohlspitze

Bild 7.2./16   Verschiedene Ausführungen von Zusatzfedern aus Zell-Polyurethan.

sie dann als Endanschlag. Das Bild 7.2./14 zeigt die übliche Form eines durchgehend aus Gummi bestehenden Druckanschlages und dazu die einfache Bemaßung. Zur Befestigung am Aufbau oder Lenker dient eine Schraube M 8 die in einer anvulkanisierten Stahlplatte sitzt. In dem folgenden Bild 7.2./15 ist die Kraft-Weg-Kurve zu sehen, und zwar unter Berücksichtigung der Übersetzung i_x, Radgelenk zu Pufferbefestigungspunkt (siehe Abschnitt 7.1.7). Je größer i_x wird, um so höher sind die auf den Anschlag kommenden Kräfte. In vorderen Radaufhängungen kann der Puffer auf dem unteren Lenker befestigt sein und beim Durchfedern am Fahrschemel zur Anlage kommen (siehe Bild 3.4./4, Opel Admiral) oder aber am Querträger des Aufbaus sitzen, um dann am Lenker anzuschlagen (Bilder 3.4./14, Opel Kadett und 3.5./11, Fiat 128). Der in Bild 3.4./4 zu sehende Puffer ist zur Erreichung einer größeren Progressivität hohl ausgeführt und mit Hilfe von Pfanne und Nietbolzen befestigt. Das Bild 3.9./3 zeigt die Anbringung eines etwas höheren Anschlagpuffers an der Längslenkerachse des Peugeot 204/304 und Bild 3.10./4 die Unterbringung einer Zusatzfeder innerhalb der Schraubenfeder bei der Schräglenkerachse des BMW 1602/2002.

Zum Abfangen der Starrachse dienen im allgemeinen zwei beidseitige an Karosserielängsholmen sitzende Puffer (siehe Bilder 3.2./13, Vauxhall Viva, und 3.2./20, Audi), die beim Durchfedern sich an der Achse selbst abstützen.

Zusatzfedern bauen wegen des längeren Arbeitsweges höher. Das Bild 7.2./16 zeigt verschiedene Federkörperformen aus **Zellpolyurethan,** einem sehr widerstandsfähigen und abriebfesten, gummiähnlichen Kunststoff. Diesem wird beim Verschäumen eine dichte, abriebfeste Außenschicht gegeben, die ein Zerstören des inneren Schaumteiles verhindert. Bedingt durch die eingeschlossenen Luftbläschen gibt der Puffer beim Zusammendrücken in sich nach, wodurch (im Gegensatz zu Gummi) seine äußere Form sich nur wenig vergrößert.

Das Bild 7.2./17 zeigt die Durchmessererweiterung unter Last; 80% zusammengedrückt (also auf 20% der Bauhöhe) beträgt diese 40% und bei Gummi 120%. Diese Eigenschaft hat einen besonders günstigen Verlauf der Einfederungskurve zur Folge (Bild 7.2./18a). Ein ähnlicher Kurvenverlauf läßt sich mit **Gummihohlkörpern** erreichen, die als Zusatzfedern gern bei **Mc-Pherson-Federbeinen** verwendet werden. Das Bild 7.2./18b zeigt eine oben angeordnete Feder und Bild 7.2./19 eine unten auf der Kolbenstange sitzende.

Die in diesen beiden Bildern gezeigte Unterbringung eines Druckanschlages oder einer Zusatzfeder im **Stoßdämpfer** dürfte die **wirtschaftlichste** Lösung sein und bereitet heute weder technisch noch in bezug auf die Lebensdauer Schwierigkeiten. Die Aufhängungen des Dämpfers

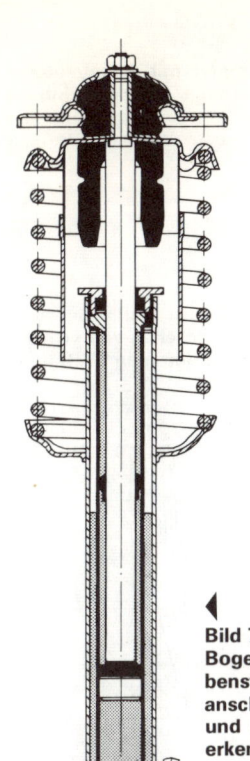

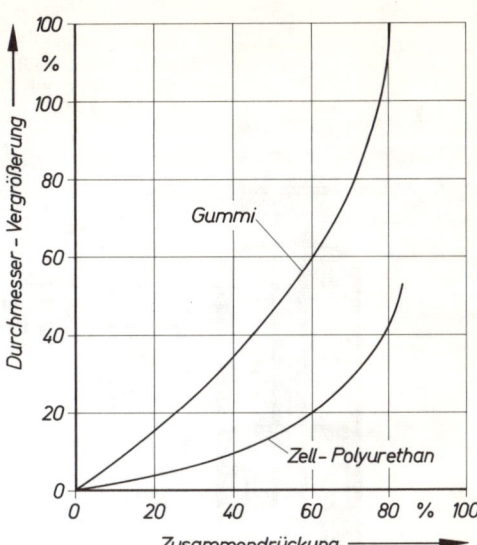

Bild 7.2./17 Durchmesservergrößerung eines Anschlages aus Vollgummi im Vergleich zu einem aus Zell-Polyurethan, dargestellt als Funktion der Zusammendrückung.

Bild 7.2./18b Mc-Pherson-Federbein der Fa. Boge mit Zweirohrdämpfer und oben auf der Kolbenstange sitzender Gummihohlfeder. Der Zuganschlag befindet sich in Mitte zwischen Kolben- und Stangenführung und ist als schwarzer Ring erkennbar (Bild gleich mit 3.5./1).

Bild 7.2./18a Ein- und Ausfederungskurve einer 140 mm hohen Zusatzfeder aus Zell-Polyurethan.

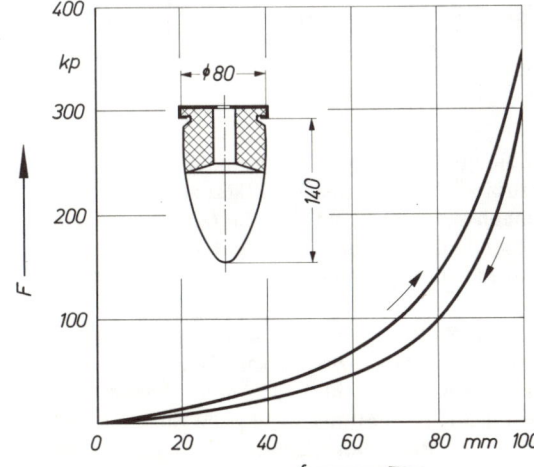

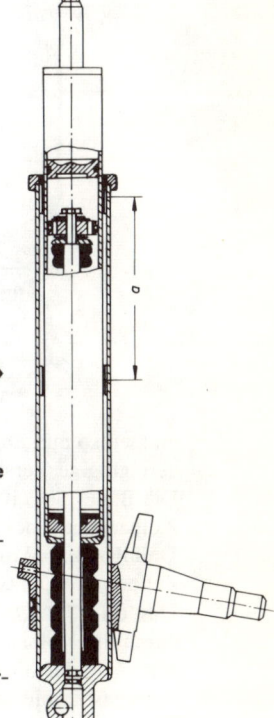

Bild 7.2./19 Einrohr-Dämpferbein der Firma Bilstein, bei dem auftretende Biegemomente von dem in Teflonbuchsen geführten Zylinderrohr aufgenommen werden (und nicht von der Kolbenstange). Die Gummihohlfeder befindet sich unten an der Kolbenstange und der Zuganschlag oben unterhalb des Kolbens (Bild gleich mit 3.5./5).

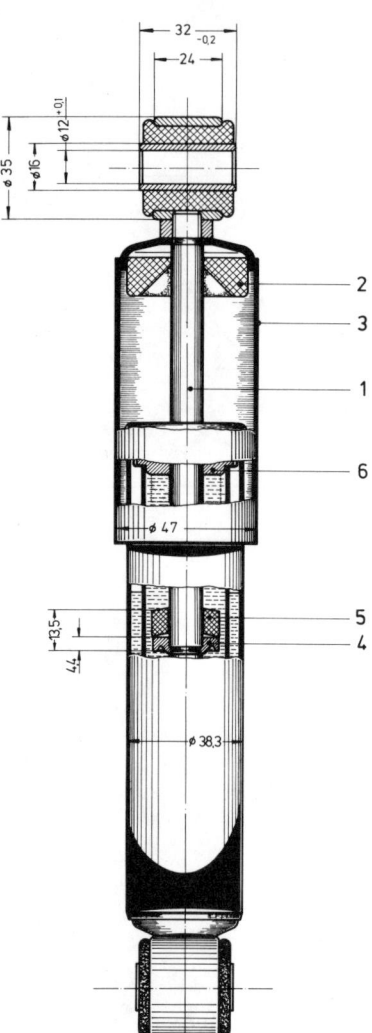

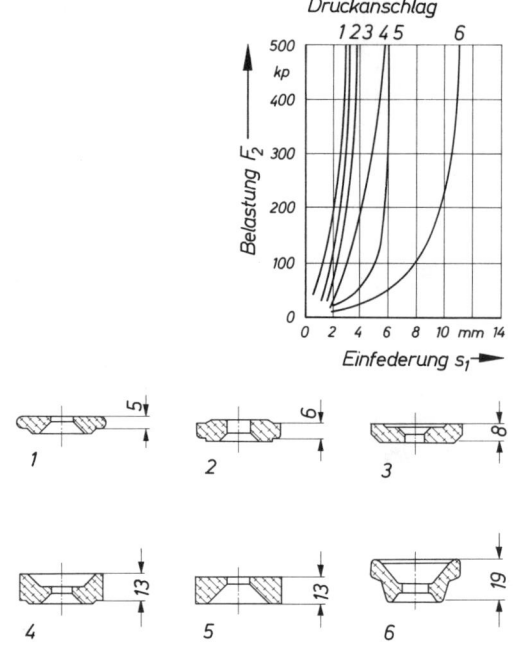

Bild 7.2./20 Boge-Zweirohr-Dämpfer mit eingebautem Zug- und Druckanschlag sowie allen für den Einbau wichtigen Maßen.

Bild 7.2./21 Körperformen von Druckanschlägen aus Gummi und Einfederungskurven; vorgesehen von Fichtel & Sachs zum Einbau in die Stoßdämpfertypen S 26 und S 30.

müssen so ausgebildet sein, daß sie verhältnismäßig große Kräfte aufnehmen können, und eine geringfügige Verstärkung reicht meist aus, um zusätzlich noch Anschlagkräfte zu übertragen. Die Bilder 3.4./10 und 3.9./1 lassen die von **Renault** schon seit bald zwei Jahrzehnten auf der Kolbenstange des Dämpfers angeordnete Gummihohlfeder erkennen und Bild 3.4./6 die bei den **Daimler-Benz**-Modellen 200 bis 280/8 oben in einem Einrohrdämpfer sitzende Zusatzfeder aus Zellpolyurethan (siehe auch Bild 7.6./8c).

Das Bild 7.2./20 zeigt einen geschnittenen Zweirohr-Stoßdämpfer der Fa. Boge, der geführt durch die Kolbenstange 1 den Gummipuffer 2 enthält. Dieser stützt sich beim Durchfedern auf dem Zylinderrohr ab und kommt zusammengedrückt am Schutzrohr 3 zur Anlage. Bei falscher Formgestaltung bzw. nicht abriebfester Gummi- oder Kunststoffmischung kann Staub entstehen, der sich in die **Kolbenstangendichtung** setzt und diese **unwirksam** werden läßt (siehe

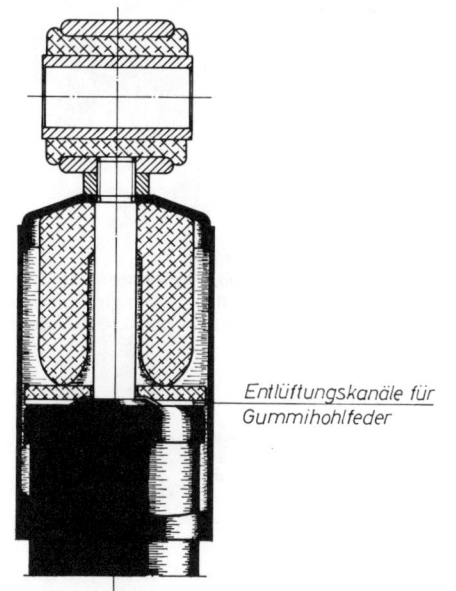

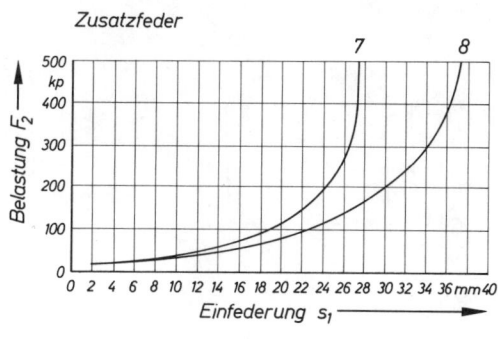

Zusatzfeder

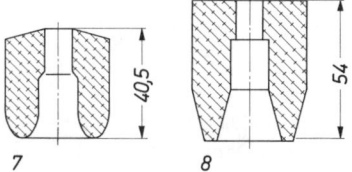

7   8

Entlüftungskanäle für
Gummihohlfeder

**Bild 7.2./22 Von Boge zum Einbau in Stoß-
dämpfer gewählte Form der Zell-Polyurethan-
Zusatzfeder.**

**Bild 7.2./23 Körperformen von Zusatzfedern
aus Zell-Polyurethan- und Einfederungskurven;
von Fichtel & Sachs vorgesehen zum Einbau in
die Stoßdämpfertypen S 26 und S 30.**

Bild 7.6./5b). Die Folge ist Auslaufen des Öles, Nachlassen der Dämpfungswirkung und Zerstörung des (nicht immer ölfesten) Anschlages.

Bei ausreichender **Pufferhöhe** läßt sich mit Einfederwegen bis 11 mm eine brauchbare Form
der Federungskurve erreichen (Bild 7.2./21). Größere Wege bzw. der Wunsch nach weichem
Ansetzen erfordern den Einbau einer Zusatzfeder aus Zellpolyurethan (Bild 7.2./22). Das folgende Bild 7.2./23 zeigt die zur Verwendung kommenden Federkörperformen und erreichbaren
Wege bis $s_1 = 37$ mm. Die in den Bildern 7.2./19 und 7.6./8c zu sehenden höheren Puffer geben noch längere Wege her.

Jeder Einbau eines zusätzlichen Teiles in den Stoßdämpfer bringt eine Vergrößerung der **Totlänge** L_{fix} mit sich (siehe Abschnitt 7.6.12), d. h., je höher der Puffer in zusammengedrücktem
Zustand ist, um so länger wird der Dämpfer selbst und dessen Raumbedarf. Nur wenn fahrzeugseitig Platz zur Verfügung steht, kann der Anschlag in den Dämpfer verlegt werden.

7.2.4. Zuganschläge

Die durch einen Stoß von unten einfedernde Achse kann erhebliche Kräfte auf den Druckanschlag ausüben; beim Ausfedern dagegen ist die aufzunehmende Kraft eine Summe aus Feder-
restkraft und dynamischer Stoßkraft der nach unten gehenden Achse. Die **Restkraft** ergibt sich
durch Verlängern des linearen Bereiches der Federkurve bis zum Weg 0 mm (siehe Bild 7.2./2).
An der Vorderachse des Renault 6 (siehe Bild 7.2./1) würde diese bezogen auf die ganze Achse
328 kp betragen (also 164 kp/je Rad); hinten dagegen nur 30 kp/je Rad (60 kp gesamt, siehe
Bild 7.2./7a). Die dynamische Kraft wird durch Multiplikation mit dem Stoßfaktor 1,5 bis 2

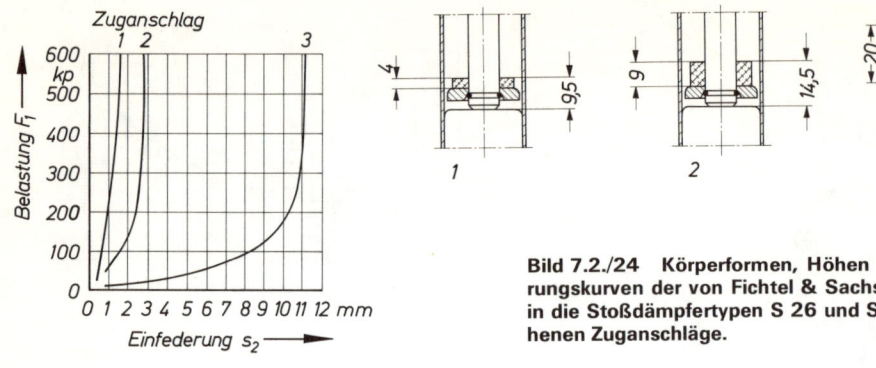

Bild 7.2./24 Körperformen, Höhen und Einfederungskurven der von Fichtel & Sachs zum Einbau in die Stoßdämpfertypen S 26 und S 30 vorgesehenen Zuganschläge.

berücksichtigt. Das Produkt aus Restkraft und Stoßfaktor, multipliziert mit der Übersetzung i_x ergibt die vom Dämpfer aufzunehmende Anschlagkraft.

Als Zuganschlag an hinteren Starr- und Zweigelenk-Pendelachsen wurden früher gerne **Fangbänder** aus Hanf verwendet, die wegen fehlender Elastizität jedoch häufig rissen. Heute stehen weit bessere Werkstoffe zur Verfügung, der Grund, weshalb diese wirtschaftlich und funktionell als überholt geltende Maßnahme bei Konstruktionen älteren Datums noch zu finden ist (siehe Bilder 3.2./12a, Alfa-Romeo, und 3.8./3, Renault 8/10). Bänder haben den Nachteil, die ausfedernde Achse verhältnismäßig hart abzufangen, mit der Folge eines im Wagenkasten spürbaren Stoßes. Wesentlich weicher und praktisch kaum merklich setzen **Gummipuffer** an. In vorderen **Doppel-Querlenker-Radaufhängungen** lassen sich diese zwischen Fahrschemel und oberem Lenker leicht unterbringen (siehe Bild 3.4./4, Opel Admiral), nicht dagegen bei allen Hinterachsen und auch nicht bei den als Vorderachse dienenden **Mc-Pherson-Federbeinen.** Hier befindet sich ein Kunststoff- oder Gummiring als Zuganschlag auf der Kolbenstange; erkennbar in Bild 7.2./18b als geschwärzter Ring in der Mitte zwischen Kolben und Stangenführung und in Bild 7.2./19 unter dem Kolben sitzend. Diese Lösung bietet sich als **wirtschaftlich** günstige auch bei normalen **Stoßdämpfern** an. Die im Fahrbetrieb auftretenden Dämpfungskräfte, maßgeblich für die Festigkeit der Aufhängungsteile, sind meistens weit höher als jene, die durch den Zuganschlag entstehen können. In das Bild 7.2./20 ist die konstruktive Ausbildung des Anschlages mit eingezeichnet. Geführt durch die Kolbenstange 1 sitzt auf der Stahlscheibe 4 der 9 mm hohe elastische Puffer 5. Zur Übertragung der Zugkräfte ist der untere Bund der Scheibe 4 in eine Nut an der Kolbenstange gedrückt. Beim Ausfedern der Achse wird der Dämpfer auseinander gezogen, und der Anschlagpuffer kommt an der glatten unteren Fläche der Kolbenstangenführung 6 zur Anlage. Je **höher** der **Puffer** sein kann, desto weicher setzt er an und um so progressiver kann der Verlauf der Federungskurve sein. Das Bild 7.2./24 zeigt drei verschiedene, von der Fa. Fichtel & Sachs verwendete Pufferformen und dazu die gemessenen Federwege bis 500 kp Belastung. Ein hoher Puffer bedingt jedoch eine weitere Vergrößerung der Stoßdämpfer-**Totlänge** L_{fix} (siehe Abschnitt 7.6.12). Deshalb ist rechts neben den Einzeldarstellungen die Strecke eingetragen, um die L_{fix} sich zusätzlich verlängert. Die linke Maßangabe betrifft die Pufferhöhe (4, 9 bzw. 20 mm).

Im Stoßdämpfer können die Zuganschlagkräfte statt mechanisch auch hydraulisch abgefangen werden; nähere Einzelheiten enthält der Abschnitt 7.6.10.

7.2.5. Änderungen am Federweg

Bei einem Automobil sind die Verbindungteile zwischen den eigentlichen Radträgern und dem Aufbau so ausgelegt, daß bei voll ausgenutztem Ein- und Ausfederweg noch eine Reserve in der Drehbeweglichkeit, Längennachgiebigkeit usw. vorhanden ist. Die Reserve wird manchmal verhältnismäßig klein gehalten, um wirtschaftlich fertigen zu können oder aber eine längere Haltbarkeit bzw. geringere Nachgiebigkeit zu erreichen. Die in den Abschnitten 3.1.3 und 8.3.2 behandelten **Radführungs-** und **Spurstangengelenke** lassen nur bestimmte Winkelausschläge zu; werden diese bei einer Vergrößerung des Federweges überschritten, verbiegt sich der Gelenkzapfen, und die Gefahr des Bruches besteht. Die Vorderachse hätte dann keine Führung mehr bzw. wäre nicht mehr lenkfähig, und ein **Unfall** ließe sich kaum vermeiden. Ein erzwungener, zu großer Winkelausschlag in den Gelenken der **Kardanwelle** (siehe Bilder 3.1./28 bis 3.1./30) führt zur Zerstörung derselben und damit zum Ausfall des Antriebsmomentes. **Bremsschläuche** sind so verlegt und beim Einbau entsprechend vorgedrillt, daß weder bei Ausnutzung des gesamten Federweges noch beim vollen Einschlag der Vorderräder ein Spannen erfolgt. Eine stoßartige Zugbeanspruchung (z. B. bei nachträglich erhöhtem Einfederweg) kann Risse am Schlauch zur Folge haben und anschließenden Ausfall der Bremsanlage. Weitere lebenswichtige Bauteile ließen sich aufführen, deren Dauerhaltbarkeit vom Einhalten der vorgegebenen Federwege abhängt. Diese wenigen Beispiele sollten lediglich dazu dienen, verständlich zu machen, daß weder der werksseitig vorgesehene **Ein-** noch der **Ausfederweg verändert** werden darf.

Eine derartige Änderung kann durch Kürzen der Anschlagpuffer bewußt herbeigeführt werden oder aber ungewollt eintreten, wenn **Stoßdämpfer**, in denen werksseitig Anschläge vorgesehen sind, gegen andere, vom Automobilhersteller nicht freigegebene ausgetauscht werden. In Zusammenarbeit mit den in der Serie liefernden Stoßdämpferherstellern haben die Autofirmen nicht nur die Dämpfer in ihrer Länge und Einstellung genau festgelegt, sondern auch die Haltbarkeit der Anschläge erprobt. In die serienmäßig verwendeten bzw. werksseitig freigegebenen Dämpfer werden deshalb zwei Nummern eingerollt,

die des Dämpferherstellers, z. B. Boge 1-0390-27-719-0, und

die des Automobilwerkes, z. B. VW 113 413 031 A.

Federwegbegrenzungen sind somit Bauteile des Fahrwerks, die in die **Typprüfung** des Fahrzeugs mit eingegangen sein können. Wird ein derartig erfaßtes Teil **geändert,** besteht die Gefahr, daß die **allgemeine Betriebserlaubnis** erlischt und damit sowohl die **Zulassung** des Fahrzeugs ihre Gültigkeit verliert als auch der **Versicherungsschutz,** es sei denn, der **TÜV** nimmt die Änderung gesondert ab und trägt die Einzelheiten in den **Kraftfahrzeugbrief ein.**

Mehr als 80% aller modernen Pkw haben heute Zuganschläge zumindest in den Dämpfern einer Achse und über 40% Druckanschläge. Derartige **Dämpfer** stellen **lebenswichtige Bauteile** des Fahrwerks dar, und ein **Austausch** gegen die eines anderen Lieferanten kann unangenehme Folgen haben.

7.2.6. Tieferlegen eines sportlichen Pkw

Zur Untersuchung, wie weitgehend der Aufbau eines Fahrzeuges abgesenkt werden kann und welche Änderungen sich hierbei ergeben, reichen die von der Normallage aus ermittelten Federungs- und Kinematikkurven aus. Eine Kontrollmessung am heruntergesetzten Wagen erübrigt sich meist. Bestimmend für das „Maß" Δf_0 des Tieferlegens ist der an der **Vorderachse** vorhandene **Gesamtfederweg** f_{gv}, der unverändert bleiben muß. Als Beispiel soll der **Autobianchi A 112** gelten, dessen vordere Federungskurve bereits in Bild 7.2./4 gezeigt wurde. In

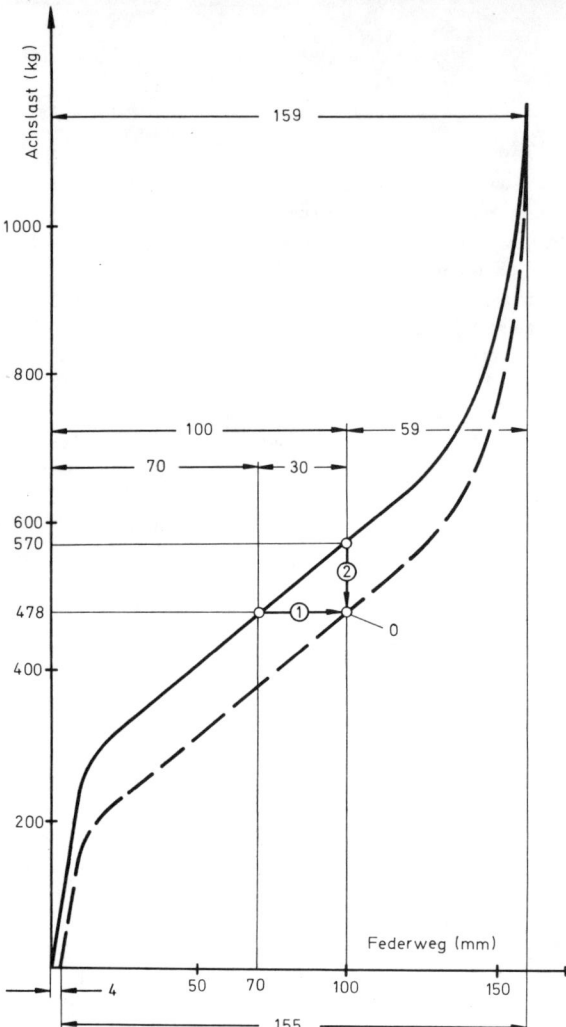

Bild 7.2./25a Zur theoretischen Überprüfung, wie weitgehend der Aufbau eines Pkw abgesenkt werden kann, ist ein maßgeblicher Lastpunkt (hier $G_{v2} = 478$ kg, entsprechend Zweipersonenbesetzung) um den Absenkweg 1 (bei dem Beispiel 30 mm) nach rechts zu verlegen und die am unveränderten Fahrzeug gemessene Federungskurve senkrecht nach unten zu verschieben, bis diese durch den Punkt 0 geht; gezeigt für die Vorderachse des Autobianchi A 112.

der Normallage, also bei $G_{v2} = 478$ kg (Besetzung mit 2 Personen zu 65 kg) hat dieses Fahrzeug einen Einfederweg $f_{1v} = 89$ mm und bei 4 Personen noch 83 mm. Ein zuerst geplantes Heruntersetzen um 40 mm hätte zu geringe Einfederwege ergeben; die Untersuchung wurde deshalb mit $\Delta f_0 = \textbf{30 mm}$ durchgeführt. Anhand der gemessenen **Federkurve** ist rein theoretisch folgendermaßen vorzugehen (Bild 7.2./25a):

7.2.6.1. In der Normallage sind bei $G_{v2} = 478$ kg Vorderachslast 70 mm Ausfederweg vorhanden. Dieser Punkt 0 wird um 30 mm nach rechts verlegt (Schritt 1).

7.2.6.2. Hiernach ist die gesamte Federkurve soweit nach unten zu verschieben, bis sie durch den Punkt 0 geht (Schritt 2).

7.2.6.3. Die gestrichelt eingezeichnete neue Kurve schneidet die X-Achse nicht im Nullpunkt, sondern 4 mm davor. Die durch das Absenken verringerte Federendkraft drückt den Zuganschlag weniger zusammen. Der Gesamtfederweg beträgt dadurch nur noch 155 mm statt bisher 159 mm.

200 Federungsauslegung

Bild 7.2./25b
**Vorderachs-Fe-
derungskurve des
um 30 mm tie-
fergelegten Auto-
bianchi A 112.**

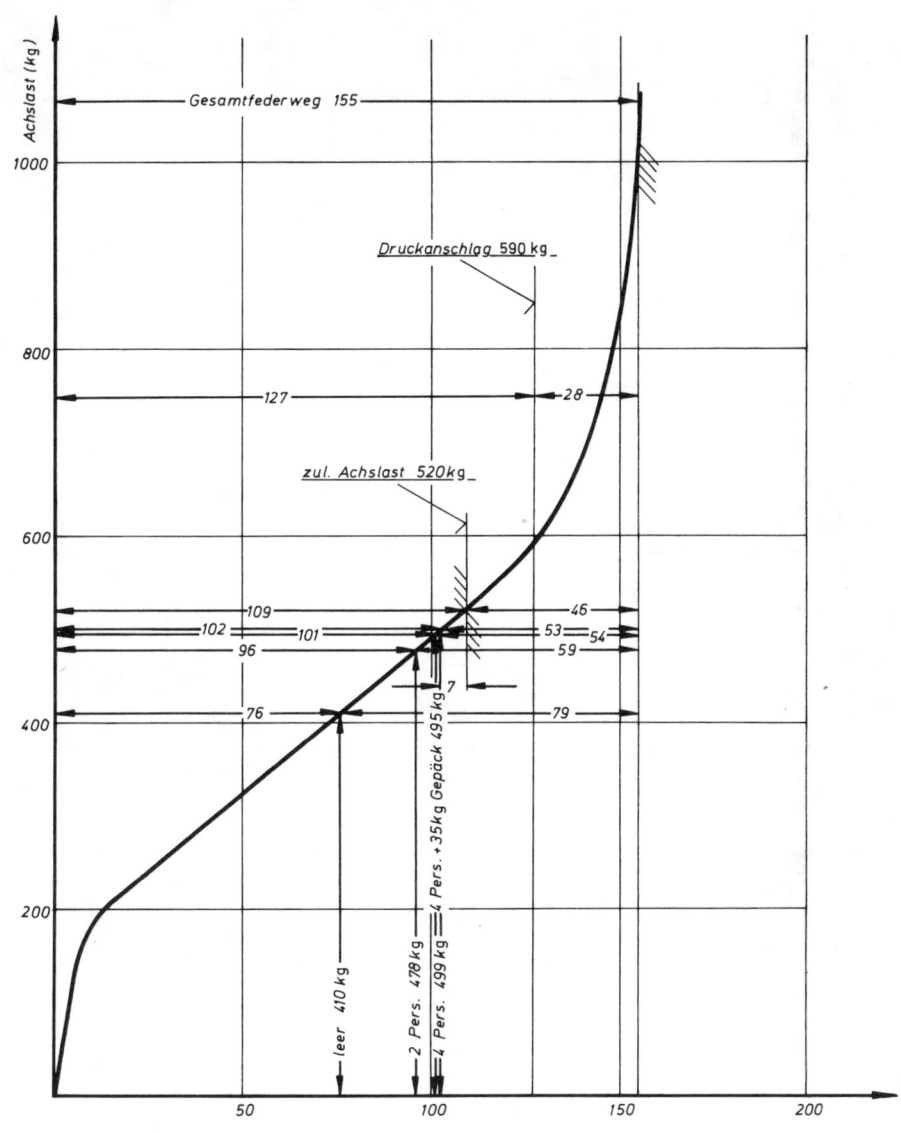

Das Bild 7.2./25b zeigt den fertig gezeichneten Kurvenverlauf mit bemaßten Wegen. Bei Zweipersonenbesetzung stehen 59 mm Einfederweg zur Verfügung und bei vier Personen 53 mm;
noch vertretbar bei einem abgeänderten Pkw dieser Größenordnung.

An der **Hinterachse** kann der um 30 mm reduzierte Einfederweg durch **Verringern der zulässigen Achslast** aufgefangen werden. Wie aus Bild 7.2./12 zu entnehmen, beträgt bei der erlaubten
Zuladung von 371 kg, also bei Beladung mit

4 Personen zu je 65 kg und 111 kg Gepäck,

die Achslast $G_{v\,4} = 553$ kg und der noch vorhandene Weg nach oben 39 mm. Bei zulässiger

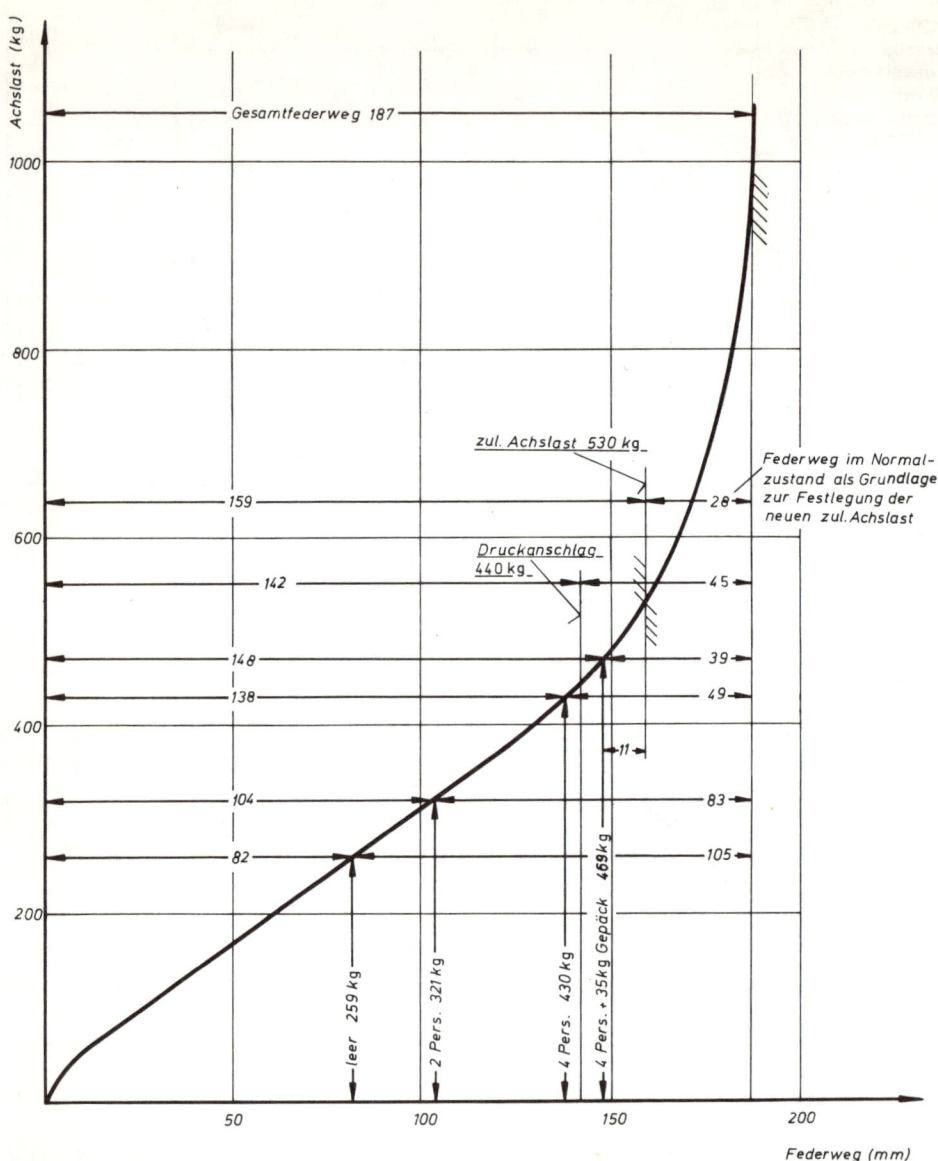

Bild 7.2./26 Hinterachs-Federungskurve des um 30 mm tiefergelegten Autobianchi A 112. Die zulässige Hinterachslast G_{h6} muß von 620 kg auf 530 kg zurückgenommen werden, um den werksseitig vorgesehenen (sowieso schon zu geringen) Rest-Einfederweg $f_{1h} = 28$ mm halten zu können.

202 Federungsauslegung

Achslast $G_{v6} = 620$ kg steht — wie in Abschnitt 7.2.2 beschrieben — nur noch der Restweg $f_{1h} = 28$ mm zur Verfügung.

Eine Verringerung der Hinterachslast G_{v6} um 90 kg auf 530 kg läßt, wie in Bild 7.2./26 zu sehen, die vom Hersteller vorgesehenen Einfederwege bestehen bleiben. Da der Kofferraum sich hinter der Achse befindet, geht die Zuladung nicht um diesen Betrag zurück sondern nur um 75 kg. Es können also

4 Personen und 36 kg Gepäck gleich 296 kg (bzw. abgerundet 35 und 295 kg)

befördert werden, d. h., das Fahrzeug gilt noch als **Viersitzer.**

Erfolgt das Heruntersetzen durch Einbau von **Federn** geringerer Bauhöhe (siehe Abschnitte 7.4.3 und 7.4.7) gehen die von diesen aufzunehmenden Maximalkräfte zurück und damit auch auftretende Beanspruchungen. Die von den **Zuganschlägen** zu übernehmenden Endkräfte verringern sich ebenfalls, wodurch sich auch der Gesamtfederweg an der Hinterachse um 5 mm, und zwar

von 192 auf 187 mm

verkürzt. Auf die **Druckanschläge** dagegen kommen höhere Kräfte, und eine Haltbarkeitskontrolle wäre angebracht.

Liegt das Maß des Tieferlegens fest, muß die **Kinematik** beider Achsen untersucht werden, da sich sowohl im Leerzustand als auch beim Durchfedern der Räder Abweichungen ergeben

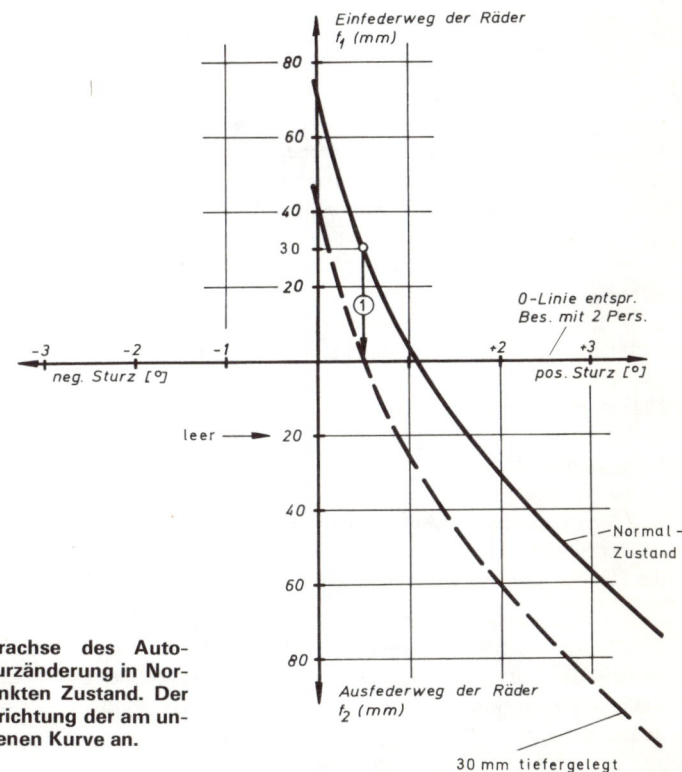

Bild 7.2./27 An der Vorderachse des Autobianchi A 112 vorhandene Sturzänderung in Normal- und um 30 mm abgesenkten Zustand. Der Weg 1 gibt die Verschiebungsrichtung der am unveränderten Fahrzeug gemessenen Kurve an.

Federungsauslegung **203**

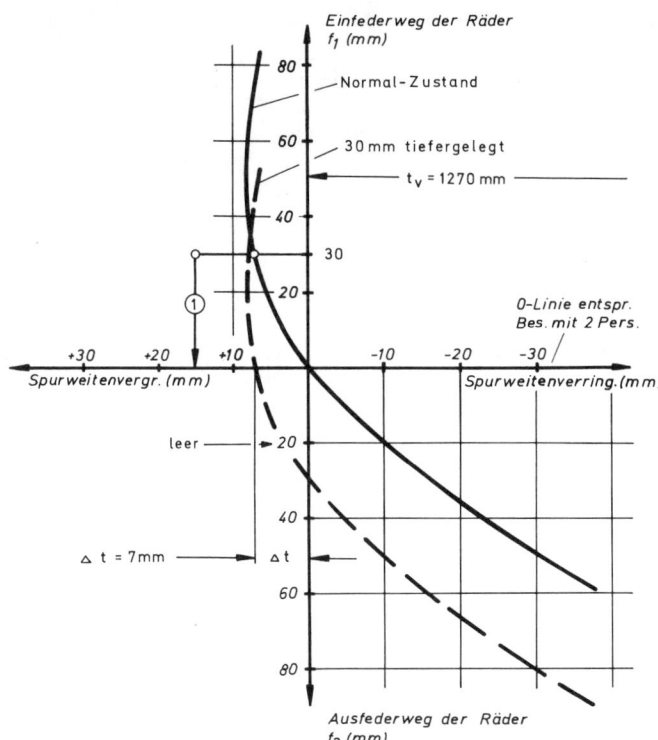

Einfederweg der Räder
f_1 (mm)

Normal-Zustand

30 mm tiefergelegt

$t_v = 1270$ mm

0-Linie entspr.
Bes. mit 2 Pers.

Spurweitenvergr. (mm)

Spurweitenverring. (mm)

leer

$\Delta t = 7$mm

Δt

Ausfederweg der Räder
f_2 (mm)

Bild 7.2./28 An der Vorderachse des Autobianchi A 112 gemessene Spurweitenänderung im Normalzustand und die Veränderung beim Absenken um 30 mm. Die Spurweite vergrößert sich hierbei um $\Delta t = 7$ mm und — bedingt durch den steileren Tangentenwinkel am Nullpunkt — sinkt das Momentanzentrum ab (siehe hierzu Bild 4.4./2).

können. Das Bild 3.5./8 zeigt das als **Vorderachse** zum Einbau kommende Mc-Pherson-Federbein und Bild 7.2./27 die gemessene, für diese Aufhängungsart typische, **Sturzänderung** der Räder beim Ein- und Ausfedern (siehe Bild 4.5./7). Das nicht geänderte Fahrzeug hat bei Besetzung mit zwei Personen — also an der Stelle, an welcher die Kurve die X-Achse schneidet — einen positiven Sturz von $\gamma_0 = +1°5'$. Angegeben werden muß jedoch der Sturz im Leerzustand, der bei dem nicht geänderten Fahrzeug $\gamma' = +1°35'$ beträgt. Durch das Heruntersetzen geht der Sturz leer auf $\gamma' = +45'$ zurück mit dem Vorteil einer höheren Seitenkraftaufnahme der Reifen. Die **Spurweitenänderung,** normalerweise beim Ausfedern der Räder verhältnismäßig stark (Bild 7.2./28), verringert sich beim Absenken. Die Spurweite selbst, die bei Zweipersonenbesetzung $t_v = 1270$ mm betrug und leer 1250 mm, vergrößert sich um 7 mm auf 1277 mm bzw. leer auf 1257 mm. Eine im Nullpunkt an die gestrichelte Kurve gelegte Tangente steht steiler (siehe Bild 4.4./2), gleichbedeutend mit einer beim tiefergelegten Wagen niedrigeren Höhe m des **Momentanzentrums,** und zwar 28 mm statt zuvor 109 mm bei Besetzung mit zwei Personen. Die Folge ist ein vergrößerter Fliehkrafthebelarm der wiederum bewirkt, daß kaum eine Verringerung der Aufbau-Rollneigung erfolgt trotzdem dieser tiefer liegt (siehe Bild 4.4./3 und Abschnitt 5.4.3). An der Vorderachse müßte noch die **Vorspuränderung** untersucht werden; bei den meisten Fahrzeugen hält diese sich jedoch in Grenzen (siehe Abschnitt 4.6).

Der A 112 hat als **Hinterachse** das in Bild 3.5./11 gezeigte **Mc-Pherson-Federbein.** In Bild 7.2./29 ist die **Sturzänderung** der Hinterräder dargestellt, durch längere untere Querlenker verläuft die Kurve günstiger als an der Vorderachse. Bei Zweipersonenbesetzung stellt sich normalerweise ein Sturz $\gamma_0 = -5'$ ein und im Leerzustand $\gamma' = +40'$. Heruntergesetzt liegen die Werte mit $\gamma_0 = -1°$ und $\gamma' = -20'$ (leer) günstiger.

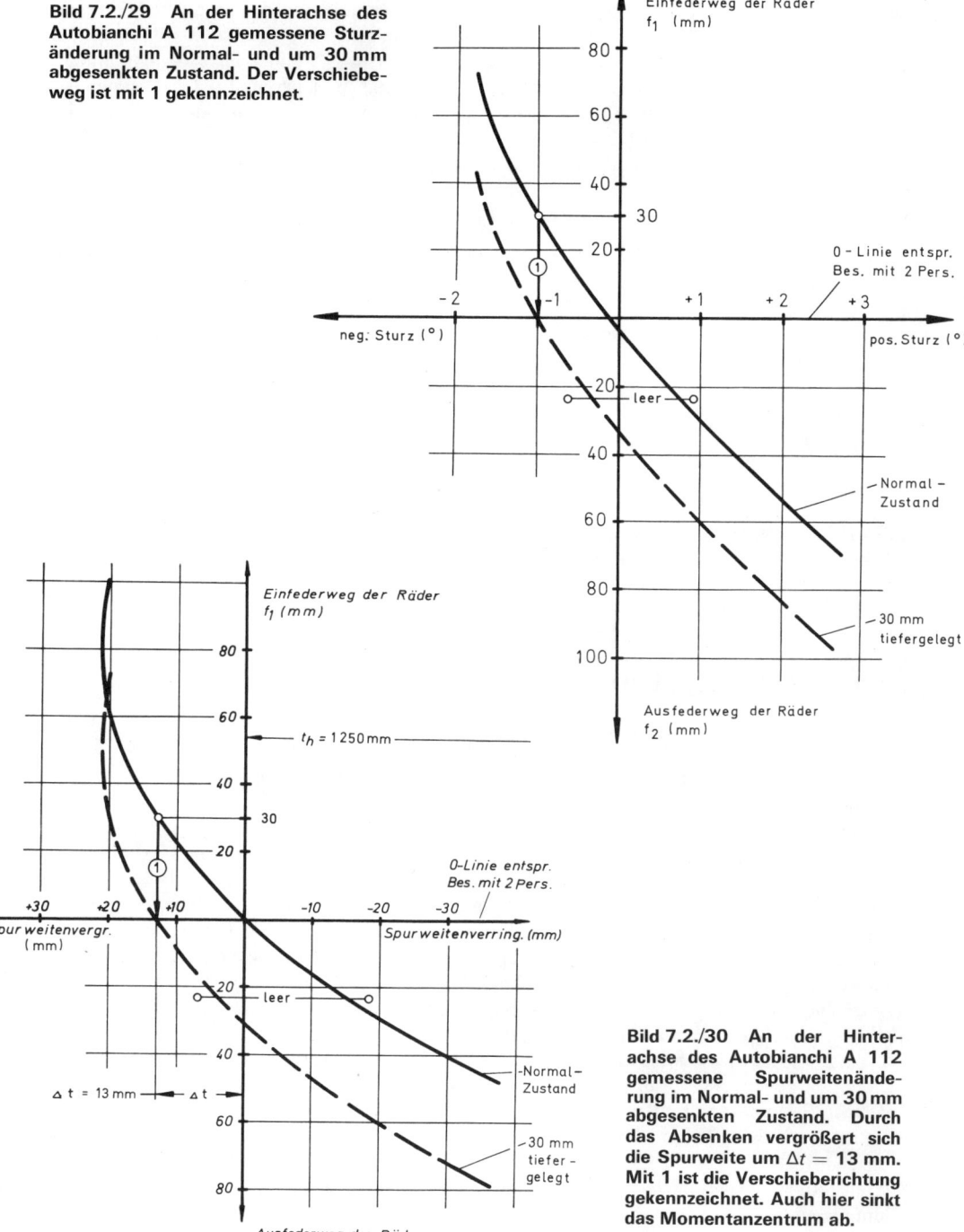

Bild 7.2./29 An der Hinterachse des Autobianchi A 112 gemessene Sturzänderung im Normal- und um 30 mm abgesenkten Zustand. Der Verschiebeweg ist mit 1 gekennzeichnet.

Einfederweg der Räder f_1 (mm)

0 - Linie entspr. Bes. mit 2 Pers.

neg. Sturz (°)

pos. Sturz (°)

leer

Normal - Zustand

30 mm tiefergelegt

Ausfederweg der Räder f_2 (mm)

Einfederweg der Räder f_1 (mm)

$t_h = 1250$ mm

30

0-Linie entspr. Bes. mit 2 Pers.

+30 +20 +10 -10 -20 -30

Spurweitenvergr. (mm)

Spurweitenverring. (mm)

leer

Normal - Zustand

$\Delta t = 13$ mm Δt

30 mm tiefer - gelegt

Ausfederweg der Räder f_2 (mm)

Bild 7.2./30 An der Hinterachse des Autobianchi A 112 gemessene Spurweitenänderung im Normal- und um 30 mm abgesenkten Zustand. Durch das Absenken vergrößert sich die Spurweite um $\Delta t = 13$ mm. Mit 1 ist die Verschieberichtung gekennzeichnet. Auch hier sinkt das Momentanzentrum ab.

Federungsauslegung **205**

Die in nicht abgesenktem Zustand erhebliche **Spurweitenänderung** der ausfedernden Räder (Bild 7.2./30) wird 30 mm tiefer gelegt, ebenfalls annehmbarer. Die Spurweite selbst geht bei Zweipersonenbesetzung um $\Delta t = 13$ mm herauf, also von $t_v = 1250$ mm auf 1263 mm, mit der Folge einer geringfügig besseren Abstützung des Aufbaus in Kurven. Im Leerzustand ist: $t_v = 1224$ mm bzw. 1237 mm (heruntergesetzt). Das Momentanzentrum sinkt auch an der Hinterachse ab, und zwar bei Zweipersonenbesetzung von dem ungewöhnlich hohen Wert 176 mm auf den üblichen 97 mm (siehe Tabelle 4.4./36). In Richtung Sturz- und Spurweitenänderung bringt das Tieferlegen an beiden Achsen Vorteile.

Für die nachträglich unbedingt **erforderliche TÜV-Abnahme** müßten folgende, das **leere** Fahrzeug betreffende Daten abgeändert werden:

	normal	30 mm tiefer
Zuladung	370 kg	295 kg
zulässiges Gesamtgewicht	1040 kg	965 kg
zulässige Hinterachslast	620 kg	530 kg
Fahrzeughöhe	1350 mm	1320 mm
Spurweite vorn	1250 mm	1257 mm
Sturz vorn	1°35′	45′
Spurweite hinten	1224 mm	1237 mm
Sturz hinten	+ 40′	− 20′

295 kg Zuladung bewirken nur die geringere in Bild 7.2./26 zu sehende Hinterachslast $G_{h4} = 469$ kg; bei dieser steht noch ein Einfederweg von $f_{1h} = 39$ mm zur Verfügung. Günstiger und für den Viersitzer ausreichend wäre eine auf $G_{h6} = 475$ kg begrenzte zulässige Achslast.

7.3. Federnarten

7.3.1. Gummi- und Luftfederung

Zur Abfederung der Aufbauten von Pkw, Lkw, Omnibussen und Anhängern können

> Gummi-, Luft- oder Stahlfedern

dienen. Die in Bild 3.4./7b gezeigte und in Abschnitt 3.1.1 kurz beschriebene Hydrolastikfederung der Austin- und Morris-Modelle 850 bis 1800 mit **Gummischubfedern** arbeitend, dürfte wegen ihrer Härte (Raten zwischen $c_2 = 18$ und 20 kp/cm, bezogen auf ein Rad) der Vergangenheit angehören. Das Federungssystem hat wohl zusammen mit dem Flüssigkeitsausgleich den Vorteil einer kaum vorhandenen Rollneigung und fast vollkommener Nickschwingungsfreiheit, aber den Nachteil der hohen Aufbauschwingungszahlen um $n_{II} = 100$ min^{-1} und des harten Durchkommens der Räder auf Kopfsteinpflaster und Bodenwellen. Aus diesen Gründen und wegen der Herstellungskosten ist Morris bei dem 1971 herausgebrachten Modell „Marina" wieder auf Stahlfedern übergegangen (siehe Bild 7.6./3b).

Wesentlich günstigere Voraussetzungen bietet das von Citroën 1953 entwickelte **hydropneumatische** System, eine **Luftfederung** mit zwischengeschalteter Ölsäule. Bild 7.3./1 zeigt einen Schnitt durch das sich an allen vier Rädern des Fahrzeugs befindliche, nur wenig Platz benötigende Federelement. Dieses enthält in der oberen Hälfte vorgespanntes Stickstoffgas, das die eigentliche Federung leistet, und — um ein Verschäumen zu verhindern — durch eine Gummimembran von dem sich in der unteren Hälfte und in dem Dämpferzylinder befinden-

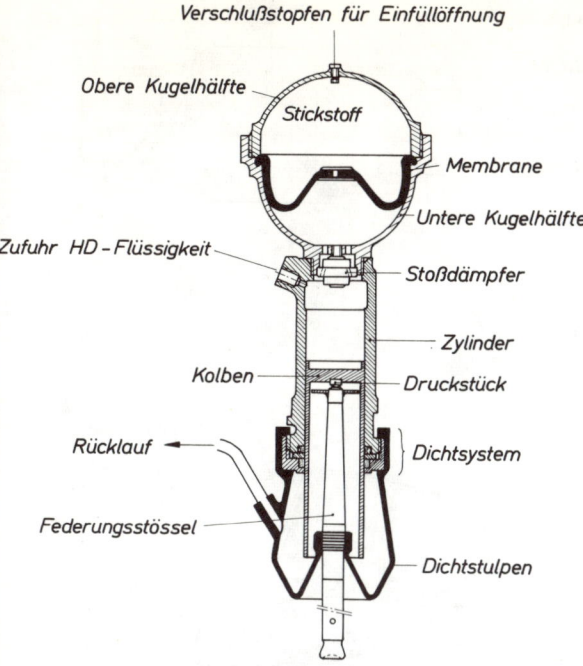

Verschlußstopfen für Einfüllöffnung

Obere Kugelhälfte

Stickstoff

Membrane

Untere Kugelhälfte

Zufuhr HD-Flüssigkeit

Stoßdämpfer

Zylinder

Kolben

Druckstück

Rücklauf

Dichtsystem

Federungsstössel

Dichtstulpen

Bild 7.3./1 Von Citroën bei den D-Modellen und dem GS verwendetes Federelement mit eingebauten Dämpfungsventilen. Die Federarbeit übernimmt die sich über der Membran befindliche Stickstofffüllung.

Bild 7.3./2 Die Federelemente stützen sich bei den Citroën-Fahrzeugen an den Lenkern ab. Das Regulieren des Aufbauniveaus erfolgt durch mit den Stabilisatoren beider Achsen verbundenen Ventile.

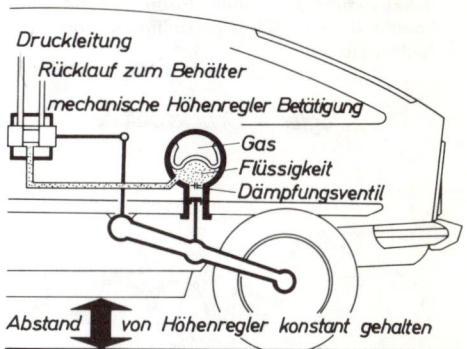

Druckleitung

Rücklauf zum Behälter

mechanische Höhenregler Betätigung

Gas
Flüssigkeit
Dämpfungsventil

Abstand von Höhenregler konstant gehalten

den Hydrauliköl getrennt wird. Der die Kräfte übertragenden Stößel ist oben kugelig im Kolben gelagert und stützt sich unten am Querlenker der vorderen Radaufhängung bzw. am Längslenker der hinteren ab (Bild 7.3./2). Beim Einfedern des Rades wird das Öl vom Kolben durch das im Zylinder sitzende Druckventil gepreßt (rechte Seite, Bild 7.3./3) und beim Ausfedern drückt das Gas die Ölsäule durch das härter eingestellte Zugventil nach unten (links). Die Ausführung dieser fest eingebauten Ventilkombination entspricht der des druckbelasteten Einrohrstoßdämpfers (siehe Bilder 7.6./33 und 7.6./34), mit dem einzigen Unterschied, daß die Ventile sich dort am Kolben befinden und mit dem Rad bewegen.

Der Vorteil aller Luftfederungen — die **Niveauregulierung** — läßt sich auch bei dem hydropneumatischen System verwirklichen, und zwar erfolgt dies hier durch Änderung der Ölmenge zwischen Membran und Kolben. Sackt der Aufbau bei Beladung ein, so sorgt der mit dem Stabilisator gekoppelte Höhenregler (Bild 7.3./4, erkennbar auch in Bild 7.3./2) für ein Nachfließen von Öl aus dem unter einem Druck von 150 bis 175 kp/cm² stehenden Speicher in den Zylinder, und zwar über die in Bild 7.3./1 angedeutete Zufuhrbohrung. Beim Entladen des Wagens gibt der Regler den Rücklauf zu einem nicht unter Druck stehenden Vorratsbehälter frei.

Im Gegensatz zum hydropneumatischen System, das inzwischen auch in Fahrzeugen der unteren Mittelklasse Verwendung findet (Citroën GS), hat sich die eigentliche **Luftfederung** bei Pkw nicht durchsetzen können; zu finden ist sie lediglich in den teuersten Daimler-Benz-Modellen, dem 300 SEL und dem 600er. Das Bild 7.3./5 zeigt die Anbringung des Luftfederbalges an der Vorderachse dieser Fahrzeuge zwischen unterem Querlenker und Fahrschemel.

Omnibusse dagegen werden fast ausschließlich mit Luftfederungen ausgerüstet. aber neuerdings auch immer mehr Lkw und Anhänger. Der Grund hierfür ist die weichere Federung, also der

Bild 7.3./3 In das Citroën-Federelement eingebautes Dämpfungsventil. Es bedeuten:
1 Ventilträger, 2 Zugstufenventil, 3 Abstützscheibe zur Begrenzung des Ventilplattenweges, 4 konstanter Öldurchlaß, 5 Verbindungsteil (siehe hierzu Bilder 7.6./33 und 7.6./34).

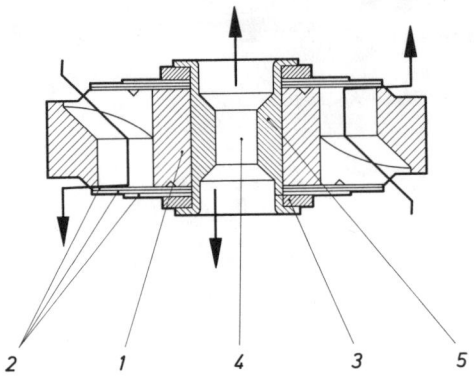

Bild 7.3./4 Anordnung der Federelemente im Citroën GS. Gut erkennbar sind die vordere Doppel-Querlenker-Radaufhängung, die hintere Längslenkerachse und die verhältnismäßig dicken, exakt geführten Stabilisatoren. Die Bodenfreiheit kann mit dem Höhenverstellhebel von Hand geändert werden.

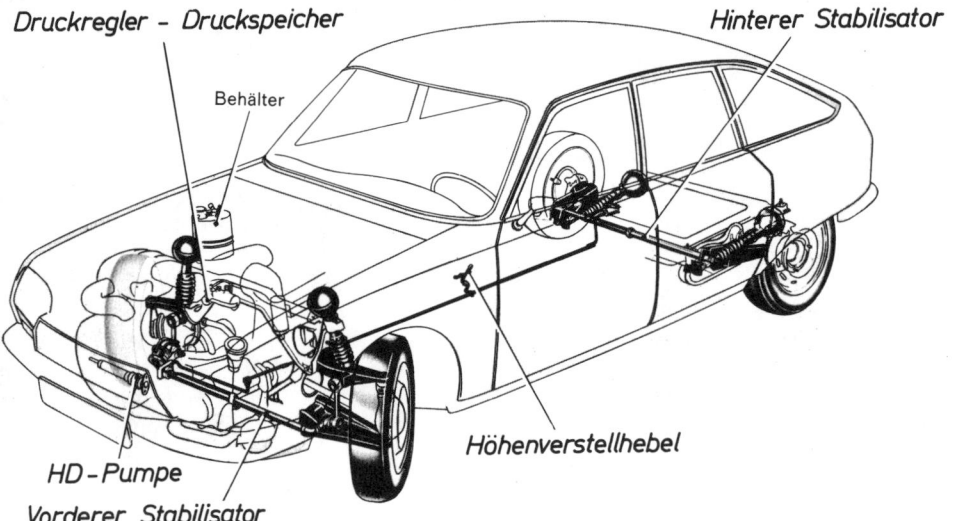

Druckregler - Druckspeicher

Behälter

Hinterer Stabilisator

Höhenverstellhebel

HD-Pumpe

Vorderer Stabilisator

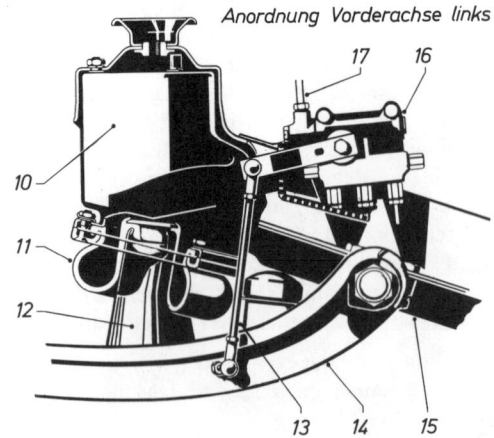

Anordnung Vorderachse links

Bild 7.3./5 In die vordere Doppel-Querlenker-Radaufhängung des Daimler-Benz 600 eingebautes Luftfederelement. Es bedeuten:
10 Luftkammer, 12 Abstützkolben, 16 Niveauregelventil, 11 Rollfederbalg, 14 unterer Lenker, 17 Steuerleitung zur Höhenverstellung.

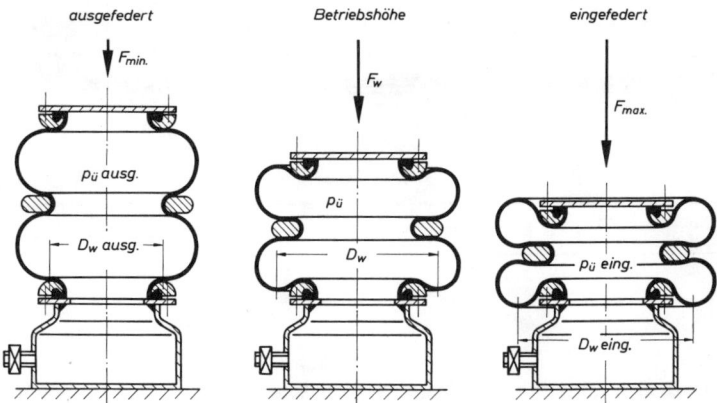

ausgefedert · $F_{min.}$ · $p_ü$ ausg. · D_w ausg. · Betriebshöhe · F_w · $p_ü$ · D_w · eingefedert · $F_{max.}$ · $p_ü$ eing. · D_w eing.

höhere Fahrkomfort für Insassen und die größere Schonung des Ladegutes. Hinzu kommt der Vorteil der Niveauregulierung und somit einer vom Beladungszustand unabhängigen Einstieghöhe sowie der der luftgesteuerten Kurvenstabilisierung; das Bild 7.3./6 zeigt zum Einbau kommende Rollfederbälge. Eine nähere Beschreibung dieser Federungsart würde über den Rahmen des Buches hinausgehen; die Hersteller der Einzelteile, die Firmen Bosch, Westinghouse, Continental, Phönix usw., stellen auf Wunsch ausführliche Beschreibungen und Einbauanweisungen zur Verfügung.

7.3.2. Blattfedern

Im Gegensatz zur Luftfederung, bei der vereinheitlichte Teile zur Verwendung kommen, müssen **Stahlfedern** — gleichgültig ob es sich um Blatt-, Schrauben- oder Torsionsstabfedern handelt — auf das jeweilige Fahrzeug, dessen Konstruktionsmerkmale und Eigenschaften zugeschnitten sein.

Die älteste und bekannteste Federnart ist die geschichtete, mehrlagige Blattfeder, die den Vorteil hat, nicht nur Kräfte in allen Richtungen übertragen zu können (Hoch-, Seiten- und Längskräfte, siehe Bild 3.1./2), sondern auch Anfahr- und Bremsmomente. Hinzu kommt die günstige Krafteinteilung in Rahmen oder Aufbau (siehe Bild 3.2./4) und die Möglichkeit, diese progressiv auszubilden. Eine **Querblattfeder** kann zusätzlich zur Kurvenstabilisierung herangezogen werden. Die beiden Hauptnachteile,

die hohe und außerdem sich zeitlich ändernde Eigenreibung zwischen den Blättern sowie die verringerte Dauerhaltbarkeit durch Kerbwirkung verursachende Scheuerstellen

Bild 7.3./7 Pkw-
Längsblattfeder mit
durchgehenden, auf
den Blättern gleiten-
den Kunststoffzwi-
schenlagen und Fe-
derklammern, zur
Vermeidung von Ge-
räuschen mit Gum-
mieinlagen versehen.

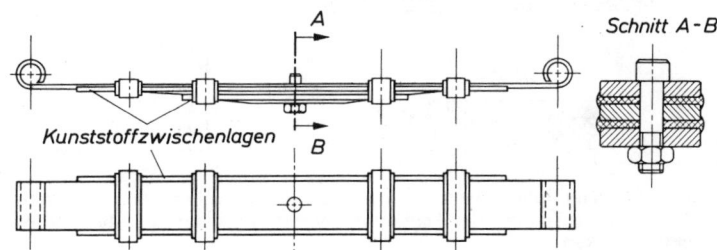

A · Schnitt A-B · Kunststoffzwischenlagen · B

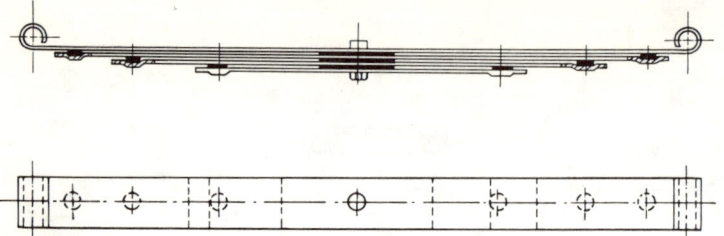

Bild 7.3./8 Längsblattfeder mit an den Enden angeordneten, in Näpfen gehaltenen Kunststoff- oder Gummiplättchen. Zusätzliche Zwischenlagen in der Mitte heben die Blätter auch dort auseinander, um Reibkorrosion und Bruchgefahr im höchstbeanspruchten Mittelteil zu vermeiden.

lassen sich mit Hilfe von **Kunststoff-Zwischenlagen** weitgehend beseitigen. Diese sind entweder durchgehend angeordnet (Bild 7.3./7) oder nur an den Enden und evtl. zusätzlich noch in der Mitte (Bild 7.3./8). Die verschiedenen Befestigungsmöglichkeiten außenliegender Plättchen zeigt das Bild 7.3./9:

in einem Napf liegend, durch eine Bohrung gehalten oder aber geklebt.

Die **Eigenreibung,** deren Höhe hauptsächlich von der Lagenzahl abhängt, geht in unerwünschter Weise in die **Dämpfung** ein (siehe Abschnitt 7.6.5). Aus diesem Grund sollte eine geschichtete Blattfeder möglichst wenig Lagen haben; der Idealfall wäre die **Einblattfeder** (Bild 7.3./10).

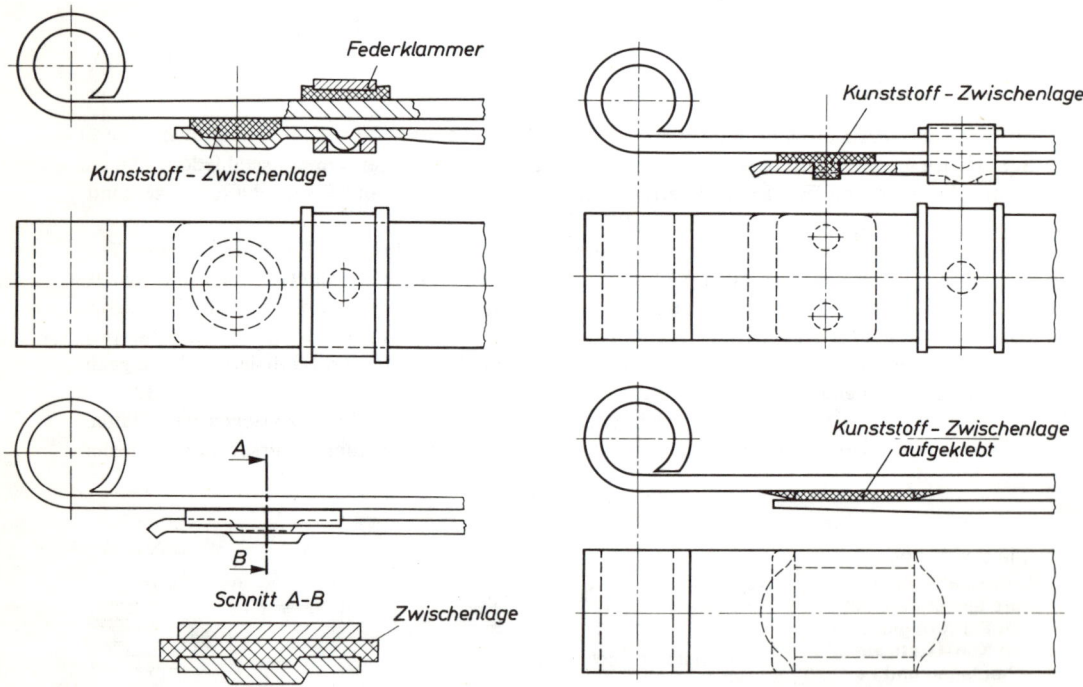

Bild 7.3./9 Vier übliche Befestigungsarten von Zwischenlagen an den Blattenden. Die oberste Darstellung zeigt außerdem das Festlegen der gummiisolierten Federklammer durch einen ins Blatt gedrückten Nocken.

Bild 7.3./10 An der Hinterachse eines Pkw zur Verwendung kommende, asymmetrische Einblattfeder mit versetzten Augen und abbrennstumpf angeschweißtem Herzbolzen. Die Federdaten sind: Augenabstand $L = 1590$ mm, Federrate $c_{2h} = 21$ kp/cm und Vorlast $F_w = 400$ kp.

Bild 7.3./11 Um einen Körper gleicher Festigkeit zu bekommen, müssen die Enden von Einblattfedern parabelförmig ausgewalzt sein.

Bild 7.3./12 Von der Fa. Brüninghaus durchgeführter Gewichtsvergleich zwischen drei verschieden aufgebauten Omnibus-Hinterfedern mit den gleichen Daten: Augenabstand $L = 1650$ mm, Federrate $c_{2h} = 200$ kp/cm und Vorlast $F_w = 3300$ kp.

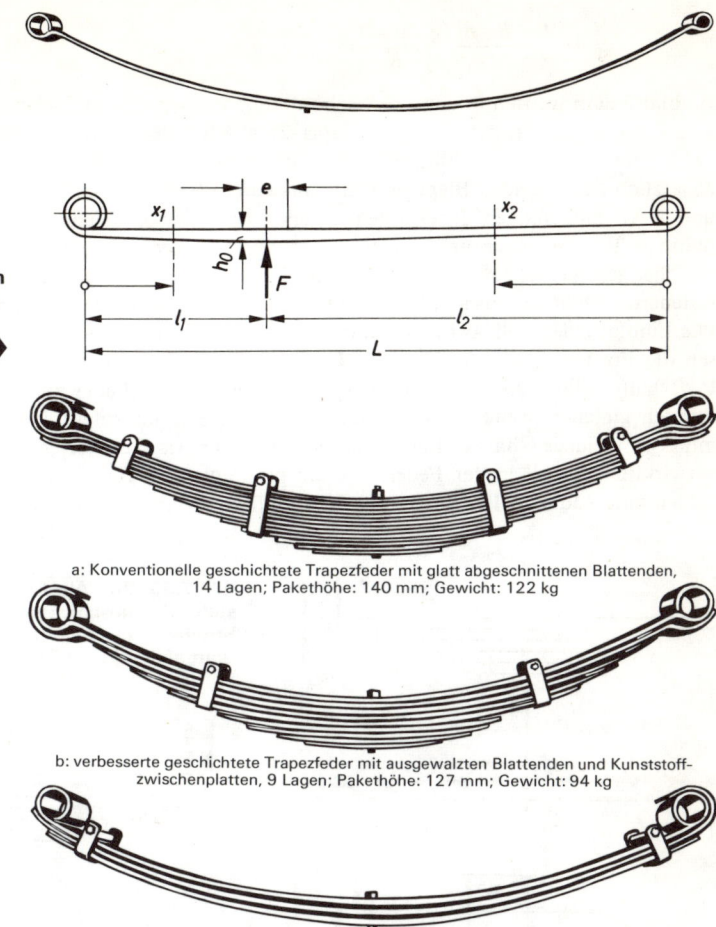

a: Konventionelle geschichtete Trapezfeder mit glatt abgeschnittenen Blattenden, 14 Lagen; Pakethöhe: 140 mm; Gewicht: 122 kg

b: verbesserte geschichtete Trapezfeder mit ausgewalzten Blattenden und Kunststoffzwischenplatten, 9 Lagen; Pakethöhe: 127 mm; Gewicht: 94 kg

c: Parabelfeder mit ausgewalzten Blättern (Auswalzlänge ca. 1200 mm) und Kunststoffzwischenplatten, 3 Lagen; Pakethöhe: 64 mm; Gewicht: 61 kg

Um bei gleichbleibender Breite B einheitliche Biegespannungen in allen Querschnitten zu bekommen, ist bei dieser ein parabelförmiges Auswalzen beider Seiten erforderlich. Die Gleichung zur Berechnung der Blattdicke h_0 in der Einspannung lautet (Bild 7.3./11, Bedeutung der Formelzeichen siehe Bild 7.4./5):

$$h_0 = \sqrt{\frac{6 \cdot F_{\max} \cdot g_1 \cdot g_2}{\sigma_{b\,zul\,0} \cdot B \cdot (g_1 + g_2)}}$$

Die Dicke h_x an einer beliebigen Stelle im Abstand x_1 bzw. x_2 ist dann:

$$h_{x\,1} = h_0 \sqrt{\frac{x_1}{g_1}} \qquad h_{x\,2} = h_0 \sqrt{\frac{x_2}{g_2}}$$

Die Federrate c_F ergibt sich mit h_0 und dem Formfaktor K, der die Abweichung der Federblattdicke vom angestrebten, parabelförmigen Verlauf berücksichtigt. K liegt um 0,9 und ist in den technischen Daten der Fa. Brüninghaus, Teil 2, zu finden (siehe Literaturnachweis):

$$c_{\mathrm{F}} = \frac{E}{8} \cdot \frac{B \cdot h_0^3\,(g_1 + g_2)}{g_1^2 \cdot g_2^2 \cdot K}$$

Einblattfedern werden in den USA schon länger verwendet, in Europa erst seit 1970, und zwar von Ford an der Hinterachse des Capri 2600 RS und als Vorderfeder beim Transit und von DAF beim Typ 66 (siehe Bild 6.5./7b). Ungünstig können sich die beim Bremsen und Anfahren zusätzlich entstehenden Biegemomente auswirken (siehe Bilder 3.2./5 und 6.5./7a); beim Capri und DAF aufgefangen durch oben liegende Längslenker (siehe Bilder 3.2./8a und b). Mehrblättrige Parabelfedern nehmen diese Momente besser auf und sind immer noch leichter als übliche, geschichtete Blattfedern. Das Bild 7.3./12, das verschieden aufgebaute Omnibus-Hinterfedern enthält, veranschaulicht den Unterschied zwischen den einzelnen Ausführungen.

Die Einblattfeder stellt bei konstanter **Breite** einen Träger gleicher Festigkeit dar; wird für diesen die Forderung gleichbleibender **Dicke** gestellt, so ergibt sich ein doppelt-dreieckförmiges Federblatt (Bild 7.3./13a). Um aus diesem eine schmale Feder zu bekommen, ist das Blatt in Streifen gleicher Breite zu zerschneiden, die übereinandergelegt dann eine geschichtete Feder mit etwa gleicher Charakteristik ergeben. In der Praxis läßt sich jedoch die **Dreieckfeder** nicht verwirklichen, weil in der Federmitte ein prismatischer Teil für die Einspannung und an den Enden eine endliche Blattbreite zur Kraftaufnahme über Augen oder Gleitenden erforderlich

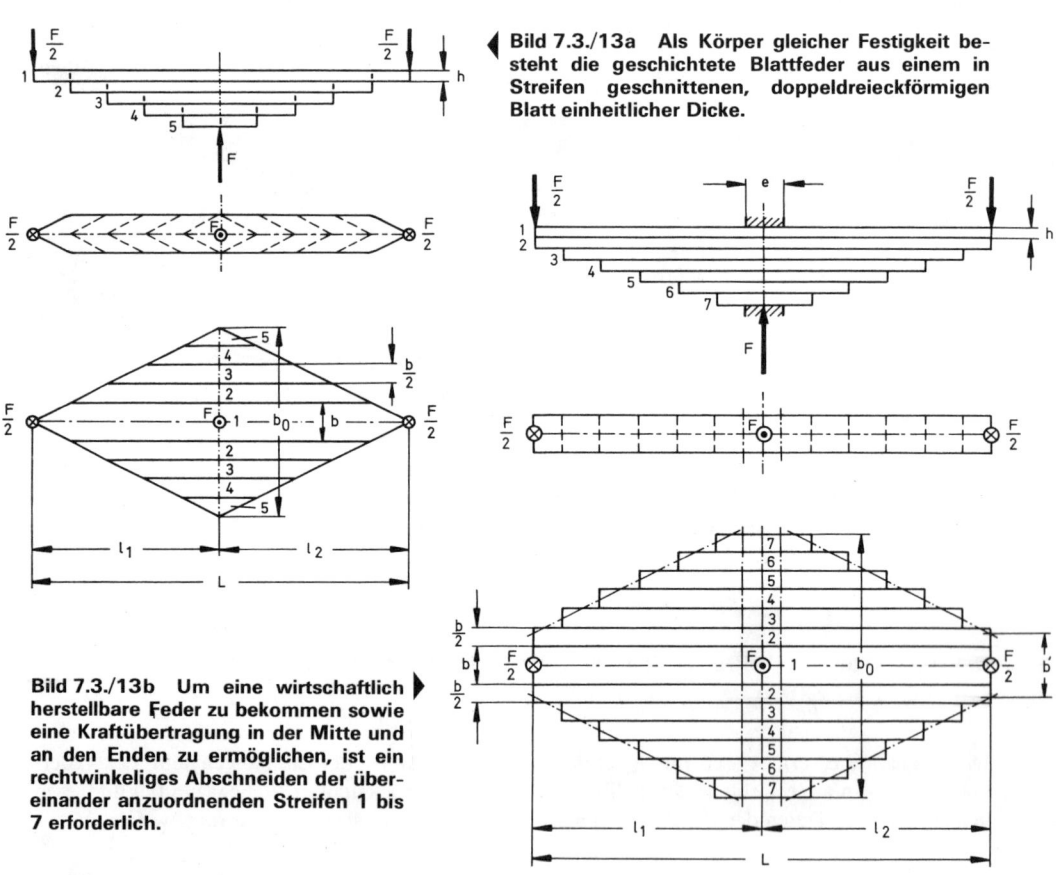

Bild 7.3./13a Als Körper gleicher Festigkeit besteht die geschichtete Blattfeder aus einem in Streifen geschnittenen, doppeldreieckförmigen Blatt einheitlicher Dicke.

Bild 7.3./13b Um eine wirtschaftlich herstellbare Feder zu bekommen sowie eine Kraftübertragung in der Mitte und an den Enden zu ermöglichen, ist ein rechtwinkeliges Abschneiden der übereinander anzuordnenden Streifen 1 bis 7 erforderlich.

ist. Aus diesem Grund wird das doppelt-dreieckförmige Blatt durch ein doppelttrapezförmiges mit einem rechteckigen Mittelstück ersetzt (Bild 7.3./13b). In gleich breite Streifen zerschnitten und die spitzen Enden durch rechteckige gleicher Grundfläche ersetzt, ergibt dieses Blatt die geschichtete **Trapezfeder** in ihrer einfachsten und am leichtesten herzustellenden Form. Sie besteht aus übereinanderliegenden Blättern gleicher Dicke und Breite, jedoch unterschiedlicher Länge, gut erkennbar oben in Bild 7.3./12.

Die drei in diesem Bild gezeigten Federn tragen mindestens eine **Federklammer** je Seite, die in erster Linie dazu dient, die beim Bremsen und Anfahren auftretenden Momente auf alle Lagen zu übertragen und dadurch die Hauptlage zu entlasten (siehe Bild 3.2./5). Bei der zuunterst abgebildeten Parabelfeder sind die Klammern günstig sehr weit außen angebracht, was bei den beiden Trapezfedern nicht möglich ist. Die Befestigung kann hier nur an einem kürzeren Blatt erfolgen, und wenn auftretende Quietschgeräusche nicht stören durch Nietung (Bild 7.3./14). Bei Pkw-Federn dürfen derartige Geräusche unter keinen Umständen auftreten, weshalb, wie oben in Bild 7.3./9 zu sehen, über Gummizwischenlagen gespannte und in sich verankerte Klammern Verwendung finden. Den Halt gibt ein ins Federblatt gedrückter Nocken.

Bei Lkw, Omnibussen und Anhängern sind Parabelfedern vorteilhaft, weil wegen der hohen Belastung eine geschichtete Trapezfeder verhältnismäßig viele Blätter bekommen müßte. Federn an den **Hinterachsen** von **Pkw** dagegen brauchen nur geringere Lasten zu tragen und haben dadurch bei geschichteter Ausführung und den zur Verfügung stehenden langen Hebelarmen nur zwei bis drei Lagen (Bilder 7.3./15 und 7.3./16). Verwendbar ist auch die in Bild 7.3./10 gezeigte Einblatt-Parabelfeder, die jedoch den Nachteil hat, daß keinerlei **Augensicherung** möglich ist. Bricht die Hauptlage einer Längsblattfeder, so wird die **starre Hinterachse** durch die auf der anderen Seite sitzende Feder und das intakte Ende der gebrochenen Lage noch ausreichend geführt. Das Geradeauslaufvermögen verschlechtert sich wohl, jedoch dürfte die Gefahr eines Unfalles kaum bestehen. Anders sieht es bei Federbruch an der **gelenkten Vorderachse** aus.

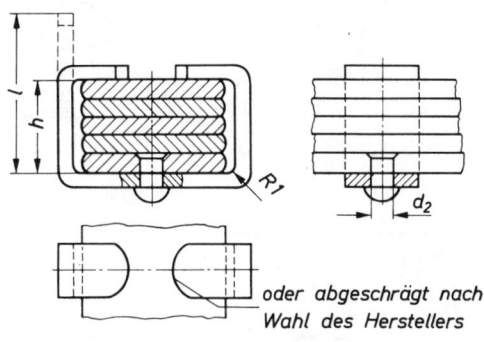

oder abgeschrägt nach
Wahl des Herstellers

Nach Zusammenbau
gebohrt u. durch Splint gesichert

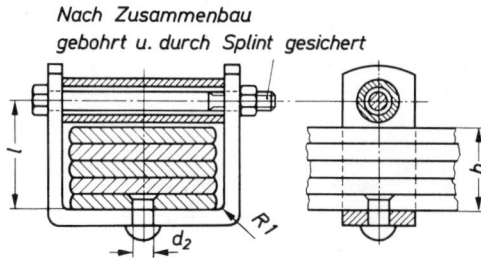

Bild 7.3./14   An Lkw-Federn zur Verwendung kommende, angenietete Federklammern. Die Enden derselben sind entweder nur umgeschlagen oder aber durch Schraube und Distanzrohr miteinander verbunden.

Bild 7.3./15 Zweilagige hintere Pkw-Längsblattfeder mit durchgehenden Kunststoff-Zwischenlagen und den Daten: Augenabstand $L = 1590$ mm, Blattbreite $B = 70$ mm, Blattdicke $h_1 = 9,7$ mm, Federrate $c_{2h} = 18$ kp/cm, Vorlast $F_w = 370$ kp und hierbei vorhandener Biegespannung $\sigma_v = 70,2$ kp/mm².

Bild 7.3./16 Dreilagige Pkw-Hinterfeder mit Kunststoff-Gleitzwischenlagen an den Blattenden und den Daten: $L = 1194$ mm, $B = 51$ mm, $h_1 = 6,35$ mm, $c_{2h} = 15,4$ kp/cm, $F_w = 218$ kp und $\sigma_v = 61$ kp/mm².

Handelt es sich um eine Starrachse, so kann diese an der Bruchseite nach vorne oder hinten wandern, und bedingt durch die am Lenkgetriebe befestigte Lenkstange werden beide Vorderräder einseitig eingeschlagen (siehe Abschnitt 8.5.2). Das Fahrzeug käme aus der Fahrtrichtung, und ein Unfall oder Überschlagen wäre möglich. Aus diesem Grund haben fast alle mehrblättrigen Vorderfedern **Bruchsicherungen,** die, wie ebenfalls in den Bildern 7.3./12 und 7.3./17

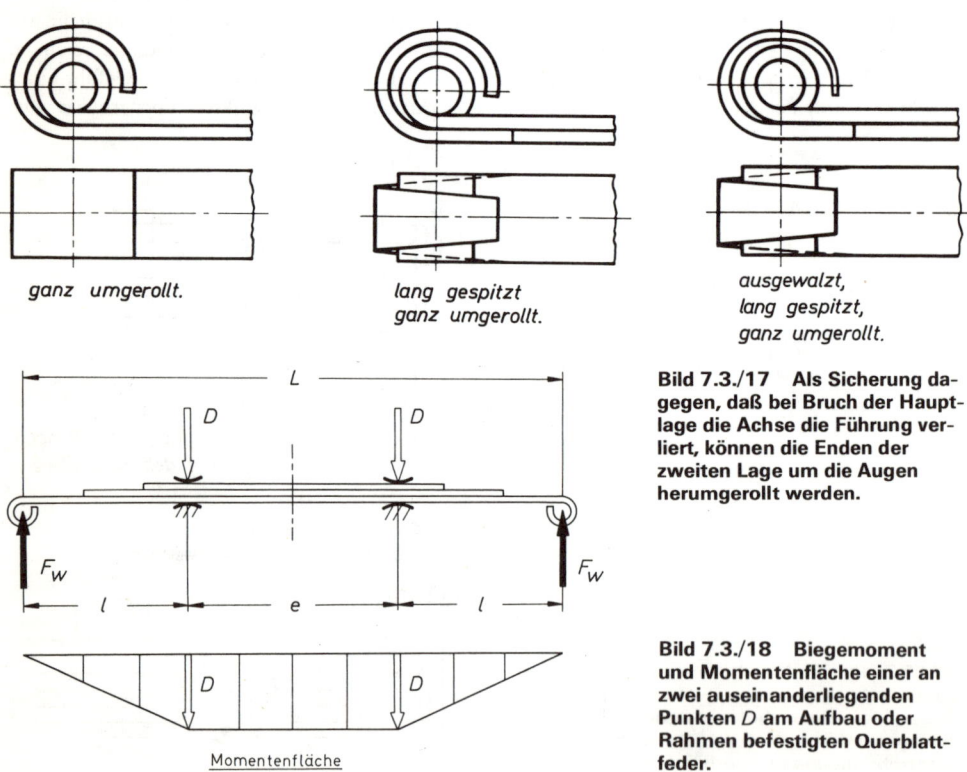

ganz umgerollt.

lang gespitzt
ganz umgerollt.

ausgewalzt,
lang gespitzt,
ganz umgerollt.

Bild 7.3./17 Als Sicherung dagegen, daß bei Bruch der Hauptlage die Achse die Führung verliert, können die Enden der zweiten Lage um die Augen herumgerollt werden.

Bild 7.3./18 Biegemoment und Momentenfläche einer an zwei auseinanderliegenden Punkten D am Aufbau oder Rahmen befestigten Querblattfeder.

Momentenfläche

214 Federnarten

Bild 7.3./19 Bei gleichseitiger Federung biegt sich die Zweipunktfeder im Mittelteil zwischen den Punkten D kreisbogenförmig durch. Die Lasterhöhung ΔD in den Lagerpunkten D entspricht der Kraftsteigerung ΔF an den Federenden.

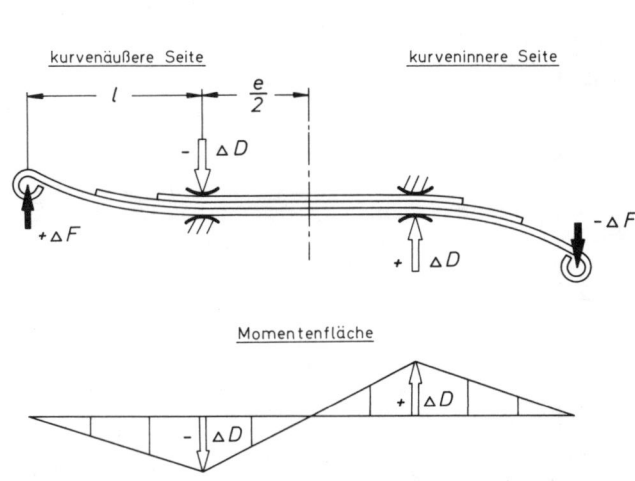

Bild 7.3./20 Bei wechselseitiger Kurvenfederung wird das kurvenäußere Federende durch $+\Delta F_a$ belastet, bei entsprechender Entlastung des inneren durch $-\Delta F_i$. Im Mittelteil zwischen den Anlagepunkten erfolgt eine Umkehr der Momentenrichtung mit der Folge einer sich erhöhenden Federrate. Die Lagerkraft D_a kurvenaußen wird $D_a = D + \Delta D$ und kurveninnen $D_i = D - \Delta D$, wobei

$$\Delta D = \Delta F \cdot \frac{l + \dfrac{e}{2}}{\dfrac{e}{2}}.$$

zu sehen, in einfacher Weise durch Rollen der zweiten Lage um das führende (vordere) Auge der Hauptlage geschaffen werden können.

Noch kritischer ist ein Federbruch bei einer **querliegenden** Vorderfeder, die in einer **Einzelradaufhängung** gleichzeitig zur Radführung und als Ersatz des oberen bzw. unteren Lenkers dient; das Fahrzeug ist dann nicht mehr lenkfähig, und ein Unfall kaum vermeidbar. Zu finden sind Querblattfedern bei leichteren Heckmotorfahrzeugen, teilweise mit mittiger Festeinspannung (siehe Bild 3.4./12), meist jedoch mit elastischer **Zweipunktaufhängung** (siehe Bilder 3.1./4, 3.4./13 und 3.4./14). Wie bereits in Abschnitt 3.1.1 angedeutet, erspart eine derartig aufgehangene Blattfeder zwei Schraubenfedern und den Stabilisator einschließlich der für diesen erforderlichen Aufhängungsteile; nachteilig ist jedoch das Nachgeben unter Seitenkräften in den Befestigungspunkten. Die beim Ein- und Ausfedern entstehende Längenänderung des Federmittelteiles erfordert an den Befestigungspunkten D (Bild 7.3./18) elastische Lagerungen. Diese geben unter Kurvenseitenkräften ebenfalls nach, mit der Folge einer Vergrößerung des positiven Sturzes am kurvenäußeren Rad. Das Bild zeigt die Kräfte und den Verlauf des Biegemomentes bei statischer Vorlast F_w. In der Federmitte zwischen den Punkten D ist ein gleichbleibendes Moment $M_b = F_w \cdot l$ vorhanden, d. h., die Blätter müssen hier unverändert dick bleiben; eine Abstufung kann nur seitlich erfolgen (wie gezeichnet). Beim **gleichseitigen** Durchfedern (Bild 7.3./19) nehmen seitliche Hebelarme und Federmitte eine kreisbogenförmige Gestalt an; die Feder arbeitet also im gesamten Bereich mit der vorgesehenen Rate. Eine **Kurvenfahrt** dagegen (Bild 7.3./20) bewirkt an der kurvenäußeren Seite eine zusätzliche Belastung der Feder durch die Kraft $+\Delta F_a$ bei entsprechender Entlastung innen. Der eine Hebelarm wird

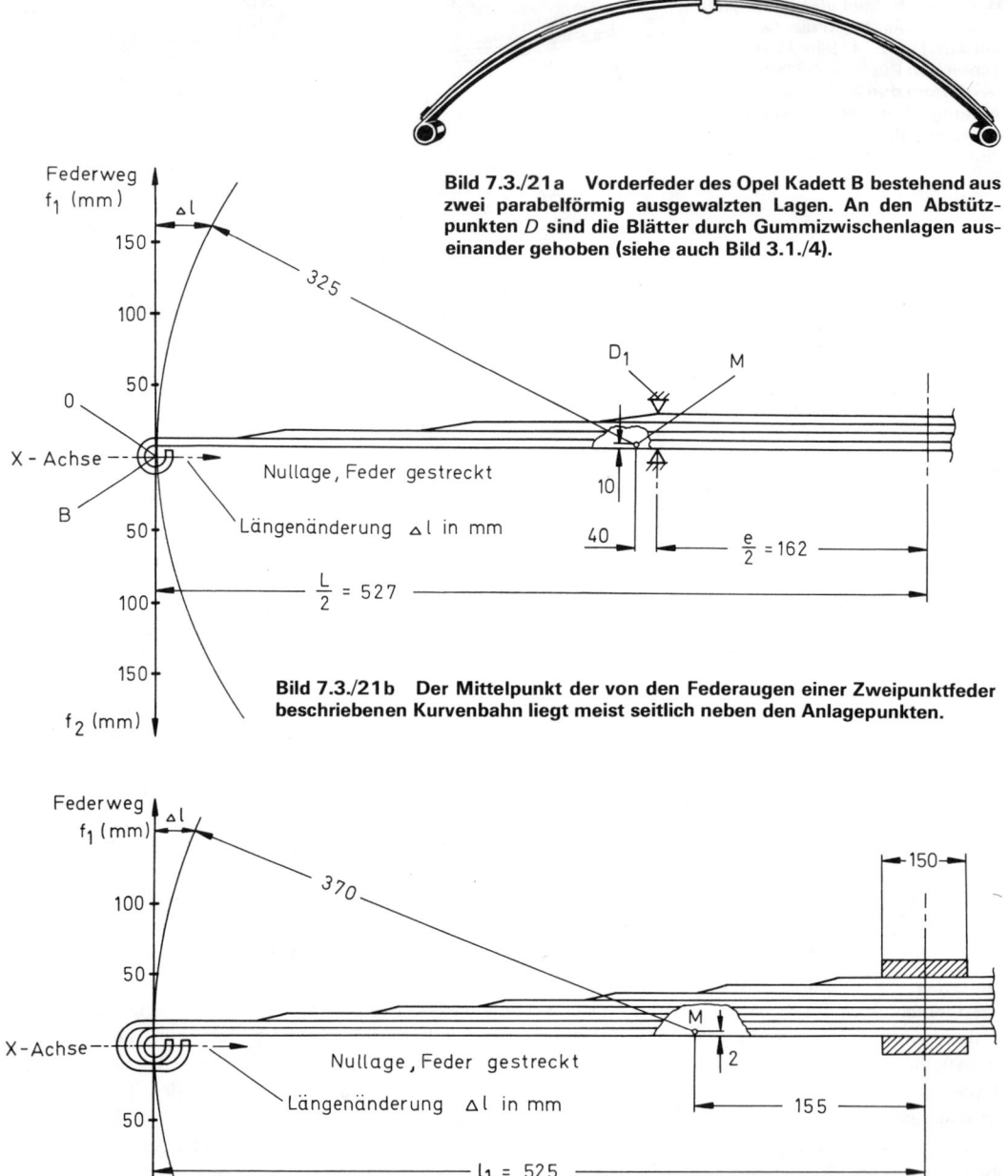

Bild 7.3./21a Vorderfeder des Opel Kadett B bestehend aus zwei parabelförmig ausgewalzten Lagen. An den Abstützpunkten D sind die Blätter durch Gummizwischenlagen auseinander gehoben (siehe auch Bild 3.1./4).

Federweg f_1 (mm)

Δl

150

100

50

0

X - Achse

B

50

100

150

f_2 (mm)

325

D_1 M

10

40

$\frac{e}{2} = 162$

Nullage, Feder gestreckt

Längenänderung Δl in mm

$\frac{L}{2} = 527$

Bild 7.3./21b Der Mittelpunkt der von den Federaugen einer Zweipunktfeder beschriebenen Kurvenbahn liegt meist seitlich neben den Anlagepunkten.

Federweg f_1 (mm)

Δl

100

50

X-Achse

50

100

f_2 (mm)

370

150

M

2

155

Nullage, Feder gestreckt

Längenänderung Δl in mm

$l_1 = 525$

Bild 7.3./21c Bei mittig fest eingespannten Federn liegt der Mittelpunkt der Kurvenbahn — beschrieben von den Federaugen beim Aus- und Einfedern der Achse — außerhalb der Einspannung.

also nach oben gedrückt, während der andere nach unten ausfedert; die Federmitte erfährt ein sich umkehrendes Moment, das diese S-förmig durchzubiegen versucht. Wegen der gleichbleibenden Dicke geben die Lagen in der Mitte nur wenig nach, d. h., die wechselseitige Kurvenfederung ist härter als die gleichseitige Federung beim Überfahren von Hindernissen. Den Zusammenhang zwischen beiden bestimmt der Abstand e der Auflagepunkte D: je größer dieser ist, um so weiter auseinander liegen die Raten (siehe Abschnitt 7.4.4). Eine beliebige Vergrößerung von e verbietet sich trotzdem, weil die gestreckte Länge $L = e + 2 \cdot l$ der Feder (Bild 7.3./18) kleiner bleiben muß als die vordere Spurweite t_v. Je länger e wird, um so kürzer sind die seitlichen Hebelarme l und dadurch größer die in diesen auftretenden Spannungen. Die Feder müßte dann eine größere Anzahl dünnerer Lagen bekommen.

An der Vorderachse des Opel Kadett (siehe Bild 3.4./14) und Hinterachse des Fiat 128 (siehe Bild 3.5./11) erfolgt eine Belastung der Zweipunktfeder nur durch Hochkräfte; Seiten- und Längskräfte gehen in die unteren Lenker, an denen die Enden der Feder auch seitennachgiebig gelagert sind. Die Bruchsicherung kann entfallen und die Ausbildung der Feder als Zweilagen-Parabelfeder hat sich als wirtschaftlichsten erwiesen (Bild 7.3./21a, siehe auch Bild 3.1./4).

Dient eine an zwei Punkten aufgehangene Querblattfeder gleichzeitig als Ersatz des oberen oder unteren Lenkers, so müssen dem Konstrukteur die **Mittelpunkte** der **Kurvenbahnen** bekannt sein, die die Mittelpunkte der Federaugen beim Durchfedern beschreiben. Erforderlich sind diese, um die Höhe des Momentanzentrums bestimmen (siehe Bild 4.4./9) und die Sturz- sowie Spurweitenänderung der Räder zeichnerisch ermitteln zu können (siehe Bilder 4.3./5 und 4.5./9). Die einzelnen Meßpunkte, die zusammengesetzt die Kurvenbahn ergeben, werden auf der Federwaage ermittelt, und zwar ausgehend von der gestreckten Feder als Nullstellung (Bild 7.3./21b); die Höhe der aufzubringenden Last spielt dabei keine Rolle. Vorzugeben sind von der Strecklage aus die Ein- und Ausfederwege f_1 und f_2 als Y-Werte und zu messen die seitlichen Verschiebewege Δl beider Schlitten, die die X-Werte ergeben. Bei der Untersuchung müssen die beiden Aufhängungspunkte D_1 (links) und D_2 (rechts, nicht eingezeichnet) parallel heruntergedrückt bzw. entlastet werden. Die Feder ist anschließend im Maßstab 1 : 1 gestreckt zu zeichnen, um wieder ausgehend von dieser Lage die abgelesenen X-Werte als Funktion der in Y-Richtung eingestellten auftragen zu können. Der Nullpunkt des Achsenkreuzes ist in die Augenmitte zu legen. Die einzelnen Punkte verbunden ergeben an beiden Hebelarmen einen kreisbogenähnlichen Kurvenverlauf. Der Mittelpunkt der Krümmung wäre dann der **kinematische Drehpunkt.**

Das gleiche Verfahren hat auch für **mittige Einspannung** Gültigkeit, unabhängig davon, ob diese fest oder elastisch ausgeführt ist (Bild 7.3./21c). Bei Querblattfedern erfolgt wieder die Ermittlung des Drehpunktes (siehe Bild 4.4./8); bei Längsblattfedern dagegen der Kurvenbahn,

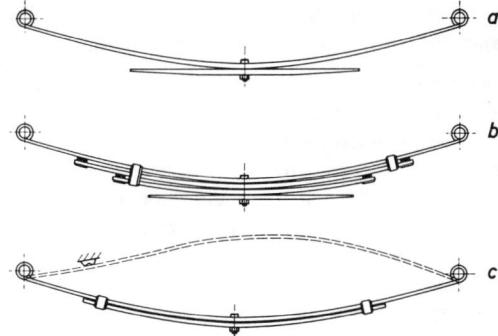

Bild 7.3./22   Verschiedene Ausführungen von Pkw-Längsblattfedern mit progressiver Kennlinie: a) Einblattfeder mit Abwälzstufe, b) Trapezfeder mit Abwälzstufe, c) Verkürzung eines Hebelarmes beim Durchfedern; (siehe hierzu auch Bild 3.1./3).

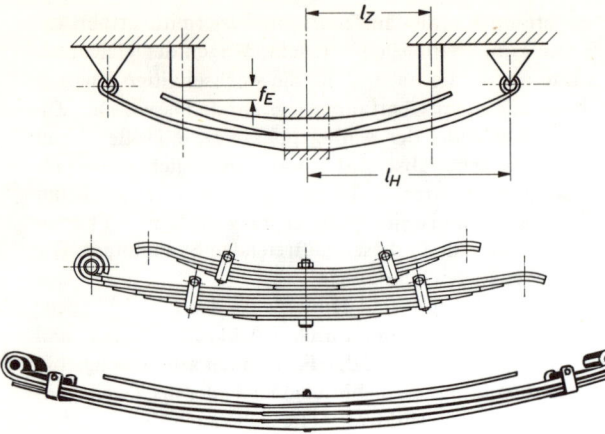

Bild 7.3./23 Bei Lkw ist eine wesentlich stärkere Progressivität erforderlich, erreichbar nur mit einer oben auf die Hauptfeder gesetzten Zusatzfeder. Diese kommt nach einem bestimmten Einfederweg f_E an gesonderten Stützböcken zur Anlage.

Bild 7.3./24 Progressive Lkw-Hinterfeder, trapezförmig abgestuft, in bisher üblicher Ausführung ohne Zwischenlagen.

Bild 7.3./25 Zweistufige Lkw-Parabelfeder neuerer Ausführung — mit Zwischenlagen an den Blattenden und in der mittigen Einspannung — sowie folgenden Daten:

		Hauptfeder	Zusatzfeder	
Augenabstand	L	1800 mm	—	
Federlänge		—	1120	mm
Blattbreite größte	B	100 mm	100	mm
Blattdicke	h_1	22 mm	29	mm
Federrate	c_{2h}	245 kp/cm	730	kp/cm
größte Last	F_{max}	3320 kp	980	kp
Biegespannung bei F_{max}		68 kp/mm²	22,2 kp/mm²	

die zur Bestimmung des Eigenlenkverhaltens der an den Federn aufgehangenen Starrachse benötigt wird (siehe Bilder 3.2./2 und 4.6./19). In letzterem Fall muß die Feder entsprechend ihrer Lage im Fahrzeug (also andersherum) auf der Auswertezeichnung erscheinen.

Wie in Bild 3.1./3 zu sehen, können Blattfedern auch **progressiv** ausgebildet sein. Um das „Härterwerden" bei Lasterhöhung zu erreichen (siehe Bild 7.2./9), erhalten **Pkw-Hinterfedern** eine **zweite Stufe,** an der die Einblatt-Parabelfeder oder aber die zwei- bis dreiblättrige erste Stufe der Trapezfeder sich abwälzt (Bild 7.3./22, Ausführung a und b). Weiterhin besteht die Möglichkeit, einen seitlich sitzenden Anschlagpuffer vorzusehen, der das Verkürzen eines Hebelarmes beim Einfedern der Achse bewirkt und damit verbunden eine Erhöhung der Federrate (Ausführung c). Bei den Lösungen a und b lassen sich die Lagen beider Stufen in ihren Dicken und Längen so abstimmen, daß beim Durchfedern um den gesamten Einfederweg (also bei max. Belastung) die Spannungsverteilung einigermaßen gleichmäßig bleibt; durch den seitlichen Puffer dagegen können Spannungsspitzen an der Anschlagstelle auftreten.

Bei **Lkw** tritt der Beladungseinfluß wesentlich stärker in Erscheinung. Um im Leerzustand keine zu harte Federung zu haben, ist eine stärkere Progressivität erforderlich, erreichbar nur mit **Zusatzfedern.** Diese bilden eine für sich abgestufte Einheit, sitzen auf der eigentlichen Feder und kommen nach einem bestimmten Weg f_E (Bild 7.3./23) an Stützböcken zur Anlage. Die Zusatzfeder hat meist eine höhere Rate als die Hauptfeder, um bei beladenem Fahrzeug keine zu niedrigen Schwingungszahlen zu bekommen und in Kurven die Rollneigung in Grenzen zu halten. Erreicht wird dies durch kürzere Hebelarme (l_Z statt l_H bei der Hauptfeder) und dickere Lagen. Da die Zusatzfeder erst später zum Einsatz kommt, treten nur geringere Biegespannungen auf (siehe Text Bild 7.3./25). Die übereinander sitzenden Federpakete kön-

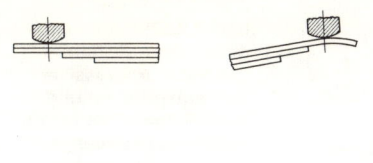

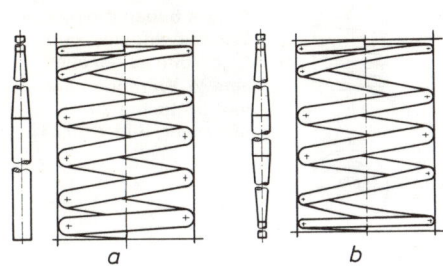

a   b

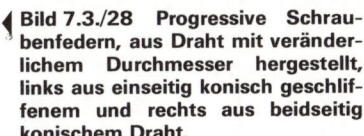

Bild 7.3./26 Um die Längenänderung beim Durchfedern auszugleichen, kann die Feder einseitig ein Gleitende erhalten. Das Bild zeigt links ein gerades gehaltenes und dazu eine zur Sicherung durchgezogene zweite Lage und rechts ein leicht gebogenes Ende.

Bild 7.3./27 Progressive Schraubenfeder, gewickelt mit unterschiedlicher Steigung. Bei Belastung legen sich zuerst die dichter beieinander liegenden Windungen aneinander, die Anzahl der federnden Windungen verringert sich, und die Feder wird härter.

Bild 7.3./28 Progressive Schraubenfedern, aus Draht mit veränderlichem Durchmesser hergestellt, links aus einseitig konisch geschliffenem und rechts aus beidseitig konischem Draht.

nen wieder sowohl trapezförmig (Bild 7.3./24) als auch parabelförmig (Bild 7.3./25) ausgebildet sein; die Hauptlagen beider Federn sind durch Rollen der zweiten Lage um das linke Auge bruchgesichert. Die Feder in Bild 7.3./24 hat eine als **Gleitende** ausgebildete rechte Federseite. Diese Ausführung des Hauptlagenendes ist bei Lkw häufig anzutreffen (Bild 7.3./26); bei Pkw würden die an solchen Stellen entstehenden Quietschgeräusche störend wirken.

7.3.3. Schraubenfedern

Progressiv können auch Schraubenfedern ausgebildet werden, und zwar durch Wickeln mit unterschiedlicher Steigung (Bild 7.3./27), Herstellen aus einem konisch verjüngten Draht oder aber die Anwendung beider Maßnahmen (Bild 7.3./28). Zusätzlich hat diese Federnart den **Vorteil** des geringen Raumbedarfs; es besteht die Möglichkeit, innerhalb der Windungen einen Stoßdämpfer, Anschlag oder das Führungsrohr des Federbeines unterzubringen. Wichtig ist die Ausbildung der **Federenden;** können diese sich an der Auflagefläche während der Fahrt verdrehen, entstehen unangenehme Geräusche. Entsprechend geformte Federteller lassen eine in Drehrichtung feste Abstützung rechtwinkelig abgeschnittener Enden zu (siehe Beispiel 3 in Bild 7.3./29). Eine so ausgebildete Schraubenfeder verursacht außerdem die geringsten relativen Gesamtkosten; zu entnehmen dem gleichen Bild. Aufwendiger wird das Anlegen und Planschleifen der Enden (Beispiel 1); dieses bringt jedoch den Vorteil mit sich, ebene, leicht herstellbare Platten als Anlage verwenden zu können (siehe Bilder 7.3./28, 7.4./24 und 3.1./9a). Eine derartige Endenausbildung ist bei Lkw-Federn zu finden und sehr häufig bei solchen für andere Zwecke (Ventilfedern usw.). Einfach in der Montage und auch kostengünstig sind beidseitig anschraubbare Federn mit nach innen gerollten Enden. Diese haben noch den Vorteil der verkürzten Baulänge (Beispiel 4, Bild 7.3./29), jedoch den Nachteil, daß innerhalb der Windungen weder Stoßdämpfer noch Anschlag vorgesehen werden kann. Einen Kompromiß würde das Beispiel 6 darstellen. Nicht durchführbar ist das Endeneinrollen bei progressiven Schraubenfedern.

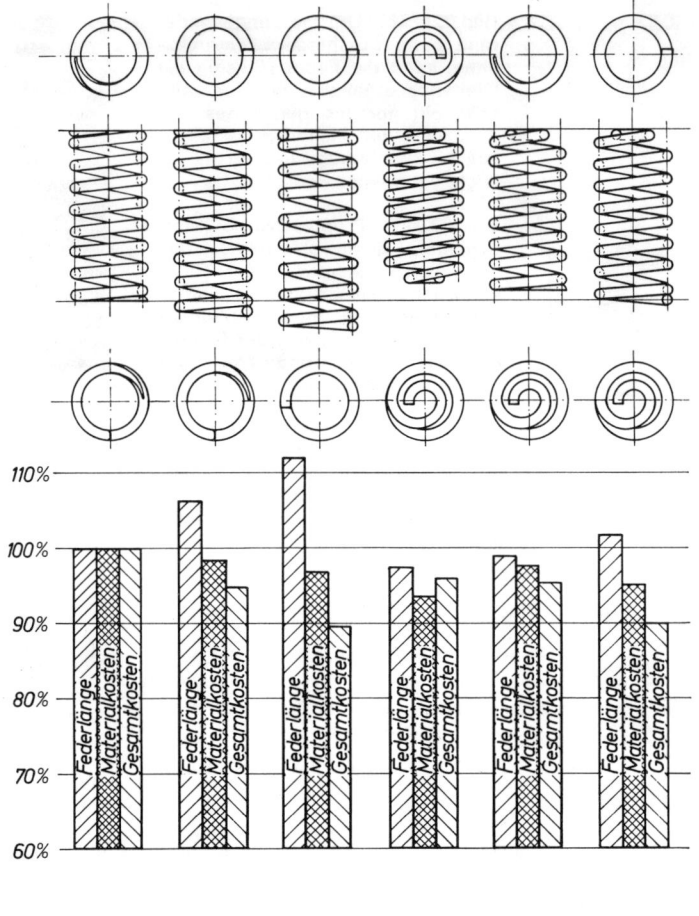

Bild 7.3./29 Verschiedene Endenausführungen nicht progressiver Schraubenfedern und Einfluß derselben auf die benötigte Drahtlänge sowie die Material- und Gesamtkosten der Feder. Die dargestellten Federn haben die gleiche Gesamtwindungszahl i_g; je Seite ist bei allen eine ¾-Windung angelegt (siehe hierzu Rechengang Bild 7.4./21).

7.3.4. Torsionsfederstäbe

Die gleiche Wichtigkeit wie bei Schraubenfedern hat die Ausbildung der Enden bei **zylindrischen Torsionsstäben** (siehe Bild 3.1./7). Zur Übertragung des Federungsmomentes können die warm **angestauchten Köpfe** eine Kerbverzahnung grob DIN 5481 erhalten (Bild 7.3./30, siehe auch Abschnitt 2.5.5 in [3]). Es handelt sich hierbei wohl um eine technisch einwandfreie aber unwirtschaftliche Befestigungsart, die nur erforderlich ist, wenn die Stabenden ohne jede Verstellbarkeit befestigt werden müssen. Die Zähne sind spanend gefertigt oder angerollt und innerhalb kleiner Toleranzen ist dadurch ein genaues Fluchten beider Enden sichergestellt; VW verwendet Federn in dieser Ausführung an der Zweigelenkpendelachse des Käfers 1200/ 1300 (Bild 3.8./4) sowie an der Schräglenkerachse der Modelle 1303 und 1600 (Bild 3.10./11) und Porsche beim 911 (Bild 3.10./10). Durch Umsetzen um einen oder mehrere Zähne kann der

Bild 7.3./30 Die angestauchten Köpfe eines zylindrischen Torsionsfederstabes können zur Momentenübertragung eine Kerbverzahnung DIN 5481 bekommen. Um unnötige Kerbwirkung zu vermeiden, sollte sein:
Kerndurchmesser $d_4 \geqq 1{,}4 \cdot d$ und

Kopflänge $\qquad e \geqq 1{,}75 \cdot \dfrac{d^2}{d_4}$

d Stabdurchmesser

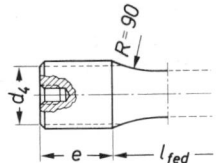

Wagen abgesenkt oder angehoben werden (siehe Abschnitt 7.2.6), leichter dürfte eine derartige Änderung jedoch mit der an allen modernen Pkw vorhandenen **Höheneinstellung** sein (siehe Bilder 3.4./10, 3.4./11, 3.5./10 und 3.9./1). Diese ist durch die größere Anzahl von Bauteilen wohl aufwendiger, bietet aber eine stufenlose Verstellbarkeit. Der Wagen kann in einem bestimmten Bereich nicht nur auf jede gewünschte Höhe eingestellt werden, sondern es besteht auch die Möglichkeit, beim einseitigen Nachgeben (mit der Folge eines schiefstehenden Aufbaus, zu sehen in Bild 4.5./4) die entstandene Höhendifferenz wieder auszugleichen. Das Bild 7.3./31 zeigt die Verstelleinrichtung an der Vorderachse des Audi 60 und 75 (siehe auch Bild 3.4./11). Der wegen der Sprengkräfte des Federvierkantes 1 sehr stabil gehaltene Hebel 2 stützt sich mit seiner Unterkante an einer geräuschisolierenden Kunststoffzwischenlage ab, die in einer Vertiefung des Querträgers 6 sitzt. Durch das Federungsmoment M_F hervorgerufene Kräfte belasten die Einstellschraube 3 auf Zug. Diese greift oben in eine im Hebelende drehbar gelagerte Mutter 4 und stützt sich unten über die Isolierplatte 5 am Querträger 6 (der einen Teil des Aufbaus darstellt) ab. Von DAF wurde beim Typ 55 eine ähnliche Lösung vorgesehen, jedoch mit einer Druckschraube (siehe Bild 3.5./10). Renault stellt bei den Modellen 4, 6 und 16 die Stäbe über exzentrische Scheiben nach, an denen kurze Hebel anliegen, die ihrerseits an den Stabköpfen befestigt sind (siehe Bild 3.9./1).

Ein weiterer Vorteil der Höheneinstellung besteht darin, daß mit warm angestauchten, **unbearbeiteten** Vier- oder Sechskantköpfen auszukommen ist, deren Seitenflächen von Kopf zu Kopf nur noch innerhalb grober Toleranzen zu fluchten brauchen (Bild 7.3./32, siehe auch Bild 3.1./7). Der einzige spanende Arbeitsgang wäre das Anbringen von Senkungen, um die Hebel an den Enden festlegen zu können. Der Übergangshalbmesser R zwischen Kopf und Schaft, zu sehen in den Bildern 7.3./30 und 7.3./32, muß zum Verhindern einer Kerbwirkung mindestens 90 mm betragen. Eine Rundung dieser Größenordnung läßt sich ohne Schwierigkeiten warm mit anstauchen. Die Bilder 3.4./10 und 3.5./10 lassen die verhältnismäßig große Länge zylindrischer Federstäbe erkennen, erforderlich, um die Federung an der Vorderachse — den heutigen

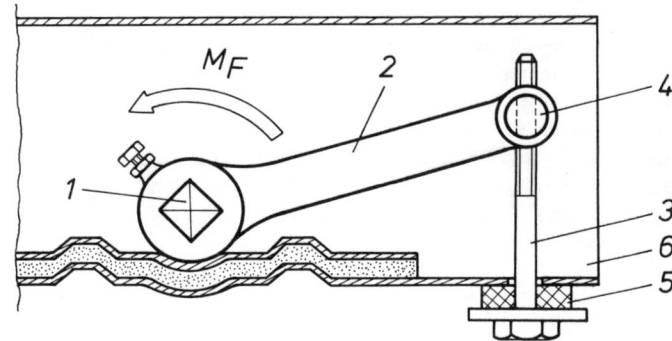

Bild 7.3./31 Schema der Höheneinstellmöglichkeit an den vorderen Federstäben des Audi 60 und 75 (siehe hierzu Bild 3.4./11).

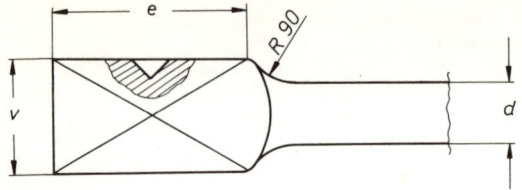
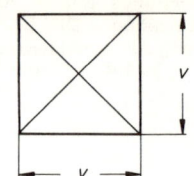

Bild 7.3./32 Günstig zur Übertragung des Federungsmomentes sind angestauchte Vierkantköpfe. Der Übergangshalbmesser von diesem zum Schaft sollte mindestens $R = 90$ mm betragen.

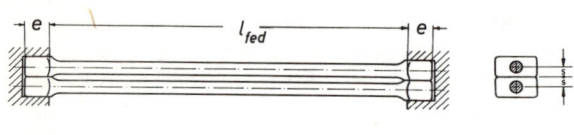

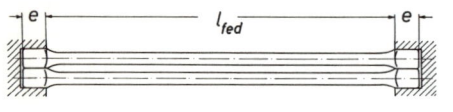

Bild 7.3./33 Genau wie Flachstäbe lassen sich auch zylindrische Stäbe zu Paketen zusammenfassen, erforderlich, wenn die Stablänge aus konstruktiven Gründen begrenzt ist.

Anforderungen entsprechend — weich gestalten zu können. Steht Raum für die benötigte Baulänge nicht zur Verfügung, z. B. bei **querliegenden** Stäben, so muß auf eine der **gebündelten** Ausführungen übergegangen werden. Diese setzen im allgemeinen Vierkantaufnahmen voraus und bestehen aus zwei bzw. vier zu einem Paket zusammengefaßten Rundstäben (Bild 7.3./33, siehe auch Bild 3.1./8) oder aber aus einer beliebigen Anzahl von Blättern mit rechteckigem Querschnitt (siehe Bilder 7.3./36 und 3.1./5). Die Rechteckabmessung wird zweckmäßigerweise so gewählt, daß bei möglichst gleicher Dicke aller Einzelblätter, die zusammengestellte Feder dann einen quadratischen Querschnitt hat.

Kostengünstiger als jedes Paket ist immer ein einzelner, die Federungsarbeit aufnehmender Rundstab; die Verwendung eines solchen verbietet sich jedoch, wenn zusätzlich **Biegebeanspruchungen** auftreten. Im Anhängerbau finden Längslenkerachsen Verwendung, bei denen dieser Fall eintritt (Bild 7.3./34). Die lenkerseitige Aufnahme 1 der Feder 2 dient im Punkt 3 gleichzeitig als Lagerung, d. h., die Hochkraftabstützung zum Querrohr 4 erfolgt an dieser Stelle. Hierdurch entsteht der Abstand a zwischen Hochkraft N' und Lagerkraft A, und damit das statische Biegemoment $M_{bw} = N' \cdot a$ (zu sehen ·in der unten stehenden Statik). Wie in Abschnitt 6.1 beschrieben, ist zur Berechnung der **Dauerhaltbarkeit** die obere Hochkraft N'_o anzusetzen, zusammen mit wechselnden Seitenkräften $\pm S_1$, die, wie in Bild 6.9./6 gezeigt, am Hebelarm k angreifen. Das Biegemoment wird von den hochkant stehenden Blättern ohne weiteres aufgenommen. Die Biegespannung ist oben und ganz unten am größten (Bild 7.3./35), also an den Stellen, an welchen die Torsionsspannung als $\tau_{t\,min}$ auf 74% des an den Flachseiten vorhandenen Maximalwertes $\tau_{t\,max}$ zurückgeht (siehe auch Abschnitt 7.4.5). Die Formel zur Berechnung der **Torsionsgleichspannung** würde unter Verwendung der in Abschnitt 6.3.5 abgeleiteten Zusammenhänge lauten:

$$\tau_{tv} = \sqrt{\left(\frac{\sigma_{bo}}{\alpha_A}\right)^2 + (0{,}74 \cdot \tau_{t\,max})^2}$$

222 Federnarten

Hierin sind:

$$\sigma_{bo} = \frac{N_o' \cdot a + S_1 \cdot k}{W_b} \qquad \text{(siehe Bild 6.9./6)}$$

$$W_b = \frac{v^3}{6} \qquad \text{(Bild 7.3./36, siehe auch Bild 7.4./10)}$$

und

$$\alpha_A = \frac{\sigma_{zul}}{\tau_{zul}} \approx 1{,}61 \text{ (siehe Bilder 7.5./10 und 7.5./16)}$$

Bild 7.3./34 Längslenkerachse, wie sie bei Ein-achsanhängern Verwendung findet. Zur Abfede-rung dient ein Paket aus Flachstäben. Die Blätter sind durch die Radlast N' hochkant zusätzlich auf Biegung beansprucht.

Bild 7.3./35 Werden Flachstäbe zusätzlich hoch-kant auf Biegung beansprucht, so überlagern sich Torsions- und Biegespannungen. Letztere sind in dem Bereich am größten, in dem die Torsions-spannungen auf $\tau_{t\,min}$ — also auf 74% des Maxi-malwertes — zurückgehen (siehe auch Bild 3.1./6).

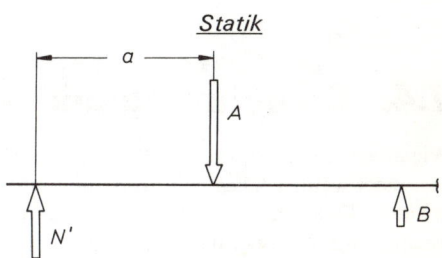

Statik

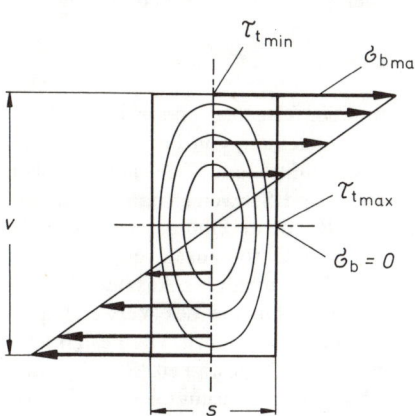

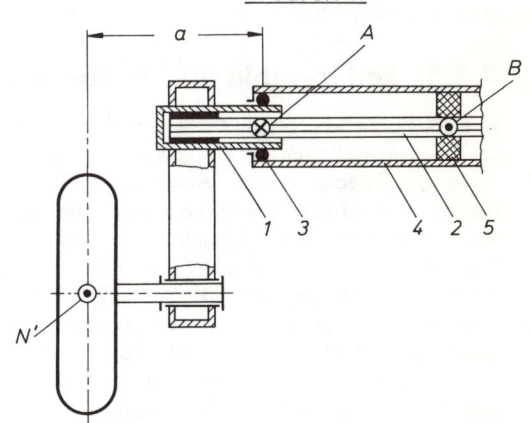

Draufsicht

Bild 7.3./36 Das Festlegen der Feder in seit-licher Richtung sollte an einer abgeflachten Stelle der Paketkante erfolgen; dort sind die geringsten Torsionsspannungen vorhanden. Unter keinen Umständen darf ein Ansenken der Flachseite er-folgen, dies würde starke Kerbwirkung und vor-zeitigen Dauerbruch zur Folge haben.

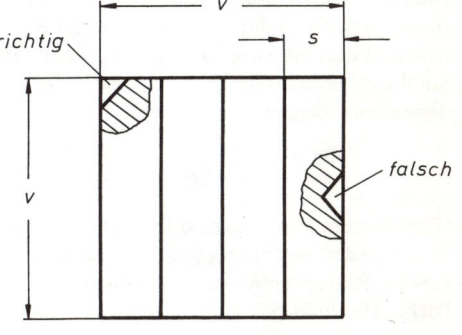

Bei dem Anstrengungsverhältnis α_A handelt es sich um einen für **Federstähle** gültigen Erfahrungswert.

Der quer im Fahrzeug liegende Federstab muß in der mittigen Lagerung 5 (siehe Bild 7.3./34) und außen in den Lenkeraufnahmen durch Klemmschrauben so festgelegt werden, daß an den Rädern auftretende Seitenkräfte ihn nicht verschieben können. Früher wurde zu diesem Zweck ein Außenblatt an der Flachseite angesenkt (Bild 7.3./36), also an der Stelle, an der die größten Torsionsspannungen auftreten ($\tau_{t\,max}$ siehe Bild 7.3./35); die Folge war ein vorzeitiger Dauerbruch. Das Verspannen sollte an den Kanten erfolgen, hier ist die Torsionsspannung vernachlässigbar klein.

7.4. Berechnung und Auslegung von Stahlfedern

Wie alle hoch beanspruchten Bauteile des Fahrwerks müssen auch Federn **vordimensionierend berechnet** werden. Dies ist erforderlich, um den Raumbedarf zu kennen und außerdem, ob die gewählte Federart die vorgesehene Federweichheit überhaupt zuläßt, ohne daß diese zu aufwendig wird. Je höher das Aufbaugewicht und je niedriger die Federrate, um so mehr Platz benötigt die Feder und ein um so höheres Gewicht bekommt sie. Die in den Abschnitten 7.4.3 bis 7.4.7 beschriebenen schematischen Rechengänge berücksichtigen konstruktiv bereits festliegende Maße, vorgesehene Federraten und die Festigkeitswerte des gewählten Federstahles.

7.4.1. Federstähle und Festigkeitswerte

In DIN 17221 sind Stähle für warmgeformte Federn normmäßig festgelegt und in DIN 17222 die Güteeigenschaften für kaltgewalzte Stahlbänder, die zur Herstellung von Federn für untergeordnete Zwecke dienen. Beide Normblätter enthalten Qualitäts- und Edelstähle, wobei Edelstähle wohl teurer sind, aber einen niedrigeren Phosphor- und Schwefelgehalt haben, sowie eine größere Gleichmäßigkeit. Hinzu kommen geringere Randentkohlung, weitergehende Freiheit von nichtmetallischen Einschlüssen und durch höheren Chromzusatz günstiger liegende Streckgrenzen (siehe [4] Abschnitt 7.1.5). Die Tabelle 7.4./1 enthält als Auszug aus dem Normentwurf DIN 17221 die gebräuchlichsten Stahlsorten mit Angabe des Verwendungszweckes und der bei den einzelnen Federarten möglichen Größtabmessungen. Die Festigkeitswerte sind in Stufen eingeteilt, um den Zusammenhang zwischen Zugfestigkeit, Streckgrenze und Dehnung besser erkennen zu können. Chrom und Molybdän als Legierungselement fördern die Durchhärtbarkeit; der Grund, warum nur 50 CrV 4 V und 51 CrMo V 4 V bei größeren Blattdicken bzw. Stabdurchmessern Verwendung finden können.

In das Schriftfeld der **Zeichnung** ist die **Zugfestigkeit** einzutragen, die die Feder im Endzustand haben muß, und zwar unter Hinzufügung des zugelassenen **Toleranzbereiches.** Das hinter der Stahlsorte erscheinde „V" schreibt Vergüten vor. Eine Zeichnungsangabe würde somit folgendermaßen aussehen:

> 50 CrV 4 V
> $\sigma_B = 160$ bis 185 kp/mm²

(Einzelheiten über Werkstoffangaben siehe [4] Abschnitt 7.3.).

In die **Federberechnung** geht jedoch nicht die Zugfestigkeit σ_B ein, sondern die bei der vorliegenden Beanspruchungsart — Biegung oder Torsion — vom Werkstoff ertragbare Spannung (siehe Abschnitt 6.3.1). Dies wäre die zulässige **Oberspannung,** die eine Funktion der in Tabelle

Stahl			Festigkeitswerte in vergütetem Zustand				Verwendungszweck und größtmögliche Blattdicken bzw. Stabdurchmesser in mm					
							Blattfedern		Torsionsstäbe		Schrau-benfedern	Stabili-satoren
Art 1)	Sorte das nachgesetzte „V" bedeutet vergütet	Werkstoff Nr.	Festig-keits-stufe 2)	Zugfestigkeit σ_B kp/mm²	Zugstreck-grenze σ_S kp/mm² mindest.	Bruch-dehnung δ_5 (%) mindest.	LKW Dicke	PKW Dicke	gebündelt Dicke	zylindr. ∅	∅	∅
E	Ck 53 V+Cr 3)	–	I	110 bis 130	95	7						bis 16 3)
Q	60 Si Cr 7 V	1.0961	IV	140 bis 165	120	6	bis 16	bis 16				bis 25
E	55 Cr 3 V	1.7176	IV	140 bis 165	120	6	bis 16	bis 16	bis 10	bis 25	bis 25	bis 25
			V	150 bis 175	125	5	bis 16	bis 16		bis 19	bis 19	
			VI	160 bis 185	135	4	bis 16	bis 16		bis 16	bis 16	
E	50 Cr V 4 V	1.8159	IV	140 bis 165	125	6	über 16 bis 25	über 16 bis 25	bis 25		bis 40	
			V	150 bis 175	135	5		über 16 bis 25		bis 40	bis 40	über 25 bis 40
			VI	160 bis 185	145	4		über 16 bis 25		bis 25	bis 40	
E	51 Cr Mo V 4 V	1.7701	V	150 bis 175	135	5		über 25 bis 40		über 40 bis 60	über 40 bis 60	über 40 bis 60
			VI	160 bis 185	145	4				über 40 bis 60	über 40 bis 60	

1) Q Qualitätsstahl
   E Edelstahl

2) nur als Sortierungs-Merkmal

3) mit Zusatz von 0,2 % Cr
   Ohne Chrom nur für Stabilisatoren bis ∅ 12 geeignet

Bild 7.4./1 Die gebräuchlichsten Federstähle als Auszug aus dem Normentwurf DIN 17221, Verwendungsmöglichkeiten und erreichbare Festigkeitswerte. Die Festigkeitsstufen dienen lediglich als Sortierungsmerkmal und um den Zusammenhang zwischen Zug- bzw. Bruchfestigkeit σ_B, Streckgrenze σ_S und Dehnung δ_5 zeigen zu können. Anzugeben auf der Zeichnung ist das der Spalte „σ_B" zu entnehmende Toleranzfeld. Die teilweise noch zu findenden Federstahlsorten Ck 67 V, 55 Si 7 V und 65 Si 7 V sollten wegen der Gefahr der Rundentkohlung bei Neukonstruktionen nicht vorgesehen werden.

7.4./1 ebenfalls enthaltenen Zugstreckgrenze σ_S ist. Die Gleichungen zur Ermittlung derselben lauten unter Einbeziehung der Sicherheit v und des Faktors b_0, der die Festigkeitsminderung bei Dicken über 10 mm berücksichtigt (Bild 7.4./2):

$$\sigma_{b\,zul\,o} \approx \frac{1,2 \cdot \sigma_S \cdot b_o}{v} \quad \text{und} \quad \tau_{t\,zul\,o} \approx \frac{0,63 \cdot \sigma_S \cdot b_o}{v}$$

Bei Federstählen liegt die Torsionsfließgrenze bei etwa $\approx 0,63 \cdot \sigma_S$ im Gegensatz zu den weniger kohlenstoffhaltigen Vergütungsstählen DIN 17200, bei denen diese nur $\approx 0,58 \cdot \sigma_S$ beträgt (siehe Tabelle 6.3./1b).

Um **leicht** zu bauen — nur möglich bei weitgehender Ausnutzung des Werkstoffes — sollte als **Sicherheit** nur $v = 1,05$ bis 1,1 angesetzt werden; eine Überbeanspruchung der Feder, verbunden mit Setzen und dadurch Verringerung der Standhöhe des Fahrzeuges, kann wegen der eingebauten Druckanschläge praktisch kaum eintreten. Bei **Blattfedern** ist eine niedrig liegende Sicherheit deshalb auch möglich, weil jede Feder beim Prüfen der Bauhöhe p (Bild 7.4./3) „vorgesetzt" wird. Die Einzelblätter sind mit einer größeren Sprengung als erforderlich gefertigt, um die gesamte Feder durch Belasten über die Biegestreckgrenze dann innerhalb eines kleinen Toleranzbereiches auf die gewünschte Bauhöhe zu „setzen". Im Fahrbetrieb dürfte bei Beanspruchung bis an die Biegestreckgrenze deshalb ein weiteres Nachgeben kaum zu befürchten sein.

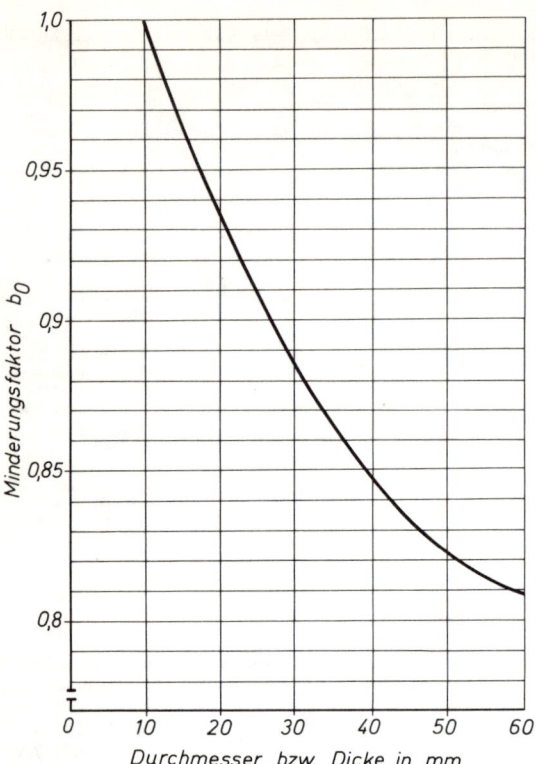

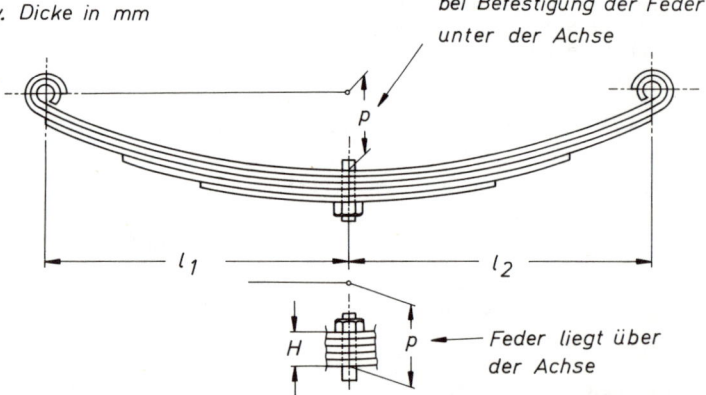

Bild 7.4./2 Minderungsfaktor b_0, die Festigkeitsminderung, also das Absinken der zulässigen Oberspannung, bei Dicken bzw. Durchmessern über 10 mm berücksichtigend.

Bild 7.4./3 Die auf der Federwaage bei der Vorlast F_w zu messende Bau- bzw. Pfeilhöhe stellt sicher, daß der Aufbau des Fahrzeugs die richtige Stellung zum Boden hat und außerdem die vorgesehenen Federwege zur Verfügung stehen. Das Bild zeigt eine unter der Achse einzubauende Pkw-Hinterfeder mit über der Hauptlage sich befindender Mittenzentrierung. Handelt es sich um eine über dem Achskörper zu befestigende Lkw-Feder, so geht — wie unten gezeigt — die Pakethöhe H mit in die Pfeilhöhe p ein.

Zylindrische Torsionsstabfedern können in der am Fahrzeug vorhandenen Verdrehrichtung ebenfalls über die Fließgrenze vorbeansprucht werden; hierdurch geht die ertragbare Oberspannung um etwa 30% herauf ($\tau_{tF} \approx 1{,}3 \cdot 0{,}63 \cdot \sigma_S$). Für die linke und rechte Fahrzeugseite sind dadurch in verschiedener Richtung vorgesetzte Stäbe nötig, was eine zusätzliche Kennzeichnung erforderlich macht. Die Vergütungsfestigkeit kann hierbei jedoch nicht höher als $\sigma_B =$ 140 bis 165 kp/mm² liegen, um die zum anrißfreien Setzen erforderliche Mindestdehnung von $\delta_5 = 6\%$ zu bekommen, d. h., der Werkstoff wird nicht optimal ausgenutzt. Das sind die

Gründe, warum nur noch in Ausnahmefällen auf eine derartige Maßnahme zurückgegriffen wird; wirtschaftlicher ist es — unter Verzicht auf Dehnung — hohe Festigkeitswerte anzustreben ($\sigma_B = 160$ bis 185 kp/mm² bei $\delta_5 \geq 4\%$) und damit sowohl die Fließgrenze als auch die ertragbare Oberspannung anzuheben.

Schraubenfedern lassen ein Vorsetzen nur zu, wenn die Höhe der voll belasteten Feder größer ist als die Nutzlänge L_n (siehe Bilder 7.4./20 und 7.4./21); bei **gebündelten Torsionsstäben** dagegen besteht kaum eine Möglichkeit hierfür.

Während das Nachgeben der Feder im Fahrbetrieb von der Höhe der Oberspannung des verwendeten Werkstoffes abhängt, ist die **Dauerhaltbarkeit** eine Funktion der durch den Federweg gegebenen **Ausschlagspannungen.** Wie in Abschnitt 6.3.1 beschrieben, werden diese entweder berechnet oder aber Dauerfestigkeitsschaubildern entnommen, und hängen in ihrer ertragbaren Höhe sowohl von der Stahlsorte als auch der Oberflächenbeschaffenheit und evtl. Kerbeinflüssen ab. Das zur Herstellung von **Schrauben**- und **zylindrischen Torsionsstabfedern** dienende Rundmaterial wird spitzenlos geschliffen mit dem Vorteil hoher Genaugkeit (ISO-Toleranz h 9, siehe [3] Abschnitt 6.6) und einer metallisch blanken, kerbfreien Oberfläche mit Rauhtiefen unter $R_t = 15\ \mu m$ (siehe [3] Abschnitt 2.8). Vor dem abschließenden Auftragen eines schlagfesten Korrosionsschutzes erfolgt ein Kugelstrahlen der fertigen Feder, um die letzten vorhandenen Kerbeinflüsse zu beseitigen und die geforderte Dauerfestigkeit zu gewährleisten. Unter der Voraussetzung, daß ein **Edelstahl** zur Verwendung kommt, kann die ertragbare Ausschlagspannung τ_{tA} nach den Gleichungen des Abschnittes 6.3.4 berechnet werden:

$$\tau_{tA} = \tau_{tw} - 0,159 \cdot \tau_{tm}$$

In der Annahme, daß beim vollen Durchfedern eine Beanspruchung der Feder bis zur Torsionsfließgrenze erfolgt, ist für τ_{tm} einzusetzen

$$\tau_{tm} = \tau_{tF} - \tau_{tA}.$$

Nach Tabelle 6.3./1b wäre die Torsionswechselfestigkeit $\tau_{tw} \approx 0,29 \cdot \sigma_B$ und mit dem bei Federstählen gültigen Wert $\tau_{tF} \approx 0,63 \cdot \sigma_S$ sowie dem Streckgrenzenverhältnis $\gamma = \sigma_S/\sigma_B \approx 0,92$ ergibt sich:

$$\tau_{tA} = \tau_{tw} - 0,159\,(\tau_{tF} - \tau_{tA})$$

$$\tau_{tA} \approx 0,29 \cdot \sigma_B - 0,159\,(0,63 \cdot 0,92 \cdot \sigma_B - \tau_{tA})$$

$$\tau_{tA} \approx 0,24 \cdot \sigma_B$$

Zusätzlich müssen in die Rechnung eingehen: die Sicherheit gegen Dauerbruch mit $\nu \approx 1,1$ (ausreichend wegen der sauberen Oberfläche), der Minderungsfaktor b_1, der die Festigkeitsverringerung bei Durchmessern über 10 mm berücksichtigt (siehe Bild 6.3./1c) und bei Schraubenfedern noch der Beiwert k (siehe Bild 7.4./19). In die endgültige Gleichung mit folgender Form

$$\tau_{t\,zul\,A} \approx \frac{0,24 \cdot \sigma_{B\,min} \cdot b_1}{\nu \cdot (k)}$$

ist für die Bruchfestigkeit der **Mindestwert** des auf der Zeichnung vorgeschriebenen **Toleranzbereiches** einzusetzen. Beim Aus- und Einfedern der Räder wird selten der gesamte, zur Verfügung stehende Federweg in Anspruch genommen. Unter bewußter Inanspruchnahme eines Teils des Zeitfestigkeitsbereiches sollte in der Dauerfestigkeitsberechnung nur etwa 90% des

Gesamtweges Berücksichtigung finden; die Feder würde sonst zu schwer und unnötig teuer (siehe Faktor 0,9 in den Bildern 7.4./11, 7.4./14 und 7.4./21).

Das für **gebündelte Torsionsfederstäbe** zur Verwendung kommende, zugblanke Flachmaterial aus dem Edelstahl 50 CrV 4 V kann herstellungsbedingt Kerbeinschlüsse und eine gewisse Randentkohlung haben. Es empfiehlt sich deshalb, bei den zulässigen Ausschlagspannungen $\tau_{t \, zul \, A}$ die höhere Sicherheit $\nu = 1,2$ bis 1,4 anzusetzen. Die gleiche Überlegung wäre auch bei geschichteten **Blattfedern** anzustellen, nur daß bei diesen (wegen einer wirtschaftlich nicht vertretbaren Bearbeitung) die unebene, kerbbehaftete und evtl. auch randentkohlte Oberfläche des Halbzeugs in Kauf genommen werden muß. Das Kugelstrahlen der einbaufertigen Blätter setzt wohl deren Lebensdauer mindestens auf den doppelten Wert herauf, kann aber die beim Walzen entstandenen Nachteile nicht ganz beseitigen. Die Dauerhaltbarkeit wird deshalb mit der **spezifischen Hubspannung** $\sigma_{b \, zul}^{*}$ überprüft, einem wieder nur für **Edelstähle** gültigen Erfahrungswert, der unter Verzicht auf unbegrenzte Lebensdauer ebenfalls ein Überschreiten der reinen Dauerfestigkeitsgrenze zuläßt. $\sigma_{b \, zul}^{*}$ gibt einen Maßstab für die je cm Federweg max. ertragbare Spannung und hängt in seiner Größe von der Mindestbruchfestigkeit der verwendeten Stahlsorte, der Oberflächenbehandlung und der Federausführung ab. Die Hubspannung ist Bild 7.4./5 zu entnehmen und beträgt:

$$\sigma_{b \, zul}^{*} = 400 \text{ bis } 600 \, \frac{kp}{cm^2 \cdot cm}$$

Die Werkstoffbetrachtung zeigt, daß **Fahrzeugfedern** zu den am **höchsten beanspruchten** Teilen des Automobils gehören; jede **nachträgliche Änderung** — ganz besonders jede Wärmebehandlung — setzt die ertragbaren Spannungen herab mit der Folge verringerter Haltbarkeit und eines vorzeitigen Bruches.

7.4.2. Voraussetzungen für die Berechnung

Vor Beginn jeder Berechnung sollte überlegt werden, was gegeben sein muß, was anzunehmen bzw. zu wählen ist und welche Größen gesucht werden.

Gegeben sein muß die **Federrate** $c_{2v,h}$, bezogen auf den Radaufstandspunkt, die bei Schraubenfedern unter Berücksichtigung der Übersetzungen i_x und i_y auf die Rate c_F an der Feder selbst umzurechnen ist. Weiterhin werden benötigt: gewogene **Achslast** vorn bzw. hinten $G_{v,h}$ sowie das Gewicht der **ungefederten Massen** $U_{v,h}$, um F_w, also die **einseitig** auf eine Feder kommende Vorlast, ermitteln zu können:

$$F_w = \frac{G_{v,h} - U_{v,h}}{2} \quad \text{(bzw. mal } i_y\text{)}$$

Bei **Querblattfedern** sind sowohl F_w als auch die Federrate c_{2A} auf die ganze Achse zu beziehen, also

$$F_w = G_{v,h} - U_{v,h} \quad \text{und} \quad c_{2A} = 2 \cdot c_{2v,h}$$

Bei der Bestimmung von U_v und U_h wird das halbe Blatt- bzw. Schraubenfederngewicht zur Achsmasse zugeschlagen und die andere Hälfte zur (gefederten) Aufbaumasse. Torsionsstäbe liegen im Rahmen oder Aufbau und sind gewichtsmäßig zu diesen zu rechnen.

Konstruktiv festliegen müssen die größten **Federwege** bei voll zusammengedrücktem Druck- und Zuganschlag (siehe Abschnitte 7.2.1 und 7.2.2):

f_1 nach oben (Einfederweg des Rades) und

f_2 nach unten (Ausfederweg)

Die einzusetzenden Längenmaße müssen dem betrachteten Beladungszustand entsprechen, also den zuvor gegebenen Achslasten (siehe Bilder 7.2./1 bis 7.2./9). Die gewählte **Konstruktions-** oder **Nullage** — im allgemeinen bezogen auf das mit zwei Personen besetzte Fahrzeug — stellt den Zusammenhang zwischen Gewichten und Maßen dar. Für eine Federberechnung ist es gleichgültig, von welchem Beladungszustand ausgegangen wird. Bei voller Zuladung liegt wohl die Vorlast F_w höher, bei jedoch kleinerem Einfederweg f_1 und dadurch geringerem Kraftzuwachs F_1.

Ein wenig besetztes Fahrzeug hat eine niedrigere Vorlast, dafür aber einen längeren Radweg nach oben und höheren Wert für F_1. Die beiden, die Rechnung beeinflussenden Werte $F_{max} = F_w + F_1$ sowie $(f_1 + f_2)$ behalten unabhängig von der Belastungsart die gleiche Größenordnung.

Weiterhin **gegeben** sein müssen Einbaumaße, wie die Federlänge und Blattbreite bei Blattfedern, die Stablänge bei gebündelten Torsionsfedern, der Windungsdurchmesser bei Schraubenfedern, die Lenkerlänge und evt. Übersetzungen.

Auszuwählen sind **Stahlsorte,** Vergütungsfestigkeit und Oberflächenbehandlung, um die zulässige Ober- und Ausschlagspannung berechnen zu können. Die Spannungsarten gehen gemeinsam in die Rechnung ein, um sicherzustellen, daß bei der Federauslegung keine der beiden überschritten wird.

Gesucht ist bei geschichteten Blatt- und gebündelten Stabfedern Blattdicke und Lagenanzahl, bei runden Torsionsstäben Stabdurchmesser und federnde Länge und bei Schraubenfedern Drahtdurchmesser sowie Windungsanzahl. Die nachfolgend beschriebenen schematischen Rechengänge erlauben ein schnelles Vordimensionieren und helfen durch ihren Aufbau, Rechenfehler zu vermeiden.

7.4.3. Geschichtete Blattfedern

Gezeigt wird, wie anhand gegebener Fahrzeugdaten die gebräuchlichste Form der Blattfeder, die **geschichtete Trapezfeder** mit ungleich langen Hebelarmen und linearer Kennlinie vordimensionierend berechnet und in ihren Abmessungen festgelegt werden kann. Die Auslegung von Einblatt-, Parabel- und progressiven Federn ist wesentlich schwieriger und sollte den Federherstellern überlassen bleiben; die technischen Unterlagen der Firmen Brüninghaus und Hoesch enthalten entsprechende Hinweise (siehe Literaturhinweis).

Zur Berechnung einer unsymmetrischen Längsblattfeder mit den Hebelarmen l_1 und l_2 müssen außer den in Abschnitt 7.4.2 beschriebenen Federungs- und Konstruktionsdaten noch die Blattbreite B und die Länge e der meist **starren Einspannung** bekannt sein. Zur Befestigung an der

Bild 7.4./4 Lkw-Vorderachse mit über dem Achskörper angeordneten Längsblattfedern. Diese Anbringungsart hat den Vorteil, die Befestigungsschrauben zu entlasten sowie des höher liegenden Momentanzentrums. Um den Radeinschlag sicherzustellen, müssen die Federn zur Mitte versetzt werden mit dem Nachteil einer schlechteren Abstützung des Aufbaus bei Kurvenfahrt. Durch einen kräftigen Stabilisator muß der Ausgleich erfolgen (siehe hierzu Bilder 7.1./24a und 7.1./25).

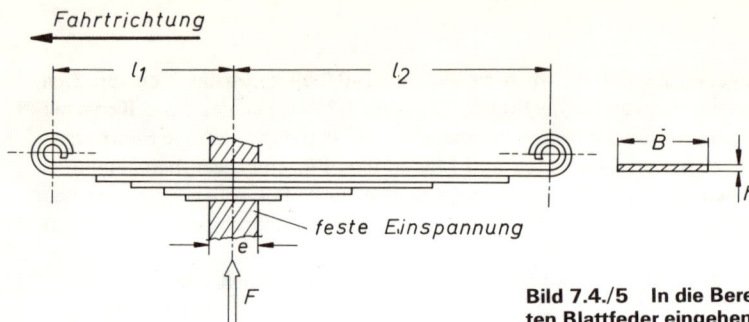

Fahrtrichtung

feste Einspannung

Bild 7.4./5 In die Berechnung einer geschichteten Blattfeder eingehende Strecken und Werte.

Bezeichnung zur Berechnung von geschichteten Blattfedern

l_1, l_2	Abstand Mitte Auge zu Mitte Federeinspannung	cm
n'	Anzahl der Blätter am Federauge	
n_0	Mindestlagenzahl	
n_1	tatsächliche Lagenzahl	
B	Blattbreite	cm
b_0	Festigkeitsminderungsfaktor für Blattdicken über 10 mm	
c_F	Rate der Feder	kp/cm
e	Einspannlänge (bei elastischer Einspannung $e = 0$)	cm
f_1	Einfederweg (nach oben) von F_w aus	cm
f_2	Ausfederweg (nach unten) von F_w aus	cm
h_0	Blattdicke, errechnet	cm
h_1	gewählte erste Lage bzw. alle bei gleicher Blattdicke	cm
$h_{2,3,4}$	gewählte zweite Lage usw.	cm
$g_{1,2}$	$l_{1,2} - \frac{1}{4} e$ in die Rechnung einzusetzende Hebelarme	cm
F_w	Vorlast auf der Feder (Gewichtsanteil des Wagenkastens)	kg
F_{max}	maximale Federkraft bei voll ausgenütztem Federweg	kp
F_1	Kraftzuwachs bei Federweg f_1	kp

F_2	Kraftentlastung bei Federweg f_2	kp
F_{min}	Restkraft bei Entlastung der Achse	kp
$\varkappa_1$	Formfaktor für geschichtete Blattfedern, Mittelwert $\varkappa_0 = 2{,}38$	
σ_B	Zugfestigkeit des Werkstoffes	kp/cm²
σ_{bo}	zul. Oberspannung	kp/cm²
σ_v	Biegevorspannung der Feder bei besetztem Fahrzeug	kp/cm²
$\sigma_{b\,zul}^*$	spezifische Hubspannung in kp/cm² je cm Federweg	
$\sigma_{b\,zul}^* \geqq$	600 kp/cm² bei Parabelfedern	
$\sigma_{b\,zul}^* \geqq$	550 kp/cm² bei Pkw-Trapezfedern mit Zwischenlagen	
$\sigma_{b\,zul}^* \geqq$	500 kp/cm² bei Lkw-Trapezfedern mit Zwischenlagen und Oberflächenverdichtung	
$\sigma_{b\,zul}^* \geqq$	400 kp/cm² bei Lkw-Trapezfedern mit Zwischenlagen ohne Oberflächenverdichtung	
σ_s	Zugstreckgrenze	kp/cm²
ν	Sicherheit	

Achse dienen in diesem Fall zwei Paar in Längsrichtung 100 bis 140 mm auseinanderliegende Schrauben. Bei Lkw sollten diese so angeordnet sein, daß durch die Achslast keine zusätzliche Belastung des Gewindes eintritt; erreichbar durch Anordnen der Feder über der Achse (Bild

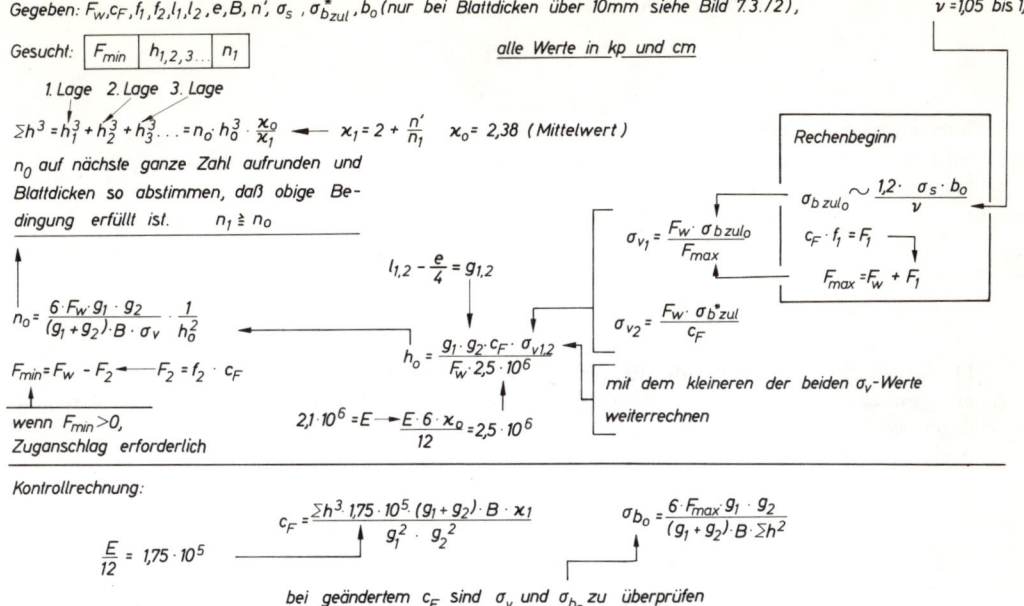

Bild 7.4./6 Schema zur Berechnung einer geschichteten Blattfeder mit unterschiedlichen Hebelarmen l_1 und l_2. Sind diese gleich lang, vereinfachen sich die Formeln.

7.4./4). Bei Pkw erfolgt der Einbau unter derselben, um flach zu bauen und ein tiefliegendes Momentanzentrum zu bekommen (siehe Bilder 3.2./3, 3.2./8a und 4.4./28). Bei leichten Fahrzeugen sind die Kräfte in der Einspannung wesentlich geringer; eine **elastische** Lagerung der Federmitte in Gummi wird hierdurch möglich und ein Fernhalten der Fahrbahngeräusche vom Aufbau. Der Nachteil ist eine erhöhte Beanspruchung der Federblätter an der Bohrung für den mittigen Herzbolzen. Bei der Berechnung von Federn mit dieser Einspannungsart muß e gleich Null gesetzt werden. Bild 7.4./5 enthält die in die Berechnung eingehenden Formelzeichen und Bild 7.4./6 den Rechengang. Dieser berücksichtigt von Anfang an die beiden wichtigen Werkstoffeigenschaften — zulässige Ober- und Ausschlagspannung —, letztere ausgedrückt durch die spezifische Hubspannung (siehe Abschnitt 7.4.1). Die Erläuterung erfolgt an einer längsliegenden Pkw-Hinterfeder mit gleichlangen Hebelarmen l_1 und l_2. Zusätzlich soll die hierdurch eintretende Vereinfachung gezeigt werden. In der Nullage, also bei **Besetzung mit zwei Personen,** gelten folgende Gewichte und Maße:

$$G_h = 670 \text{ kp} \qquad c_{2h} = 18 \text{ kp/cm}$$
$$U_h = 70 \text{ kp} \qquad f_1 = 12 \text{ cm}$$
$$\phantom{U_h = 70 \text{ kp} \qquad} f_2 = 8 \text{ cm}$$

Da die Übersetzung i_x — Feder zu Rad — eins ist, wird $c_F = c_{2h}$. Im Rechengang erscheinen alle Werte in **kp** und **cm,** deshalb die Angabe der Zahlenwerte in diesen Dimensionen und abweichend von der Zeichnung, die die Maße in **mm** enthält. Weiterhin benötigt werden:

$$l_1 = l_2 = 74 \text{ cm} \qquad e = 8 \text{ cm} \qquad B = 6 \text{ cm}$$

Als Werkstoff kommt nach Tabelle 7.4./1 der Federstahl 55 Cr 3 V in der Festigkeitsstufe V in Frage mit:

$$\sigma_B = 15\,000 \text{ bis } 17\,500 \text{ kp/cm}^2, \qquad \sigma_S \geqq 12\,500 \text{ kp/cm}^2 \qquad \text{und} \qquad \delta_5 \geqq 5\%$$

Nach Bild 7.4./5 ist die spezifische Hubspannung

$$\sigma^*_{b\,zul} \geqq 550 \text{ kp/cm}^2$$

Zuerst sind **Vorlast** F_w und die wirksamen **Hebelarme** $g_{1,\,2}$ zu bestimmen, wobei vorausgesetzt wird, daß die Feder je Seite noch etwa 25% (also ¼ e) innerhalb der starren Einspannung arbeitet:

$$F_w = \frac{G_h - U_h}{2} = 300 \text{ kp}$$

$$g_1 = g_2 = l_{1,\,2} - \frac{e}{4} = 74 - \frac{8}{4} = 72 \text{ cm}$$

Im Anschluß hieran erfolgt die Ermittlung der **Vorspannung** $\sigma_{v\,1}$ als Funktion der Oberspannung mit der Sicherheit $v = 1,07$; die als Ergebnis erscheinende Blattdicke dürfte unter 10 mm liegen, deshalb $b_o = 1$:

$$\sigma_{b\,zul\,o} = \frac{1,2 \cdot \sigma_S \cdot b_o}{v} = \frac{1,2 \cdot 12\,500 \cdot 1}{1,07} \qquad \sigma_{b\,zul\,o} = 14\,000 \text{ kp/cm}^2$$

$$F_{max} = F_w + c_F \cdot f_1 = 300 + 18 \cdot 12 \qquad F_{max} = 516 \text{ kp}$$

$$\sigma_{v\,1} = \frac{F_w \cdot \sigma_{b\,zul\,o}}{F_{max}} \cong \frac{300 \cdot 14\,000}{516} \qquad \sigma_{v\,1} = 8\,140 \text{ kp/cm}^2$$

Die zweite in die Rechnung eingehende Vorspannung $\sigma_{v\,2}$ berücksichtigt die dauernd ertragbaren Spannungen, ausgedrückt durch $\sigma^*_{b\,zul}$:

$$\sigma_{v\,2} = \frac{F_w \cdot \sigma^*_{b\,zul}}{c_F} = \frac{300 \cdot 550}{18} \qquad \sigma_{v\,2} = 9\,170 \text{ kp/cm}^2$$

Mit dem kleineren der beiden Werte (also $\sigma_{v\,1}$) wird die **Blattdicke** h_0 bestimmt. Bei Verwendung des größeren Wertes bekäme die Feder wohl weniger, aber dickere Lagen, in denen unzulässige hohe Spannungen auftreten würden.

$$h_0 = \frac{g_1^2 \cdot c_F \cdot \sigma_{v\,1}}{F_w \cdot 2,5 \cdot 10^6} = \frac{72^2 \cdot 18 \cdot 8140}{300 \cdot 2,5 \cdot 10^6} = 1,012 \text{ cm}$$

Mit dieser **Dicke,** die innerhalb des zugelassenen Toleranzbereiches **nicht überschritten** werden darf, erfolgt die Berechnung der **Mindestlagenanzahl** n_0:

$$n_0 = \frac{6 \cdot F_w \cdot g_1 \cdot g_1}{(g_1 + g_1) \cdot B \cdot \sigma_{v\,1} \cdot h_0^2} = \frac{6 \cdot 300 \cdot 72^2}{(72 + 72) \cdot 6 \cdot 8140 \cdot 1,012^2} = 1,3$$

Die Feder bekäme also 1,3 Lagen von 1,012 cm ≈ 10,1 mm Dicke, was sich praktisch nicht verwirklichen läßt.

Vorgesehen werden muß die nächstgrößere **ganze Lagenanzahl,** also $n_1 = 2$, wobei sich zwei Wege anbieten:

a) alle Blätter erhalten die gleiche Dicke,

b) es kommt genormter Flachstahl DIN 4620 zur Verwendung, der bis 7 mm in Dickenstufen von 0,5 mm erhältlich ist und bis 12 mm um jeweils 1 mm steigend (Bild 7.4./7).

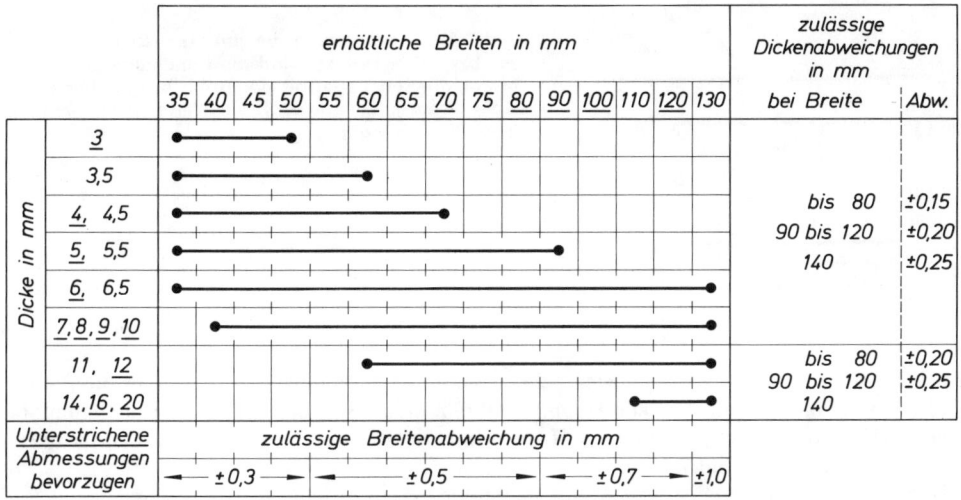

	erhältliche Breiten in mm															zulässige Dickenabweichungen in mm	
Dicke in mm	35	40	45	50	55	60	65	70	75	80	90	100	110	120	130	bei Breite	Abw.
3	●———————●																
3,5	●————————————●															bis 80	±0,15
4, 4,5	●————————————————●															90 bis 120	±0,20
5, 5,5	●———————————————————————●															140	±0,25
6, 6,5	●——————————————————————————————————●																
7,8,9,10	●——————————————————————————————————————●																
11, 12	●——————————————————————————————————●															bis 80	±0,20
14,16, 20	●——————●															90 bis 120	±0,25
																140	

Unterstrichene Abmessungen bevorzugen	zulässige Breitenabweichung in mm
	←— ±0,3 —→ ←— ±0,5 —→ ←— ±0,7 —→ ±1,0

Bild 7.4./7 Auszug aus DIN 4620 „Federstahl, warm gewalzt für geschichtete Blattfedern", erhältliche Abmessungen sowie zulässige Breiten- und Dickenabweichungen.

Die erste Lösung bietet sich für Großserien an, die letztere bei geringeren Stückzahlen.

Für die weitere Rechnung wird der **Formfaktor** $\varkappa_1$ benötigt, der nicht nur von der vorhandenen Lagenanzahl n_1 abhängt, sondern auch davon, wieviel Lagen bis zu den Federaugen durchgeführt sind; in der Erstrechnung erschien der Erfahrungsmittelwert $\varkappa_0 = 2{,}38$. Bei dem Beispiel handelt es sich um eine hintere Längsblattfeder ohne Bruchsicherung, d. h., nur die Hauptlage läuft bis zu den Enden durch. Mit $n' = 1$ ergibt sich:

$$\varkappa_1 = 2 + \frac{n'}{n_1} = 2 + \frac{1}{2} = 2{,}5$$

Bekämen beide **Blätter** die **gleiche Dicke,** wäre

$$\Sigma h^3 = n_0 \cdot h_2^3 \cdot \frac{\varkappa_0}{\varkappa_1} = n_1 \cdot h_1^3, \qquad \Sigma h^3 = 1{,}3 \cdot 1{,}012^3 \cdot \frac{2{,}38}{2{,}5} = 1{,}29 \text{ cm}^3,$$

$$\Sigma h_3 = 2 \cdot h_1^3 = 1{,}29 \text{ cm}^3 \qquad \text{und somit} \qquad h_1^3 = 0{,}645 \text{ cm}^3$$

$$h_1 = \sqrt[3]{0{,}645} = 0{,}864 \text{ cm} \qquad h_1 = 8{,}64 \text{ mm}.$$

Die beiden Lagen würden in diesem Fall eine Dicke von 8,6 mm bekommen, und nach Bild 7.4./7 beträgt die zulässige Dickenabweichung $\pm 0{,}15$ mm, so daß der Maximalwert 10,1 mm nicht erreicht wird.

Bei der Festlegung der **Lagendicken** in **Normabmessung** ist ebenfalls von dem Ergebnis der Gleichung

$$\Sigma h^3 = n_0 \cdot h_0^3 \cdot \frac{\varkappa_0}{\varkappa_1} = 1{,}29 \text{ cm}^3$$

auszugehen, d. h., die Summe $h_1^3 + h_2^3$ müßte diesen Wert ergeben. In Frage hierfür kommen nur die Abmessungen 8 und 9 mm mit

$$h_1^3 + h_2^3 = 0{,}8^3 + 0{,}9^3 = 0{,}512 + 0{,}729 = 1{,}241 \text{ cm}^3$$

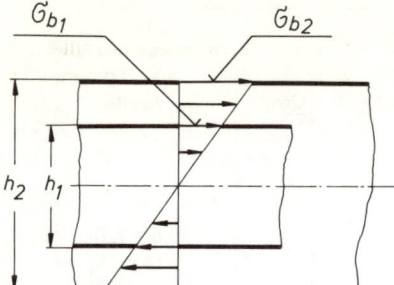

Bild 7.4./8 Bei einem bestimmten Biegehalbmesser bzw. Biegewinkel sind die Randspannungen $\sigma_{b\,1}$ in der dünnen Lage mit der Höhe h_1 geringer als in einer dickeren (h_2 und $\sigma_{b\,2}$). Die Werte sind linear voneinander abhängig.

ein Wert, der dicht bei den errechneten 1,29 cm³ liegt. Zweckmäßigerweise wird die die Brems- und Anfahrmomente aufnehmende Hauptlage 9 mm dick ausgeführt und die zweite 8 mm. Zu beachten ist jedoch, daß je dünner eine Lage sein kann, um so geringer die in dieser auftretenden Spannungen sind (Bild 7.4./8).

Als Abschluß empfiehlt sich eine Kontrolle der Federrate c_F und Oberspannung $\sigma_{b\,o}$, um Rechenfehler zu erkennen; die als Ergebnis erscheinenden Werte dürfen nur geringfügig von den im Rechenansatz verwendeten abweichen. Bei dem Federaufbau ⅑ ⅛ ergäbe sich folgendes Bild:

$$c_{F\,1} = \frac{\Sigma h^3 \cdot 1,75 \cdot 10^5 \cdot (g_1 + g_1) \cdot B \cdot \varkappa_1}{g_1^2 \cdot g_1^2} = \frac{1,241 \cdot 1,75 \cdot 10^5 \cdot 144 \cdot 6 \cdot 2,5}{26,8 \cdot 10^6}$$

$$c_{F\,1} = 17,5 \text{ kp/cm}$$

Die Feder wäre also etwa 3% weicher als gefordert ($c_F = 18$ kp/cm). Bei der Kontrolle von $\sigma_{b\,o}$ muß die tatsächlich vorhandene Federrate (also $c_{F\,1} = 17,5$ kp/cm) verwendet werden:

$$F_{max} = F_w + c_F \cdot f_1$$

$$F_{max} = 300 + 17,5 \cdot 12 = 510 \text{ kp}$$

$$\sigma_{b\,o} = \frac{6 \cdot F_{max} \cdot g_1 \cdot g_2}{(g_1 + g_2) \cdot B \cdot \Sigma h^2} = \frac{6 \cdot 510 \cdot 72}{2 \cdot 6 \cdot (0,8^2 + 0,9^2)} = 12\,600 \text{ kp/cm}^2$$

Die errechnete Oberspannung liegt ebenfalls unter der zugelassenen

$$\sigma_{b\,zul\,o} = 14\,000 \text{ kp/cm}^2$$

Die Feder ist am **wirtschaftlichsten,** wenn bei gleicher Dicke aller Lagen das Federmaterial bis zu den zugelassenen Spannungen ausgenutzt werden kann. Folgende Möglichkeiten bieten sich hierfür an:

a) geringfügiges Kürzen der Hebelarme l_1 und l_2, jedoch unter Beachtung der Federverhärtung (c_F geht herauf);
b) Verbreiterung der Feder auf 80 mm, das Ergebnis wäre eine Einblattfeder;
c) Verwendung von nur 55 mm breitem Flachstahl. Die Feder hätte dann zwei 9,5 mm dicke Lagen, deren Trägheitsmoment in Flachrichtung jedoch geringer wäre. Kurvenkräfte hätten ein stärkeres seitliches Nachgeben zur Folge.

Die erste Möglichkeit bietet zwei **Vorteile,** und zwar den der Verbilligung und den der verbesserten Achsführung durch verkürzte Hebelarme. In jedem der aufgeführten Fälle muß eine neue Berechnung erfolgen.

Die genaue Ausbildung der Feder und die Festlegung der Blatt- und Auswalzlängen sollte dem Federhersteller überlassen bleiben. Dieser wird auch die **Zeichnung** erstellen, die alle Lastwerte, Maße und zulässigen Abweichungen enthält, die sich entweder auf den Einbau in das Fahrzeug beziehen oder zur Kontrolle erforderlich sind. Je eindeutiger und präziser die Angaben gemacht werden, um so weniger besteht die Gefahr, daß in der Serie Differenzen zwischen Hersteller und Abnehmer auftreten. Nachstehende Eintragungen sind erforderlich (siehe Musterzeichnung 8.4.1 in [4]):

7.4.3.1. die **Bauhöhe** p (auch Pfeilhöhe genannt, siehe Bild 7.4./3), die bei der Vorlast F_w den Höhenunterschied zwischen der Anlagefläche der Feder an der Achse und den Mitten der beiden äußeren Augen festlegt. Wird die Feder — wie bei Pkw üblich — unter dem Achskörper befestigt, so gilt die obere Darstellung und bei Lage auf der Achse (Lkw und Omnibusse) die untere; hier ist die Pakethöhe H mit in die Pfeilhöhe p einzubeziehen. p stellt sicher, daß die eingebaute und durch das Aufbaugewicht belastete Feder dem Fahrzeug die vorgeschriebene Standhöhe gibt. Die Bauhöhenkontrolle erfolgt auf der Federwaage, und zwar wird bei fest eingestelltem Höhenmaß die Last abgelesen. Dementsprechend muß ein Tolerieren der Vorlast F_w erfolgen, und zwar mit maximal $\pm 5\%$ des Lastwertes. Die Zeichnungsangabe würde bei dem Beispiel aussehen:

„Bauhöhe 20 mm bei 300 ± 15 kp"

Hätte das Fahrzeug eine **weichere Federung** (z. B. $c_{2h} = 10{,}7$ statt 18 kp/cm), so bestände die Gefahr, daß dieses schiefsteht, wenn einseitig eine an der oberen Toleranzgrenze liegende Feder eingebaut ist und anderseitig eine sich an der unteren befindende. Die zugelassene Lastdifferenz $\pm \Delta F = 15$ kp würde einseitig einen Einfederweg

$$+\Delta f_1 = \Delta F/c_{2h} + 15/10{,}7 = 1{,}4 \text{ cm} = 14 \text{ mm}$$

zulassen und anderseitig den gleichen Ausfederweg $-\Delta f_2$. Der Aufbau könnte also um

$$\Delta f_1 + \Delta f_2 = 28 \text{ mm}$$

schiefstehen (siehe auch Abschnitt 7.4.7.1). Um das zu vermeiden, kann das Gesamttoleranzfeld von ± 15 kp in die drei Prüfgruppen

$$\begin{array}{ccc} +10 & & -5 \\ +5 & \pm 5 \quad \text{und} & -15 \end{array}$$

eingeteilt werden. Die einzelnen Gruppen sind durch Farbpunkte zu markieren.

7.4.3.2. Die bei **Blattbreiten** zugelassenen Abweichungen sind in DIN 4620 „Federstahl, warm gewalzt für geschichtete Blattfedern" festgelegt und in Bild 7.4./7 enthalten.

7.4.3.3. Die **Abstände** l_1 und l_2 von den **Augen** bis zur Federschraube — also bis Mitte Einspannung (siehe Bild 7.4./3) — sollten mit dem Genauigkeitsgrad „grob" DIN 7168 toleriert werden, und zwar im gestrecktem Zustand der Feder, also Pfeilhöhe $p = \frac{1}{2}$ Augen-$\varnothing$ (bzw. $p = \frac{1}{2}$ Augen-$\varnothing$ + Pakethöhe H wenn die Feder über der Achse liegt). In den in Frage kommenden Längebereichen sind folgende Abweichungen zulässig:

über 315 bis 1000 mm ± 2 mm
über 1000 bis 2000 mm ± 3 mm

7.4.3.4. Die Bohrungen in den angerollten **Federaugen** können spanend bearbeitet werden und dann eine ISO-Passung in der Qualität IT 11 bzw. in Ausnahmefällen auch IT 9 bekommen (siehe Abschnitt 6.6 in [3]). Unbearbeitet ist nur das Einhalten der Toleranz „grob" DIN 7168 möglich; bei den in Frage kommenden Bohrungsdurchmessern wäre dies:

Bohrung über   6 bis   30 mm $\pm$ 0,5 mm
Bohrung über 30 bis 120 mm $\pm$ 0,8 mm

7.4.3.5. Die **Federrate** c_F muß ebenfalls mit einer Toleranz versehen werden, um bei Lasterhöhung bzw. -verringerung den gleichen Ein- und Ausfederweg an beiden Rädern zu bekommen. Möglich seitens der Federhersteller sind:

$\pm$ 5% bei Federn mit linearer Kennlinie und
$\pm$ 8% bei Federn mit progressiver Kennlinie.

Hiermit ergibt sich folgende Zeichnungsangabe für das Beispiel:

Federrate $c_F = 17,5 \pm 0,9$ kp/cm

Das erste Ergebnis der Rechnung waren zwei Lagen von rund 8,65 mm Dicke. Unter Berücksichtigung, daß h in der dritten Potenz in die Formel zur Bestimmung von c_F eingeht, betrüge rechnerisch die Federrate bei Ausnutzung der zugelassenen Blattdickentoleranz von $+ 0,15$ mm (also bei $h_{max} = 8,8$ mm) $c_{F\,max} = 18,1$ kp/cm. Mit der unteren Abweichung $- 0,15$ mm (und $h_{min} = 8,5$ mm) ergibt sich ein $c_{F\,min} = 16,9$ kp/cm. Die errechnete Federratentoleranz von $\pm$ 0,6 kp/cm liegt unter der von der Federindustrie zugestandenen $\pm$ 0,9 kp/cm. Hinzu kommen noch Längenabweichungen bei den Hebelarmen (ebenfalls in der dritten Potenz), die mit in die Ratentoleranz eingehen.

7.4.4. Blattfedern mit Zweipunktaufhängung

Wie anhand der Bilder 7.3./18 und 7.3./19 erläutert, biegt sich die Zweipunktfeder bei **gleichseitiger Belastung** im gesamten Bereich durch. Je kürzer die Hebelarme l bei gegebener Gesamtlänge L sind, um so größer wird der Weg, den das länger gewordene Mittelteil in Hochrichtung zwischen den beiden Punkten D zurücklegt. In die Berechnung der Blattdicke h_0 geht deshalb außer dem Hebelarm l noch die halbe Mittenentfernung $\dfrac{e}{2}$ ein, und zwar mit folgendem Ausdruck:

$$\left(1 + \varkappa \cdot \frac{e}{2 \cdot l}\right)$$

Da die Zweipunktfeder grundsätzlich querliegt, betrifft das in der abgewandelten Gleichung des Bildes 7.4./6 erscheinende c_F **beide Räder,** also $c_F = c_{2\,A} = 2 \cdot c_{2\,v,\,h}$. Mit $\varkappa_0 = 2,38$ lautet diese:

$$h_0 = \frac{L^2 \cdot c_F \cdot \sigma_v \cdot \left(1 + \varkappa_0 \cdot \dfrac{e}{2 \cdot l}\right)}{F_w \cdot 2,5 \cdot 10^6}$$

Für σ_v ist wieder $\sigma_{v\,1}$ oder $\sigma_{v\,2}$ einzusetzen; die Lagenzahl n_0 wird mit Hilfe der in Bild 7.4./6 zu findenden, etwas vereinfachten Formel

$$n_0 = \frac{3 \cdot F_w \cdot l}{B \cdot \sigma_{v\,1,\,2} \cdot h_0^2}$$

berechnet, in der der Abstand $\dfrac{e}{2}$ nicht erscheint. h_0 und n_0 sowie die im Anschluß hieran zu ermittelnden Werte h_1, n_1 und $\varkappa_1$, eine **ganze Lagenanzahl** betreffend, gelten für gleichseitige

Federung; **wechselseitige** kann erheblich höhere Spannungen in den Blättern hervorrufen. In der Überprüfung wird (theoretisch) angenommen, daß das Mittelteil zwischen den Anlagepunkten D nur unwesentlich nachgibt und beide Hebelarme sich unter der Last F'_{max} soweit nach oben durchbiegen, wie der max. Einfederweg f_1 es zuläßt. F'_{max} hat einen höheren Wert, als die nach Bild 7.4./6 ermittelte Maximalkraft $F_{max} = F_w + c_F \cdot f_1$, weil die Rate c'_F bei wechselseitiger Federung größer wird als c_F bei gleichseitiger, c'_F läßt sich als Funktion von c_F berechnen:

$$c'_F = c_F \cdot \left(1 + 0,75 \cdot \varkappa_1 \cdot \frac{e}{2 \cdot l} \right)$$

Wie in Abschnitt 7.3.2 bei Bild 7.3./20 beschrieben, liegen c'_F und c_F um so weiter auseinander, je länger e ist und damit bei gegebener Gesamtlänge L, die Hebelarme l kürzer sind. Der Wert 0,75 berücksichtigt das geringfügige Nachgeben der Federmitte. Mit c'_F ergibt sich als Kraft

$$F'_{max} = F_w + c'_F \cdot f_1$$

und vorhandene **Oberspannung**

$$\sigma_{bo} = \frac{3 \cdot F'_{max} \cdot l}{B \cdot n_1 \cdot h_1^2}$$

Ergibt sich hiermit eine höhere als die zulässige Spannung

$$\sigma_{b\,zul\,o} \approx \frac{1,2 \cdot \sigma_s \cdot b_o}{\nu}$$

so muß die Blattdicke unter Inkaufnahme einer größeren Lagenanzahl verringert werden. Die Bedingung hierbei wäre das Einhalten des die Federrate c_F bestimmenden Wertes $\Sigma h^3 = n_1 \cdot h^3$. Hätte die Feder beispielsweise 2 Lagen zu 7 mm, so wäre $\Sigma h^3 = 684$ mm³ und das unter dem Bruchstrich stehende $\Sigma h^2 = n_1 \cdot h^2$ betrüge 98 mm². Bei Übergang auf 3 Lagen von 6 mm Dicke bleibt Σh^3 mit 648 cm³ etwa gleich; Σh^2 dagegen nähme den 10% größeren Wert 108 mm² an. Die Oberspannung ginge also um 10% zurück.

Auf das **Rad** bezogen war $c_{2v,h}$ die für die Rechnung gegebene und sich auf gleichseitige Federung beziehende Rate; **wechselseitig** beträgt diese:

$$c'_{2v,h} = \frac{c'_F}{2} = c_{2v,h} + c_{3v,h}$$

Die Verhärtung würde somit einem **Stabilisator** mit der Rate

$$c_{3v,h} = \frac{c'_F}{2} - c_{2v,h}$$

entsprechen (siehe Abschnitt 7.5.2).

7.4.5. Gebündelte Torsionsfederstäbe

Im Gegensatz zu geschichteten Blattfedern die einen Körper gleicher Biegebeanspruchung darstellen und entsprechend abgestuft sind, laufen bei gebündelten Federstäben alle Blätter in gleicher Dicke bis zu den Enden durch (siehe Bilder 7.3./34 und 7.4./10). Genau wie bei Blattfedern geben auch Federstäbe innerhalb der starren Einspannung geringfügig nach, weshalb als **federnde Länge** l_{fed} (ein Mittelwert aus den konstruktiv festliegenden Baumaßen g und k) in die Berechnung eingeht. Mit dieser Länge ist ein Flachprofil $H \cdot s$ (Bild 7.4./9) zu bestimmen, das von den auftretenden Momenten nicht überbeansprucht wird und außerdem die vorgegebene Federrate c_F an dem Hebelarm r einhält. Das als Rechenergebnis erscheinende, hohe Profil dürfte im Fahrzeug kaum unterzubringen sein; es erfolgt eine Unterteilung in mehrere Einzelstäbe mit der verringerten Höhe v, die zusammengesetzt ein **quadratisches Paket** mit den Seitenmaßen $v \cdot v$ ergeben. Die Stabdicke s multipliziert mit der Lagenanzahl n muß somit ebenfalls das Maß v ergeben:

$$s \cdot n = v$$

Allen Blättern eines Stabes eine einheitliche Dicke zu geben, ist am wirtschaftlichsten; das Flachmaterial für gebündelte Stäbe wird in der geforderten Abmessung bei Einhaltung verhältnismäßig enger Toleranzen durch Ziehen hergestellt. Unterschiedliche Blattdicken verteuern die Feder.

Die fahrzeugseitig **gegebenen** Werte waren in Abschnitt 7.4.2 beschrieben, hinzuzufügen sind noch **Lenkerlänge** r und **Werkstoff**. Entsprechend Tabelle 7.4./1 kommt für gebündelte Stabfedern bis 10 mm Dicke die Sorte **55 Cr 3 V** in der Festigkeitsstufe IV in Frage, also mit den Eigenschaften

$$\sigma_B = 140 \text{ bis } 165 \text{ kp/mm}^2, \qquad \sigma_S \geqq 120 \text{ kp/mm}^2 \qquad \text{und} \qquad \delta_5 \geqq 6\%$$

Nach Abschnitt 7.4.1 ist die zulässige **Torsionsoberspannung**

$$\tau_{t\,zul\,o} = \frac{0,63 \cdot \sigma_s \cdot b_0}{v} = \frac{0,63 \cdot 120 \cdot 1}{1,1} = 68,7 \text{ kp/mm}^2$$

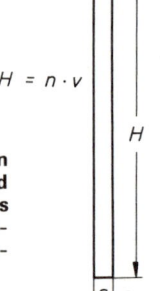

$H = n \cdot v$

Bild 7.4./9 Gebündelte Torsionsstabfedern bestehen praktisch aus einem Flachstab mit der Höhe H und der Dicke s. Dieser n-mal zerschnitten ergibt das gewünschte Federpaket $v = s \cdot n$. Von dieser Voraussetzung ausgehend wird die Berechnung durchgeführt.

Wie im vorigen Abschnitt beschrieben, erfolgt bei Blattfedern ein „Setzen" während des Prüfvorganges, entsprechend einer Beanspruchung über die Biege-Streckgrenze; der Grund, warum hier mit der Sicherheit an die untere Grenze $v = 1,05$ gegangen werden kann. Bei gebündelten Flachstäben ist diese Maßnahme kaum durchführbar und, um ein plastisches Verformen im Fahrbetrieb zu vermeiden, sollte betragen:

$$v \geqq 1,1$$

Die Faktoren b_0 und b_1 (in der folgenden Gleichung) berücksichtigen die Festigkeitsminderung bei Stabdicken über 10 mm (siehe Bilder 7.4./2 und 6.3./1c). Da s beim Ansatz noch unbekannt ist, werden angenommen:

$$b_0 = 1 \quad \text{und} \quad b_1 = 1.$$

Die zulässige **Ausschlagspannung** ist nach Abschnitt 7.4.1 mit $v = 1,3$ als Sicherheit:

$$\tau_{t\,zul\,A} = \frac{0,24 \cdot \sigma_{B\,min} \cdot b_1}{v} = \frac{0,24 \cdot 140 \cdot 1}{1,3} = 25,8 \text{ kp/mm}^2 \qquad \tau_{t\,zul\,A} = 2580 \text{ kp/cm}^2$$

Die zur Auslegung des Stabbündels erforderlichen **Formelzeichen** enthält Bild 7.4./10 (bzw. Bild 7.4./5, wenn diese allgemein gültig sind). Der in Bild 7.4./11 zu findende **Rechengang** setzt voraus, daß der **Lenker** unter der Vorlast F_w **waagerecht** liegt. Beim Ein- und Ausfedern vergrößert sich die Federrate c_F; Einzelheiten sind am Ende des nächsten Abschnittes (zylindrische Torsionsstäbe) zu finden.

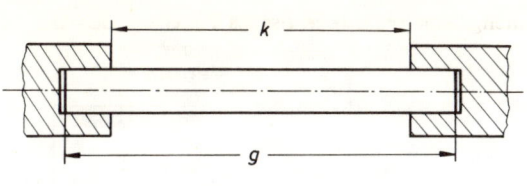

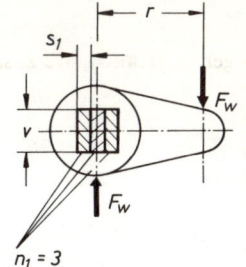

Bild 7.4./10 In die Berechnung gebündelter Flachstäbe eingehende Strecken und Werte.

r	Lenkerlänge	cm
g	Gesamtlänge des Stabbündels	cm
k	freie Länge des Stabbündels	cm
l_{fed}	federnde Länge des Stabbündels $\dfrac{g + k}{2}$	cm
s_0	errechnete Blattdicke	cm
s_1	tatsächliche Blattdicke	cm
n_0	errechnete Lagenzahl	
n_1	tatsächliche Lagenzahl	
v	Blatthöhe und gleichzeitig Pakethöhe wegen des quadratischen Querschnitts	cm
$\widehat{\varphi_1}$	Verdrehwinkel unter F_1	gd
$\widehat{\varphi_2}$	Verdrehwinkel unter F_2	gd
$\widehat{\varphi_v}$	Verdrehwinkel unter F_w	gd
$\widehat{\varphi_{max}}$	Verdrehwinkel unter $F_w + F_1$	gd

$\widehat{\varphi_a}$	Ausschlagwinkel	gd
τ_{to}	zul. Torsionsoberspannung	kp/cm^2
$M_{t\,max}$	max. auftretendes Moment	cm kp
$\pm\tau_{ta}$	vorhandene Ausschlagspannung	kp/cm^2
$\pm\tau_{tA}$	vom Werkstoff ertragbare Ausschlagspannung	kp/cm^2
τ_{ts}	Torsionsfließgrenze	kp/cm^2

Die übrigen Formelzeichen sind in Bild 7.5./5 zu finden.

Die Rechnung setzt eine waagerechte Stellung des Lenkers unter der Vorlast F_w voraus. Abweichungen hiervon bis 5° können vernachlässigt werden; der Kosinus dieses Winkels ginge in die Rechnung ein, der 0,9962 beträgt und nach eins aufzurunden wäre.

In den Rechengang sind für das **Trägheits**- und **Widerstandsmoment** die Formeln

$$I_t = \frac{1}{3}\left(\frac{v}{s} - 0{,}63\right) \cdot s^4 \quad \text{und} \quad W_t = \frac{1}{3}\left(\frac{v}{s} - 0{,}63\right) \cdot s^3$$

eingearbeitet; diese haben ab dem Verhältnis hoch zu flach $n = v/s = 5$ allgemein Gültigkeit. Bei $n = 3$ bzw. 4 beträgt der Fehler etwa 2%, eine vernachlässigbare Größenordnung im Vergleich zu den fahrzeugseitig vorhandenen Bautoleranzen und den bei der Federrate möglichen. Die beiden Gleichungen beziehen sich auf **ein Blatt**; bei einem quadratischen Bündel mit n Blättern und nach Einsetzen von n für das Produkt v/s ergibt sich folgende Formel

$$W_t = \frac{n \cdot s^3}{3}\,(n - 0{,}63).$$

Diese aufgelöst führt zu der in Bild 7.4./11 zu findenden und zur Bestimmung von n_0 dienenden quadratischen Gleichung. Der Gang der **Berechnung** wird wieder an einem Beispiel erläutert, und zwar an der verhältnismäßig weichen, querliegenden **Hinterfeder** eines frontgetriebenen **Pkw** mit großen Federwegen. Bei Besetzung mit zwei Personen sind **gegeben:**

g	= 65	cm	$c_{2h} = c_F$	= 10,7	kp/cm
k	= 56,5	cm	G_h	= 500	kp
f_1	= 19	cm	U_h	= 60	kp
f_2	= 8	cm	r	= 40	cm

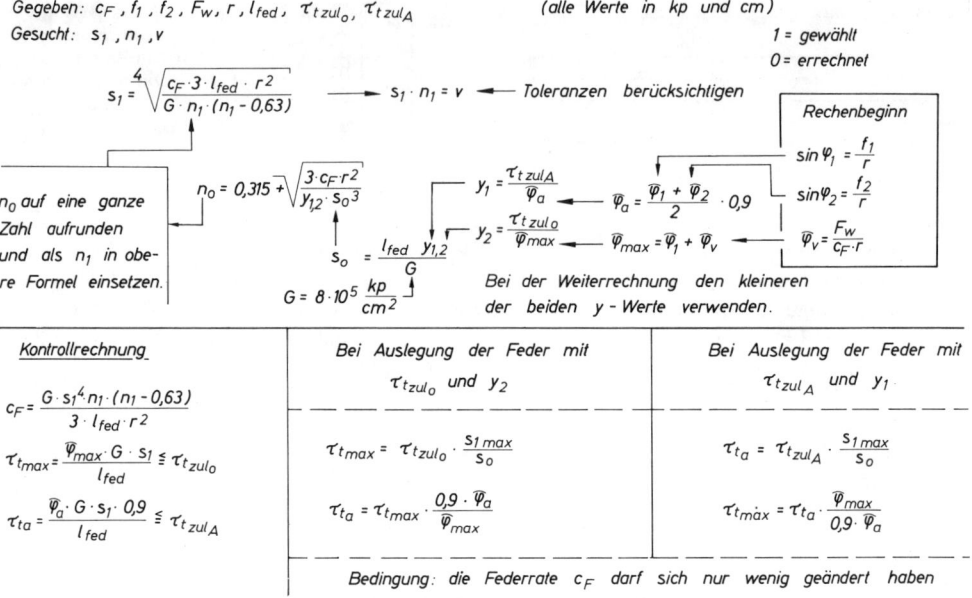

Bild 7.4./11 Schema zur Berechnung einer gebündelten Torsionsstabfeder mit quadratischem Querschnitt und mindestens drei Blättern. Erfolgt die Auslegung der Feder über die zulässige Oberspannung $\tau_{t\,zul\,0}$ und y_2, kann die Kontrollrechnung vereinfacht mit den Gleichungen des mittelsten Feldes durchgeführt werden. Bei Dimensionierung mit $\tau_{t\,zul\,A}$ und y_1 gilt das rechte Feld.

Hiermit ergibt sich die **Vorlast** F_w, gleichliegend mit der Radlast N_h abzüglich des halben Achsgewichtes $U_{h/2}$:

$$F_w = N_h' = \frac{G_h - U_h}{2} = 220 \text{ kp}$$

Nach Bestimmung der federnden Länge

$$l_{fed} = \frac{g + k}{2} = 60{,}75 \text{ cm}$$

sind die **Verdrehwinkel** φ_1 und φ_2 zu bestimmen sowie der Winkel φ_v, um den die Feder vorgespannt werden muß, damit der Lenker bei waagerechter Stellung die Vorlast F_w trägt (siehe Bild 7.4./12 auf S. 243):

$$\sin \varphi_1 = \frac{f_1}{r} = \frac{19}{40} = 0{,}475 \qquad\qquad \sin \varphi_2 = \frac{f_2}{r} = \frac{8}{40} = 0{,}2$$

$$\varphi_1 = 28{,}3°, \quad \widehat{\varphi}_1 = 0{,}494 \qquad\qquad \varphi_2 = 11{,}5°, \quad \widehat{\varphi}_2 = 0{,}201$$

$$\widehat{\varphi}_v = \frac{F_w}{c_F \cdot r} = \frac{220}{10{,}7 \cdot 40} \qquad\qquad \widehat{\varphi}_v = 0{,}514$$

Mit Hilfe der Einzelwinkel sind 90% des Ausschlagwinkels φ_a zu berechnen sowie der größte Federungswinkel φ_{max}, um die Ergebnisse der zulässigen Ausschlag- und Oberspannung gegenüberstellen zu können. Beide Beanspruchungsarten finden wieder von vornherein Berücksichtigung:

$$\widehat{\varphi}_a = \frac{\widehat{\varphi}_1 + \widehat{\varphi}_2}{2} \cdot 0,9 = \frac{0,9\,(0,494 + 0,201)}{2} = 0,313$$

$$y_1 = \frac{\tau_{t\,zul\,A}}{\widehat{\varphi}_a} = \frac{2580}{0,313} \qquad y_1 = 8240\,\text{kp/cm}^2$$

$$\widehat{\varphi}_{max} = \widehat{\varphi}_1 + \widehat{\varphi}_v = 0,494 + 0,514 \qquad \widehat{\varphi}_{max} = 1,008$$

$$y_2 = \frac{\tau_{t\,zul\,o}}{\widehat{\varphi}_{max}} = \frac{6870}{1,008} \qquad y_2 = 6820\,\text{kp/cm}^2$$

Mit dem kleineren der beiden y-Werte (also hier y_2) ist die **Stabdicke** s_0 zu berechnen, die unter Berücksichtigung der zugelassenen Toleranzen später nicht überschritten werden darf. Genau wie bei Blattfedern sind auch in Flachstäben die Spannungen um so höher, je dicker die Lagen sind. Bei dem Beispiel bestimmt die Oberspannung die Stabdicke; würde der aus $\tau_{t\,zul\,A}$ ermittelte größere y_1-Wert in die weitere Rechnung eingehen, so entstände eine Feder mit weniger, aber dickeren Lagen. Beim vollen Einfedern entstände eine unzulässig hohe Oberspannung; die Feder würde nachgeben, ein „Setzen" auftreten, mit der Folge einer Verringerung der Bauhöhe des Wagens. Die Stabdicke ergibt sich aus:

$$s_0 = \frac{l_{fed} \cdot y_2}{G} = \frac{60,75 \cdot 6820}{8 \cdot 10^5} \qquad s_0 = 0,519\,\text{cm}$$

Mit s_0 wird die **Mindestlagenanzahl** n_0 bestimmt:

$$n_0 = 0,315 + \sqrt{\frac{3 \cdot c_F \cdot r^2}{s_0^3 \cdot y_2}} = 0,315 + \sqrt{\frac{3 \cdot 10,7 \cdot 1600}{0,14 \cdot 6820}} = 0,315 + 7,34$$

$$n_0 = 7,655$$

Die Dezimalstellen von n_0 sind auf die nächste ganze Zahl — also $\mathbf{n_1 = 8}$ — aufzurunden, um mit dieser die **endgültige Stabdicke** s_1 ermitteln zu können:

$$s_1 = \sqrt[4]{\frac{c_F \cdot 3 \cdot l_{fed} \cdot r^2}{G \cdot n_1 \cdot (n_1 - 0,63)}} = \sqrt[4]{\frac{10,7 \cdot 3 \cdot 60,75 \cdot 1600}{8 \cdot 10^5 \cdot 8 \cdot 7,37}} \qquad s_1 = 0,507\,\text{cm}.$$

Die **Feder** hätte also **8 Lagen** von **5,07 mm Dicke**. Zur Festlegung des Vierkantmaßes $v = n \cdot s_1$ sind die **Toleranzen** und genauen **Abmessungen** der **Einzelstäbe** erforderlich. Für die Höhe v reicht die verhältnismäßig grobe ISO-Passung h 11 aus; die Flachseite dagegen benötigt wegen der Toleranzaddition (8 Lagen) eine feinere, und zwar mindestens h 10 möglichst jedoch h 9 (ISO-Passungen und Toleranzen siehe [3] Abschnitt 6). Das Toleranzfeld h hat eine Minusabweichung, und die **Stabdicke** wird deshalb auf **5,1 mm** aufgerundet. Damit ergibt sich als Vierkantmaß:

$$v = n_1 \cdot s_1 = 8 \cdot 5,1 = 40,8\,\text{mm}$$

Um die Feder ohne Gewalt einbauen zu können, bekommen die Aufnahmebohrungen die Toleranz h 11, so daß sich im Einzelnen folgende **Abweichungen** in mm ergeben:

Stabdicke		Stabhöhe		Vierkantaufnahme	
$5,1_{h\,10}$	0 $-0,048$ mm	$40,8_{h\,11}$	0 $-0,16$ mm	$40,8^{h\,11}$	$+0,16$ mm 0

Berechnung und Auslegung von Stahlfedern

Jede der 8 Lagen kann flachseitig eine Minusabweichung von 0,048 mm haben; also zusammen 0,384 mm. Bei der möglichen Plusabweichung in der Aufnahme von 0,16 mm würde das **Größtspiel** 0,384 + 0,16 = 0,544 mm betragen, das Kleinstspiel dagegen wäre Null. Hochkant ergibt sich als Spiel 2 · 0,16 mm = 0,32 mm bzw. ebenfalls Null als unterer Grenzwert.

In abschließender **Kontrollrechnung** sind Federrate und vorhandene Spannung zu überprüfen, wobei für s_1 die endgültige Dicke in cm unter Berücksichtigung des Toleranzmittelwertes einzusetzen ist, also:

$$s_1 = 0,51 - 0,0024 = 0,5076 \text{ cm}$$

Bei parallel zum Boden liegendem Lenker wäre die Federrate:

$$c_F = \frac{G \cdot s_1^4 \cdot n_1 \cdot (n_1 - 0,63)}{3 \cdot l_{fed} \cdot r^2} = \frac{8 \cdot 10^5 \cdot 0,066 \cdot 8 \cdot 7,37}{3 \cdot 60,75 \cdot 1600} \qquad c_F = 10,64 \text{ kp/cm}$$

(gegeben war $c_F = 10,7$ kp/cm)

Liegt die Federrate in Nähe des Ausgangswertes (hier der Fall), so können die **Spannungen** durch eine Gegenüberstellung der Stabdicke s_0 zu s_{1max} leicht kontrolliert werden (siehe Formeln Bild 7.4./11) unten Mitte). War die Feder mit Hilfe der zulässigen **Oberspannung** (und dementsprechend mit y_2) ausgelegt, ist zuerst $\tau_{t\,max}$ als Funktion von $\tau_{t\,zul\,o}$ zu berechnen; erst im Anschluß hieran erfolgt die Bestimmung von $\tau_{t\,a}$ durch Gegenüberstellung der Winkel $\widehat{\varphi}_{max}$ und $\widehat{\varphi}_a$. Bei Auslegung der Feder mit $\tau_{t\,zul\,A}$ und y_1 muß in umgekehrter Reihenfolge vorgegangen werden, d. h., zuerst ist $\tau_{t\,a}$ zu ermitteln und danach erst $\tau_{t\,max}$. In die Formeln geht s_{1max} ein, also die größte, unter Berücksichtigung des **Toleranzbereiches** mögliche Dicke; im Minusbereich liegende Blätter haben geringfügig niedrigere Spannungen.

$$\tau_{t\,max} = \tau_{t\,zul\,o} \cdot \frac{s_{1max}}{s_0} = 6870 \cdot \frac{0,51}{0,519} = 6760 \text{ kp/cm}^2$$

$$\tau_{t\,a} = \tau_{t\,max} \cdot \frac{\widehat{\varphi}_a}{\widehat{\varphi}_{max}} = 6760 \cdot \frac{0,313}{1,008} = 2100 \text{ kp/cm}^2$$

Beide Werte liegen unter den max. zugelassenen, die betragen

$$\tau_{t\,zul\,o} = 6870 \text{ kp/cm}^2 \quad \text{und} \quad \tau_{t\,zul\,A} = 2580 \text{ kp/cm}^2$$

Dies bedeutet ein **Nichtausnutzen** des **Werkstoffes** und damit eine kostenungünstige Feder. Folgende Möglichkeiten, die Feder wirtschaftlicher zu gestalten, lassen sich aus den Gleichungen des Bildes 7.4./11 ablesen:

7.4.5.1. Verkürzung der federnden Länge l_{fed}, wodurch sich eine Gewichtseinsparung bei der 8lagigen Feder ergäbe;

7.4.5.2. Verringerung des Einfederweges f_1, was zu einem kleineren Gesamtwinkel φ_{max} führen würde, damit zu einem größeren y_2 und einer 7lagigen Feder;

7.4.5.3. Verlängern des Lenkers r; auch durch diese Maßnahme ließe sich ein Stab mit nur 7 Blättern ermöglichen.

In allen drei Fällen ist jedoch eine Neuberechnung der Feder erforderlich.

Mit Hilfe der max. Torsionsspannung $\tau_{t\,max} = 6760$ kp/cm² läßt sich die **Biegespannung** $\sigma_{b\,o}$ bestimmen, die die Feder **hochkant** zusätzlich aufnehmen könnte (siehe Abschnitt 7.3.4). Die Gleichung hierfür lautet:

$$\tau_{t\,v} = \sqrt{\left(\frac{\sigma_{b\,0}}{\alpha_A}\right)^2 + (0,74 \cdot \tau_{t\,max})^2} \leqq \tau_{t\,zul\,0}$$

Nach $\sigma_{b\,0}$ umgestellt ergibt sich die brauchbarere Form:

$$\sigma_{b\,0} = \alpha_A \cdot \sqrt{\tau_{t\,zul\,0}^2 - (0,74 \cdot \tau_{t\,max})^2}$$

und mit den eingesetzten Zahlenwerten wird

$$\sigma_{b\,0} = 1,61 \sqrt{6870^2 - (0,74 \cdot 6760)^2} \qquad \sigma_{b\,0} = 7580 \text{ kp/cm}^2$$

Die ertragbare Biegespannung muß über der zulässigen Torsionsoberspannung liegen.

7.4.6. Zylindrische Torsionsfederstäbe

Die Forderung nach optimaler Werkstoffausnutzung und damit verbunden kostengünstiger Feder ist bei runden Torsionsstäben erfüllbar, wenn die **Stablänge** $L = l_{fed} + 2 \cdot e$ (Bild 7.4./13) frei gewählt werden kann, also nicht bereits konstruktiv festliegt. Bei gegebener Federrate c_F und Lenkerlänge r hängt die federnde Länge l_{fed} vom Durchmesser d des Stabes ab und d wiederum von den Werkstoffeigenschaften, also davon, wie hoch die Festigkeitswerte des vorgesehenen Federstahles liegen. Wie Bild 7.4./1 zeigt, kommt von 16 bis 25 mm Durchmesser die Sorte **50 CrV 4 V** in der Festigkeitsstufe VI in Frage, d. h. in dem auf der **Zeichnung** vorzuschreibenden Endzustand (siehe [4] Abschnitt 7.7.2):

$$\sigma_B = 160 \text{ bis } 185 \text{ kp/mm}^2, \qquad \sigma_S \geqq 145 \text{ kp/mm}.$$

Die Streckgrenze dient zur Bestimmung der zulässigen **Torsionsoberspannung** $\tau_{t\,zul\,0}$. Als Sicherheit reicht $v = 1,05$ bis $1,1$; beim Überschreiten würde der Stab sich geringfügig „setzen", was mit der vorhandenen Einstellvorrichtung wieder ausgeglichen werden kann (siehe Abschnitt 7.3.4). Nach der in Abschnitt 7.4.1 zu findenden Gleichung ist:

$$\tau_{t\,zul\,0} \approx \frac{0,63 \cdot \sigma_S \cdot b_0}{v} = \frac{0,63 \cdot 145 \cdot 0,97}{1,08} \qquad \tau_{t\,zul\,0} \approx 82 \text{ kp/mm}^2$$

Der Minderungsfaktor $b_0 = 0,97$ (siehe Bild 7.4./2) entspricht einem Durchmesser von 20 mm; d ist noch unbekannt, deshalb die Annahme dieses Wertes.

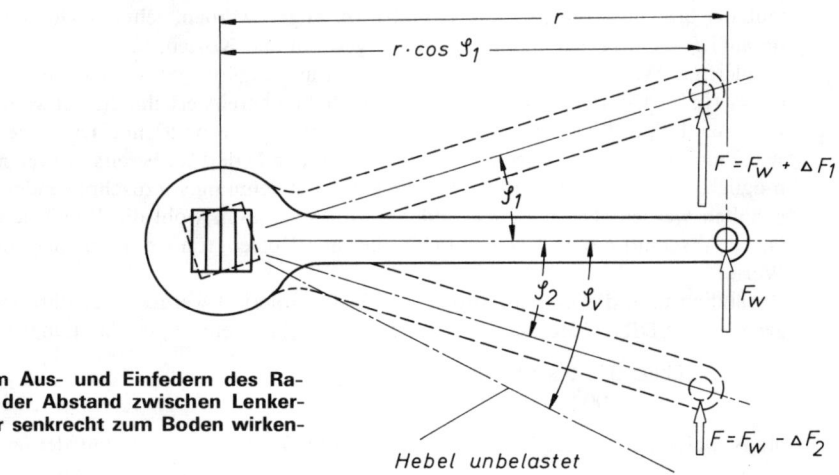

Bild 7.4./12 Beim Aus- und Einfedern des Rades verkürzt sich der Abstand zwischen Lenkerdrehpunkt und der senkrecht zum Boden wirkenden Federkraft F.

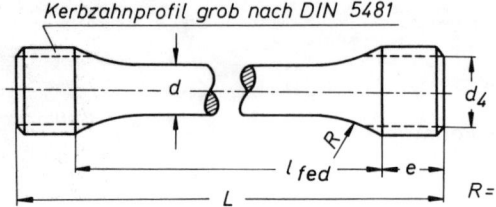

Kerbzahnprofil grob nach DIN 5481

Bei Kerbverzahnung

Fußkreis $\varnothing$ $d_4 = 1,4 \cdot d$
bzw. $1,25 \cdot d$

Kopflänge $e \geqq 0,5 \cdot d_4$

R = Übergangshalbmesser vom
Kopf zum Schaft $\geqq$ 90mm

Bei Vierkantkopf

$v = 1,25$ bis $1,4 \cdot d$

$e \geqq 1 \cdot v$

d	Stabdurchmesser	cm	
L	Gesamtlänge des Stabes	cm	
e	Kopflänge des Stabes	cm	
l_{fed}	federnde Länge, einzusetzen ist das Maß zwischen den Köpfen	cm	
F_1'	senkrecht auf dem Hebel	kp	

stehende Kraft, die erforderlich ist, um diesen um φ_1 zu verdrehen (Bild 7.4./15)

F_2' senkrecht auf dem Hebel kp
stehende Kraft, die erforderlich ist, um diesen um φ_2 zu entlasten

Bild 7.4./13 In die Berechnung einer zylindrischen Torsionsstabfeder eingehende Strecken und Werte.

Von runden Federstäben sind nicht nur günstige Oberspannungswerte ertragbar, sondern auch verhältnismäßig hohe **Ausschlagspannungen;** die Oberfläche wird **geschliffen** und danach noch verdichtet:

$$\tau_{t\,zul\,A} = \frac{0,24 \cdot \sigma_{B\,min} \cdot b_1}{\nu} = \frac{0,24 \cdot 160 \cdot 0,93}{1,1} \qquad \tau_{t\,zul\,A} = 32,5 \text{ kp/mm}^2$$

Der Minderungsbeiwert b_1 wurde Bild 6.3./1c entnommen und die Sicherheit entsprechend Abschnitt 7.4.1 mit 1,1 angesetzt.

Als Funktion von $\tau_{t\,zul\,o}$ bzw. $\tau_{t\,zul\,A}$ erfolgt zuerst die Berechnung des Mindestdurchmessers d_{min} und anschließend der federnden Länge l_{fed}; diese hängt hauptsächlich von der Federrate c_F ab. Die in Bild 7.4./14 zusammengefaßten Gleichungen lassen erkennen, daß eine **harte** Federung (großes c_F unter dem Bruchstrich) nur einen kurzen Stab benötigt; eine **weiche** dagegen bei gleichem Durchmesser einen **längeren.** Auf der anderen Seite ist l_{fed} eine Funktion von d^4, d. h., muß der Stab aus konstruktiven Gründen verlängert werden, geht der Durchmesser geringfügig herauf $[d = f(\sqrt[4]{l})]$ und damit auch Federgewicht und **Kosten.**

In gleicher Weise — jedoch in der Auswirkung ungünstiger — hängen c_F und d zusammen $[c_F = f(d^4)]$: kleine Durchmessertoleranzen haben bereits erhebliche Schwankungen der Federrate zur Folge. Sind beispielsweise bei einem Stab von 20 mm Durchmesser als Toleranz $\pm 0,2$ mm zugelassen (also $\pm 1\%$), so sind bei der Federrate bereits Abweichungen von $\pm 4\%$ möglich. Aus diesem Grund sollten die auf der **Zeichnung** vorzuschreibenden **Toleranzen** klein gehalten werden. Die federnherstellende Industrie kann wohl die ISO-Toleranz h 9 einhalten (siehe Abschnitt 6.6 in [3]), empfiehlt aber aus Kostengründen die in Bild 7.4./14 enthaltenen Werte.

Zusätzlich muß die **Gesamtlänge** L des Stabes toleriert werden; hier dürfte der Genauigkeitsgrad „grob" DIN 7168 (siehe Abschnitt 6.3 in [3]) ausreichen, der bei Längen

über   315 bis 1000 mm $\pm$ 2 mm und
über 1000 bis 2000 mm $\pm$ 3 mm

als Abweichung zuläßt. L setzt sich, wie in Bild 7.4./13 zu sehen, aus der federnden Länge l_{fed}

Gegeben: c_F , f_1 , f_2 , r , F_w , $\tau_{t\,zul_0}$, $\tau_{t\,zul_A}$ (alle Werte in kp und cm)

Gesucht: l_{fed} , d

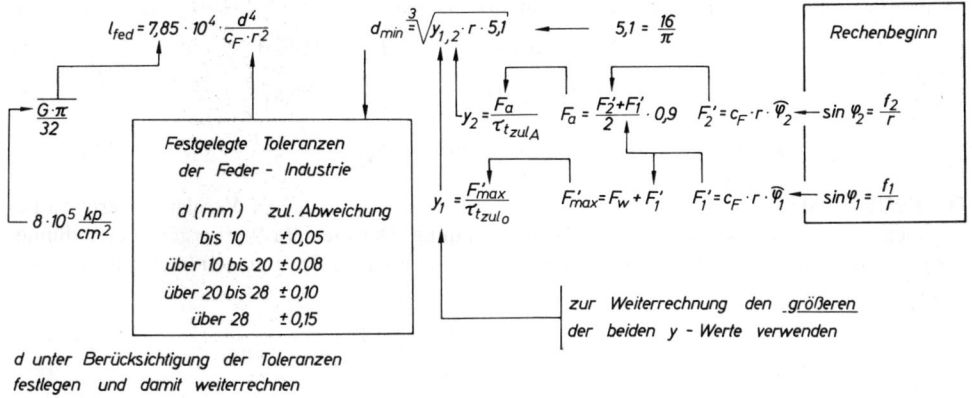

$$l_{fed} = 7{,}85 \cdot 10^4 \cdot \frac{d^4}{c_F \cdot r^2}$$

$$d_{min} = \sqrt[3]{y_{1,2} \cdot r \cdot 5{,}1} \longleftarrow 5{,}1 = \frac{16}{\pi}$$

Rechenbeginn

$\dfrac{G \cdot \pi}{32}$

$8 \cdot 10^5 \dfrac{kp}{cm^2}$

Festgelegte Toleranzen der Feder - Industrie

d (mm)	zul. Abweichung
bis 10	±0,05
über 10 bis 20	±0,08
über 20 bis 28	±0,10
über 28	±0,15

$y_2 = \dfrac{F_a}{\tau_{t\,zul_A}}$ $F_a = \dfrac{F_2' + F_1'}{2} \cdot 0{,}9$ $F_2' = c_F \cdot r \cdot \widehat{\varphi}_2 \longleftarrow \sin \varphi_2 = \dfrac{f_2}{r}$

$y_1 = \dfrac{F_{max}'}{\tau_{t\,zul_0}}$ $F_{max}' = F_w + F_1'$ $F_1' = c_F \cdot r \cdot \widehat{\varphi}_1 \longleftarrow \sin \varphi_1 = \dfrac{f_1}{r}$

zur Weiterrechnung den *größeren* der beiden y - Werte verwenden

d unter Berücksichtigung der Toleranzen festlegen und damit weiterrechnen

Kontrollrechnung

$$\tau_{t_a} = (\widehat{\varphi}_1 + \widehat{\varphi}_2) \cdot 2 \cdot 10^5 \cdot \frac{d}{l_{fed}} \cdot 0{,}9 \quad \frac{G}{4} \qquad \tau_{t_{max}} = \tau_{t_a} \cdot \frac{F_{max}'}{F_a \cdot 0{,}9}$$

Bild 7.4./14 Schema zur Berechnung einer zylindrischen Torsionsstabfeder und zulässige Durchmesserabweichungen.

zwischen den Köpfen und zweimal e zusammen. Der Übergang vom Schaft zu den Köpfen bekommt zur Vermeidung von **Kerbwirkung** einen Halbmesser $R \geqq 90$ mm.

Hat der Stab auf den Enden **Vier-** oder **Sechskant**köpfe, so müssen diese die 1,25- bis 1,4fache Dicke des Durchmessers haben, also

$$v = 1{,}25 \text{ bis } 1{,}4 \cdot d;$$

die Kopflänge e soll dabei dem Maß v entsprechen. Bei der in DIN 5481 festgelegten **Kerbverzahnung** mit 60° Lückenwinkel darf der Fußkreisdurchmesser d_4 nicht kleiner als $1{,}4 \cdot d$ sein und bei einem Winkel von 75° nicht unter $1{,}25 \cdot d$ liegen. Der etwas größere, nicht genormte Winkel 75° bietet günstigere Bedingungen beim Verdichten der Feder und verursacht weniger Kerbwirkung; zwei Gründe diesen zu verwenden. Wegen der Mitnahme durch mehr als 25 Zähne reicht eine Kopflänge $e \geqq 0{,}5 \cdot d_4$ aus.

Der Rechengang wird wieder anhand eines **Beispiels** erläutert, und zwar bis auf die federnde Länge l_{fed} mit den gleichen Werten wie beim gebündelten Stab (siehe Abschnitt 7.4.5). Folgende Werte sind dadurch bekannt:

$$N_h' = F_w = 220 \text{ kp}, \quad c_F = 10{,}7 \text{ kp/cm}, \quad r = 40 \text{ cm}, \quad \widehat{\varphi}_1 = 0{,}494 \text{ und } \widehat{\varphi}_2 = 0{,}201.$$

Hinzu kommen die zuvor ermittelten Werkstoffeigenschaften in kp/cm²:

$$\tau_{t\,zul\,o} = 8200 \text{ kp/cm}^2 \text{ und } \tau_{t\,zul\,A} = 3250 \text{ kp/cm}^2$$

Die Formelzeichen enthält Bild 7.4./13 bzw. Bild 7.4./10. Zu Beginn werden die **Kräfte** F_1' und F_2' ermittelt, die senkrecht auf dem Lenker stehend diesen aus der waagerechten Lage heraus um den Winkel φ_1 verdrehen bzw. um φ_2 entlasten (Bild 7.4./15). Beide sind zur Bestimmung der Ausschlagkraft F_a (bzw. 90% davon) erforderlich und F_1' außerdem zur Ermittlung der Maximalkraft F_{max}'. In der Berechnung des gebündelten Flachstabes wurden die Winkel addiert, hier ist es günstiger, von den Kräften auszugehen.

$$F_1' = c_F \cdot r \cdot \widehat{\varphi}_1 = 10,7 \cdot 40 \cdot 0,494 \qquad F_1' = 212 \text{ kp}$$

$$F_2' = c_F \cdot r \cdot \widehat{\varphi}_2 = 10,7 \cdot 40 \cdot 0,201 \qquad F_2' = 86 \text{ kp}$$

$$F_{max}' = F_w + {}'F_1' = 220 + 212 = 432 \text{ kp} \qquad F_a = \frac{F_2' + F_1'}{2} \cdot 0,9 = 134 \text{ kp}$$

Die Kräfte werden durch die zulässigen Spannungen geteilt, um die y-Vergleichswerte zu bekommen; mit dem **größeren** erfolgt die Weiterrechnung. Der kleinere Wert ergäbe einen dünneren und auch kürzeren Stab, bei dem im Betrieb die zulässigen Spannungen überschritten würden.

$$y_1 = \frac{F_{max}'}{\tau_{t\,zul\,o}} = \frac{432}{8200} \qquad\qquad y_2 = \frac{F_a}{\tau_{t\,zul\,A}} = \frac{142}{3250}$$

$$y_1 = 5,27 \cdot 10^{-2} \text{ cm}^2 \qquad\qquad y_2 = 4,37 \cdot 10^{-2} \text{ cm}^2$$

Mit y_1 erfolgt die Bestimmung des **Mindestdurchmessers** d_{min}, d. h. der Abmessung, die unter Berücksichtigung der zulässigen Minusabweichung nicht unterschritten werden darf:

$$d_{min} = \sqrt[3]{5,27 \cdot 10^{-2} \cdot 40 \cdot 5,1} = \sqrt[3]{10,75}$$

$$d_{min} = 2,21 \text{ cm} \qquad \text{und in mm:} \qquad d_{min} = 22,1 \text{ mm}$$

Ein Weiterrechnen ist erst nach Festlegung der **Toleranzen** möglich. Erstens sollten diese in der **Zeichnung** erscheinen, und zweitens muß in der Gleichung zur Berechnung der **federnden Länge** l_{fed} der mittlere Durchmesser d erscheinen. Die Zeichnungsangabe würde mit der nach Bild 7.4./14 zugelassenen Abweichung von $\pm 0,1$ mm lauten:

$$\varnothing\ 22,2 \pm 0,1$$

Mit diesem Wert ergibt sich ein l_{fed}:

$$l_{fed} = 7,85 \cdot 10^4 \cdot \frac{d^4}{c_F \cdot r^2} = 7,85 \cdot 10^4 \cdot \frac{2,24^4}{10,7 \cdot 40^2} = 112 \text{ cm}$$

Der Abstand zwischen den Köpfen beträgt somit unter Berücksichtigung der Abweichung „grob" DIN 7168:

$$1120 \pm 3 \text{ mm}$$

Erfolgt eine nachträgliche Durchmesser- oder Längenänderung, so kann eine Überprüfung der Torsionsspannung mit den unten auf Bild 7.4./14 zu findenden Gleichungen erfolgen. Eine Kontrolle der **Federrate** c_F erübrigt sich; die federnde Länge des Stabes wurde mit der hierfür maßgeblichen Gleichung ermittelt;

$$c_F = \frac{G \cdot I_t}{l_{fed} \cdot r^2} = \frac{d^4 \cdot 7,85 \cdot 10^4}{l_{fed} \cdot r^2}$$

Federt — wie in Bild 7.4./12 gezeigt — der Lenker aus der waagerechten Lage um den Winkel φ_1 nach oben ein, so wird die **Federung** des Fahrzeugs **härter**. Die sich einstellende erhöhte

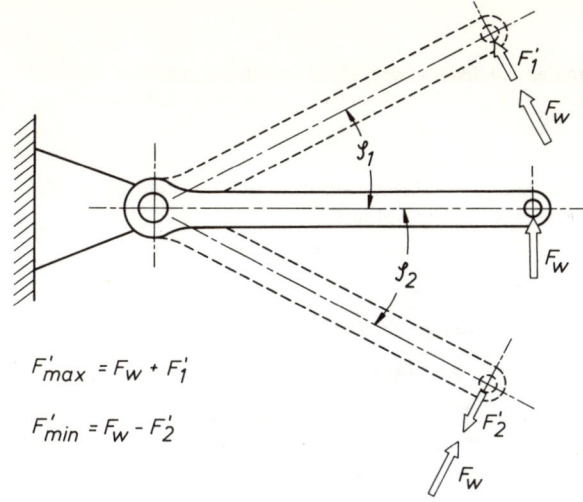

Bild 7.4./15 In der Federberechnung wird davon ausgegangen, daß die verdrehende Kraft F' in jeder Winkellage senkrecht auf dem Lenker steht.

$$F'_{max} = F_w + F'_1$$

$$F'_{min} = F_w - F'_2$$

Bild 7.4./16 Leicht progressiv ansteigende Kraft-Weg-Kurve der berechneten zylindrischen Torsionsstabfeder bei der Lenkerlänge $r = 400$ mm.

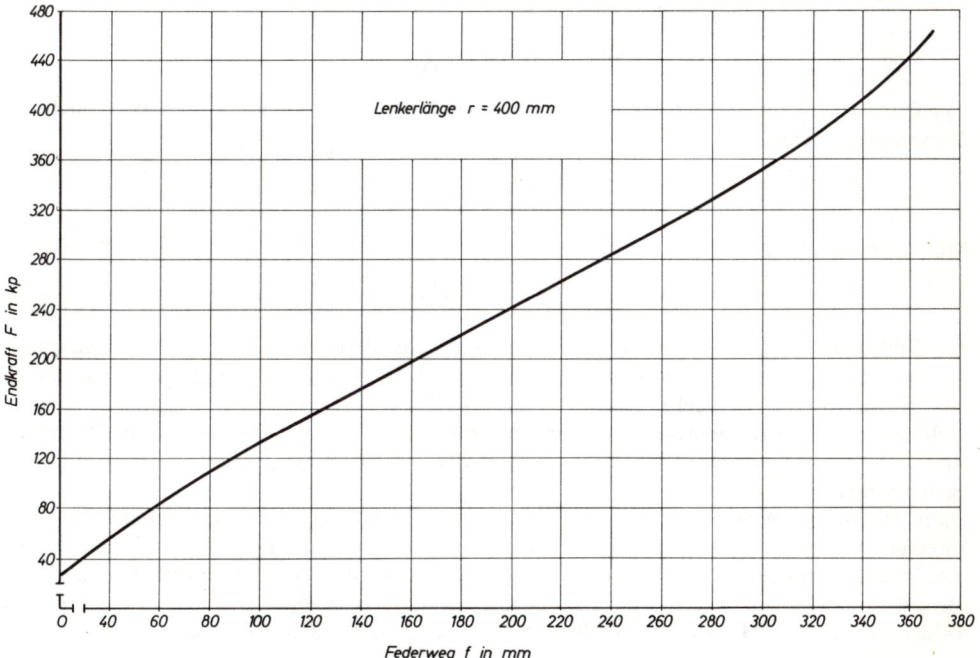

Federrate c_{F1} kann als Funktion der Winkeländerung $\Delta\varphi_1$ für jede Lenkerstellung und damit auch für jeden beliebigen **Einfederweg** $\Delta f_1 = r \cdot \sin \Delta\varphi_1$ berechnet werden:

$$c_{F1} = c_F \cdot \frac{1 + \tan \Delta\varphi_1 \cdot (\widehat{\varphi_v} + \Delta\widehat{\varphi_1})}{\cos^2 \Delta\varphi_1}$$

In gleicher Weise trifft dies für Änderung des **Ausfederweges** $\Delta f_2 = r \cdot \sin \Delta \varphi_2$ zu:

$$c_{F2} = c_F \cdot \frac{1 - \tan \Delta \varphi_2 \, (\widehat{\varphi}_v - \Delta \widehat{\varphi}_2)}{\cos^2 \Delta \varphi_2}$$

In die erste Gleichung anstelle von $\Delta \varphi_1$ die bekannten Zahlenwerte $\widehat{\varphi}_1 = 0{,}494$ und $\varphi_1 = 28{,}3°$ für den gesamten Einfederweg $f_1 = 19$ cm eingesetzt, ergibt mit

$$\widehat{\varphi}_v = \frac{F_w}{c_F \cdot r} = \frac{220}{10{,}7 \cdot 40}, \qquad \widehat{\varphi}_v = 0{,}514$$

eine um 99% höhere Federrate für den voll eingefederten Zustand:

$$c_{F1} = 10{,}7 \cdot 1{,}99 \text{ kp/cm} \qquad c_{F1} = 21{,}3 \text{ kp/cm}$$

Beim Ausfedern um kleine Winkel, z. B. $\Delta \varphi_2 = 5°$, wird die Rate zuerst weicher ($c_{F2} = 10{,}5$ kp/cm), um danach wieder herauf zu gehen. Erforderlich für die Federauslegung ist jedoch die Änderung der Rate als Funktion des jeweiligen **Raddruckes** $N_{v,h}$ bzw. der **Achslast** $G_{v,h}$, d. h. zusätzlich zur Wegänderung $\pm \Delta f_{1,2}$ muß noch die Krafterhöhung ΔF_1 berechnet werden, die erforderlich ist, den Hebel um den Winkel $\Delta \varphi_1$ nach oben zu drücken bzw. die Entlastung ΔF_2, die ihn um $\Delta \varphi_2$ nach unten wandern läßt:

$$\Delta F_1 = \frac{c_F \cdot r \cdot \Delta \widehat{\varphi}_1}{\cos \varphi_1} \qquad \text{und} \qquad \Delta F_2 = \frac{c_F \cdot r \cdot \Delta \widehat{\varphi}_2}{\cos \varphi_2}$$

Zur Bestimmung der Kraft F die bei der jeweiligen Stellung den Hebel belastet, wird noch die Vorspannkraft benötigt:

$$F_w = \frac{G_h - U_h}{2}$$

Mit dieser ergibt sich:

$$F = F_w + \Delta F_1 \qquad \text{bzw.} \qquad F = F_w - \Delta F_2$$

Die Zahlenwerte eingesetzt, entsteht nach oben eine Laständerung von $\Delta F_1 = 240$ kp und somit die Endkraft $F_{max} = 220 + 240 = 460$ kp (siehe Bild 7.4./12). Diese stimmt **nicht** mit der in den Vergleichswert y_1 eingehenden Maximalkraft $F'_{max} = 432$ kp überein. F'_{max} diente zur Berechnung des **Torsionsmomentes** und wird als **senkrecht** auf dem **Hebel** stehend angenommen (Bild 7.4./15). F_{max} dagegen ist gleichgerichtet mit der Normalkraft N, also **senkrecht** zum **Boden** wirkend.

Beim Ausfedern um $\Delta \varphi_2 = 5°$, entsprechend einem Weg von $\Delta f_2 = 35$ mm, tritt eine Lastverringerung von nur $\Delta F_2 = 37$ kp ein. Die errechneten Kräfte sind als Funktion der Wege in Bild 7.4./16 dargestellt und die Federraten in Abhängigkeit der Federkraft F in Bild 7.4./17. F bezieht sich auf ein Rad (also nur auf eine Achsseite) und berücksichtigt auch nicht das Gewicht U_h der ungefederten Massen. Mit F läßt sich die jeweilige Hinterachslast G_h errechnen:

$$G_h = 2 \cdot F + U_h$$

Die Gleichungen in Bild 7.4./14 zeigen, daß je kürzer der Lenker ist, um so größer beim Ein- und Ausfedern um die Wegdifferenz $\Delta f_{1,2}$ die Winkel $\Delta \varphi_{1,2}$ werden; eine gewisse **Progressivität** läßt sich durch Kurzhalten des Hebelarms r auch mit Torsionsfederstäben erreichen. Zur Veranschaulichung wurden in das Bild 7.4./17 zusätzlich die errechneten Federungskurven für zwei längere Lenker eingetragen.

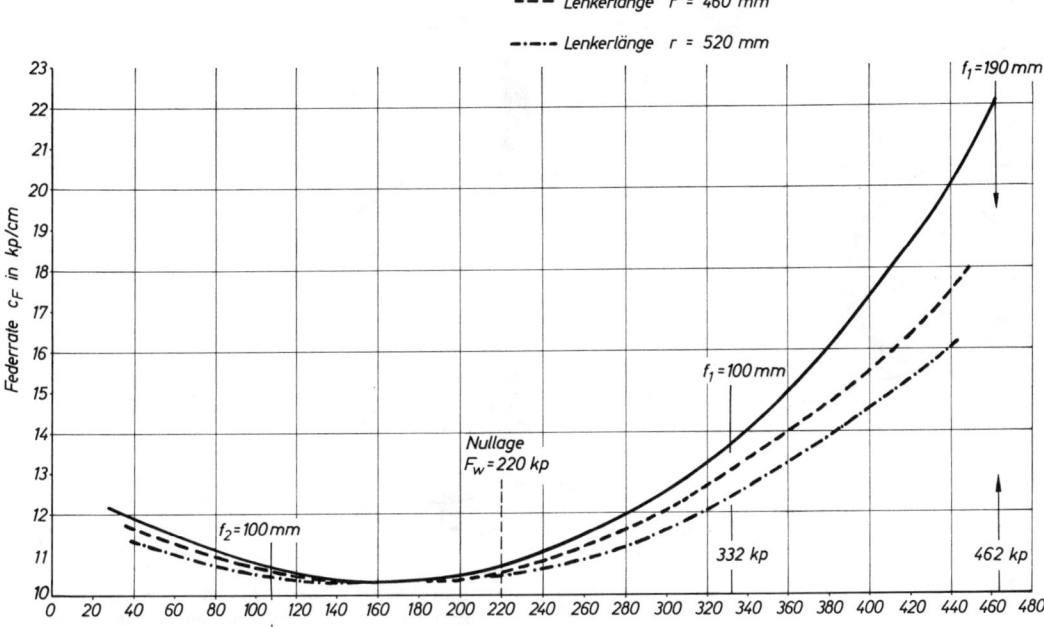

Legende:
— Lenkerlänge $r = 400$ mm
--- Lenkerlänge $r = 460$ mm
—··— Lenkerlänge $r = 520$ mm

$f_1 = 190$ mm

$f_1 = 100$ mm

Nullage
$F_w = 220$ kp

$f_2 = 100$ mm

332 kp

462 kp

108 kp

Federkraft F in kp

Federrate c_F in kp/cm

Bild 7.4./17 Kurvenmäßige Darstellung der Federraten, die sich als Funktion des Federweges bei unterschiedlichen Lenkerlängen ergeben; je kürzer derselbe, um so stärker die Progressivität. Die Vorlast beträgt $F_w = 220$ kp; die Aus- und Einfederwege für die Lenkerlänge $r = 400$ mm sind zusätzlich markiert. Bei den Längen $r = 460$ mm und $r = 520$ mm ist ein anderer Zusammenhang zwischen Wegen und Lasten vorhanden.

7.4.7. Schraubenfedern

Eine Schraubenfeder ist praktisch ein um einen Dorn mit dem Durchmesser D_i gewickelter zylindrischer Torsionsfederstab. Genau wie bei diesem wird als Funktion der Festigkeitswerte zuerst der Mindeststabdurchmesser d_{min} — hier **Drahtdurchmesser** genannt — berechnet; anschließend jedoch statt der Länge l_{fed} die Anzahl i_f der **federnden Windungen**. i_f multipliziert mit π und dem **mittleren Windungsdurchmesser** $D_m = D_i + d$ ergäbe dann die Länge l_f des zur Abfederung dienenden Drahtstückes, also $l_f = i_f \cdot D_m \cdot \pi$. Beim Wickeln wird der Draht gekrümmt, wodurch an der (gestauchten) inneren Seite höhere Torsionsspannungen auftreten (Bild 7.4./18). Die Größe dieser mit τ_i bezeichneten Spannungen hängt vom **Wickelverhältnis** $w = D_m/d$ ab, also von dem Quotienten aus Windungs- und Drahtdurchmesser. Mit Hilfe des Minderungsbeiwertes k, zu entnehmen Bild 7.4./19, kann τ_i als Funktion der zulässigen Oberspannung berechnet werden:

$$\tau_i = \frac{\tau_{t\,zul\,o}}{k}$$

Je kleiner D_m und damit das Wickelverhältnis w ist, um so größere Werte nimmt k an, die ertragbaren Spannungen gehen herunter mit der Folge einer verschlechterten **Werkstoffausnut-**

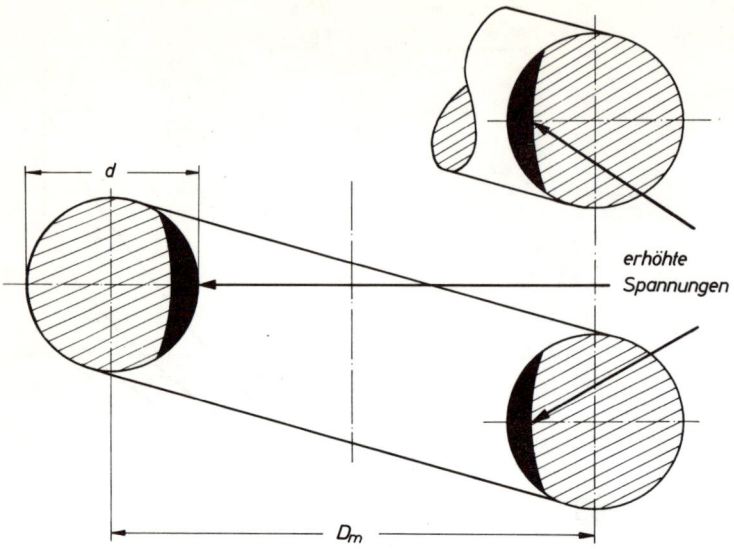

Bild 7.4./18 Durch das Wickeln entstehen bei Schraubenfedern an der inneren (gestauchten) Seite erhöhte Torsionsspannungen.

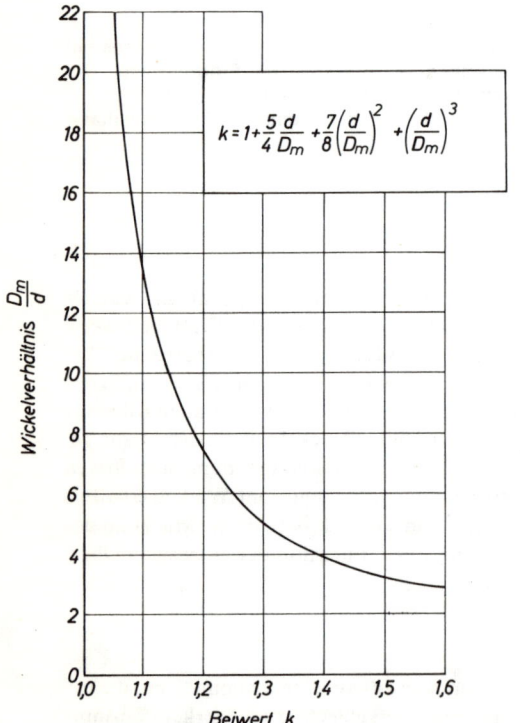

$$k = 1 + \frac{5}{4}\frac{d}{D_m} + \frac{7}{8}\left(\frac{d}{D_m}\right)^2 + \left(\frac{d}{D_m}\right)^3$$

Bild 7.4./19 Das Wickelverhältnis — mittlerer zu Drahtdurchmesser, $w = D_m/d$ — bestimmt die Größe des Beiwertes k, der als Minderungsfaktor in die Schraubenfederberechnung eingeht.

c_2	Federrate, bezogen auf das Rad	kp/cm
c_F	Rate der Feder selbst, bezogen auf deren unteren Angriffspunkt	kp/cm
d	mittlerer Durchmesser des Federdrahtes	cm
D_m	mittlerer Windungsdurchmesser	cm
f_1	Einfederweg des *Rades*	cm
f_{1F}	Einfederweg der *Feder*	cm
f_2	Ausfederweg des *Rades*	cm
f_{2F}	Ausfederweg der *Feder*	cm
G	Gleitmodul ($G = 8 \cdot 10^5$ kp/cm²)	
i_x	Wegübersetzung (siehe Abschnitt 7.1.7)	
i_y	Kraftübersetzung (siehe Abschnitt 7.1.7)	
$i_{f0,1}$	Anzahl der *federnden* Windungen (Index 0 errechnet, Index 1 tatsächliche Anzahl)	
i_g	*Gesamt*windungszahl	
k	Minderungsbeiwert, der die Stabkrümmung berücksichtigt	
L_0	Länge der unbelasteten Feder	cm
L_w	Federlänge unter der Vorlast F_w	cm
L_{Bl}	Länge der völlig belasteten Feder (Blocklänge, alle Windungen liegen aneinander)	cm
L_n	Nutzlänge (kleinste Beanspruchungslänge)	
S_a	Summe der Mindestabstände zwischen den federnden Windungen (Spiel)	cm
w	Wickelverhältnis $w = D_m/d$	
λ	Schlankheitsgrad der *unbelasteten* Feder	
τ_i	Zulässige Schubspannung unter Berücksichtigung der Drahtkrümmung: *ideelle Schubspannung*	kp/cm²

Bild 7.4./20   In der Schraubenfederberechnung erscheinende Formelzeichen.

zung. Bei einer schlanken Feder mit kleinem D_m besteht außerdem die Gefahr des Ausknickens unter Last; zwei Gründe, einen möglichst großen Windungsdurchmesser vorzusehen.

Die Erläuterung der **Federberechnung** erfolgt wieder an einem Beispiel. Die Formelzeichen sind Bild 7.4./20 bzw. 7.4./5 zu entnehmen und der Rechengang Bild 7.4./21. Aus Vergleichsgründen finden die Zahlenwerte der vorhergehenden Berechnungen Verwendung:

$$N'_h = \frac{G_h - U_h}{2} = 220 \text{ kp}, \ f_1 = 19 \text{ cm}, \ f_2 = 8 \text{ cm} \ \text{ und } \ c_{2h} = 10{,}7 \text{ kp/cm}$$

Bei Torsionsfederstäben und Blattfedern ist im allgemeinen die **Federrate** $c_{2v,h}$ am Radaufstandspunkt gleich mit der an der Feder vorhandenen c_F. Schraubenfedern sitzen bei **Starrachsen** (siehe Bilder 3.2./10, 3.2./12a, 3.2./26 usw.) und in **Doppelquerlenker-Radaufhängungen** (siehe Bilder 3.4./4, 3.4./6 usw.) meist auf einem Lenker, d. h., **Weg- und Kraftübersetzung** (i_x und i_y, siehe Abschnitt 7.1.7) müssen im Rechenansatz berücksichtigt werden. Bei dem Beispiel sollen sein:

$$i_x = i_y = 2 \quad \text{und} \quad D_m = 150.$$

Um mit Hilfe des **mittleren Windungsdurchmessers** D_m das Wickelverhältnis w und den Minderungsbeiwert k zu bekommen, ist der Drahtdurchmesser d vorab **anzunehmen.** Mit dem geschätzten Wert $d \approx 1,15$ cm ergibt sich ein $w = 13$ und damit aus Bild 7.4./19 der Minderungsbeiwert $k = 1,1$, gleichbedeutend mit einem Absinken der ertragbaren Spannungen um 10%. Als **Werkstoff** kommt bis $\varnothing$ 40 nach Tabelle 7.4./1 der Stahl **50 CrV 4 V** in der Festigkeitsstufe VI in Frage, also mit den auf der **Zeichnung** vorzuschreibenden Eigenschaften:

$$\sigma_B = 160 \text{ bis } 185 \text{ kp/mm}^2 \quad \text{und} \quad \sigma_s \geqq 145 \text{ kp/mm}^2$$

Bei Ansatz von $v = 1,1$ als **Sicherheit** und nach Ablesung des Wertes $b_0 = 0,98$ aus Bild 7.4./2 als Funktion von $d = 11,5$ mm ergibt sich als **zulässige Oberspannung**

$$\tau_{t\,\text{zul}\,o} \approx \frac{0,63 \cdot \sigma_s \cdot b_0}{v} \approx \frac{0,63 \cdot 145 \cdot 0,98}{1,1} \qquad \tau_{t\,\text{zul}\,o} \approx 81,2 \text{ kp/mm}^2$$

und mit $k = 1,1$ die **ideelle Schubspannung.**

$$\tau_i = \frac{\tau_{t\,\text{zul}\,o}}{k} = \frac{81,2}{1,1} \approx 74 \text{ kp/mm}^2 \qquad \tau_i \approx 7400 \text{ kp/cm}^2$$

Als Funktion der Mindest-Bruchfestigkeit und mit $v = 1,1$, $b_1 = 0,99$ (entnommen Bild 6.3./1c) sowie $k = 1,1$ ist die zulässige **Ausschlagspannung:**

$$\tau_{t\,\text{zul}\,A} \approx \frac{0,24 \cdot \sigma_{B\,\text{min}} \cdot b_1}{v \cdot k} = \frac{0,24 \cdot 160 \cdot 0,99}{1,1 \cdot 1,1} \approx 31,4 \text{ kp/mm}^2,$$

$$\tau_{t\,\text{zul}\,A} \approx 3140 \text{ kp/cm}^2$$

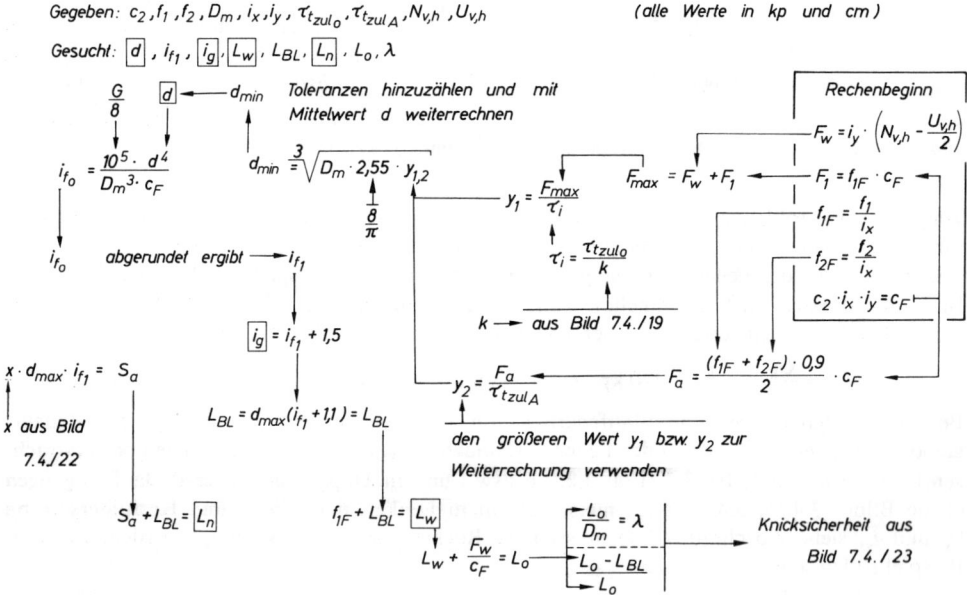

Bild 7.4./21   Schema zur Schraubenfederberechnung. Die Drahttoleranzen, erforderlich, um über den zuerst bestimmten Mindestdurchmesser d_{min} den (in die weitere Rechnung eingehenden) mittleren d zu bekommen, sind Bild 7.4/14 zu entnehmen.

Zuerst werden die an der Feder vorhandenen Wege und Kräfte berechnet und außerdem die Rate c_F, um mit Hilfe dieser Werte die Vergleichsgrößen y_1 und y_2 zu bekommen:

$$F_w = N'_h \cdot i_y = 220 \cdot 2 = 440 \text{ kp} \qquad f_{1F} = \frac{f_1}{i_x} = 9,5 \text{ cm} \qquad f_{2F} = \frac{f_2}{i_x} = 4 \text{ cm}$$

$$c_F = c_{2h} \cdot i_x \cdot i_y = 10,7 \cdot 4 = 42,8 \text{ kp/cm}$$

$$F_1 = f_{1F} \cdot c_F = 9,5 \cdot 42,8 = 407 \text{ kp} \qquad F_{max} = F_w + F_1 = 847 \text{ kp}$$

$$F_a = \frac{(f_{1F} + f_{2F}) \cdot 0,9}{2} \cdot c'_F = \frac{(9,5 + 4) \cdot 0,9}{2} \cdot 42,8 = 260 \text{ kp}$$

$$y_2 = \frac{F_a}{\tau_{t \, zul \, A}} = \frac{260}{3140} = 0,0828 \text{ cm}^2$$

$$y_1 = \frac{F_{max}}{\tau_i} = \frac{847}{7400} = 0,1145 \text{ cm}^2$$

Wie bei runden Federstäben muß mit dem größeren Wert — also hier y_1 — der **Mindest-Draht-durchmesser** d_{min} bestimmt werden:

$$d_{min} = \sqrt[3]{2,55 \cdot D_m \cdot y_1} = \sqrt[3]{2,55 \cdot 15 \cdot 0,1145} = 1,63 \text{ cm}$$

Das **errechnete** d_{min} liegt **höher** als das für die Erstrechnung verwendete $d_{min} = 1,15$ cm. Die sich auf den Durchmesser beziehenden Minderungs-Beiwerte b_0 und b_1 sind demzufolge kleiner als angenommen und der vom Wickelverhältnis w abhängige Wert k größer. Die **ideelle Schub-spannung** wird geringer, und eine Neuberechnung muß erfolgen. Als Funktion von $d = 16,3$ mm und $w = 9,2$ in den Bildern 7.4./2 und 7.4./19 abgelesen, betragen $b_0 = 0,96$ und $k = 1,15$, womit sich ergibt:

$$\tau_i = \frac{0,63 \cdot \sigma_s \cdot b_0}{\nu \cdot k} = \frac{0,63 \cdot 145 \cdot 0,96}{1,1 \cdot 1,15} \qquad \tau_i \approx 69,5 \text{ kp/mm}^2 \qquad \tau_i \approx 6950 \text{ kp/cm}^2$$

Der jetzt größere Drahtdurchmesser (Index 2) kann durch Gegenüberstellung der zuerst ange-setzten ideellen Spannung (Index 1) zur neu berechneten sehr einfach bestimmt werden:

$$d_{min \, 2} = d_{min \, 1} \cdot \sqrt[3]{\frac{\tau_{i \, 1}}{\tau_{i \, 2}}} = 1,63 \cdot \sqrt[3]{\frac{7400}{6950}}$$

$$d_{min \, 2} = 1,021 \cdot d_{min \, 1} = 1,661 \quad \text{und in mm:} \quad d_{min \, 2} = 16,61 \text{ mm}$$

Unter Berücksichtigung der zugelassenen Toleranzen (gleichliegend wie bei runden Federstäben, siehe Bild 7.4./14) ist der in der weiteren Rechnung zu verwendende und für den Hersteller maßgebliche **mittlere Drahtdurchmesser** festzulegen. Unter $\varnothing$ 20 mm sind als Abweichung $\pm 0,08$ mm zugelassen, so daß d abgerundet beträgt:

$$\varnothing \, 16,7 \pm 0,08 \text{ mm}$$

und hiermit das in die spätere Rechnung nochmals eingehende Wickelverhältnis $w = 9$. Mit d wieder in cm ausgedrückt wird die Anzahl i_{fo} der **federnden Windungen** ermittelt:

$$i_{fo} = \frac{10^5 \cdot d^4}{c_F \cdot D_m^3} = \frac{10^5 \cdot 1,67^4}{42,8 \cdot 15^3} = 5,39$$

i_{fo} auf den glatten Wert $i_{f1} = 5,4$ aufgerundet ergibt unter Berücksichtigung der je Ende anzu-legenden ¾-Windung die **Gesamtwindungsanzahl** i_g:

$$i_g = i_{f1} + 1,5 = 5,4 + 1,5 = 6,9$$

Anzustreben ist eine mit 0,5 abschließende Zahl, damit die Endenausläufe sich auf verschiedenen Seiten befinden (hier leider nicht möglich).

Liegen Drahtdurchmesser und Windungsanzahl fest, erfolgt die Bestimmung des für die **Bauhöhe** des **Fahrzeugs** wichtigen Maßes, der **Vorlastlänge** L_w, d. h. der Länge, auf die die Feder durch die Vorlast F_w zusammengedrückt wird. Die untere Toleranzgrenze des Maßes L_w hängt von der **Nutzlänge** L_n ab (auch kleinste zulässige Prüflänge genannt), die die Feder einnimmt, wenn unter Berücksichtigung des erforderlichen Oberflächenschutzes die Windungen sich in voll zusammengedrücktem Zustand gerade noch nicht berühren. Bei der Bestimmung von L_n muß der **größtmögliche** Drahtdurchmesser d_{max} verwendet werden, also der mittlere Durchmesser d zuzüglich der zugelassenen Plusabweichung; bei dem Beispiel wäre das $d_{max} = 16,7 + 0,08 = 16,78$ mm, $d_{max} = 1,678$ cm. Fahrzeugseitig wäre sicherzustellen, daß bei voll zusammengedrücktem Anschlag die Länge L_n der Feder nicht unterschritten wird. L_n ergibt sich aus der Blocklänge L_{B1} und dem Sicherheitsabstand S_a. L_{B1} ist die Länge, die die ungeschützte Feder hätte, wenn alle Windungen aneinander lägen:

$$L_{B1} = (i_{f1} + 1,1) \cdot d_{max} = (5,4 + 1,1) \cdot 1,678 = 10,9 \text{ cm} \qquad L_{B1} = 109 \text{ mm}$$

Der in der Klammer erscheinende Zahlenwert 1,1 berücksichtigt die angelegten Enden (siehe Bild 7.3./29).

Zur Blocklänge wird der Abstand S_a hinzugezählt, um die Nutzlänge zu bekommen:

$$L_n = L_{B1} + S_a$$

S_a läßt sich mit Hilfe der Gleichung

$$S_a = x \cdot d_{max} \cdot i_{f1}$$

bestimmen. Der Faktor x ist als Funktion des Wickelverhältnisses w dem Bild 7.4./22 zu entnehmen. Bei dem Beispiel mit $w = 9$ wird $x = 0,16$, und die Feder bekommt als **Nutzlänge**

$$L_n = L_{B1} + S_a = 10,9 + 0,16 \cdot 1,678 \cdot 5,4 = 12,35 \text{ cm}$$

und abgerundet in mm $L_n = 124$ mm. Hiermit ergibt sich als **Vorlastlänge**

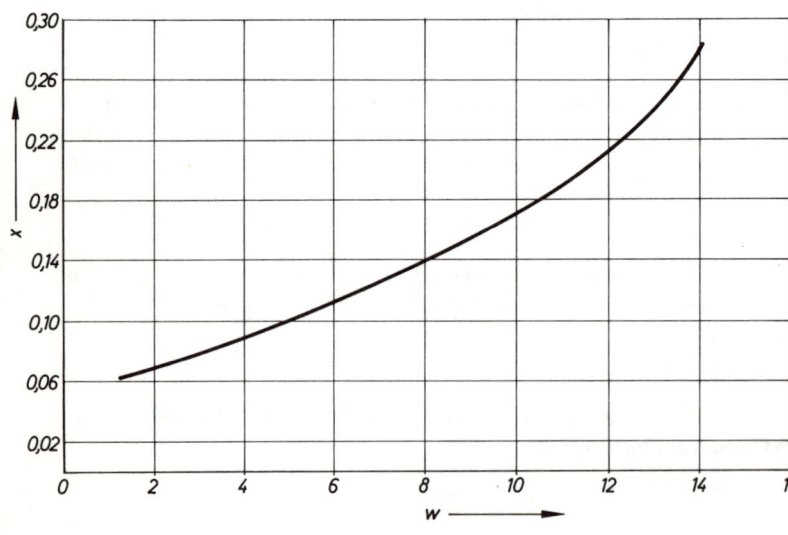

Bild 7.4./22 Faktor x, der als Funktion des Wickelverhältnisses w in die Bestimmung des Sicherheitsabstandes S_a eingeht.

Bild 7.4./23
Relative Federung als Funktion des Schlankheitsgrades. Oberhalb der eingetragenen Kurve besteht die Gefahr des Ausknickens der Feder.

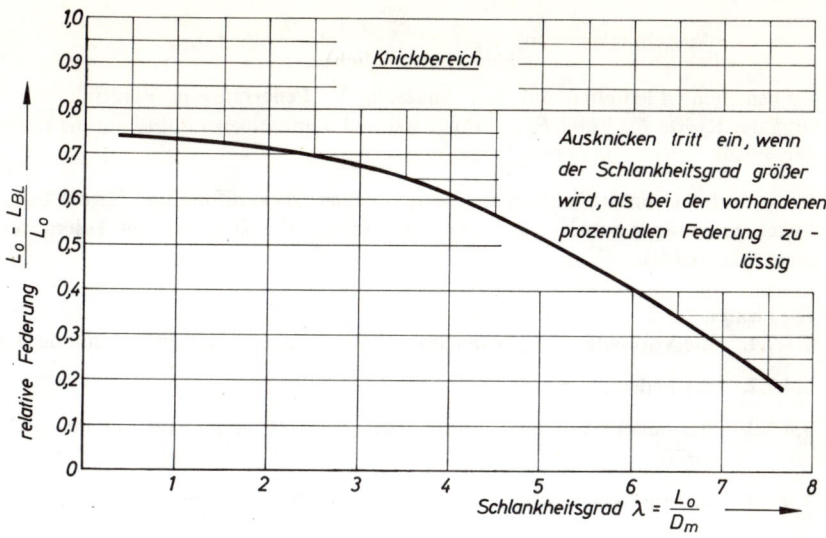

$L_w = f_{1F} + L_n = 95 + 124 \text{ mm} \qquad L_w = 219 \text{ mm}$

und als Länge L_0 der unbelasteten Feder (Maße wieder in cm):

$$L_0 = L_w + \frac{F_w}{c_F} = 21{,}9 + \frac{440}{42{,}8} = 32{,}2 \text{ cm} \qquad L_0 = 322 \text{ mm}$$

Mit L_0 ist die **Knicksicherheit** zu kontrollieren, d. h., ob die Feder unter Last ausknicken kann. Hierzu wird der Schlankheitsgrad benötigt:

$$\lambda = \frac{L_0}{D_m} = \frac{322}{150} \qquad \lambda = 2{,}14$$

Die relative Federung, ebenfalls zur Ablesung in Bild 7.4./23 erforderlich, läßt sich mit folgender Gleichung bestimmen:

$$\frac{L_0 - L_{B1}}{L_0} = \frac{322 - 109}{322} = 0{,}662$$

Bei dem Schlankheitsgrad $\lambda = 2{,}14$ tritt ein Ausknicken erst bei $(L_0 - L_{B1})/L_0 = 0{,}7$ ein, d. h., die berechnete Feder ist **knicksicher.** Würde der Wert 0,7 überschritten, müßte der Windungsdurchmesser D_m vergrößert werden.

Erfolgt nachträglich die Änderung eines Wertes, so besteht die Möglichkeit, mit folgenden Formeln eine **Kontrollrechnung** durchzuführen:

Federrate $\qquad c_F = \dfrac{d^4 \cdot 10^5}{i_{f1} \cdot D_m^3}$

Maximalspannung $\quad \tau_{t\,max} = \dfrac{2{,}55 \cdot F_{max} \cdot D_m}{d_{min}^3} \leqq \tau_i$

$$\text{Ausschlagspannung } \tau_{ta} = \frac{F_a \cdot \tau_{t\,max} \cdot 0{,}9}{F_{max}} \leqq \tau_{t\,zul\,A}$$

Zu beachten ist lediglich, daß eine **Änderung** der **Federrate** eine Vergrößerung oder Verkleinerung der Kräfte F_{max} und F_a zur Folge hat und damit einen Einfluß auf die Höhe der Spannungen ausübt.

In die **Federzeichnung** müssen die zur maßlichen Überprüfung und für die Funktion wichtigen Daten eingetragen werden, und zwar mit Angabe der zugelassenen **Toleranzen** (siehe Zeichnung 8.2.3 in [4]).

Dies wären

7.4.7.1. die Vorlastlänge L_w — auch Bauhöhe genannt — zusammen mit der Last F_w

7.4.7.2. die Federrate c_F

7.4.7.3. der äußere Windungsdurchmesser $D_a = D_m + d$ (bzw. der innere D_i) als meßbare Größe,

7.4.7.4. die zulässigen Abweichungen von der Mantelfläche und der Auflagen zueinander sowie

7.4.7.5. Windungsanzahl und evtl. Wickelrichtung

Die Toleranzen des **Drahtdurchmessers** erscheinen nur als Richtwert weil diese wegen des Kunststoffüberzuges nicht meßbar sind. Außerdem engen die bei der Federrate zugelassenen Abweichungen sowieso die Toleranzen der zur Verwendung kommenden Drahtabmessung ein.

Zu 7.4.7.1. Die **Bauhöhen**überprüfung erfolgt auf der Federwaage durch Ablesen der vorgeschriebenen Last bei fest eingestellter Länge. Es muß also die Prüflast – die meist der Vorlast F_w entspricht – toleriert werden. Bei Federn, die in **Großserien** aus geschliffenen Stäben hergestellt sind, lassen die Hersteller nach folgender Gleichung zu errechnenden **Toleranzen** T_p in kp zu:

$$T_p = \pm (0{,}5 \cdot [1{,}5 \text{ mm} + 0{,}03\,(L_0 - L_{B1})] \cdot c_F + 0{,}01 \cdot F)$$

Die Abweichung hängt von folgenden Komponenten ab:
a) der max. Federzusammendrückung $L_0 - L_{B1}$ in mm,
b) der Federrate c_F in kp/mm (nicht in kp/cm) und
c) der Prüflast F in kp, die bei dem Beispiel der Vorlast F_w gleich sein soll.

Mit den Zahlenwerten ergibt sich als zulässige Abweichung:

$$T_p = \pm [0{,}5 \cdot (1{,}5 \text{ mm} + 0{,}03 \cdot 213 \text{ mm}) \cdot 4{,}28 \text{ kp/mm} + 0{,}01 \cdot 440 \text{ kp}]$$

$$T_p = \pm 21{,}3 \text{ kp}.$$

T_p beträgt also etwa 5% der Vorlast $F_w = 440$ kp. Auf der **Zeichnung** vorzuschreiben wäre unter Abrundung des Wertes:

Länge der Feder 219 mm bei 440 ± 21 kp

In **Kleinserien** und bei Einzelfertigung besteht seitens der Hersteller nicht die Möglichkeit, derartig enge Toleranzen einzuhalten; hier ist der doppelte Wert anzusetzen (also etwa $\pm 10\%$ von F_w).

Bei der Vorlast F_w und unter Berücksichtigung der Federrate $c_F = 4{,}28$ kp/mm kann sich folgende **Längenabweichung** T_{1w} einstellen:

$$T_{1w} = \frac{T_p}{c_F} = \frac{21}{4{,}28} \qquad T_{1w} = \pm 4{,}9 \text{ mm}$$

T_{1w} mit der Übersetzung i_x multipliziert, ergibt die möglichen Federwegdifferenzen $\pm \Delta f$ zwischen Rad und Aufbau

$$\Delta f = T_{1w} \cdot i_x = 4{,}9 \cdot 2 \qquad \Delta f = \pm 9{,}8 \text{ mm}.$$

Diese Differenzen können ein Höher- oder Tieferstehen des Fahrzeuges zur Folge haben, gleichbedeutend mit entsprechend verringertem Aus- oder Einfederweg. Noch unangenehmer wäre es, wenn auf der einen Seite eine in der Plustoleranz liegende Feder eingebaut ist und anderseitig eine sich im Minusbereich befindende. Bei dem Beispiel stände der Aufbau des Fahrzeuges um etwa 20 mm **schief.** Zur Vermeidung eines solchen Fehlers können die Federn durch Farbpunkte gekennzeichnet werden. Diese beziehen sich auf die Lage im Toleranzfeld, und üblich ist die Aufteilung der Gesamt-Lastabweichung in ein unteres, mittleres und oberes Drittel (siehe Abschnitt 7.4.3). Bei der berechneten Feder sähe die Angabe dann folgendermaßen aus:

Farbpunkt	gelb	weiß	rot
Lastabweichung	von -21 kp bis $-\ 7$ kp	über -7 kp bis $+7$ kp	über $+\ 7$ kp bis $+21$ kp

Zu 7.4.7.2. Auch die **Federrate** hat Toleranzen, abhängig in ihrer Größe von der Anzahl i_f der federnden Windungen. Das Normblatt DIN 2096 (das die Bemaßung von Schraubenfedern festlegt) läßt bei Federn aus geschliffenen Stäben in % der Rate zu:

$$i_f \leqq 4 \quad \pm 7\% \qquad i_f > 4 \quad \pm 5\%$$

Bei dem Beispiel (mit $i_{f1} = 5{,}4$) müßte die **Zeichnungsangabe** somit lauten:

Federrate $c_F = 42{,}8 \pm 2{,}1$ kp/cm

Zu 7.4.7.3. Der mittlere **Windungsdurchmesser** D_m dient lediglich als Rechen- und Konstruktionsgröße; maßgeblich für Kontrolle und Einbau ist der **äußere** D_a bzw. der **innere** D_i (Bild 7.4./24). DIN 2096 Ausgabe Januar 1971 läßt die in Bild 7.4./25 enthaltenen Abweichungen T_D für D_m, D_a und D_i zu. Die **Zeichnungsangabe** würde für den äußeren Durchmesser

$$D_a = D_m + d = 150 + 16{,}7 = 166{,}7 \text{ mm}$$

mit dem unter „geschliffene Stäbe" abgelesenen Wert lauten:

$\varnothing\ 166{,}7 \pm 1{,}5$ oder aber besser aufgerundet $\varnothing\ 167 \pm 1{,}5$

Zu 7.4.7.4. Ist bei der unbelasteten Feder die **obere Auflage** seitlich um den Betrag e_1 zur unteren **versetzt** (Bild 7.4./24) oder aber stehen die **Flächen** um den meßbaren Weg e_2 zueinander **schräg,** so entstehen erhöhte Spannungen in eingebautem Zustand, der Grund, warum beide

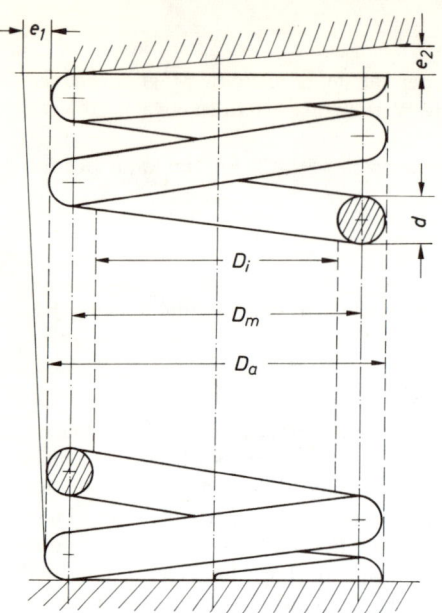

Bild 7.4./24 Für den Federeinbau wichtige Maße sind der innere Windungsdurchmesser D_i und der äußere D_a. Um zusätzliche Spannungen im eingebauten Zustand zu vermeiden, darf die Abweichung e_1 von der Senkrechten bestimmte Werte nicht überschreiten, gleichfalls zutreffend für e_2, die Auflageflächenparallelität tolerierend.

Bild 7.4./25 Für die Windungsdurchmesser D_a (außen), D_m (mittlere) und D_i (innen) zugelassene Abweichungen in mm als Funktion der Staboberfläche und des Wickelverhältnisses w, entnommen DIN 2096 Ausg. 71.

D_a, D_m, D_i		Zulässige Abweichungen in mm bei Staboberfläche			
		gewalzt		geschliffen	
mm		Winkelverhältnis w		Winkelverhältnis w	
über	bis	bis 8	über 8	bis 8	über 8
	50	± 0,8	± 1,2	± 0,6	± 0,8
50	63	± 1	± 1,5	± 0,7	± 1
63	80	± 1,2	± 1,8	± 0,8	± 1,2
80	100	± 1,5	± 2,3	± 1	± 1,5
100	125	± 1,7	± 2,6	± 1,1	± 1,7
125	160	± 2	± 3	± 1,3	± 2
160	200	± 2,2	± 3,3	± 1,5	± 2,2
200	250	± 2,6	± 3,9	± 1,8	± 2,6
250	300	± 3,1	± 4,6	± 2,1	± 3,1

Maße in der **Zeichnung** toleriert werden sollten. Die Federindustrie läßt folgende Abweichungen zu:

$$e_1 \leqq 0{,}03 \cdot L_0 \quad \text{und} \quad e_2 \leqq 0{,}025 \cdot D_a$$

Folgende **Toleranzen** erschienen dann bei dem Beispiel

$$e_1 = 0{,}03 \cdot 322 = 9{,}4 \text{ mm} \qquad \text{und} \qquad e_2 = 0{,}025 \cdot 166{,}7 = 4{,}2 \text{ mm}$$

Zu 7.4.7.5. Die **Windungsanzahl** — federnd i_{f1} und gesamt i_g — braucht nur informativ (ohne Angabe einer Abweichung) auf der Zeichnung zu erscheinen; die bei der Federrate vorgeschriebene Toleranz sorgt für das Einhalten der errechneten Werte. Entfallen kann auch die Angabe der **Wickelrichtung,** wenn die Feder mit **Rechtssteigung** gewickelt werden soll. Eine **Linkswickelung** würde die Feder unnötig verteuern; hierauf wäre im Bedarfsfall gesondert hinzuweisen.

7.5. Stabilisatoren

7.5.1. Aufgaben und Ausführungsformen

Wie in den Abschnitten 5.4.2 und 5.4.7 beschrieben, dienen Stabilisatoren zur **Verringerung** der **Rollneigung** des Aufbaues und der **Verbesserung** des **Kurvenverhaltens.** Es handelt sich bei diesen um U-förmig gebogene Stäbe mit kreisrundem Querschnitt, deren Durchmesser von 10 mm für leichte Pkw, bis hinauf zu 60 mm für schwere Lkw und Anhänger reicht. Um bei wechselseitiger Federung entgegengesetzt gerichtete Hochkräfte übertragen zu können, sind beim Stabilisator „Typ 1" die „Schenkel" an zwei Stellen mit einem Längslenker der linken und rechten Radaufhängung verbunden (Punkte F und H, Bild 7.5./1). Beim „Typ 2" ist der „Rücken" in den Punkten H drehbar am Hilfsrahmen bzw. Aufbau gelagert, und die Schenkelenden werden an einem Querlenker jeder Achsseite befestigt (Bild 7.5./2). **Gleichseitige** Federung (siehe Bild 7.1./3) bewirkt ein gleichgerichtetes Drehen der Schenkel und damit keine Kraftübertragung. Bei **einseitiger** Federung (siehe Bild 7.1./6) behält ein Hebelarm seine Stellung zum Boden, und der andere wird am Endpunkt F um den Weg Δf nach oben oder unten

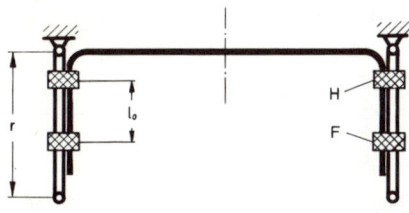 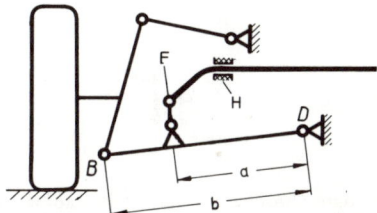

Bild 7.5./1 Der Stabilisator Typ 1 ist beidseitig an den Stellen *H* und *F* über elastische Gummilagerungen mit den Längslenkern der Achse verbunden.

Bild 7.5./2 Der Stabilisator Typ 2 ist im Rücken in den Punkten *H* drehbar gelagert. Die Verbindung zwischen Schenkelenden *F* und Querlenkern erfolgt über Zwischengestänge.

bewegt; hierdurch erfolgt ein Verdrehen des Rückens im gesamten Bereich. Die ausgeübte Kraft ΔF_s entspricht der halben Stabilisatorrate c_s, also

$$\Delta F_\text{s} = \frac{c_\text{s}}{2} \cdot \Delta f.$$

Wechselseitige Kurvenfederung (siehe Bild 7.1./5) hat ein Verdrehen beider Schenkel gegeneinander zur Folge, d. h., die Mitte des Rückens bleibt in Ruhe, und beide Seiten werden in verschiedener Richtung auf Torsion und auch auf Biegung beansprucht. Der Stabilisator wirkt doppelt so hart wie bei einseitiger Federung, entsprechend der vorgesehenen Federrate c_s. Bei der in Bild 7.5./2 gezeigten Stabilisatorausführung des Typs 2 sind im allgemeinen Zwischengestänge zur Verbindung mit der Radaufhängung erforderlich. Die unterschiedlichen Bewegungsrichtungen der aufnehmenden Lenker und der Schenkel bedingen eine gewisse Winkelbeweglichkeit, die am einfachsten eine Augen- oder Stiftbefestigung in der Ausführung ermög-

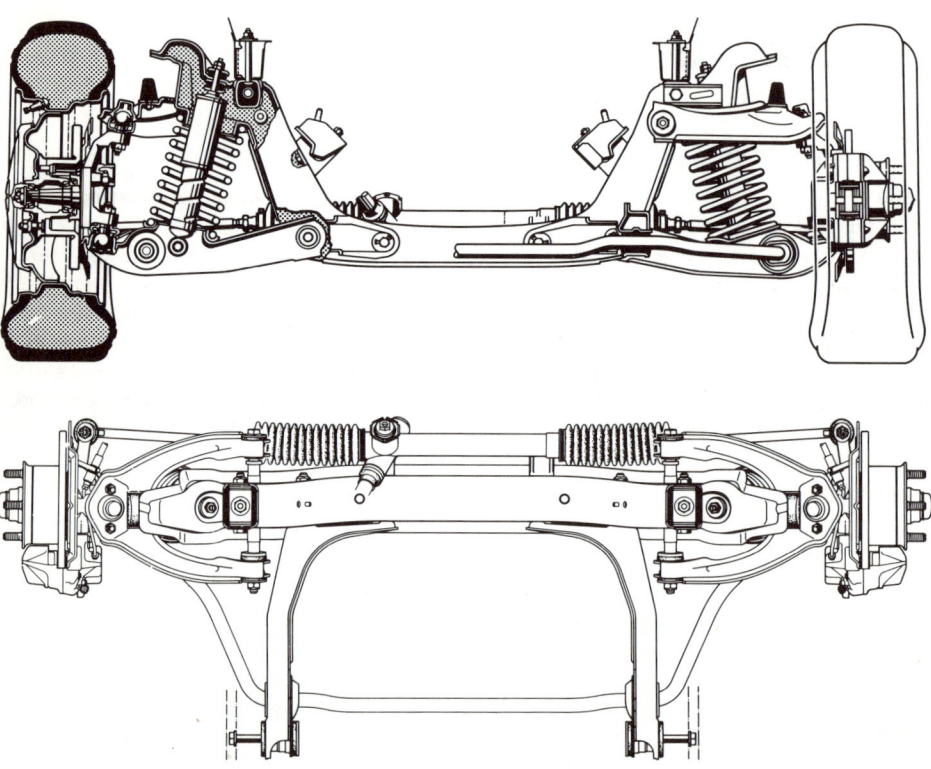

7.5./3 Vordere Doppel-Querlenker-Radaufhängung des Opel Ascona und Manta. In der unten gezeigten Draufsicht ist der hinten liegende, sowohl die Achsführung als auch Bremskräfte übertragende Stabilisator zu erkennen. Dieser ist — wie in der Rückansicht zu sehen — elastisch mit dem unteren Lenker verbunden. Die Lagerung wurde längsnachgiebig ausgeführt, um die Abrollhärte vom Gürtelreifen zu absorbieren (siehe hierzu Bild 3.1./21c). Erkennbar sind die oben und weit hinten sich befindenden Befestigungspunkte des Fahrschemels und die vor der Achse angeordnete Zahnstangenlenkung.

licht, wie sie an Stoßdämpfern Verwendung findet (siehe Abschnitt 7.6.11). Um die Gummi-teile, die gleichzeitig für eine Isolierung der Fahrbahngeräusche sorgen, aufnehmen zu können, haben die Schenkel des Stabilisators an den Enden Näpfe, Augen oder sie sind zusätzlich abgekröpft. Zur Verringerung der Durchbiegung und um Gewicht zu sparen, können die als Hebelarm dienenden Schenkel flachgedrückt werden, mit der Folge eines vergrößerten axialen Flächenträgheitsmomentes. Anwendbar ist diese Maßnahme jedoch nur bei geraden Schenkeln; sind diese in sich gekröpft, besteht die Gefahr des Ausknickens durch das zusätzlich auftretende Torsionsmoment. In den Bildern 7.5./14, 3.10./6 und 3.10./7 ist ein derartig ausgebildeter Stabilisator zu sehen; in den Bildern 3.2./15, 3.4./5, 3.4./11 sowie 3.5./10 die üblichen Ausführungen mit teilweise starken Kröpfungen.

Bei einigen Mc-Pherson-Federbeinen und bei der Doppel-Querlenker-Radaufhängung der Opel-Modelle Manta und Ascona (Bild 7.5./3) bildet der Stabilisator einen Teil der Radführung. Er nimmt in diesem Falle sowohl die Längskräfte als auch das Bremsmoment mit auf (siehe Bilder 3.5./2, 3.5./8 und 8.3./29). Die Enden sind mit Gewinde versehen oder entsprechend verjüngt, und über Gummiteile, elastisch und winkelbeweglich, mit den unteren Querlenkern verbunden.

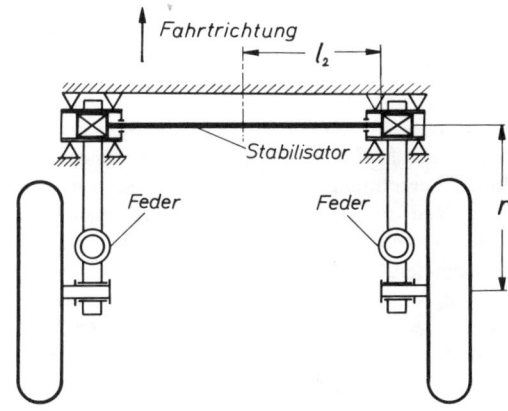

Bild 7.5./4 Der Stabilisator Typ 3, ein einfacher, beidseitig in den Längslenkern einer Achse befestigter Torsionsfederstab, dürfte die wirtschaftlichste Form sein. Ein derartiger Stabilisator stellt gleichzeitig den seitlichen Abstand der Lenker zueinander sicher.

Eine Ausnahme von der allgemeinen Form bilden die von VW an der vorderen Doppel-Kurbel-Achse des 1600er und von Citroën an der hinteren Längslenkerachse des GS verwendeten Stabilisatoren, **Typ 3** (siehe Bilder 3.1./18 und 7.3./4). Hierbei handelt es sich um an beiden Seiten in entgegengesetzter Richtung beanspruchte **Torsionsfederstäbe,** deren Enden im linken und rechten Lenker befestigt sind und die das Einhalten des seitlichen Lenkerabstandes mit übernehmen können (Bild 7.5./4). Bei **Längslenkern** — gleichgültig, ob diese zu einer Einzelradaufhängung gehören oder zur Führung der Starrachse dienen — bietet sich diese Lösung als die wirtschaftlich günstigste an. Verwendet werden kann meist ein völlig gerader Federstab mit angestauchten Köpfen an den Enden, hergestellt aus gewalztem Halbzeug. Ein derartiger Stab dürfte kostengünstiger sein und auch verlustfreier ansprechen (wegen fehlender Lagerungen) als ein mehrfach gekröpfter Stabilisator.

Berechnet wird der „Typ 3" wie ein Torsionsfederstab, also mit den Gleichungen des Bildes 7.4./14; für r ist die Länge des Lenkers einzusetzen und anstelle von l_{fed} die halbe Länge zwischen den Köpfen, also l_2 entsprechend Bild 7.5./4.

7.5.2. Berechnungs-Voraussetzungen

Die Stabilisatorberechnung erfordert außer den konstruktiv festliegenden Maßen — also der genauen Form — noch die **Rate** c_s, die bei wechselseitiger Federung von den Enden der Hebelarme ausgeübt werden soll und die ihrerseits von der am Radaufstandspunkt vorgegebenen Stabilisatorrate $c_{3v,h}$ abhängt. Bei festliegenden Raten der Aufbaufederung und Höhen der Momentanzentren an beiden Achsen ist es mit Hilfe von Stabilisatoren zu erreichen, daß der Rollwinkel ψ bei einer bestimmten Kurvengeschwindigkeit (ausgedrückt durch den seitlichen Kraftschlußbeiwert μ_s, siehe Abschnitt 5.4.1) gewisse Grenzwerte nicht überschreitet. Die Summe der Raten vorn c_{3v} und hinten c_{3h} läßt sich mit Hilfe folgender Formel berechnen:

$$c_{3v} + q_1^2 \cdot c_{3h} = \frac{\Sigma M_k - M_1 - M_2}{0,5 \cdot t_v^2 \cdot \widehat{\psi}}$$

Hat das zu untersuchende Fahrzeug eine **lineare Federung** an beiden Achsen, so sind die Gleichungen für die Kippmomente M_k und die Federungsgegenmomente $M_{1,2}$ dem Abschnitt 5.4.2 bzw. dem Bild 5.4./14 zu entnehmen; bei **progressiver** Federung dagegen dem Abschnitt 5.4.3 und dem Bild 5.4./19. Der Faktor q_1 berücksichtigt die unterschiedlichen Spurweiten hinten und vorne:

$$q_1 = \frac{t_h}{t_v}$$

Je nach gewünschtem Fahrverhalten ist der ermittelte Summenwert $c_{3v} + q_1^2 \cdot c_{3h}$ anteilig auf Vorder- und Hinterachse zu verteilen; nähere Angaben enthält der Abschnitt 5.4.7.

In die **Berechnung** der Stabilisator-**Federrate** c_s geht (außer c_{3v} bzw. c_{3h}) noch die Übersetzung i_x — Rad zu Stabilisatoranlenkpunkt (siehe Abschnitt 7.1.7) — und die Nachgiebigkeit der **Gummilagerungen** ein. Je mehr diese sich verformen lassen, desto kleiner sind die Wege an den Hebelenden, mit der Folge einer verringerten Kraft und somit auch einer niedriger gewordenen Rate c_3 am Rad. Messungen haben ein 5%iges Zurückgehen der Rate je vorhandenem Lagerelement ergeben, so daß bei Pkw, bei denen mindestens vier elastische Befestigungspunkte erforderlich sind, höchstens 86% der Rate in Anspruch genommen werden können. Dieser Fall tritt ein, wenn der Stabilisator Typ 1 an zwei Lenkern angelenkt ist (siehe Bild 7.5./1) bzw. der Typ 2 bei drehbarer Lagerung in H an den Punkten F die Radführung mit übernimmt (siehe Bild 7.5./3). Weitere Lagerpunkte (z. B. seitenbewegliche Laschen — Bild 7.5./2) bringen eine erhöhte Nachgiebigkeit mit sich. In die Berechnung geht dieser Einfluß über den **Minderungsbeiwert** b_G ein (zu entnehmen Tabelle 7.5./5). Die Gleichung zur Ermittlung von c_{s0} lautet dann:

$$c_{s0} = \frac{i_x^2 \cdot c_3}{b_G}$$

40%

Anzahl der Gummilagerstellen je Seite	b_G
jeweils _eine_ am Punkt _H_	0,9
jeweils _eine_ an den Punkten _H_ und _F_	0,86
jeweils _eine_ am Punkt _H_ und _zwei_ bei _F_	0,82
jeweils _zwei_ am Punkt _H_ bei kaum nachgiebiger Lagerung in F	0,82
jeweils _zwei_ am Punkt _H_ und _eine_ bei _F_	0,78

Bild 7.5./5 Minderungsfaktor b_G, in der Stabilisatorberechnung die Nachgiebigkeit und Anzahl der Lagerpunkte berücksichtigend.

Bild 7.5./6 Ist bei einer Starrachse der Stabilisator an zwei Lenkern befestigt, so gehen in die Übersetzung $i_{w\,s}$ ein: die Spurweite t_h, der Wirkabstand v_s der achsseitigen Lenker-Befestigungspunkte, die Lenkerlänge r und der Befestigungsabstand l_0. Bei der in Bild 7.1./24a gezeigten Befestigung der Schenkelenden an der Achse selbst ist die Übersetzung: $i_{w\,s} = t_h/v_s$.

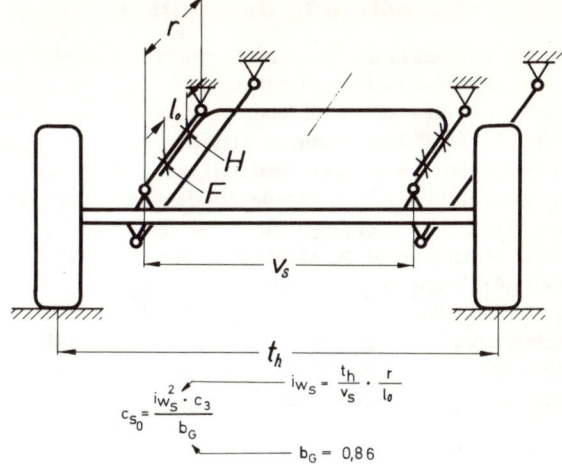

$$i_{w\,s} = \frac{t_h}{v_s} \cdot \frac{r}{l_0}$$

$$c_{s_0} = \frac{i_{w\,s}^2 \cdot c_3}{b_G}$$

$$b_G = 0{,}86$$

(Der Index 0 weist auf die „gewünschte" Rate hin; der nachfolgend erscheinende 1 auf die „tatsächliche vorhandene".)

Die Übersetzung i_x für den am Rücken drehbar gelagerten Stabilisator **Typ 2** ist Abschnitt 7.1.7 bzw. Bild 7.5./2 zu entnehmen, und zwar unter der Voraussetzung, daß das Verbindungsgestänge senkrecht steht, also die beiden Abweichungswinkel ξ und o Null sind. Ein schräges Gestänge würde Seitenkräfte ausüben, dadurch die Wirkung verringern und erhöhte Beanspruchungen ausüben. Die Übersetzung beim **Typ 1** ergibt sich an **Einzelradaufhängungen** aus dem Verhältnis der Strecken r und l_0 (siehe Bild 7.5./1):

$$i_x = \frac{r}{l_0}$$

Bei **Starrachsen** kommt noch der Unterschied zwischen der Spurweite t_h und dem Abstand v_s der den Stabilisator tragenden Lenker hinzu (Bild 7.5./6, siehe auch Bild 7.1./24a).

$$i_{w\,s} = i_w \cdot i_x = \frac{t_h}{v_s} \cdot \frac{r}{l_0}$$

Die Gleichung zeigt eindeutig, daß je weiter auseinander die Lenker an der Achse angebracht sein können (großes v_s) und je mehr die in dem Bild markierten Befestigungspunkte F und H auseinanderliegen, um so kleiner werden Übersetzung und Kräfte in beiden Punkten. Es erfolgt ein geringeres Zusammendrücken der Gummielemente, wodurch sich die Wirksamkeit des Stabilisators erhöht. Hinzu kommt die Möglichkeit, einen geringeren Durchmesser zu verwenden und somit eine **Kostenersparnis.** Einbaumäßig sollte der auf Torsion beanspruchte Stabilisatorrücken in der Verbindungslinie der aufbau- oder aber der achsseitigen Lenkerdrehpunkte liegen; ist dies nicht der Fall, tritt eine zusätzliche Biegebeanspruchung mit der Folge vergrößerter Spannungen auf.

Mit der bekannten Stabilisatorfederrate $c_{s\,0}$, kann dann der **mittlere Durchmesser** d_0 des für die Herstellung benötigten Rundstabes berechnet werden.

7.5.3. Berechnung des Typs 1

In den meisten Fällen ist es nicht möglich, Schenkel und Rücken eines Stabilisators völlig gerade auszubilden. Es sind einbaubedingte Kröpfungen erforderlich, die verhindern, daß Teile der Achse oder zu ihr führende beim Lenkeinschlag oder beim Durchfedern mit dem Stabilisator in Berührung kommen. Der Einfluß der Kröpfungen ist rechnerisch schwer erfaßbar, deshalb wird von **Ersatzlängen** ausgegangen, die Rücken und Schenkel als gerade Strecken annehmen (Bild 7.5./7, siehe auch Bilder 7.5./11 bis 7.5./14). Eine Reihenuntersuchung hat gezeigt, daß der dabei gemachte Fehler höchstens $\pm 5\%$ beträgt und damit im Bereich der üblichen Toleranzen liegt. Abweichungen vom Sollwert hätten bei der Stabilisatorrate kaum merkliche Änderung des Fahrverhaltens zur Folge, im Gegensatz zu Federn, bei denen eine unterschiedliche Rate am linken und rechten Rad das „Schiefstehen" des Aufbaus und Sturzunterschiede bewirken kann (siehe Abschnitt 7.4.7 und Bild 4.5./3).
Bild 7.5./8 enthält den Rechengang, erforderlich zur Bestimmung des **Stabdurchmessers** d_0, und zwar sowohl als Funktion der Rate c_{s0} als auch der Ersatzlängen

$$l_0, \ l_1, \ l_2, \ l_4, \ l_5, \ l_7, \ l_8, \ L_s \qquad \text{sowie} \qquad L_s'.$$

In der Draufsicht ist in Bild 7.5./7 die Strecke l_2 der Abstand zwischen Stabilisatormitte und der äußersten Kante der Krümmung; die übrigen Längen ergeben sich aus der Entfernung der Befestigungspunkte F und H von dem Knickpunkt. Bild 7.5./7 stellt den an der vorderen Doppelkurbelachse des VW-Käfers zur Verwendung kommenden Stabilisator dar (siehe Bild 3.7./1), mit der verhältnismäßig kurzen Einspannlänge $l_0 = 71$ mm. Sind die **Schenkel** des Stabilisators nicht nach außen abgebogen, sondern parallel verlaufend, dann wird $L_s = L_s'$, $\lambda = 0$, $l_0 = l_7$, und die in Bild 7.5./8 enthaltene Gleichung vereinfacht sich:

$$d_0 = \sqrt[4]{\frac{c_{s0} \cdot l_0^2}{3{,}09 \cdot 10^5} \cdot (l_0 + 3 \cdot l_1 + 3{,}89 \cdot l_2)} \quad [\text{cm}]$$

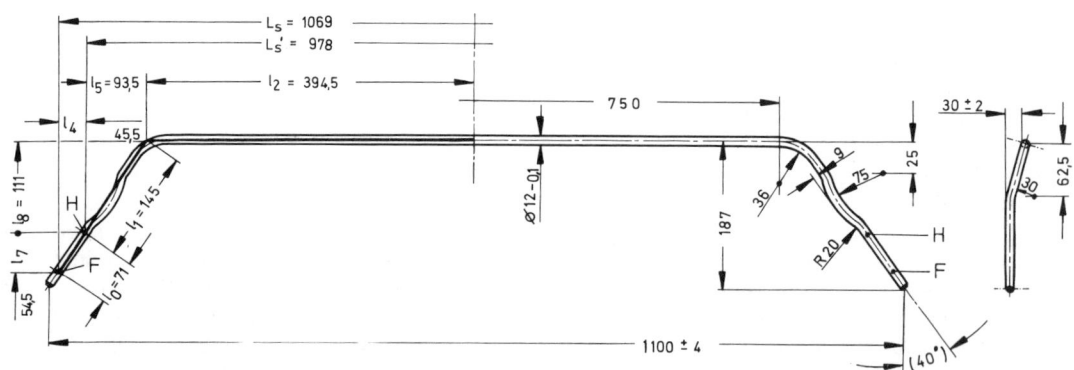

—— Darstellung des Ersatzsystems zur Berechnung der Stabilisatorrate

Werkstoff: Ck 53 V $\sigma_B = 110$ bis 130 kp/mm^2

Oberfläche: gezogen u. kugelgestrahlt, grundiert u. einbrennlackiert

$c_{s1} = 112$ kp/cm

Bild 7.5./7 Vorderer Stabilisator des VW 1200/1300 verbunden an den Stellen _F_ und _H_ mit den unteren Lenkern der Doppel-Kurbelachse (siehe Bild 3.7./1).

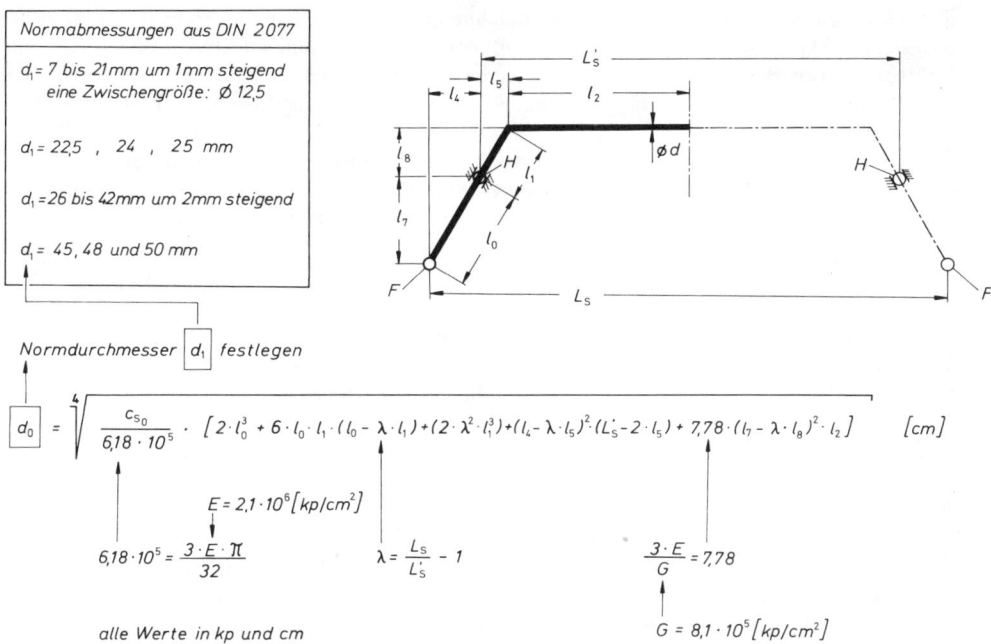

Normdurchmesser d_1 festlegen

$$d_0 = \sqrt[4]{\frac{c_{s_0}}{6,18 \cdot 10^5} \cdot \left[2 \cdot l_0^3 + 6 \cdot l_0 \cdot l_1 \cdot (l_0 - \lambda \cdot l_1) + (2 \cdot \lambda^2 \cdot l_1^3) + (l_4 - \lambda \cdot l_5)^2 \cdot (L_s' - 2 \cdot l_5) + 7,78 \cdot (l_7 - \lambda \cdot l_8)^2 \cdot l_2\right]} \quad [cm]$$

$$E = 2,1 \cdot 10^6 \, [kp/cm^2]$$

$$6,18 \cdot 10^5 = \frac{3 \cdot E \cdot \pi}{32} \qquad \lambda = \frac{L_s}{L_s'} - 1 \qquad \frac{3 \cdot E}{G} = 7,78$$

alle Werte in kp und cm

$$G = 8,1 \cdot 10^5 \, [kp/cm^2]$$

Bild 7.5./8 Zur Berechnung des Stabdurchmessers d_0 beim Typ 1 benötigte Gleichungen und in Frage kommende Halbzeugabmessungen, entnommen DIN 2077 „Federstabstahl, rund, gewalzt".

Das Rechenergebnis (z. B. $d_0 = 1,83$ cm $= 18,3$ mm) liegt meist zwischen zwei glatten mm-Maßen (hier 18 und 19). Wegen der gegenüber Federn wesentlich geringeren Dauerbeanspruchung kann im allgemeinen **gewalzter Federstahl DIN 2077** zur Verwendung kommen, der, wie Bild 7.5./8 links oben zu entnehmen, nur in den glatten, mit d_1 bezeichneten mm-Abmessungen hergestellt wird. Es ist also auf einen dickeren oder dünneren Stab auszuweichen; eine Zwischenabmessung würde bei nicht ausreichenden Stückzahlen den Stabilisator verteuern.

Gewalztes Halbzeug ist wohl kostengünstiger, jedoch mit dem Nachteil der Kerbempfindlichkeit behaftet. Diese wird durch späteres „cutwire"-Strahlen weitgehend beseitigt; reicht diese Maßnahme bei erhöhten Beanspruchungen nicht aus, so ist ein Oberflächenschleifen erforderlich, das den weiteren Vorteil engerer Toleranzen mit sich bringt. Der Durchmesser d_1 des festgelegten Stabes sollte in solchen Fällen etwa 0,5 mm unter einer Normalabmessung liegen, um die Walzhaut völlig abtragen zu können. Die Tabelle 7.5./9 enthält für beide Oberflächenarten

Bild 7.5./9 Bei gewalztem Federstabsstahl DIN 2077 zugelassene und bei nachträglichem Schleifen wirtschaftlich vertretbare Abweichungen. Bei Zwischenabmessungen gelten die Abweichungen des nächstgrößeren Durchmessers.

Stababmessung d	Oberfläche	
	gewalzt	geschliffen
ø 7 bis ø 10 mm	± 0,2 mm	± 0,05 mm
über ø 10 bis ø 20 mm	± 0,2 mm	± 0,08 mm
über ø 20 bis ø 28 mm	± 0,3 mm	± 0,10 mm
über ø 28 bis ø 50 mm	± 0,4 mm	± 0,15 mm

die zulässigen Abweichungen, die in der **Zeichnung** vorzuschreiben sind. Die Toleranzen des festgelegten Durchmessers d_1 gehen in der 4. Potenz in die Stabilisatorfederrate $c_{s\,1}$ ein (Bild 7.5./10) und bestimmen unter anderem die Federratenabweichungen. Diese können bei gewalzter Oberfläche hierdurch schon um mindestens $\pm\,4\%$, im ungünstigsten Falle sogar um $\pm\,11\%$ schwanken.

Für die zum Schluß durchzuführende **Festigkeitsberechnung** muß zusätzlich der größte Ein- und Ausfederweg f_1 und f_2 der Räder bekannt sein. Unter Berücksichtigung der Übersetzung i_x und des Beiwertes b_G ist hiermit der Weg f_s an den Hebelenden zu bestimmen:

$$f_s = \frac{f_1 + f_2}{2 \cdot i_x} \cdot b_G$$

Um diesen wird bei einseitig ganz einfederndem und anderseitig voll ausgefedertem Rad der Stabilisator wechselseitig verdreht; ein möglicher, aber selten auftretender Fall. Die maximal auftretende **Kraft** F_{max} ergibt sich dann aus diesem Weg und der „tatsächlichen" Federrate $c_{s\,1}$, vorhanden bei dem endgültigen Stabdurchmesser d_1:

$$F_{max} = f_s \cdot c_{s\,1} \qquad \text{wobei ist:} \qquad c_{s\,1} = c_{s\,0} \cdot \left[\frac{d_1}{d_0}\right]^4$$

Die größte **Beanspruchung** tritt beim Stabilisator Typ 1 in den **Schenkeln** innerhalb des Lagerpunktes H auf. Die zur Berechnung der Spannung $\sigma_{v\,1}$ erforderliche **Gleichung** enthält Bild 7.5./10 linksseitig, und zwar unter Berücksichtigung der Erhöhung, die eintritt, wenn die Schenkel noch in sich nach außen abgebogen sind. Das unter der Wurzel stehende Produkt zeigt, daß

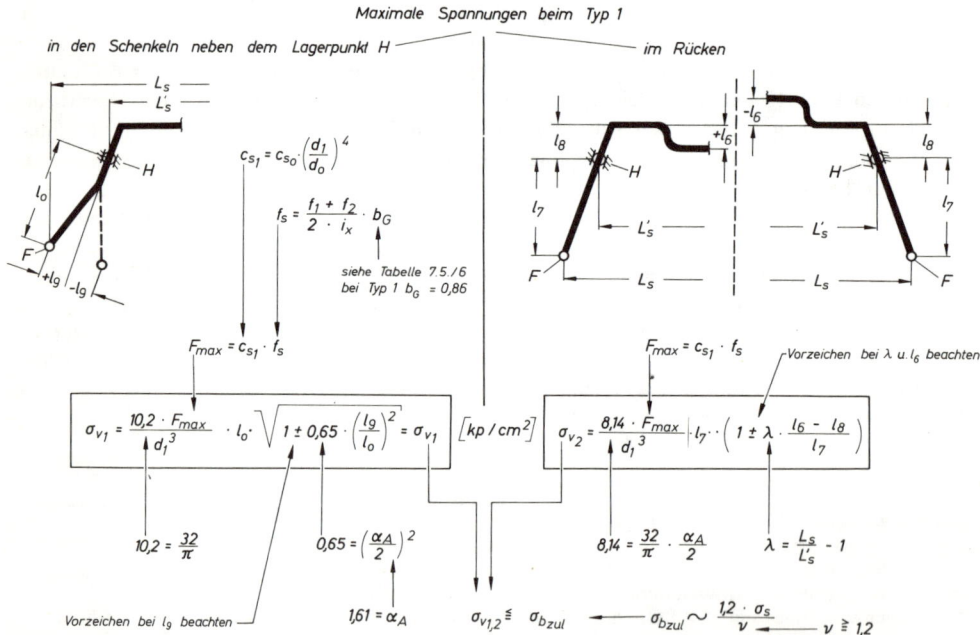

Bild 7.5./10   Zur Berechnung der maximalen Spannungen beim Typ 1 erforderlichen Gleichungen.

266   Stabilisatoren

je länger die Abwinkelungsstrecke l_9 wird, desto größer die Spannungen sind. Im Gegensatz hierzu hat eine Änderung des unter dem Bruchstrich stehenden Durchmessers d_1 kaum einen Einfluß auf $\sigma_{v\,1}$; eine Vergrößerung von d_1 würde in gleicher Weise für $c_{s\,1}$ zutreffen und damit eine Erhöhung der über dem Bruchstrich stehenden Kraft F_{max} nach sich ziehen. Das Anstrengungsverhältnis $\alpha_A \approx 1{,}61$ ist ein für Federstähle gültiger Erfahrungswert (siehe Abschnitt 7.3.4).

Festigkeitsmäßig überprüft werden sollte zusätzlich der **Rücken** (rechts in Bild 7.5./10). Hier hängt die Höhe der Spannung $\sigma_{v\,2}$ bei zueinander parallelen Schenkeln ($\lambda = 0$) ausschließlich von dem Abstand l_7 der Punkte H und F ab; sind die Schenkel abgewinkelt, spielen Art und Stärke der Rückendurchkröpfung noch eine Rolle. Das Maß $\pm l_6$ geht unter Berücksichtigung des **Vorzeichens** mit in die Rechnung ein, d. h., ein zu den Schenkeln hin gebogener Rücken ($+ l_6$) kann spannungserhöhend wirken; ein von diesen weggekröpfter hat grundsätzlich eine Spannungsverringerung zur Folge $[-(l_6 + l_8)]$.

Anhand der größeren Spannung $\sigma_{v\,1}$ bzw. $\sigma_{v\,2}$ ist abschließend ein in Frage kommender **Federstahl** festzulegen, und zwar unter der Voraussetzung, daß die im Stabilisator vorhandene Maximalspannung kleiner bleibt als die vom Werkstoff zeitlich begrenzt ertragbare, höchstens mit dieser gleich liegt. Unter Ansatz der üblichen Sicherheit $\nu = 1{,}2$ wäre die Bedingung:

$$\sigma_{v\,1,\,2} \leqq \sigma_{b\,zul\,2} \quad \text{und} \quad \sigma_{b\,zul\,2} \approx \frac{1{,}2 \cdot \sigma_s}{\nu} = \sigma_s$$

In der Tabelle 7.4./1 sind die Federstähle in der Reihenfolge der verursachenden Kosten aufgeführt. Ck 53 V wäre somit der (für Stabilisatoren in Frage kommende) wirtschaftlichste und 51 CrMoV 4 V der aufwendigste. Maßgeblich für die Auswahl ist jedoch die bei den Stahlsorten vorhandene **Streckgrenze** σ_s, besser gesagt, das Streckgrenzenverhältnis $\gamma = \sigma_s/\sigma_B \cdot 100$ in %, das bei Federstählen günstig liegt ($\gamma > 90\%$). Je geringer die auftretenden Spannungen sind, ein um so wirtschaftlicherer Stahl kann Verwendung finden.

Die **Kosten** eines Stabilisators hängen jedoch weitgehender von dem benötigten Halbzeug ab, also dessen Durchmesser, der Bedarfslänge und der zulässigen Oberfläche. Die Gleichungen in den Bildern 7.5./8 und 7.5./10 können zu dem Trugschluß führen, daß sowohl Stabdurchmesser d_0 als auch die Maximalspannungen $\sigma_{v\,1}$ und $\sigma_{v\,2}$ vorwiegend von der **Einspannlänge** (also den Strecken l_0 und l_7) beeinflußt werden. Das trifft deshalb nicht zu, weil l_0 ebenfalls mit in der Gleichung für die Übersetzung erscheint, und zwar im Quadrat. Nach Einsetzen der Einzelwerte (z. B. in die vereinfachte Gleichung mit $\lambda = 0$) kürzt sich das über dem Bruchstrich stehende l_0^2 heraus und l_0 steht nur noch im Klammerausdruck:

$$c_{s\,0} = \frac{c_3}{b_G} \cdot i_{w\,s}^2 = \frac{c_3}{b_G} \cdot \frac{t_h^2}{v_s^2} \cdot \frac{r^2}{l_0^2} \qquad \text{und damit}$$

$$d_0 = \sqrt[4]{\frac{c_3 \cdot t_h^2 \cdot r^2}{b_G \cdot v_s^2 \cdot l_0^2} \cdot \frac{l_0^2}{3{,}09 \cdot 10^5} (l_0 + 3 \cdot l_1 + 3{,}89 \cdot l_2)} \ [\text{cm}]$$

Ein kleiner Durchmesser und damit kostengünstiger Stabilisator läßt sich demzufolge nur erreichen durch:

    1. nicht zur hohe Stabilisatorrate c_3 (am Rad),
    2. kurzen Hebelarm r,
    3. große Befestigungsbasis v_s im Vergleich zur Spurweite t_h,
    4. Kleinhalten aller Längen,
    5. Verzicht auf das Abwinkeln der Schenkel und das Durchkröpfen des Rückens sowie
    6. möglichst wenig nachgebende Lagerelemente.

Die Maximalspannungen werden ebenfalls kaum von der Einspannlänge l_0 bzw. l_7 beeinflußt. Über dem Bruchstrich steht in Bild 7.5./10 die Kraft F_{max}, die ihrerseits eine Funktion von c_{s0} bzw. c_{s1} und f_s ist. In beiden Werten erscheint die Übersetzung i_x, einmal im Quadrat und bei f_s in der ersten Potenz. Nach Einsetzen in die Gleichung für σ_{v1} kürzt sich l_0 vor der Wurzel heraus:

$$\sigma_{v1} = \frac{10,2 \cdot c_3 \, (f_1 + f_2) \cdot t_h \cdot r}{d^3 \cdot 2 \cdot v_s \cdot l_0} \cdot l_0 \cdot \sqrt{1 + 0,65 \left(\frac{l_9}{l_0}\right)^2}$$

Da $l_7 \approx l_0$, trifft das gleiche für σ_{v2} zu.

7.5.4. Berechnung des Typs 2

Der Typ 2 (siehe Bild 7.5./2) ist am Rücken im Abstand L_s' drehbar gelagert und über die Schenkelenden durch Zwischengestänge oder direkt mit den Achsseiten verbunden. Stabilisatoren dieses Typs haben aus Einbaugründen meist **kompliziertere Formen;** finden diese an der Vorderachse Verwendung, muß sichergestellt sein, daß weder die voll eingeschlagenen, mit **Schneeketten** versehenen Räder beim Ein- und Ausfedern an den Schenkeln anstreifen können (Bild 7.5./11) noch der Rücken die Ölwanne des Motors berührt bzw. den Fahrschemel (Bild 7.5./12). An der Hinterachse erfordert bei Standardwagen die Kardanwelle zusätzliche Abkröpfungen (Bild 7.5./13) oder aber der tiefliegende, weit nach vorn gezogene Kraftstoffbehälter ein Durchbiegen des Rückens (Bild 7.5./14). Die vermehrte Zahl der Kröpfungen schafft nicht nur erschwerte Rechenbedingungen, sondern vergrößert auch die Differenz zwischen Rechenergebnissen (mit geraden Ersatzlängen) und am fertigen Stabilisator gemessenen Werten. Die Abweichungen können bei extrem gekröpften Formen bis zu $\pm 7\%$ betragen; Reihenuntersuchungen haben gezeigt, daß in sich gebogene Schenkel (siehe Bild 7.5./18) die Federrate niedriger werden lassen, genau wie ein zu diesen gezogener Rücken ($+ l_6$ in Bild 7.5./16).

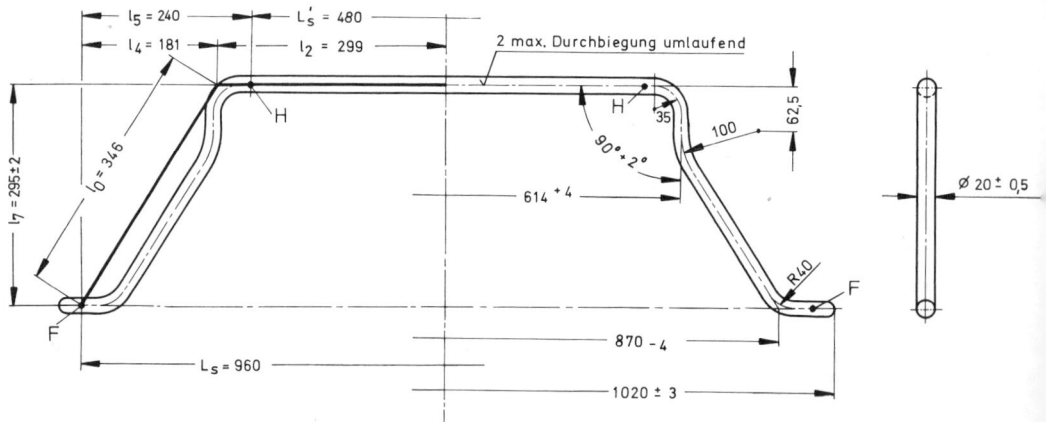

Bild 7.5./11 Vorderer Stabilisator eines Auto-Union-Modelles. Um das Anstreifen der Räder beim Lenkeinschlag zu vermeiden, sind die Schenkel nach innen durchgekröpft.

—— Darstellung des Ersatzsystems zur Berechnung der Stabilisatorrate

Werkstoff: Ck 67 V + Cr σ_B = 105 bis 130 kp/mm²

Oberfläche: kugelgestrahlt u. geölt

c_{s_1} = 29,9 kp/cm

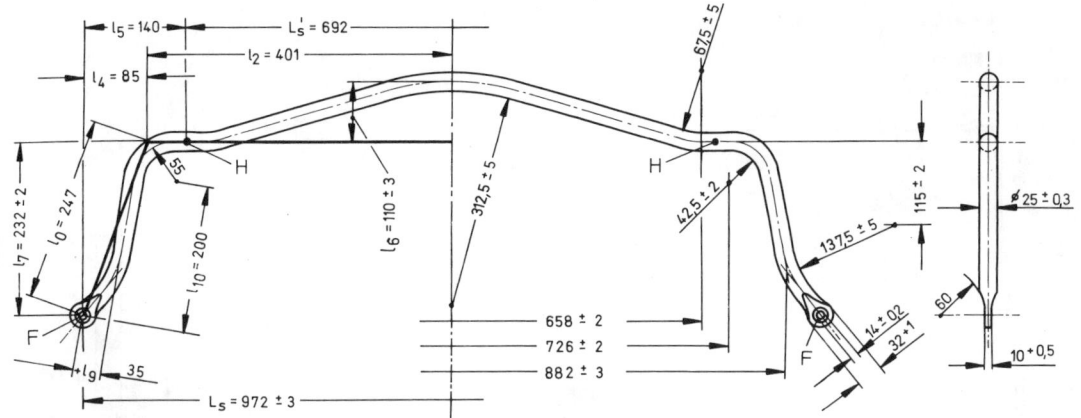

7.5./12 Vorderer Stabilisator der Daimler-Benz-Modelle 200 bis 250/8. Die Durchkröpfung des Rückens ist erforderlich, um Freigang an der Ölwanne zu bekommen.

Darstellung des Ersatzsystems zur Berechnung der Stabilisatorrate

Werkstoff: 60 Si Cr 7 V σ_B = 135 bis 155 kp/mm²

Oberfläche : kugelgestrahlt, grundiert u. schwarz einbrennlackiert

c_{s_1} = 120 kp/cm

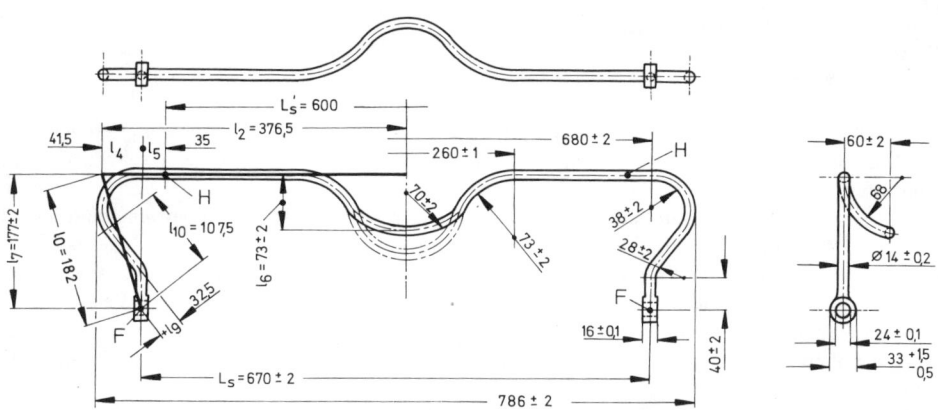

Bild 7.5./13 Hinterer Stabilisator des Opel Kadett 1,2. Die Schenkel wurden nach innen gekröpft, um die Lagerpunkte *H* des Rückens weit auseinanderziehen zu können, und der Rücken mittig durchgebogen, um Berührung mit der zur Achsführung dienenden Deichsel zu vermeiden. Einzelheiten sind in Bild 3.2./15 zu sehen.
Werkstoff: 65 Si 7V, σ_B = 135 bis 155 kp/mm², Stabilisatorrate c_{s1} = 22,2 kp/cm.

Beide Einflüsse finden in der **Berechnung** des Stabdurchmessers d_0 keine Berücksichtigung. Bild 7.5./15 enthält die hierfür benötigte Gleichung, und die Bilder 7.5./11 bis 7.5./14 zeigen, wie die **Ersatzlängen**

$$l_0, \ l_2, \ l_4, \ l_5 \qquad \text{sowie} \qquad l_7$$

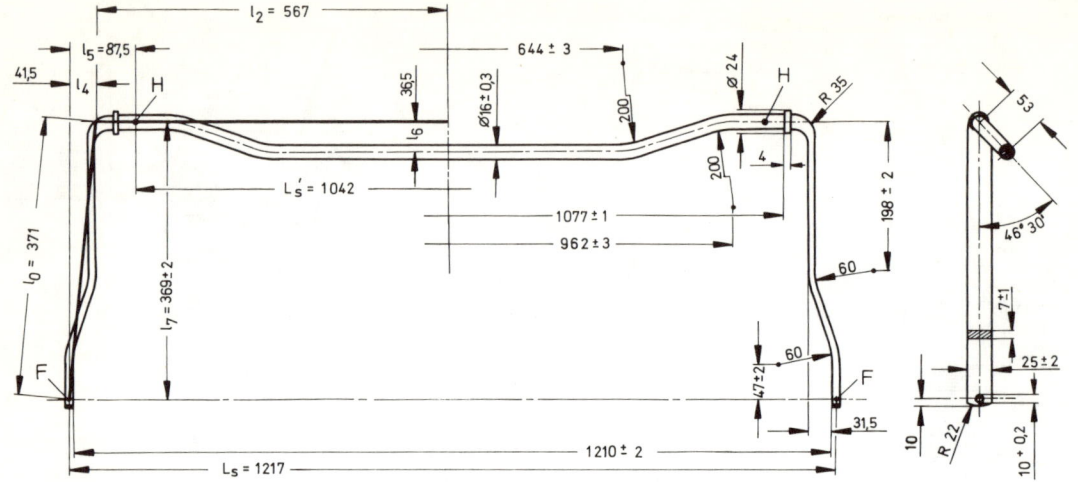

Bild 7.5./14 Hinterer Stabilisator der Daimler-Benz-Modelle 200 bis 250/8. Die Durchkröpfung des Rückens ist wegen des Freiganges am Kraftstoffbehälter erforderlich; zur Erhöhung des Trägheitsmomentes gegen Biegung sind die Schenkel — wie rechts in der Seitenansicht zu sehen — flachgedrückt.

——— Darstellung des Ersatzsystems zur Berechnung der Stabilisatorrate

Werkstoff: 65 Si 7 V $\quad \sigma_B$ = 135 bis 155 kp/mm^2

Oberfläche: kugelgestrahlt, grundiert u. schwarz einbrennlackiert

c_{s1} = 6 kp/cm

unter Vernachlässigung aller Kröpfungen abzunehmen sind. Der in die Rechnung eingehende **Korrekturfaktor** k ist bei durchgehend rundem Querschnitt = 1, liegt bei flachgedrückten, biegesteifen Schenkeln (wie in Bild 7.5./14 zu sehen) unter 1 und kann = 0 gesetzt werden, wenn es sich um einen zusammengesetzten Stabilisator handelt. Dieser entspricht dem Typ 3 und besteht aus einer runden Torsionsstabfeder, an deren beiden Enden stabile Hebel befestigt sind. Das **Vorzeichen** vor dem am Ende erscheinenden Ausdruck $2 \cdot l_4^3$ berücksichtigt den rechnerisch erfaßbaren Einfluß der Schenkelstellung: nach innen gekröpfte verringern die Federrate c_s und bedingen deshalb einen etwas dickeren Stab (positives Vorzeichen), nach außen gezogene erhöhen diese und bewirken damit eine Verringerung des Durchmessers (Minusvorzeichen).

Wie beim Typ 1 ist nach der Berechnung des **Durchmessers** d_0 ein ganzzahliger, genormter d_1 festzulegen; die in Frage kommenden Abmessungen enthält Bild 7.5./8.

Die **Festigkeitsberechnung** erfordert beim Typ 2 die Überprüfung dreier Stellen:

1. der **Rückenmitte** (Bild 7.5./16). Hier treten um so größere Spannungen σ_{v2} auf, je weiter die Schenkel nach außen abgebogen sind ($L_s > L_s'$, links im Bild).

2. des **Rückens** in den **Lagerstellen** H (Bild 7.5./17). Das gleiche trifft für die Spannungen σ_{v3} in den Punkten H zu: je länger die Strecke $l_5 = 0,5 \cdot (L_s - L_s')$, desto höher werden die Spannungen.

3. der **Krümmungen** im Übergang vom Rücken zu den Schenkeln (Bild 7.5./18). Obwohl die hier vorhandenen Spannungen σ_{v4} im allgemeinen niedriger liegen als im Rücken, treten Dauerbrüche meist in diesem Abschnitt auf. Je größer der Halbmesser R — bezogen auf die **Mittellinie** — sein muß, desto weiter steigen die Spannungen an.

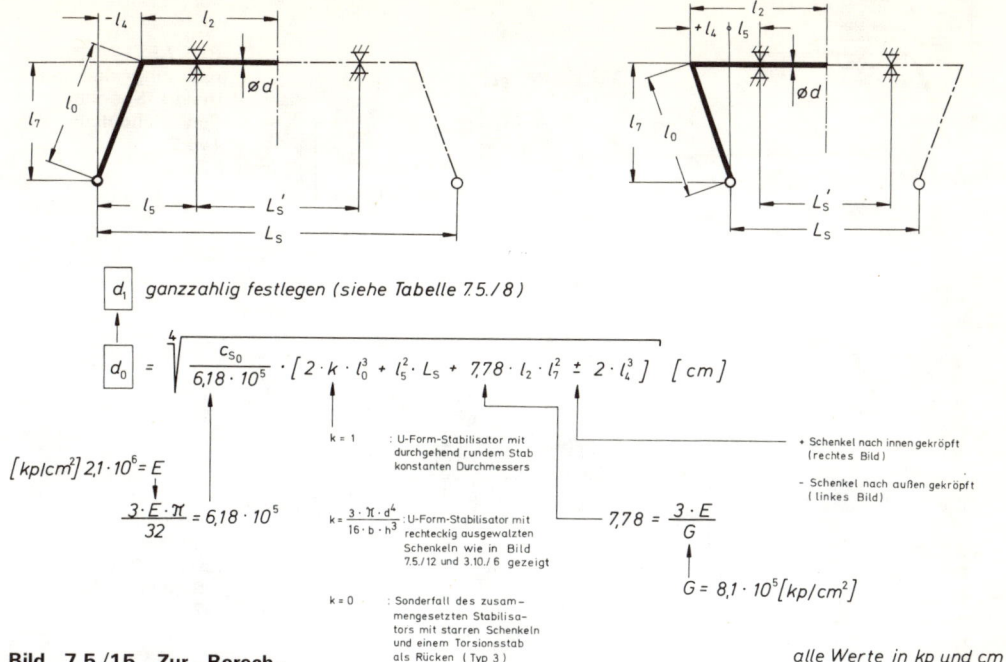

d_1 ganzzahlig festlegen (siehe Tabelle 7.5./8)

$$d_0 = \sqrt[4]{\dfrac{c_{S_0}}{6{,}18 \cdot 10^5} \cdot \left[2 \cdot k \cdot l_0^3 + l_5^2 \cdot L_S + 7{,}78 \cdot l_2 \cdot l_7^2 \pm 2 \cdot l_4^3 \right]} \quad [\text{cm}]$$

$[kp/cm^2]\ 2{,}1 \cdot 10^6 = E$

$\dfrac{3 \cdot E \cdot \pi}{32} = 6{,}18 \cdot 10^5$

k = 1 : U-Form-Stabilisator mit durchgehend rundem Stab konstanten Durchmessers

$k = \dfrac{3 \cdot \pi \cdot d^4}{16 \cdot b \cdot h^3}$: U-Form-Stabilisator mit rechteckig ausgewalzten Schenkeln wie in Bild 7.5./12 und 3.10./6 gezeigt

k = 0 : Sonderfall des zusammengesetzten Stabilisators mit starren Schenkeln und einem Torsionsstab als Rücken (Typ 3)

$7{,}78 = \dfrac{3 \cdot E}{G}$

$G = 8{,}1 \cdot 10^5 [kp/cm^2]$

+ Schenkel nach innen gekröpft (rechtes Bild)
− Schenkel nach außen gekröpft (linkes Bild)

alle Werte in kp und cm

Bild 7.5./15 Zur Berechnung des Stabdurchmessers d_0 beim Typ 2 benötigte Gleichungen.

Bild 7.5./16 Berechnung der maximalen Spannung im Rücken des Typ 2.

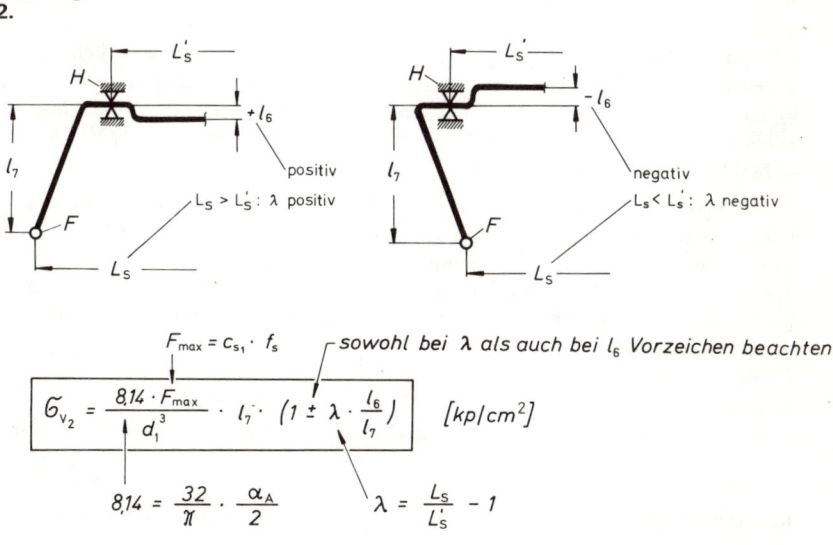

positiv

$L_S > L_S'$: λ positiv

negativ

$L_S < L_S'$: λ negativ

$F_{max} = c_{S_1} \cdot f_s$ — sowohl bei λ als auch bei l_6 Vorzeichen beachten

$$\sigma_{v_2} = \dfrac{8{,}14 \cdot F_{max}}{d_1^3} \cdot l_7 \cdot \left(1 \pm \lambda \cdot \dfrac{l_6}{l_7} \right) \quad [kp/cm^2]$$

$8{,}14 = \dfrac{32}{\pi} \cdot \dfrac{\alpha_A}{2}$

$\lambda = \dfrac{L_S}{L_S'} - 1$

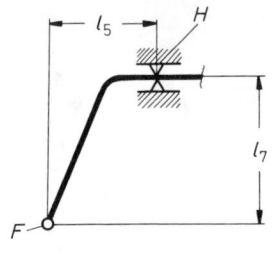

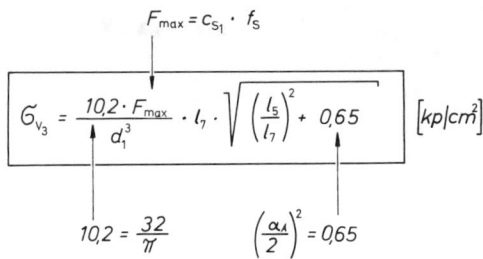

$$F_{max} = c_{S_1} \cdot f_S$$

$$\sigma_{v_3} = \frac{10{,}2 \cdot F_{max}}{d_1^3} \cdot l_7 \cdot \sqrt{\left(\frac{l_5}{l_7}\right)^2 + 0{,}65} \quad [kp/cm^2]$$

$$10{,}2 = \frac{32}{\pi} \qquad \left(\frac{\alpha_4}{2}\right)^2 = 0{,}65$$

Bild 7.5./17 Berechnung der maximalen Spannung in den Schenkeln des Typ 2.

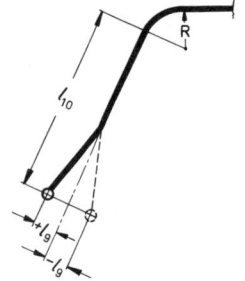

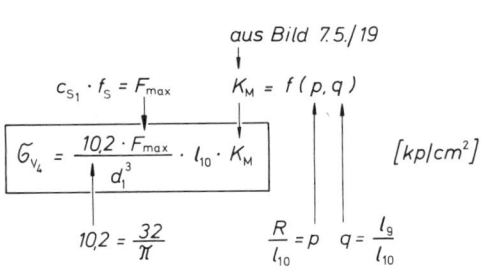

$$c_{S_1} \cdot f_S = F_{max} \qquad K_M = f(p, q)$$

aus Bild 7.5./19

$$\sigma_{v_4} = \frac{10{,}2 \cdot F_{max}}{d_1^3} \cdot l_{10} \cdot K_M \quad [kp/cm^2]$$

$$10{,}2 = \frac{32}{\pi} \qquad \frac{R}{l_{10}} = p \qquad q = \frac{l_9}{l_{10}}$$

Bild 7.5./18 Berechnung der maximalen Spannung in der Krümmung zwischen Rücken und Schenkeln beim Typ 2.

Als **Einflußgröße** geht die Strecke $\pm l_9$ unter Beachtung des Vorzeichens mit in die Berechnung ein. Nach Bildung der Quotienten $p = R/l_{10}$ und $q = l_9/l_{10}$ ist der in der Gleichung erscheinende Beiwert K_M dem Bild 7.5./19 zu entnehmen. Je weniger die Schenkel nach außen abgewickelt sind ($+ l_9$), desto kleiner wird K_M und damit auch die Beanspruchung.

Mit der größten der drei Spannungen wäre (wie beim Typ 1) wieder eine **Stahlsorte** aus der Tabelle 7.4./1 herauszusuchen, die die Bedingung erfüllen muß:

$$\sigma_{b\,zul} = \frac{1{,}2 \cdot \sigma_s}{\nu} \geqq \sigma_{v\,2,\,3,\,4}$$

Ein Stabilisator des Types 2 ist (genau wie Typ 1) um so **wirtschaftlicher,** je weniger Material er benötigt und ein je kostengünstigerer Werkstoff Verwendung finden kann. Die Gleichungen in den Bildern 7.5./15 bis 7.5./18 zeigen, daß die Stabdicke von einigen beeinflußbaren Werten abhängt; eine Veränderung derselben läßt den Durchmesser kleiner werden mit der Folge verringerter Erstellungskosten. Hierzu folgendes:

1. Die **Federrate** $c_{s\,0}$ hängt in ihrer Größe von der Übersetzung i_x ab, d. h., der Stabilisator sollte so nah wie möglich am Rad angelenkt sein, dann bleibt die Strecke a im Verhältnis zu b klein (bzw. v_s im Vergleich zu t_h) und i_x liegt nah bei eins (siehe Bilder 7.5./2 und 7.5./6).
2. Um den Werkstoff gut auszunutzen, wäre es beim Typ 2 günstig, die **Schenkellänge** l_0 bzw. l_7 möglichst kurz zu halten. Hierdurch ergibt sich ein dünnerer Stab mit jedoch geringfügig höherer Spannung $\sigma_{v\,2}$.
3. Die **Lagerstellen** H sollten weit nach außen gezogen werden, um eine Verringerung der Strecke l_5 zu erreichen.
4. Wenig Kröpfungen und ein kleiner Biege-Halbmesser R wirken sich auf Kosten und Spannungen ebenfalls günstig aus.

Als Halbzeug findet — wie beim Typ 1 — gewalzter Rundstahl Verwendung.

272 Stabilisatoren

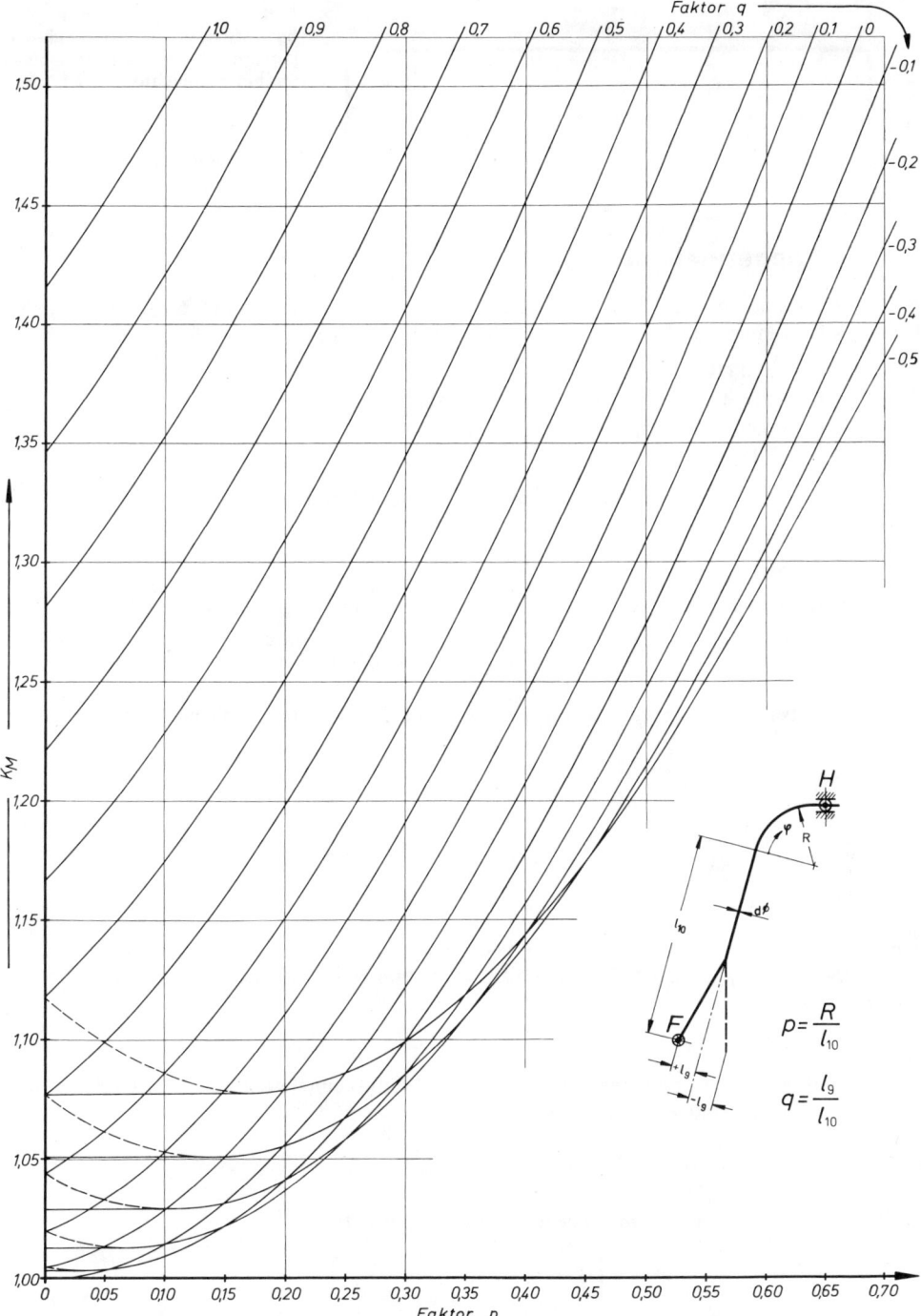

Bild 7.5./19 Kurvenscharen zur Ermittlung des Faktors K_M, der beim Typ 2 in die Spannungsberechnung eingeht. Der Halbmesser R bezieht sich auf die Mittellinie des gekrümmten Teils.

18 Fahrwerktechnik

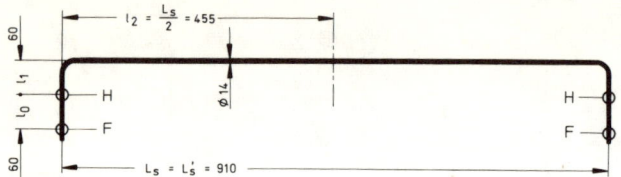

Bild 7.5./20 Maßskizze des beim Renault 6 an den Längslenkern der Hinterachse befestigten Stabilisators Typ 1.

7.5.5. Rechenbeispiel, Typ 1

Berechnet wird der in Bild 7.5./20 gezeigte, an der Hinterachse des **Renault 6** eingebaute Stabilisator. Abgenommen am Fahrzeug wurden (siehe Bild 7.2./7b):

$$c_{3h} = 4,0 \text{ kp/cm}$$
$$f_1 = 14,4 \text{ cm} \quad f_2 = 14,3 \text{ cm (siehe Bild 7.2./7a)}$$
$$r = 35 \text{ cm} \quad l_0 = 6 \text{ cm} \quad l_1 = 6 \text{ cm}$$
$$l_2 = 45,5 \text{ cm} \quad L_s = 91 \text{ cm} = L_s'$$

Die Übersetzung i_x, erforderlich zur Bestimmung der **Stabilisatorrate** c_{s0} ist:

$$i_x = \frac{r}{l_0} = \frac{35}{6} \qquad i_x = 5,84$$

und mit dem Minderungsfaktor $b_G = 0,86$ bei zwei elastischen Lagern je Seite ergibt sich:

$$c_{s0} = \frac{i_x^2 \cdot c_{3h}}{b_G} = \frac{5,84^2 \cdot 4,0}{0,86} \qquad c_{s0} = 158,4 \text{ kp/cm}$$

L_s entspricht bei diesem Stabilisator L_s', deshalb kann die vereinfachte Gleichung angewendet werden:

$$d_0 = \sqrt[4]{\frac{c_{s0} \cdot l_0^2}{3,09 \cdot 10^5} \cdot (l_0 + 3 \cdot l_1 + 3,89 \cdot l_2)}$$
$$= \sqrt[4]{\frac{158,4 \cdot 36}{3,09 \cdot 10^5} \cdot (6 + 3 \cdot 6 + 3,89 \cdot 45,5)} = 1,39 \text{ cm}$$
$$d_0 = 13,9 \text{ mm}$$

Zur Verwendung kommen soll gewalzter Federstabstahl, nach Bild 7.5./8 in $\varnothing$ 14 erhältlich, die Toleranzen betragen nach Tabelle 7.5./9 $\pm$ 0,2 mm. Zur Weiterrechnung dient somit der **Durchmesser:**

$$d_1 = 14 \pm 0,2 \text{ mm}$$

Der am Fahrzeug abgenommene betrug ebenfalls 14 mm, ein Beweis für die Richtigkeit der Gleichung. Als Federrate c_{s1} ergibt sich:

$$c_{s1} = c_{s0} \left(\frac{d_1}{d_0}\right)^4 = 158,4 \left(\frac{1,4}{1,39}\right)^4 \quad c_{s1} = 163 \text{ kp/cm}$$

Die **Spannung** σ_{v1} in den **Schenkeln** neben dem Lagerpunkt H ist:

$$\sigma_{v1} = \frac{10,2 \cdot F_{max}}{d_1^3} \cdot l_0 \sqrt{1 \pm 0,65 \cdot \left(\frac{l_9}{l_{10}}\right)^2}$$

Da $l_9 = 0$, vereinfacht sich die Gleichung:

$$\sigma_{v\,1} = \frac{10{,}2 \cdot F_{max}}{d_1^3} \cdot l_0$$

Zur Berechnung von F_{max} wird noch f_s benötigt:

$$f_s = \frac{f_1 + f_2}{2 \cdot i_x} \cdot b_G = \frac{14{,}3 + 14{,}4}{2 \cdot 5{,}84} \cdot 0{,}86 \qquad f_s = 2{,}16 \text{ cm} \qquad \text{und damit}$$

$$F_{max} = c_{s\,1} \cdot f_s = 163 \cdot 2{,}16 \qquad\qquad F_{max} = 352 \text{ kp}$$

$$\sigma_{v\,1} = \frac{10{,}2 \cdot 352}{1{,}4^3} \cdot 6 = 7850 \text{ kp/cm}^2 \qquad\qquad \sigma_{v\,1} = 78{,}5 \text{ kp/mm}^2$$

Die **Spannung** $\sigma_{v\,2}$ im **Rücken** beträgt:

$$\sigma_{v\,2} = \frac{8{,}14 \cdot F_{max}}{d_1^3} \cdot l_7 \left(1 + \lambda \cdot \frac{l_6 - l_8}{l_7}\right)$$

Da bei diesem Stabilisator $L_s = L_s'$, wird $l_7 = l_0$ und $\lambda = 0$:

$$\sigma_{v\,2} = \frac{8{,}14 \cdot F_{max}}{d_1^3} \cdot l_0 = \frac{8{,}14 \cdot 352}{1{,}4^3} \cdot 6 = 6260 \text{ kp/cm}^2$$

$$\sigma_{v\,2} = 62{,}6 \text{ kp/mm}^2$$

Der große Gesamtfederweg $f_G = 287$ mm hat gegenüber dem nachfolgend berechneten Kadett-Stabilisator höhere Spannungen zur Folge; der Opel-Pkw besitzt an der Hinterachse einen Weg von nur 181 mm. Mit der größeren der beiden Spannungen — also $\sigma_{v\,1}$ — werden **Werkstoff**- und Festigkeitseigenschaften bestimmt:

$$\sigma_{v\,1} \leq \sigma_{b\,zul} = \frac{1{,}2 \cdot \sigma_s}{\nu}$$

$$\sigma_s \geq \frac{\sigma_{v\,1} \cdot \nu}{1{,}2} = \frac{78{,}5 \cdot 1{,}2}{1{,}2}$$

$$\sigma_s \geq 78{,}5 \text{ kp/mm}^2$$

Als Federstahl kommt nach Tabelle 7.4./1 die kostengünstigste Sorte **Ck 53 V + Cr** in der Festigkeitsstufe I mit $\sigma_s \geq 95$ kp/mm² in Frage; wegen des $\varnothing$ 14 ist Chromzusatz erforderlich. Auf der **Zeichnung** sind Werkstoff und Zugfestigkeit mit Toleranz vorzuschreiben:

$$\text{Ck 53 V + Cr} \qquad \sigma_B = 110 \text{ bis } 130 \text{ kp/mm}^2$$

7.5.6. Rechenbeispiel, Typ 2

Berechnet wird der in Bild 7.5./13 gezeigte und an der Hinterachse des **Opel Kadett 1,2** zur Verwendung kommende Stabilisator Typ 2.
Fahrzeugseitig sind gegeben:

$$
\begin{array}{lll}
c_{3h} = 5{,}0 \text{ kp/cm} & t_h = 127{,}4 \text{ cm} & v_s = 67 \text{ cm} \\
f_1 = 10{,}6 \text{ cm} & f_2 = 7{,}5 \text{ cm und} & b_G = 0{,}82
\end{array}
$$

Der Faktor b_G berücksichtigt je zwei Lagerelemente in den die Schenkel mit der Achse verbindenden Laschen und je eins in den Drehpunkten H. Den Stabilisator betreffend können folgende Strecken Bild 7.5./14 entnommen werden:

$$l_0 = 18,2 \text{ cm} \quad l_2 = 37,65 \text{ cm} \quad l_4 = 4,15 \text{ cm}$$
$$l_5 = 3,5 \text{ cm} \quad l_6 = 7,3 \text{ cm} \quad l_7 = 17,7 \text{ cm}$$
$$l_9 = 3,25 \text{ cm} \quad l_{10} = 10,75 \text{ cm} \quad R = 4,5 \text{ cm}$$

In der Zeichnung bezieht sich der Halbmesser R auf die Innenkante, es sind also $d/2 = 7$ mm zu dem eingetragenen Maß 38 mm hinzuzuzählen. Die zur Bestimmung der **Stabilisatorrate** c_{s0} erforderliche Übersetzung i_w ist nach Gleichung 14 aus Abschnitt 7.1.7:

$$i_w = \frac{t_h}{v_s} = \frac{127,4}{67} \qquad i_w = 1,904$$

und somit:

$$c_{s0} = \frac{c_{3h} \cdot i_w^2}{b_G} = \frac{5 \cdot 3,62}{0,82} = 22,2 \text{ kp/cm}$$

Als Stabdurchmesser d_0 ergibt sich nach Bild 7.5./15 mit $k = 1$ und positivem Vorzeichen bei $2 \cdot l_4^3$:

$$d_0 = \sqrt[4]{\frac{c_{s0}}{6,18 \cdot 10^5} [2 \cdot k \cdot l_0^3 + l_5^2 \cdot L_s + 7,78 \cdot l_2 \cdot l_7^2 \pm 2 \cdot l_4^3]}$$

$$d_0 = \sqrt[4]{\frac{22,2}{6,18 \cdot 10^5} \left[(2 \cdot 1 \cdot 18,2^3) + (3,5^2 \cdot 67) + (7,78 \cdot 37,65 \cdot 17,7^2) + (2 \cdot 4,15^3) \right]}$$

$$d_0 = 1,39 \text{ cm} = 13,9 \text{ mm}$$

Der errechnete **Durchmesser** d_0 ist auf einen Normdurchmesser aufzurunden und wäre nach den Bildern 7.5./8 und 7.5./9 unter der Voraussetzung, daß gewalztes Halbzeug zur Verwendung kommt:

$$d_1 = 14 \pm 0,2 \text{ mm}$$

Damit wird die Federrate c_{s1}:

$$c_{s1} = c_{s0} \cdot \left(\frac{d_1}{d_0}\right)^4 = 22,2 \cdot \left(\frac{1,4}{1,39}\right)^4$$

$$c_{s1} = 22,75 \text{ kp/mm} \approx 22,8 \text{ kp/cm}$$

Unter Berücksichtigung der Durchmessertoleranzen ergeben sich folgende maximale und minimale Federraten:

$$c_{s\max} = \left(\frac{d_{\max}}{d_1}\right)^4 \cdot c_{s1} = \left(\frac{1,42}{1,4}\right)^4 \cdot 22,8 = 24,1 \text{ kp/cm}$$

$$c_{s\min} = \left(\frac{d_{\min}}{d_1}\right)^4 \cdot c_{s1} = \left(\frac{1,38}{1,4}\right)^4 \cdot 22,8 = 21,5 \text{ kp/cm}$$

also

$$c_{s1} = 22,8 \pm 1,3 \text{ kp/cm} \qquad \text{dies entspricht} \qquad 100\% \pm 5,7\%$$

Die **Spannung** σ_{v2} im mittleren Bereich des **Rückens** ist:

$$\sigma_{v2} = \frac{8{,}14 \cdot F_{max}}{d_1^3} \cdot l_7 \cdot \left(1 \pm \lambda \cdot \frac{l_6}{l_7}\right)$$

$$\lambda = \frac{L_s}{L_s'} - 1 = \frac{67}{60} - 1 = 1{,}115 - 1 \qquad \lambda = 0{,}115$$

$$f_s = \frac{f_1 + f_2}{2 \cdot i_w} \cdot b_G = \frac{10{,}6 + 7{,}5}{2 \cdot 1{,}904} \cdot 0{,}82 \qquad f_s = 3{,}9 \text{ cm}$$

$$F_{max} = c_{s1} \cdot f_s = 22{,}8 \cdot 3{,}9 \qquad F_{max} = 88{,}7 \text{ kp}$$

$$\sigma_{v2} = \frac{8{,}14 \cdot 88{,}7}{1{,}4^3} \cdot 17{,}7 \left(1 + 0{,}115 \cdot \frac{7{,}3}{17{,}7}\right) = 5030 \text{ kp/cm}^2$$

$$\sigma_{v2} = 50{,}3 \text{ kp/mm}^2$$

Die **Spannung** σ_{v3} des Stabilisatorrückens in den **Lagerpunkten H** errechnet sich mit:

$$\sigma_{v3} = \frac{10{,}2 \cdot F_{max}}{d_1^3} \cdot l_7 \sqrt{\left(\frac{l_5}{l_7}\right)^2 + 0{,}65}$$

$$\sigma_{v3} = \frac{10{,}2 \cdot 88{,}7}{1{,}4^3} \cdot 17{,}7 \sqrt{\left(\frac{3{,}5}{17{,}7}\right)^2 + 0{,}65} = 4860 \text{ kp/cm}^2$$

$$\sigma_{v3} = 48{,}6 \text{ kp/mm}^2$$

In der **Krümmung** am Übergang vom Rücken zu den Schenkeln entsteht folgende **Spannung** σ_{v4}:

$$\sigma_{v4} = \frac{10{,}2 \cdot F_{max}}{d_1^3} \cdot l_{10} \cdot K_M \qquad K_M = f(p, q)$$

$$p = \frac{R}{l_{10}} = \frac{4{,}5}{10{,}75} = 0{,}418 \qquad q = \frac{l_9}{l_{10}} = \frac{3{,}25}{10{,}75} = 0{,}302$$

Dem Bild 7.5./19 entnommen ist $K_M = $ **1,36** und damit:

$$\sigma_{v4} = \frac{10{,}2 \cdot 88{,}7}{1{,}4^3} \cdot 10{,}75 \cdot 1{,}36 = 4780 \text{ kp/cm}^2$$

$$\sigma_{v4} = 47{,}8 \text{ kp/mm}^2$$

Mit Hilfe der größten auftretenden Spannung — in diesem Fall σ_{v2} — werden Werkstoff und Festigkeitseigenschaften bestimmt:

$$\sigma_{v2} \leq \sigma_{b\,zul} = \frac{1{,}2 \cdot \sigma_s}{\nu}$$

$$\sigma_s \geq \frac{\sigma_{v2} \cdot \nu}{1{,}2} = \frac{50{,}3 \cdot 1{,}2}{1{,}2} \qquad \sigma_s \geq 50{,}3 \text{ kp/mm}^2$$

Als **Federstahl** kommt wie beim Beispiel 1 die Sorte **C 53 V + Cr** mit $\sigma_s \geq 95$ kp/mm² in Frage (siehe Tabelle 7.4./1); verwendet werden könnte aber auch ein kostengünstigerer Vergütungsstahl, z. B. Ck 45 V oder Ck 60 V (siehe Tabelle 6.3./12b). Auf der **Zeichnung** muß Werkstoff und Zugfestigkeit mit Toleranz vorgeschrieben werden (siehe Abschnitt 7.3.3 in [4]):

$$\text{Ck 53 v + Cr,} \qquad \sigma_B = 110 \text{ bis } 130 \text{ kp/mm}^2$$

Aus Sicherheits- oder Rationalisierungsgründen schreibt Opel den Federstahl 65 Si 7 V mit der Zugfestigkeit σ_B = 135 bis 155 kp./mm² vor. Die auf Bild 7.5./11 zu findende Sorte Ck 67 + Cr sowie die in den Bildern 7.5./13 und 7.5./14 eingetragene Sorte 65 Si 7 V sollte bei Neuentwicklungen nicht zum Einsatz kommen. Der hohe Kohlenstoffgehalt bereitet mehr Schwierigkeiten beim Vergüten und vergrößert die Gefahr der Randentkohlung.

7.6. Stoßdämpfer

Der Stoßdämpfer dient gleichzeitig der **Fahrsicherheit** als auch dem **Fahrkomfort.** Er soll das Springen der Räder verhindern — damit für gute Bodenhaftung sorgen — und Nickschwingungen des Aufbaus unterbinden. Die Dämpfer gehören zusammen mit Reifen und Scheibenrädern zu den Teilen des Fahrwerks, die am häufigsten ausgetauscht werden; der Automobilbesitzer nimmt an, die Fahreigenschaften seines Wagens zu verbessern. Diese Tatsache kann zutreffen, jedoch verbunden mit der Gefahr, daß die **Allgemeine Betriebserlaubnis** durch die Änderung ihre Gültigkeit verliert, und zwar dann, wenn die Dämpfer die Aufgabe der Federwegbegrenzung mit übernehmen müssen (siehe Bild 7.2./20).

Die Richtigkeit der Bereifung kann an der einvulkanisierten Größenbezeichnung erkannt werden, genau wie ein abgefahrenes, in seiner Tiefe nicht mehr zulässiges Profil deutlich sichtbar ist. Der Stoßdämpfer dagegen befindet sich innerhalb des Fahrwerks, die Typbezeichnung ist wohl eingerollt, jedoch meist vom Schmutz überzogen und dadurch kaum lesbar, außerdem dürfte bei der Vielfalt der Dämpfer nur durch Nachschlagen in Listen feststellbar sein, ob der eingebaute Typ überhaupt werksseitig freigegeben bzw. für das Fahrzeug brauchbar ist. Hinzu kommt die Schwierigkeit, die Funktion eines Stoßdämpfers in eingebautem Zustand untersuchen zu können. Eine hierfür geeignete Prüfmöglichkeit hat die Fa. **Boge** mit dem **Shocktester** geschaffen (Bild 7.6./1a). Auf diesem wird eine Achsseite in Eigenfrequenz gebracht, und im Resonanzbereich ist an der Amplitudenhöhe des

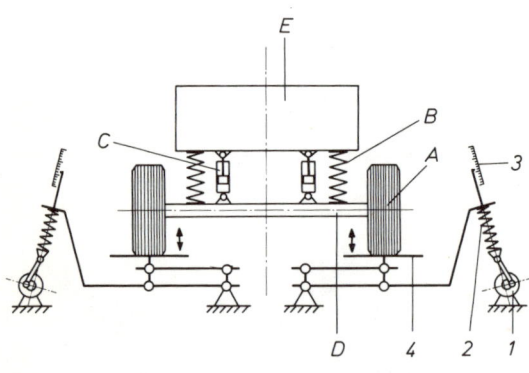

Bild 7.6./1a Boge-Shocktester. Die Radauflage 4 wird — angeregt durch einen Elektromotor — in senkrechte Schwingungen versetzt. Nach Abschalten des Antriebs durchläuft die einseitige Achsmasse den Resonanzbereich. Die Größe des in diesem vorhandenen Schwingungsausschlages steht in physikalischem Zusammenhang mit der wirksamen Dämpfung und läßt dadurch Rückschlüsse auf die Wirksamkeit der Dämpfer zu.

1 Antrieb
2 Druckfeder
3 Meßeinrichtung
4 Schwinge

A Rad
B Fahrzeugfeder
C Stoßdämpfer
D Achse
E Aufbau

Bild 7.6./1b Beim Boge-Shock-tester werden während des Auslaufens der Achse auf einem sich drehenden Meßblatt die Schwingungsausschläge im gesamten Frequenzbereich geschrieben. Diese stellen ein Maß für das Arbeitsvermögen des Stoßdämpfers dar. Die oben im Bild erkennbare kleinere Resonanzamplitude weist auf einen in Ordnung befindlichen Dämpfer hin und die untere, größere auf 50% Leistungsminderung.

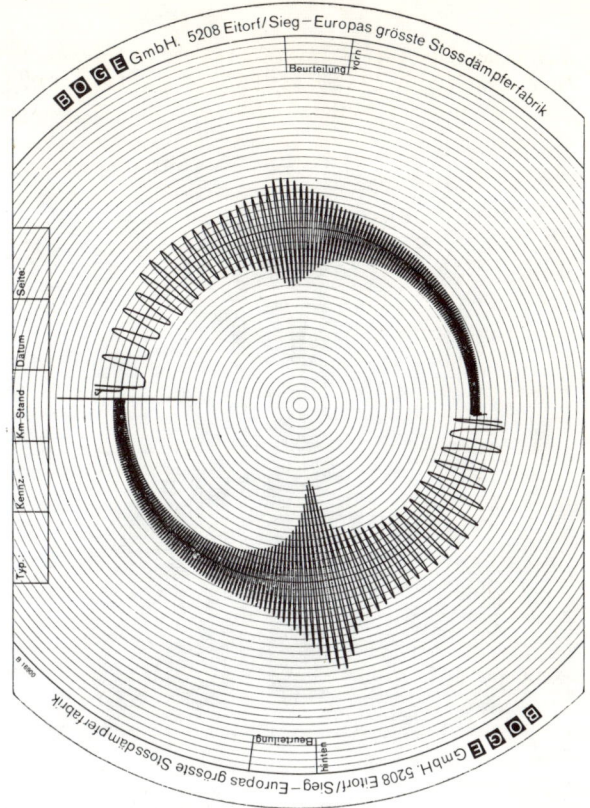

Schwingweges erkennbar, ob die Dämpfung noch ausreicht (Bild 7.6./1b). Eine exakte Überprüfung der Kennlinie kann nur am ausgebauten Dämpfer auf besonderen Prüfmaschinen erfolgen; das Bild 7.6./2 zeigt die von der Fa. **Boge** für die Serienkontrolle entwickelte Ausführung.

Die Tatsache, daß eine Sichtkontrolle nur bei undichten Dämpfern Unbrauchbarkeit erkennen läßt und andererseits der Shocktester noch nicht totale Verbreitung gefunden hat, dürften mit die Gründe sein, warum mehr Autos mit defekten Stoßdämpfern auf unseren Straßen zu finden sind als mit unzureichenden Reifen. Vom ADAC sowie den Firmen Boge und F & S mit dem Shocktester durchgeführte Reihenuntersuchungen haben ergeben, daß bei über 30% aller geprüften Pkw mindestens ein Stoßdämpfer defekt ist; etwa 3% der kontrollierten Wagen hatten 3 bzw. sogar 4 unbrauchbare Dämpfer!

Ausländische Stoßdämpferhersteller empfehlen die im Wagen eingebauten Dämpfer mit der **Stoßstangenprobe** auf ihre Funktion zu prüfen. Die für Einbauwerkstätten herausgegebene Information enthält folgenden Hinweis:

> Ein einfaches Verfahren, um die Wirkung der Stoßdämpfer annähernd festzustellen, ist die „Stoßstangenprobe". Drücke den Wagen, vorne oder hinten, zwei- bis dreimal hintereinander nach unten; lasse ihn kurz schwingen. Wenn die Stoßdämpfer in Ordnung sind, wird der Wagen seinen ursprünglichen Stand sofort wieder einnehmen (Ruhelage). Wenn sich jedoch die auf- und niedergehende Bewegung fortsetzt, ist es möglich, daß die Stoßdämpfer ungenügend arbeiten.

Bild 7.6./2 Serienprüfmaschine der Firma Boge, bei einer festen Drehzahl $n =$ 100 min^{-1} sind einstellbare Hübe von 10, 25, 50, 75 und 100 mm vorhanden.

Diese Prüfmethode lehnen die Autoindustrie und die deutsche Stoßdämpferhersteller strikt ab. Lassen sich die Achsführungsgelenke eines Fahrzeuges nach längerer Laufzeit schwerer bewegen, so kann — wie in Abschnitt 7.2.1 beschrieben — die in diesen vorhandene **Eigenreibung** bis zu 100 kp betragen. Auch bei defektem Dämpfer würde die Reibung dann ausreichen, durch Wippen erzwungene Schwingungen abklingen zu lassen. Hat der untersuchte Wagen dagegen sehr leicht gängige Gelenke und dazu Dämpfer mit der oben in Bild 7.6./15 gezeigten progressiven Kennlinie, so wird wegen der geringen Dämpfung bei kleinen Kolbengeschwindigkeiten der Aufbau auch bei intakten Dämpfern nachschwingen.

7.6.1. Hebeldämpfer

Die früher hart gefederten und wesentlich langsamer laufenden Pkw stellten wenig Anforderungen an die Dämpfung; einfach aufgebaute und raumsparend unterzubringende Hebeldämpfer (Bild 7.6./3a) reichten aus, um die Fahrsicherheit zu gewährleisten. Die Funktion derselben ist einfach zu erklären. Beim Ausfedern des Rades belastet der im Bild erkennbare Nocken über ein Druckstück den Kolben, der Öl aus dem Arbeitsraum durch das Dämpferventil in den Vorratsraum preßt. Die auf dem Ventilkörper sitzende Schraubenfeder ist in ihrer Vorspannung von außen verstellbar, um die gewünschte Dämpfungskraft einregulieren zu können. Federt das Rad ein, drückt die Rückholfeder den Kolben nach oben und durch das in dessen Boden sich befindende Rückschlagventil strömt das Öl wieder in den Arbeitsraum.

Bild 7.6./3a Hebel-Stoßdämpfer, einseitig wirkend und nur das Ausfedern der Achse dämpfend. Erkennbar ist die ungünstige Übersetzung zwischen Hebelende und Anlagepunkt des Nockens am Arbeitskolben.

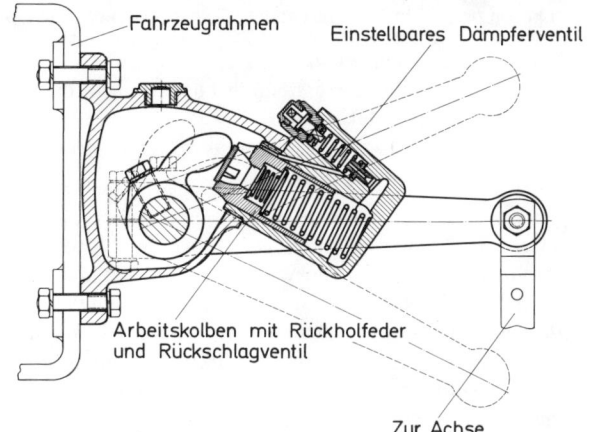

Bild 7.6./3b Vorderachse des Morris Marina. Der Hebel 1, gelagert im Gehäuse des Hebeldämpfers 2, ist gleichzeitig oberer Lenker; an der Platte 3 kommt beim vollen Einfedern der am Aufbau befestigte Druckanschlag zur Anlage. Als Feder dient der zylindrische Torsionsstab 4; die Fahrzeughöhe kann mit Hilfe der Schraube 5 eingestellt werden.

Die **Vorteile** des Hebeldämpfers sind:

geringer Raumbedarf,
die Möglichkeit, das Gehäuse mit zwei Schrauben am Rahmen oder Aufbau befestigen zu können,
die einfache Anlenkung des Hebels an einem Lenker oder dem Achskörper selbst und
die Ventileinstellung von außen.

Diesen positiven Punkten stehen folgende **Nachteile** gegenüber:

> hohes Gewicht,
> erhebliche Herstellungskosten wegen der spanenden Bearbeitung fast aller Teile (Gehäuse, Hebel usw.)
> und in ganz besonderem Maße die großen inneren Kräfte an Nocken und Hebellagerung.

Zwischen Hebelende und Anlagepunkt des Nockens am Kolben besteht eine Übersetzung von etwa $i = 5$. Dies bedeutet gegenüber dem Radaufstandspunkt fünfmal so starke Kräfte am Kolben, hohe Innendrücke und damit verbunden unzureichende Achsdämpfung bei den heute üblichen harten Reifen und hohen Fahrgeschwindigkeiten. Aus diesem Grund werden Hebeldämpfer seit 1953 in Deutschland bei Pkw-Neukonstruktionen nicht mehr vorgesehen; zu finden sind sie noch an englischen Pkw. Die guten Straßendecken dieses Landes stellen nicht die hohen Anforderungen an die Achsdämpfung wie die teilweise in Deutschland vorhandenen; ganz zu schweigen von der Fahrbahnbeschaffenheit in verschiedenen Exportländern. Das Bild 7.6./3b zeigt die Vorderachse des 1971 auf den Markt gekommenen Morris-Marina. Hier dient der Hebel des Dämpfers gleichzeitig als oberer Querlenker; ein Konstruktionsprinzip, das schon 1937 von der Auto Union bei der DKW-Sonderklasse angewendet wurde. Beim Bremsen kommen auf die Lager des Hebels verhältnismäßig hohe Kräfte (siehe Bild 6.6./24).

7.6.2. Zweirohr-Teleskop-Stoßdämpfer

Der Teleskopstoßdämpfer wird oben am Aufbau oder Rahmen befestigt und unten an einem Lenker oder der Achse (Bild 7.6./4). Die Kraft an den Befestigungspunkten hat die gleiche Größe wie die am Kolben entstehenden Dämpfungskräfte; nachteilig gegenüber dem Hebeldämpfer ist der größere Raumbedarf in der Länge, der fahrzeugseitig geschaffen werden muß. Nur wenige Teile erhalten eine spanende Bearbeitung, die meisten sind spanlos geformt. Herstellungskosten und Endpreis liegen dadurch unter denen des Hebeldämpfers bei zusätzlich besserer Wirksamkeit. Das Bild 7.6./5a veranschaulicht schematisch den Aufbau. Der nach dem **Zweirohrprinzip** arbeitende Dämpfer besteht aus dem Arbeitsraum A, dem unten an der Kolbenstange 6 befestigten Kolben 1, dem Bodenventil 4 und der Kolbenstangenführung 8, die gleichzeitig zur Aufnahme der Dichtung 5 dient. Zwischen Zylinder 2 und Außenrohr 3 befindet sich der Ausgleichsraum C, der etwa bis zur Hälfte mit Öl gefüllt ist. Der restliche Teil dient zur Aufnahme sowohl des vergrößerten Ölvolumens bei extremer Erwärmung (bis $+120\,°C$ bzw. bis $+200\,°C$ bei Tropendämpfern) als auch der durch das Einfahren der Kolbenstange verdrängten Ölmenge. Der Spiegel der Ölsäule im Ausgleichsraum muß halbhoch stehen, um zu vermeiden, daß bei extremen Fahrzuständen Luft durch das Bodenventil gesaugt werden kann. Eintreten könnte dies, wenn die Kolbenstange bei größter Kälte $(-40\,°C)$ voll ausfährt. Zusätzlich zu berücksichtigen wäre noch die **Schräglage** des Dämpfers im Fahrzeug, die ein einseitiges Absenken des Ölspiegels im Ausgleichsraum C zur Folge hat (Bild 7.6./5b, siehe auch Bild 7.1./25). Dem Abweichungswinkel ξ_D von der Senkrechten sind deshalb Grenzen gesetzt; 45° dürfen auch im ungünstigsten Fall (volle Einfederung) nicht überschritten werden.

Beim Einfedern der Achse erfolgt eine Verkürzung des Dämpfers, der Kolben 1 geht herunter und ein Teil des Öls strömt aus dem unteren Teil des Arbeitsraumes A durch das Ventil II in die obere Hälfte. Die dem eintauchenden Kolbenstangenvolumen entsprechende Menge wird dabei in den Ausgleichsraum C gedrückt, und zwar durch das im Boden 4 sitzende Druckventil IV. Mit Hilfe desselben werden in der Hauptsache die für die **Druckdämpfung** erforderlichen

Kräfte erzeugt, und erst wenn dieses nicht ausreicht, erfolgt das zusätzliche Einschalten eines am Kolben sitzendes Ventils (siehe Bild 7.6./32). Wie in den Bildern 7.6./4 und 7.6./31 zu sehen, ist dieses üblicherweise nur ein Rückschlagventil, bestehend aus Schraubenfeder und Abdeckplatte.

Beim Ausfedern der Achse entsteht ein Überdruck zwischen dem hochfahrenden Kolben 1 und der Stangenführung 8. Hierbei wird die Hauptölmenge durch das einstellbare, die eigentliche **Zugdämpfung** bewirkende Ventil I gedrückt.

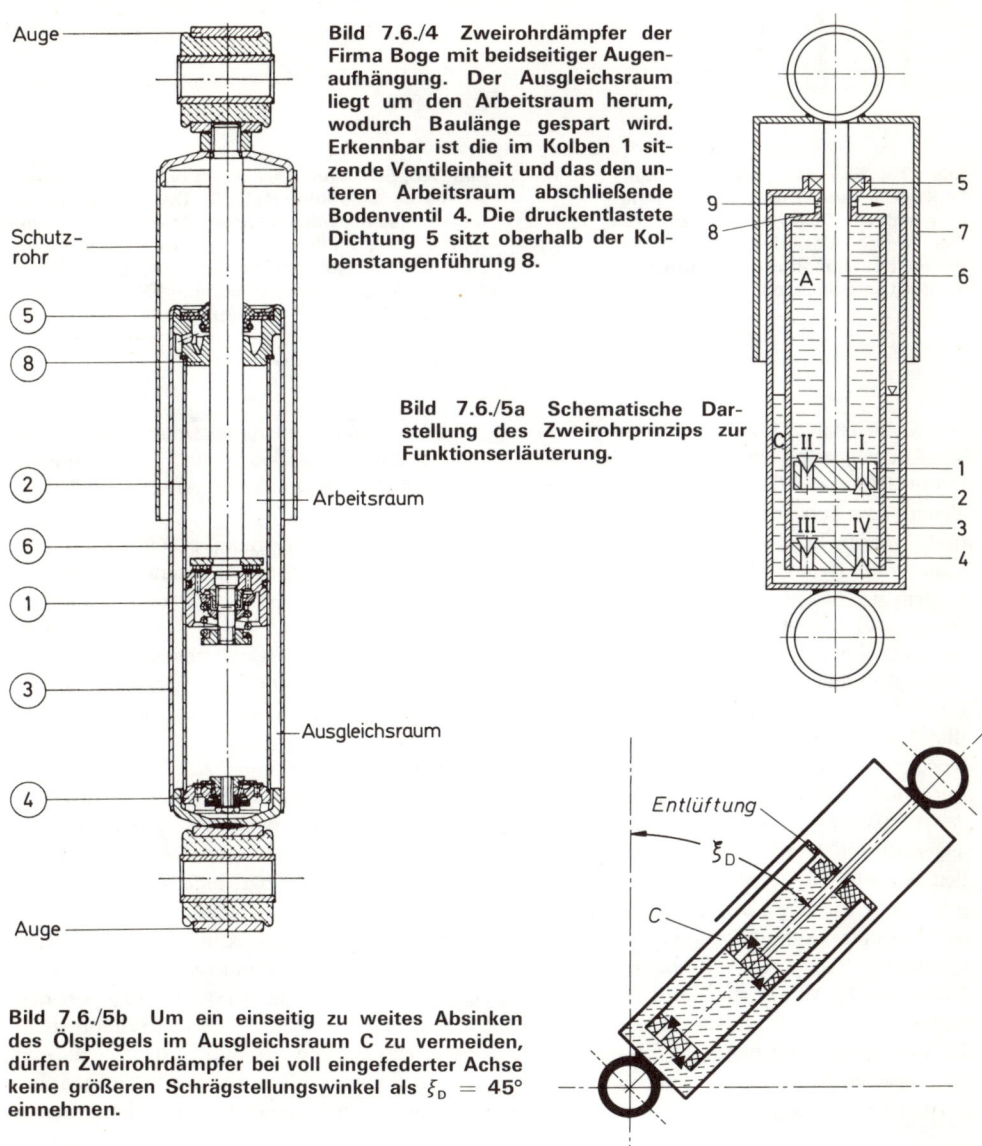

Bild 7.6./4 Zweirohrdämpfer der Firma Boge mit beidseitiger Augenaufhängung. Der Ausgleichsraum liegt um den Arbeitsraum herum, wodurch Baulänge gespart wird. Erkennbar ist die im Kolben 1 sitzende Ventileinheit und das den unteren Arbeitsraum abschließende Bodenventil 4. Die druckentlastete Dichtung 5 sitzt oberhalb der Kolbenstangenführung 8.

Bild 7.6./5a Schematische Darstellung des Zweirohrprinzips zur Funktionserläuterung.

Auge
Schutz-rohr
Arbeitsraum
Ausgleichsraum
Auge

Entlüftung

Bild 7.6./5b Um ein einseitig zu weites Absinken des Ölspiegels im Ausgleichsraum C zu vermeiden, dürfen Zweirohrdämpfer bei voll eingefederter Achse keine größeren Schrägstellungswinkel als $\xi_D = 45°$ einnehmen.

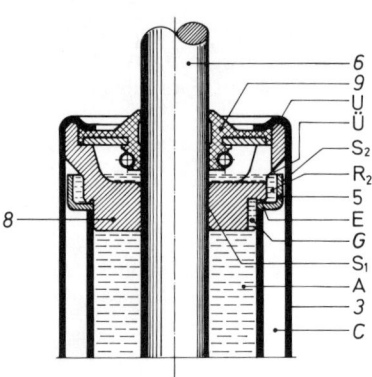

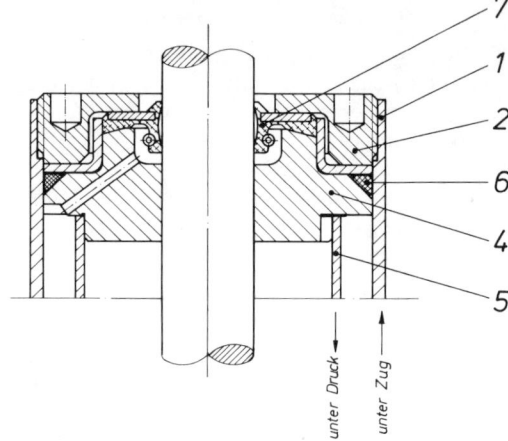

unter Druck

unter Zug

Bild 7.6./5c Von Boge in der Großserie bei Zweirohrdämpfern verwendete Dichtungsausführung. Der fertige Dämpfer wird durch Rollen des Außenrohres 3 um die Kante U verschlossen.

Bild 7.6./5d Von Boge bei Lkw-Dämpfern verwendeter Schraubverschluß. Das Außenrohr 1 trägt auf seiner Innenseite ein Gewinde, in das der Ring 2 geschraubt wird, um das Zylinderrohr 5 über den Winkelring 3 und die Kolbenstangenführung 4 verspannen zu können. Die Abdichtung zwischen dieser und dem Außenrohr 1 übernimmt der O-Ring 6 und zur Kolbenstange die durch den Ring 2 mitgehaltene Dichtung 7.

Die Kolbenstange fährt aus, was eine Erhöhung des Ölvolumens im Arbeitsraum A zur Folge hat. Die fehlende Menge wird aus dem Raum C nachgesaugt (Bild 7.6./5a) und fließt durch das Ventil III, ebenfalls nur ein einfaches Rückschlagventil. Das zwischen Arbeits- und Ausgleichsraum pulsierende Öl kühlt sich am Außenrohr 3 ab.

Im Gegensatz zu Zweirohrdämpfern steht bei den nach dem Einrohrprinzip arbeitenden die Ölsäule unter Druck (siehe folgenden Abschnitt). Eine **Verringerung** des **Ölvolumens** beim **Abkühlen** gleicht das Ausdehnen des belastenden Gases aus. Die Ölsäule im Arbeitsraum des Zweirohrdämpfers schrumpft ebenfalls zusammen, wenn nach Beendigung der Fahrt das erwärmte Öl sich der Außentemperatur anpaßt. Ohne besondere Maßnahmen würde sich ein Luftsack bilden und — besonders bei Kälte — können unangenehme Poltergeräusche, „Morgeneffekt" genannt, entstehen. Eine Prüfung des Dämpfers in diesem Zustand ergäbe das in Bild 7.6./16 gezeigte Diagramm.

Konstruktiv sichergestellt sein muß, daß Flüssigkeit den beim Zusammenziehen des Öles freiwerdenden Raum wieder ausfüllen kann, von Boge gelöst durch den in Bild 7.6./5c zu sehenden Winkelring 5 sowie die in die Kolbenstangenführung eingepreßten rechtwinklig zueinander angeordneten Kanäle E und G. Der Ring 5 schafft das Reservoir R_2 aus dem ein Nachfließen bei Abkühlung über die Kanäle erfolgt. Diese Anordnung bringt noch weitere Vorteile mit sich. Lagerung oder unsachgemäße Funktionsprüfung von Hand (bei waagerecht gehaltenem Dämpfer) kann bewirken, daß Luft in den Arbeitsraum dringt. Die Kanäle E und G dienen in solchen Fällen als Entlüftung; im Fahrbetrieb baut sich das Luftpolster über diese kurzfristig ab. Der Winkelring verhindert außerdem, daß die beim Hochgehen des Kolbens aus dem Kanal E schießenden Ölstrahlen direkt auf das Außenrohr 3 prallen und dabei verschäumen.

Im **Zughub** entsteht oberhalb des Kolbens ein **Überdruck,** der bewirkt, daß Öl durch den Spalt S_1 (zwischen Kolbenstange und Führung) sowie den Eckkanal E−G nach oben herausgedrückt wird. Die geringe Ölmenge sammelt sich im Reservoir R_2 und fließt durch den Ringspalt S_2

(gebildet von Winkelring 5 und Außenrohr 3) in den Ausgleichsraum C zurück. Hierbei erfolgt eine Abkühlung an dem vom Fahrtwind angeblasenen Rohr 3. Das einfahrende Kolbenstangen-volumen schafft ebenfalls einen Überdruck im Arbeitsraum A, d. h., auch in der **Druckstufe** wird Öl durch den Spalt S_1 sowie die Kanäle E und G gepreßt, das wieder zurückfließend sich am Außenrohr 3 abkühlt.

Zweirohrdämpfer **fertigen** die Firmen **Boge, Fichtel & Sachs, Koni, Monroe, Opel, Woodhead** usw. in mehr oder weniger großen Stückzahlen. Sie stellen — im Gegensatz zu den nachfolgend beschriebenen Einrohrdämpfern — nicht ganz so hohe Anforderungen an die Fertigung, bauen kürzer als diese und haben den Vorteil einer nicht sonderlich aufwendigen Kolbenstangen-dichtung. Die aus gerolltem Blech bestehenden Augenaufhängungen sind unten an den Boden des Außenrohres stumpf angeschweißt und oben an die Kolbenstange. Das Schutzrohr, erfor-derlich um letztere gegen Steinschlag und sonstige Beschädigungen zu schützen, wird durch die obere Schweißung mit befestigt. Wie in den Bildern 7.6./4 und 7.6./5b erkennbar, erfolgt das Schließen des eingestellten und fertig montierten Dämpfers durch Rollen des Außenrohres 3 um den Wulst U der Kolbenstangenführung 8. Eine Demontage ist nicht mehr möglich; die früher übliche Schraubkappe als Verschluß würde einen Großseriendämpfer unnötig verteuern. Hochleistungs-, Lkw- und Rennwagendämpfer werden meist verschraubt, um bei diesen auf-wendigen Ausführungen eine Reparatur zu ermöglichen (Bilder 7.6./5d und 7.6./39). Die Ta-belle 7.6./64 enthält Abmessungen und Verwendungszweck der von Boge und Fichtel & Sachs hergestellten Zweirohrdämpfertypen.

Die **Lebensdauer** des Dämpfers hängt in erster Linie von der Dichtung ab und deren Haltbar-keit im wesentlichen von der **Oberfläche** der **Kolbenstange.** Diese muß hart sein, damit Staub und Schmutzteilchen keine Riefen hinterlassen können, korrosionsfest, um nicht durch entste-hende Rostnarben die Dichtung zu beschädigen und außerdem möglichst glatt, zum Niedrig-halten der Gleitreibung. Als Werkstoff kommt für Kolbenstangen in Großseriendämpfern der in Tabelle 6.3./12b zu findende Vergütungsstahl C 45 K zur Verwendung, der (K = kaltgezo-gen) eine Zugfestigkeit von $\sigma_B = 70$ bis 85 kp/mm² hat, eine Streckgrenze von $\sigma_S \geqq 48$ kp/mm² und Dehnung von $\delta_5 \geqq 14\%$. Die vorbearbeitete Kolbenstange wird 0,4 bis 0,5 mm tief induk-tionsgehärtet, um eine Oberflächenhärte von mindestens HRC 53 zu bekommen (HRC: Rock-well-C mit 150 kp Prüflast, siehe Abschnitt 7.3.5 und Tabelle 7./11, beides in [4]). Das an-schließende Schleifen, Aufbringen einer Hartchromschicht von 8 bis 10 µm Dicke und Polieren ist erforderlich, um die Abdichtbedingungen zu erfüllen. Im Endzustand beträgt die Ober-flächenhärte mindestens HRC 62; die Rauhtiefe liegt unter $R_t = 1$ µm (siehe Abschnitt 2.8.7 in [3]).

7.6.3. Einrohr-Stoßdämpfer, druckbelastet

Die Entwicklung der Zweirohr-Teleskopdämpfer begann um 1938, die der Einrohrausführung mit druckbelastetem Trennkolben etwa 10 Jahre später (Bild 7.6./6). Das größte Problem dieses Dämpfers ist die Dichtung, die statisch durch den auf dem Schwimmkolben 1 (und da-mit der Ölsäule) wirkenden Innendruck belastet wird und dynamisch in der Zugstufe durch den unterhalb des Kolbens 5 entstehenden Druck. Jahrelange Untersuchungen, verfeinerte Herstel-lungsverfahren und weiterentwickelte Kunststoffe führten zu einer Form der Abdichtung, die in ihrer Haltbarkeit den heutigen Ansprüchen genügt und damit den Hauptnachteil der Ein-rohrdämpfer — das vorzeitige Undichtwerden — beseitigen half. Die **Vorteile** dieses Systems sind:

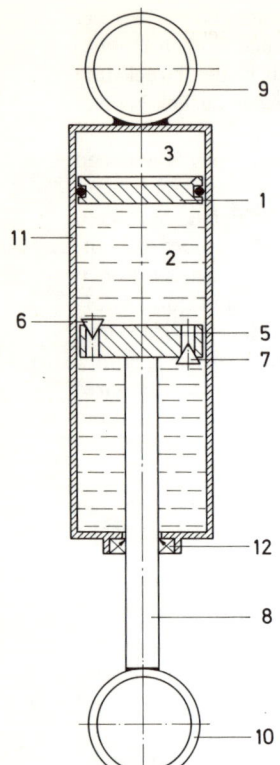

Bild 7.6./6 Schematische Darstellung des druckbelasteten Einrohrprinzips mit Trennkolben, entwickelt von dem Franzosen de Carbon.

Bild 7.6./7 Im Arbeitsraum des Dämpfers auf der Zug- und Druckseite entstehender Innendruck als Funktion der Dämpferkräfte, berechnet für verschiedene Dämpfungssysteme und Kolbendurchmesser:
1 Zweirohr — nicht druckbelastet — Kolben-$\varnothing$ 27 mm
2 Zweirohr — nicht druckbelastet — Kolben-$\varnothing$ 32 mm
3 Einrohr — nicht druckbelastet — Kolben-$\varnothing$ 36 mm
4 Einrohr — druckbelastet — Kolben-$\varnothing$ 36 mm
5 Einrohr — druckbelastet — Kolben-$\varnothing$ 46 mm
Bei dem von der französischen Firma Allinquant hergestellten, nicht druckbelasteten Einrohrdämpfer mit 36 mm Kolbendurchmesser wird die Druckdämpfung vorwiegend durch ein am Kolben sitzendes Ventil erzeugt, daher die links flacher verlaufende Linie 3. Bei den aufgenommenen Zweirohrdämpfern steuert nur die Kolbenstange mit 11 mm Durchmesser die Druckkräfte; deshalb der steile Verlauf bei den Kurven 1 und 2; möglich ist auch hier ein Druckventil am Kolben (siehe Bild 7.6./32). Wegen des Vordruckes von 28 kp/cm² schneiden die Linien 4 und 5 die Nullinie in dieser Höhe bei druckbelasteten Dämpfern.

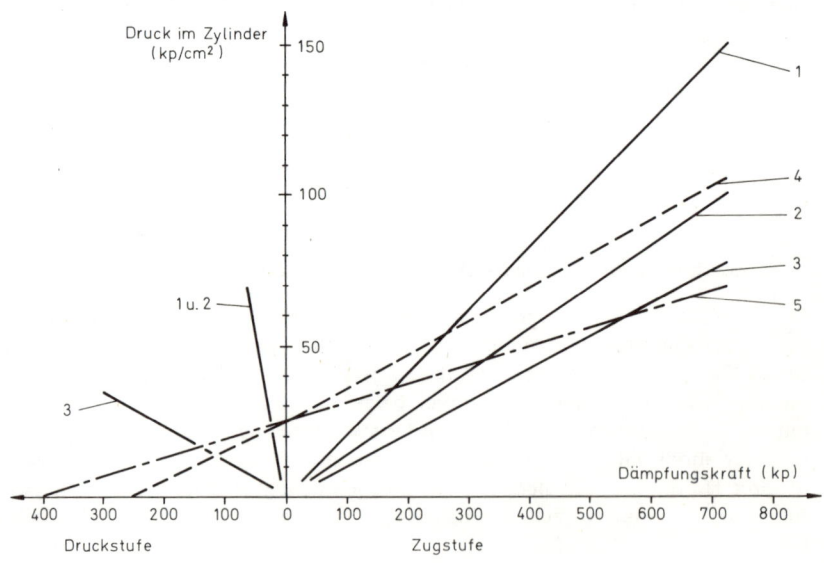

gute Kühlung des direkt angeblasenen Zylinderrohres 11,

bei gleichem Durchmesser des Außenrohres 11 ist ein größerer Kolbendurchmesser möglich (z. B. 36 statt 27 mm, siehe Tabelle 7.6./64) und dadurch geringere Innendrücke (Bild 7.6./7),

ein am Kolben 5 sitzendes und von der gesamten Ölsäule beaufschlagtes Druckventil 7,

durch den Druck auf die Ölsäule das sichere Dämpfen auch kleiner hochfrequenter Schwingungen

und bei vorhandenem Schwimmkolben) die Einbaumöglichkeit in jeder Lage.

Nachteilig sind die höheren Kosten — entstehend durch größere Fertigungsgenauigkeiten und die erforderliche Gasdichtheit — sowie der größere Raumbedarf in der Länge. Zusätzlich beachtet werden muß die durch den Innendruck entstehende **Ausfahrkraft** der Kolbenstange. Diese beträgt 19 bis 25 kp und kann bei weicher Federung sowie in Nähe des Rades angelenktem Dämpfer den Aufbau bis zu 20 mm anheben. Die Folge wären bei Umrüstung verringerte Ausfederwege und ein höher liegender Aufbauschwerpunkt (siehe Bild 7.2./25a). Ist das Fahrzeug dagegen auf Gasdruckdämpfer ausgelegt, so wird der sich ergebenden Federwegänderung herstellerseitig durch Tiefersprengen der Federn entgegengewirkt.

Anhand der schematischen Darstellung Bild 7.6./6 läßt sich die von dem Franzosen **de Carbon** entwickelte, zuerst auf den Markt gekommene **Trennkolben**ausführung leicht erklären. Diese hat obenliegend den unter Gasdruck von 28 kp/cm² stehenden Ausgleichsraum 3, der (wie beim Zweirohrsystem) Ölerwärmung und von der Kolbenstange verdrängtes Volumen aufnehmen muß. Gas und Öl sind durch den Kolben 1 getrennt, der sich über dem eigentlichen Arbeitsraum 2 befindet. Der Kolben 5, befestigt an der Kolbenstange 8, trägt das Zugventil 6 und Druckventil 7. Die Kolbenstange kann — wie gezeichnet — nach unten, oder wie in Bild 7.6./8a zu sehen, auch nach oben ausfahren; durch den Trennkolben 1 besteht die Möglichkeit jeder beliebigen Lage. Wird der Dämpferzylinder am Aufbau oder Rahmen befestigt, rechnet das Zylindergewicht zu der gefederten Masse und nur die leichte Kolbenstange geht in das ungefederte Gewicht ein; ein Grund, die in Bild 7.6./6 gezeigte Einbaulage zu bevorzugen.

Beim Ausfedern der Achse strömt das Öl durch das am Kolben 5 sitzende **Zugventil** 6 vom unteren in den oberen Teil des Arbeitsraums; der entstehende Innendruck belastet die Dichtung 12 zusätzlich. Der Gasdruck im Raum 3 läßt den Trennkolben 1 nach unten gehen, um die Volumenverringerung, bewirkt durch das Ausfahren der Kolbenstange, auszugleichen. **Federt** die Achse **ein**, tritt das **Druckventil** 7 in Aktion; gleichzeitig wird der Trennkolben 1 durch das hinzukommende Kolbenstangenvolumen nach oben verschoben. Ein Abreißen der Ölsäule am Ventil tritt erst ein, wenn die Dämpfungsdruckkraft die durch den Gasdruck aufgebrachte überschreitet; bei 36 mm Kolbendurchmesser wären 285 kp hierfür erforderlich und bei 46 mm Durchmesser 465 kp. Das Bild 7.6./8a zeigt die Perspektivdarstellung des zuerst von **Bilstein** und später auch von den Firmen **Fichtel & Sachs** und **Boge** herausgebrachten Dämpfers. Gut erkennbar ist die **über** der Dichtung liegende und dadurch nur wenig geschmierte Kolbenstangenführung und die aufwendige Form des Trennkolbens, erforderlich, um Baulänge zu sparen. Der den Kolben zur Zylinderwand abdichtende Rundschnurring rollt bei den an diesem nur auftretenden kleinen Bewegungen in der Nut ab.

Die Dichtigkeit des druckbelasteten Einrohrdämpfers hängt noch weitgehender von der Oberflächenbeschaffenheit der **Kolbenstange** ab. Bei Bilstein besteht diese aus dem Vergütungsstahl Ck 45 N mit an der oberen Grenze liegendem Kohlenstoffgehalt (siehe Tabelle 6.2./12b). Das hinter der Werkstoffbezeichnung erscheinende N bedeutet „normalisiert"; zugunsten der Dehnung liegen die Festigkeitswerte dadurch niedriger als beim Zustand V „vergütet":

$$\sigma_B = 60 \text{ bis } 72 \text{ kp/mm}^2, \quad \sigma_S \geqq 34 \text{ kp/mm}^2 \text{ und } \delta_5 \geqq 18\%$$

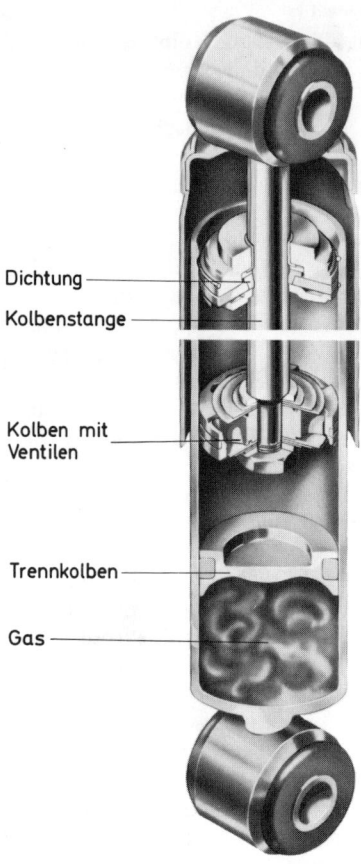

Bild 7.6./8a Druckbelasteter Einrohrdämpfer mit Trennkolben, in Deutschland hergestellt von Bilstein seit 1953, seit 1971 von Fichtel & Sachs und von Boge ab 1972.

Dichtung

Kolbenstange

Kolben mit Ventilen

Trennkolben

Gas

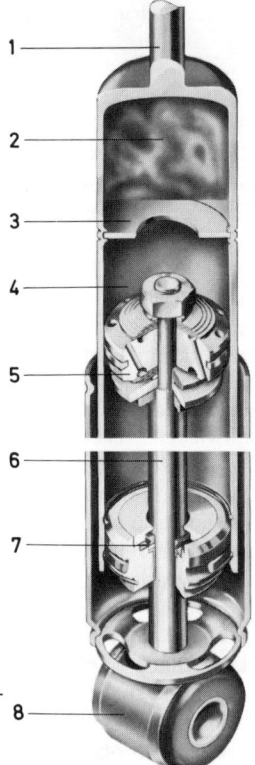

1

2

3

4

5

6

7

8

Bild 7.6./8b Vom Fichtel & Sachs entwickelter Einrohrdämpfer mit Prallscheibe. Der zur oberen Befestigung dienende Stift ist stumpf an das Zylinderrohr angeschweißt.

Durch Induktionshärtung wird die Oberfläche auf die Rockwellhärte HRC 56 $\pm$ 4 gebracht und durch anschließendes Schleifen und Polieren die für das Dichtbleiben erforderliche Rauhtiefe von $R_t \leqq 0,2\,\mu\text{m}$ erreicht. Eine zum Schluß aufgetragene, über 20 μm dicke Hartchromschicht läßt die Oberflächenhärte auf HRC 70 $\pm$ 2 ansteigen (siehe Abschnitt 2.9 in [3]).

Der in den Bildern 7.6./6 und 7.6./8a zu sehende **Trennkolben** gewährleistet die Lageunabhängigkeit des Dämpfers, hat aber auf die Funktion praktisch keinen Einfluß. Das durch diesen verhinderte Verschäumen von Öl und Gas läßt sich auch durch andere Maßnahmen unterbinden. **Fichtel & Sachs** sieht in dem 1969 herausgebrachten Einrohrdämpfer „Saxilent" (Bild 7.6./8b) eine **Prallscheibe** 3 vor, die die vom Kolben 5 kommenden und an der Zylinderwand hochschießenden Ölstrahlen sowohl ablenkt als auch bremst. Ein Verschäumen des sich im Raum 2 befindlichen Gases mit der Ölfüllung des Arbeitsraumes 4 wird dadurch verhindert. Der Ölspiegel muß immer über der Prallscheibe stehen, der Grund, warum diese Ausführung etwa 5 mm länger baut als die mit Trennkolben. Die Kolbenstange 6 kann nur nach unten ausfahren und die Neigung zur Senkrechten darf max. $\xi_D = 15°$ betragen. Gut erkennbar in Bild 7.6./8b ist die Führung 7 mit Dichtung und Teflonbuchse. Letztere dient zur Verminderung der Reibung beim Ein- und Ausfahren der Kolbenstange. Um eine unbedingte Gasdichtigkeit zu ha-

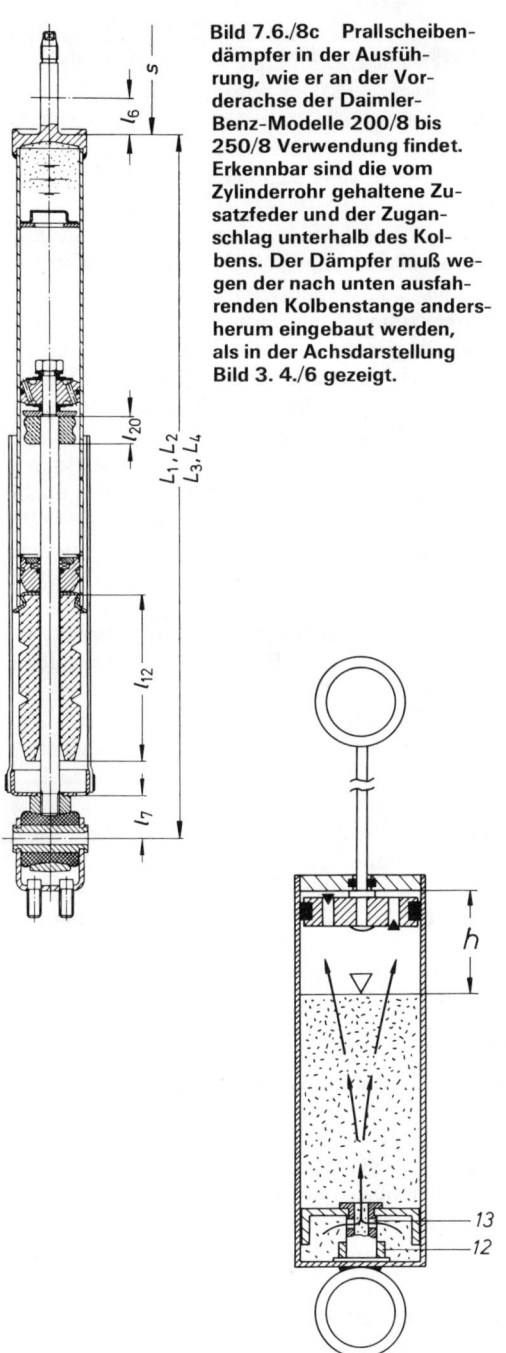

Bild 7.6./8c Prallscheiben-
dämpfer in der Ausfüh-
rung, wie er an der Vor-
derachse der Daimler-
Benz-Modelle 200/8 bis
250/8 Verwendung findet.
Erkennbar sind die vom
Zylinderrohr gehaltene Zusatzfeder und der Zugan-
schlag unterhalb des Kol-
bens. Der Dämpfer muß we-
gen der nach unten ausfah-
renden Kolbenstange andersherum eingebaut werden,
als in der Achsdarstellung
Bild 3. 4./6 gezeigt.

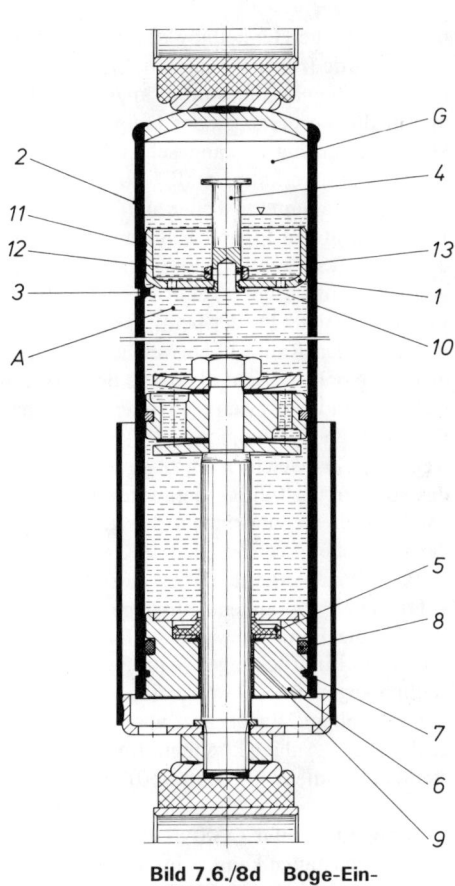

Bild 7.6./8d Boge-Ein-
rohrdämpfer mit Beruhi-
gungskolben.

Bild 7.6./8e Auf den Kopf gestellt gibt
beim Boge-Einrohrdämpfer der Ring 12
die Bohrungen 13 frei, und der Beruhigungskolben sinkt nach unten. Die Höhe
h der nach oben ausgewichenen Gassäule
kann mit dem Kolben abgetastet und damit auf die noch vorhandene Ölmenge rück-
geschlossen werden. Diese Prüfmethode
ist auch bei den in den Bildern 7. 6./8b und
7. 6./8c gezeigten Dämpfern möglich.

ben, erfolgt die Herstellung des Zylinderrohres meist durch Kaltfließpressen; der Befestigungsstift 1 wurde früher bei diesem Arbeitsgang mit angestaucht. Das untere Auge 8 ist an die Kolbenstange 6 entweder stumpf angeschweißt oder angeschraubt. Das folgende Bild 7.6./8c zeigt die für die Vorderachse der Daimler-Benz-Modelle 200/8 bis 280/8 (siehe Bild 3.4./6) entwickelte Ausführung mit angeschweißter Stiftaufhängung oben, Zuganschlagpuffer unterhalb des Kolbens und verhältnismäßig hoher Zusatzfeder. Letztere stützt sich beim Einfahren der Kolbenstange am unteren Teller ab (siehe Abschnitt 7.2.3).

Im Gegensatz zu Fichtel & Sachs sieht **Boge** in dem 1972 auf den Markt gebrachten Gasdruckdämpfer „GS" Typ B (Bild 7.6./8d) den **Beruhigungskolben** 1 zum Verhindern des Vermischens von Gas und Öl vor. Der Kolben hat keine Dichtung zum Zylinderrohr 2 und dadurch einen Entlüftungsspalt 11, der beim Transport in den Arbeitsraum A eingedrungenes Gas selbständig wieder in den Raum G entweichen läßt. Als untere Wegbegrenzung dienen in das Rohr eingedrückte Nocken 3 und als obere der Stößel 4. Dieser hat unten zwei Bohrungen, eine in Längsrichtung und die zweite 13 quer dazu; letztere ist durch den Ring 12 abgedeckt. Wird der Dämpfer auf den Kopf gestellt (Bild 7.6./8e), fällt der Ring herunter und gibt die Bohrung 13 frei. Das Gas weicht nach oben aus und der Beruhigungskolben fällt nach unten. Die Höhe h des von der Gasfüllung dann unterhalb der Kolbenstangenführung 6 eingenommenen Raumes kann durch Hereindrücken der ganz ausgefahrenen Kolbenstange ermittelt werden. Der Widerstand beim Auftreffen des Kolbens auf die Ölsäule ist spürbar. Es handelt sich um eine einfache **Prüfmethode,** die es gestattet, am ausgebauten Dämpfer über die Höhe der Gassäule auf die noch vorhandene Ölmenge rückschließen zu können.

Die für die Funktion wichtige Dichtung 5 befindet sich in der Stangenführung 6; letztere ist durch die Eindrückungen 7 im Zylinderrohr 2 gehalten und mit Hilfe des Rundschnurringes 8 seitlich abgedichtet. Zur Verringerung der Reibung dient die Teflonbuchse 9.

Bei stehendem Wagen und auch bei nur kleinen Radbewegungen wird der Kolben 1 am Anschlag 3 zur Anlage kommen. Im Fahrbetrieb dagegen nimmt der Beruhigungskolben (sichergestellt durch die Ventilplatte 10) eine dynamische Gleichgewichtslage oberhalb des Anschlags ein.

Der Boge-Dämpfer „GS" Typ B baut etwa 5 mm länger als die Trennkolbenausführungen. Die Kolbenstange kann beim Typ B nur nach unten ausfahren; als Abweichung von der Senkrechten sind wie bei Zweirohrdämpfern Winkel bis $\xi_D = 45°$ zugelassen. Die **Abmessungen** der verschiedenen, von den Firmen **Bilstein, Boge** und **Fichtel & Sachs** hergestellten Einrohrausführungen sind in der Tabelle 7.6./64 zu finden.

7.6.4. Hydraulische Dämpfungskräfte

Die **Federkraft** ist eine Funktion des **Federweges;** die **Dämpferkraft** dagegen hängt von der **Geschwindigkeit** ab, mit der die beiden Befestigungspunkte auseinandergezogen bzw. zusammengeschoben werden. Ein mit konstanter Kraft F_1 belasteter Dämpfer gibt mit gleichbleibender Geschwindigkeit über den gesamten Hub nach, eine Feder dagegen sofort, aber nur bis zu einem bestimmten Weg f_1, dessen Größe von dem Quotienten aus Kraft und Federrate c_2 abhängt:

$$f_1 = F_1/c_2$$

Die Feder speichert also Arbeit und gibt sie in einem für die Fahrsicherheit unpassenden Moment wieder ab, der Dämpfer dagegen vernichtet diese durch Umsetzen in Wärme. Je höher ein Dämpfer beansprucht wird, um so mehr erwärmt er sich.

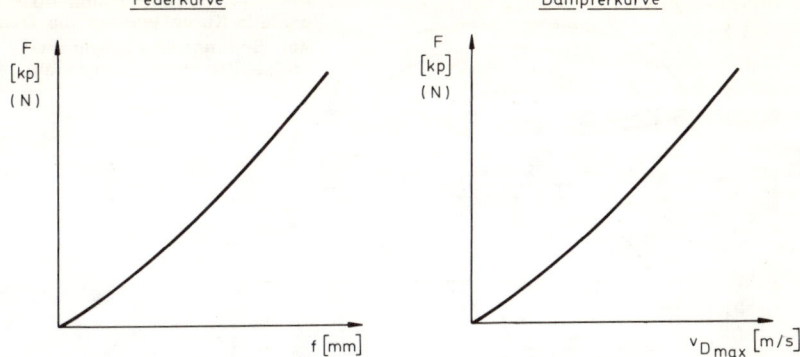

Federkurve   Dämpferkurve

F [kp] (N)   F [kp] (N)

                              f [mm] $v_{D\,max}$ [m/s]

Bild 7.6./9 Zur Darstellung einer Federung wird die Kraft F in kp bzw. N als Funktion des Weges f in mm aufgetragen und bei der Dämpfung die Kraft F als Funktion der maximalen Kolbengeschwindigkeit $v_{D\,max}$ in m/s. Beide Kurven können zum Verwechseln ähnlich aussehen, wenn die Druckdämpfung nicht — wie in den folgenden Bildern zu sehen — in den dritten Quadranten eingezeichnet ist.

In **Diagrammen** wird die Kraft F als Funktion des Federweges f in mm bzw. der Kolbengeschwindigkeit v_D in m/s dargestellt. Bei nicht sinngemäßer Auftragung können Feder- und Dämpferkurve zum Verwechseln ähnlich aussehen (Bild 7.6./9). Um dies zu vermeiden, sollte bei der Dämpfung die **Zugstufe als positiv** angesehen werden und die **Druckstufe** als **negativ**, d. h., erstere erscheint im ersten und letztere im dritten Quadranten (Bild 7.6./10).

In Abschnitt 7.1.6 wurde der Zusammenhang zwischen max. Dämpferkraft $F_{A,\,E}$ und größter Kolbengeschwindigkeit $v_{D\,max}$ beschrieben und anhand des Bildes 7.1./11 erläutert. Das dort gezeigte Diagramm erfaßt lediglich eine einzige Geschwindigkeit, also nur einen Punkt, der die eigentliche Dämpfungskennung darstellenden **Kraft-Geschwindigkeits-Kurve.** Erforderlich zur Festlegung einer Kurve sind jedoch mindestens drei Punkte und für die Kontrolle derselben wenigstens zwei, d. h., bei Prüfung mit konstanter Drehzahl (z. B. $n = 100\ \mathrm{min}^{-1}$) müssen zwei Hübe gefahren werden: 25 mm und 75 mm bzw. 100 mm. Zur Ventilabstimmung in der Montage und zur Serienkontrolle reichen diese beiden Punkte aus, nicht jedoch, wenn eine

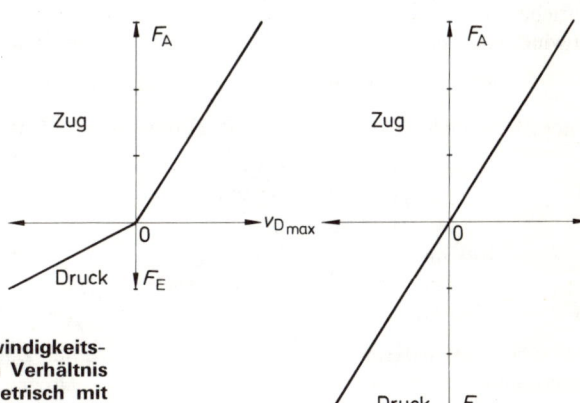

Bild 7.6./10 Lineare Kraft-Geschwindigkeits-Kurven, links unsymmetrisch mit dem Verhältnis Zug : Druck = 3 : 1 und rechts symmetrisch mit dem Verhältnis 1 : 1.

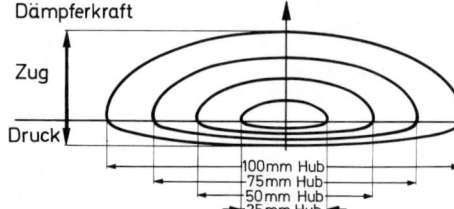

Dämpferkraft

Zug

Druck

100mm Hub
75mm Hub
50mm Hub
25mm Hub

Bild 7.6./11 Zur Festlegung der Kraft-Geschwindigkeits-Kurve werden die Dämpfungskräfte auf der Serienprüfmaschine bei $n = 100 \text{ min}^{-1}$ mit steigenden Hüben gemessen.

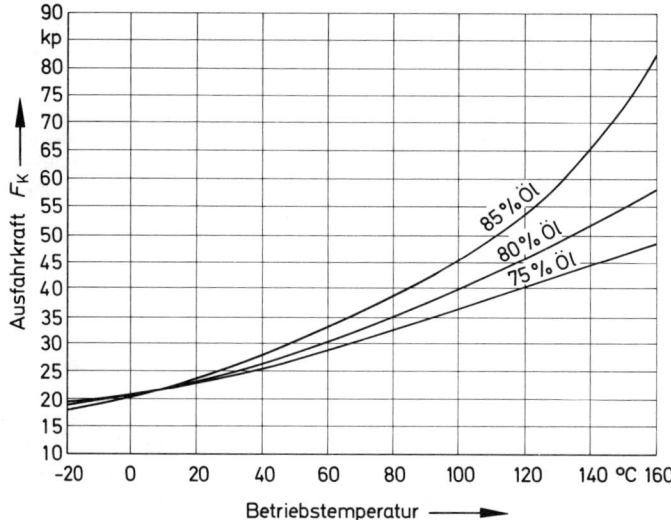

Ausfahrkraft F_K

85% Öl
80% Öl
75% Öl

Betriebstemperatur

Bild 7.6./12 Durch den Innendruck von ca. **28 kp/cm²** fährt beim druckbelasteten Einrohrdämpfer die Kolbenstange mit der Kraft F_k aus. Beeinflußt wird die Größe der Kraft sowohl von der Öltemperatur als auch — bei Ölverlust — von der noch vorhandenen Ölmenge.

Stoßdämpfereinstellung neu festgelegt werden muß. Hier erfolgt eine Überprüfung mit um jeweils 25 mm steigenden Hüben, wobei die Diagramme in einfacher Weise übereinandergeschrieben werden (Bild 7.6./11). Die Kräfte sind dann als Funktion der **max. Kolbengeschwindigkeit** aufzutragen. Diese ist nach den Gleichungen 16 und 17 aus Abschnitt 7.1.6:

$$v_{D\max} = s \cdot n \cdot \pi/60 \, [\text{m/s}]$$

Unter Zugrundelegung der üblichen Prüfdrehzahl $n = 100 \text{ min}^{-1}$ ergibt sich:

25 mm Hub	0,131 m/s
50 mm Hub	0,262 m/s
75 mm Hub	0,393 m/s
100 mm Hub	0,524 m/s
125 mm Hub	0,655 m/s
150 mm Hub	0,786 m/s

Mit einem Millimetermaß abzumessen sind die größten Zug- und Druckkräfte (F_A und F_E) von der Nullinie aus, die bei stehender Maschine durch Drehen der Diagrammtrommel geschrieben wird.

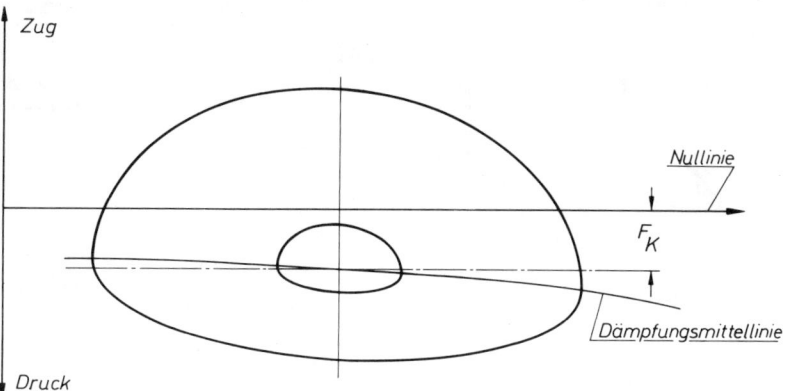

Bild 7.6./13a Im Diagramm eines druckbelasteten Einrohrdämpfers erscheinen zwei etwa waagerechte Linien, die Nullinie, geschrieben bei nicht eingebautem Dämpfer, und dazu die Dämpfungsmittellinie. Diese wird durch manuelles Drehen der Prüfmaschinen-Kurbelscheibe bei eingebautem Dämpfer aufgezeichnet und liegt um die mittlere Ausfahrkraft F_k unter der ersteren. Über den Prüfhub erfolgt durch das Einfahren der Kolbenstange ein weiteres Vorspannen des Gaspolsters, wodurch die Ausfahrkraft steigt, der Grund für die etwas krumme Form der Linie. Von dieser aus wird die Höhe der Dämpfungskräfte abgemessen.

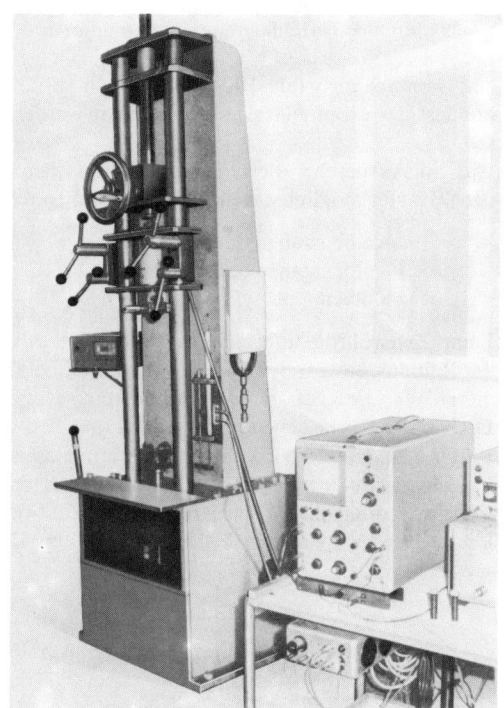

Bild 7.6./13b Hochfrequenzprüfmaschine (Ausführung Boge) zur Untersuchung der Dämpfer sowohl im Radeigenfrequenzbereich als auch bei den im Fahrbetrieb auftretenden Kolbengeschwindigkeiten bis 3 m/s. Derartige Maschinen bieten die Möglichkeit, den Hub stufenlos zu verstellen, und lassen Drehzahlen bis 100 min^{-1} zu, Kraft- und Wegmessung erfolgen elektronisch.

Wie zuvor beschrieben, fährt beim **druckbelasteten Dämpfer** die Kolbenstange mit einer gewissen Kraft F_K aus, deren Größe sowohl von der Erwärmung und der im Dämpfer vorhandenen Ölmenge (Bild 7.6./12) abhängt, als auch davon, wie weit die Kolbenstange beim Prüfvorgang eingeschoben wird. Die Kraft F_K verlegt die bei stehender Maschine geschriebene Dämpfungsmittellinie in die Druckseite hinein (Bild 7.6./13a).

Im **Fahrbetrieb** treten Kolbengeschwindigkeiten bis 3 m/s auf; zum Erreichen derselben sind Spezialprüfmaschinen erforderlich. Diese lassen Drehzahlen bis $n = 1000$ min^{-1} zu und haben elektrische Meßeinrichtungen sowie stufenlos einstellbare Prüfwege (Bild 7.6./13b). Hat

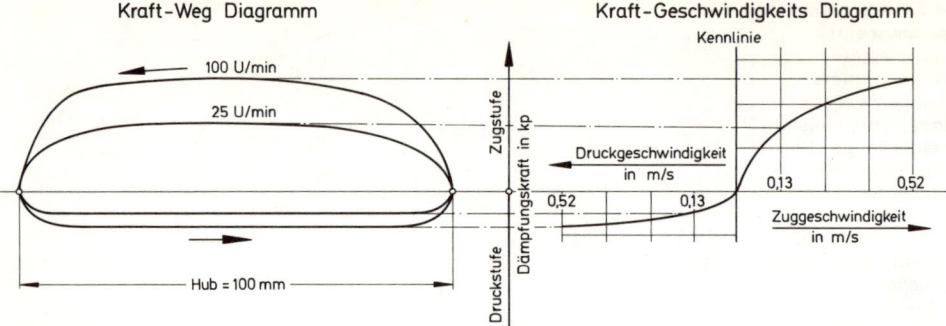

Kraft-Weg Diagramm

Kraft-Geschwindigkeits Diagramm

Bild 7.6./14 Zum Aufstellen der Kraft-Geschwindigkeits-Kurve werden die maximalen Zug- und Druckkräfte den Einzeldiagrammen entnommen.

der Dämpfer mehr als 100 mm Hub, so sollte auf der Serienmaschine bei $n = 100$ min^{-1} zumindest der größtzulässige Hub geprüft werden, um auch höhere Geschwindigkeiten zu erfassen.

Um ein Ansprechen der Federung bereits bei kleinen Bodenunebenheiten zu erreichen, sollte der Dämpfer möglichst wenig **Eigenreibung** haben. Diese entsteht zwischen

> Kolbenstange und Dichtung,
> Kolbenstange und Führung sowie
> Kolben und Zylinder.

Beim Zweirohrdämpfer, dessen Dichtung durch keinerlei Innendrücke belastet ist, beträgt die Reibung etwa $\pm 3,5$ kp und beim druckbelasteten Einrohrsystem um ± 5 kp. Zum Erfassen dieser Werte eignet sich ein Prüfen mit geringen Kolbengeschwindigkeiten, erreichbar durch Drehen der Kurbelscheibe von Hand.

Bild 7.6./11 zeigte bei konstanter Prüfmaschinendrehzahl und verändertem Hub geschriebene Einzeldiagramme; möglich ist es auch, mit fest eingestelltem Hub zu fahren und die Prüfmaschinendrehzahl zu variieren (Bild 7.6./14). Zur Aufstellung der Kraft-Geschwindigkeits-Kurve werden in beiden Fällen die größten Kräfte abgenommen, und wie in letzterem Bild

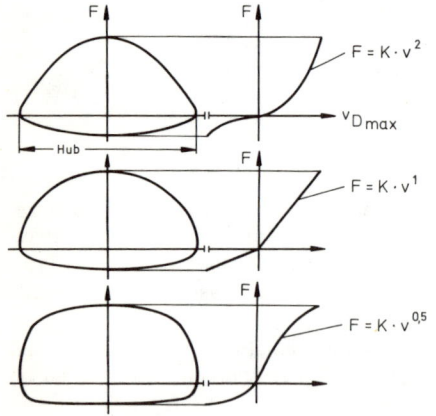

Bild 7.6./15 Die Kraft-Geschwindigkeits-Kurve kann progressiv (oben), linear (Mitte) oder degressiv (unten) sein. Kurvenverlauf und Diagrammform hängen direkt zusammen. Die kleinste Fläche und damit die geringste mittlere Dämpfung hat das zu einer progressiven Kurve gehörende Diagramm und die größte, das der degressiven Dämpfung. Die Kraft-Geschwindigkeits-Kurve läßt sich durch den Exponenten n in der Gleichung $F = K \cdot v^n$ ausdrücken.

zu sehen, nach oben und unten auf der *Y*-Achse als Funktion der max. Kolbengeschwindigkeit aufgetragen.

Kurven- und Diagrammform hängen eng zusammen. Der in Bild 7.6./14 erkennbare **degressive** Verlauf ist verbunden mit einem volleren Diagramm, somit einer größeren Dämpfungsfläche und höheren **mittleren** Dämpfung. Das Bild 7.6./15 zeigt im Vergleich zur degressiven Kurve eine **progressive** oben und in der Mitte den meist zu findenden linearen Verlauf. Die Kraft ist eine Potenzfunktion der Geschwindigkeit; die maßgeblichen Gleichungen stehen an den Kurven.

Ein **degressiv** eingestellter Dämpfer übt bei geringen Radwegen und kleinen Kolbengeschwindigkeiten bereits eine Kraft bestimmter Größenordnung aus, jedoch verbunden mit dem Nachteil des schlechteren Schluckens kleiner Bodenunebenheiten und damit einer härter wirkenden Federung. Vorteilhaft ist die höhere Wankstabilität beim Verreißen der Lenkung und Einlenken in eine Kurve; der Aufbau neigt sich anfänglich weniger als bei progressiver Dämpfung. Das gleiche trifft für die Nicktendenz zu: bei plötzlicher Abbremsung wird das Tauchen verringert. Das nur geringe Ansteigen der Kraft-Geschwindigkeits-Kurve bei höheren Kolbengeschwindigkeiten entspricht einem Begrenzen der maximal vom Dämpfer ausgeübten und damit in die **Befestigungspunkte** an Achse und Aufbau gehenden Kräfte. Ist das Fahrwerk eines Pkw oder Kombi für degressive Dämpfung ausgelegt, können Karosserie-**Anrisse** entstehen und **Brüche** der Befestigungsbolzen, wenn die Stoßdämpfer gegen werkseitig nicht vorgesehene, progressiv eingestellte ausgetauscht werden.

Die **progressive** Dämpfung dagegen hat den Vorteil der um den Nullpunkt herum geringen Kräfte, also des weicheren „Abrollens" auch härterer Reifen. Die bei höheren Kolbengeschwindigkeiten stark ansteigenden Kräfte haben einen größer werdenden Dämpfungsfaktor

$$k_{\mathrm{II}} = \frac{F_{\mathrm{A}} + F_{\mathrm{E}}}{2 \cdot v_{\mathrm{D\,max}} \cdot i_{\mathrm{x}}^2} \qquad \text{(siehe Gleichungen 15 und 18 in Abschnitt 7.1.6)}$$

zur Folge, und damit verbunden ein Anwachsen der Aufbaudämpfung D_2 sowie **Raddämpfung** D_1. Letztere unterbindet das Springen der Räder und verbessert die Bodenhaftung auf schlechten Straßendecken. Das Diagramm ist verhältnismäßig spitz, hat also einen kleineren Flächeninhalt und dadurch im Vergleich zur maximalen Kraft eine geringere mittlere. Die **lineare** Dämpfung dürfte ein guter Kompromiß sein. Ein übermäßiger **Ölverlust** läßt bei gleichbleibender Maximalkraft die Diagrammfläche zusammenschrumpfen (Bild 7.6./16); an den Umkehrpunkten steigt die Dämpfungskraft nur verzögert wieder an. Die Folge sind Nickschwingungen, Lenkunruhe und Reifenverschleiß.

Wie in Abschnitt 7.1.6 bei Gleichung 15 beschrieben, sind Dämpfungsfaktor k_{II} und Dämpfung $D_{1,2}$ auf den **Radaufstandspunkt** zu beziehen, d. h., die Kraft-Geschwindigkeits-Kurve des Dämpfers ist Punkt für Punkt mit Hilfe der **Wegübersetzung** i_{x} umzurechnen (Bild 7.6./17). Zuerst wird als Schritt ① die bei den üblichen Übersetzungen $i_{\mathrm{x}} > 1$ gegenüber dem Dämpfer

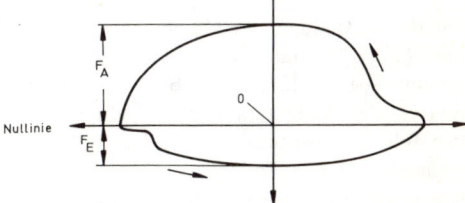

Bild 7.6./16 Ölverlust und verringerte Ölmenge im Arbeitsraum (beim Wiederanfahren nach Abkühlung: Morgen-Effekt) machen sich im Diagramm durch eine Nase auf der Zug- und Druckseite bemerkbar.

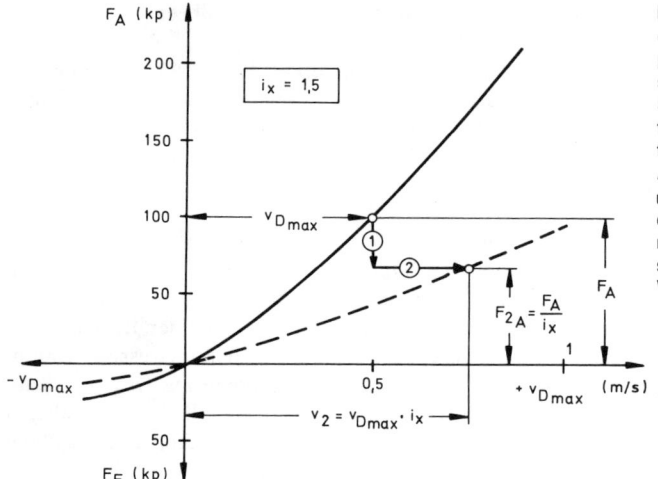

Bild 7.6./17 Beim Erstellen der auf den Radaufstandspunkt bezogenen Kraft-Geschwindigkeits-Kurve sind als Schritt 1 die am Dämpfer gemessenen Kräfte Punkt für Punkt mit der Gleichung $F_{2A.E} = F_{A.E}/i_x$ umzurechnen und als Schritt 2 die Geschwindigkeiten $v_2 = v_D \cdot i_x$. Als Umrechnungsfaktor dient die in Abschnitt 7.1.7 zu findende Wegübersetzung i_x.

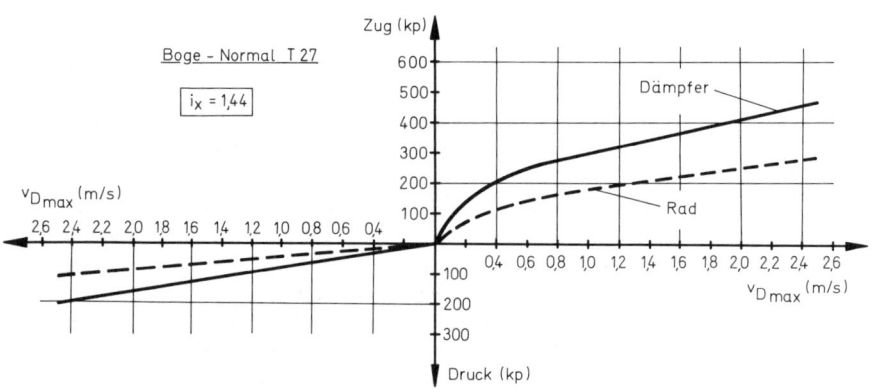

Bild 7.6./18a Auf einer Hochfrequenz-Prüfmaschine bei 50 mm Hub und Drehzahlen bis 600 min^{-1} gemessene Zug- und Druckkräfte, aufgetragen als Funktion der maximalen Kolbengeschwindigkeit. Untersucht wurde der an der hinteren Zweigelenkpendelachse des VW 1200/1300 zur Verwendung kommende Boge-Dämpfer T 27. Mit der Übersetzung $i_x = 1,44$ sind die am Dämpfer ermittelten Kräfte auf den Radaufstandspunkt umgerechnet.

am Radaufstandspunkt kleinere Kraft $F_{2A,E} = F_{A,E}/i_x$ bestimmt und anschließend als ② die dort höher liegende Geschwindigkeit $v_2 = v_{D\,max} \cdot i_x$. Das Bild 7.6./18a zeigt die auf einer Hochfrequenzprüfmaschine bei $s = 50$ mm Hub und Drehzahlen bis $n = 600$ min^{-1} gemessene und auf den Radaufstandspunkt umgerechnete Kurve. Es handelt sich hierbei und beim folgenden Bild 7.6./18b um vom Volkswagenwerk für die hintere Pendelachse des Typs 1200/1300 (siehe Bild 3.8./4) freigegebene Dämpfer der Firmen Boge und Bilstein. Die Wegübersetzung wurde durch Messung der Differenzwege an Rad und Dämpfer ermittelt und beträgt $i_x = 1,44$.

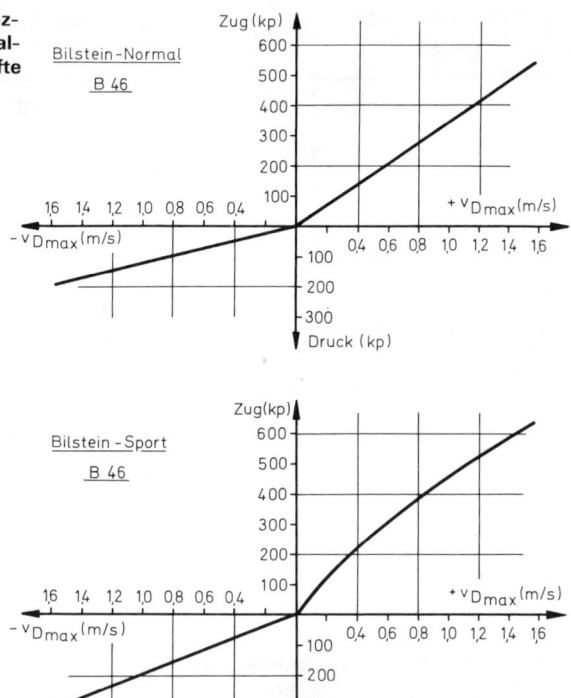

Bild 7.6./18b Auf einer Hochfrequenz-prüfmaschine an einem Bilstein-Normal- und -Sportdämpfer gemessenen Kräfte (Hinterachsdämpfer VW 1200/1300).

7.6.5. Reibungsdämpfung

Die Coulombsche Reibung als Dämpfung ist die älteste bekannte Form, Aufbau- und Rad-schwingungen abklingen zu lassen. Bereits vor 1930 waren an den Parallelogramm-Feder-gabeln von Motorrädern federbelastete Reibscheiben zu finden, die gegen Stahlflächen gepreßt beim Aus- und Einfedern des Rades sich auf diesen hin- und herdrehen. Denselben Effekt hat die Reibung in mehrschichtigen Blattfedern (siehe Bild 7.3./12); sie läßt die Schwingungen schneller abklingen, wirkt aber unangenehm federungsverhärtend. Dieser Nachteil (jedoch in verminderter Form) haftet heute noch den **Lagerungen** der **Radaufhängungen** an. Zur Füh-rung des vorderen Schwenklagers dienen wartungsfreie Kugelgelenke und zum Einschlagen des Rades sind Spurstangen (ebenfalls mit Gelenken) erforderlich; hinzu kommen die inneren Lagerungen der Lenker usw. An allen diesen Stellen ist **Eigenreibung** vorhanden (siehe Fede-rungshysteresen, Bilder 7.2./6 und 7.2./8), die als Reibungsdämpfung mit in die Betrachtung der hydraulischen einbezogen werden muß. Das Bild 7.6./19 zeigt das idealisierte Kraft-Weg-Diagramm einschließlich der dazugehörigen Geschwindigkeitskurve und Bild 7.6./20 die auf einer Prüfmaschine geschriebene Diagrammform, die Reibung in einem Gasdruckdämpfer betreffend. Erkennbar sind die an den Umkehrpunkten besonders hohen Kräfte, die nachteili-gerweise gerade an den Stellen auftreten, an denen wegen des weichen „Abrollens" der Reifen eine geringe hydraulische Kraft erwünscht ist. Die im Stoßdämpfer als Funktion der Kolben-geschwindigkeit entstehenden Kräfte und die an der Achse durch Reibung verursachten sind

Arbeitsdiagramm | Kraft-Geschwindigkeits-Kurve

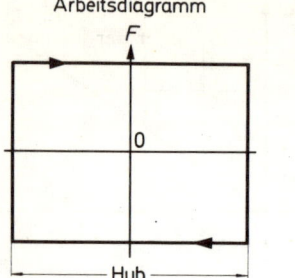

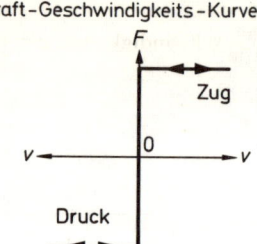

Bild 7.6./19 Idealisiertes Kraft-Weg- und Kraft-Geschwindigkeits-Diagramm der Reibung.

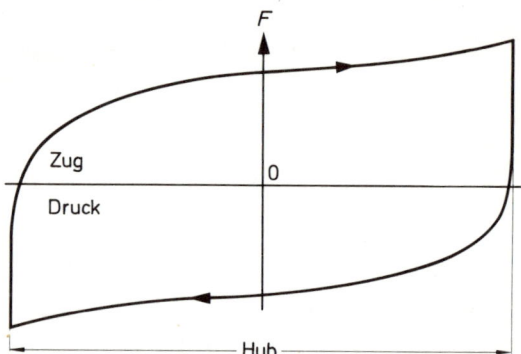

Bild 7.6./20 Auf einer Prüfmaschine gemessenes Kraft-Weg-Diagramm, die Reibung in einem Gasdruckdämpfer betreffend.

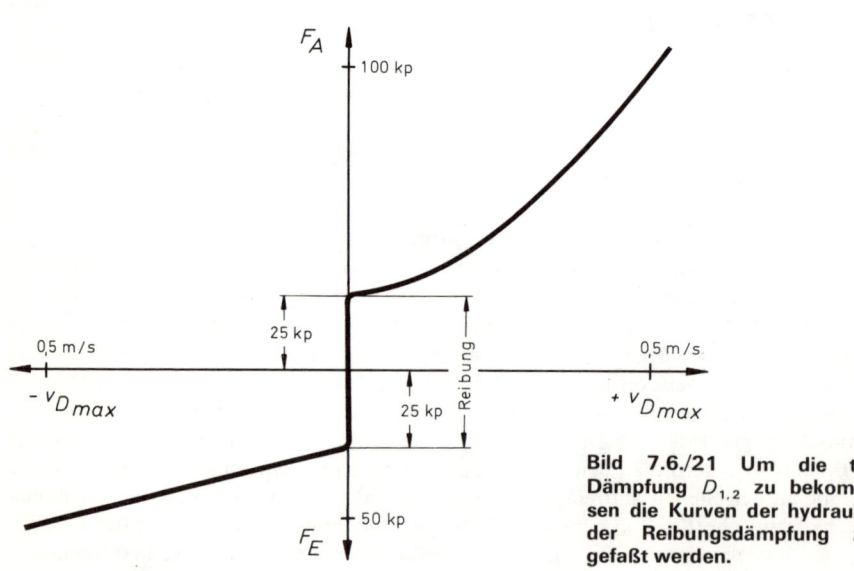

Bild 7.6./21 Um die tatsächliche Dämpfung $D_{1,2}$ zu bekommen, müssen die Kurven der hydraulischen und der Reibungsdämpfung zusammengefaßt werden.

298 Stoßdämpfer

zusammenzufassen, um auf die tatsächlich am **Radaufstandspunkt** vorhandene Dämpfung zu kommen (Bild 7.6./21). Bei Kolbengeschwindigkeiten um 0,5 m/s und unter der üblichen Bedingung $D_2 \sim 0{,}3$ würde die Summe der hydraulischen Kräfte am Rad etwa $F_{2A} + F_{2E} \sim 120$ kp betragen, wozu noch die durch Reibung verursachten — im Schnitt bei 40 kp liegend (entsprechend ± 20 kp) — hinzugezählt werden müssen. Die **tatsächliche Dämpfung** $D_{1,2}$ ist also **höher** als die in bezug auf den Dämpfer angenommene.

7.6.6. Verhältnis Zug- zu Druckdämpfung

In Abschnitt 7.1.6 wurde bei der Bestimmung des Dämpfungsfaktors k_D von der Annahme

$$F_D \sim \frac{F_A + F_E}{2}$$

ausgegangen, die bei (im Verhältnis zur Zugstufe) geringerer Druckstufe auch zutrifft. In Wirklichkeit läßt eine Dämpfung **Zug : Druck = 1 : 1** (siehe rechts in Bild 7.6./10) ganz besonders die Achsschwingungen schneller abklingen. Druckkräfte im Dämpfer bewirken kleinere Einfederwege und damit verbunden weniger durch die Feder gespeicherte Energie. Das Bild 7.6./22 zeigt, wie sich beim Erhöhen der Druckstufe die Radlastschwankungen verringern und gleichzeitig die Bodenhaftung der Räder verbessern. Nachteilig hierbei ist der **schlechtere Fahrkomfort** und das härtere Abrollen der Reifen. Aus diesem Grund wird an den beiden Achsen im Durchschnitt nur vorgesehen

vorn   Zug : Druck = 3 bis 5 und
hinten   Zug : Druck = 2 bis 4.

Die Vorderachsfederung bestimmt den Fahrkomfort (deshalb die niedrigere Druckdämpfung); die an der Hinterachse vorgesehene muß dagegen in der Lage sein, Laständerungen aufzunehmen. Um bei voller Zuladung das Durchschlagen zu unterbinden, wird gern die Druckstufe erhöht; abhängig ist die Höhe der in dieser Richtung möglichen Kräfte jedoch von der Dämpferausführung. Wie in den Abschnitten 7.6.2 und 7.6.7 beschrieben, erfordert ein Anheben der Druckstufe über einen bestimmten Wert beim Zweirohrdämpfer einen größeren technischen Aufwand; das Bild 7.6./32 zeigt die Ausbildung des dann zusätzlich benötigten Druckstufenventiles.

Die **Intensität** einer **Dämpfung** hängt außer vom Verhältnis Zug zu Druck noch von der Viskosität des Öles, dem Grad der Ölverschäumung und den auftretenden Innendrücken ab. Die

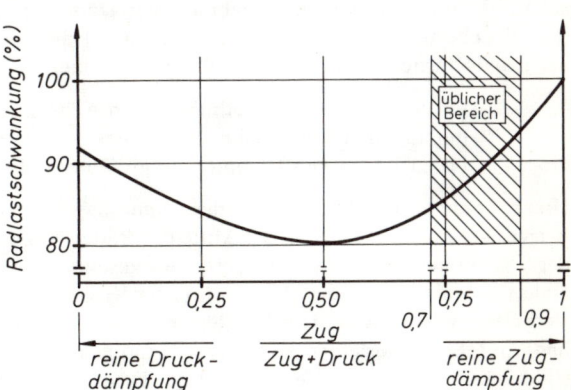

Bild 7.6./22 Betragen bei reiner Zugdämpfung (ohne Druckstufe) die Radlastschwankungen 100%, so gehen diese bei Einbau eines Dämpfers mit Zug : Druck = 1 : 1 auf 80% zurück. 1 : 1 entspricht dem Wert $\dfrac{\text{Zug}}{\text{Zug} + \text{Druck}}$ = 0,5 auf der *X*-Achse. Rechnerische Untersuchungen führten zu diesem Ergebnis.

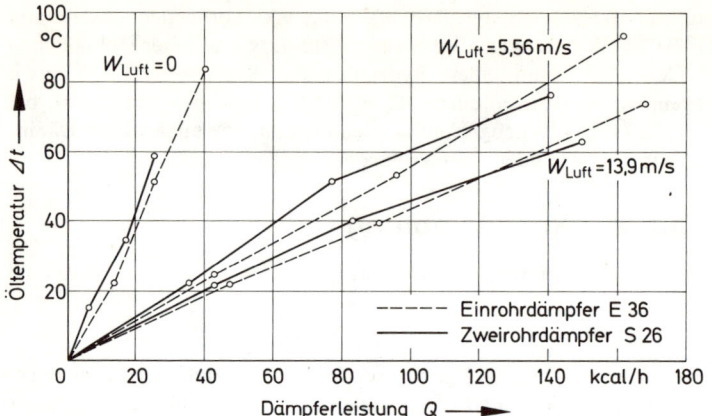

Bild 7.6./23   Von Fichtel & Sachs als Funktion von Dämpferleistung und Luftgeschwindigkeit gemessene Öltemperaturen in einem Zweirohrdämpfer mit 26 mm Kolbendurchmesser und einem Einrohr mit 36er-Kolben. Die Temperaturunterschiede sind gering.

Viskosität wird durch die im Dämpfer sich einstellende Betriebstemperatur beeinflußt, die ihrerseits von der Fahrbahnbeschaffenheit, der Fahrgeschwindigkeit, dem Belastungszustand des Fahrzeuges und der Außentemperatur abhängt. **Fichtel & Sachs** hat den druckbelasteten Einrohrdämpfer 36 (siehe Bild 7.6./8b) meßtechnisch mit der Zweirohrausführung S 26 verglichen und nachgewiesen, daß bei gleicher Luftanströmgeschwindigkeit und Dämpferleistung Q die **Öltemperatur** in beiden etwa dieselbe Höhe erreicht (Bild 7.6./23). Als Grund hierfür wird die intensive Kühlung des Ölstroms angegeben, der beim Zweirohrdämpfer im Bodenventil pulsiert (siehe Bild 7.6./5a). Die Viskosität des Öles kann trotz entsprechender Maßnahmen nicht von der Erwärmung unabhängig konstant gehalten werden; d. h., die Dämpfung nimmt bei zunehmenden Innentemperaturen ab. Im Einrohrdämpfer entstehen wegen des größeren Kolbendurchmessers geringere hydraulische Drücke (siehe Bild 7.6./7). Versuche haben gezeigt, daß beim **Übergang** vom Zweirohrdämpfer mit 27 mm Kolbendurchmesser auf einen des **Einrohrsystems** mit 36er Kolben die **Einstellung** bei Raumtemperatur um etwa 10% **verringert** werden kann, ohne daß die Bodenhaftung der Räder sich verschlechtert. Der Fahrkomfort verbesserte sich hierbei geringfügig. Dies bedeutet jedoch, daß zum Erreichen des gleichen Dämpfungsergebnisses ein **großvolumiger Dämpfer** nur einen **kleineren Dämpfungsfaktor** k_D (und somit auch $D_{1,2}$) benötigt als ein solcher mit geringerem Kolbendurchmesser. Diese Erkenntnis findet — genau wie das Verhältnis Zug zu Druck — ebenfalls keine Berücksichtigung bei der in Abschnitt 7.1.6 beschriebenen Berechnung der Dämpfung $D_{1,2}$; hier wird unter Berücksichtigung der Wegübersetzung i_x lediglich von den am Dämpfer gemessenen Kräften ausgegangen. In der **Praxis** dürfte deshalb die **Dämpfung** $D_{1,2}$ **höher** liegen, als **theoretisch berechnet,** und zwar:

um etwa 30% durch Reibung in den Achsführungsgelenken,
um ungefähr 15%, wenn Zug : Druck < 3 und
bis zu 10%, wenn Dämpfer mit größerer Kolbenfläche verwendet werden.

Hinzu kommt die Abhängigkeit der Dämpfung von der Form der **Kraft-Geschwindigkeits-Kurve.** Verläuft diese, wie in der Mitte des Bildes 7.6./15 gezeigt, sowohl auf der Zug- als auch der Druckseite geradlinig, bleibt $D_{1,2}$ im gesamten Bereich konstant. In allen anderen Fällen ändert sich die Dämpfung als Funktion der Kolbengeschwindigkeit, ebenfalls zutreffend für das Verhältnis Zug : Druck. Um Vergleiche zu bekommen, wurde aus den in den Bildern 7.6./18a und 7.6./18b dargestellten Kraft-Geschwindigkeits-Kurven die Aufbaudämpfung D_2 errechnet (Bild 7.6./24) sowie das Verhältnis Zug : Druck (Bild 7.6./25). In die Bestimmung von D_2 ging

Bild 7.6./24 Dämpfung D_2 des Aufbaus über der Hinterachse des VW 1200/1300, errechnet aus den Kurven der Bilder 7.6./18a und 7.6./18b.

Bild 7.6./25 Das Verhältnis Zug zu Druck von vier verschiedenen, an der hinteren Pendelachse des VW 1200/1300 zur Verwendung kommenden Dämpfern: Boge-Serie T 27, Boge-Tropen T 32, Bilstein-Normal und Bilstein-Sport. Die beiden letzteren haben 46 mm Kolbendurchmesser.

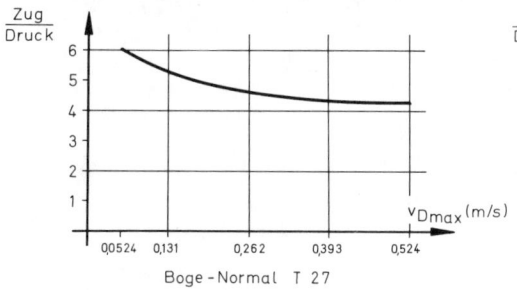

Boge-Normal T 27

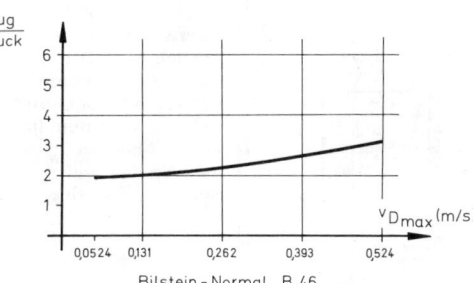

Bilstein-Normal B 46

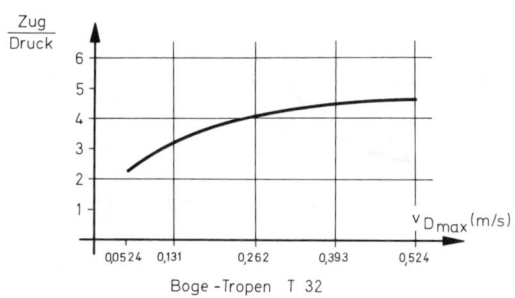

Boge-Tropen T 32

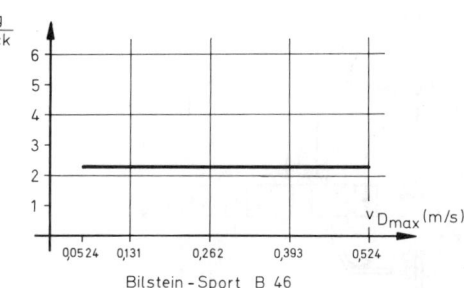

Bilstein-Sport B 46

nicht die Eigenreibung in den Lagerpunkten ein und ebenfalls nicht die unterschiedliche Druckeinstellung der einzelnen Dämpfer. Bemerkenswert ist der hohe Dämpfungsfaktor $D_2 \sim 0,6$ des Bilstein-Sportdämpfers und dessen niedriges Verhältnis Zug : Druck = 2,3. Der Boge-Seriendämpfer liegt anfänglich ebenfalls bei $D_2 = 0,6$, fällt aber bei steigender Kolbengeschwindigkeit auf den üblichen Wert $D_2 = 0,3$ ab. Das Verhältnis Zug : Druck beträgt bei diesem etwa 4,5.

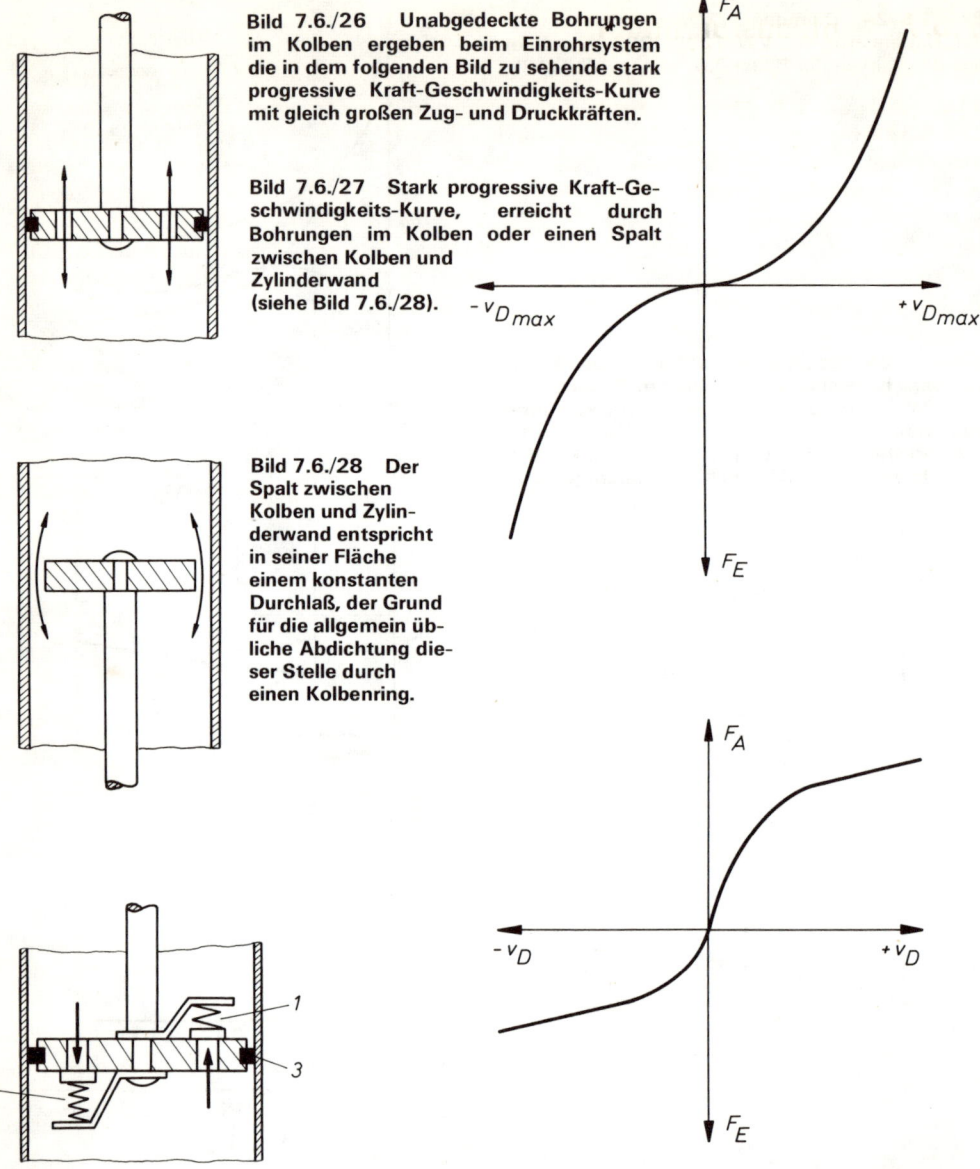

Bild 7.6./26 Unabgedeckte Bohrungen im Kolben ergeben beim Einrohrsystem die in dem folgenden Bild zu sehende stark progressive Kraft-Geschwindigkeits-Kurve mit gleich großen Zug- und Druckkräften.

Bild 7.6./27 Stark progressive Kraft-Geschwindigkeits-Kurve, erreicht durch Bohrungen im Kolben oder einen Spalt zwischen Kolben und Zylinderwand (siehe Bild 7.6./28).

Bild 7.6./28 Der Spalt zwischen Kolben und Zylinderwand entspricht in seiner Fläche einem konstanten Durchlaß, der Grund für die allgemein übliche Abdichtung dieser Stelle durch einen Kolbenring.

1 *Druckstufenventil*
2 *Zugstufenventil*
3 *Kolbenring*

Bild 7.6./29 Federbelastete Ventile über großen Bohrungen ergeben eine degressive Kraft-Geschwindigkeits-Kurve. Die Kräfte auf der Zug- und Druckseite können unterschiedlich hoch sein.

Bild 7.6./30 Degressive Kraft-Geschwindigkeits-Kurve mit unterschiedlich hohen Kräften auf der Zug- und Druckseite, erreicht durch federbelastete Ventile.

7.6.7. Ventilausführungen

Bei Einrohrdämpfern wird die Form der Kraft-Geschwindigkeits-Kurve von den am Kolben sitzenden Ventilen bestimmt. Bestehen diese lediglich aus Bohrungen, also einem **konstanten Durchlaß** (Bild 7.6./26), so ergibt sich sowohl für die Zug- als auch die Druckseite eine stark **progressive** Kurvenform mit hohen Endkräften (Bild 7.6./27), ebenfalls zutreffend, wenn nur ein Spalt zwischen Kolben und Zylinderrohr vorhanden ist (Bild 7.6./28). Vorgespannte **Ventilplatten** über großen Bohrungen (Bild 7.6./29) bewirken einen **degressiven** Verlauf mit dem zusätzlichen Vorteil unterschiedlich starker Kräfte auf der Zug- und Druckseite (Bild 7.6./30). Bei höheren Kolbengeschwindigkeiten steigen die Kräfte nur noch wenig an. Die in Bild 7.6./10 zu sehende **gerade Kennlinie** wird entweder durch Ventilplatten erreicht (die mit nur geringer Vorspannung anliegen, siehe Bilder 7.6./33 und 7.6./34) oder mit Hilfe einer Kombination aus konstantem Durchlaß und federbelastetem Ventilteller. Derartig aufgebaut ist das **Zugstufenventil** in den **Zweirohrdämpfern** der Fa. **Boge** (Bild 7.6./31). Der Kolben 1 ist mit der Mutter 3

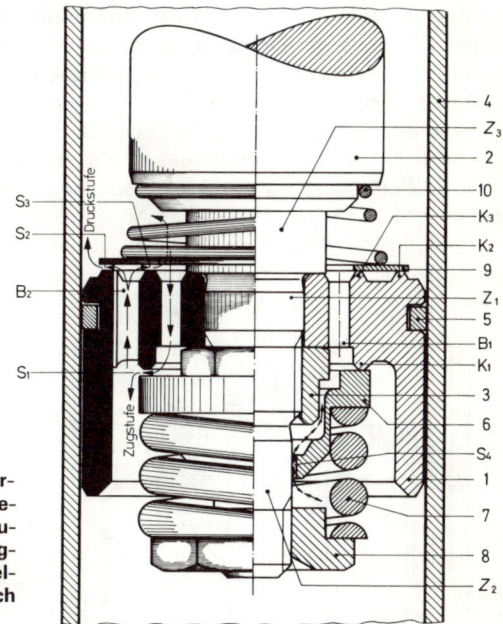

Bild 7.6./31   Von der Firma Boge bei Zweirohrdämpfern verwendete Ventilkombination, bestehend aus unten am Kolben sitzendem Zugstufenventil und oben sich befindender Rückschlagplatte. Letztere wird durch eine weiche Kegelfeder an den Kolben gedrückt und dient lediglich als Ausgleichsventil.

am unteren Ende der Kolbenstange 2 befestigt. Die seitliche Abdichtung zum Zylinderrohr 4 übernimmt der Kolbenring 5   und die Mittenzentrierung des Kolbens der Zapfen Z_1. Das eigentliche Ventil besteht aus dem Ventilteller 6, der von der Schraubenfeder 7 gegen die Dichtkante K_1 gedrückt wird. Mit Hilfe der Mutter 8 erfolgt die Regulierung der Anpreßkraft. Zwischen dem sich an der Kolbenstange befindenden Zapfen Z_2 und der Bohrung im Ventilteller ist ein Ringspalt vorhanden, dessen Fläche den konstanten Durchlaß S_4 ergibt. Beim Hochgehen des Kolbens strömt das Öl durch die Bohrungen B_1, um dann sowohl den konstanten Durchlaß S_4 als auch (wie links zu sehen) das eigentliche Ventil zu passieren.

Die **Zugdämpfung** wird bestimmt:

bei niedriger Kolbengeschwindigkeit durch Länge und Fläche des Ringspaltes S_4 (das Ventil ist hier noch geschlossen),

bei mittlerer Geschwindigkeit durch die Öffnungsweite des Ventilspaltes S_1, d. h. durch Härte und Vorspannung der Feder 7 und

bei hoher Kolbengeschwindigkeit und weit geöffnetem Ventil durch Anzahl und Querschnitt der Bohrungen B_1.

Das Kombinieren dieser Möglichkeiten läßt das Einstellen jeder gewünschten Kennlinie zu: von der degressiven über die lineare bis zur progressiven.

In **Druckrichtung** strömt eine kleine Ölmenge durch den konstanten Durchlaß S_4 zurück, der Hauptanteil jedoch durch den äußeren Kanal B_2 unter Anheben der Ventilplatte 9. Diese nur als Rückschlagventil dienende dünne Scheibe wird am Zapfen Z_3 geführt und dichtet normalerweise — durch die weiche Kegelfeder 10 belastet — an den Kanten K_2 und K_3 ab. Wie in Abschnitt 7.6.2 beschrieben, werden die Druckkräfte hauptsächlich von dem in den Bildern 7.6./4 und 7.6./5a zu sehenden **Bodenventil** erzeugt. Der Aufbau entspricht dem des Kolbenventils, nur übernimmt hier ein Federscheibenpaket die Funktion von Schraubenfeder und Ventilteller. Beaufschlagt wird das Bodenventil durch die von der Kolbenstange verdrängten Ölmenge. Eine hohe Druckeinstellung könnte somit über den Rahmen des Zulässigen hinausgehende Innendrücke zur Folge haben (siehe Bild 7.6./7). Dieser Tatsache kann durch ein anstelle der Ventilplatte 9 am Kolben angeordnetes, zusätzliches **Druckstufenventil** begegnet werden; das Bild 7.6./32 zeigt die von der Fa. **Boge** verwendete Ausführung. Beim Hochgehen des Kolbens (Zugstufe) strömt das Öl außen an den Ventilplatten 1 vorbei durch die Bohrungen B_1 und beaufschlagt sowohl den konstanten Durchlaß S_4 als auch den Ventilteller 6. In Druckrichtung fließt wieder ein geringer Anteil im Spalt S_4 zurück; die Hauptmenge jedoch am Zugventil vorbei durch die Bohrungen B_2, wodurch die fest am Kolben anliegenden Ventilplatten 1 an den Außenkanten abgehoben werden. Folgende Merkmale bestimmen die Höhe der Druckdämpfung als Funktion von $v_{D\,max}$:

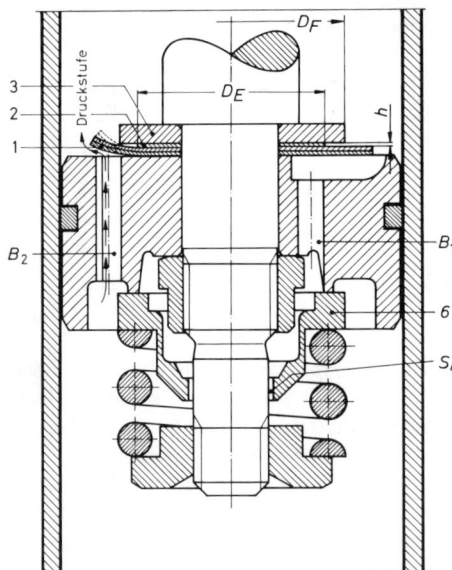

Bild 7.6./32 Bei höheren Druckdämpfungskräften in den Boge-Zweirohr-Typen T 27 und T 32 zum Einsatz kommendes zusätzliches Druckstufenventil. Dieses befindet sich anstelle der Rückschlagplatte auf der Kolbenoberseite.

bei geringer Kolbengeschwindigkeit die Fläche S_4 des konstanten Durchlasses,

bei mittlerer die Dicke und Anzahl der Federscheiben 1 sowie der Durchmesser D_E der Abstützscheibe 2 und

bei hoher die Stärke der Abstützscheibe 2 und der Durchmesser D_F der als Hubbegrenzung dienenden Platte 3.

Ähnlich aufgebaut sind die von den Firmen **Bilstein, Boge** und **Fichtel & Sachs** in druckbelasteten **Einrohrdämpfern** für beide Richtungen zum Einsatz kommenden Ventile; um eine günstige Totlänge L_{fix} zu erreichen, ist eine raumsparende Bauweise erforderlich. Beim Ausfahren der Kolbenstange strömt das Öl an dem oben liegenden Druckventil vorbei durch schräge Bohrungen zum **Zugstufenventil** (Bild 7.6./33). Maßgeblich für die Höhe der Dämpfungskräfte sind auch hier Dicke und Anzahl der Ventilplatten, der Abstützscheibendurchmesser und die Größe des konstanten Durchlasses. Dieser wird durch eine im Durchmesser kleinere, die Bohrung nicht ganz abdeckende unterste Ventilplatte am **Druckstufenventil** geschaffen. Beim Heruntergehen des Kolbens wird auch dieses von der gesamten Ölsäule beaufschlagt (Bild 7.6./34). Das Ventil ist gleich aufgebaut wie das in der Zugstufe, besitzt lediglich Platten größeren Durchmessers. Um keine Beeinflussung des konstanten Durchlasses zu bekommen, dient zur Abdichtung zwischen Kolben und Zylinderrohr auch bei Einrohrdämpfern ein Kolbenring (siehe Bilder 7.6./8a bis 7.6./8d). Die sowohl auf der Zug- als auch Druckseite nur geringe **Plattenvorspannung** erschwert das Einstellen degressiver Kraft-Geschwindigkeits-Kurven, lineare und progressive Kennlinien dagegen lassen sich ohne Schwierigkeiten verwirklichen.

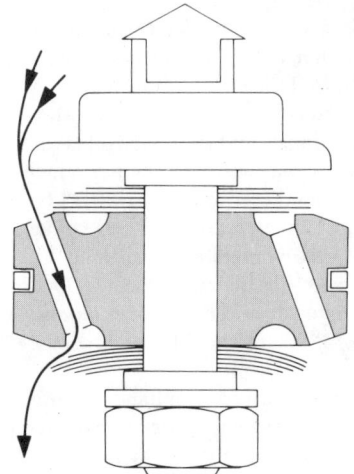

Bild 7.6./33 Längensparendes, unten am Kolben sitzendes Zugstufenventil, zu finden bei fast allen Einrohrdämpfern.

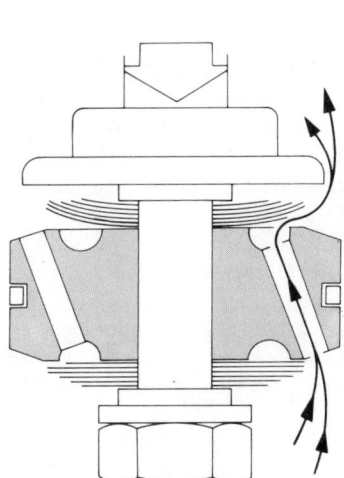

Bild 7.6./34 Bei Einrohrdämpfern befindet sich das Druckstufenventil oberhalb des Kolbens.

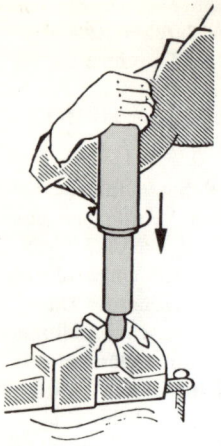

Bild 7.6./35 Beim Koni-Zweirohrdämpfer kann in zusammengedrücktem Zustand durch Verdrehen der Dämpferbefestigungspunkte gegeneinander das Zugstufenventil in Grenzen verstellt werden.

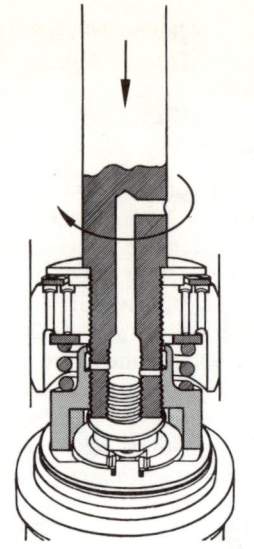
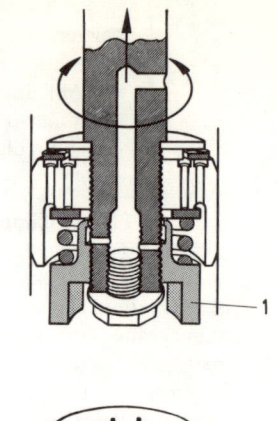
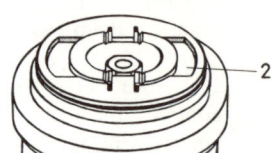

Bild 7.6./36 Zwei an der Ventilmutter vorgesehene Ansätze 1 greifen bei voll zusammengedrücktem Dämpfer in die Ausnehmungen 2 des Bodenventils.

7.6.8. Ventilverstellung von außen

Die bisher beschriebenen Ventilausführungen werden am Montageband fest eingestellt, innerhalb eines zwischen Automobil- und Dämpferhersteller vereinbarten Toleranzbereiches. Die zugelassenen Abweichungen betragen meist ± 10% der Zug- bzw. Druckkräfte; ein nachträgliches Verstellen lassen die fest verschlossenen Dämpfer nicht zu. Um Sportfahrern die Möglichkeit zu geben, eingebaute Dämpfer individuell anpassen zu können und eine nachgelassene Wirkung auszugleichen, brachte die holländische Fa. **Koni** vor etwa zwei Jahrzehnten einen von außen verstellbaren **Zweirohr-Stoßdämpfer** auf den Markt. Bei dieser mit **„Spezial-D"** bezeichneten Ausführung kann in zusammengeschobenem Zustand durch Verdrehen der beiden Befestigungspunkte gegeneinander das **Zugstufenventil** in Grenzen **verstellt** werden (Bild 7.6./35). Die zum Spannen der Ventilfeder dienende Mutter bekam hierfür zwei Ansätze 1, die — wie links in Bild 7.6./36 zu sehen — bei eingefahrener Kolbenstange in die Ausnehmungen 2 des Bodenventils greifen. Durch Rechtsdrehung (Bild 7.6./35) wird die Mutter hineingeschraubt und die Ventilgegenkraft erhöht.

Das am Kolben sitzende Zugstufenventil ist fast gleich aufgebaut wie das anhand des Bildes 7.6./31 beschriebene der Fa. Boge; eine Ausnahme bildet die Anordnung des **konstanten Durchlasses.** Dieser besteht bei Koni aus vier Bohrungen (Bild 7.6./37), drei in Querrichtung, davon eine über und zwei festliegenden Durchmessers unter dem Kolben. Ein weitere Längsbohrung verbindet die drei Querkanäle und ist unten durch eine Schraube verschlossen. Letztere dient gleichzeitig als Anschlag für die Ventilmutter und sorgt dafür, daß diese beim Verstellen nicht heruntergedreht werden kann. Beim Festerschrauben der Mutter erfolgt nicht nur ein Vorspannen der Druckfeder sondern auch Schließen zuerst der unteren Querbohrung und danach der darüberliegenden, d. h., der konstante Durchlaß wird anfänglich verkleinert und dann fast ganz geschlossen. Hierdurch erreicht Koni, daß eine immer größere Ölmenge

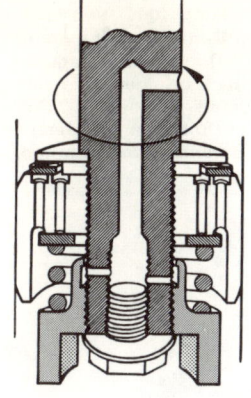

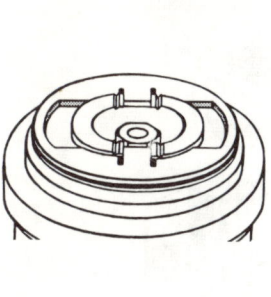

Bild 7.6./37 Der konstante Durchlaß besteht beim einstellbaren Koni-Dämpfer aus einer Querbohrung über dem Kolben, einem Längskanal und zwei kalibrierten Bohrungen unterhalb desselben. Letztere liegen aus Funktionsgründen in verschiedener Höhe.

Bild 7.6./38 Steigerung der Dämpfungszugkräfte beim Koni-Dämpfer als Funktion der Nachstellumdrehungen.

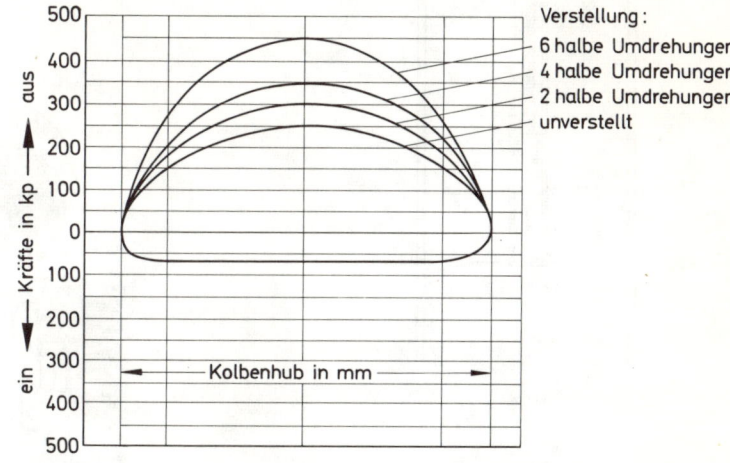

gezwungen ist, das zusätzlich weiter vorgespannte eigentliche Ventil zu durchströmen. Die Erhöhung der Zugdämpfung bewirken also zwei Maßnahmen; das Bild 7.6./38 zeigt das Steigen der Kräfte als Funktion der nachgestellten Umdrehungen.

Das **Verstellen** der Dämpfer einer Achse im Fahrzeug ist — nach Lösen der oberen oder unteren Befestigung — schnell durchführbar und auch verhältnismäßig einfach, birgt jedoch die Gefahr in sich, daß danach beide Dämpfer in der Einstellung nicht mehr übereinstimmen. Um sicher zu gehen sollte ein **Ausbau** erfolgen und die Dämpfungswirkung nach Umstellung auf einer Prüfmaschine kontrolliert werden.

Im Gegensatz zu den deutschen Stoßdämpferherstellern verwendet Koni als **Dichtung** eine Art Stopfbuchse (Bild 7.6./39). Beim Undichtwerden kann das Paket mit Hilfe der oberen Verschlußschraube 1 nachgespannt werden; nachteilig dürfte die höhere Eigenreibung gegenüber der in Bild 7.6./5b gezeigten Ausführung sein. Der Dämpfer ist demontierbar; die Kolbenstangenführung 2 bekam ein Außengewinde, um diese in das Außenrohr 3 einschrauben und damit das Zylinderrohr 6 verspannen zu können. Als Sicherung und zum Anpressen der Dichtplatte 4 dient der Schraubring 5.

Die zuvor beschriebenen Zweirohrdämpfer sind nur in ausgebautem Zustand verstellbar; die Fa. **Bilstein** hat für eine Sonderausführung die Innteile des Einrohrdämpfers so geändert, daß vom Fahrer aus eine **Verstellung während** der **Fahrt** vorgenommen werden kann. Die schematische Darstellung zeigt das folgende Bild 7.6./40.

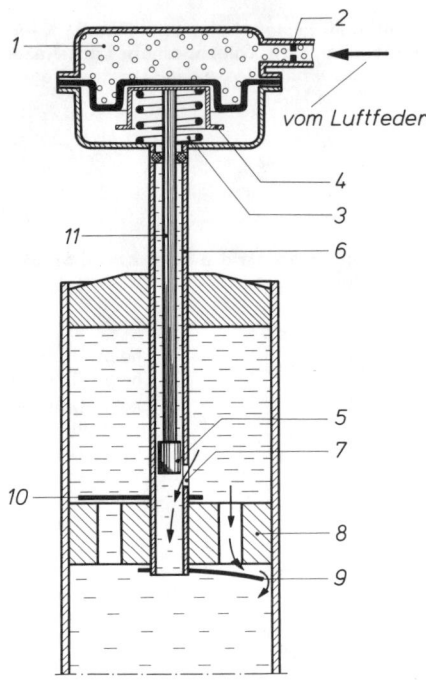

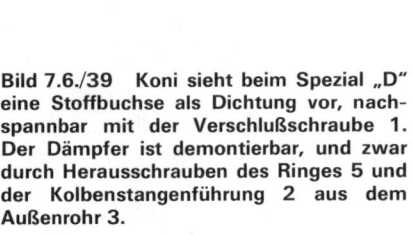

vom Luftfederbalg

Bild 7.6./40 Schemadarstellung des von der Firma Bilstein entwickelten Dämpfers mit lastabhängiger Drosselregelung. Die Beaufschlagung kann durch Luft- oder Öldruck erfolgen, möglich ist auch eine Regelung durch Bowdenzug. Die Dämpfer des Daimler-Benz 600 haben eine derartige Verstellmöglichkeit, durchführbar während der Fahrt.

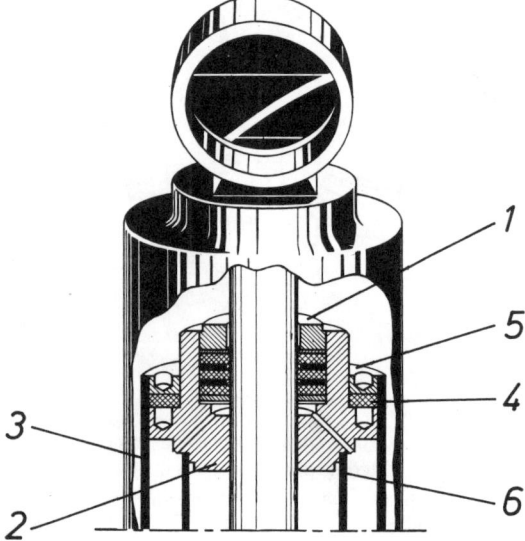

Bild 7.6./39 Koni sieht beim Spezial „D" eine Stoffbuchse als Dichtung vor, nachspannbar mit der Verschlußschraube 1. Der Dämpfer ist demontierbar, und zwar durch Herausschrauben des Ringes 5 und der Kolbenstangenführung 2 aus dem Außenrohr 3.

7.6.9. Lastabhängige Ventilbeeinflussung

In stärkerem Maße als bei Pkw erschwert die hohe Zuladung die Federungsauslegung bei Lkw, Omnibussen und Spezialkraftwagen. Erfolgt die Beförderung von Personen oder empfindlichen Gütern, so muß unabhängig vom Beladungszustand ein ausreichender Fahrkomfort sichergestellt sein, um einen erschütterungsfreien Transport zu erreichen. Sind die Stoßdämpfer auf den Zustand „voll beladen" eingestellt, so wirkt „wenig besetzt" die Federung zu hart. In ihren Zug- und Druckkräften auf einen mittleren Beladungszustand ausgelegte Dämpfer würden die Schwingungen des voll beladenen Wagens nicht ausreichend schnell abklingen lassen. Die **Dämpfungsgleichung** läßt die Zusammenhänge leicht erkennen:

$$D_2 = \frac{k_{\mathrm{II}}}{2 \cdot \sqrt{c_2 \cdot m_2}}$$

Um das erforderliche $D_2 \sim 0{,}3$ unverändert beizubehalten, muß k_{II} heraufgesetzt werden, wenn entweder die Aufbaumasse m_2 oder aber die Federrate c_2 sich vergrößert. Bei der **Luft-federung** besteht zwischen beiden ein direkter Zusammenhang. Das Einladen von Last — also das Erhöhen der Masse m_2 — läßt die Federung nachgeben; der Aufbau sinkt ein. Um die Nor-malstellung wieder zu erreichen, verstärkt das Regelventil den Druck in den Luftfederbälgen. Ein Ansteigen des Druckes hat aber eine härtere Federung zur Folge, also auch eine höhere Federrate c_2. Die Druckschwankung als Funktion des Beladungszustandes macht die Stoß-dämpferindustrie sich zu Nutze, um Dämpfungskräfte lastabhängig zu steuern. Das Bild 7.6./40 zeigt eine von der Fa. **Bilstein** entwickelte Ausführung, die eine stufenlose Regelung der Zug-und Druckkräfte als Funktion des Federbalgdruckes ermöglicht. Um beim Fahren auftretende Druckspitzen auszuschalten, ist der Luftkammer 1 eine Düse 2 mit Drosselbohrung vorge-schaltet. Steigender Luftdruck im Raum 1 drückt den durch die Feder 3 belasteten Stützteller 4 nach unten. Dieser bildet über das Gestänge 11 eine feste Einheit mit dem Regelkolben 5, der mit abwärts gehend, in der Wand der hohlen Kolbenstange 6 den konstanten Durchlaß 7 kon-tinuierlich verkleinert und zum Schluß ganz verschließt. Hierdurch wird sowohl beim Herauf- als auch beim Heruntergehen des Stoßdämpferkolbens 8 eine immer größer werdende Ölmenge gezwungen durch die Federplattenventile 9 und 10 zu strömen. Das Bild 7.6./41 zeigt die in beiden Richtungen eintretende Erhöhung der Dämpfungskräfte.

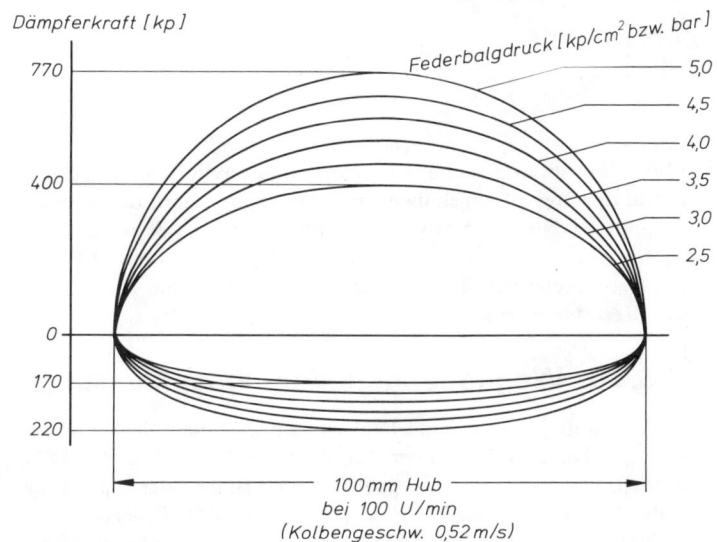

Bild 7.6./41   Mit der Dros-selregelung lassen sich als Funktion des Luftfeder-balgdruckes die Zug- und Druckkräfte im Dämpfer variieren.

Die Verschiebung des Gestänges 11 (und damit des Regelkolbens 5) kann auch über einen Bowdenzug erfolgen oder durch Öldruck. Der Dämpfer ist dann **während der Fahrt** manuell von **außen verstellbar.** Der **Daimler-Benz 600** hat an beiden Achsen derartig regulierbare Dämpfer.
Neben der zuvor beschriebenen **Drosselregelung** besteht die weitere Möglichkeit, ausschließlich das Zugstufenventil zu beeinflussen. Das Bild 7.6./42 zeigt die so arbeitende „**Federkraftrege-lung"** der Fa. **Bilstein.** Der ebenfalls durch eine Düse 2 gedrosselte Luftdruck beaufschlagt die

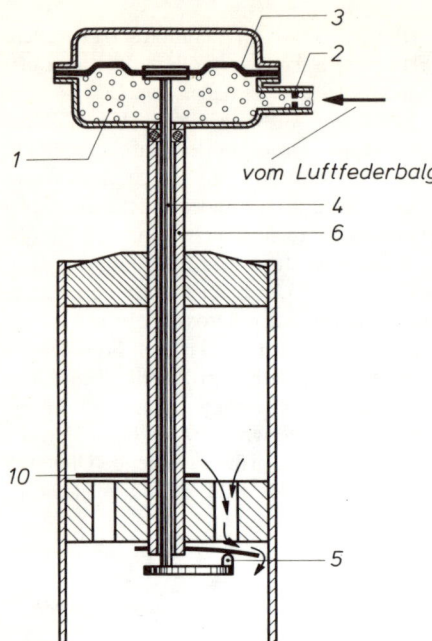

Bild 7.6./42 Schemadarstellung des von der Firma Bilstein entwickelten Dämpfers mit lastabhängiger Regelung, die die Federkraft des Zugstufenventils beeinflußt.

vom Luftfederbalg

Bild 7.6./43 Hydraulischer Zuganschlag, verwendet von der Fa. Fichtel & Sachs, bei den Zweirohrdämpfern T 36 bis T 70.

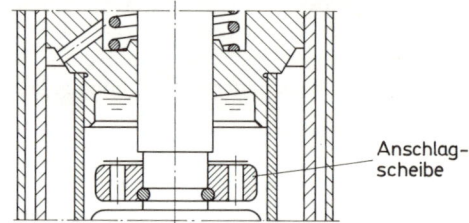

Anschlag-
scheibe

Gummimembran 3 von unten, wobei als Funktion des Druckes die in der Kolbenstange 6 geführte Zugstrebe 4 angehoben wird. Am unteren Ende der Strebe 4 ist ein Teller befestigt, dessen aufgesetzter Nocken 5 am Zugstufenventil anliegt. Je weiter herauf der Luftdruck im Raum 1 geht, um so mehr werden die Platten angepreßt und ein Öffnen derselben beim Durchströmen des Öles erschwert; die Dämpfungskräfte steigen an. Eine Beeinflussung des Druckstufenventils 10 erfolgt hier nicht.

7.6.10. Wegabhängige Ventilbeeinflussung

In Abschnitt 7.2.4 sind mechanische **Zuganschläge** beschrieben, die zur Begrenzung des Federweges beim **Ausfedern** der Achse dienen. Der gleiche Effekt kann auch hydraulisch erreicht werden, und zwar durch wegabhängiges Erhöhen der Dämpfungskräfte gegen Ende der Zugstufe. Der Vorteil liegt hierbei darin, daß nicht **Federungsenergie** gespeichert sondern **vernichtet** wird. Das Bild 7.6./43 zeigt die bei **Zweirohrdämpfern** der Fa. **Fichtel & Sachs** ab 36 mm Kolbendurchmesser zur Verwendung kommende Lösung. Unten in der Kolbenstangenführung befindet sich eine Ausnehmung bestimmter Tiefe. In diese fährt gegen Hubende die oberhalb des Kolbens an der Kolbenstange befestigte Anschlagplatte ein. Der Außendurchmesser derselben ist geringfügig kleiner als der Innendurchmesser der Ausnehmung. Durch den verbleibenden Spalt wird die sich in der Ausnehmung befindende Ölmenge gepreßt, es entsteht eine Drosselwirkung, die die Zugkräfte steil ansteigen läßt (Bild 7.6./44). Um ein Vakuum beim Ausfahren der Platte zu vermeiden, sind in dieser Bohrungen vorgesehen, abgedeckt in Zugrichtung durch einen Ventilteller. In Druckrichtung öffnet das Ventil und läßt Öl in die Ausnehmung zurückströmen.

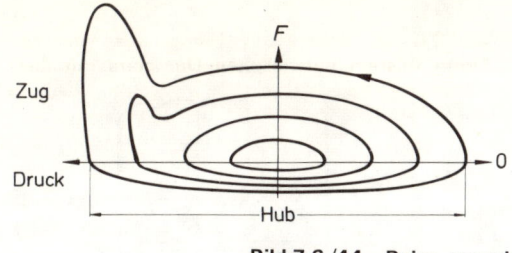

Bild 7.6./44 Beim wegabhängigen Einsetzen des hydraulischen Anschlages steigen die Zugkräfte verhältnismäßig steil an.

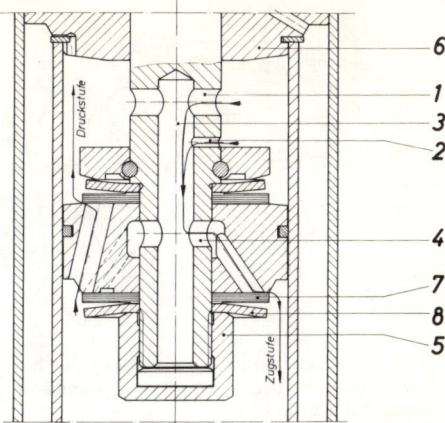

Bild 7.6./45 Hydraulischer Zuganschlag durch zusätzliche Drosselung der Strömung in den Ventil-Zuflußbohrungen, verwendet von Boge bei Lkw-Zweirohr-Dämpfern.

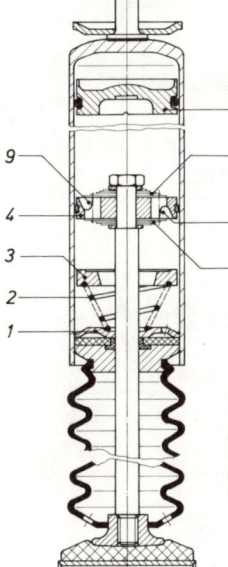

Bild 7.6./46a Über einen größeren Weg arbeitender hydraulischer Zuganschlag, eingesetzt von Bilstein in Einrohrdämpfern.

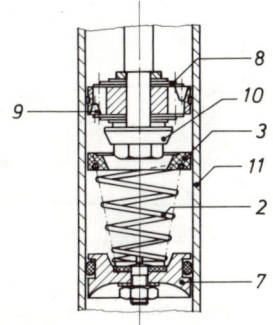

Bild 7.6./46b Wegabhängige Erhöhung der Druckstufe, entwickelt von Bilstein zur Verwendung in druckbelasteten Einrohrdämpfern.

Ein anderes Konstruktionsprinzip verwendet **Boge** bei **Lkw-Zweirohr-Dämpfern** (Bild 7.6./45). Die **Zuflußbohrungen** zum **Zugstufenventil** 7 sind aus dem Kolben herausgenommen und in die Kolbenstange verlegt. Diese erhielt die Querbohrungen 1 und 2, den Längskanal 3 sowie die Austrittsöffnungen 4. Durch die Kappe 5 wird das System nach unten abgedeckt. Beim Ausfahren der Kolbenstange wandert zuerst die Bohrung 1 in die Stangenführung 6 und danach der kleinere Kanal 2, d. h., es erfolgt anfänglich ein Verringern des Zulaufquerschnittes und gegen Hubende ein Schließen desselben. Hierdurch wird die dem Ventil 7 zuströmende Ölmenge **weg**abhängig gedrosselt; die Zugkräfte dagegen steigen **geschwindigkeits**abhängig an. Das Diagramm bekäme die in Bild 7.6./44 gezeigte Form.

Anders löst die Fa. **Bilstein** das Problem bei **Einrohrdämpfern** (Bild 7.6./46a). An der oberhalb der Dichtung sitzenden Platte 1 ist eine Kegelfeder 2 befestigt, die den Ring 3 trägt. Beim

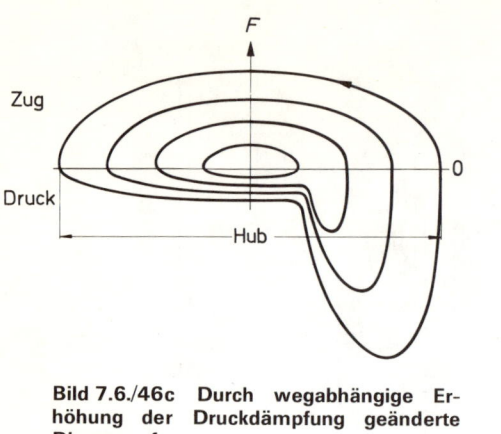

Bild 7.6./46c Durch wegabhängige Erhöhung der Druckdämpfung geänderte Diagrammform.

Bild 7.6./47a Von Boge in Pkw-Zweirohr-Dämpfern eingesetzter hydraulischer Zuganschlag mit Zusatzkolben.

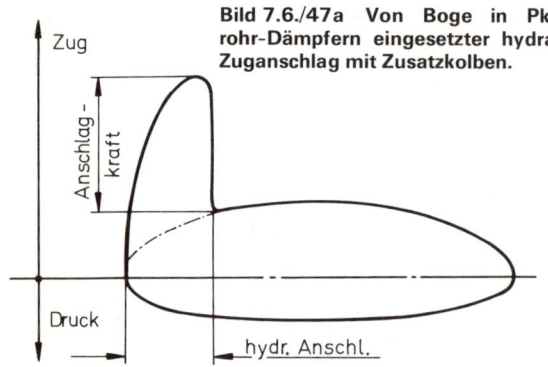

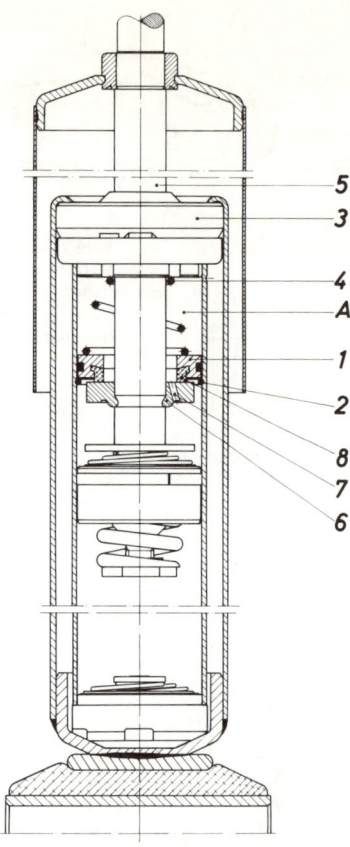

Bild 7.6./47b Beim Auftreffen der Scheibe 6 auf den Schwimmkolben 1 steigen die Zugkräfte im Prüfdiagramm steil an, gleichbedeutend mit einem sehr intensiven Abbremsen der ausfedernden Achse.

Ausfahren der Kolbenstange legt sich über einen bestimmten Restweg der Ring am Außenrand des Kolbens 4 an. Es erfolgt ein teilweises Abdecken der zum Zugstufenventil 5 führenden Bohrungen 6, wodurch eine Erhöhung der Zugdämpfung eintritt. Benötigt die Federung des Wagens dagegen eine wegabhängige Verstärkung der **Druckdämpfung,** so wird die Feder 2 am Trennkolben 7 befestigt (Bild 7.6./46b). Der Ring 3 deckt beim Einfahren der Kolbenstange dann entweder die zum Druckventil 8 führenden Bohrungen 9 ab oder aber die Mutter 10 ist so ausgebildet, daß sie die kegelige Ausnehmung im Ring 3 schließt. In diesem Fall muß die Restölmenge durch den einen konstanten Durchlaß darstellenden Spalt zwischen Kolben und Zylinderwand 11 fließen. Bei beiden Maßnahmen bekommt das Diagramm die in Bild 7.6./46c zu sehen Form.

Ähnlich aufgebaut ist eine von **Boge** für **Pkw-Zweirohr-Dämpfer** entwickelte Lösung, nur daß hier durch den Ring nicht der Kolben abgedeckt wird, sondern die an der Kolbenstange befestigte Scheibe 6 (Bild 7.6./47a). Im Arbeitsraum A befindet sich ein zweiter, zur Zylinder-

312   Stoßdämpfer

wand mit einem Ring abgedichteter, frei beweglicher Kolben 1, dessen Höhenstellung der Sicherungsring 2 bestimmt. Die oben an der Kolbenstangenführung 3 anliegende Feder 4 bringt den schwimmend angeordneten Kolben am Ring 2 zur Anlage. Die Scheibe 6 besitzt die Bohrung 7 mit einem festliegenden, die Anschlagkraft bestimmenden Durchmesser. Kommt beim Ausfahren der Kolbenstange der unten am Kolben 1 sich befindende Kunststoffring 8 an der Scheibe 6 zur Anlage (im Bild gezeigt), so muß die Ölmenge aus dem Raum A durch die Bohrung 7 in den unteren Teil des Dämpfers fließen. Die Zugkräfte steigen über den Restweg geschwindigkeitsabhängig steil an (Bild 7.6./47b).

Bei **Mc-Pherson-Federbeinen** verwendet **Boge** eine andere, im Ausgleichsraum liegende Konstruktion, die einen besonders weichen Übergang gewährleistet und zum Ziel hat, durch Erhöhung der Zugdämpfung das Ausfedern der Vorderachse beim Anfahrvorgang zu verringern. Wie in Bild 7.6./48 zu sehen, bekommt das Zylinderrohr Z zwei in bestimmter Höhe liegende

Bild 7.6./48 Wegabhängige Beeinflussung der Zugdämpfung durch zwei Bohrungen im Zylinderrohr, entwickelt von Boge für Mc-Pherson-Federbeine.

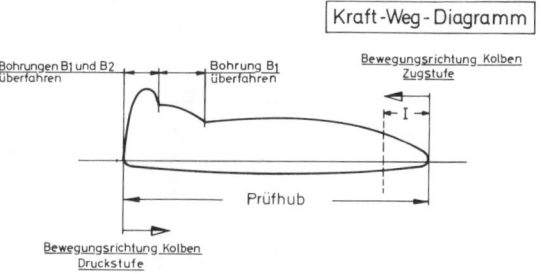

Bild 7.6./49 Das infolge des Innendruckes durch eine oder beide Bohrungen aus dem Arbeitsraum A_1 in den Ausgleichsraum R strömende Öl hebt den als Ventil dienenden Schlauch 2 vom Zylinderrohr ab.

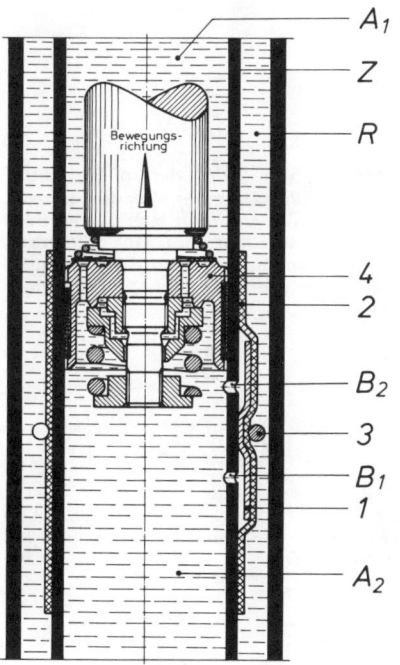

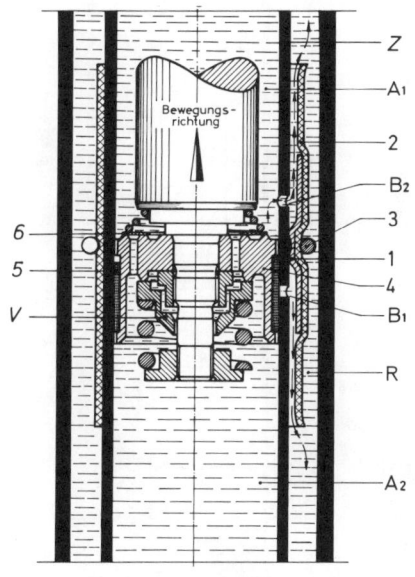

Bohrung B_1 überfahren

Bohrungen B_1 und B_2, normalerweise verschlossen durch den vorgespannten, an den Enden anliegenden Schlauch 2. Bei „oben befindlichem" Kolben (wie gezeichnet) wird durch den Schlauch das Eindringen von Luft in den Arbeitsraum A_2 unterbunden. Dies könnte vorkommen, wenn bei Kurvenfahrt oder durch Abkühlung der Ölspiegel im Ausgleichsraum R bis unter die obere Bohrung B_2 absinkt. Um zu verhindern, daß beim Hochgehen des unten sich befindenden Kolbens aus den Bohrungen tretende Ölstrahlen den Schlauch zerstören, wurde das Prallblech 1 vorgesehen. Letzteres ist mit der Zylinderwand punktverschweißt und dient gleichzeitig zur Fixierung des Schlauches; durch den Sprengring 3 wird dieser gehalten. Die Funktion der wegabhängigen Dämpfung zeigt das folgende Bild 7.6./49. Befindet sich der hochgehende Kolben noch unten im Arbeitsraum A_2, so fließt ein Teil des im oberen A_1 sich befindenden Öls durch das Zugstufenventil V und der andere durch die Bohrungen B_1 und B_2. Der Strömungswiderstand der Bohrungen bestimmt die Anfangshöhe der Dämpfungskräfte im Diagrammbereich I mit. Nach Überfahren der unteren Bohrung B_1 kann das Öl nur noch durch die obere B_2 und das Ventil V fließen. Aufgrund des kleineren Querschnittes steigen Strömungswiderstand und Dämpfungskräfte an. Befindet sich der Kolben über der oberen Bohrung (zu

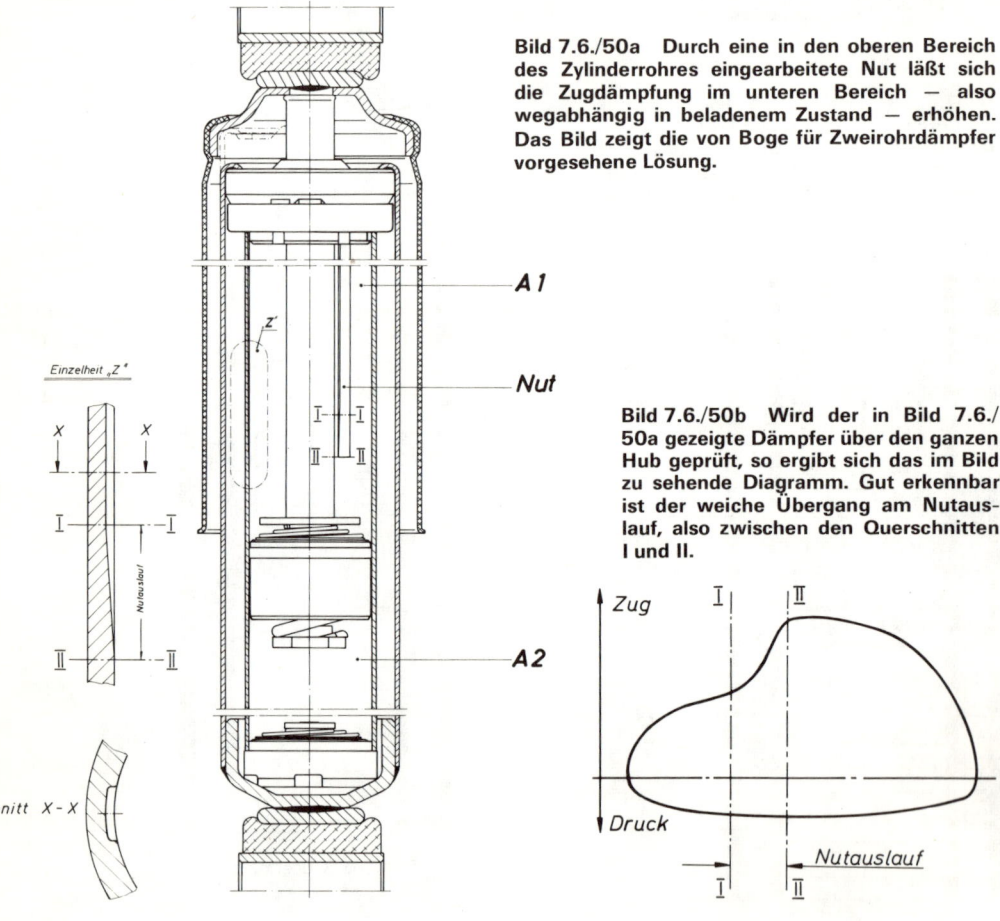

Bild 7.6./50a Durch eine in den oberen Bereich des Zylinderrohres eingearbeitete Nut läßt sich die Zugdämpfung im unteren Bereich — also wegabhängig in beladenem Zustand — erhöhen. Das Bild zeigt die von Boge für Zweirohrdämpfer vorgesehene Lösung.

Bild 7.6./50b Wird der in Bild 7.6./50a gezeigte Dämpfer über den ganzen Hub geprüft, so ergibt sich das im Bild zu sehende Diagramm. Gut erkennbar ist der weiche Übergang am Nutauslauf, also zwischen den Querschnitten I und II.

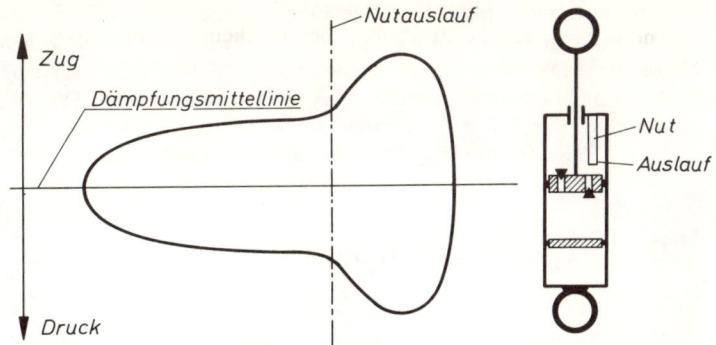

Bild 7.6./50c Beim Einrohrdämpfer bewirkt die oben liegende Nut eine wegabhängige Erhöhung sowohl der Zug- als auch Druckdämpfung im unteren Arbeitsbereich des Kolbens.

sehen in Bild 7.6./48), so sind beide ausgeschaltet, und die Gesamtölmenge geht durch das Zugstufenventil V, mit der Folge der im Diagramm erkennbaren, weiteren Dämpfungserhöhung. Die Bohrungen müssen funktionsbedingt einen bestimmten Abstand voneinander haben. Der Kolben 4 trägt anstelle des schmalen aus Grauguß einen breiten Ring 5 aus PTFE (Teflon). Dieser dichtet sowohl gegen das Zylinderrohr Z ab als auch beim Überfahren die Bohrungen B_1 und B_2 und dient außerdem zur Führung des Kolbens. Die Kräfte in der **Druckstufe** werden von den beiden Bohrungen nicht beeinflußt, und zwar weder bei Kolbenstellung im oberen noch im unteren Teil des Arbeitsraumes. Der Grund hierfür ist der äußerst geringe Strömungswiderstand, den die als Rückschlagventil dienende auf der Kolbenoberseite sich befindende Platte 6 hat. Die Druckkräfte erzeugt das Bodenventil; bei der Bestückung desselben muß der Strömungswiderstand in den Bohrungen (B_1 und B_2) berücksichtigt werden sowie der vom Schlauch 2 ausgeübte Anpreßdruck.

Wie im vorigen Abschnitt 7.6.9 beschrieben, sind, um Nickschwingungen abklingen zu lassen, bei voll belastetem Fahrzeug höhere Dämpfungskräfte erforderlich als in leerem Zustand. Ist keine Niveauregulierung vorhanden, so erfolgt beim Beladen ein Einfedern des Aufbaus, verbunden mit Verkürzung der an der jeweiligen Achse eingebauten Dämpfer. Soll das Fahrzeug eine **lastabhängige Dämpfung** bekommen, so kann die sich einstellende Wegänderung zur Steuerung herangezogen werden. Das Bild 7.6./50a zeigt einen **Zweirohrdämpfer** der Fa. **Boge** mit einer in den oberen Teil des Zylinderrohres eingearbeiteten **Nut** genau festliegenden Querschnittes, die einen zweiten, parallel zum Zugstufenventil arbeitenden **konstanten Durchlaß** darstellt. In wenig beladenem Zustand befindet sich der Kolben im oberen Teil A des Arbeitsraumes, und bei Zugbelastung strömt das Öl zu einem Teil durch die Nut und zum anderen durch das sich im Kolben befindende Ventil. Die Kräfte halten sich durch den Nutquerschnitt in Grenzen, erkennbar in Bild 7.6./50b.

In voll beladenem Zustand arbeitet der eingefahrene Kolben in dem nutlosen, unteren Teil des Dämpfers. Die Gesamtölmenge ist gezwungen, durch das **Zugstufenventil** zu strömen mit der Folge höherer Kräfte. Der in der Schnittdarstellung zu sehende Auslauf der Nut zwischen den Querschnitten I und II sorgt für den im Diagramm zu sehenden weichen Übergang.

Wie in Abschnitt 7.6.2 beschrieben, werden beim Zweirohrsystem die Druckkräfte im Bodenventil erzeugt, d. h., die eingearbeitete Nut hat bei diesen praktisch keinen Einfluß auf die Höhe der Druckdämpfung. Bei **Einrohrdämpfern** dagegen ist eine Beeinflussung vorhanden, weil, wie in Bild 7.6./34 zu sehen, das **Druckstufenventil** sich am Kolben befindet. Beim Arbeiten im unteren, ohne mit einer Nut versehenen Raum muß die gesamte Ölmenge sowohl durch dieses als auch das Zugventil strömen; es entstehen erhöhte Kräfte, sowohl in Zug- als auch in Druckrichtung. Im oberen Bereich dagegen kommt die Nut als konstanter Durchlaß bei beiden Ventilen zur Wirkung; nur eine Teilmenge beaufschlagt diese, und die Dämpfung ist geringer. Das Diagramm bekäme die in Bild 7.6./50c zu sehende Form. Das Einfedern des Aufbaus auf Bodenwellen (verbunden mit der Gefahr eines Durchschlagens) würde bei dieser Ausführung durch die Druckstufe gebremst und das Entspannen der Federn durch die im unteren Bereich erhöhte Zugstufe (wie bei Zweirohrdämpfern).

7.6.11. Dämpferaufhängungen

Die Aufhängungen dienen zur Befestigung des Dämpfers; oben am Rahmen, Fahrschemel oder Aufbau und unten am Achskörper selbst oder einen Lenker. An die Aufhängungen werden gewisse Anforderungen gestellt:

Wartungsfreiheit und wirtschaftliche Herstellbarkeit,
Winkelbeweglichkeit bei nur geringem Auslenkmoment, erforderlich um die Bewegung der Befestigungsstellen gegeneinander aufnehmen zu können,
Geräuschisolierung, um die Übertragung von Fahrbahngeräuschen zu verhindern, und
Federhärte in Richtung der Dämpfungskräfte; jeder elastische Wegverlust beeinflußt — besonders bei kleinen Amplituden — die Dämpfungswirkung.

Fahrzeugseitig muß sichergestellt sein, daß die oberen und unteren **Befestigungspunkte** in Normalstellung (also bei Besetzung mit zwei Personen) zueinander **fluchten;** nur so kann ein Verspannen beim Einbau und vorzeitiger Verschleiß der Stoßdämpfer vermieden werden. Wartungsfreie, mit Kunststoffschalen versehene **Kugelgelenke** bieten sich als das günstigste Befestigungselement an; aus Kostengründen und wegen der Gefahr der Geräuschbildung scheiden sie in der Großserie jedoch aus. Bei Renn- und Rennsportwagen dagegen sind Kugelgelenke mit Stahlschalen (also in besonders steifer Ausführung) als Dämpferaufhängung zu finden (siehe Abschnitt 8.3.2).

Die gestellten Anforderungen werden am ehesten von **Gummigelenken** erfüllt. Die Bilder 7.2./20, 7.6./8a und 7.6./63 zeigen oben und unten am Dämpfer die am meisten verwendete Aufhängungsart, das **Auge,** auch **Ringgelenk** genannt. Die gebräuchlichste Größe hat eine Breite von 32 mm und zur Befestigung eine Bohrung von 12 mm Durchmesser (Typ 1, Bild 7.6./51). Sind im Stoßdämpfer Druckanschläge untergebracht oder stützen sich über die Dämpferaufhängungen Federkräfte mit ab, so können 40 bzw. 60 mm breite Gelenke erforderlich werden, zu befestigen durch eine Schraube M 14 × 1,5. Das Gelenk selbst besteht aus einer Gummibuchse, die zwischen äußerem Ring und eingepreßtem inneren unter hoher radialer Vorspannung steht. Das Gummiteil hat seitlich Wülste als zusätzliche Sicherheit gegen Herausrutschen im Fahrbetrieb. Die im Bild gezeigte, meist verwendete Größe des **Typs 1** läßt Verdrehwinkel bis $\alpha/2 = \pm 10°$ zu und kardanische Abweichungen bis etwa $\beta/2 = \pm 3°$. Größere Winkel würden ein zu hohes Biegemoment in der Kolbenstange verursachen. Können im Fahrbetrieb stärkere Winkeländerungen beim Aus- oder Einfedern der Achse auftreten, so muß auf den **Typ 2** übergegangen werden, eine etwas breitere und mit einem Doppelkegel vorgesehene Ausführung (Bild 7.6./52). Diese läßt kardanische Winkel bis $\beta/2 = \pm 7°$ zu, hat aber den Nachteil, sich weitgehender unter Zug- und Druckbelastung zu verformen. Das Bild 7.6./53 zeigt die versuchsmäßig auf einer Stoßdämpferprüfmaschine bei $n = 100 \text{ min}^{-1}$ ermittelte Nachgiebigkeit beider Ausführungen: bei Kräften von ± 400 kp gibt der Typ 1 nur $\pm 0,8$ mm

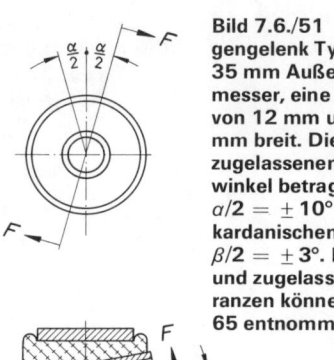

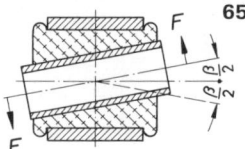

Bild 7.6./51 Das Augengelenk Typ 1 hat 35 mm Außendurchmesser, eine Bohrung von 12 mm und ist 32 mm breit. Die maximal zugelassenen Verdrehwinkel betragen $\alpha/2 = \pm 10°$ und die kardanischen $\beta/2 = \pm 3°$. Bemaßung und zugelassene Toleranzen können Bild 7.6./65 entnommen werden.

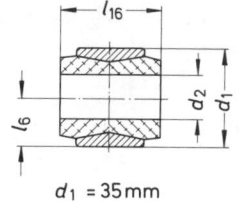

$d_1 = 35\,\text{mm}$
$d_2 = 16\,\text{mm}$
$l_{16} = 36\,\text{mm}$

Bild 7.6./52 Das Augengelenk Typ 2 läßt bei größerer Breite den weitgehenderen kardanischen Winkel $\beta/2 = \pm 7°$ zu, gibt aber unter Dämpfungskräften mehr nach.

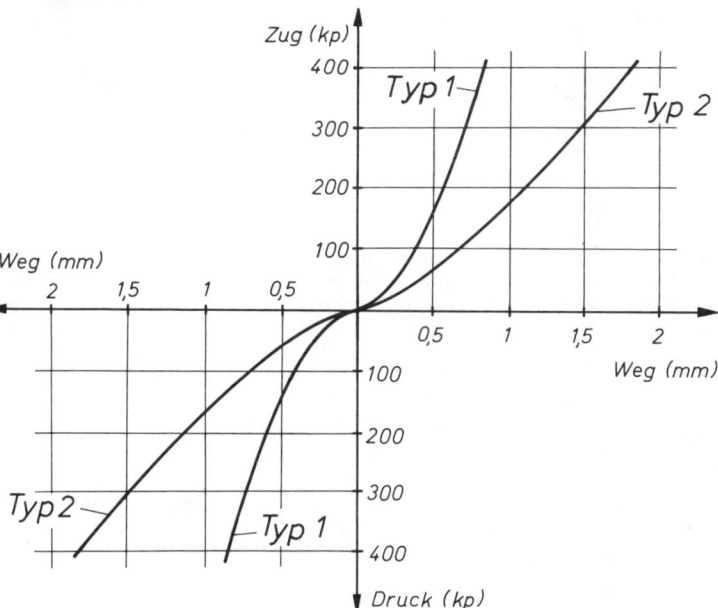

Bild 7.6./53 Nachgiebigkeit der Augengelenke Typ 1 und Typ 2 unter Zug- und Druckkräften, gemessen auf einer Serienprüfmaschine bei $n = 100$ min^{-1}.

nach, Typ 2 dagegen $\pm 1,8$ mm. Die in kardanischer Richtung auf die Kolbenstange kommenden Biegemomente M_{bs} wurden statisch als Funktion des Winkels $\beta/2$ gemessen (Bild 7.6./54). Den Wert $M_{bs} = 0,8$ kpm, der im Fahrbetrieb bei 11 mm Kolbenstangendurchmesser nicht überschritten werden sollte, erreicht die Ausführung 1 bereits bei $\beta/2 = \pm 2,6°$, der Typ 2 jedoch erst über $\pm 6,8°$. Das Verdrehen des Innen- gegenüber dem Außenring ergibt beim Typ 1 verhältnismäßig hohe Biegemomente; $M_{bs} = 0,8$ kpm ist bei einem Winkel von etwa $\alpha/2 = \pm 12°$ erreicht (Bild 7.6./55). Das Innenrohr des Typs 2 dagegen **gleitet** im Gummiteil nach $\alpha/2 = \pm 13°$, mit der Folge eines danach nur noch geringfügig ansteigenden Momentes, dessen Maximum $M_{bs} = 0,45$ kpm beträgt. Bei der Ausführung 1 beginnt das Innenrohr erst nach Überschreiten von $\alpha/2 = \pm 25°$ sich zu drehen. Die gemessenen Werte hängen von Gummiqualität, Vorspannungsverhältnissen und zugelassenen Toleranzen ab.

Tritt an der oberen oder unteren Aufhängung im Fahrbetrieb eine in allen Ebenen gleich große Winkelbewegung auf, so bietet sich die Verwendung eines **Stiftgelenkes** an (Bild 7.6./56).

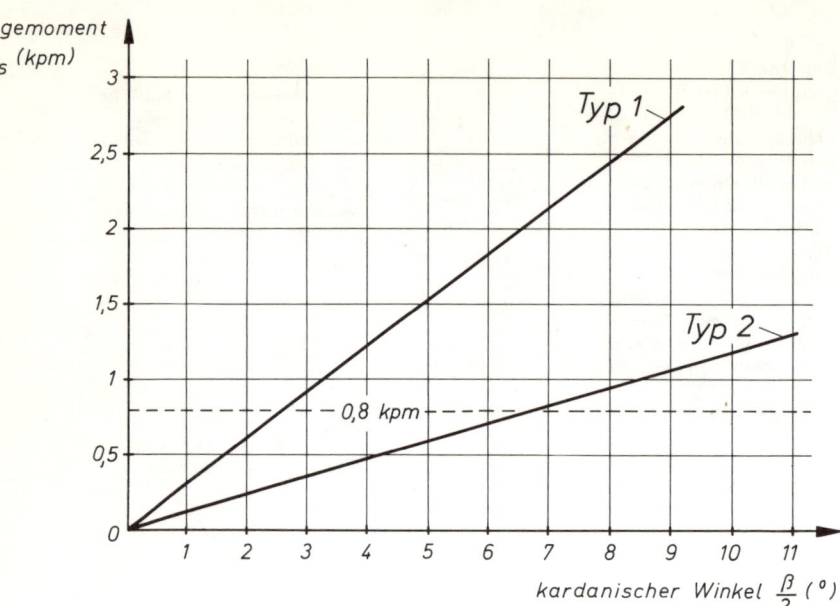

Bild 7.6./54 Biegemomente, entstehend, wenn die Augengelenke Typ 1 und 2 statisch um den in Bild 7.6./51 gezeigten kardanischen Winkel $\beta/2$ beansprucht werden. Um die Verbiegung der Kolbenstange in Grenzen zu halten, ist es ratsam, den Wert $M_{bs} = 0{,}8$ kpm nicht zu überschreiten.

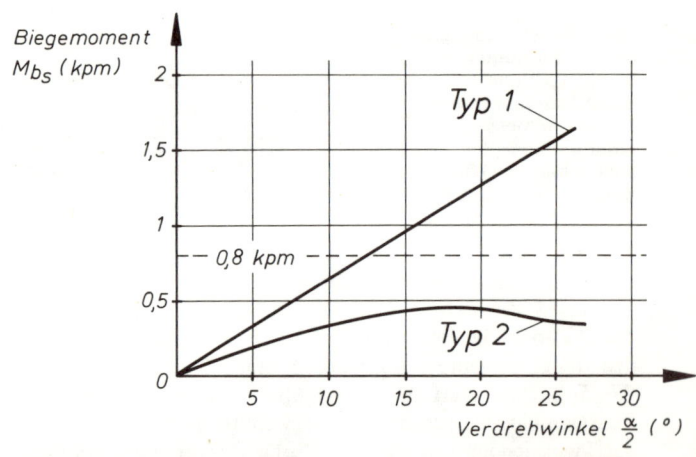

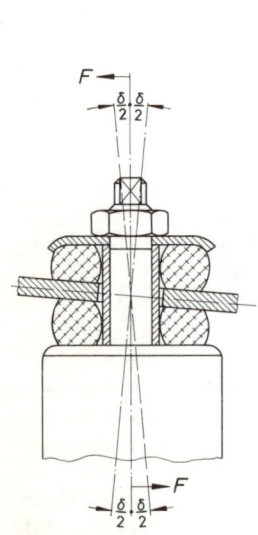

Bild 7.6./55 Auftretende Biegemomente, wenn bei Augengelenken Typ 1 und 2 das Innenrohr um den Winkel $\alpha/2$ gegenüber dem Außenrohr verdreht wird. Auch hier wäre $M_{bs} = 0{,}8$ kpm der einzuhaltende Grenzwert. Beim Typ 2 ist die Gummibuchse weniger vorgespannt, wodurch das Gleiten des Innenrohres ab einem bestimmten Grenzwert nicht verhindert werden kann.

◀ **Bild 7.6./56** Das Stiftgelenk läßt in allen Ebenen nur Abweichungswinkel bis $\delta/2 = \pm 5°$ zu.

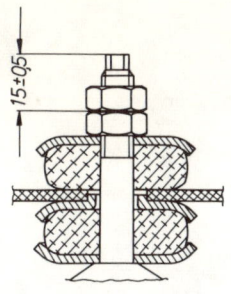

Bild 7.6./57a Nicht ratsam ist es, die auf beide Gummipuffer aufzubringende Vorspannung durch ein Maß — z. B. 15 ± 0,5 mm zwischen Stiftoberkante und oberer Fläche der unteren Mutter — vorzuschreiben. In Unkenntnis dieser Angabe bzw. beim Nichteinhalten derselben kann durch Drehen der Muttern bis zum Gewindeende leicht ein zu starkes Verformen der Puffer bei der Montage erfolgen.

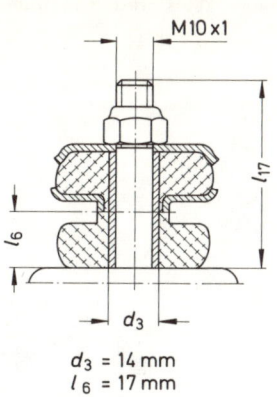

d_3 = 14 mm
l_6 = 17 mm
l_{17} = 54 mm

Bild 7.6./57b Im Stiftgelenk sollte die Vorspannung der Gummiteile durch eine Distanzbuchse sichergestellt sein. Um Berührungen in der Aufnahmebohrung zu vermeiden, kann der obere Puffer durch einen Teller geführt werden. Die Buchse hat 2 mm Wanddicke und 14 mm Außendurchmesser.

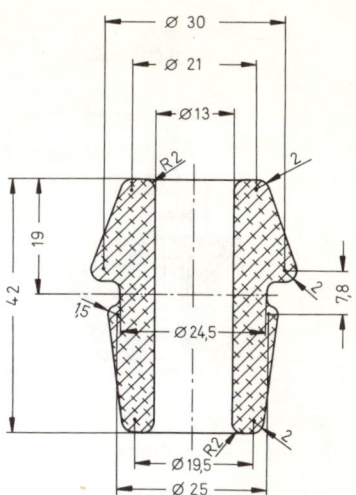

Bild 7.6./58 Einteiliger Knöpfpuffer der Firma Boge, üblicherweise hergestellt in Shore 65 ± 5 aus einer nicht ölbeständigen Gummimischung mit etwa 2% Dämpfung. Das Teil kann auch fett- und ölbeständig ausgeführt werden, nachteilig ist die dann höhere Dämpfung und damit schlechtere Isolation der Fahrbahngeräusche.

Dieses läßt Abweichungen bis $\delta/2 \sim \pm 5°$ zu und besteht aus jeweils einer Gummischeibe ober- und unterhalb der Anlenkstelle, die voneinander getrennt oder miteinander verbunden sind. Der Führungsstift hat einen Durchmesser von 10 mm und am Ende das Gewinde M 10 × 1. Über letzteres erfolgt ein Vorspannen der Gummiteile mit Hilfe einer gewölbten Scheibe und einer selbstsichernden Mutter bzw. zwei Kontermuttern (siehe Bilder 7.6./60 und 7.6./59). Der für die Funktion wichtige Abstand Scheibe—Dämpfer wird entweder (wie in Bild 7.6./56 gezeigt) durch ein Distanzrohr mit 2 mm Wanddicke (also 14 mm Außendurchmesser) gewährleistet oder aber durch ein in bestimmter Höhe auslaufendes Gewinde (siehe oben in Bild 7.6./46a). Nicht zweckmäßig ist die in Bild 7.6./57a gezeigte Höheneinstellung der unteren Kontermutter mit Hilfe eines Tiefenmaßes, vorgeschrieben von einem Automobilwerk. Kennt der Monteur diese Anweisung nicht, dreht er die Mutter bis ans Ende des Gewindes und die Gummipuffer sind zu stark vorgespannt.

Konstruktiv muß sichergestellt sein, daß beim größten Winkelausschlag der Stift bzw. das Distanzrohr nicht innerhalb der karosserie- oder achsseitigen Aufnahmebohrung zur Anlage kommt, was nicht nur unangenehme Geräusche sondern auch ein erhöhtes Biegemoment M_{bs} an Stift und Kolbenstange zur Folge hätte. Wie in Bild 7.6./57b beim oberen Puffer zu sehen, läßt dies sich durch einen Teller erreichen, dessen Außenkragen das Gummiteil zentriert und der mit einer nach unten abgestellten Kante in die Bohrung greift. Bei dem unteren Puffer wird der gleiche Effekt durch einen anvulkanisierten Bund erreicht. Anstelle der zwei unterschiedlich aufgebauten Teile kann auch ein aus einem Stück bestehendes Gummielement Verwendung finden; das Bild 7.6./58 zeigt die bemaßte Normalausführung des von **Boge** für

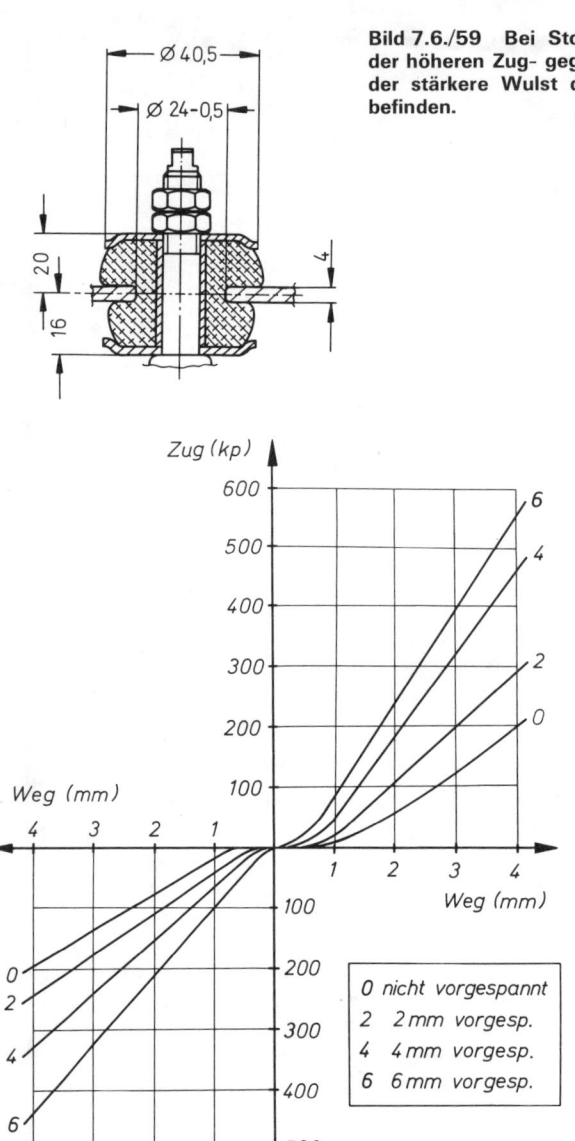

Ø 40,5
Ø 24-0,5
20
16
4

Bild 7.6./59 Bei Stoßdämpfern muß — wegen der höheren Zug- gegenüber den Druckkräften — der stärkere Wulst des Knöpfpuffers sich oben befinden.

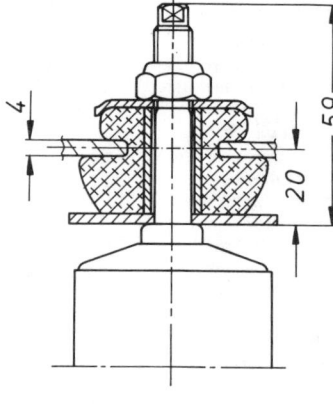

4
59
20

Bild 7.6./60 Bei Federbeinen und zur Niveauregulierung dienenden Elementen sind die Federungsdruckkräfte größer als die durch Zugdämpfung entstehenden; der größere Wulst des Knöpfpuffers muß deshalb unten zu liegen kommen.

Zug (kp)

600
500
400
300
200
100

6
4
2
0

Weg (mm)
4   3   2   1

1   2   3   4
Weg (mm)

100
200
300
400
500

0
2
4
6

Druck (kp)

0 nicht vorgespannt
2 2 mm vorgesp.
4 4 mm vorgesp.
6 6 mm vorgesp.

Bild 7.6./61 Nachgiebigkeit in mm unter Zug- und Druckkräften als Funktion der Vorspannung eines in der Großserie verwendeten Stiftgelenks, bestehend aus zwei getrennten Gummiteilen, gemessen auf einer Serienprüfmaschine bei $n = 100$ min^{-1}.

Pkw und Leicht-Lkw entwickelten, einteiligen „Knöpfpuffers" und das Bild 7.6./59 denselben im Einbauzustand um 14 mm vorgespannt. Um die gegenüber Druckkräften höheren **Dämpfungs**zugkräfte günstig aufzunehmen, muß die stärker ausgebildete Hälfte sich oben befinden; nicht der Fall, wenn es sich zusätzlich um die Abstützung einer **Federkraft** handelt. In solchen Fällen sind die Federdruckkräfte höher als die durch die Dämpfung entstehenden, und der Puffer ist andersherum einzubauen (Bild 7.6./60).

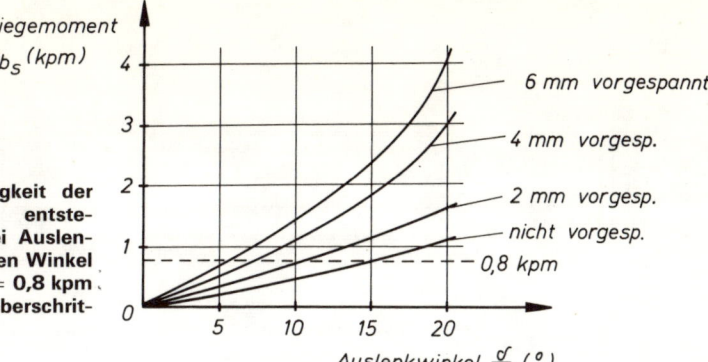

Bild 7.6./62 In Abhängigkeit der Gummiteil-Vorspannung entstehende Biegemomente bei Auslenkung des Dämpfers um den Winkel $\delta/2$; das Moment $M_{bs} = 0,8$ kpm sollte möglichst nicht überschritten werden.

Bei der Stiftaufhängung hängt sowohl die Nachgiebigkeit unter Zug- und Druckkräften als auch das in der Kolbenstange auftretende Biegemoment davon ab, wie weitgehend der Knöpfpuffer bzw. die Gummischeiben zusammengedrückt sind. Bei kaum vorhandener **Vorspannung** stellt sich unter 200 kp Zug- bzw. Drucklast bereits eine Nachgiebigkeit von 4 mm ein (Bild 7.6./61); dieser Wert geht bei 6 mm Vorspannung auf etwa 1,8 mm zurück. Genau umgekehrt wie der Zusammenhang Federweg—Kraft ist das Verhältnis Biegemoment zu Auslenkwinkel (Bild 7.6./62). Bei nur anliegender Scheibe sind ohne den zulässigen Wert $M_{bs} = 0,8$ kpm zu überschreiten, kardanische Abweichungen bis $\delta/2 \sim \pm 15°$ möglich, 6 mm Vorspannung dagegen lassen lediglich den als Größtwert angegebenen Winkel $\delta/2 = \pm 5°$ zu. Die Ergebnisse dieser Messungen zeigen, daß Stiftgelenke einen Kompromiß darstellen zwischen Nachgiebigkeit unter Dämpfungskräften und auftretenden Biegemomenten. Eine nachträgliche **Änderung** an **Aufhängungsteilen** oder aber der **Winkelstellung** von Stoßdämpfern bzw. Federbeinen kann unangenehme Folgen wie Brüche usw. zur Folge haben.

7.6.12. Dämpferlängen und Abmessungen

Art und Ausführung der oberen und unteren Aufhängung sind mitbestimmend für die **Totlänge** L_{fix} des Stoßdämpfers und damit der Kleinstlänge L_1 in eingefahrenem sowie der Größtlänge L_3 in voll ausgefahrenem Zustand; hinzu können noch weitere Einflüsse kommen wie hydraulische oder mechanische Anschläge usw. Das Bild 7.6./63, eine Zeichnung der Fa. Fichtel & Sachs, läßt die Einzellängen, aus denen sich L_{fix} ergibt, gut erkennen. Dies sind die Maße:

l_6 und l_7 der Befestigungsteile,
l_8 und l_8' der Kolbenstangenführung mit Dichtung sowie der Behälter- und Schutzrohrkappe,
l_9 des Kolbens mit Ventileinheit,
l_{10} des erforderlichen Sicherheitsabstandes zwischen Kolbenstangenende und Bodenventil in voll eingefahrenem Zustand und
l_{11} des Behälterbodens zusammen mit dem Bodenventil.

Hinzu kommen bei Sonderausführungen noch die Länge l_{12} und l_{13}, die von eingebauten Anschlägen in Anspruch genommen werden und bei Einrohrdämpfern die Höhe des über oder unter dem Arbeitsraum liegenden Ausgleichsbehälters (siehe Bilder 7.6./8a bis 7.6./8d). Die Kleinstlänge L_1 des zusammengedrückten Dämpfers ergibt sich aus der Totlänge L_{fix} und dem vorgesehenen Hub s, also

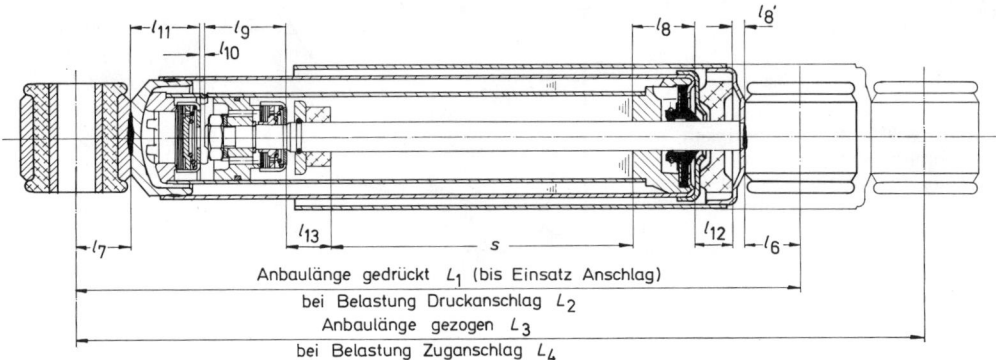

Anbaulänge gedrückt L_1 (bis Einsatz Anschlag)
bei Belastung Druckanschlag L_2
Anbaulänge gezogen L_3
bei Belastung Zuganschlag L_4

Bild 7.6./63 Zweirohrdämpfer der Fa. Fichtel & Sachs mit über dem Kolben sich befindenden Zug- und oben im Schutzrohr sitzenden Druckanschlag. Aus den eingetragenen Maßen setzen sich Totlänge L_{fix} sowie Größt- und Kleinstlänge — L_3 und L_1 — zusammen.

$$L_1 = L_{fix} + s$$

und die Größtlänge L_3 bei ausgefahrener Kolbenstange durch nochmaliges Hinzuzählen des Hubes

$$L_3 = L_1 + s = L_{fix} + 2 \cdot s$$

In der Tabelle 7.6./64 sind die Totlängen und Außenabmessungen der von den Firmen **Boge** und **Fichtel & Sachs** hergestellten **Zweirohrdämpfer** zusammengefaßt. Für Schwer-Lkw und zur Verwendung auf anderen Gebieten haben Boge und Fichtel & Sachs noch Dämpfer mit 70 mm Kolbendurchmesser im Programm.

In der Totlänge wurde die Höhe der am meisten verwendeten Aufhängung berücksichtigt. Die in Bild 7.6./63 zu sehenden **Augen** haben bis zu den Typen T 32/40 bzw. S 30 einen Außendurchmesser von 35 bis 36 mm (Bild 7.6./65, siehe auch Bild 7.6./51). Bei **Stiftaufhängungen** spielt die Vorspannung eine Rolle; ist diese gering, baut die Aufhängung länger als angegeben; stark verspannt wird diese kürzer. Die Boge- und Fichtel & Sachs-Pkw-Zweirohrdämpfer haben bis zu einem Kolbendurchmesser von 32/40 mm ein $l_{6,7} = 16$ bis 17 mm (Bild 7.6./65, siehe auch in Bild 7.6./57b).

In die Tabelle wurden **Einrohrdämpfer** mit aufgenommen, und, um Vergleiche zu bekommen, erscheinen die bei einem Hub von $s = 100$ mm sich ergebenden Totlängen. Wie in Abschnitt 7.6.3 erwähnt, beeinflußt die Größe des Ausgleichsraumes die Totlänge; L_{fix} ist dadurch sowohl vom Volumen der einfahrenden Kolbenstange (also vom Hub) als auch von den maximal auftretenden Temperaturen abhängig. Wie unter der Tabelle vermerkt, vergrößert sich L_{fix} je 12,5 mm Hub um 1 mm. Als Basis der Längenbestimmung galt eine Maximaltemperatur des Öles von 140 °C. Jede 10 °C, die dieser Wert im Fahrbetrieb überschritten wird, machen eine Erhöhung von L_{fix} um etwa 2 mm erforderlich. Die die Länge mitbestimmenden Aufhängungsteile haben die gleichen Abmessungen wie bei Zweirohrdämpfern (Auge $\varnothing$ 35 mm und Stift $l_{6,7} = 16$ bis 17 mm). Dämpfer mit Trennkolben bauen geringfügig kürzer als die Ausführungen mit Prallscheibe bzw. Beruhigungskolben.

Den **Raumbedarf** im Fahrzeug bestimmt der Außendurchmesser des Dämpfers. Die beim Zweirohrsystem nach oben ausfahrende Kolbenstange benötigt ein Schutzrohr und dessen

322 Stoßdämpfer

Durchmesser in mm · **Totlänge L_{fix} in mm** · **Hub in mm** · **max. Kräfte bei 0,524 m/s** · **Verwendungszweck**

System	Hersteller	Typ	Kolben	Außenrohr	Schutzrohr	Auge-Auge	Stift-Auge	Stift-Stift	Hub bis	kp Zug	kp Druck	N Zug	N Druck	Pkw u. Kombi	Leicht-Lkw	mittl. Lkw	schwere Lkw
Zweirohr, drucklos	Boge	T 27	27	38,3	47	115	116	117	300	300	70/200[2]	3000	700/2000[2]	×			
	Boge	T 27/32[1]	32	45,3	52	116	117	118	300	300	70/200[2]	3000	700/2000[2]	×			
	Boge	T 32	32	45,3	52	117	118	128	350	450	130	4500	1300	×		×	
	Boge	T 32/40[1]	40	52	62	117	118	128	350	450	130	4500	1300	×	×	×	
	Boge	T 40	40	57	64	140	136	144	400	700	220	7000	2200	×	×	×	
	Boge	T 50	50	72	83	150	144	158	400	1200	500	12000	5000			×	×
	Fichtel & Sachs	S 26	26	38,4	46	118	117	116	300	300	60/200[2]	3000	600/2000[2]	×			
	Fichtel & Sachs	S 30	30	44	51	120	119	118	350	450	60/200[2]	4500	600/2000[2]	×	×	×	
	Fichtel & Sachs	T 36	36	55	62	135	138	141	400	600	150	6000	1500	×			
	Fichtel & Sachs	T 45	45	65	75	150	149	148	400	1000	200	10000	2000			×	×
	Fichtel & Sachs	T 55	55	80	90	173	167	161	400	1800	600[5]	18000	6000[5]				×
Einrohr, druckbelastet mit Trennscheibe	Bilstein	B 36	36	40	50	109[3]	106[3]	108[3]	320	250	200	2500	2000	×			
	Bilstein	B 46	46	50	60	125[4]	112[4]	114[4]	400	500	350	5000	3500	×	×	×	
	Bilstein	B 60	60	65	72	150[4]	144[4]	143[4]	450	1500	600	15000	6000		×	×	×
Einrohr, druckbelastet mit Prallscheibe bzw Beruhigungs-kolben	F & S	ET 36	36	40	46	124[3]	123[3]	122[3]	300	450	200	4500	2000	×			
	F & S	ET 45	45	49	58	120[4]	119[4]	118[4]	350	600	200	6000	2000	×	×		
	Boge	TR 36	36	40	47	122[3]	119[3]	124[3]	300	450	200	4500	2000	×			
	Boge	TR 46	46	50	57	125[4]	122[4]	127[4]	350	600	200	6000	2000	×	×		
	F & S	E 36	36	40	46	129[3]	128[3]	127[3]	300	450	200	4500	2000	×			
	F & S	E 45	45	49	58	124[4]	123[4]	122[4]	350	600	200	6000	2000	×	×		
	Boge	B 36	36	40	47	123[3]	129[3]	126[3]	300	450	200	4500	2000	×			
	Boge	B 46	46	50	57	125[4]	132[4]	129[4]	350	600	200	6000	2000	×	×		

1) Kombinations-Dämpfer mit mehr Öl u. größerer wärmeabstrahlender Mantelfläche.
2) Erhöhte Einstellung bei Verwendung eines gesonderten Druckstufenventils (siehe Bild 7.6./32).
3) Gültig für eine Öltemperatur von max. 140 °C u. 100 mm Hub. Je 10 mm weiterer Hub wird L_{fix} um 0,8 mm größer. Höhere Temperaturen bedingen eine weitere Verlängerung von L_{fix} (siehe Text).
4) Wie 3), jedoch benötigen 10 mm mehr Hub nur eine Vergrößerung von L_{fix} um 0,5 mm.
5) Das Druckstufenventil entspricht der in Bild 7.6./34 gezeigten Ausführung.

Bild 7.6./64 Von den Firmen Boge, Bilstein und Fichtel & Sachs hergestellte Stoßdämpfer, getrennt nach den Systemen Zweirohr drucklos und Einrohr druckbelastet, geordnet nach Kolbendurchmessern.

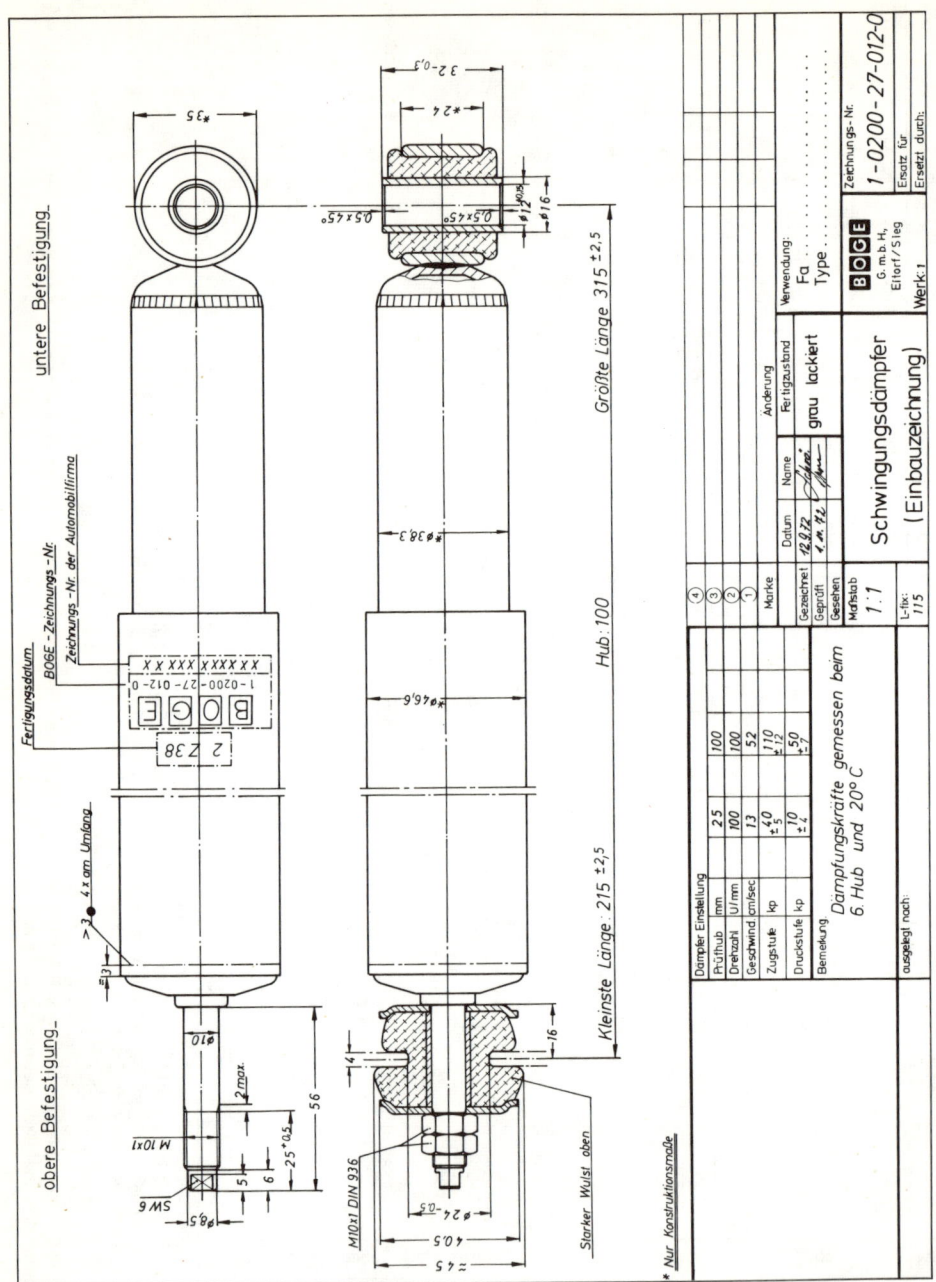

Bild 7.6./65 Zeichnung eines Boge-Zweirohr-Dämpfers T 27 mit Stift oben und Auge unten und ohne jegliche Anschläge oder Zu-
satzeinrichtungen. Eingetragen sind alle für den Einbau ins Fahrzeug wichtigen Maße und Toleranzen.

Durchmesser bestimmt den Raum; zutreffend auch für eine Reihe von **Einrohrdämpfern.** Wie in den Bildern 7.6./8b bis d zu sehen, muß bei den Ausführungen mit Prallscheibe bzw. Beruhigungskolben die Kolbenstange **nach unten** austreten; möglich auch bei eingebautem Trennkolben (siehe Bild 7.6./6). Es kann dann, wie in Bild 7.6./46a zu sehen, eine Gummimanschette als Schutz vorgesehen werden, und der Durchmesser des Zylinderrohres ist für den Platzbedarf maßgeblich. Dieser beträgt bei Einrohrdämpfern mit 46 mm Kolbendurchmesser nur 50 mm, der Grund, warum ein Austausch gegen die Zweirohrtypen S 26 und T 27 durchgeführt werden kann, wenn fahrzeugseitig nur wenig Platz in der Länge zur Verfügung steht und beim 36er Dämpfer kein ausreichend großer Gasraum untergebracht werden kann.

Weiterhin aufgenommen in der Tabelle sind die bei den einzelnen Ausführungen max. einstellbaren Zug- und Druckkräfte bei einer Kolbengeschwindigkeit von $v_{D\,max} = 0{,}524$ m/s, entsprechend $s = 100$ mm Hub bei $n = 100$ min^{-1} der Prüfmaschine. Die Kräfte erscheinen in kp und N (Newton). Alle aufgeführten Dämpfer lassen 300 mm Hub zu, eine Größenordnung, die für alle vorkommenden Federwege ausreichen dürfte.

Im Text genannte Automobilfirmen

Rechts neben dem Stichwort steht die Seite, auf der die Firma genannt ist; handelt es sich um ein **Bild,** das schematisch Bauteile oder ganze Baugruppen darstellt, bzw. Angaben enthält, erscheint die Seitenzahl in **Fettdruck.**

1000 Typen

Einer davon paßt. Mag kommen, was Räder hat. Sachs hat das größte Programm. Beispiel: Saxilent-DC — ein ganzes System von Gasdruck-Stoßdämpfern für praktisch alle Pkw-Typen — in Normal- oder in verstärkter heavy-duty-Ausführung. Immer mehr werden Saxilent-DC eingebaut. Verständlich. Bei der Qualität. Und der Programmbreite. Setzen Sie auf Sachs. Sichern Sie sich Erfolg.

Fichtel & Sachs
Schweinfurt

SACHS

Ihre Experten für
Kfz-Spezialteile:
Stoßdämpfer, Kupplungen,
Drehmomentwandler,
Wandler-Schaltkombinationen
und vieles mehr.

2.324 L

Stichwortverzeichnis

Die verschiedensten Benennungen werden für die Eigenschaften eines Automobils und seiner Einzelteile verwendet; neue Worte erscheinen für bestehende Begriffe.

In dem folgenden Stichwortverzeichnis wird versucht, alle bekannten Wortbildungen zu erfassen und durch Bemerkungen auf die gebräuchlichste Benennung hinzuweisen.

Ziffern hinter dem Stichwort in Normaldruck weisen auf ein im Text der angeführten Seite stehendes Wort hin, **Fettdruck** dagegen auf ein **Bild.**

Nicht vorhandene Stichworte sind sicherlich in der „Fahrwerktechnik 1" zu finden; ein Nachschlagen in dem Verzeichnis des ersten Bandes empfiehlt sich.

PHOENIX

baut den richtigen Gürtelreifen für Ihren Wagen...

PHOENIX
2010S Stahlflex
viele Kilometer

PHOENIX
SENATOR
der außergewöhnliche

PHOENIX
P110 Ti
der sportliche

PHOENIX
P100
der wirtschaftliche

332

In den kritischen Bereichen: Edelstahl

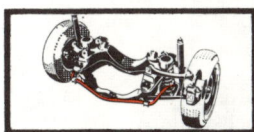

Moderne Automobiltechnik braucht hochbeanspruchbare, leistungsfähige und zuverlässige Stähle: Edelstähle. Deshalb bestehen diejenigen Autoteile, denen alles abverlangt wird, aus hochwertigen Edelbaustählen.

Brüninghaus liefert dem Automobilbau u. a. Gesenkschmiedestücke,

wie Motorteile, Getriebeteile, Lenkungsteile und Achsteile. Außer-

dem Federn und Stabilisatoren.

Brüninghaus-Erzeugnisse erfüllen ihre Aufgaben auch bei hoher Beanspruchung und unter strapaziösen Bedingungen.

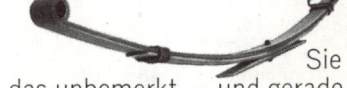

Sie tun das unbemerkt — und gerade deshalb sind sie so bemerkenswert. Denn die Autoteile, von denen niemand spricht, sind die besten.

Stahlwerke
Brüninghaus GmbH
Werk Werdohl

334

335

ZF-Achsen,

ZF-Lenkungen

ZF-Getriebe,

Europas Straßen
sind unsere Referenzen

Straßenverkehr. Fahren, anhalten und wieder anfahren. Blitzschnelle Ausweichmanöver. Tausendmal am Tag. Mit Pkw wie Lkw. Im Stadtverkehr wie auf der Autobahn. Ein Turnus, der höchste Ansprüche an die Zuverlässigkeit der Antriebsaggregate stellt. Ein großer Teil aller Fahrzeuge auf Europas Straßen bewegt sich mit Hilfe der ZF-Antriebstechnik. Schnelle Lenkreaktionen werden durch präzise, leichtgängige ZF-Lenkungen möglich. Das bedeutet höheren Lenkkomfort und leichteres Einparken. Ebenso erfordert eine Vielfalt von Fahrzeugkonstruktionen eine Vielzahl angepaßter Antriebssysteme. ZF hat für jedes Fahrzeug die richtige Lösung.

Die ganze Antriebstechnik aus einer Hand. ZF.

Lenkungen und Selbstsperrdifferentiale: Werk Schwäbisch Gmünd

IX/54

ZF

ZAHNRADFABRIK FRIEDRICHSHAFEN AG

338

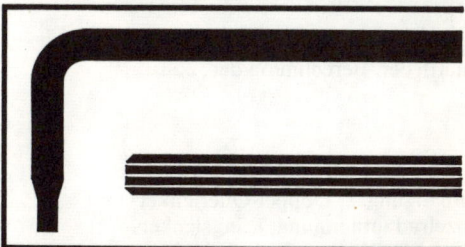

22*

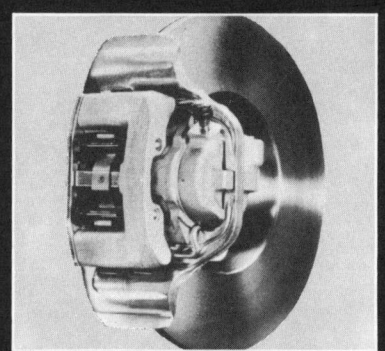

ATE-Zentral-Hydraulik-Systeme

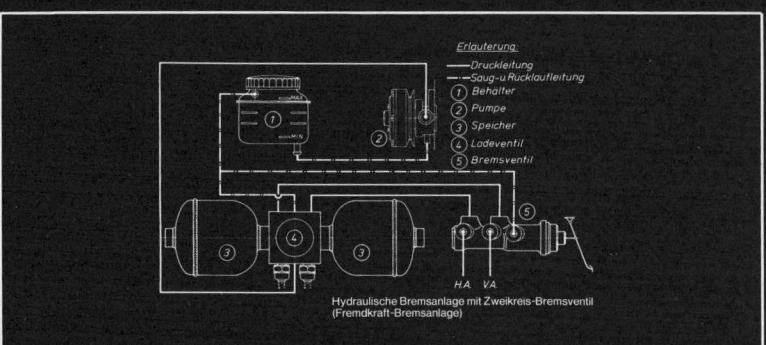

Hydraulische Bremsanlage mit Zweikreis-Bremsventil
(Fremdkraft-Bremsanlage)

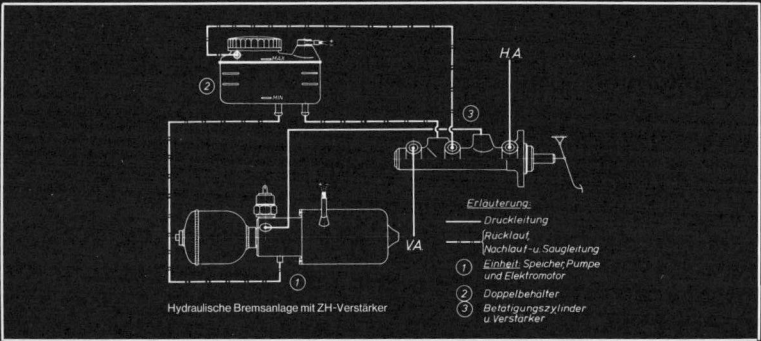

Hydraulische Bremsanlage mit ZH-Verstärker

Die Zukunft hat schon begonnen. Mit wesentlich geringerem Vakuum in den Ansaugleitungen als bisher ist zu rechnen, wenn die Maßnahmen zur Abgasentgiftung von Verbrennungsmotoren durchgeführt sind. Gleich große Bremskraftverstärkung mit Unterdruck-Servogeräten beizubehalten, ist ohne weiteres nicht möglich. Die hier zu erwartenden Schwierigkeiten können durch Anlagen mit entscheidend höherem Druckniveau vermieden werden.

ATE entwickelte entsprechende Zentral-Hydraulik-Systeme ZHS (deren Komponenten automobilgerecht konstruiert die notwendige Energieversorgung weiterer Verbraucher übernehmen können). Beim ZHS 1 wird die fast drucklose Förderung der Pumpe durch den Verstärker beim Bremsvorgang gedrosselt und mit dem aufgebauten Druck der Hauptzylinder betätigt.
Das ZHS 2, ein Speicher-Verstärkersystem, nutzt den von der Pumpe erzeugten gespeicherten Druck zur Unterstützung der Fahrerfußkraft.

Beim Bremsvorgang wird der Speicherdruck in jedem Fall zur Betätigung des Hauptzylinders, bei 2-Kreisanlagen manchmal auch zur Direktbeaufschlagung der Radbremsen eines Bremskreises, verwendet (Hauptzylinder mit incorporiertem Verstärker).
Beim ZHS 3, einem reinen Speichersystem, lädt eine Pumpe – mit Rücksicht auf die 2-Kreisigkeit – zwei Speicher. Die Bremsen werden ausschließlich aus den Speichern versorgt, der Fahrer übt während des Bremsvorganges nur eine steuernde Funktion aus.

ATE-Anti-Skid für Fahrzeuge von morgen

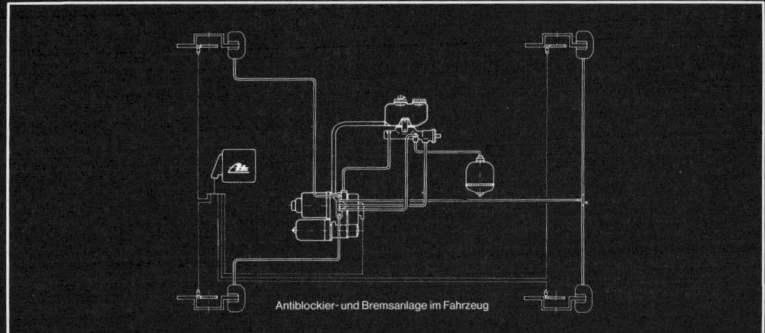

Antiblockier- und Bremsanlage im Fahrzeug

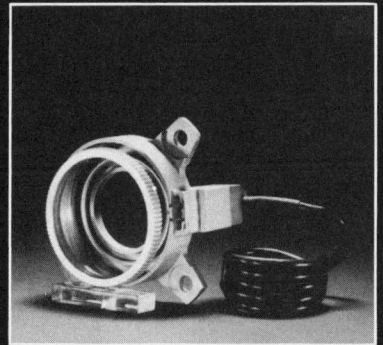

ATE-Anti-Skid, ein entscheidender Beitrag zur aktiven Fahrsicherheit, verhindert das Blockieren gebremster Räder durch elektronisch-hydraulische Regelung des Bremsdruckes. Die Regelung umfaßt drei Phasen, die beim Bremsen in Sekundenbruchteilen ablaufen:
a) Messen der Umdrehungszahl der Räder durch verschleißlose Signalgeber (Sensoren) mittels elektrischer Impulse.
b) Vergleichen der elektrischen Impulse in einem Mini-Computer (elektronische Steuereinheit) mit vorprogrammierten Entscheidungen.

c) Regeln des Bremsdruckes durch die hydraulische Steuereinheit (Kompakt BRel) nach den Entscheidungen des Mini-Computers. ATE-Anti-Skid regelt den optimalen Bremsdruck für jedes Vorderrad separat, für die Hinterräder aber gemeinsam nach Maßgabe des geringeren Haftwertes (Select low). Dieses System führte zu relativ einfacher, erstaunlich kleinvolumiger Konstruktion des Kompakt-BRel mit hoher Zuverlässigkeit durch Anwendung von Plungern zur Druckmodu-

lation. Die für Ab- und Aufbau des Bremsdruckes erforderliche hydraulische Energie wird über einen Hydraulik-Speicher von einer Hochdruck-Pumpe, die im Kompakt-BRel integriert sind, bereitgestellt. Die Energiequelle versorgt auch den hydraulischen Bremskraftverstärker und kann für weitere Servoeinrichtungen herangezogen werden.

346

Produkt-Information

Nachstehendes Verzeichnis nennt die in den Inseraten angebotenen Erzeugnisse und verweist mit der nachgestellten Seitenzahl auf die entsprechende Anzeige mit der Inserenten-Adresse.
Dabei bedeuten die Abkürzungen US = Umschlagseite, VS = Vorsatzseite (1. und 2. VS folgen der 2. Umschlagseite, 3. und 4. VS stehen vor der 3. Umschlagseite).

Horst Pippert

ANTRIEBSTECHNIK

Strömungsmaschinen für Fahrzeuge

ca. 250 Seiten, zahlreiche Abbildungen, Ganzleinen-Einband

Aus dem Inhalt: Gemeinsame Behandlung aller Strömungsmaschinen, Strömungswandler und Strömungskupplungen, Gasturbinen, Strömungsbremsen, Abgasturbolader, Rechenbeispiele und Konstruktionshinweise.

Hydrodynamische Elemente sind ein fester Bestandteil von automatischen Getrieben geworden. Ebenso hat der Abgasturbolader ein breites Anwendungsfeld. Strömungsbremsen werden in zunehmendem Maße in Fahrzeuge eingebaut. Die Gasturbine schließlich befindet sich in der Entwicklung und hat den Fahrzeugbau aber noch nicht erobert.

Bisher sind diese Teilgebiete sehr verstreut in Büchern über Strömungsmaschinen enthalten gewesen und dort teilweise nur als Randgebiete behandelt worden (Fachaufsätze setzen meist die Grundlagen voraus). Dieses Buch gibt zunächst eine allgemeine Einführung in die Strömungsmaschinen, ehe dann die Kapitel folgen, die für den Fahrzeugbau interessant sind.

VOGEL-VERLAG Fachbuchverlag, 8700 Würzburg, Postfach 800

Literaturnachweis

Bücher:

1. *Buschmann/Koeßler:* Taschenbuch für den Kraftfahrzeugingenieur. Deutsche Verlags-Anstalt. Stuttgart 1963.
2. *Bussien:* Automobiltechnisches Handbuch. Verlag Herbert Cram. Berlin 1965.
3. *Reimpell/Pautsch/Stangenberg:* Die normgerechte technische Zeichnung. Band 1, VDI-Verlag. Düsseldorf 1967.
4. *Reimpell/Pautsch/Stangenberg:* Die normgerechte technische Zeichnung. Band 2, VDI-Verlag. Düsseldorf 1967.
5. *Mitschke:* Dynamik der Kraftfahrzeuge. Springer-Verlag. Berlin/Heidelberg 1972.
6. *Pippert:* Antriebstechnik — Strömungsmaschinen in Fahrzeugen. Vogel-Verlag. Würzburg 1973.
7. Fakra-Handbuch: Beuth-Vertrieb. Berlin 30 und Köln 1969.
8. VDI-Richtlinie 2226: Empfehlung für die Festigkeitsberechnung metallischer Bauteile. VDI-Verlag. Düsseldorf 1965.
9. Deutsche Kraftfahrforschung. VDI-Verlag. Düsseldorf.

Zeitschriften:

10. Auto, Motor und Sport. Vereinigte Motorverlage, Stuttgart.
11. Auto-Zeitung. Bauer-Verlag, Köln.
12. Automarkt, Vogel-Verlag, Würzburg.
13. Automobil-Industrie, Vogel-Verlag, Würzburg.
14. Automobiltechnische Zeitschrift (ATZ), Franckh'sche Verlagsanstalt, Stuttgart.
15. Der Verkehrsunfall, Verlag Information, 763 Lahr 11.
16. mot, Vereinigte Motorverlage, Stuttgart.
17. VDI-Nachrichten, VDI-Verlag, Düsseldorf.
18. VDI-Zeitschrift, VDI-Verlag, Düsseldorf.

Von Firmen herausgegebene technische Unterlagen:

19. Brüninghaus: Technische Daten, Fahrzeugfedern.
    Teil 1: Fahrzeugfedern, allg., Werdohl 1965.
    Teil 2: Parabelfedern, Werdohl 1967.
    Teil 3: Stabilisatoren, Werdohl 1969.
20. Fichtel & Sachs: Stoßdämpfer, Einbauhinweise für den Konstrukteur. Schweinfurt 1971.
21. Hoesch: Federn, Technische Blätter, Hohenlimburg 1969.

352

Wer ist Renault?

10 hochmoderne Automobilwerke in Frankreich und 28 Produktions- und Montagewerke in anderen Ländern stellen täglich über 5.700 Renault-Automobile her. 12 weitere Unternehmen gehören zur Renault-Firmengruppe, die zu den größten Unternehmen Europas zählt. Zum Produktionsprogramm von Renault gehören Personenwagen, Lastwagen bis 38 t, Omnibusse, Bootsmotoren, Erdbewegungsfahrzeuge, Spezialwaggons, Werkzeugmaschinen, Transferstraßen, Kugellager, Spezial- und Baustähle, Industriekautschuk, Lacke und die Entwicklung und Lieferung von ganzen Industrieanlagen. Über 100.000 Mitarbeiter sind bei Renault beschäftigt.

Seit 1898 gehört Renault zu den Pionieren des Automobilbaues. Revolutionäre Ideen und fortschrittliche Lösungen haben den Weg des Unternehmens bis heute bestimmt. Hinter jedem Renaultfahrer steht nicht nur ein Werk mit 75jähriger Erfahrung und neuen technischen Ideen, sondern auch ein Unternehmen mit weltweitem Service: 10.000 Renault-Kundendienststationen gibt es in aller Welt, rund 1.500 allein in Deutschland.

RENAULT

Goetze Wellendichtringe –
Goetze Stangendichtringe
mit und ohne federbelasteter
Dichtungsmanschette zum Ab-
dichten von Wellen und Achsen bzw. Stangen und Schäf-
ten gegen den Austritt von
Schmiermitteln, Wasser und
andere Flüssigkeiten oder
gegen das Eindringen von
Schmutz, Gasen oder Dämp-
fen.

Goetzewerke
Friedrich Goetze AG
5673 Burscheid